高等学校计算机专业规划教材

计算机组成原理

刘超 周新 郑燚 江爱文 编著

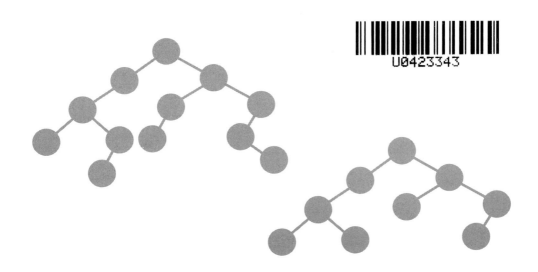

清华大学出版社
北京

内 容 简 介

本书以冯·诺依曼程序控制单处理器计算机的结构框架为主体,围绕经典计算机组织设计实现的技术方法,阐述计算机的结构原理、组成实现等概念,以及数据表示、指令系统、数据校验等计算机属性,介绍计算机组成部件的功能与组织基础、结构原理与工作机制、设计方法与实现逻辑,诠释现代计算机的特性与并行处理技术。

本书包含计算机系统概论、计算机组成设计实现基础、系统总线及其 I/O 接口、运算器及其设计实现、主存储器及其组织实现、控制器及其设计实现、输入输出系统及其操作控制和并行处理及其实现体系结构等共 8 章,可分为三部分:第 1 章和第 2 章为第一部分,讨论计算机组成设计实现的基础;第 3~7 章为第二部分,讨论计算机组成部件的设计实现;第 8 章为第三部分,介绍并行处理及其实现的体系结构。

本书依据本科院校应用型人才培养的目标要求和计算机硬件课程体系的组织配置,总结编者长期的教学经验,借鉴国内外经典教材的优点,反复研究、精心编写。本书结构新颖、内容实用、层次有序、概念清晰、语言通俗,可作为高等院校计算机类专业本科生"计算机组成原理"课程的教材,也可作为有关专业研究生和相关领域科技人员的参考书。本书作为本科生教材时,建议前七章必讲,最后一章选讲,课堂教学课时以 70~80 为宜。

本书封面贴有清华大学出版社防伪标签,无标签者不得销售。
版权所有,侵权必究。举报:010-62782989,beiqinquan@tup.tsinghua.edu.cn。

图书在版编目(CIP)数据

计算机组成原理/刘超等编著. —北京:清华大学出版社,2019(2023.9重印)
(高等学校计算机专业规划教材)
ISBN 978-7-302-52361-1

Ⅰ.①计… Ⅱ.①刘… Ⅲ.①计算机组成原理—高等学校—教材 Ⅳ.①TP301

中国版本图书馆 CIP 数据核字(2019)第 039024 号

责任编辑:龙启铭
封面设计:何凤霞
责任校对:李建庄
责任印制:宋 林

出版发行:清华大学出版社
网　　址:http://www.tup.com.cn,http://www.wqbook.com
地　　址:北京清华大学学研大厦 A 座　　邮　编:100084
社 总 机:010-83470000　　邮　购:010-62786544
投稿与读者服务:010-62776969,c-service@tup.tsinghua.edu.cn
质量反馈:010-62772015,zhiliang@tup.tsinghua.edu.cn
课件下载:http://www.tup.com.cn,010-83470236

印 装 者:三河市铭诚印务有限公司
经　　销:全国新华书店
开　　本:185mm×260mm　　印　张:32　　字　数:741 千字
版　　次:2019 年 7 月第 1 版　　印　次:2023 年 9 月第 4 次印刷
定　　价:59.00 元

产品编号:067270-01

前言

一台完整计算机(系统)包含硬件和软件,硬件是功能实现的根基,软件指示硬件的工作任务,用于扩展硬件功能。近二十多年来,由于计算机技术的迅猛发展及其应用领域的不断延伸,以单台计算机为基础,衍生出计算机科学与技术、软件工程、网络工程、信息安全、物联网工程、数字媒体技术、智能科学与技术、空间信息与数字技术、数据科学与大数据技术等专业,由此形成一个计算机类专业群。可见,底层(硬件)的结构原理与运行机制及其设计实现技术是计算机设计实现及其应用能力建构的必备知识,并已渗透到许多领域,也必将渗透到人类社会活动的方方面面。所以"计算机组成原理"是计算机类各专业的一门专业核心课,在计算机硬件课程体系中具有承上启下的作用,"承"先导课程有"数字逻辑电路"和"汇编语言程序设计","启"后继课程有"计算机体系结构""微型计算机及其接口技术""嵌入式系统及其应用开发""单片机及其应用开发"等。依据地方本科高校应用型人才培养的目标要求及其学生的特点,编写知识体系适宜、层次结构清晰、文字探究可读性强、适应于自主研究性学习的"计算机组成原理"教材是极其必要的。

1. 编写的基本思想

"计算机组成原理"的教学内容不仅繁多复杂、差异性大、理论性强,而且知识具有难、远、长的特点。"难"是知识难以掌握,"远"是理论与实际相距甚远,"长"是知识关系链长。根据地方本科高校应用型人才培养的目标要求和"计算机组成原理"知识内容的特点,借鉴吸收优秀经典计算机组成原理教材的优点,在总结分析自己长期从事"计算机组成原理"及硬件系列课程教学的基础上,本书编写的基本思想为:①在内容范围上,选择定位于本义性"计算机组成原理",围绕经典计算机硬件结构框架,讨论组成部件的设计实现,简要介绍现代计算机的体系结构;②在内容组织上,按先软(设计实现基础)后硬(部件设计实现)、先经典后现代的原则,对经典教材一般结构进行适当调整;③在内容阐述上,以问题场景或知识关联为引导,不仅通俗具体地叙述知识,而且还深化详细地析解知识,使得文字探究可读,适用于学生自主研究性学习。

组成实现是认知物理形态对象的基本途径,整体是由部分分层组成实现的。计算机(硬件)的组成可分为整机、部件、器件和元件等四个层次,通过元件→器件、器件→部件、部件→整机等三级来实现,且分别对应"数字逻辑电路""计算机组成原理"和"计算机体系结构"等三门课程,该三门课程是计算机硬件课程的核心体系,知识关系极为紧密。因此,虽然"计算机组成原理"教材众多,但从内容范围来看,一般可分为本义性和扩展性两种类型,扩展性"计算机组成原理"教材又分为带先导的和带后继的两种类型。本义性"计算机组成原理"教材是以经典计算机结构框架为基础,按计算机三级实现设置硬件课程来规划内容范围。带先导的扩展性"计算机组成原理"教材是考虑不单独设置先导课程"数字逻辑电路",在本义性"计算机组成原理"教材的基础上,增加1~2章来阐述数字逻辑电路的基本知识。带后继的扩展性"计算机组成原理"教材是考虑不另外设置后继课程"计算机体系结构",且"计算机组成原理"与"计算机体系结构"在知识内容上难以区分,在本义性"计算机组成原理"教材的有关章中,增加1~2节来介绍"计算机体系结构"的相应知识(该类型目前出版最多),如在控制器及其设计实现一章中介绍流水线处理技术,主存储器及其组织实现一章改为存储系统及其组织实现,主存储器仅作为存储层次的一部分,等等。同种类型"计算机组成原理"教材,其内容范围差异不大,但扩展性"计算机组成原理"教材体量较大,一般需要90~100课时来完成其所包含知识内容的教学,如此还不如单独设置两门课程。目前,计算机类专业通常单独设置三门或前两门课程来配置计算机硬件核心课程体系,极少把"数字逻辑电路"或"计算机体系结构"的知识内容包含于"计算机组成原理"课程之中。因此,本教材内容范围选择定位于本义性"计算机组成原理"。

本义性"计算机组成原理"教材内容范围的组织结构大同小异,一般分为计算机系统概论、数据信息表示与检验、指令系统、运算方法与运算器、主存储器及其组织、中央处理器、系统总线、输入输出系统(含接口)、输入输出设备等9章。这样的组织结构使得各章之间所包含知识与篇幅差异较大,如指令系统和系统总线两章同运算方法与运算器和中央处理器两章相比,所包含知识与篇幅很少。对此,本教材在组织结构上进行了三方面的调整:一是由于数据信息表示与检验和指令系统两章的知识内容均是计算机结构及其功能部件设计实现的基础,便将它们合并为一章,称为"计算机组成设计实现基础";二是由于性能不高的计算机均采用总线结构,则接口必须面向某一系统总线,即如系统总线一样是标准化的,便将I/O接口的知识内容调整到系统总线一章,称为"系统总线及其I/O接口";三是输入输出设备是输入输出系统的组成部分,便将输入输出系统和输入输出设备合并为一章,称为"输入输出系统及其操作控制"。另外,为便于学生自学了解现代计算机的体系结构,则增加一章"并行处理及其实现体系结构"。所以,本教材分为8章,且按内容组织原则,顺序为:计算机系统概论、计算机组成设计实现基础、系统总线及其I/O接口、运算器及其设计实现、存储器及其组织实现、控制器及其设计实现、输入输出系统及其操作控制和并行处理及其实现体系结构。

地方本科高校的学生普遍存在"重软轻硬"现象,由教材提供一定的文字阅读量、深化具体展开知识探究,是提高学生学习兴趣、促进学生自主研究性学习的途径之一。在知识叙述上,平铺直叙知识内容,没有关联通俗的比较,则文字的可阅读性和趣味性不强;如叙述"微指令格式"时,则同"指令格式"相比较,为什么前者需要配置"顺序控制域",而后者却不需要。在知识析解上,"就事论事"地阐述"怎样做",不深入解释"为什么这样做",则知识可理解性、可探讨性不高;如解释"指令功能分类"时,则应从计算机的功能特性与工作原理出发,来解释为什么需要配置这些类型的指令。特别地,依据基于问题学习(PBL)教学理论,每一节都配置一段问题引导,通过关联场景,提出本节需要讨论的知识和解决的问题,有利于基于问题学习的实现和学生自主研究性学习。

2. 教材各章概述

教材共8章,可分为三个部分。第一部分包括第1、2章。第1章回顾计算机发展的历史,展望计算机发展的未来,介绍计算机的功能特点与应用领域,讨论计算机的结构原理与组成实现,分析软硬件关系及其等效性、虚拟计算机等概念,阐述计算机的性能指标与分类和计算机系统的层次性。第2章介绍数据表示、数据检验和指令系统及其相关概念,讨论非数值数据的编码和数值数据的表示方法及其功效特征,分析数据检验编码的原理及其方法,阐述指令格式及其结构类型、指令功能分类、寻址方式和堆栈及其寻址实现。

第二部分包括第3到7章。第3章介绍总线及其分类、特性、事务等基本概念和常用系统总线与I/O接口标准的性能特点,阐述系统总线的数据交换过程、通信定时方式、分配仲裁方法、单处理机的总线结构,讨论I/O接口及其分类和功能结构。第4章在阐述基本二进制加法器及其进位逻辑的基础上,分析原码与补码加、减、乘、除运算的方法、规则及流程,讨论原码与补码加、减、乘、除运算的逻辑实现与速度提高的途径,介绍算术逻辑运算部件结构设计方法和运算器的组成结构及其组织形式。第5章介绍存储器的分类、性能指标、存储系统和地址译码等基本概念,分析MOS型半导体存储器芯片的结构原理与组成逻辑、特性与引脚,讨论主存储器容量扩展与带宽扩展的组织实现技术。第6章在介绍中央处理器的功能模型与性能指标、控制器的功能结构与实现方法等的基础上,分析指令处理流程中的状态转换及其相应的数据通路、微操作、微命令和时序信号体系及其控制方式与实现结构原理,讨论微程序设计技术、组合逻辑控制器与存储逻辑控制器的组成结构,阐述控制信号序列发生器的设计方法。第7章介绍输入输出系统及其结构功能与特性类型,阐述中断及其实现的过程原理,讨论各种输入输出操作控制方式的实现原理,分析常用外围设备的结构原理与功能特性。

第三部分即第8章,介绍并行处理与流水线技术的基本概念、实现途径和现代并行计算机的特点分类,讨论流水线处理机、阵列处理机和多处理机等三种并行计算机的结构原理与特点分类,阐述多核技术、多线程技术和超线程技术的概念与实现方法。

另外,每章附有大量的复习题和练习题。复习题即是复习要点,用于检查学生对基本知识掌握是否全面,以便于查漏补缺。练习题用于检查学生对基本知识理解的状态,以便于提高基本知识的应用能力。

3. 教材的特色

目的明确,定位实用。面向地方本科高校培养应用型人才,针对地方本科高校学生的特点,通过该课程学习,为计算机应用能力的建构奠定基础。围绕冯·诺依曼计算机的结构框架,内容范围定位于本义性"计算机组成原理"。

结构新颖,层次清晰。对经典教材一般结构进行适当调整,知识域的组织结构与现有经典教材有所不同。依据先软(设计实现基础)后硬(部件设计实现)、先经典后现代的原则安排知识域的框架结构,使得学习具有由表及里、循序渐进的特性。

问题引导,可读可研。在知识内容关联比较的基础上来叙述知识,可有效地增加文字阅读量、提高可阅读性。通过关联性问题场景来提出问题和通俗化地解释技术方法形成的原理或思维逻辑，可有效地提高可理解性和可探讨性，促进学生自主研究性学习。

在本书出版过程中，得到清华大学出版社、江西师范大学计算机信息工程学院与教务处的大力支持与帮助，清华大学出版社编辑们付出大量辛勤劳动，特别是龙启铭编辑提出了许多宝贵建议；在本书编写过程中，许多从事一线教学的同仁们给出了不少建设性意见，还直接或间接引用了许多专家学者的文献著作（已通过参考文献部分列出），在此一并表示衷心感谢与敬意。

限于作者的知识经验与能力水平，书中一定存在许多错误与疏漏之处，敬请同行专家学者和广大读者批评指正。

作　者

2019 年 5 月

目 录

第 1 章 计算机系统概论 /1

1.1 计算机及其发展与应用 ·· 1
   1.1.1 计算机及其功能特点 ·································· 1
   1.1.2 计算机发展的历史 ····································· 2
   1.1.3 未来计算机的发展 ····································· 6
   1.1.4 计算机应用 ··· 7

1.2 计算机的结构原理 ··· 9
   1.2.1 计算机的工作原理 ····································· 9
   1.2.2 冯·诺依曼计算机体系结构 ························ 12
   1.2.3 计算机功能部件简介 ································ 15

1.3 计算机组成实现与性能分类 ································· 17
   1.3.1 计算机组成与计算机实现 ·························· 17
   1.3.2 计算机组成层次与互连 ···························· 17
   1.3.3 计算机的主要性能指标 ···························· 18
   1.3.4 计算机的分类 ··· 19

1.4 计算机系统及其软件 ·· 21
   1.4.1 计算机系统及其软硬件等效性 ···················· 21
   1.4.2 计算机软件的分类 ·································· 22
   1.4.3 计算机系统的层次性 ································ 23

复习题 ·· 24
练习题 ·· 25

第 2 章 计算机组成设计实现基础 /26

2.1 数据表示与指令系统概述 ···································· 26
   2.1.1 数据表示与二进制编码 ···························· 26
   2.1.2 非数值数据编码 ····································· 27
   2.1.3 线性结构数据表示 ·································· 33
   2.1.4 指令系统及其发展 ·································· 34

2.2 数值数据表示 ··· 36
   2.2.1 数值数据表示的相关概念 ·························· 37

2.2.2　数值数据的表示格式 ………………………………………………… 39
　　2.2.3　定点数的编码及其数值范围 ………………………………………… 41
　　2.2.4　定点机器数的比较与转换 …………………………………………… 47
　　2.2.5　定点机器数符号扩展 ………………………………………………… 50
　　2.2.6　浮点数的编码与数值范围 …………………………………………… 50
2.3　数据校验的编译码与实现……………………………………………………… 54
　　2.3.1　数据校验及其基本思想 ……………………………………………… 55
　　2.3.2　奇偶校验码 …………………………………………………………… 56
　　2.3.3　海明校验码 …………………………………………………………… 59
　　2.3.4　循环冗余校验码 ……………………………………………………… 63
2.4　指令格式与指令功能分类……………………………………………………… 69
　　2.4.1　指令格式及其结构类型 ……………………………………………… 69
　　2.4.2　指令系统的设计要求与功能分类 …………………………………… 74
　　2.4.3　数据传输指令 ………………………………………………………… 76
　　2.4.4　运算操作指令 ………………………………………………………… 78
　　2.4.5　程序控制指令 ………………………………………………………… 79
2.5　寻址方式与堆栈………………………………………………………………… 81
　　2.5.1　寻址方式及其分类 …………………………………………………… 81
　　2.5.2　指令寻址方式 ………………………………………………………… 82
　　2.5.3　操作数寻址方式 ……………………………………………………… 83
　　2.5.4　堆栈及其寻址实现 …………………………………………………… 89
复习题 ………………………………………………………………………………… 94
练习题 ………………………………………………………………………………… 96

第 3 章　系统总线及其 I/O 接口　　/100

3.1　总线的基本概念………………………………………………………………… 100
　　3.1.1　总线及其电路 ………………………………………………………… 100
　　3.1.2　总线的分类 …………………………………………………………… 101
　　3.1.3　总线的特性与性能指标 ……………………………………………… 103
　　3.1.4　总线事务与数据传送方式 …………………………………………… 104
3.2　系统总线特性与连接结构……………………………………………………… 106
　　3.2.1　数据交换过程与传输线分类 ………………………………………… 106
　　3.2.2　总线通信的定时方式 ………………………………………………… 107
　　3.2.3　串行传送的通信方式 ………………………………………………… 111
　　3.2.4　总线仲裁及其仲裁方法 ……………………………………………… 112
　　3.2.5　单机系统的连接方式 ………………………………………………… 117
3.3　系统总线 I/O 接口……………………………………………………………… 120
　　3.3.1　I/O 接口及其分类 …………………………………………………… 120

         3.3.2　I/O接口的功能与结构模型 ·· 121
         3.3.3　串行接口 ··· 123
         3.3.4　并行接口 ··· 126
   3.4　实用标准总线及其I/O接口 ·· 128
         3.4.1　实用标准总线的发展历程 ··· 128
         3.4.2　主流实用总线标准简介 ·· 131
         3.4.3　典型实用接口标准简介 ·· 135
   复习题 ·· 141
   练习题 ·· 142

第4章　运算器及其设计实现　/143

   4.1　二进制基本加法器及其进位逻辑 ··· 143
         4.1.1　二进制基本加法器与串行加法器 ··· 143
         4.1.2　并行加法器及其串行进位 ··· 145
         4.1.3　先行进位及其层级分时 ·· 147
   4.2　定点数加减运算及其逻辑实现 ·· 154
         4.2.1　补码加减的运算方法 ··· 154
         4.2.2　补码加减运算上溢判断方法 ·· 158
         4.2.3　补码加减运算的逻辑实现 ··· 163
         4.2.4　移码加减运算及其逻辑实现 ·· 164
         4.2.5　十进制加运算及其逻辑实现 ·· 167
   4.3　定点数乘运算及其逻辑实现 ··· 170
         4.3.1　乘法器种类与手工运算的改进 ·· 170
         4.3.2　有符号数的移位与舍入规则 ·· 172
         4.3.3　原码一位乘法及其逻辑实现 ·· 173
         4.3.4　补码一位乘法及其逻辑实现 ·· 177
         4.3.5　两位乘运算方法 ··· 180
         4.3.6　阵列乘法器 ··· 185
   4.4　定点数除运算及其逻辑实现 ··· 188
         4.4.1　除法器种类与手工运算的改进 ·· 188
         4.4.2　原码除法及其逻辑实现 ·· 190
         4.4.3　补码除法及其逻辑实现 ·· 193
         4.4.4　阵列除法器 ··· 199
   4.5　浮点数算术运算方法与逻辑运算实现 ··· 201
         4.5.1　浮点数加减运算方法 ··· 201
         4.5.2　浮点数乘除运算方法 ··· 204
         4.5.3　逻辑运算及其实现 ·· 207

4.6 运算器组成及其组织结构 ·· 208
  4.6.1 算术逻辑运算单元与部件 ·· 209
  4.6.2 SN74181 ALU 集成电路芯片 ······································· 211
  4.6.3 定点运算器组成及其组织结构 ····································· 213
  4.6.4 浮点运算器组成结构 ··· 215
复习题 ··· 216
练习题 ··· 218

第 5 章 主存储器及其组织实现 /221

5.1 存储器与存储系统的概述 ·· 221
  5.1.1 存储器的访问与性能 ··· 221
  5.1.2 存储器的分类及其结构 ··· 222
  5.1.3 存储系统及其组织结构 ··· 224
  5.1.4 二级结构存储系统及其比较 ······································· 228
  5.1.5 半导体存储器芯片的一般结构 ····································· 229
5.2 MOS 写常态存储器芯片 ··· 233
  5.2.1 静态存储器芯片的结构原理 ······································· 233
  5.2.2 动态存储器芯片的结构原理 ······································· 236
  5.2.3 静态存储器芯片的读写周期 ······································· 241
  5.2.4 动态 MOS 存储器的刷新 ··· 245
  5.2.5 动态 MOS 存储器的新技术 ······································· 249
5.3 只读与混合 MOS 存储器芯片 ·· 251
  5.3.1 只读 MOS 存储器芯片的结构原理 ································· 251
  5.3.2 混合 MOS 存储器芯片的结构原理 ································· 254
  5.3.3 半导体存储器芯片的特性与引脚 ··································· 255
5.4 主存储器及其容量扩展组织 ·· 257
  5.4.1 主机及其存储器的组成结构 ······································· 257
  5.4.2 主存储器的数据存放方法 ··· 259
  5.4.3 主存储器模块的组织 ··· 262
  5.4.4 主存储器实现及其与 CPU 的连接 ································· 269
5.5 主存储器带宽扩展组织 ·· 279
  5.5.1 主存储器性能提高的技术途径 ····································· 279
  5.5.2 双端口存储器 ··· 280
  5.5.3 单体多字存储器 ··· 282
  5.5.4 多体多字存储器 ··· 283
复习题 ··· 288
练习题 ··· 290

第 6 章 控制器及其设计实现 /293

- 6.1 控制器功能结构与实现方法 ······ 293
  - 6.1.1 中央处理器的功能与结构 ······ 293
  - 6.1.2 中央处理器中的寄存器 ······ 295
  - 6.1.3 中央处理器的主要性能指标 ······ 298
  - 6.1.4 控制器的功能与结构 ······ 299
  - 6.1.5 控制信号序列发生器的实现方法 ······ 302
- 6.2 指令处理的数据通路、微操作与微命令 ······ 304
  - 6.2.1 指令处理流程及其状态转换 ······ 304
  - 6.2.2 指令处理的数据通路及其微操作 ······ 306
  - 6.2.3 模型机及其微命令 ······ 309
- 6.3 时序信号体系及其控制实现 ······ 315
  - 6.3.1 指令周期及其时段划分 ······ 315
  - 6.3.2 控制器时序控制 ······ 317
  - 6.3.3 CPU 内部时序信号体系 ······ 319
  - 6.3.4 时序信号产生器 ······ 322
- 6.4 微程序设计技术 ······ 326
  - 6.4.1 微指令及其基本格式 ······ 327
  - 6.4.2 微程序及其与指令、微指令的关系 ······ 329
  - 6.4.3 微命令的编码方法 ······ 331
  - 6.4.4 微指令格式的类型 ······ 334
  - 6.4.5 微程序运行的控制方法 ······ 336
  - 6.4.6 微程序设计 ······ 341
- 6.5 硬布线控制器与微程序控制器 ······ 346
  - 6.5.1 硬布线控制器 ······ 346
  - 6.5.2 微程序控制器 ······ 348
  - 6.5.3 微程序控制器与硬布线控制器的比较 ······ 350
- 6.6 控制信号序列发生器设计 ······ 351
  - 6.6.1 模型机指令及其控制信号序列 ······ 351
  - 6.6.2 组合逻辑控制信号序列发生器设计 ······ 355
  - 6.6.3 存储逻辑控制信号序列发生器设计 ······ 359
- 复习题 ······ 364
- 练习题 ······ 365

第 7 章 输入输出系统及其操作控制 /371

- 7.1 输入输出系统概述 ······ 371
  - 7.1.1 外围设备的分类与特性 ······ 371

　　　　7.1.2　输入输出系统及其结构功能……………………………………… 373
　　　　7.1.3　输入输出的过程与指令…………………………………………… 374
　　　　7.1.4　输入输出控制的发展历程………………………………………… 374
　　　　7.1.5　输入输出系统的工作方式………………………………………… 376
　　7.2　中断及其实现的结构原理…………………………………………………… 378
　　　　7.2.1　中断与中断源……………………………………………………… 378
　　　　7.2.2　中断请求…………………………………………………………… 381
　　　　7.2.3　中断响应…………………………………………………………… 383
　　　　7.2.4　中断服务返回与中断过程结构…………………………………… 388
　　7.3　输入输出操作的控制方式…………………………………………………… 391
　　　　7.3.1　程序查询控制方式………………………………………………… 392
　　　　7.3.2　程序中断控制方式………………………………………………… 395
　　　　7.3.3　直接存储访问控制方式…………………………………………… 398
　　　　7.3.4　通道控制方式……………………………………………………… 404
　　7.4　输入设备……………………………………………………………………… 407
　　　　7.4.1　键盘………………………………………………………………… 407
　　　　7.4.2　扫描仪……………………………………………………………… 411
　　　　7.4.3　数码相机…………………………………………………………… 412
　　　　7.4.4　其他输入设备……………………………………………………… 415
　　7.5　输出设备……………………………………………………………………… 417
　　　　7.5.1　打印机……………………………………………………………… 417
　　　　7.5.2　显示器……………………………………………………………… 421
　　7.6　存储设备……………………………………………………………………… 429
　　　　7.6.1　磁表面存储器……………………………………………………… 429
　　　　7.6.2　硬磁盘存储器……………………………………………………… 432
　　　　7.6.3　冗余磁盘阵列……………………………………………………… 435
　　　　7.6.4　光盘存储器………………………………………………………… 441
　　复习题…………………………………………………………………………………… 444
　　练习题…………………………………………………………………………………… 446

第8章　并行处理及其实现体系结构　　/450

　　8.1　并行处理及其体系结构概论………………………………………………… 450
　　　　8.1.1　并行性与并行处理………………………………………………… 450
　　　　8.1.2　并行处理体系结构的由来………………………………………… 452
　　　　8.1.3　现代计算机体系结构特点与分类………………………………… 455
　　　　8.1.4　并行计算机及其形成过程………………………………………… 456
　　8.2　流水线处理机………………………………………………………………… 457
　　　　8.2.1　流水线的基本概念………………………………………………… 457

  8.2.2 先行控制及其实现结构……461
  8.2.3 流水线处理机的分类……463
  8.2.4 基于硬件指令高度并行技术……464
  8.2.5 基于软件指令高度并行技术……468
  8.2.6 向量高度并行处理技术……470
 8.3 阵列处理机……473
  8.3.1 操作模型与处理单元结构……473
  8.3.2 阵列处理机的体系结构……475
  8.3.3 阵列处理机的特点与算法……475
 8.4 多处理机……478
  8.4.1 多处理机的提出及其组织形式……478
  8.4.2 多处理机存储器的组织模型……479
  8.4.3 多处理机的通信与访存模型……482
  8.4.4 多处理机的分类与特点……483
  8.4.5 多处理机操作系统的类型……486
 8.5 多核处理器与多线程技术……487
  8.5.1 多核与多核处理器……487
  8.5.2 多核处理器产生的缘由……489
  8.5.3 多线程与超线程……490
  8.5.4 多核多线程……492
 复习题……493
 练习题……494

参考文献 /496

第1章 计算机系统概论

计算机的发明是近代最卓越的科学技术成就之一,计算机的应用标志人类社会进入一个新的历史阶段,计算机的进步成为当今高新技术发展中最活跃因素。本章回顾计算机发展的历史,展望计算机发展的未来,介绍计算机的功能特点、性能指标、应用领域、分类和计算机系统组成,阐明计算机、存储程序、软硬件关系及其等效性、虚拟计算机等概念,讨论计算机工作原理及其过程、体系结构及其演变、计算机系统层次性。

1.1 计算机及其发展与应用

具有划时代意义的计算机,发展之迅速,应用之广泛,是始料不及的。那么,从一般概念上,如何描述与理解计算机?它具备哪些功能特点?为什么程序与计算机的关系如此紧密?虽然在人们的工作生产和生活学习中,都能够看到或使用计算机,但概括起来,其应用可分为哪些领域?而回顾计算机的发展历史、展望计算机的未来,则可一定程度地辨识计算机结构。由此,对计算机就有一个初步概念。

1.1.1 计算机及其功能特点

1. 计算机与存储程序概念

广义说来,计算机是电子计算机的统称,而电子计算机有模拟计算机和数字计算机之分。模拟计算机处理的是连续变化的微电信号物理量,数字计算机处理的是离散的微电信号物理量。目前的计算机都是数字计算机,所以计算机是数字计算机的特指。

从整体概括来描述,计算机是一种能够按预先存入的工作程序连续自动进行信息处理的微电子设备,具体可从四个特征来理解。一是形态特征:计算机是一种微电子设备,采用仅能对"0"与"1"微电信号进行变换的逻辑元件来组建,则计算机的形态特征为变换两种微电信号的物理实体。二是功能特征:计算机用于信息处理,信息的物理表现形式为二进制数,对二进制数处理的基本内涵是运算,为实现运算的高效性,对处理附加存储与传输内涵;由于采用二进制数编码方法来表示的信息类型多样,有数值的也有非数值的,信息处理中的运算是广义的,而不是狭义的数值运算,通常称为加工,则计算机的功能特征为对二进制数进行加工(运算)、存储和传输。三是工作特征:计算机的一个计算任务(或信息处理任务)即是一段程序,由排列有序的系列运算(含存储和传输)组成,系列运算是连续的,且一个运算结束切换到另一个运算开始,不需要人工干预,则计算机的工作特征为连续自动。四是条件特征:计算机连续自动进行信息处理的前提是"存储程序",

所谓存储程序是将程序和原始数据预先存入计算机中,再启动计算机运行程序;这样,程序中所包含的系列运算才能连续自动地执行,则计算机的条件特征为存储程序。

程序是人们根据计算任务及其计算方法,采用一定方式描述的计算机的工作步骤。如计算 $y=(a+b-c)/d$,若采用数学描述方式,计算机工作步骤为:$p=a+b \rightarrow q=p-c \rightarrow y=p/d$,其中 a、b、c、d 为原始数据,y 为最终结果,p、q 为中间结果。可见,程序是计算机工作程序的简称。计算机能直接识别的程序描述方式是机器指令,所以从本质说来,程序即是一串指令序列,而指令是指示计算机工作的基本单元。

2. 计算机的功能特点

计算机的功能是对二进制数进行运算、存储和传输,其中运算是核心。计算机得到广泛应用与其功能特点是分不开的,也是其他计算工具所不具备的。计算机的功能特点主要表现在五个方面。

(1) 快速性。

计算机采用高速逻辑元件,为快速处理信息奠定了物质基础。且计算机采用存储程序思想,一旦启动,则连续不断地执行工作任务,直到计算任务完成为止,从而使计算机的功能得到高效发挥。

(2) 通用性。

采用二进制编码方法,使得计算机不仅可以处理数值数据,也可以处理非数值数据,非数值数据内涵极为丰富,如语言、文字、图形、图像、声音等。另外,计算机对程序的存储与运行没有任何限制,是否应用计算机来完成计算任务,取决于是否配置了相应程序。程序越丰富,应用范围越大。

(3) 准确性。

准确性包括计算精度和计算方法两方面含义。计算机中的信息采用二进制编码形式,计算精度取决于运算的二进制位数,位数越多精度越高。当然,计算精度还与计算方法有关,而任何优质复杂的计算方法都可由程序来描述。

(4) 逻辑性。

逻辑判断与逻辑运算是计算机的基本功能之一。运行包含逻辑判断和逻辑运算的程序,计算任务则具有逻辑性。

(5) 存储性。

计算机拥有容量巨大的存储部件,存储部件不仅可以存储程序和原始数据,还可存储中间与最终结果;不仅可存储数值信息,还可存储文字、图像、声音等非数值信息;不仅可存储当前需要的信息,还可存储将来可能需要的信息。

1.1.2 计算机发展的历史

1. 计算机发展的萌芽

在计算机出现之前,虽然已有算盘、计算尺、机械计算机等计算工具。但由于人类社会的不断进步和科学技术的不断发展,迫切需要速度快、精度高、通用强的计算设备。人们经过长期不断研究与探索,终于于 1946 年 2 月在美国宾夕法尼亚大学诞生了第一台电子计算机。

美国军方资助由莫尔电气工程学院教授博雷纳德(J. Brainerd)负责、历经 20 年成功研制的初雏计算机是利用开关手动编程,取名为 ENIAC(Electronic Numerical Integrator And Computer,电子数值积分计算机)。ENIAC 采用十进制数,加法运算速度 5000 次/秒;共用 18000 个电子管,20 个 10 位的累加器;重达 30 吨,占地 170 平方米,耗电 140kW。

美籍匈牙利数学家、计算机之父冯·诺依曼(John von Neumann)从 1940 年起则担任 ENIAC 项目研究组的顾问,在 ENIAC 投入运行之前,就意识到程序与计算机分离的弊端。把程序存放于计算机外部电路,需要计算机进行系列运算时,必须先由人工临时连接数百条极为复杂的控制线路。对于一个计算任务,计算机运算只是几分钟的事,但往往需要一两天时间来连接复杂的控制线路。这不仅繁杂、效率低,而且不能充分发挥计算机高速运算的特点。因此,冯·诺依曼于 1946 年 6 月回到美国普林斯顿大学高级研究院,提出了"存储程序"的概念及其"程序控制"的计算机体系结构,即将计算机外部手动连接控制线路改为内部自动连接,并开始 EDVAC(Electronic Discrete Variable Automatic Computer,电子离散变量自动计算机)的研制,但由于多种原因,直到 1951 年才问世。而吸收冯·诺依曼"存储程序"计算机的设计理念,英国剑桥大学则于 1949 年成功研制出存储程序控制的计算机,成为真正意义的现代计算机。

计算机的诞生得益于英国的数学家布尔(G. Bool)和图灵(A. Turing)。在 19 世纪末,布尔将形式逻辑的推理转变为逻辑代数的运算,创立了"逻辑代数",从而为逻辑电路的设计奠定了数学基础。1936 年,图灵提出抽象的计算模型(称为图灵机),只要对计算任务的人工运算过程进行抽象描述(即程序),即可由虚拟的机器来完成抽象描述的计算任务,并从理论上证明了虚拟机器存在的可能性。沿着图灵机方向,计算机科学理论才得到迅速发展。

2. 计算机发展的进程

计算机在七十多年的发展历程中,可分为两个发展时期。前三十多年为逻辑器件换代期,以逻辑器件更新设计为主体,使个体性能不断提高;后三十多年为体系结构改进期,以逻辑器件组织设计为主体,使整体性能不断提高。当然,计算机逻辑器件的换代,体系结构一定随之更新;计算机体系结构的改进,一定程度上依赖于逻辑器件的发展。以逻辑器件换代为标志,计算机发展一般划分为四个时代。

(1) 电子管计算机时代(20 世纪 40 年代中期到 50 年代后期)。

电子管计算机使用的逻辑元件为电子管。存储器采用延迟线或磁鼓,编程语言主要采用机器语言,后期采用汇编语言。电子管计算机体积大、重量大、速度慢(万级)、价格贵、可靠性差、功耗高、存储容量很小(K 级),主要应用于科学计算。

(2) 晶体管计算机时代(20 世纪 50 年代后期到 60 年代中期)。

晶体管计算机使用的逻辑元件为晶体管。主存储器一般采用磁芯,辅助存储器采用磁鼓或磁带;开始采用高级语言如 FORTRAN、Cobol 编程,同时出现了操作系统的初雏——管理程序。晶体管计算机体积、重量、功耗和价格均有所降低,可靠性、速度(几十万级)、存储容量(M 级)均得到提高,应用领域扩展到数据处理与工程设计。而辅助存储器的出现使计算机体系结构得到一定改进。

(3) 集成电路计算机时代(20世纪60年代中期到70年代中期)。

集成电路计算机使用的逻辑器件为集成电路(SSI或MSI或LSI)芯片。主存储器采用半导体,辅助存储器一般采用磁盘;由于虚拟存储技术与缓存技术的应用,存储系统的概念得以明确;微程序技术的应用,使得出现了微程序控制器;高级语言如BASIC、Pascal更加流行,管理程序发展为操作系统。集成电路计算机体积、重量和功耗明显减小,价格有所降低,可靠性、速度(百万级)、存储容量(G级)均得到极大提高;应用领域进一步扩大,尤以工业控制最为突出。而存储系统与微程序控制器使计算机体系结构得到极大改进,开始注重逻辑器件的组织技术,如流水线等并行处理技术的应用等。特别是计算机巨型化与小型化、专用性与通用性成为计算机两极发展的趋势。

(4) 超大规模集成电路计算机时代(20世纪70年代中期以后)。

超大规模集成电路计算机使用的逻辑器件为超大规模集成电路(VLSI)芯片。存储器、高级语言和操作系统等进一步完善与提高,出现了混合存储器、相联存储器、GUI操作系统等。集成电路制造技术的提高,在规模、性能和价格上,使集成电路芯片按摩尔定理(每18个月规模翻一番、性能提高一倍、价格降低一半)不断更新,而且正向智能化迈进,同时还推动计算机体系结构的不断改进。特别是微型计算机与片上计算机出现,成为计算机发展史上的两次革命,使计算机应用由生产领域进入到人们的工作与生活当中。通信技术的应用,实现了计算机互连,网络化是当前计算机的基本特征之一。超大规模集成电路计算机体积、重量、功耗、价格不断降低,可靠性、速度(亿级)、存储容量(T级)不断提高,应用领域无限扩大,体系结构多种多样,如单处理器计算机与多处理器计算机、精简指令计算机与复杂指令计算机、指令级并行计算机与数据操作级并行计算机等。

总之,计算机使用的逻辑器件大约每十年获得一次换代,其中超大规模集成电路发展了三十多年。每一次换代,一方面使计算机体积越来越小、重量越来越轻、功耗越来越低、价格越来越低、可靠性越来越高、速度越来越快、容量越来越大,另一方面推动计算机体系结构改善。

3. 微型计算机的发展

20世纪80年代以前,由于计算机体积大、重量大、价格高,难以进入人们的工作与生活之中。不断扩大计算机的应用范围,是计算机获得长足发展的前提。随着集成电路规模的扩大,为体积小、价格低的微型计算机的出现奠定了基础。1976年,21岁的乔布斯等制造出第一台微型计算机Apple。1981年,IBM公司选择Intel公司的微处理器和Microsoft公司的操作系统,推出个人计算机(PC),由此微型计算机进入长达三十年的"黄金"发展期,把Intel公司推上了"芯片之王"的宝座,也使Microsoft公司"称霸"于软件行业。根据微处理器字长及运算功能,可将微型计算机的发展划分为以下四个阶段。

(1) 16位定点微处理器阶段(1978—1984年)。

16位定点微处理器的典型产品有Intel公司的8086/8088/80286、Motorola公司的M68000、Zilog公司的Z8000等,期间著名微型计算机产品为IBM公司的个人计算机。16位定点微处理器的主要特点为运算器采用定点运算,采用HMOS工艺,集成度为2~14万个晶体管/片,时钟频率为4~12MHz,速度达1~2MIPS(Million Instructions Per Second,百万条指令/秒),采用多级中断、多种寻址方式、段式存储机构、硬件乘除部件,指令达百条。1981 年 IBM 公司推出以 Intel8088(内部总线 16 位,外部总线 8 位)为 CPU 的 IBM PC,1982 年推出 IBM PC 扩展型产品 IBM PC/XT,即对内存扩充、增加一个硬磁盘驱动器,同时还推出以 Intel8086(内部与外部总线均为 16 位)为 CPU 的 IBM PC。1984 年 IBM 公司又推出以 80286(内部与外部总线均为 16 位)为 CPU 的 IBM PC 增强型产品 IBM PC/AT,且采用了工业标准 ISA 总线。由于 IBM 公司的 PC 机采用技术开放策略,使个人计算机风靡世界。

(2) 32 位定点微处理器阶段(1985—1992 年)。

32 位定点微处理器的典型产品有 Intel 公司的 80386/80486,Motorola 公司的 M69030 等,期间的 PC 产品多样化。32 位定点微处理器的主要特点为运算器采用定点运算,采用 HMOS 或 CMOS 工艺,集成度为百万个晶体管/片,时钟频率为 25～100MHz,速度达 6～40MIPS;具有 32 位地址线,片内包含高速缓冲存储器;特别是 80386/80486 有与之配套的浮点运算器 80387/80487(俗称协处理器),Intel80486 还具有速度选择功能,即高速时钟频率为 100MHz、低速时钟频率为 33MHz。1986 年 Compaq 公司首先推出与 PC 兼容的 386 机种,使 PC 进入到 32 位时代。1987 年 IBM 公司推出以 80386 为 CPU 的 PS/2-50,采用 IBM 独创的微通道体系结构的 MCA 总线;1988 年 Compaq 公司又推出扩展工业标准 EISA 总线的 PC。1989 年 Intel80486 微处理器问世,各公司则推出以 80486 为 CPU 的 PC。之后,由于局部总线技术出现,则推出了局部总线的 PC,如 1992 年 Dell 公司推出 VESA 局部总线的 PC、NEC 公司推出 PCI 局部总线的 PC。而根据总线类型,PC 可分为 EISA 总线、MCA 总线和局部总线等三大分支。

(3) 准 64 位浮点微处理器阶段(1993—2005 年)。

准 64 位浮点微处理器的典型产品有 Intel 公司的 Pentium(奔腾)系列芯片和 AMD 的 K 系列微处理器芯片等。准 64 位浮点微处理器的主要特点为运算器兼具定点与浮点运算,集成度达千万个晶体管/片,时钟频率达 G 级,速度达千 MIPS;32 位或 36 位地址线,64 位数据线,片内包含高速缓冲存储器;采用超标量指令流水线结构,指令高速缓存与数据高速缓存分离,增加网络通信功能等。1993 年 Intel 公司一推出 Pentium 微处理器(即 80586,出于专业保护而另起名),各国则以 Pentium 为 CPU 推出了纷繁多样的 PC。期间,推出了许多高性能微处理器,如 Intel Pentium 系列芯片有 Pentium Ⅰ、Pentium Pro Processor(高能奔腾微处理器,1995 年)、MMX(多能奔腾微处理器,1996 年)、Pentium Ⅱ(1997 年)、Pentium Ⅲ(2000 年)、Pentium 4(2002 年)等,AMD K 系列芯片有 K6、K7 等,从而使高档超级微型计算机的性能超过了早期的巨型机。

(4) 64 位浮点微处理器阶段(2005 年以后)。

64 位浮点微处理器的典型产品是 Intel 公司的 Core(酷睿)系列芯片,主要特点为单片多核、共享二级缓冲存储器。酷睿是一款以提高能效比(每瓦特性能)的节能新型微架构,从此微处理器走向多核时代,微型计算机真正实现了多任务。

4. 我国计算机的发展

我国计算机研究始于 1953 年,1958 年诞生了第一台计算机(103 型通用电子管电子计算机,运算速度每秒 1500 次),晶体管计算机与集成电路计算机分别于 1964 年、1971 年问世。1972—1977 年间,相继研制成功近 20 个型号的 DJS 系列机,速度均在百万级,其中包含微型计算机 DJS—050。之后，又研制成功每秒 500 万次的 HDS—9 计算机（计算机科学家王选院士用于激光排版）和平均每秒 100 万次的 260 计算机。从 1982 年起，我国计算机事业进入到快速发展时期。1983 年国防科技大学成功研制出速度为 1 亿次的"银河Ⅰ"巨型计算机，这是我国高性能计算机发展的里程碑；1984 年联想集团前身——新技术发展公司成立，开创了我国微型计算机研制与推广应用的热潮。

我国高性能计算机经过二十多年的发展，则达到世界先进水平。1995 年，由中国科学院计算技术研究所研制的曙光 1000，峰值达每秒 25 亿次，与美国 Intel 公司 1990 年推出的大规模并行机体系结构与实现技术相近。1997 年，国防科技大学研制的"银河Ⅲ"并行巨型计算机，采用可扩展分布共享存储并行处理体系结构，峰值为每秒 130 亿次浮点运算，综合技术达到 20 世纪 90 年代中期国际先进水平。之后，我国高性能计算机则一直保持国际先进水平之列。2009 年 10 月，由国防科学技术大学研制的首台千万亿次超级计算机"天河一号"诞生，使中国成为继美国之后世界上第二个能够研制千万亿次超级计算机的国家，并在 2010 年 11 月的全球超级计算机 500 强排行榜（又称 TOP500）中排名第一。2013 年 6 月成功研制的"天河二号"，以每秒 33.86 千万亿次的浮点运算速度，成为全球最快的超级计算机。

但在计算机应用的许多方面，我国与国际先进水平相比，一直有一定差距；特别是需要多学科协同研究的嵌入式计算机应用，如数字仪器仪表、医疗检测设备等，还存在较大差距。

1.1.3 未来计算机的发展

1. 计算机发展的方向

目前，程序控制计算机仍是计算机发展的主流，高性能化、专业微型化和功能综合化则是其主要的发展方向。

（1）高性能化。

高性能巨型计算机是冯·诺依曼计算机永恒的发展方向。高性能巨型计算机是计算机科学技术水平的体现，是一个国家尖端科技发展程度的标志，它的研究可以推动计算机体系结构、软硬件理论与技术、计算数学和计算机应用技术等多学科的进步。另外，军事武器、天文气候等领域的模拟仿真与科学计算，随着研究的深入和应用范围的扩大，对计算机的运算速度、存储容量等越来越高。

（2）专业微型化。

专业性超微计算机是冯·诺依曼计算机另一永恒的发展方向。计算机应用领域与市场范围是计算机发展的前提条件，工业控制、信息管理、办公自动化、仪器仪表、家用电器、汽车电子、智能手机、便携式互联网设备等均需要价格低廉的专业性微处理机。另外，专业性超微计算机是计算机应用技术水平的体现。

（3）功能综合化。

计算机互联可有效地实现数据与计算资源共享、提高计算机的使用效率，多媒体技术使计算机可以人性化地集文、图、声、像于一体来接收与展示信息，具备逻辑推理、自适应学习、自行求解问题等能力的计算机是拓展计算机应用的基础。因此，在计算机具备原始计算能力的基础上,实现网络化、多媒体化和智能化等功能是计算机发展的必然要求。

2. 未来计算机的展望

从计算机的发展历程可以看出,逻辑器件和体系结构是推动计算机发展的关键因素,即未来的计算机取决于基础元件和体系结构的变化。由于基础元件的变化必然导致体系结构的更新,因此,未来计算机发展有两条途径:基础元件不变体系结构改变和基础元件改变体系结构更新。而新型的基础元件目前还在理论与应用基础研究中,一般来说,基础元件不变体系结构改变的计算机先于基础元件改变体系结构更新的计算机出现。

(1) 以集成电路为基础的计算机。

在相当一段时期内,基于集成电路的计算机还难以退出历史舞台,也必将是计算机发展研究的主体,其发展研究技术路线有两条。一是继承"存储程序控制"原理,沿着计算机发展的方向,改进计算机体系结构;特别是"第五代智能"集成电路芯片的发展,未来计算机将具有大容量知识存储及其高速检索机构、多媒体信息(如文字、声音、图像等)自动转换接口等能力,从而实现逻辑推理、自适应学习等功能;使计算机不仅如前四代一样,在速度、容量和可靠性等方面进一步得到量的提高,还在"智能"等方面产生一次质的飞跃,这种计算机称为智能计算机。二是摒弃"存储程序控制"原理(即控制驱动),应用如"数据驱动"等新的原理,更新计算机体系结构,即使集成电路芯片不进行大的改变,也可极大地提高计算机速度。"数据驱动"的计算机称为数据流计算机。

(2) 以新型基础元件为基础的计算机。

很多科学家很早就意识到,作为计算机基础元件的集成电路制造工艺将达到极限,速度和规模也将是有限的。20世纪80年代,美国等发达国家则开始新型计算机基础元件的研究,如光电元件、超导元件、生物元件、量子元件等,以这些新型基础元件为基础的计算机相应地称为光电计算机、超导计算机、生物计算机、量子计算机。光电计算机采用光信号传输,处理速度将提高成千上万倍,体积也将进一步缩小;超导器件功耗极低,几乎不耗电,处理速度将提高成百上千倍;生物计算机不用电,模拟人的机能即时处理大量复杂信息,处理速度不可估量。新型基础元件的计算机将使计算机绽放出新的光彩。

1.1.4 计算机应用

1. 计算机应用的发展

随着计算机的发展,计算模式在不断更替,计算对象(信息)在不断扩展。一般说来,计算模式经历了主机计算、个体计算、分布式计算和普适云计算等四个阶段,相应的对象也由数值数据、字符数据扩展到多媒体(图声)数据、行为数据(大数据),从而推动了计算机应用范围的不断扩大,由初始时期应用于尖端科学研究,逐步推广应用到生产与工作中,目前已渗透到人们的学习与生活。计算机的应用,不仅提高了人类社会各种活动的效率和质量,同时还不断地转变人类社会各种活动的方式,如生产已由前生产方式转变为后生产方式,工作则由群体办公方式转变为个体办公方式。根据"存储程序"思想,计算机必将应用于人类社会任何活动之中。

2. 计算机应用的领域

计算机的应用几乎涉及人类社会的各个领域,从军事到民用,从尖端科学到消费产品,从单位部门到个人家庭,都可看到计算机应用的踪迹。但综合起来,计算机应用主要有科学计算、数据处理、自动控制、辅助工作、异域通信、人工智能等六个领域。

(1) 科学计算领域。

在现代科学研究、产品开发和工程技术等的研究过程中,往往存在大量复杂的计算,如高能核物理中热核反应控制条件及能量的计算、桥梁隧道设计中材料受力的计算、应用开发中相关参数的计算等,利用计算机运算高速、结果准确的特点,不仅可减轻计算的工作量,还可能解决人们无法完成的计算。MATLAB、SPSS等是用于科学计算的具有一定代表性的软件。计算机在科学计算的应用,使得研究开发方式由实物试验转变为模拟试验。

(2) 数据处理领域。

所谓数据处理是指对数据进行统计加工、存储传输等进行相互关联的系列操作,它已渗透到人们日常工作与生活中的方方面面,如财务的核算分析、数据资料的查阅保存、仓库酒店的统计报表等。数据处理具有操作繁杂、信息量大、涉及面宽等特点,利用计算机实现,及时高效、节约人力物力,为信息共享奠定了基础。Office、ERP、办公自动化、机场车站调度、家庭理财等软件则是工作生活中常用的数据处理软件。特别是数据处理与仿真计算的结合,使得以信息管理系统为基础建立的、具有优化预测功能的决策支持系统,成为当前数据处理领域的重点。计算机在数据处理的应用,使得无纸化个体办公成为可能。

(3) 自动控制领域。

自动控制包含生产过程与产品自身两个方面。产品生产过程往往环节多、工艺复杂,利用计算机对生产过程进行自动检测与控制,以实现灵敏精准控制,可有效地改善工作条件、增强控制的精准性与灵敏性、降低劳动强度与生产成本、提高生产效率和产品质量,如化工生产过程中对流量与压力等参数控制、产品包装过程的自动化、食品与建筑材料的自动配料等。生产过程自动化是实现"无人车间"和后生产方式的基础。嵌入式计算机的应用,使得许多产品设备具有自动化与智能化的特性,如智能家电、汽车电子、数控机床、仪器仪表、智能手机等,家庭生活电脑化已成现实。特别是用于医疗检测的自动化设备,改变了病情诊断方式,由过去的以听看问为主变为以人体指标综合分析为主。

(4) 辅助工作领域。

对于事务性工作如数据处理,使用计算机可完成大部分主要任务。但对于比较复杂具有思维特性的工作,使用计算机仅完成小部分次要任务;在工作过程中,计算机起辅助作用,目前主要有计算机辅助设计(CAD)、计算机辅助制造(CAM)、计算机辅助教学(CAI)等。计算机辅助设计是利用计算机帮助设计人员进行产品设计,从而可以缩短产品设计周期、加速产品的更新换代、使产品设计达到最佳效果,如机械CAD、建筑CAD等。计算机辅助制造是利用计算机对生产资源进行管理调度与操作控制、对产品生产的流程工艺进行优化与检测,从而可以提高产品的生产质量、缩短产品质量周期,如数控机床、生产调度软件等。计算机辅助教学是利用计算机帮助教师和学生进行课程教学与测验、提问与解答、模拟演示等,从而提高学生的学习积极性与主动性,有利于保证教与学的质量,如多媒体课件、教学资源软件、远程教学软件、数字图书馆等。

（5）异域通信领域。

在人们的生产、工作和生活中，人、设备、工具、环境等之间，随时随地均存在大量信息交换。随着计算机网络（含互联网和物联网）、多媒体技术和嵌入式计算机发展，使人与人、人与物、物与物等之间进行即时异域信息交换和共享得以实现，从而提高生产工作效率和人们生活质量。如电子银行、电子商务、电子政务、数字社区、网络售票、远程会议、远程医疗、远程监控和智能楼宇等，有力地推动着社会信息化的发展。

（6）人工智能领域。

人工智能是指利用计算机来模仿人的智能活动，使计算机具有识别语言、文字、图形、图像，以及进行判断、理解、学习、演绎、求解和自适应等的能力。目前，人工智能在语音识别、文字翻译、密码分析等方面已取得突破性进展，具有专门知识的专家系统和具有一定"思维"能力的机器人的出现，是人工智能研究的标志性成果，新一代计算机必将是人工智能研究成果的集中体现。如应用在医疗工作中的医学专家系统，能模拟医生分析病情，提供病情咨询，为病人开出药方等；机器制造业中采用的智能机器人，可以完成各种复杂加工、承担有害与危险作业。

计算机应用领域极其广泛，并随着计算机技术的深入与发展，还在不断地扩大，难以一一列举。

1.2　计算机的结构原理

1.1节已对计算机及其属性、功能特点、发展历史、应用范围等有了较深刻的理解，对计算机的结构和与程序的关系也有初步认识。那么，为什么其内在功能仅是对二进制数进行运算、存储和传输，但应用却如此广泛、外在功能却如此强大？为什么通过存储程序就能够连续自动高效率工作？这就需要从计算模型的概念出发，在理解计算机的工作原理、工作过程和体系结构的基础上，就可找到答案。

1.2.1　计算机的工作原理

1. 计算模型及其基本内容

计算模型是完成计算任务所必须遵循的基于形式化描述的基本规则，对所有计算方法进行高度概括与抽象是计算模型建立的基础。工作单元（对计算机来说即是指令）之间存在处理次序与数据依赖等两种关联性，用于控制处理次序的工作驱动与数据依赖机制的数据传递是计算模型的基本内容。数据传递是指依据数据依赖关联性，实现一个工作单元向另一个工作单元传送数据，数据传递方式有共享存储和专用存储等两种。工作驱动是指依据处理次序关联性，实现一个工作单元结束向另一个工作单元开始转换，目前，工作驱动方式有程序驱动和非程序驱动等两类。工作驱动方式是计算模型的核心，计算机的驱动方式不同，工作原理则不一样，因此它是区分传统计算机与新型计算机的关键。

传统计算机采用的是程序驱动方式，非程序驱动方式目前主要有数据驱动、需求驱动和模式匹配驱动，其中数据驱动计算模型及其相应的数据流计算机体系结构研究较为完善。数据驱动是指程序中任一条指令（即工作单元）所需的操作数齐备，就可立即进行处理。数据流计算机的特点是充分支持指令级并行性的实现,只要有足够多的处理单元,相互间不存在数据依赖的指令都可以并行处理,程序各条指令的处理次序由指令间的数据依赖关系决定。而数据传递方式采用专用存储,每个操作数经过指令使用一次后就消失,变成结果数据供下一条指令使用。

2. 计算机的工作原理及其特点

计算机虽然历经了七十多年发展,逻辑器件和体系结构发生了惊人的变化,但其工作原理并没有任何变化。计算机的工作原理包含三个方面:①按程序中指令的排列顺序自动转换工作单元来驱动程序运行,计算机则可完成程序所描述的计算任务,这是图灵机的思想,称为"顺序驱动";②在启动计算机计算之前,应把根据计算任务、由人工编制的程序及其所需要原始数据存入到计算机之中,使程序和原始数据与计算机融为一体,这是冯·诺依曼"存储程序"的设计理念;③以布尔代数为基础,包含系列运算的计算任务所对应的程序采用二进制编码的指令来描述时,则可由指令来控制逻辑电路,实现对信息的处理,称为"指令控制"。概括地说,计算机的工作原理为"存储程序、顺序驱动、指令控制",它是科学家历经上百年集体智慧的结晶。根据该工作原理设计实现的计算机通常称为"存储程序控制计算机"或"冯·诺依曼型计算机",它具有以下特点。

(1) 一台完整的计算机(计算机系统)包括硬件(机器)和软件(程序)两个部分,只有硬件和软件融于一体,计算机才能正常工作并发挥作用。特别注意,通常讲的计算机是指计算机系统,但在"计算机组成原理"课程则特指计算机硬件(或机器)。

(2) 计算机由运算器、存储器、控制器、输入设备和输出设备等五大功能部件组成,运算器用于对数据进行运算,存储器用于存放程序和数据,控制器用于控制指令的处理次序及其执行,输入输出设备用于操作人员与机器进行信息交换。

(3) 程序是一串有序指令的集合,计算机仅能按程序中指令序列的顺序自动逐条执行指令,但可通过转移控制指令来改变程序指令序列的顺序执行指令。这是任何计算机指令系统必须具有信息处理功能的转移控制指令的原因。

(4) 指令和数据都采用二进制编码表示,且等同地预先存放在存储器中,指令一般包含操作码和地址码(操作数)两部分。

(5) 存储器可记忆大量的二进制数,这些二进制数按位数相同且固定不变的存储单元操作,每个存储单元均有唯一对应的编号(地址),且编号是按一维线性来编制的,即存储器是以存储单元为访问单位的一维线性空间。

(6) 计算机利用程序计数器来指示当前处理指令在存储器中的存储单元地址,由于程序指令序列在存储器中是连续存放的,则程序计数器通过顺序递增来实现程序指令序列的顺序,通过转移控制指令改变程序计数器中的地址来改变程序指令序列的顺序。可见,实际的指令处理顺序是由程序计数器控制,由程序指令序列及其转移控制指令来决定。

但现代计算机也存在两个弱点:一是在不考虑指令处理资源的情况下,指令之间关联性的本质是数据依赖,而采用"程序顺序驱动"时,则强加了一个"顺序关联",使得原本可以并行处理的指令却必须串行处理;二是由于存储单元采用一维线性来组织,信息检索速度有限,难以适应非数值数据的运算与存储。

3. 计算机的工作过程

程序控制的计算机,不可能单纯地利用计算机来完成一个计算任务,而需要人机结合。根据"存储程序"的原理,启动计算机工作之前,需要预先将用于控制计算机工作的程序送入计算机的存储器中,而程序是人工编制的。可见,利用计算机完成计算任务可分为人工编制程序和机器运行程序两个阶段。

(1) 人工编制程序。

对于任何一个物理问题,可以从问题规范出发,经过数学描述建立起数学模型。后经数值分析,将数学模型转变为近似的数值计算公式。按该计算公式拟定出计算流程,进而编制相应的计算程序。例如,从具体的物理问题得到数学模型 $y=ax^2+bx+c$,而对应的计算流程为:

取 x 到运算部件中,计算 x×x 得 x^2,使 x^2 存于运算部件中;

取 a 到运算部件中,计算 a×x^2 得 ax^2,使 ax^2 存于运算部件中;

取 b 到运算部件中,计算 b×x 得 bx,使 bx 存于运算部件中;

计算 ax^2+bx,使 ax^2+bx 存于运算部件中;

取 c 到运算部件中,计算 ax^2+bx+c,使 ax^2+bx+c 存于运算部件中。

特别地,可将数学模型 $y=ax^2+bx+c$ 改为 $y=(ax+b)x+c$,则计算流程的步骤可以减少。

根据计算流程,写成与计算步骤一一对应的机器指令,则完成了程序的编制。假设机器指令的由操作码和地址码各为 4 位和 8 位。则计算 $y=ax^2+bx+c$ 的程序如表 1-1 所示。

表 1-1 计算 $y=ax^2+bx+c$ 程序清单

存储器存储单元地址	指令		注 释
	操作码	地址码	
00000000	0001	00001100	取 x 到运算部件中
00000001	0100		计算 x×x 得 x^2 存于运算部件中
00000010	0001	00001101	取 a 到运算部件中
00000011	0100		计算 a×x^2 得 ax^2 存于运算部件中
00000100	0001	00001110	取 b 到运算部件中
00000101	0100		计算 b×x 得 bx 存于运算部件中
00000110	0011		计算 ax^2+bx,结果存于运算部件中
00000111	0001	00001111	取 c 到运算部件中
00001000	0011		计算 ax^2+bx+c,结果存于运算部件中
00001001	0010	00010000	存 ax^2+bx+c 结果于存储部件中
00001010	0101		输出打印
00001011	0110		停机

续表

存储器存储单元地址	指令 操作码	指令 地址码	注释
00001100		x	原始数据 x
00001101		a	原始数据 a
00001110		b	原始数据 b
00001111		c	原始数据 c
00010000		y	存放结果 y

(2) 机器运行程序。

人们利用输入设备将程序与原始数据存入存储器后，就可启动计算机进行工作，其工作的依据是已存入存储器的程序，即计算机的工作是运行程序。程序是一串指令序列，而指令是计算机工作的基本单元。因此，计算机运行程序有两项任务：取指令与执行指令。根据"顺序驱动"原理，控制器按程序中的指令序列，自动地顺序或非顺序从存储器中逐条取出指令；根据"指令控制"原理，控制器将取出的指令解释成相应的操作命令或控制信号（也是二进制数），控制各部件或器件的动作，以实现指令所表示的信息处理功能。如此，反复地取指令与执行指令，直到程序运行结束，则完成程序所规定的计算任务。具体的机器运行过程如下：

程序和数据预先存于机器存储部件的 0 号到 16 号单元中，控制器指示当前执行指令地址的程序计数器初始值为 00000000。启动机器后，控制器根据程序计数器所指地址取出第一条指令（即指令的二进制编码），且程序计数器的内容自动加 1 而变为 00000001，即指向第二条指令。控制器对第一条指令进行分析，产生一组控制命令，从 00001100 地址单元中取出操作数 x 到运算部件中，完成取数操作（第一条指令的功能）。进而取出并执行第二、第三、……、第十一条指令，直到停机指令操作，相应程序全部执行完毕，计算任务得以实现。显然，计算机的计算过程就是周而复始地取指令、分析指令、执行指令的过程。

1.2.2 冯·诺依曼计算机体系结构

1. 计算机体系结构及其范畴

"计算机体系结构"一词来源于建筑领域英文 Computer Architecture，其意义是"建筑学"与"建筑物的设计或式样"，是指建筑物的外貌。20 世纪 60 年代这个名词被引入计算机领域，20 世纪 70 年代开始被广泛采用，其研究内容不但涉及计算机硬件，也涉及计算机软件，已成为一门学科。但是，由于计算机软硬件界面在动态地变化，至今有各种各样的理解，很难有一个完整的定义。

计算机体系结构意指程序员看到的计算机（系统）属性，即程序员为编写能在计算机上正确运行的程序所必须了解的计算机属性。但不同计算机语言程序员所看到的计算机属性显然不同，例如高级语言程序员所看到的计算机属性是高级语言系统、操作系统、数据库管理系统等用户界面，汇编语言程序员所看到的计算机属性是通用寄存器、中断机构等。本质上,计算机体系结构所指的程序员是指机器语言程序员和编译程序设计者,计算机属性是硬件的概念结构及其功能特性,是计算机的外特性。因此,计算机体系结构的一般定义是:机器语言程序员所必须了解的计算机概念性结构和功能特性。

计算机体系结构作为一门学科,其研究内容主要有两个方面:一是软件与硬件功能分配或软件与硬件界面的确定,即哪些功能由软件完成,哪些功能由硬件完成;二是如何最佳最合理地实现分配硬件的功能。而具体说来,计算机体系结构(或属性)的范畴有数据表示、指令系统、寻址方式、寄存器组织、存储组织、中断机构、机器状态、输入输出结构、信息保护等。

2. 冯·诺依曼体系结构及其演变

冯·诺依曼对计算机的最大贡献在于提出了"存储程序"概念及其相应的计算机体系结构并成功研制。虽然计算机已发展为一个庞大家族,机种型号繁杂、硬件配置多样、性能应用不同,但其工作原理相同,就其体系结构而言,都是冯·诺依曼体系结构的改进与变形。因此,冯·诺依曼体系结构是原始的,也最具代表性,一直是"计算机组成原理"课程学习的主体。

冯·诺依曼体系结构的计算机是以运算器为中心,输入输出设备与存储器之间的数据传送都需要通过运算器,其体系结构框架如图1-1所示。图中实线为数据线,用于传送指令、信息与地址的编码;虚线为控制线,用于传送控制与状态信号。

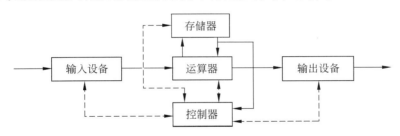

图1-1　冯·诺依曼型计算机的体系结构框架

以运算器为中心,存在数据运算与数据输入输出串行进行的弊端,即当数据输入输出时,运算器不能进行数据运算;当运算器进行数据运算时,数据输入输出不能进行,从而导致功能部件的利用率低,计算机工作速度得不到有效提高。为此,20世纪60年代把计算机转变为以存储器为中心,即输入输出设备与存储器之间可直接进行数据交换,其体系结构框架如图1-2所示,图中实线为控制线,框线为数据线。

为了提高存储器的容量和速度,现代计算机中不仅仅只有存储器,还有存储系统,即采用层次结构来组织各种不同特性的存储器。典型的存储层次包括高速缓冲存储器、主存储器和辅助存储器等三个层次,其中主存储器即是冯·诺依曼体系结构原型中原始意义的存储器,高速缓冲存储器与主存储器合称为内存,辅助存储器则称为外存。其体系结构框架如图1-3所示,图中实线为控制线,框线为数据线。

由于运算器与控制器在逻辑关系和电路结构上联系十分紧密,尤其是在集成电路制造技术出现后,这两大功能部件往往制作在一个芯片上。因此,通常将运算器与控制器有机组合在一起的整体称为中央处理器(Central Processing Unit,CPU)。而计算机中配置

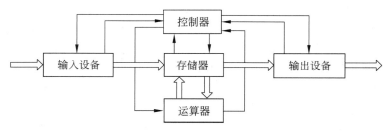

图 1-2　以存储器为中心计算机的体系结构框架

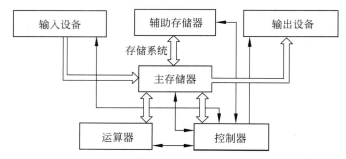

图 1-3　具有存储层次计算机的体系结构框架

的外围设备许多既可输入也可输出,又把输入设备与输出设备统称为输入输出设备(Input/Output Equipment)。这样,现代计算机可认为由三大部分组成:CPU、输入输出设备和主存储器(Main Memory),其体系结构框架如图 1-4 所示,而把中央处理器与主存储器合起来又可称为主机。特别地,在一般情况下,各个功能部件之间不可能直接相连,需要通过具有一定功能的转换电路,这个转换电路称为接口电路,简称为接口。CPU 和主存储器都是微电子产品,它们之间的连接只需要少量器件,即接口很简单,所以在结构框架中无须体现出来。而主机与输入输出设备之间的连接需要大量的器件,即接口很复杂,原因在于一是输入输出设备一般是机电设备,它与微电子产品——主机特性差异大,如速度远低于主机;二是输入输出设备表示的信息格式与主机的不同,需要变换;三是输入输出设备需要向主机报告运行状态等。所以通常讲接口是特指 I/O 接口。

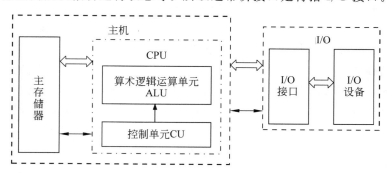

图 1-4　现代计算机的体系结构框架

1.2.3 计算机功能部件简介

冯·诺依曼体系结构的计算机分为运算器、存储器、控制器、输入设备和输出设备等五大功能部件，它们是程序运行的物质基础。在此，仅进行简单介绍，以帮助建立整机概念，后续将进行详细讨论。

1. 运算器

运算器是加工中心，用于信息加工，即对数据进行算术运算和逻辑运算，又称为执行部件，主要由算术逻辑运算单元、累加器和寄存器等组成。算术逻辑运算单元(Arithmetic and Logical Unit，ALU)是具体完成算术与逻辑运算的部件，它是运算器的核心，一般仅需要具备最基本的算术运算与逻辑运算功能，复杂的计算任务都可通过程序控制运算器不断重复最基本的算术逻辑运算来完成，这就印证了"复杂的问题简单化，简单的问题重复做"的道理。寄存器用于存放运算所需要的操作数；不同计算机的寄存器数量差异很大，有的只有几个，有的多达上百个，利用寄存器可减少对存储器的访问次数，提高运算速度；如果寄存器的功用没有限制，则称为通用寄存器。累加器是特殊的寄存器，除用于存放运算操作数外，在连续运算中，还用于存放中间结果和最后结果，累加器也由此而得名。寄存器与累加器的原始操作数一般来自存储器的存储单元，也可来自其他寄存器或 I/O 设备；累加器最后结果既可存放到存储器的存储单元，也可送到其他寄存器或 I/O 设备中。

运算器一次能运算的二进制数的位数，称为机器字长，通常简称为字长，它是计算机的重要性能指标。机器字长一般有 8 位、16 位、32 位及 64 位，寄存器与累加器字长一般应与机器字长相等或者是其整数倍。

2. 控制器

控制器是指挥中心，用于控制计算机各部件或器件自动协调地动作，主要由控制单元、程序计数器和指令寄存器等组成。控制器工作的实质是解释程序，按程序中的指令序列，逐条地从存储器取出指令，经过分析译码，产生一组控制信号（即操作命令），并把控制信号发给各个部件或器件，控制各部件或器件的动作，使整机连续自动、有条不紊地对信息进行处理。

控制单元是控制信号的发源地，形成控制信号的依据为指令编码（在指令寄存器中）、机器状态（各部件即时状态集，在状态寄存器中）和时序信号（由时序信号发生器产生）。程序计数器用来存放当前需要处理的指令地址，一旦利用当前程序计数器内容读取了一条指令，则具有自动加 1（意指自动形成下一条指令地址，不一定是真正加 1）的功能，"顺序驱动"就是由程序计数器来实现的。指令寄存器用来存放当前处理的指令，在指令处理期间，其内容不允许改变。

指令和数据统一存放在主存储器中，形式上都是二进制编码，似乎很难分清哪些是指令字，哪些是数据字，而控制器完全可以分辨出来。一般来讲，利用程序计数器内容，在取指期间从存储器读出的二进制编码即是指令，且流向控制器；而利用指令中的地址码，在执行期间从存储器读出或存入存储器的二进制编码即是数据，且由存储器流向运算器或由运算器流向存储器。可见，计算机中存在三种表示内涵不同的"二进制流"在流动，一是指令流（或控制流），它以指令编码的形式由存储器流向控制器，控制器将其变换为一组控制信号后则分散地流向各部件或器件；二是数据流，主要在存储器与运算器之间相互流动；三是地址流，由控制器流向存储器。

3. 存储器

存储器是存储中心，用于存放程序和数据，主要由存储体、逻辑控制电路、数据与地址寄存器等组成。程序是计算机操作的依据，数据是计算机操作的对象。不管是程序还是数据，在存储器中都是用二进制的形式来表示的，统称为信息。为实现连续自动计算，这些信息必须预先存放在存储器中。

存储器由一定数量的存储单元组成，一个存储单元可存储若干位二进制数，它是存储器访问（Access）的逻辑单位。每个存储单元对应的一个固定不变的编号，称为单元地址，用二进制编码表示。单元地址和存储单元之间是一一对应关系。存储单元是按序编号的，即按一维线性来组织。向存储单元存入或从存储单元取出信息，都称为访问存储器，存储单元存储的二进制数可以通过存入操作来改变。访问存储器时，先通过外部送来的单元地址找到相应的存储单元，再由逻辑控制电路确定访问存储器的方式（即读取或写入），最后进行读取或写入操作。外部送来的单元地址存放在地址寄存器中，访问期间不能改变；读取或写入的信息都需通过数据寄存器，才能完成存储器与外部的信息交换。

4. 输入输出设备

人们熟悉的信息有数字、字母、文字、图形、图像、声音等多种形式，而计算机能接收并识别的信息形式只有二进制编码（二进制数）。输入设备是将人们熟悉的信息形式变换成计算机能接收并识别的信息形式的设备，常用的输入设备有键盘、鼠标、触摸屏、扫描仪、数码相机等。输出设备是将计算机运算结果的二进制信息转换成人们或其他设备能接收和识别的信息形式的设备，常用的输出设备有打印机、显示器、绘图仪等。辅助存储器是计算机中重要的 I/O 设备，它既可以作为输入设备，也可以作为输出设备，常见的辅助存储器有磁盘、光盘和 U 盘，它们与输入输出设备一样，也要通过接口与主机连接。

特别地，计算机中连接的输入输出设备种类与数量，体现计算机外在的功能，即计算机连接的输入输出设备的种类与数量越多，计算机外在的功能越强大。所以，若将现代计算机的体系结构框架进一步细化，则有如图 1-5 所示的细化的现代计算机组成结构框架。

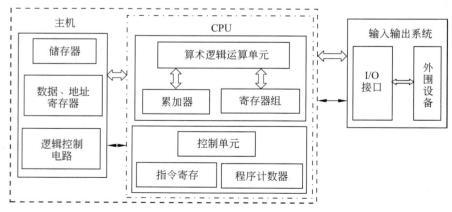

图 1-5　细化的现代计算机组成结构框架

1.3 计算机组成实现与性能分类

对于一个物理实体形态的计算机,如果只从其属性与功能、结构与原理等方面认识,不仅概念抽象,整体性也欠佳。计算机由五大功能部件组成,各功能部件又由什么物理实体组成?功能部件之间存在信息交换,可利用哪些形式来互连?当需要购置一台计算机时,对于繁杂多样的一个庞大家族,有哪些适用子族可供选择?通过哪些指标来甄别?进一步理解了这些问题,就对计算机的整体概念有更加清晰的认识。

1.3.1 计算机组成与计算机实现

计算机体系结构、计算机组成和计算机实现是三个不同的概念,也是计算机设计过程中需要解决的三个不同层次的问题。它们之间关系密切、相互影响、界限模糊,计算机体系结构决定计算机属性,计算机组成是满足计算机属性的逻辑设计,计算机实现则是逻辑功能实现的具体器件选用与连接。

1. 计算机组成

计算机逻辑设计是按所希望达到的性能价格比,最合理地把各种设备和器件组成计算机,以满足计算机体系结构所规定数据表示与指令级的功能和特性。一般计算机组成设计的内容主要包括:功能部件内部结构及其并行性、附加部件或器件配置、部件互连及其技术参数的匹配、缓冲排队技术与可靠性技术的选择、数据通路宽度的确定等。一种计算机体系结构对应多种计算机组成方法,例如,为了使存储器的速度更快,可采用高速缓存、多模块、多寄存器组和堆栈等技术;控制器则可采用组合逻辑、存储逻辑等设计实现方法。

2. 计算机实现

计算机实现是指计算机组成的物理实现,主要内容有模块与底板等的划分与连接、功能部件的物理结构、器件的物理性能、专用器件的设计、微组装技术、制造技术与工艺等。

1.3.2 计算机组成层次与互连

1. 计算机组成实现层次

整体是由各部分分层组成实现的。计算机组成可分为系统、部件、器件、元件和物理等五层,通过物理层→元件层、元件层→器件层、器件层→部件层、部件层→系统层等四级来实现,如图1-6所示。计算机中的部件一般有运算器、存储器、控制器、接口和总线等(输入与输出设备可以直接连接使用,不属于计算机设计实现范畴),器件(即逻辑器件)一般有寄存器、计数器、译码器、分配器、选择器等,元件一般有与非门、或非门、与或非门、同或门等,其中MOS(金属氧化物半导体)和TTL(晶体管-晶体管逻辑)则是物理基件。

2. 计算机组成实现互连

冯·诺依曼体系结构的计算机由五大功能部件组成,功能部件之间存在多种"二进制流"的流动,即功能部件之间存在信息交换(信息是广义的,而不单指计算机概念中的数据信息)。因此,功能部件之间需要通过传输线进行互连,为信息交换奠定物质基础。计算

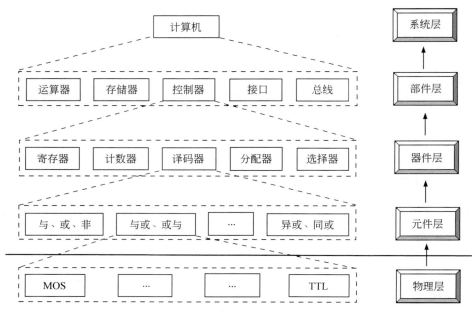

图 1-6　计算机组成实现的层次

机功能部件之间的互连形式主要有共享总线型和专用传输线型等两种,其中共享总线型又有单总线、双总线和多总线之分。专用传输线型是指一组传输线仅能用于两个功能部件进行信息交换,该互连形式传输线繁多、互连复杂、代价高、扩展性差,但信息传输率高,1.2 节的结构描述均是专用传输线互连形式。共享总线互连形式是指一组传输线可以用于两个以上功能部件进行信息交换,该互连形式传输线少、互连容易、代价低、扩展性好,但信息传输率低。目前,对于性能要求不高的微小型计算机,一般采用单总线互连形式,单总线计算机的体系结构如图 1-7 所示。

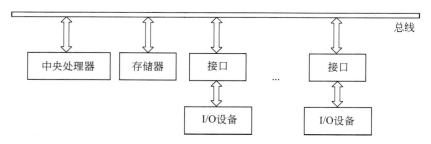

图 1-7　单总线计算机的体系结构

1.3.3　计算机的主要性能指标

计算机技术性能的好坏是由体系结构、指令系统、硬件系统、I/O 设备配置以及软件是否丰富等多因素决定的,评价计算机性能需要综合多项指标,不可能根据一两项技术指标就能得出结论的。计算机的性能一般采用以下三个指标来衡量。

(1) 机器字长。

机器字长是指一次参与运算的二进制数的位数,又称为基本字长,简称字长;而一次参与运算的二进制数称为机器字。不同的计算机,字长可以不同,但一般是字节(8位二进制数)的 2^x(x 为整数)倍,如 8 位、16 位、32 位等。有的计算机还支持变字长,允许变字长运算,如半字长、全字长、双倍字长或多倍字长等。字长决定寄存器、加法器、数据总线等的二进制位数(分别称为寄存器字长、加法器字长和数据总线宽度),直接影响硬件的代价。

机器字长对计算机性能有三个方面的影响:①运算精度;字长越长,运算精度越高,反之越低;②数据表示范围;字长越长,数据表示范围越大,对于浮点格式,数据表示精度还可同时提高;③运算速度;当数据字长大于基本字长时,需多次运算,从降低了运算速度。

(2) 主存容量。

主存容量是指主存可以存储的最大的二进制位数(bit,缩写为 b)。不同的计算机,主存容量可能差异很大,同一台机器能配置的主存容量也有一个允许的变化范围。由于约定 8 位二进制数为一个字节(Byte,缩写为 B),则主存容量通常以字节为单位来计算。常用的主存容量单位还有 K(Kilo)、M(Mega)、G(Giga)、T(Tera),且有:

$1KB=2^{10}B=1024B$ $1MB=2^{10}KB=1024KB$

$1GB=2^{10}MB=1024MB$ $1TB=2^{10}GB=1024GB$

在主存储器中,一个存储单元所存放的二进制位数称为存储字长,而存放的二进制数称为存储字,存储单元的数量称为存储字数。由于存储单元是按一维线性的方式组织,则有:

存储容量(b 或 B)=存储字数 M×存储字长 N(b 或 B)

(3) 运算速度。

计算机的运算速度与许多因素有关,如时钟频率、存储速度、操作类型等。目前,普遍采用的度量参数有两种:①单位时间平均处理指令的条数,用 MIPS(百万条指令/秒)表示;②单位时间平均执行浮点运算的次数,用 MFLOPS(Million Floating Point Operations Per Second,百万浮点运算次数/秒)表示。

采用 MIPS 和 MFLOPS 来度量计算机的运算速度,均存在不足。MIPS 的不足之处有:①MIPS 依赖于指令系统,对于一个计算任务,指令系统越简单,程序所包含指令越多,MIPS 越大。②MIPS 还与具体程序有关,对于一个计算任务,不同程序员编制的程序不同,MIPS 也不同。而 MFLOPS 不足之处主要在于仅能衡量计算机浮点操作的速度,而不能体现计算机整体的性能,如由于编译程序包含的浮点操作极少,对于任何计算机,MFLOPS 都不高。

1.3.4 计算机的分类

从不同的角度出发,可对计算机进行不同的分类。一般可依据用途范围和规模速度等来分类。

1. 按用途范围分类

依据计算机的用途范围,可分为通用计算机和专用计算机。

(1) 通用计算机。

通用计算机是指为适应多领域应用而设计的计算机,如个人计算机、笔记本电脑等。通用计算机具有功能齐全、软件兼容性较强、I/O 设备配置较齐全等特点,不同应用会不同程度的影响其运行效率、运算速度及其经济性。

(2) 专用计算机。

专用计算机是指为适应某种特殊应用而专门设计的计算机,如过程控制系统、汽车电子、智能家电等。专用计算机具有运行效率高、软件兼容性弱等特点。

2. 按规模性能分类

依据计算机的规模性能分类是计算机界流行的分类方法,一般可分为巨型计算机、大中型计算机、小型计算机、微型计算机、小巨型计算机、工作站和嵌入式计算机等七种类型。

(1) 巨型计算机。

巨型计算机是指运算速度达每秒亿级以上浮点运算、主存储容量百万 M 字节以上、字长 32 位以上、价格极其昂贵的计算机,主要用于尖端科学、战略武器、气象预报、社会经济等领域的科学计算与模拟仿真。巨型计算机的生产企业为数不多,美国克雷公司生产的 Crey 系列是著名的巨型计算机,我国国防科技大学研制的"银河"系列和国家智能中心研制的"曙光"系列均属于巨型计算机。

(2) 大中型计算机。

大中型计算机是指运算速度每秒百或千万级、主存储容量百万 M 字节、字长 32 位以上、价格昂贵、指令丰富的计算机,具有通用性较强、I/O 设备配置齐全、负载能力强等特点,主要用于科学计算、数据处理、运营服务等领域。美国 IBM 公司是大中型计算机的主要生产企业,生产的 IBM360、370、4300 以及 9000 系列等均属于大中型计算机,还有日本的富士通、NEC 公司等也生产大中型计算机。

(3) 小型计算机。

由于大中型计算机价格昂贵、操作复杂、维护困难,仅适应于大型企业单位的应用。为满足中小型企业单位对高性能计算机的需要,则推出了价格适中、操作简单、维护容易、性能与大中型计算机接近的小型计算机。美国 DEC 公司生产的 PDP11/20~PDP11/70、美国 IBM 公司生产的 AS/400 等均属于小型计算机。

(4) 微型计算机。

微型计算机是指面向个人或面向家庭的、结构紧凑、性能不高的计算机,具有体积小、重量轻、价格低廉等特点,主要用于事务处理、办公自动化、家庭生活等领域。微型计算机的生产企业众多、种类繁杂,但一般都具有兼容性。

(5) 小巨型计算机。

为使巨型计算机缩小成个人计算机,或者使个人计算机具有巨型计算机的性能而出现的一种计算机。典型产品有美国 Convex 公司的 C 系列计算机、Alliant 公司的 FX 系列计算机等。

(6) 工作站。

工作站是介于微型计算机与小型计算机的过渡机种。工作站的运算速度通常比微型计算机高,其要求配置高分辨率大屏幕显示器和大容量存储器,主要用于特殊的专业领域,如图像处理、计算机辅助设计和大型控制中心等方面。典型产品有 APOLLO 工作站、SUN 工作站等。

(7) 嵌入式计算机。

嵌入式计算机是指作为某种设备的一个部件、面向特定应用而设计开发的专用计算机,具有实时多任务支持能力、结构可扩展、能耗极低、I/O 接口丰富等特点。主要用于智能手机、过程控制、网络产品等,典型产品有 ARM 系列微处理器、MCS51 系列单片机等。

1.4 计算机系统及其软件

一台完整的计算机(计算机系统)是硬件(机器)和软件(程序)相结合的产物,那么,什么是计算机软件,需要为计算机系统配置哪些类型的软件,软件与硬件在计算机系统各起什么作用,计算机系统又有什么特性。计算机系统的功能比计算机硬件强大得多,说明计算机系统的大部分功能是由软件实现的,那么,软件与硬件在功能实现上是否有确定的分界线等等,是本节要讨论的问题。

1.4.1 计算机系统及其软硬件等效性

1. 计算机系统及其组成

根据"存储程序"原理,只有将计算机(硬件)与程序(软件)相结合,计算机才能正常工作并发挥作用。通常把硬件与软件的结合体称为计算机系统,即计算机系统是由硬件和软件两个部分组成,计算机系统的硬件和软件各自成体系,分别称为硬件系统和软件系统。计算机系统组成如图 1-8 所示。

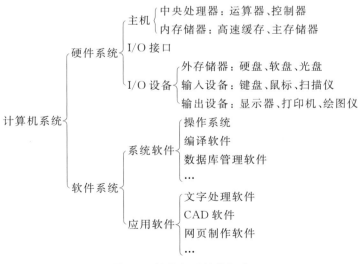

图 1-8 计算机系统的组成

计算机硬件是指计算机系统中看得见、摸得着的物理实体的集合,如电子元器件、电子线路板、硬盘驱动器、显示器等。计算机软件是指为计算机工作而配置的各类程序及其所需要数据的集合,如操作系统、编译软件、文字处理软件等。硬件是计算机系统的物质基础,是软件赖以生存的空间,没有硬件支持,软件的功效无法得到体现;软件是计算机系统的灵魂,是硬件功能的扩充与完善,没有软件的硬件则是一堆废物。硬件和软件相辅相成而不可分割,若把硬件看成是工具,那软件则是工具使用的方法。

2. 软硬件逻辑功能的等效性

如果一台计算机有乘法指令,那么其硬件具有乘法运算功能,即乘法运算是由硬件实现的。如果一台计算机没有乘法指令,那么可利用这台计算机的加法指令和移位指令,编制一段乘法运算的程序,通过多次加、多次移位来实现乘法运算,即乘法运算是由软件实现的,但硬件必须具有加法运算和移位运算功能。由此可见,任何逻辑功能既可以由硬件实现,也可以由软件实现,硬件与软件在逻辑实现上是等效的。硬件实现逻辑功能具有速度快、代价高、灵活性差等特点,而软件实现逻辑功能具有代价低、灵活性强、速度慢等特点;可见,一个逻辑功能是由硬件来实现还是由软件来实现,是综合权衡的结果。对于一台计算机,为什么一般仅需要具备最基本的算术运算与逻辑运算功能,也就可以理解了。因为对于许多复杂运算,如矩阵运算、三角函数运算,则可利用算术运算与逻辑运算,编制一段复杂运算的程序,由软件来实现。计算机系统的绝大多数功能是通过软件对硬件功能进行扩展而来的。

在计算机系统中,硬件与软件功能没有明确的分界线,硬件与软件之间的界面是动态变化的,可以相互转化、互为补充。软硬件功能分配及其界面的确定是计算机体系结构研究的首要任务,它是对设计目标、性价比、各种技术等因素进行综合权衡的基础上来决定的。

随着集成电路制造技术的发展,软硬件相互渗透与融合是必然趋势。目前,软件硬化或固化已极其普遍,即将程序固定存放于半导体只读存储器(ROM),该只读存储器安装于计算机中,程序随用随取而掉电又不丢失,如在 PC 的主板上,都有一块 BIOS 芯片(ROM),基本的输入输出程序就固化在该芯片,这种 ROM 芯片一般称为固件。所谓固件是一种具有软件功能特性的硬件,即形式上是硬件,但却具有软件的功能特性。固件性能介于硬件与软件之间,吸收了软硬件的优点,速度快于软件,灵活性优于硬件,是软硬件结合的产物。

1.4.2 计算机软件的分类

软件是在硬件系统的基础上,为有效地使用计算机而配置的。计算机软件按其功能分为系统软件和应用软件两大类。没有系统软件,计算机系统就无法正常有效地运行;没有应用软件,计算机就不能发挥效能。

1. 系统软件

系统软件是用于对计算机软硬件等资源进行管理、调度、监视和服务等的软件集合,其目的是方便用户使用,提高计算机工作效率。一般可将系统软件分为六类:操作系统、语言处理程序、标准库程序、服务程序、数据库管理软件和网络软件。

操作系统是用于控制和管理计算机软硬件等资源、自动调度用户作业程序、处理各种中断程序,为用户提供友好使用界面的软件。

服务程序(又称为工具软件)是指为扩展计算机硬件功能而配置的诊断程序、调试程序等。

语言处理程序是用于将程序员编制的源程序翻译成计算机硬件能直接识别运行的目标程序。

标准库程序是指为方便用户编程,预先按照标准格式编制的程序段集,用户则可选择合适的程序段嵌入自己的程序中。

数据库管理软件是用于管理计算机系统中的数据文件,以实现数据共享和高效检索的软件。

网络软件是用于对网络资源进行组织和管理,实现相互之间的通信。

2. 应用软件

应用软件是用户为解决某种应用问题而编制的程序,如科学计算程序、自动控制程序、工程设计程序、数据处理程序、情报检索程序等。随着计算机的广泛应用,应用软件的种类及数量将越来越多,功能也越来越强大。

1.4.3 计算机系统的层次性

1. 物理计算机与虚拟计算机

计算机语言(即程序设计语言)描述的信息处理过程都必须编译或解释成计算机硬件能直接识别运行的目标程序,可见,语言处理程序是计算机系统不可分割的一部分。从功能角度来讲,计算机系统仅对某一层次的用户而存在,用户通过该层次的广义语言(含程序设计语言和操作语言)来体现其功能,并为广义语言提供翻译手段的计算机系统则称为虚拟计算机。简言之,通过软件扩展硬件功能的计算机系统即为虚拟计算机。当然,虚拟计算机不一定由软件扩展硬件功能,有时也可由固件扩展硬件功能,但固件具有软件的功能特性。

实际的计算机硬件则称为物理计算机。同样,物理计算机也不一定仅具有计算机硬件,也可由固件来扩展,但固件具有硬件的形态。

2. 计算机系统的结构层次

计算机系统是由硬件和软件组成,同一台计算机通过"存储程序"方法,很容易与不同的一个或多个软件融合于一体。软件是对硬件功能的扩展,当不同的一个或多个软件与同一台计算机相结合,不仅功能不同,而且概念性结构也不同,即计算机系统的属性或结构不同。从虚拟计算机观点来看,不同层次的用户为满足自身应用需要,将不同的一个或多个软件与硬件相结合,构建了不同的计算机系统,可以说,不同层次的用户对应不同层次的计算机系统,计算机系统具有层次性。计算机系统的结构层次如图 1-9 所示,它一般可分为六级。

第 1 级 M1 为硬件逻辑级,它是以机器指令译码为基础,通过控制器形成微操作控制信号序列,建构数据通路,其用户为逻辑设计者。

第 2 级 M2 为机器语言级,它是以指令系统为基础,通过编写机器语言程序,由指令直接控制硬件逻辑,完成用户所需要的相对简单的信息处理,其用户为机器语言程序员。

第 3 级 M3 为操作系统级,它是以由操作系统提供的外部输入命令行为基础,通过操作系统中一段程序进行解释,控制硬件逻辑,完成操作系统规定的相对简单的信息处理,

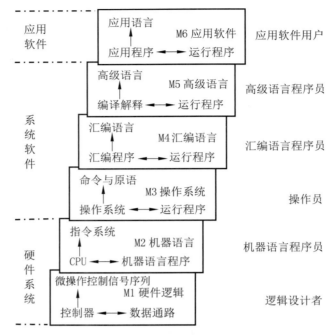

图 1-9 计算机系统的结构层次

其用户为操作系统操作员。

第 4 级 M4 为汇编语言级，它是以汇编语言为基础，通过编写汇编语言程序，由汇编程序进行解释，控制硬件逻辑，完成用户所需要的相对简单的信息处理，其用户为汇编语言程序员。

第 5 级 M5 为高级语言级，它是以高级语言为基础，通过编写高级语言程序，由编译软件进行解释，控制硬件逻辑，完成用户所需要的相对复杂的信息处理，其用户为高级语言程序员。

第 6 级 M6 为应用软件级，它是以应用软件提供的外部输入命令行为基础，通过应用软件中一段程序进行解释，控制硬件逻辑，完成应用软件规定的极其复杂的信息处理，其用户为应用软件操作员。

而从计算机系统组成来看，M1 级与 M2 级是硬件系统的范围，M3 级～M5 级是系统软件的范围，M6 级是应用软件的范围；且 M2 级与 M3 级是软硬件的交界面，指令系统是交界面的具体体现。另外，M1 级与 M2 级的计算机是物理计算机，M3 级～M6 级的计算机是虚拟计算机；虚拟计算机中的软件或程序，必须转换为机器语言程序，才能运行控制硬件逻辑。

复 习 题

1. 什么是计算机？计算机主要有哪些特征？计算机的功能特点有哪些？
2. 什么是程序？存储程序的含义是什么？计算机工作的基本单元是什么？

3. 到目前为止，计算机发展可分为哪几个阶段？阶段划分的依据是什么？阐述计算机发展的特征。
4. 计算机发展有哪些方向？未来计算机发展有哪些途径？
5. 计算机应用领域有哪些？
6. 什么是计算模型？计算模型的基本内容有哪些？
7. 计算机的工作原理是什么？阐述计算机工作原理的本质含义与依据？
8. 计算机工作原理有哪些特点？又有哪些缺陷？
9. 什么是计算机体系结构？它研究内容主要有哪些？
10. 冯·诺依曼体系结构计算机包含哪些功能部件？各起什么作用？中央处理器与主机各包含了哪些功能部件？
11. 什么是计算机组成？什么是计算机实现？
12. 计算机组成实现分为哪几级？由哪几层来组成实现？计算机功能部件的互连形式有哪些？
13. 计算机的主要性能指标有哪些？阐述计算机的分类。
14. 阐述存储字、存储字长、存储字数、机器字长的含义。
15. 计算机系统包含哪几个部分？阐述计算机系统的组成。计算机软件分为哪几类？
16. 什么是软件？什么是硬件？什么是固件？阐述软硬件等效性的本质含义。
17. 什么是物理计算机？什么是虚拟计算机？
18. 计算机系统可分为哪些层次？阐述计算机系统层次性的本质含义。

练 习 题

1. 计算机中信息处理的实质是对二进制数进行运算、存储和传输，为什么？
2. 为什么计算机与程序总是联系在一起？世界上第一台 ENIAC 计算机是程序控制的吗？如果不是，它与程序控制计算机有什么区别？
3. "计算机可以应用于人类社会任何活动之中"的说法是否正确？为什么？
4. 若一台计算机仅能够进行最基本的算术运算和逻辑运算，可以利用这台计算机进行矩阵运算吗？为什么？
5. 计算机指令系统中必须要有转移控制指令吗？为什么？
6. 计算机系统的功能比计算机硬件强大得多，说明计算机系统的大部分功能是由软件实现的，那么软件与硬件在功能实现上是否有确定的分界线？为什么？
7. 计算机与汽车在工作特征上有什么不同？不同的根源是什么？
8. 若一台计算机的机器字长为 16 位，有两个数据的字长均为 32 位，能够利用这台计算机进行两个数据的加运算吗？为什么？若可以，那么如何实现？
9. 每条指令的平均时钟周期数（CPI）也是度量计算机运算速度的一个参数，若一台计算机的时钟频率为 15MHz，CPI 为 4，那么这台计算机的 MIPS 为多少？

第 2 章 计算机组成设计实现基础

任何产品的功能特征是其设计实现的基础,计算机也不例外。数据表示、数据检验和指令系统是计算机功能特征的基本要素,是软件开发必须熟悉的前提条件,选择数据表示与数据检验、确定指令系统也就成为计算机组成设计的首要任务。本章介绍数据表示、数据检验与指令系统及其相关概念,讨论不同数据类型的表示方法及其功效特征,阐明数据检验编码的原理及其方法,描述指令格式及其结构类型、指令功能分类和寻址方式。

2.1 数据表示与指令系统概述

计算机的功能特征是对采用二进制编码表示的信息进行加工(运算)、存储和传输。信息感觉媒体多种多样,从外部形态上来看有数值布尔的、字符文字的、图形图像的、声音视频的等等。对信息的加工(运算)、存储和传输,也具有多样性,它是通过用于指示机器工作的指令来描述的。可见,数据的机器表示和机器的指令集合(指令系统)是计算机功能特征的关键要素。理论上,任何外部形态的数据均可采用二进制数的编码表示,任何一种二进制数表示的数据均可利用计算机进行相应的处理。但由于效率与通用性的限制,对一台特定计算机来讲,仅部分外部形态的数据实现了机器表示,且机器表示的数据运算可能仅有部分由硬件来实现。那么,需要计算机处理的数据如何分类,什么是数据表示,哪些类型数据通常作为数据表示,作为数据表示的数据类型如何编码;什么是指令与指令系统,指令系统是如何演变的,目前指令系统有哪些类型等等,是本节需要讨论的问题。

2.1.1 数据表示与二进制编码

1. 数据类型与数据表示

人们需要处理的不同外部形态的感觉媒体有很多,这些感觉媒体数据必须采用若干位二进制数来表示,计算机才能进行处理。从算法描述来看,有文件、图、树、阵列、表、串、队列、栈等类型的数据;从高级语言来看,有结构、数组、指针、实数、整数、布尔数、字符、字符串等类型的数据。无论哪个角度的任一种数据类型,除具有相同特征外,还定义了相应的一组运算操作。所谓数据类型是指具有相同特征的数据集合以及定义于该集合上的一组运算操作,且规模上有原子的和复合的之分。原子类型是指不可再分的单个数据元素,数据元素的基本属性是"值",如实数、整数、字符、布尔数等;根据数据"值"是否为"量",原子数据又可分为数值的和非数值的两大类。复合类型是指由多个相互关联的原子数据复合而成的数据集合,其中数据元素的基本属性则包含"值"与"逻辑位置",如数组、字符串、向量、栈、队列、记录等;根据数据元素间的"逻辑位置"关系是否为"线性",复合数据又可分为线性的和非线性的两大类。

数据的二进制数形式在计算机中的表示有两种方式,一种是采用计算机硬件直接表示,另一种是通过软件映像间接表示。当数据采用直接表示时,计算机硬件能直接识别、指令可直接引用;但考虑到效率和通用性,有些数据类型的数据则采用间接表示,这时计算机硬件不能直接识别、指令不可直接引用。因此,把计算机硬件能直接识别、指令可直接引用的数据类型统称为数据表示,而把计算机硬件难以或无法直接识别、指令不可直接引用的数据类型统称为数据结构。通常,原子的数据类型一般是数据表示,复合的数据类型一般是数据结构;原子数据表示是复合数据表示的基础,复合数据通过软件组织原子数据来表示。但对于线性或可线性的复合数据,由于数据元素间"逻辑位置"的线性关系可利用存储单元之间的线性关系来表示,所以线性或可线性化复合数据类型也可以是数据表示,如二维数组、字符串等。可见,线性复合的数据类型可以是数据表示,也可以是数据结构。

2. 二进制编码

在计算机中,原子型数据基本属性——"值"的表示方法是二进制编码。所谓编码是指采用一定规则,排列组合少量简单的基本符号,以表示大量复杂的数据,如采用0~9等10个数字来表示数值数据,采用A~Z等26个字母来表示英文单词等。在计算机中,数据表示的二进制编码则是对不同数据类型采用不同的规则,排列组合0和1两个基本符号,以表示同种数据类型中所包含的不同数据"值",如字符"A"的二进制编码为"1000001",汉字"京"的二进制编码为"1011 1110 1010 1001"(即 BEA9H)等。任何一种数据类型一般采用固定长度的二进制数来编码,一个数据所包含的二进制位数称为数据字长,相应所包含的二进制数则称为数据字。显然,可利用一个或连续多个存储单元的二进制数来存储一个数据的"值",而存放一个原子型数据"值"的二进制数位称为数据单元。

2.1.2 非数值数据编码

常用的非数值原子型数据有字符的、逻辑的、十进制数字的、汉字的等,"值"是这些数据类型唯一需要表示的属性,且由于这些类型的数据个数有限,则"值"的二进制编码极其简单,均采用"约定"规则。非数值原子型数据二进制编码所需要的二进制数位 N 与非数值原子型数据个数 M 应满足以下关系:

$$2^{N-1} \leqslant N \leqslant 2^N$$

1. 逻辑数据的编码

逻辑数据的编码极为简单,基2编码的两个状态"0"和"1"正好能表示逻辑数据的两个"值"——真与假,如1表示真、0表示假。

处理逻辑数据的微电子电路是逻辑电路,即逻辑电路仅能对逻辑数据进行逻辑运算,其输入与输出均视为逻辑"值"。计算机是由逻辑元件组建的,无论什么数据均必须用二进制数来表示和存储,计算机才能进行相应的加工。那么,计算机是如何实现对不同类型的数据进行相应的加工,并得到相应类型数据的结果呢?这就是逻辑电路的设计问题。在设计逻辑电路时,将其输入一位或多位逻辑"值"视为某种类型的数据,通过设计的逻辑电路进行系列逻辑运算,输出一位或多位逻辑"值"的结果,该结果必然符合逻辑运算的结果,而当从输入某种类型数据视角来看,该结果正是某种类型数据进行某种操作运算的结果。所以,设计逻辑电路实质是把某种类型数据的某种操作运算转换为系列逻辑运算,通过逻辑电路实现某种类型数据的某种操作运算,如一位全加器则是把三个一位二进制数算术加转换为三个异或、两个与、一个或的逻辑运算。换句话说,逻辑电路设计的关键是使逻辑数据与二进制编码、逻辑运算与二进制编码运算对应起来。可见,全面准确地理解逻辑数据概念对计算机的设计实现是十分重要的。

2. 十进制数字的编码

十进制数字的二进制编码简称为二-十进制码(Binary Code Decimal,即 BCD 码),所谓 BCD 码是指采用若干位二进制数来表示十进制数字,以实现十进制数的存储与运算。十进制数字有 0~9 共 10 个,所以需要 4 位二进制数来表示十进制数字。4 位二进制数有 $2^4=16$ 种组合,其中 10 种组合表示 10 个十进制数字,另外 6 种组合是多余的。十进制数字的二进制编码有很多种方法,常用的如表 2-1 所示。

表 2-1 常用 BCD 码

十进制数字	8421 码	余 3 码	631-1 码	格雷码	2421 码	5421 码	移存码
0	0000	0011	0011	0000	0000	0000	0001
1	0001	0100	0010	0001	0001	0001	0010
2	0010	0101	0101	0011	0010	0010	0100
3	0011	0110	0111	0010	0011	0011	1001
4	0100	0111	0110	0110	0100	0100	0011
5	0101	1000	1000	0111	1011	1000	0111
6	0110	1001	1000	0101	1100	1001	1111
7	0111	1010	1010	0100	1101	1010	1110
8	1000	1011	1101	1100	1110	1011	1100
9	1001	1100	1100	1101	1111	1100	1000
从左到右位权	8421		631-1		2421	5421	

二-十进制码可分为有权的和无权的。所谓有权 BCD 码是指二进制编码的每一位二进制数都有确定的位权值,4 位编码按位权展开计算所得值等于十进制数字的值,如表 2-1 中的 8421 码、2421 码、5121 码、631-1 码等是有权 BCD 码,且有:

$$[0111]_{8421BCD}=8\times0+4\times1+2\times1+1\times1=(7)_{10}$$

$$[1101]_{2421BCD}=2\times1+4\times1+2\times0+1\times1=(7)_{10}$$

$$[1101]_{631-1BCD}=6\times1+3\times1+1\times0+(-1)\times1=(8)_{10}$$

而无权 BCD 码是指二进制编码的每一位二进制数无确定的位权值,不能按照位权展开计算所代表的十进制数字的值,如表 2-1 中的余 3 码、格雷码、移存码等是无权 BCD 码。

若任意相邻的两个数字的 BCD 码之间仅有一位不同,其余各位均相同,则称该 BCD 码为可靠性编码,如表 2-1 中的格雷码,"3"与"4"的格雷码分别为"0010"和"0110",仅是 b_2 不同。当从一个数字的 BCD 码变到另一个相邻数字的 BCD 码时,仅需一位发生变化,速度快且可靠性高,常用于 A/D 或 D/A 转换电路中。

2421 码和余 3 码具有对"9"互补和"逢十进一"的特点。0 和 9、1 和 8、2 和 7、3 和 6、4 和 5 的 2421 码互反,只要将 2421 码自身按位求反,就可得到其"对 9 的补数"的 2421 码,对于减法运算的实现极为方便;如"3"的 2421 码与余 3 码分别为"0011"和"0110",对各位求反则分别为"1100"和"1001","1100"和"1001"分别为"6"的 2421 码和余 3 码,而"3"和"6"对"9"是互补的。而任意两个十进制数字相加,当和大于或等于 10 时,最高位产生进位,又便于实现"逢十进一"的加法运算;如"5"和"6"的 2421 码分别为"1011"和"1100",按二进制数相加,最高位则产生进位。具有对"9"互补和"逢十进一"特点的 BCD 码还有 5211 码、4311 码等。

特别地,余 3 码是由 8421 码加 3(0011)形成的,如"1"的 8421 码为"0001","0001"与"0011"按二进制数相加的和为"0100","0100"则是"1"的余 3 码。

3. 字符数据的编码

在计算机中,通常需要大量使用英文字母、数字、控制符号及专用符号,这些英文字母、数字、控制符号及专用符号统称为"字符",所有字符集合称为"字符集"。字符集的二进制编码有许多方法,目前国际上普遍采用的是美国信息交换标准码(American Standard Code for Information Interchange,简称 ASCII 码),ASCII 码的编码如表 2-2 所示。ASCII 码具有以下四个特点。

表 2-2 ASCII 码的编码

$b_3 b_2 b_1 b_0$ \ $b_6 b_5 b_4$	000	001	010	011	100	101	110	111
0000	NUL	DLE	SP	0	@	P	`	p
0001	SOH	DC1	!	1	A	Q	a	q
0010	STX	DC2	"	2	B	R	b	r
0011	ETX	DC3	#	3	C	S	c	s
0100	EOT	DC4	$	4	D	T	d	t
0101	ENQ	NAK	%	5	E	U	e	u
0110	ACK	SYN	&	6	F	V	f	v
0111	BEL	ETB	'	7	G	W	g	w
1000	BS	CAN	(	8	H	X	h	x
1001	HT	EM	)	9	I	Y	i	y
1010	LF	SUB	*	:	J	Z	j	z
1011	VT	ESC	+	;	K	[	k	{

续表

$b_3b_2b_1b_0$ \ $b_6b_5b_4$	000	001	010	011	100	101	110	111
1100	FF	FS	,	<	L	\	l	|
1101	CR	GS	—	=	M	]	m	}
1110	RO	RS	.	>	N	↑	n	~
1111	SI	US	/	?	O	_	o	DEL

(1) ASCII 码包括 10 个十进制数字(0~9)、52 个英文大小写字母(A~Z,a~z)、34 个特殊字符(含空格键与删除键)和 32 个控制字符,共计 128 个字符。控制字符是无字形不可显示打印的、用于通信或 I/O 设备功能控制,其编码值为 0~31,含义如表 2-3 所示。

表 2-3 32 个控制字符含义

缩写词	英文含义	中文含义	缩写词	英文含义	中文含义
NUL	Null	空	DLE	Data link escape	数据链路转义
SOH	Start of heading	标题开始	DC1	Device control1	设备控制 1
STX	Start of text	文本开始	DC2	Device control2	设备控制 2
ETX	End of text	文本结束	DC3	Device control3	设备控制 3
EOT	End of transmission	传输结束	DC4	Device control4	设备控制 4
ENQ	Enquiry	查询	NAK	Negative acknowledge	否定应答
ACK	Acknowledge	确认	SYN	Synchronous idle	同步
BEL	Bell(beep)	提示音(蜂鸣)	ETB	End of transmission block	传输块结束
BS	Backspace	退格	CAN	Cancel	取消
HT	Horizontal tab	水平制表	EM	End of medium	载体结束
LF	Line feed,new line	换行,新行	SUB	Substitute	替换
VT	Vertical tab	垂直制表	ESC	Escape	转义
FF	Form feed,new page	换页,新页	FS	File separator	文件分隔符
CR	Carriage return	回车	GS	Group separator	组分隔符
SO	Shift out	移出	RS	Record separator	记录分隔符
SI	Shift in	移入	US	Unit separator	单元分隔符

(2) ASCII 码采用七位二进制数($b_6b_5b_4b_3b_2b_1b_0$)表示一个字符,其中高 3 位为列号、低 4 位为行号,如大写英文字母"K"的 ASCII 码为"100 1011"(即 4BH),在 ASCII 码表中,其位于第 11 行第 4 列。在计算机中,通常用一个字节的二进制数来存放一个字符,

其中最高位 b_7 填 0,可用于数据传输过程中的错误检测——仅有一位检验位的奇偶检验。

(3) 10 个十进制数字(0~9)字符是按顺序排列的,ASCII 码的高 3 位为 011,低 4 位为 0000~1001 正是 0~9 的二进制形式,其编码值为 30H 加上相应的数字值,从而有利于 ASCII 码与数字值之间的转换。如"7"的 ASCII 码为"011 0111",其低 4 位"0111"正是"7"的二进制形式。

(4) 52 个英文大小写字母(A~Z,a~z)也是按正常字母的顺序排列的(大写在前小写在后)。大写字母 ASCII 码的高 3 位为 100,小写字母 ASCII 码的高 3 位为 110,则大小写字母 ASCII 码分别为 40H(0100)或 60H(0110)加上字母的顺序号;如字母"E"与"e",其顺序号为"05H(0101)",则大写字母"E"的 ASCII 码为"40H+05H=45H(0100 0101)",小写字母"e"的 ASCII 码为"60H+05H=65H(0110 0101)"。另外,大小写字母的 ASCII 码对应关系简便直观,仅在于 b_5 为 0 或 1,如大写字母"E"的 $b_5=1$,小写字母"e"的 $b_5=0$,从而有利于 ASCII 码与顺序号之间、大小写字母 ASCII 码之间的转换。

特别地,通用键盘的大部分键,与最常用的 ASCII 码的字符相对应,如字母键、数字键、空格键、回车键等。当敲击键盘上的某一键时,则由键盘译码电路产生与该键相对应字符的 ASCII 码。

4. 汉字数据的编码

计算机要对汉字进行处理,同样需要对其进行二进制编码。另外,汉字是通过键盘输入到计算机的,还需要通过图形方式显示打印输出,因此汉字还需要有键盘字符编码和字形编码。一般把汉字的二进制编码称为机内码,键盘字符编码称为输入码,字形编码称为字形码。汉字显示打印输出的过程原理及三种汉字编码的关系如图 2-1 所示。汉字是象形文字,字数宠大、字形结构复杂,仅汉字的部首笔画就有数百;且汉字的同音字、同形字、同义字也很多,所以汉字输入码、机内码、字形码的编码方法均有多种。

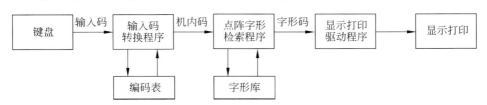

图 2-1 汉字显示打印输出的过程原理

随着计算机应用的发展,计算机可处理的汉字字数越来越多,汉字字符集在不断扩展。1981 年我国颁发了《通用汉字字符集及其交换码标准》(GB 2312—1980),该标准收集汉字 6763 个,以及符号、序号、数字、拉丁字母、日文假名、希腊字母、俄文字母、汉语拼音符号等图形符号 682 个,共计 7445 个,统称为汉字字符基本集(根据使用频度将 6763 个汉字分为两级:一级 3755 个,按拼音排序;二级 3008 个,按部首排序)。1995 年我国又发布了中文编码扩展标准 GBK,该标准收集汉字 21003 个,图形符号 883 个,且支持国际标准 ISO/IEC 10646-1 中的全部中日韩汉字,字符一对一映射到 Unicode 2.0 上,并提供 1894 个造字码位,简体字与繁体字融于同一库中。2000 年我国还发布了《信息技术 信息交换用汉字编码字符集 基本集的扩充》(GB 18030—2000),该标准收集汉字 27 484 个,同时还收录了藏文、蒙古文、维吾尔文等民族文字,且采用单字节、两字节、四字节等不定长编码。从 ASCII、GB 2312—1980、GBK 到 GB 18030—2000,它们的编码向下兼容且中英文统一处理。即同一汉字字符的编码是相同的,仅在于后继标准支持更多的汉字字符;通过高字节的最高位区分中文与英文,0 为英文(单字节),1 为中文(两字节或四字节)。

国际标准化组织(ISO)于 1984 年成立 ISO/IEC 工作组,针对各国文字、图形符号进行统一编码,于 1993 年发布了 ISO/IEC 10646-1 标准;美国 HP、IBM、Apple、Microsoft 等公司联合成立了统一字符编码协会,并于 1991 年开发了 Unicode 项目,目前已发布了 18 个版本,且从 Unicode 2.0 开始采用了与 ISO/IEC 10646-1 相同的编码字集。

(1) 汉字的输入码。

汉字输入码用于通过键盘把汉字输入到计算机,主要有拼音、字形和数字等三种编码方法。

汉字拼音输入码是直接采用汉字拼音作为输入码。在英文键盘上,只要掌握汉字拼音即可直接利用英文字母输入汉字。由于汉字同音字多、拼音字母数不一致且较长,因此汉字拼音码的重码率高、编码长度较长且可变,从而影响输入速度,如编码"chang",编码长度为 5,即需要敲击 5 次键,且"长、唱、常、场"等汉字的编码均是该编码。为了降低重码率、提高输入速度,往往结合词组输入、联想输入、整句输入等。

汉字字形输入码是根据汉字的结构形状,将所有汉字拆分后综合提炼出组成汉字的若干元素,这些元素作为编码的基本符号,并根据汉字结构特征来对汉字进行编码。汉字数量虽然很大,但是由偏旁部首与笔画按一定结构组成的,而偏旁部首、笔画及其结构是有限的。因此,采用键盘上的字母或数字来表达汉字的偏旁部首与笔画,即可用偏旁部首与笔画及结构书写顺序来编码。由于汉字拆分的角度、方法不同,从而产生多种不同的字形输入码,不同字形输入码的重码率、编码长度、输入速度差异很大,其中"五笔字型"码的重码率低、输入速度快、编码长度较短,则应用最为广泛。但字形输入码的根本缺陷是记忆难。

汉字数字输入码是直接采用数字对汉字进行编码,最常用的汉字数字输入码有国标码和区位码。国标码又可称为汉字交换码,主要用于汉字信息处理系统之间的信息交换。国标码规定每个汉字字符用两个字节即定长 4 位十六进制数表示,每个字节仅使用低七位,因此最多可对 128×128=16 384 个汉字字符进行编码。一级 3755 个汉字安排在编码为 3021H~577AH 之间,如"啊"和"京"国标码分别为 3021H 和 3E29H。区位码将 GB 2312—1980 汉字字符按其位置划分为 94 个区,每个区 94 个位(汉字字符),区与位组成一个二维数组,每个汉字在数组中对应一个唯一的区位码。1~9 区为图形字符区、10~15 区为空白区、16~55 区为第一级汉字区、56~87 区为第二汉字区、88~94 区为空白区。汉字区位码采用定长 4 位十进制数表示,前 2 位为区号、后 2 位为位号,且均从 01~94,如"中"字在 54 区的 48 位上,其区位码为 54~48。特别地,汉字区位码是国标码的变形,两者之间的关系为:

$$国标码(十六进制)=区位码(十六进制)+2020H$$

如已知汉字"春"的区位码为"20-26",它的国标码计算为:

```
区位码：第 1 字节    第 2 字节
         20          26         十进制
         ↓           ↓
         14H         1AH        十六进制
        ＋20H       ＋20H
国标码：  34H         3AH
```

(2) 汉字的机内码。

汉字机内码用于计算机对汉字进行存储、交换、检索等操作,现还没有统一的标准。十六进制的国标码也可作为汉字机内码,但由于机内码必须唯一且汉字处理必须保证中西文兼容,当 ASCII 码和汉字国标码同时存在时,可能会产生二义性,如两个字节为 30H 和 21H 时,既是汉字"啊"的国标码,又是西文"0"和"!"的 ASCII 码。所以,若汉字机内码为两字节的编码,则通常在相应国标码的每个字节最高位上加"1"来作为汉字机内码,即：

$$汉字机内码＝汉字国标码＋8080H$$

如"啊"字的国标码是 3021H,相应的机内码则是 3021H＋8080H＝B0A1H。

(3) 汉字的字形码。

汉字字形码用于汉字的显示打印输出。由于汉字的显示打印采用图形方式,需要为所有汉字配备字形编码,通过字形编码来控制输出设备显示或打印相应汉字字形。字形技术经历了三个发展阶段：点阵字形、矢量字形和曲线字形。当采用了矢量字形或曲线字形技术时,则还需要配备汉字矢量字库或曲线字库；在汉字输出时,根据汉字的机内码和矢量字库或曲线字库,检索出该汉字的矢量字形或曲线字形信息,再依据输出设备分辨率,转换成点阵字形编码,送到输出设备。矢量字形是利用系列直线段来勾画汉字的字形轮廓,其大字输出效果比点阵字形好,任意放大不会出现锯齿。曲线字形是利用曲线来勾画汉字的字形轮廓,可实现无级缩放,且缩放后汉字轮廓仍很光滑。点阵字形则是直接采用阵列点来勾画汉字的字形,小字号汉字的显示效果好,对 CPU 的性能要求也不高。矢量字形与曲线字形又统称为轮廓字形,轮廓字形是统过数学式来描述系列直线段或曲线,汉字输出的运算比较复杂,而点阵字形的汉字输出无须运算。

在点阵字形码中,将汉字放在 $n×n$ 的正方形内,该正方形共有 n^2 个小方格,每个小方格用一位二进制数表示,凡是笔画经过的方格,其值为 1 且需要显示或打印,笔画未经过的方格值,其为 0 且不需要显示或打印。由于汉字字形复杂,不能用显示西文字符 $8×8$ 点阵来显示,至少需要 $16×16$ 点阵来显示,"示"字的 $16×16$ 点阵及其编码如图 2-2 所示。根据汉字输出的要求不同,常用的汉字点阵字形码有 $16×16$、$24×24$、$32×32$、$48×48$、$64×64$、$128×128$、$256×256$ 等,相应每个汉字所需要的字节分别为 32、72、128、288、512、2048、8192。可见,一个实用的汉字点阵字形库需要很大的存储空间。

2.1.3 线性结构数据表示

1. 字符串数据表示

字符串是指一串连续的字符,它是极其常用的一种数据类型,许多计算机提供字符串操作指令,有的还提供字符串读写指令。在主存储器中,字符串通常采用连续的若干字节

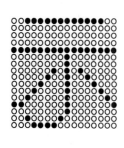

字节	数据	字节	数据	字节	数据	字节	数据
0:	3FH	1:	FCH	2:	00H	3:	00H
4:	00H	5:	00H	6:	00H	7:	00H
8:	FFH	9:	FFH	10:	00H	11:	80H
12:	00H	13:	80H	14:	02H	15:	A0H
16:	04H	17:	90H	18:	08H	19:	88H
20:	10H	21:	84H	22:	20H	23:	82H
24:	C0H	25:	81H	26:	00H	27:	80H
28:	21H	29:	00H	30:	1EH	31:	00H

图 2-2 "示"字的 16×16 点阵及其编码

来表示，且一个字节存放一个字符的 ASCII 码，字节顺序与字符顺序一致。当一个存储单元包含两个及以上个字节时，同一存储单元的字节既可以从低到高排列，也可从高到低排列。如字符串"IF X>0 THEN READ (C)"在存储字长为 32 位的主存储器中的表示如图 2-3 所示，该字符串需要 5 个主存单元，每个主存单元存放 4 个字符。

I	F		X
>	O		T
H	E	N	
R	E	A	D
(	C	)	

49	46	20	58
3E	30	20	54
48	45	4E	20
52	45	41	44
28	43	29	20

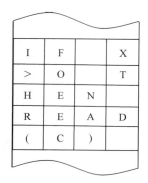

图 2-3 字符串在主存储器中的表示

2. 十进制数据表示

在计算机中，十进制数是以数字串的形式处理。在主存储器中，十进制数通常采用连续的若干字节来表示，且一个字节存放两个数字的 BCD 码(一般为 8421 码)；符号位也占半个字节，存放在最低数值位之后，且通常用 CH 表示正号，DH 表示负号。当数字的个数加符号位的和为奇数时，则在最高数值位之前补 0H(即第一个字节的高半字节为"0000")。如+123 与−2648 的表示如图 2-4 所示。

0001	0010	0011	1100

0000	0010	0110	0100	1000	1101

图 2-4 十进制数在主存储器中的表示

2.1.4 指令系统及其发展

1. 指令与指令字长

由 1.4 节计算机系统的结构层次可知，不同层次的用户使用不同的程序设计语言，即广义说来，不同层次的用户使用不同的语言指令来指示计算机操作运算。而用户可使用的程序设计语言有高级语言、汇编语言、机器语言和微程序语言，相应地则有不同级别的指令：高级指令、汇编指令、机器指令和微指令，不同级别指令之间的关系如图 2-5 所示，即一条汇编指令对应一条机器指令，一条高级指令的功能需要 m 条机器指令来实现，一条机器指令功能是通过 n 条微指令来解释执行的。高级指令与汇编指令面向软件，需要通过软件"翻译"成机器指令后才能被计算机识别和执行；机器指令与微指令面向硬件，可被计算机硬件直接识别和执行，但由于微指令用于机器指令功能的解释执行，仅提供给硬件设计人员使用，并不提供给软件人员使用(参见第 6 章)。由此可见，机器指令是计算机系统软件与硬件的交互界面，是用户操作使用计算机的接口。通常讲的指令是指机器指令，所谓指令是指用于软件人员指示计算机操作运算的且计算机能够直接识别并执行的最小功能单元。

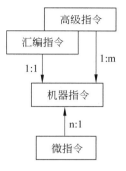

图 2-5　不同级别指令之间的关系

显然，指令必须采用二进制编码来表示。一条指令所包含的二进制位数称为指令字长，所包含的相应二进制数则称为指令字。指令字长与机器字长没有固定的直接关系，指令字长可以等于、大于或小于机器字长。把指令字长等于机器字长的指令称为等字长指令，指令字长大于机器字长的指令称为长字长指令，指令字长小于机器字长的指令称为短字长指令；指令字长等于机器字长一半的指令称为半字长指令，指令字长等于机器字长若干倍(如一倍)的指令称为多字长指令(如双字长指令)。当存储字长与机器字长相等时，一个主存单元可以存放两条半字长指令、一条单字长指令，多字长指令则需要用连续的若干个主存储器单元来存放。若访问字长等于存储字长时，CPU 读取一次可以获得两条半字长指令、一条单字长指令，而多字长指令则需要多次读取才能获得。

2. 指令系统及其 CISC 发展

一台计算机所有指令的集合称为指令系统，一台计算机的指令系统反映计算机的内在功能，影响计算机的适用性。指令系统是计算机软件与硬件的交互界面，硬件设计人员需要依据指令系统才能进行硬件的逻辑设计，软件设计人员则需要依据指令系统来开发系统软件。对于一台计算机的指令系统，若其所有指令的指令字长相等，则称为定长指令字结构；若所有指令的指令字长不完全相等，则称为变长指令字结构。

目前，信息处理所需要的操作运算有算术逻辑运算、数据传输、转移控制、系统管理、字符串操作、浮点运算、十进制数运算、图形操作等八种类型。一台计算机的指令系统必须支持前三种类型的操作运算，而是否需要支持后五种类型的操作运算，则取决于计算机制造技术和计算机应用的发展。20 世纪 50 年代到 60 年代前期，由分立元件构建的计算机，体积庞大、价格昂贵、功耗极大，硬件比较简单，其指令系统仅有十几条至几十条最基本的数据传送、定点加减运算、逻辑运算和转移等指令，寻址方式也不多。20 世纪 60 年代中期到 70 年代中期，由于集成电路制造技术出现及其发展，计算机价格、体积、功耗的下降，硬件功能不断增强，指令系统越来越丰富，增设了乘除运算、十进制运算、字符串操作等指令，指令数达一二百条，寻址方式也趋于多样化。到 20 世纪 70 年代后期，随着大规模集成电路制造技术的进一步提高,硬件成本下降,软件成本上升;为了便于高级语言的编译,缩小指令系统与高级语言的差异,扩展计算机应用,则又增设了浮点运算、图形操作与新的系统管理等指令;另外,为了提高程序执行速度,还增加功能复杂的指令来取代一段指令序列,而由于系列机兼容性的要求,原有指令又不能取消;由此导致计算机的指令数高达三四百条、寻址方式达二十多种,如 DEC 公司的 VAX—11/780 计算机有 303 条指令和 18 种寻址方式,并把指令数高达数百条、寻址方式达几十种的计算机称为复杂指令系统计算机(Complex Instruction Set Computer,CISC)。

3. 指令系统的类型

对于 CISC,人们感到不仅不易实现,而且还可能降低系统的效率。1979 年以 Patterson 为首的一批科学家对复杂指令系统的合理性进行研究,发现各种指令的使用频率相差很大,并总结提出了 20%-80% 原理。所谓 20%-80% 原理是指约有 20% 的指令使用频繁,其使用量约占整个程序指令量的 80%;而约有 80% 的指令很少使用,其使用量约占整个程序指令量的 20%;而很少使用的 80% 指令,往往是功能复杂的指令,实现的代价一般比使用频繁的 20% 指令要高得多。其次,由于 CISC 实现了许多功能复杂的指令,控制逻辑极不规整,这与生产工艺要求规整的 VLSI 技术很不适应,不仅增加研制时间与成本,还容易造成设计制造的错误。而且 CISC 结构中指令功能不均衡,不利于采用先进的计算机体系结构技术(如流水技术和微程序设计技术)来提高系统的性能。为使计算机体系结构简单合理、速度快、效率高,缩短程序运行时间,提高计算机的性能,于 20 世纪 80 年代初期提出了精简指令系统计算机(Reduced Instruction Set Computer,RISC)的概念,如 ARM 系列处理机等。所谓精简指令系统计算机,是指指令与寻址方式简单(指令数不超过 80 条)、指令使用频率相当、多数指令单机器周期完成、仅 LOAD/STORE 指令访问存储器、指令格式对称的计算机。

但对于 RISC,也存在不足之处。由于指令功能简单且少,CISC 上的一条功能复杂的指令,RISC 需要多条指令才能完成,不仅使得汇编语言的编写难度加大,而且机器语言程序长,目标程序的占用存储空间大。其次,同一计算程序指令与子程序数多、与高级语言的语义差距大,从而编译程序的负担加重,编译程序难以编写。再是对浮点运算、虚拟存储器管理和存储器访问的支持有限。基于 CISC 和 RISC 的优势与不足,1987 年美国的 Philip Koopman 又提出了可写指令系统计算机(Writable Instruction Set Computer,WISC)或混合指令系统计算机。WISC 将 CISC 与 RISC 的优点集于一体,处理机同时含有 CISC 与 RISC 部件。如 Pentium Pro 处理机,其分前端和后端,前端实现将 CISC 的指令转换为 RISC 指令,且按序并行对 3 条 RISC 指令译码,转换成 5 个类似于 RISC 的微操作,后端则以无序方式在 RISC 核心部分执行这 5 个微操作。可见,计算机指令系统分为复杂指令系统、精简指令系统和可写指令系统等三种类型。

2.2 数值数据表示

数值数据表示比非数值数据要复杂得多,它不仅需要表示基本属性"值",还需要表示另一个属性——"格式",而"格式"属性包含符号、小数点位置和数位排列顺序的方向等三个元素。由于数值数据个数的无限性,对"值"的表示不能如同非数值数据一样,采用简单"约定"规则进行二进制编码。非数值数据编码所需要的二进制位数是极其明确的,而数值数据则应考虑多种因素,如范围与精度等。那么,在定义真值与机器数、表数范围与表数精度、机器数在数轴上的分布与溢出等系列概念基础上,数值数据有哪些编码方法,如何编码,数值数据有哪些格式,格式如何;数值数据的不同编码与不同格式之间有什么关系,各自的表数范围与表数精度如何,各有什么功能特征;为便于软件移植,数值数据表示是否有标准,有什么样的标准等等,是本节需要讨论的问题。

2.2.1 数值数据表示的相关概念

1. 数值数据表示的分类

非数值数据表示比较简单,仅需要表示基本属性——"值",且采用"约定"规则、显性方式的二进制编码即可,当其存在多种编码时,不同编码之间没有任何关系,是相互独立的。而数值数据需要表示"值"和"格式"两方面属性。

由于数值数据个数无限性,使得"值"的二进制编码不能采用简单"约定"规则,应采用"映射"规则,即通过数值数据的"量值"变换出相应"值"的二进制编码。因此,根据二进制编码规则的不同,数值数据表示一般可分为原码、反码、补码和移码,这些编码有各自的特点与用途,且可以相互转换。

数值数据的格式属性包含符号、小数点位置和数位排列的顺序方向等三个元素,且格式属性的三个元素均采用"约定"规则、显性或隐性方式表示。数值数据数位排列的顺序方向按采用"约定"隐性表示,即按位权大小从左到右排列,如110.1,则表明最左边1的位权为2、最右边1的位权为－1。数值数据的符号有"＋"(正数)和"－"(负数),而计算机基2编码正好有两个状态"0"和"1",因此采用"约定"显性表示,即利用用于编码的二进制数串最高位的"0"和"1"来表示"＋"和"－",且通常"0"表示"＋","1"表示"－"。数值数据的小数点在计算机中没有专门的元器件来表示,其在数串中的位置仅能采用"约定"隐性表示,且小数点在数串中的位置的"约定"规则有两种:固定不变和浮动可变。因此,根据小数点在数串中的位置是否固定,数值数据表示一般可分为定点格式与浮点格式。

2. 真值与机器数、无符号数与带符号数

二进制与十进制的数值数据一样,有一种是有正负之分的带符号数,即采用二进制的数值数据也习惯带符号"＋"或"－",以区分该数值数据是正数还是负数。在计算机中,需要处理的信息都要基2数字化;对于带符号数,不仅二进制有效数值位需要编码,正负号也需要编码。因此,把采用"＋"或"－"号与二进制有效数值位所表示的数值数据称为真值,如＋1011、－1110等。把将"＋"或"－"号基2数字化所表示的数值数据称为机器数,如 **0** 1011 与 **1** 1110,前一数据最高位为"**0**"则表明是正数,后一数据最高位为"**1**"则表明是负数。显然,带符号数的机器数所包含的二进制数位可分为两部分:符号与量值,若数据字长为 n＋1 位,则其中一位必须为符号位,有效数值位仅 n 位。

数值数据除有带符号数之外,还有无符号数,通常称为绝对值。在计算机中,无符号数一般都是整数,如地址等。对于二进制的无符号数,其真值即是机器数;若数据字长为 n＋1 位,n＋1 位均为有效数值位,数据量值范围为 $0 \sim (2^{n+1}-1)$,如 n＋1＝8,则数据取值范围为 0～255。而带符号数的量值范围与编码和格式有关,将在后续讨论。

特别地,一个机器数究竟带符号还是无符号,数据表示中并没有指示,而对于同一机器数,带符号与无符号所表示的量值不同。如 01001,若为无符号数,表示的量值是 9,若为带符号数,表示的量值是 +9;而 11001,若为无符号数,表示的量值是 25,若为带符号数,表示的量值则是 −9(原码)或 −7(补码)或 −6(反码)。在计算机中,只能通过指令来区分,如转移指令中的目标地址则是无符号数。

3. 数值数据表示的溢出

无论采用哪种编码或哪种格式来表示数值数据,当数据字长一定时,其可表示的数值数据对应于数轴上的一个点,这些点在一段数轴上是不连续的,即不是一段连续的区间,机器数表示数据在数轴上的分布如图 2-6 所示。图中可表示的负数区域、可表示的正数区域和 0 是机器数可表示的数值区域;正负上溢区的数据绝对值太大,而正负下溢区的数据绝对值太小,这些数据是机器数无法表示的数值区域。所以,所谓溢出是指数据字长一定时,机器数无法表示的数值区域,且正负上溢的数值区域称为上溢,正负下溢的数值区域称为下溢。当上溢时,则产生"溢出"异常,计算机则停止运行而进行溢出处理;当下溢时,将下溢数值作 0 处理(称为机器零),计算机可以继续运行。机器数可表示的两个数据点之间的数值,则通过舍入操作,采用近似点值来代替。

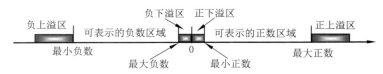

图 2-6 机器数表示数据在数轴上的分布

4. 数值数据表示的评价

任何一种原子数据类型,在计算机中均规定了用一定的二进制位数来表示。从 2.1 节可知,对于非数值数据,其表示所需要的二进制位数是由该类型的数据个数来决定的,且不同的表示(即编码)方法,对非数值数据操作的复杂性没有任何影响,当采用标准化的编码时,还具有很强的兼容性。但对于数值数据则不同,利用多少位二进制数和方法来表示某一个数据,既需要考虑数据的取值范围与精度,还要考虑其操作运算的复杂性和兼容性。这也是数值数据表示比非数值数据要复杂的另一个原因。因此,在给定数值数据表示的二进制位数的前提下,采用哪一种编码与格式来表示,需要从四个方面来评价。

(1) 数值范围。

所谓表示的数值范围是指可表示数值数据的上限与下限,当数值超过可表示数值数据的上限或下限时,则产生"上溢"异常。显然,数值范围越大越好。

(2) 数值精度。

所谓表示的数值精度是指数值数据表示中所含有效数值位的位数,位数越多,精度越高。数值精度越高,数轴上一段连续区间内的数值点越密,可表示的数值数据越多。显然,数值精度越高越好。

(3) 处理代价。

由计算机硬件直接表示的数值数据一般都需要硬件进行运算操作,因此,数值数据表示应有利于降低处理过程对硬件资源的消耗和提高处理的速度。显然,处理代价越低越好。

(4) 软件可移植性。

由于计算机硬件更新升级速度快,从保护用户软件投资来看,数值数据表示在满足应用需求前提下,应尽量符合标准规范,以便于软件移植。

特别地,数据字长是影响数值范围和数值精度的关键因素,数据字长越长,一般数值范围越大,数值精度也越高,但在计算机中,数据字长是有限的。当数据字长一定时,不同编码、不同格式表示的数值范围和数值精度也有很大差异。

2.2.2 数值数据的表示格式

1. 定点格式

所谓定点格式是指其表示的所有机器数,小数点在二进制数串中的位置固定不变,且隐性表示而不占用数据字的二进制数位。通常小数点位置固定在最高有效数位之前(即符号位之后)或最低有效数位之后。当小数点位置固定在最高有效数位之前时,其表示的机器数称为定点小数,若数据字长($n+1$)的机器数为 $X_s.X_nX_{n-1}\cdots X_2X_1$,则定点小数表示格式如图 2-7 所示。当小数点位置固定在最低有效数位之后时,其表示的机器数称为定点整数,若数据字长($n+1$)的机器数为 $X_s X_nX_{n-1}\cdots X_2X_1$,则定点整数表示格式如图 2-8 所示。在机器数中,X_s 为符号位、$X_nX_{n-1}\cdots X_2X_1$ 为有效数值位。

图 2-7 定点小数表示格式　　　　图 2-8 定点整数表示格式

通常把定点小数和定点整数统称为定点数,把定点小数格式和定点整数格式称为定点数格式,而把仅能表示与处理定点数的计算机称为定点计算机。但实际中往往需要处理的是既有整数又有小数的实数。当采用定点计算机来处理实数时,必须通过软件设定一个比例因子,把实数适当缩小或放大,使之变成纯小数或纯整数;运算操作结束后,再使用同一比例因子将结果还原。如:

$$(101.01)_2 + (010.1)_2 = (0.10101 + 0.01010)_2 [\times 2^3] \quad (缩小)$$
$$= (0.11111)_2 [\times 2^3] \quad (运算)$$
$$= (111.11)_2 \quad (还原)$$

但不同的实数,应设置不同的比例因子。若将$(101.01)_2$改为$(1101.1)_2$,则比例因子应设为 2^4;若例中的比例因子也设为 2^4,那么当数据字长为 6 时,$(101.01)_2$ 缩小后则为$(0.01010)_2$,显然数值精度变低。若将$(010.1)_2$改为$(110.1)_2$,比例因子仍设为 2^3,运算结果还会产生超出范围。可见,如果比例因子选择不合适,运算结果可能会超出范围或降低精度,比例因子的选择极其重要而又非常困难,如何有效地兼顾范围与精度,则可由浮点格式来解决。

2. 浮点格式

浮点格式机器数是将上述由软件设定的"比例因子"与有效数值位一同在数据字中表示出来,如$(101.01)_2=(0.10101)_2×2^3$,则将一个数据字分为两个字段,一个字段表示0.10101,一个字段表示11(即3),而基数2隐性表示不占用数据字中的二进制数位。事实上,任何二进制实数均可写成指数形式:

$$A = M × R^E$$

其中:M为尾数,E为阶码(习惯称为指数),R为阶码基数(一般隐含为2、8、10、16),而小数点在二进制数串中位置由阶码E决定,如$(0.10101)_2$,若E=3,小数点在第3与第4数位之间;若E=4,小数点在第4与第5数位之间。

如果规定尾数必须是纯小数,而阶码一定是纯整数。m+1位纯小数尾数的机器数为$M_s.M_mM_{m-1}\cdots M_2M_1$,其中$M_s$为尾数符号位(亦即是数据符号位)、$M_mM_{m-1}\cdots M_2M_1$为尾数有效数值位;e+1位纯整数阶码的机器数为$E_sE_eE_{e-1}\cdots E_2E_1$,其中$E_s$阶码为符号位、$E_eE_{e-1}\cdots E_2E_1$为阶码有效数值位;则数据字长为(m+e+2)浮点机器数表示的一般格式如图2-9所示。显然,浮点机器数分为尾数和阶码两个字段,两个字段均是包含符号位和有效数值位的定点数,且尾数字段是定点小数、阶码字段是定点整数。特别地,浮点数表示还可有其他格式,如后续将讨论的 IEEE 754 标准格式等。

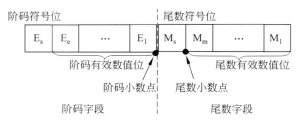

图 2-9 浮点机器数表示的一般格式

所以,所谓浮点格式是指其表示的所有机器数,小数点在二进制数串中的位置浮动可变,而把能表示与处理浮点数的计算机称为浮点计算机。

3. 定点格式与浮点格式的比较

(1) 数值范围。

如果定点格式与浮点格式的数据字长相同,则浮点格式可表示的机器数的数值范围一般远大于定点格式,且浮点格式数值范围主要由阶码的位数决定。定点格式与浮点格式的数值范围后续将讨论。

(2) 数值精度。

一般来说,数据字长越长,可表示的机器数的数值精度越高。对于数据字长相同的定点格式和浮点格式,由于浮点格式中的阶码需要占用一定的数位,有效数值位自然比定点格式少,数值精度自然要低。因此,浮点格式可表示的机器数的数值精度一般小于定点格式。可见,浮点格式虽然扩大了数值范围,但以降低精度为代价来换取的。

(3) 数值分布。

定点格式表示的机器数的量值点在数轴上是均匀分布的,而浮点格式表示的机器数的量值点在数轴上是非均匀分布的,越靠近数轴原点,量值点分布越密。

(4) 数值运算。

浮点格式机器数分为尾数和阶码两个字段,运算时应分别处理,而且运算结果还要求规格化,因此浮点格式机器数的运算比定点格式复杂得多。定点格式与浮点格式机器数的运算将在第 4 章讨论。

(5) 溢出处理。

由于定点机器数所有二进制数位统一用来表示数值数据,运算结果超出可表示的数值范围则发生溢出,且下溢数值作 0 处理,上溢为"溢出"异常。而浮点机器数的二进制数位分为阶码与尾数两个字段,两个字段都可能超出可表示的数值范围,其溢出判断处理较为复杂。尾数超出可表示的数值范围并不发生溢出,当尾数上溢时,可以通过尾数右移且阶码递加来使尾数在可表示的数值范围之内;当尾数下溢时,尾数低位部分有效位将被丢弃,通过舍入处理确定尾数。所以只有当阶码超出其可表示的数值范围时,才发生溢出,且阶码负上溢数值作 0 处理,阶码正上溢为"溢出"异常。

2.2.3 定点数的编码及其数值范围

对于定点小数与定点整数,当采用数据字长为 n+1 位的二进制数串来表示定点机器数时,若真值 $X=0.x_n x_{n-1} \cdots x_2 x_1$ 或 $x_n x_{n-1} \cdots x_2 x_1$,其编码对应的一般形式分别为 $X_s.X_n X_{n-1} \cdots X_2 X_1$ 和 $X_s X_n X_{n-1} \cdots X_2 X_1$,且根据不同的"映射"编码规则,定点小数与定点整数不加区分统一简记成 $[X]_原$ 或 $[X]_反$ 或 $[X]_补$ 或 $[X]_移$,即有:

$$[X]_原 = X_s.X_n X_{n-1} \cdots X_2 X_1 \text{ 或 } X_s X_n X_{n-1} \cdots X_2 X_1$$

$$[X]_反 = X_s.X_n X_{n-1} \cdots X_2 X_1 \text{ 或 } X_s X_n X_{n-1} \cdots X_2 X_1$$

$$[X]_补 = X_s.X_n X_{n-1} \cdots X_2 X_1 \text{ 或 } X_s X_n X_{n-1} \cdots X_2 X_1$$

$$[X]_移 = X_s.X_n X_{n-1} \cdots X_2 X_1 \text{ 或 } X_s X_n X_{n-1} \cdots X_2 X_1$$

其中:X_s 为符号位,$X_n X_{n-1} \cdots X_2 X_1$ 为有效数值位。

1. 定点数原码编码法

(1) 原码编码法映射规则。

对于二进制纯小数,原码与真值的映射式为:

$$[X]_原 = \begin{cases} X & 0 \leqslant X \leqslant 1-2^{-n} \\ 1-X = 1+|X| & -(1-2^{-n}) \leqslant X \leqslant 0 \end{cases}$$

如:$X_1=0.0110, [X_1]_原=X_1=0.0110 \rightarrow 00110$

$X_2=-0.0110, [X_2]_原=1+|X_2|=1.0000+0.0110=1.0110 \rightarrow 10110$

对于二进制纯整数,原码与真值的映射式为:

$$[X]_原 = \begin{cases} X & 0 \leqslant X \leqslant 2^n-1 \\ 2^n-X = 2^n+|X| & -(2^n-1) \leqslant X \leqslant 0 \end{cases}$$

如:$X_1=1101, [X_1]_原=X_1=1101 \rightarrow 01101$

$X_2=-1101, [X_2]_原=2^4+|X_2|=10000+1101=11101$

比较上述真值及其原码的二进制数位可看出,由纯小数或纯整数真值变换其原码的规则包含三步:①真值有效数值位数补齐;当真值有效数值位数小于数据字长时(大于数据字长时,纯小数会损失精度,纯整数则产生"溢出"异常而无法表示),则在真值有效数值最低位之后(纯小数)或真值有效数值最高位之前(纯整数)添加若干"0"位,使真值有效数值位数等于数据字长减1。②原码有效数值位生成;将补齐的真值有效数值位作为原码有效数值位,即 $X_n X_{n-1} \cdots X_2 X_1 = x_n x_{n-1} \cdots x_2 x_1$。③符号位添加;在有效数值位的最高位前添加一位符号位,且"＋"为"0","－"为"1"。可见,原码定点机器数与真值之间的转换简单直观。

例 2.1 设数据字长为 8 位,求 $A=0.0110$,$B=-0.0110$ 的原码。

解:由题可知,数据字长为 8 位,而纯小数 A 和 B 的真值有效数值位数均仅为 4 位,所以需要在真值有效数值最低位之后添加 3 位"0",补齐到 7 位,即有:

$A=0.0110\ 000$ $\qquad$ $B=-0.0110\ 000$

按上述纯小数真值的变换规则,则有:

$[A]_原 = 0\ 0000110$ $\qquad$ $[B]_原 = 1\ 0001101$

例 2.2 设数据字长为 8 位,求 $A=1101$,$B=-1101$ 的原码。

解:由题可知,数据字长为 8 位,而纯整数 A 和 B 的真值有效数值位数均仅为 4 位,所以需要在真值有效数值最高位之前添加 3 位"0",补齐到 7 位,即有:

$A=000\ 1101$ $\qquad$ $B=-000\ 1101$

按上述纯整数真值的变换规则,则有:

$[A]_原 = 0\ 0110000$ $\qquad$ $[B]_原 = 1\ 0000110$

(2) 原码的特点与范围。

原码编码法是一种简单直观的定点机器数编码法,由该编码法形成的定点机器数(原码)具有四个特点:

一是真值"0"的原码不唯一,仅能表示 $(2^{n+1}-1)$ 个真值。由原码编码映射规则有:$[+0]_原 = 0\ 00\cdots00$、$[-0]_原 = 1\ 00\cdots00$,可见,真值"0"占用了两个编码,使得 2^{n+1} 个编码,仅能对应地表示 $(2^{n+1}-1)$ 个真值。若数据字长 8 位,仅能表示 255 个数值数据。

二是负数原码量值大于正数原码量值。对于定点小数,当 $X>0$ 时,原码量值范围为 $0 \sim (1-2^{-n})$;当 $X<0$ 时,原码量值范围为 $1 \sim (2-2^{-n})$。对于定点整数,当 $X>0$ 时,原码量值范围为 $0 \sim (2^n-1)$;当 $X<0$ 时,原码量值范围为 $2^n \sim (2^{n+1}-1)$。

三是原码有效数值位的量值越大,表示的真值的绝对值越大(即若真值为正,表示的真值越大;若真值为负,表示的真值越小)。由真值变换原码规则可直观看出。

四是原码的最高位为符号位,"0"代表"＋","1"代表"－"。当 $X>0$ 即真值为正时,定点小数与定点整数原码量值范围分别为 $0 \sim (1-2^{-n})$ 和 $0 \sim (2^n-1)$,$[X]_原 = 0\ X_n X_{n-1} \cdots X_2 X_1$,最高位为 0;当 $X<0$ 即真值为负时,定点小数与定点整数原码量值范围分别为 $1 \sim (2-2^{-n})$ 和 $2^n \sim (2^{n+1}-1)$,$[X]_原 = 1\ X_n X_{n-1} \cdots X_2 X_1$,最高位为 1。

原码表示的数值范围为:定点小数是 $-(1-2^{-n}) \leqslant X \leqslant (1-2^{-n})$,且下限与上限原码分别为 $1.11\cdots11$、$0.11\cdots11$;定点整数是 $-(2^n-1) \leqslant X \leqslant (2^n-1)$,且下限与上限原码分别为 $1\ 11\cdots11$、$0\ 11\cdots11$。若数据字长 8 位,定点小数下限与上限分别为 $-(1-2^{-7})$ 和 $(1-2^{-7})$,定点整数下限与上限分别为 -127 和 127。

2. 定点数补码编码法

(1) 补码编码法映射规则。

对于二进制纯小数,补码与真值的映射式为:

$$[X]_{补} = \begin{cases} X & 0 \leqslant X \leqslant 1-2^{-n} \\ 2+X = 2-|X| & -1 \leqslant X < 0 \end{cases}$$

如:$X_1 = 0.0110$,$[X_1]_{补} = X_1 = 0.0110 \to 00110$

$X_2 = -0.0110$,$[X_2]_{补} = 2-|X_2| = 10.0000 - 0.0110 = 1.1010 \to 11010$

对于二进制纯整数,补码与真值的映射式为:

$$[X]_{补} = \begin{cases} X & 0 \leqslant X \leqslant 2^n - 1 \\ 2^{n+1}+X = 2^{n+1}-|X| & -2^n \leqslant X < 0 \end{cases}$$

如:$X_1 = 1101$,$[X_1]_{补} = X_1 = 1101 \to 01101$

$X_2 = -1101$,$[X_2]_{补} = 2^5 - |X_2| = 100000 - 1101 = 10011$

比较上述真值及其补码的二进制数位可看出,由纯小数或纯整数真值变换其补码的规则包含三步:①真值有效数值位补齐;当真值有效数值位小于数据字长时(大于数据字长时,纯小数会损失精度,纯整数则产生"溢出"异常而无法表示),则在真值有效数值最低位之后(纯小数)或真值有效数值最高位之前(纯整数)添加若干"0"位,使真值有效数值位数等于数据字长减1。②补码有效数值位生成;若真值为正,则将补齐的真值有效数值位作为补码有效数值位,即 $X_n X_{n-1} \cdots X_2 X_1 = x_n x_{n-1} \cdots x_2 x_1$,若真值为负,则将补齐的真值有效数值位按位取反,并在最低位加1后作为补码有效数值位,即 $X_n X_{n-1} \cdots X_2 X_1 = \bar{x}_n \bar{x}_{n-1} \cdots \bar{x}_2 \bar{x}_1 + 1$。③符号位添加;无论真值为正还是为负,均在有效数值位的最高位前添加一位符号位,且"+"为"0","−"为"1"。可见,补码定点机器数与真值之间的转换比较复杂。

例2.3 设数据字长为8位,求 $A = 0.0110$、$B = -0.0110$ 的补码。

解:由题可知,数据字长为8位,而纯小数 A 和 B 的真值有效数值位数均仅为4位,所以需要在真值有效数值最低位之后添加3位"0",补齐到7位,即有:

$A = 0.0110\ 000 \qquad B = -0.0110\ 000$

按上述纯小数真值的变换规则,则有:

$[A]_{补} = 0\ 0110000 \qquad [B]_{补} = 1\ 1010000$

例2.4 设数据字长为8位,求 $A = 1101$,$B = -1101$ 的补码。

解:由题可知,数据字长为8位,而纯整数 A 和 B 的真值有效数值位数均仅为4位,所以需要在真值有效数值最高位之前添加3位"0",补齐到7位,即有:

$A = 000\ 1101 \qquad B = -000\ 1101$

按上述纯整数真值的变换规则,则有:

$[A]_{补} = 0\ 0001101 \qquad [B]_{补} = 1\ 1110011$

(2) 补码的特点与范围。

补码编码法虽然比较复杂,但补码在计算机中极为常用。由补码编码法形成的定点机器数(补码)具有四个特点:

一是真值"0"的补码是唯一的,即能表示 2^{n+1} 个真值。由补码编码映射规则有:$[+0]_{补} = 0\ 00\cdots00$,$[-0]_{补} = 0\ 00\cdots00$,可见,真值"0"仅占用了一个编码,使得 2^{n+1} 个编码能一一对应地表示 2^{n+1} 个真值。若数据字长 8 位,能表示 256 个数值数据。

二是负数补码量值大于正数补码量值。对于定点小数,当 X>0 时,补码量值范围为 $0\sim(1-2^{-n})$;当 X<0 时,补码量值范围为 $1\sim(2-2^{-n})$。对于定点整数,当 X>0 时,补码量值范围为 $0\sim(2^n-1)$;当 X<0 时,补码量值范围为 $2^n\sim(2^{n+1}-1)$。

三是同符号补码有效数值位的量值越大,则表示的真值越大。如若负数真值 C=-1101 和 D=-1001,有 C<D;而 $[C]_补=1\ 0011$,$[D]_补=1\ 0111$,$[C]_补$ 和 $[D]_补$ 的有效数值位分别为 0011、0111,显然 0011<0111,即 $[C]_{补数值位}<[D]_{补数值位}$。对于正数,由真值变换补码规则可直观看出。

四是补码的最高位为符号位,"0"代表"+","1"代表"-"。当 X>0 即真值为正时,定点小数与定点整数补码量值范围分别为 $0\sim(1-2^{-n})$ 和 $0\sim(2^n-1)$,$[X]_补=0\ X_nX_{n-1}\cdots X_2X_1$,最高位为 0;当 X<0 即真值为负时,定点小数与定点整数补码量值范围分别为 $1\sim(2-2^{-n})$ 和 $2^n\sim(2^{n+1}-1)$,$[X]_补=1\ X_nX_{n-1}\cdots X_2X_1$,最高位为 1。

补码表示的数值范围为:定点小数是 $-1\leqslant X\leqslant(1-2^{-n})$,且下限与上限补码分别为 $1.00\cdots00$ 与 $0.11\cdots11$;定点整数是 $-2^n\leqslant X\leqslant(2^n-1)$,且下限与上限补码分别为 $1\ 00\cdots00$ 与 $0\ 11\cdots11$。若数据字长 8 位,定点小数下限与上限分别为 -1 和 $(1-2^{-7})$,定点整数下限与上限分别为 -128 与 127。

3. 定点数反码编码法

(1) 反码编码法映射规则。

对于二进制纯小数,反码与真值的映射式为:

$$[X]_反=\begin{cases}X & 0\leqslant X\leqslant 1-2^{-n}\\ 2+X-2^{-n}=2-|X|-2^{-n} & -(1-2^{-n})\leqslant X\leqslant 0\end{cases}$$

如:$X_1=0.0110$,$[X_1]_反=X_1=0.0110\rightarrow 00110$

$X_2=-0.0110$,$[X_2]_反=2-|X_2|-2^{-n}=10.0000-0.0110-0.0001=1.1001\rightarrow 11001$

对于二进制纯整数,反码与真值的映射式为:

$$[X]_反=\begin{cases}X & 0\leqslant X\leqslant 2^n-1\\ 2^{n+1}+X-1=2^{n+1}-|X|-1 & -(2^n-1)\leqslant X\leqslant 0\end{cases}$$

如:$X_1=1101$,$[X_1]_反=X_1=1101\rightarrow 01101$

$X_2=-1101$,$[X_2]_反=2^5-|X_2|-1=100000-1101-1=10010$

比较上述真值及其反码的二进制数位可看出,由纯小数或纯整数真值变换其反码的规则包含三步:①真值有效数值位补齐;当真值有效数值位小于数据字长时(当大于数据字长时,纯小数会损失精度,纯整数则产生"溢出"异常而无法表示),则在真值有效数值最低位之后(纯小数)或真值有效数值最高位之前(纯整数)添加若干"0"位,使真值有效数值位数等于数据字长减 1。②反码有效数值位生成;若真值为正,则将补齐的真值有效数值位作为反码有效数值位,即 $X_nX_{n-1}\cdots X_2X_1=x_nx_{n-1}\cdots x_2x_1$,若真值为负,则将补齐的真值有效数值位按位取反后作为反码有效数值位 $X_nX_{n-1}\cdots X_2X_1=\bar{x}_n\bar{x}_{n-1}\cdots\bar{x}_2\bar{x}_1$。③符号位添加;无论真值为正还是为负,均在有效数值位的最高位前添加一位符号位,且"+"为"0","-"为"1"。可见,反码定点机器数与真值之间的转换也比较复杂。

例 2.5 设数据字长为 8 位,求 A=0.0110,B=−0.0110 的反码。

解:由题可知,数据字长为 8 位,而纯小数 A 和 B 的真值有效数值位数均仅为 4 位,所以需要在真值有效数值最低位之后添加 3 位"0",补齐到 7 位,即有:

$$A = 0.0110\ 000 \qquad B = -0.0110\ 000$$

按上述纯小数真值的变换规则,则有:

$$[A]_{反} = 0\ 0110000 \qquad [B]_{反} = 1\ 1001111$$

例 2.6 设数据字长为 8 位,求 A=1101,B=−1101 的反码。

解:由题可知,数据字长为 8 位,而纯整数 A 和 B 的真值有效数值位数均仅为 4 位,所以需要在真值有效数值最高位之前添加 3 位"0",补齐到 7 位,即有:

$$A = 000\ 1101 \qquad B = -000\ 1101$$

按上述纯整数真值的变换规则,则有:

$$[A]_{反} = 0\ 0001101 \qquad [B]_{反} = 1\ 1110010$$

(2) 反码的特点与范围。

反码编码法虽然比较复杂,但反码在计算机中也较常用。由反码编码法形成的定点机器数(补码)具有四个特点:

一是真值"0"的反码不唯一,仅能表示 $(2^{n+1}-1)$ 个真值。由反码编码映射规则有:$[+0]_{反} = 0\ 00\cdots00$,$[-0]_{反} = 1\ 11\cdots11$,可见,真值"0"占用了两个编码,使得 2^{n+1} 个编码,仅能对应地表示 $(2^{n+1}-1)$ 个真值。若数据字长 8 位,仅能表示 255 个数值数据。

二是负数反码量值大于正数反码量值。对于定点小数,当 X>0 时,反码量值范围为 $0 \sim (1-2^{-n})$;当 X<0 时,反码量值范围为 $1 \sim (2-2^{-n})$。对于定点整数,当 X>0 时,反码量值范围为 $0 \sim (2^n-1)$;当 X<0 时,反码量值范围为 $2^n \sim (2^{n+1}-1)$。

三是同符号反码有效数值位的量值越大,则表示的真值越大。如若负数真值 C=−1101 和 D=−1001,有 C<D;而 $[C]_{反} = 1\ 0010$,$[D]_{反} = 1\ 0110$,$[C]_{反}$ 和 $[D]_{反}$ 的真值有效数值位分别为 0010 和 0110,显然 0010<0110,$[C]_{反数值位} < [D]_{反数值位}$。对于正数,由真值变换反码规则可直观看出。

四是反码的最高位为符号位,"0"代表"+","1"代表"−"。当 X>0 即真值为正时,定点小数与定点整数反码量值范围分别为 $0 \sim (1-2^{-n})$ 和 $0 \sim (2^n-1)$,$[X]_{反} = 0\ X_n X_{n-1} \cdots X_2 X_1$,最高位为 0;当 X<0 即真值为负时,定点小数与定点整数反码量值范围分别为 $1 \sim (2-2^{-n})$ 和 $2^n \sim (2^{n+1}-1)$,$[X]_{反} = 1\ X_n X_{n-1} \cdots X_2 X_1$,最高位为 1。

反码表示的数值范围为:定点小数是 $-(1-2^{-n}) \leqslant X \leqslant (1-2^{-n})$,且下限与上限反码分别为 $1.00\cdots00$ 与 $0.11\cdots11$;定点整数是 $-(2^n-1) \leqslant X \leqslant (2^n-1)$,且下限与上限反码分别为 $1\ 00\cdots00$ 与 $0\ 11\cdots11$。若数据字长 8 位,定点小数下限与上限分别为 $-(1-2^{-7})$ 和 $(1-2^{-7})$,定点整数下限与上限分别为 −127 与 127。

4. 定点数移码编码法

(1) 移码编码法映射规则。

移码又称为增码或偏码,在计算机中主要用于表示浮点数的阶码,而阶码是整数,因此移码仅需要定点整数编码法。移码实质是在真值 X 基础上加一个固定正整数(称为偏置值),把真值映射到一个正数域,相当于在数轴上将真值 X 向正方向平移一段距离,这也是该编码命名为"移码"的来由。

对于二进制纯整数,移码与真值的映射式为:
$$[X]_{移} = 偏置值 + X$$

偏置值选取的原则是使真值 X 中绝对值最大的负数(即最小的负数)对应的编码量值为 0,因此,偏置值一般取 2^n。当偏置值取 2^n 时,移码与真值的映射式则为:

$$[X]_{移} = 2^n + X \qquad -2^n \leqslant X \leqslant (2^n - 1)$$

如 n=4,则数据字长为 5 位,有:

$X_1 = 1101$, $[X_1]_{移} = 2^4 + X_1 = 10000 + 1101 = 11101$

$X_2 = -1101$, $[X_2]_{移} = 2^4 + X_2 = 10000 - 1101 = 00011$

比较上述真值及其移码的二进制数位可看出,由纯整数真值变换其偏置值 2^n 移码的规则包含三步:①真值有效数值位补齐;当真值有效数值位小于数据字长时(不可能大于数据字长,否则产生"溢出"异常而无法表示),则在真值有效数值最高位之前添加若干"0"位,使真值有效数值位数等于数据字长减 1。②移码有效数值位生成;若真值为正,则将补齐的真值有效数值位作为移码有效数值位,即 $X_n X_{n-1} \cdots X_2 X_1 = x_n x_{n-1} \cdots x_2 x_1$,若真值为负,则将补齐的真值有效数值位按位取反,并在最低位加 1 后作为移码有效数值位,即 $X_n X_{n-1} \cdots X_2 X_1 = \bar{x}_n \bar{x}_{n-1} \cdots \bar{x}_2 \bar{x}_1 + 1$。③符号位添加;无论真值为正还是为负,均在有效数值位的最高位前添加一位符号位,且"-"为"0","+"为"1"。可见,偏置值 2^n 移码的定点机器数与真值之间的转换比较复杂。

比较上述真值的补码与移码二进制数位可看出,纯整数偏置值 2^n 移码与补码之间的关系为:同一纯整数真值的偏置值 2^n 移码与补码,它们的有效数值位相同,符号位互反。证明如下:

当 X<0 时,$[X]_{补} = 2^{n+1} + X = 2^{n+1} + (-2^n + [X]_{移}) = 2^n + [X]_{移}$;即将 $[X]_{移}$ 的符号位由 0 改为 1 则为 $[X]_{补}$,反之,将 $[X]_{补}$ 的符号位由 1 改为 0 则为 $[X]_{移}$。

当 X≥0 时,$[X]_{移} = 2^n + X = 2^n + [X]_{补}$;即将 $[X]_{补}$ 的符号位由 0 改为 1 则为 $[X]_{移}$,或将 $[X]_{移}$ 的符号位由 1 改为 0 则为 $[X]_{补}$。

例 2.7 设数据字长为 8 位,偏置值取 2^n,求 A=1101,B=-1101 的移码。

解 1:由题可知,数据字长为 8 位,而纯整数 A 和 B 的真值有效数值位数均仅为 4 位,所以需要在真值有效数值最高位之前添加 3 位"0",补齐到 7 位,即有:

A = 000 1101 　　　　　　B = -000 1101

按上述纯整数真值的变换规则,则有:

$[A]_{移}$ = 1 0001101 　　　　$[B]_{移}$ = 0 1110011

解 2:由题例 2.4 可知:

$[A]_{补}$ = 0 0001101 　　　　$[B]_{补}$ = 1 1110011

按上述移码与补码之间的关系,则有:

$[A]_{移}$ = 1 0001101 　　　　$[B]_{移}$ = 0 1110011

(2) 移码的特点与范围。

由移码编码法形成的定点机器数(移码)具有四个特点:

一是真值"0"的移码是唯一的,即能表示 2^{n+1} 个真值。由偏置值 2^n 移码编码映射规则有：$[+0]_{移}=[-0]_{移}=1\,00\cdots00$，可见，真值"0"仅占用了一个编码，使得 2^{n+1} 个编码，可一一对应地表示 2^{n+1} 个真值。若数据字长 8 位，能表示 256 个数值数据。

二是正数移码量值大于负数移码量值。由于 $[X]_{移}=$ 偏置值 $+X$，显然，当 $X<0$ 时，$[X]_{移}<$ 偏置值；当 $X\geqslant0$ 时，$[X]_{移}\geqslant$ 偏置值。

三是移码的量值越大，则表示的真值越大，且呈正比线性关系。由于 $[X]_{移}=$ 偏置值 $+X$，若有真值 C 和 D，当 $C>D$ 时，则 $[C]_{移}>[D]_{移}$。特别地，当移码全 0 时，表示的真值最小；当移码全 1 时，表示的真值最大。

四是偏置值 2^n 移码的最高位为符号位，"0"代表"－"，"1"代表"＋"。当 $X<0$ 即真值为负时，定点整数移码量值范围为 $0\sim(2^n-1)$，$[X]_{移}=0\,X_nX_{n-1}\cdots X_2X_1$，最高位为 0；当 $X\geqslant0$ 即真值为正时，定点整数移码量值范围为 $2^n\sim(2^{n+1}-1)$，$[X]_{移}=1\,X_nX_{n-1}\cdots X_2X_1$，最高位为 1。

移码的偏置值不同，数值范围也不同。2^n 移码表示的数值范围为：$-2^n\leqslant X\leqslant(2^n-1)$，且下限与上限移码分别为 $0\,00\cdots00$ 与 $1\,11\cdots11$。若数据字长 8 位，定点整数下限与上限分别为 -128 与 127。

2.2.4 定点机器数的比较与转换

1. 定点机器数的比较

原码、补码、反码和移码都是定点机器数的常用编码，且均是格式相同、最高位为符号位、同一真值编码长度相等的基 2 码，但在特性与用途等方面有所不同，数据字长为 8 ($n=7$) 的原码、补码、反码和移码的对应关系如表 2-4 所示。

表 2-4 数据字长为 8 ($n=7$) 的原码、补码、反码和移码的对应关系

X 的二十进制		$[X]_{原}$ 的二十进制		$[X]_{补}$ 的二十进制		$[X]_{反}$ 的二十进制		$[X]_{移}$ 的二十进制	
+127	+01111111	01111111	127	01111111	127	01111111	127	11111111	255
+126	+01111110	01111110	126	01111110	126	01111110	126	11111110	254
...	...	...	...	...	...	...	...	...	...
+2	+00000010	00000010	2	00000010	2	00000010	2	10000010	130
+1	+00000001	00000001	1	00000001	1	00000001	1	10000001	129
+0	+00000000	00000000	0	00000000	0	00000000	0	10000000	128
-0	-00000000	10000000	128	00000000	0	11111111	255	10000000	128
-1	-00000001	10000001	129	11111111	255	11111110	254	01111111	127
-2	-00000010	10000010	130	11111110	254	11111101	253	01111110	126
...	...	...	...	...	...	...	...	...	...
-126	-01111110	11111110	254	10000010	130	10000001	129	00000010	2
-127	-01111111	11111111	255	10000001	129	10000000	128	00000001	1
-128	-10000000	无		10000000	128	无		00000000	0

(1) 原码、补码、反码的符号位"0"代表"+","1"代表"−";而移码则相反,符号位"1"代表"+","0"代表"−"。

(2) 对于真值 0,原码和反码存在两种编码,不唯一;而补码和移码仅有一种编码,是唯一的。

(3) 补码和反码的符号位可与数值位一起运算,原码的符号位则不能同数值位一起运算,移码可视为无符号数而直接按无符号数的规则运算。这将在第 4 章讨论。

(4) 原码不适合于加减运算,但适合于乘除运算,而补码则相反;反码一般用于真值与补码之间的相互转换,可以使转换逻辑电路简单;移码主要用于表示浮点数的阶码,以便于比较大小和简化判零电路。这将在第 4 章讨论。

(5) 原码和反码表示的正负数范围是对称的,即正数与负数点在数轴上是对称分布的,均为(2^n-1)个;而补码和移码表示的正负数范围是不对称的,即正数与负数点在数轴上是非对称分布的,正数点为(2^n-1)个,负数点为 2^n 个,负数多一个最小负数(绝对值最大负数),其值等于 -2^n(纯整数)或 -1(纯小数)。

(6) 对于正数,原码、补码、反码和移码的有效数值位均与真值的有效数值位一致,且表示的最大与最小正数值相同(定点小数为($1-2^{-n}$)或 2^{-n},定点整数为(2^n-1)或 1)、最大与最小正数编码的有效数值位也相同(11⋯11(全 1)、00⋯01(最低位为 1));对于负数,原码、补码、反码和移码的有效数值位、表示的最小负数值、表示的最大与最小负数编码的有效数值位则各不相同,但表示的最大负数值一致(定点小数为 -2^{-n}、定点整数为 -1)。原码、补码、反码和移码表示数值数据的分布特征如表 2-5 所示。

表 2-5 原码、补码、反码和移码表示数值数据的分布特征

编码 特征名	定点小数			定点整数			
	原码	反码	补码	原码	反码	补码	移码
最大正数	0.11⋯11 ($1-2^{-n}$)	0.11⋯11 ($1-2^{-n}$)	0.11⋯11 ($1-2^{-n}$)	011⋯11 (2^n-1)	011⋯11 (2^n-1)	011⋯11 (2^n-1)	011⋯11 (2^n-1)
最小正数	0.00⋯01 (2^{-n})	0.00⋯01 (2^{-n})	0.00⋯01 (2^{-n})	000⋯01 (1)	000⋯01 (1)	000⋯01 (1)	000⋯01 (1)
最大负数	1.00⋯01 (-2^{-n})	1.11⋯10 (-2^{-n})	1.11⋯11 (-2^{-n})	100⋯01 (-1)	111⋯10 (-1)	111⋯11 (-1)	011⋯11 (-1)
最小负数	1.11⋯11 $-(1-2^{-n})$	1.00⋯00 $-(1-2^{-n})$	1.00⋯00 (-1)	111⋯11 $-(2^n-1)$	100⋯00 $-(2^n-1)$	100⋯00 $-(2^n)$	000⋯00 $-(2^n)$

2. 定点机器数及其真值之间的转换

定点机器数不仅与真值之间存在转换关系,不同定点机器数相互之间也存在转换关系。当真值与定点机器数的有效数值位相等时,定点机器数及其真值之间的转换关系如图 2-10 所示。由真值或原码转换到补码,对有效数值位的处理除图示的"按位取反,末位加 1"方法外,另一种简便方法是:对有效数值位自低位向高位搜索,第一位 1 及其右侧低位 0 保持不变,左侧高位按位取反。如[X]原 = 1 1100100,有效数值位的低 3 位"100"保持不变,高 4 位"1100"按位取反有"0011",则[X]补 = 1 0011100。

定点机器数及其真值之间的转换包含三个方面:①由真值转换得到原码、补码、反码

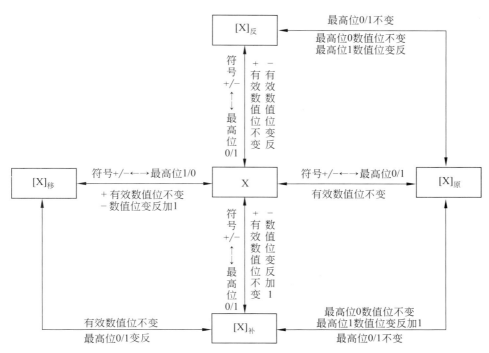

图 2-10 定点机器数及其真值之间的转换关系

和移码；②由原码、补码、反码和移码转换得到真值；③由原码、补码、反码和移码中的一种转换得到另外三种。无论哪一方面的转换，真值正负是关键，它决定定点机器数最高位（符号位）和转换方法。当真值与定点机器数相互转换时，通常以原码为转换点，即由真值转换得到原码后再由原码转换得到补码、反码和移码，或由补码、反码和移码转换得到原码后再由原码转换得到真值。

例 2.8 设数据字长为 8 位，求 A＝0.1011001、B＝－0.1101100、C＝0 的原码、补码和反码。

解：按图 2.10 中真值与定点机器数之间的转换关系，则有：

$[A]_原$＝0.1011001　　　$[B]_原$＝1.1101100　　　$[C]_原$＝0(1).0000000

$[A]_反$＝0.1011001　　　$[B]_反$＝1.0010011　　　$[C]_反$＝0.0000000 或 1.1111111

$[A]_补$＝0.1011001　　　$[B]_补$＝1.0010100　　　$[C]_补$＝1.0000000

例 2.9 设数据字长为 8 位，求 A＝89、B＝－108 的原码、补码、反码和 2^7 移码。

解：由题可知，A 和 B 为十进制数，应将其转换为二进制数，且需使二进制数的有效数值位的位数为 7，则有 A＝1011001，B＝－1101100。

按图 2.10 中真值与定点机器数之间的转换关系，则有：

$[A]_原$＝01011001　　　　　　$[B]_原$＝11101100

$[A]_反$＝01011001　　　　　　$[B]_反$＝10010011

$[A]_补$＝01011001　　　　　　$[B]_补$＝10010100

$[A]_移$＝11011001　　　　　　$[B]_移$＝00010100

例 2.10 已知$[A]_补=0.1010110$，$[B]_补=1.1100101$，$[C]_补=1.0000000$，求 A 和 B 的真值、原码和反码。

解：按图 2.10 中真值及其定点机器数之间的转换关系，则有：

A=0.1010110   B=−0.0011011   C=−1

$[A]_原$=0.1010110 $[B]_原$=1.0011011 $[C]_原$无（超出范围）

$[A]_反$=0.1010110 $[B]_反$=1.1100100 $[C]_反$无（超出范围）

2.2.5 定点机器数符号扩展

在将定点数真值转化为机器数时，若真值有效数值位数小于数据字长，则应先通过补"0"方式，使真值有效数值位数等于数据字长减 1，再运用机器数的编码规则，把真值转化为机器数。但是，也可以先运用机器数的编码规则，将真值转化为机器数，再通过符号扩展方式，使定点机器数有效数值位数等于数据字长减 1。另外，在第 4 章介绍计算机进行算术运算时，若定点机器数的数据字长小于机器字长时，也应先通过符号扩展方式，使定点机器数的数据字长等于机器字长，再按相应运算规则进行算术运算。通常，把短字长定点机器数变换为长字长定点机器数称为符号扩展，如把 8 位定点机器数变换为 16 位定点机器数。

不同定点机器数的符号扩展规则不同。对于定点小数，无论是原码还是补码、正的还是负的，均在短字长机器数后面补"0"，补"0"的个数等于长字长减去短字长。对于正定点整数，无论是原码还是补码，均在短字长机器数的符号位与数值最高为之间补"0"，补"0"的个数等于长字长减去短字长。对于负定点整数，当机器数为原码时，则在短字长机器数的符号位与数值最高为之间补"0"，补"0"的个数等于长字长减去短字长；当机器数为补码时，则在短字长机器数的符号位与数值最高为之间补"1"，补"1"的个数等于长字长减去短字长。

对于符号扩展规则，在此不加以证明，通过实例可以验证其成立。如 X=−111，$[X]_原$=1 111、$[X]_补$=1 001，若使机器数的字长为 8 位，根据负定点整数符号扩展规则，则有$[X]_原$=1 0000111，$[X]_补$=1 1111001。根据机器数与真值转换的规则，$[X]_原$=1 0000111 的真值为−111，$[X]_补$=1 1111001 的真值也为−111。可见，负定点整数符号扩展规则成立。对于定点小数与正定点整数，同样可以验证其成立。

2.2.6 浮点数的编码与数值范围

1. 浮点机器数的编码与规格化

从浮点机器数表示格式可知，浮点机器数字分成两个字段：表示指数的阶码 E 和表示数值的尾数 M，且阶码是定点整数，尾数是定点小数。定点整数与定点小数的编码有原码、补码、反码和移码，对于浮点机器数的阶码和尾数，除尾数不能是移码外，可采用其中任一种编码，可见其编码组合有 3×4=12 种。但一般尾数与阶码仅采用其中的四种组合，即原码＋原码、补码＋补码、原码＋移码、补码＋移码。

浮点机器数的精度是由尾数决定的，尾数能表示的有效位数越多，浮点机器数的表示精度就越高。为尽可能多地保留尾数的有效数字，使有效数字占满尾数的数位，以提高浮

点机器数的表示精度,通常浮点机器数尾数采用规格化形式。所谓规格化尾数是指其表示的定点小数是一个有效数值的最高位为非零的数,若阶码是二进制数,则浮点机器数规格化尾数的真值应满足:$1/2 \leqslant |M| < 1$。

当尾数采用原码表示时,若 $M \geqslant 0$,原码有效数值位的量值越大,对应真值越大;由于 $[1/2]_原 = 0.100\cdots00$,则当符号位为 0 时,尾数原码的有效数值的最高位为 1 即是规格化的,其形式为:

$$[M]_原 = 0.1 \times \times \cdots \times \times (\times 表示既可为 0,也可为 1)$$

若 $M < 0$,原码有效数值位的量值越大,对应真值则越小;由于 $[-1/2]_原 = 1.100\cdots00$,则当符号位为 1 时,尾数原码的有效数值的最高位为 1 即是规格化的,其形式为:

$$[M]_原 = 1.1 \times \times \cdots \times \times (\times 表示既可为 0、也可为 1)$$

当尾数采用补码表示时,若 $M \geqslant 0$,补码有效数值位的量值越大,对应真值越大;由于 $[1/2]_补 = 0.100\cdots00$,则当符号位为 0 时,尾数补码的有效数值的最高位为 1 即是规格化的,其形式为:

$$[M]_补 = 0.1 \times \times \cdots \times \times (\times 表示既可为 0、也可为 1)$$

若 $M < 0$,补码有效数值位的量值越大,对应真值则越大;由于 $[-1]_补 = 1.000\cdots00$,则当符号位为 1 时,尾数补码的有效数值的最高位为 0 即是规格化的,其形式为:

$$[M]_补 = 1.0 \times \times \cdots \times \times (\times 表示既可为 0、也可为 1)$$

当浮点机器数尾数为非规格化时,需要进行规格化操作使其规格化。而所谓规格化操作即是调整非规格化尾数的小数点位置和阶码大小,使尾数所表示的定点小数最高位是一个有效值。如若某浮点机器数的尾数为 $[X]_原 = 0.001001$ 或 $[X]_补 = 1.110101$,则其不是规格化尾数,需要对 $[X]_原$ 或 $[X]_补$ 左移两位而相应阶码减 2,使 $[X]_原$ 和 $[X]_补$ 变成规格化的形式:$[X]_原 = 0.100100$,$[X]_补 = 1.010100$。第 4 章还将讨论。

例 2.11 某计算机浮点机器数字长为 32 位,阶码字段 8 位(含一位符号位),尾数字段 24 位(含一位符号位)。设 $A = -256.5$、$B = 127/256$,当采用全原码或全补码时,写出 A 和 B 浮点机器数一般格式表示。

解:(1) $A = -256.5 = -100000000.1B = -2^9 \times 0.1000000001$,则 $A_阶 = +9 = 1001$、$A_尾 = -0.1000000001$。

① A 阶码原码 $[+1001]_{阶原} = 0\ 0001001$
   A 尾数规格化原码 $[-0.1000000001]_{尾原} = 1.100000000100000000000000$
所以,全原码浮点机器数一般表示格式为:
   $0\ 0001001\quad 1\ 100000000100000000000000B = 09C02000H$

② A 阶码补码 $[+1001]_{阶补} = 0\ 0001001$
   A 尾数规格化补码 $[-0.1000000001]_{尾补} = 1.011111111100000000000000$
所以,全补码浮点机器数一般表示格式为:
   $0\ 0001001\quad 1\ 011111111100000000000000B = 09BFE000H$

(2) $B = 127/256 = 1111111 \times 2^{-8}B = 2^{-1} \times 0.1111111$,则 $B_阶 = -1$,$B_尾 = 0.1111111$。

① B 阶码原码 $[-1]_{阶原} = 1\ 0000001$
   B 尾数规格化原码 $[0.1111111]_{尾原} = 0.111111100000000000000000$

所以，全原码浮点机器数一般表示格式为：

1 0000001　0 11111110000000000000000B＝817F0000H

② B 阶码补码$[-1]_{阶原}$＝1 1111111

　　B 尾数规格化补码$[0.1111111]_{尾原}$＝0.11111110000000000000000

所以，全补码浮点机器数一般表示格式为：

1 1111111　0 11111110000000000000000B＝FF7F0000H

2．规格化浮点机器数的数值范围

规格化浮点机器数即其尾数是规格化的，它的数值范围由其阶码和尾数共同决定，规格化浮点机器数表示数值数据的分布特征如表 2-6 所示。

表 2-6　规格化浮点机器数表示数值数据的分布特征

特征名称	阶码		尾数		浮点数	
	原码	补码	原码	补码	全原码	全补码
最大正数	011⋯11 (2^e-1)	011⋯11 (2^e-1)	0.11⋯11 $(1-2^{-m})$	0.11⋯11 $(1-2^{-m})$	011⋯11 0.11⋯11 $(1-2^{-m})\times[2\wedge(2^e-1)]$	011⋯11 0.11⋯11 $(1-2^{-m})\times[2\wedge(2^e-1)]$
非规格化最小正数	000⋯01 (1)	000⋯01 (1)	0.00⋯01 (2^{-m})	0.00⋯01 (2^{-m})	111⋯11 0.00⋯01 $2^{-m}\times[2\wedge(-(2^e-1))]$	100⋯00 0.00⋯01 $2^{-m}\times[2\wedge(-2^e)]$
规格化最小正数	000⋯01 (1)	000⋯01 (1)	0.10⋯00 (2^{-1})	0.10⋯00 (2^{-1})	111⋯11 0.10⋯00 $2^{-1}\times[2\wedge(-(2^e-1))]$	100⋯00 0.10⋯00 $2^{-1}\times[2\wedge(-2^e)]$
规格化最大负数	100⋯01 (-1)	111⋯11 (-1)	1.10⋯00 (-2^{-1})	1.01⋯11 $-(2^{-1}+2^{-m})$	111⋯11 1.01⋯11 $-2^{-1}\times[2\wedge(-(2^e-1))]$	100⋯00 1.01⋯11 $-(2^{-1}+2^{-m})\times[2\wedge(-2^e)]$
非规格化最大负数	100⋯01 (-1)	111⋯11 (-1)	1.00⋯01 (-2^{-m})	1.11⋯11 (-2^{-m})	111⋯11 1.00⋯01 $-2^{-m}\times[2\wedge(-(2^e-1))]$	100⋯00 1.11⋯11 $-2^{-m}\times[2\wedge(-2^e)]$
最小负数	111⋯11 $-(2^e-1)$	100⋯00 (-2^e)	1.11⋯11 $-(1-2^{-m})$	1.00⋯00 (-1)	011⋯11 1.11⋯11 $-(1-2^{-m})\times[2\wedge(2^e-1)]$	011⋯11 1.00⋯00 $-1\times[2\wedge(2^e-1)]$

从表 2-6 可知：

（1）浮点机器数表示的数值范围与尾数是否规格化无关。由于规格化尾数仅限制绝对值小于 1/2 定点小数的表示，并没有限制绝对值大于 1/2 定点小数的表示。若数据字长 12 位、m＝7、e＝3，全原码下限与上限分别为$-(1-2^{-7})\times128$、$(1-2^{-7})\times128$，全补码下限与上限分别为-128、$(1-2^{-7})\times128$。全原码下限与上限的原码分别为 011⋯11 1.11⋯11、0.11⋯11 011⋯11，全补码下限与上限的补码分别为 011⋯11 1.00⋯00、011⋯11 0.11⋯11。

（2）浮点机器数表示的最小正数和最大负数与尾数是否规格化有关。无论是全原码还是全补码，尾数非规格化表示最小正数与最大负数的绝对值比尾数规格化的要小。若数据字长 12 位、m＝7、e＝3，尾数非规格化全原码表示的最小正数和最大负数分别为$2^{-7}\times2^{-7}=2^{-14}$、$-2^{-7}\times2^{-7}=-2^{-14}$，尾数规格化分别为$2^{-1}\times2^{-7}=2^{-8}$、$-2^{-1}\times2^{-7}=-2^{-8}$，显然，$|2^{-14}|\leqslant|2^{-8}|$、$|-2^{-14}|\leqslant|-2^{-8}|$；尾数非规格化全补码表示的最小正数和最大负数分别为$2^{-7}\times2^{-8}=2^{-15}$、$-2^{-7}\times2^{-8}=2^{-15}$，尾数规格化分别为$2^{-1}\times2^{-8}=2^{-9}$、$-(2^{-1}+2^{-7})\times2^{-8}$，显然，$|2^{-15}|\leqslant|2^{-9}|$、$|-2^{-15}|\leqslant|-(2^{-1}+2^{-7})\times2^{-8}|$。

特别地，当浮点机器数数据字长一定时，阶码与尾数的位数各分配多少，必须综合权衡。阶码位数越多，数值范围越大；但尾数位数越少，数值精度越低；反之则范围越小，精度越高。

3. 浮点机器数的 IEEE 754 标准

在浮点数据表示中,即使数据字长相同时,不同的计算机可能选用不同的格式(特别是字段排列次序)、不同的阶码与尾数位数及其编码,从而导致不同计算机之间浮点机器数差异很大,不利于软件植移。为此,美国电气电子工程师协会(Institute of Electrical and Electronics Engineers)于 1985 年提出了浮点机器数 IEEE 754 标准,并得到广泛应用。

IEEE 754 标准的浮点机器数由符号位 S、阶码位(含阶符)E 和尾数有效数值位 M 等三部分组成,表示格式如图 2-11 所示,其中 e 和 m 分别为阶码和尾数的有效数值位位数。IEEE 754 标准包含单精度(又称短实数)、双精度(又称长实数)、单精度扩展和双精度扩展等四种浮点机器数格式,其中对单精度扩展和双精度扩展浮点机器数仅规定其字长位数分别大于 43 或 79、阶码位数分别大于 11 或 15、尾数位数分别大于 32 或 64,但对单精度和双精度浮点机器数的规定则极其详尽。

图 2-11　浮点机器数 IEEE 754 的标准表示格式

对于单精度和双精度浮点机器数,IEEE 754 标准从四个方面进行规定,相应的格式参数及特征如表 2-7 所示。

表 2-7　单精度与双精度浮点机器数的格式参数及特征

格式名称	字长位数	阶码位数(含阶符)	尾数位数(含数符)	偏置值	最大阶码及对应指数	最小阶码及对应指数
单精度	32	8	24	7FH　127	254　127	1　−126
双精度	64	12	52	3FFH　1023	2046　1023	1　−1022

(1) 阶码用移码表示,尾数用原码表示,阶码的基数为 2,移码的偏置值为 (2^e-1),即单精度的偏置值为 127(7FH),双精度的偏置值为 1023(3FFH)。

(2) 单精度浮点机器数数据字长为 32,其中阶码位数(含一位阶符)8 位、尾数位数(含一位数符)24 位;双精度浮点机器数数据字长为 64,其中阶码位数(含一位阶符)12 位、尾数位数(含一位数符)52 位。

(3) 单精度阶码值 0 和 255、双精度阶码值 0 和 2047 分别用来表示特殊数据。当阶码值为 255 或 2047 时,若尾数为 0,则表示无穷大;若尾数不为 0,则表示非数值数据。而当阶码值和尾数均为 0 时,则表示数值为 0(对于非 0 数值,尾数有效位一定大于或等于 1,仅在于浮点机器数精度是否可表示)。因此,单精度有效指数值范围是 −126~127,双精度有效指数值范围是 −1022~1023。

(4) 由于尾数是原码,规格化尾数的原码形式为 0.1××…×× 或 1.1××…××,其最高位一定是 1,从而约定规格化原码的最高位隐含,且隐含位为小数点左边的整数 1 (即位权为 2^0)。所以规格化尾数的有效数值位为 24 位(单精度)或 52 位(双精度),提高

了浮点机器数的取值精度。对于给定的单精度与双精度的浮点机器数,真值计算式为:

单精度:$X=[(-1) \wedge M_s] \times [(1.M_n M_{n-1} \cdots M_2 M_1) \times (2^{e-127})]$

双精度:$X=[(-1) \wedge M_s] \times [(1.M_n M_{n-1} \cdots M_2 M_1) \times (2^{e-1023})]$

例 2.12 将真值$(100.25)_{10}$转换成单精度浮点机器数。

解:将一个十进制数真值转换成单精度浮点机器数一般分六步完成。

(1) 十进制数→二进制数:$(100.25)_{10}=1100100.01B$。

(2) 非规格化数→规格化数:$1100100.01=1.10010001 \times 2^6$(特别地规格化尾数含一位整数位)。

(3) 计算阶码的移码:$1111111+110=10000101$(偏置值+阶码真值)。

(4) 确定数据符号位:$(100.25)_{10}$为正数,则符号位=0。

(5) 扩展规格化尾数:$10010001 \to 10010001000000000000000$。

(6) 写出单精度浮点机器数:0;100 0010 1;100 1000 1000 0000 0000 0000 → 42C88000H(符号位+阶码+尾数)。

例 2.13 把短浮点机器数 C1C90000H 转换成十进制数真值。

解:将一个单精度浮点机器数转换成十进制数真值一般分五步完成。

(1) 十六进制→二进制:$C1C90000H=11000001110010010000000000000000B$。

(2) 分离符号位、阶码位和尾数位:

$$1; 10000011; 10010010000000000000000$$

符号位　　阶码位　　　　　　尾数位

(3) 计算阶码真值:$10000011-1111111=100$(移码-偏置值)。

(4) 写出二进制数真值:$-1.1001001 \times 2^4 = -11001.001$。

(5) 变换成十进制数真值:$-11001.001B=-(25.125)_{10}$。

特别地当第二步结束后,也可采用真值计算式得到,即有:

$$\begin{aligned}
\text{十进制数真值} &= [(-1) \wedge M_s] \times [(1.M_n M_{n-1} \cdots M_2 M_1) \times (2^{e-127})] \\
&= (-1)^1 \times 1.1001001 \times 2^{131-127} \\
&= -11001.001B = -(25.125)_{10}
\end{aligned}$$

2.3　数据校验的编译码与实现

由于器件质量不可靠、线路工艺不过关、噪声干扰等因素,不管数据如何编码、采用任何存储与传输介质,从物理上讲,数据在存取、传送的过程中,难免不发生诸如"1"误变为"0"或"0"误变为"1"的错误。特别地,随着通信速率的提高,数据传送过程中位与位之间的时间间隔越来越短,出错的概率越来越大。为了减少和避免误变错误,提高计算机抗干扰的能力,则在硬件和软件上都采取许多措施,如精心设计逻辑电路来提高硬件的可靠性。但最有效的方法是使数据编码具有检错甚至纠错能力,并通过专门的逻辑电路进行编码与检错纠错,来保证数据存取与传送的可靠性。那么,什么是数据检验码,数据检验码有哪几种,各种数据检验码如何编码、如何检错纠错、检错纠错如何实现,等等是本节需要讨论的问题。

2.3.1 数据校验及其基本思想

1. 数据校验码与校验实现

所谓数据校验码是指具有发现错误或同时还能给出错误在编码中所在位置的数据编码，又可称为数据检错纠错编码。仅能检查出错误的数据校验码称为检错码；而不仅能检查出错误同时还能给出错误在编码中所在位置的数据校验码，称为检错纠错码。检错码有奇偶校验码，检错纠错码有海明校验码和循环校验码，其中从奇偶校验的不同应用，又可分为一维奇偶校验码和二维奇偶校验码。

利用数据校验码可以对数据存取与传送过程中出现的错误进行检查与纠正，具体实现包含两个方面。一是发送端编码；在发送端设置编码逻辑电路，通过该逻辑电路生成数据校验码来发送。二是接收端译码与纠错；在接收端设置译码与纠错逻辑电路，通过译码逻辑电路来判断接收的数据是否有错；若有错，对于仅具有检错能力的数据校验码，则发送约定信息到发送端，要求重新发送数据校验码；对于同时具有检错纠错能力的数据校验码，则通过纠错逻辑电路生成正确的有效数据；若无错，就从数据校验码中提取出有效数据。

2. 码距及其与检错纠错能力的关系

任何数据都需要采用二进制数来进行编码，计算机才能够处理，通常把一个数据的二进制编码称为码字。显然，对于任何一种数据类型，当采用一种编码体制来编码时，其编码包含许多甚至无穷个码字。同一编码体制(规则)中，任意两个合法码字之间逐位比较，对应位不同的二进制位数，称为码字间距离；而所有码字间距离的最小值，则称为该编码体制的码距。如用四位二进制数来编码，则有 0000～1111 共 16 个不同的码字，可表示 16 种状态；码字间距离有 1(如 0000 与 0001)、2(如 0000 与 0011)、3(如 0000 与 0111)、4(如 0000 与 1111)，码字间距离的最小值为 1，从而该编码体制的码距为 1。同样，用四位二进制数来编码，从 0000～1111 的码字中，选择 0000、0011、0101、0110、1001、1010、1100、1111 共 8 个码字来表示 8 种状态；码字间距离有 2(如 0000 与 0011)、4(如 0000 与 1111)，码字间距离的最小值为 2，从而该编码体制的码距为 2。

码距是编码体制的一个重要参数，该参数可用来衡量对应编码体制是否具备检错纠错能力和检错纠错能力大小。若四位二进制数的 16 个编码均为有效编码，其码距为 1，任意一个编码任何一位出错，就会由一个有效编码变为另一个有效编码，如编码 0000 中的最低位由"0"误变为"1"，则变为有效编码 0001，即该编码体制没有检错纠错能力。若四位二进制数的 16 个编码选择上述 8 个为有效编码，其码距为 2，当任意一个编码任何一位出错时，就会由一个有效编码变为一个无效编码，如编码 0000 中的最低位由"0"误变为"1"，则变为无效编码 0001，即该编码体制具有检错纠错能力。可见，当编码体制的码距为 1 时，当某一有效编码出现一位误变，就变为另一有效编码，则相应的编码体制没有检错纠错能力；当编码体制的码距等于 2 时，当某一有效编码出现一位误变，就变为一个无效编码，相应的编码体制则具有检错能力；当编码体制的码距大于等于 3 时，相应的编码体制不仅具有检错能力，还具有纠错能力，且码距越大，纠错能力越强。根据信息论原理，数据检验码检错纠错能力与编码体制码距 D 是有关系的，且几种码距的检错与纠错能力如表 2-8 所示。

表 2-8 不同码距的检错与纠错位数

码距	检错与纠错位数		纠错	码距	检错与纠错位数		纠错
	检错		纠错		检错		纠错
1	0		0	5	2	且	2
2	1		0	6	3	且	2
3	2	或	1	7	4	且	3
4	2	且	1				

(1) 若 D≥E+1,则可检查发现 E 位错误。

(2) 若 D≥2T+1,则可发现纠正 T 位错误。

(3) 若 D≥E+T+1 且 E≥T,则可检查发现 E 位错误并发现纠正 T 位错误。

3. 数据检验码的编码

由上述可知,对于某一种编码体制的编码,通过增加码距就能把一个不具备检错纠错功能的编码变成具有检错纠错功能的编码,数据校验码的"冗余检验"编码规则正是来源于这一原理。所谓"冗余检验",是在正常有效编码的基础上,通过增加一些附加位(即冗余位或检验位),并使这些附加位与正常有效编码位按一定规律排列来构成数据编码。显然,数据校验码是由有效编码位和检验位组成,数据校验码的格式如图 2-12 所示,其中 K 为有效编码位数、R 为

图 2-12 数据校验码的格式

检验信息位数,数据校验码位数 N=K+R。当增加一些检验位后,编码字加长,但有效码个数不变,从而也就增加了码距。特别地,由于检验位的增加,使得数据编码的长度增加,从而导致传送效率降低,数据传送效率为:K/(K+R),且检验位越多,传送效率越低。

2.3.2 奇偶校验码

1. 奇偶校验的编码

奇偶校验是一种最简单且应用极为广泛的检错方法,由奇偶校验编码规则生成的数据校验码称为奇偶校验码,它是一种检错码。奇偶校验分为奇校验和偶校验两种,奇(或偶)校验的编码规则是使数据校验码中 1 的个数为奇(或偶)数。由于数据校验码中的有效编码(被检验数据)部分,可能是奇性(1 的个数为奇数),也可能是偶性(1 的个数为偶数),所以奇偶校验都仅需要在数据有效编码的基础上,增加 1 位检验位(即 R=1),就可以使数据校验码满足指定的奇偶性要求。奇偶校验码的格式如图 2-13 所示,其传送效率为:K/(K+1)。奇偶

图 2-13 奇偶校验码的格式

校验码的具体生成方法为:偶校验时,若有效编码中 1 的个数为偶数,则检验位为 0;若有效编码中 1 的个数为奇数,则检验位为 1。奇校验时,若有效编码中 1 的个数为偶数,则检验位为 1;若有效编码中 1 的个数为奇数,则检验位为 0。如数据有效编码为:1011001101,其 1 的个数是 6;因此,若是偶校验,为使 1 的个数为偶数,则检验位为 0;若

是奇校验,为使1的个数为奇数,则校验位为1。

奇偶校验码通过增加一位校验位,使码距由1增加到2,由表2-8可知,它仅能检查出一位错误,但不能确定出错位在奇偶校验码中的位置,即奇偶检验码仅具有检错能力,而不具备纠错能力。另外,由于奇偶检验是以数据校验码中1的个数的奇偶性为依据来检查错误,所以它还能检查出奇数位错误,但不能检查出偶数位错误。

例2.14 假设奇偶校验码的最右边一位为校验位,现有5个字节的数据如表2-9所示,请采用奇偶校验码的生成方法给出奇校验码和偶校验码,并填写在表2-9中。

解:奇偶校验码中检验位取0还是取1由被检验数据中1的个数和奇偶校验的编码规则来决定。根据被检验数据中1的个数和奇偶校验的编码规则,则可选取奇偶校验的检验位,由此形成奇校验码和偶校验码,如表2-9所示。

表2-9 例2.14 被检验数据及其奇偶校验码

被检验数据	奇校验码	偶校验码	被检验数据	奇校验码	偶校验码
01010101	01010101 **1**	01010101 **0**	01111111	01111111 **0**	01111111 **1**
00101010	00101010 **0**	00101010 **1**	11111111	11111111 **1**	11111111 **0**
00000000	00000000 **1**	00000000 **0**			

2. 奇偶校验的实现

由异或运算规则可知:奇数个1做异或运算,结果为1;偶数个1做异或运算,结果为0。偶校验时,当有效编码中1的个数为偶数,检验位为0,有效编码中所有位做异或运算,结果正好为0;当有效编码中1的个数为奇数,检验位为1,有效编码中所有位做异或运算,结果正好为1。同样,奇校验时,当有效编码中1的个数为偶数,检验位为1,有效编码中所有位做异或运算,结果为0,结果取反后正好为1;当有效编码中1的个数为奇数,检验位为0,有效编码中所有位做异或运算,结果为1,结果取反后正好为0。所以,设被检验数据$X = x_1 x_2 \cdots x_{n-1} x_n$,奇检验位为$P_奇$、偶检验位为$P_偶$,则奇与偶检验检验位的逻辑表达式为:

$$P_偶 = x_1 \oplus x_2 \oplus \cdots \oplus x_{n-1} \oplus x_n$$
$$P_奇 = \overline{x_1 \oplus x_2 \oplus \cdots \oplus x_{n-1} \oplus x_n}$$

若设奇校验出错信号为$E_奇$、偶校验出错信号为$E_偶$,且$E_奇$和$E_偶$为1有错、为0无错。对于偶校验,若偶校验码中1的个数为偶数,则无错,$E_偶$应为0,偶校验码所有位做异或运算,结果正好为0;若偶校验码中1的个数为奇数,则有错,$E_偶$应为1,偶校验码所有位做异或运算,结果正好为1。同样,对于奇校验,若奇检验码中1的个数为偶数,则有错,$E_奇$应为1,奇校验码所有位做异或运算,结果为0,结果取反后正好为1;若奇校验码中1的个数为奇数,则无错,$E_奇$应为0,奇校验码所有位做异或运算,结果为1,结果取反后正好为0。所以,奇与偶校验出错信号的逻辑表达式为:

$$E_偶 = x_1 \oplus x_2 \oplus \cdots \oplus x_{n-1} \oplus x_n \oplus P_偶$$
$$E_奇 = \overline{x_1 \oplus x_2 \oplus \cdots \oplus x_{n-1} \oplus x_n \oplus P_奇}$$

由上述四个逻辑表达式,可设计出具有奇偶校验编码与译码功能的逻辑电路,如

图 2-14 所示,其中 n=8。发送端利用该电路生成检验位 $P_奇$ 或 $P_偶$ 后,将有效编码与检验位组合在一起,构成数据校验码发往接收端。接收端利用该电路生成出错信号 $E_奇$ 或 $E_偶$,若出错信号为 0,表明无错,则从数据校验码提取有效数据;若出错信号为 1,表明有错,告知发送端数据无效。

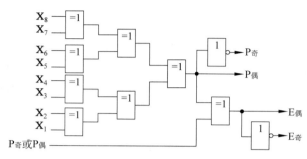

图 2-14 奇偶校验编码与译码逻辑电路

3. 奇偶校验的应用

奇偶校验不仅可以应用于单个数据字的存取与传送,为了提高奇偶校验的检错能力,还可以应用于多个数据字(即数据块)的存取与传送。对于单个数据字,采用奇偶校验码来存取与传送,以检查是否出错,则称为一维奇偶校验,例 2.14 采用的就是一维奇偶检验。对于数据块,在字位方向上同时增加奇偶检验位,且位方向上增加的奇偶检验位组成一个奇偶检验字,由此构成数据块奇偶校验码来存取与传送,以检查是否出错,则称为二维奇偶校验或交叉奇偶校验。如有一个由四个字节组成的数据块,字与位方向均采用偶校验,则其块奇偶校验码如下二进制数,其中斜体为检验位二进制数。

	a7	a6	a5	a4	a3	a2	a1	a0	字检验位
W1	1	1	0	0	1	0	1	1	*1*
W2	0	1	0	1	1	1	0	0	*0*
W3	1	0	0	1	1	1	1	0	*0*
W4	1	0	0	1	0	1	0	1	*0*
位检验字	*1*	*0*	*0*	*1*	*1*	*0*	*0*	*0*	*1*

当数据块存取与传送时,二维奇偶校验与一维奇偶校验相比,检错纠错能力强,具体体现在这样两个方面。①数据块存取与传送仅有一位出错时,一维奇偶校验仅能检查出错误,而无法定位和纠正;二维奇偶校验不仅可以检查出错误,而且还可以定位和纠正。如仅当 W2 的 a5 出错时,不仅使 W2 的字检验出错信号有效,而且还使 a5 的位检验出错信号有效,由此就可以确定块奇偶校验码中的 W2 行 a5 列的对应位出错,从而对其进行纠正。②数据块存取与传送发生偶数位错误时,一维奇偶校验不能检查出错误,而二维奇偶校验则可以检查出错误。如当 W2 的 a5 和 a4 同时出错,W2 的字检验出错信号仍为无效,但 a5 与 a4 的位检验出错信号同时有效,表明接收到的块奇偶校验码有错。

例 2.15 假设有一个由 4 个 7 位数据字组成的数据块如表 2-10 所示,请采用二维奇偶校验的编码规则,生成块奇校验码,并填写在表 2-10 中。

表 2-10　例 2.15 被检验数据块及其块奇校验码

	a6	a5	a4	a3	a2	a1	a0	字检验位
W3	1	0	1	0	1	1	0	1
W2	1	1	1	0	1	1	0	0
W1	0	0	1	0	0	0	1	1
W0	1	1	0	0	1	0	0	0
位检验字	0	1	0	1	0	1	0	1

解：由块奇偶校验码的生成方法可知,需按字和位方向来生成奇校验位。根据字与位方向上 1 的个数和奇校验位生成方法,便可得到表 2.10 给出的数据块的块奇校验码,如表 2.10 所示。

2.3.3　海明校验码

在数据通信中,通常只需要数据校验码具有检错能力,因为接收端一旦检查出错误,即可通知发送端重新发送来保证正确性。但在许多情况下,接收端接收的数据是非再生或实时的数据,这就要求传送的数据不仅具备错误检查能力,同时还应具有错误纠正能力。海明校验码就是一种最有效、最经典的具备检错纠错能力的数据校验码,但它仅能纠正一位出错,当两位出错时,无法给出出错位所在位置。

1. 海明校验的编码原理

奇偶校验码是将全部有效数据位作为一组、配置一位检验位来进行奇偶校验,所以,其错误检查仅能提供一个检错信息,而不能指出错误位在数据校验码中的位置。如果将数据的有效编码位按某种规律分成若干组,每组配置一位检验位来使组内的数位进行奇偶校验,那么就能提供多个检错信息,通过多个检错信息,就可以确定错误位在数据校验码中的位置,从而加以纠正。这就是海明校验码的编码原理。可见,海明校验实质是一种多重奇偶校验,它通过在数据有效编码中插入若干位奇偶检验位来增加码距,从而实现检错与纠错能力。

2. 海明校验的编码过程

海明校验是由理查德·海明(Richard Hamming)于 1950 年提出,海明校验码具体的生成方法包含检验位位数计算、海明校验码排列、海明校验码分组、奇偶检验位生成和海明校验码合成等五个步骤。

（1）检验位位数计算。

若要求海明校验码可纠正一位错误,R 位检验位共有 2^R 个编码(通常称为指误字)。通过 2^R 个编码来区分无错和 N 位码字中一位错误的位置,显然 R 应满足：

$$2^R \geqslant K+R+1$$

几种有效数据位数 K 与检验信息位数 R 的对应关系如表 2-11 所示,如有效数据位为 5～11 位,则需要配置 4 位检验位。

表 2-11 几种有效数据位数 K 与检验信息位数 R 的对应关系

K	1	2~4	5~11	12~26	27~57	58~120	…
R	2	3	4	5	6	7	…

（2）海明校验码排列。

假设 K 位数据有效编码从高到低依次为 $D_K \cdots D_k \cdots D_2 D_1$（$k=1,2,\cdots,K$，且称为数据位号），增添的 R 位奇偶检验位从高到低依次为 $P_R \cdots P_r \cdots P_2 P_1$（$r=1,2,\cdots,R$，且称为检验位号），$N=K+R$ 位海明校验码从高到低依次为 $H_N \cdots H_i \cdots H_2 H_1$（$i=1,2,\cdots,N$，且称为海明位号）。那么，有效数据位与奇偶检验位在海明校验码中的排列原则为：第 r 检验位 P_r 必须处于海明位号为 2^{r-1} 的位置，即 $H_i=P_r$，$i=2^{r-1}$，有效数据位则在其余的海明校验码位置上顺序排列。如若 $K=8$、$R=4$ 的海明校验码排列如下，奇偶检验位 P_1、P_2、P_3、P_4 分别处于海明位号 1、2、4、8 位置。

海明位号	12	11	10	9	8	7	6	5	4	3	2	1
海明码位	H_{12}	H_{11}	H_{10}	H_9	H_8	H_7	H_6	H_5	H_4	H_3	H_2	H_1
排列次序	D_8	D_7	D_6	D_5	P_4	D_4	D_3	D_2	P_3	D_1	P_2	P_1

（3）奇偶校验分组。

根据海明校验码的编码原理，在海明校验码中，每一位数据有效编码位被一至若干位奇偶检验位所检验；反过来说，每一位奇偶检验位，可检验若干位在海明校验码中位置确定的数据有效编码位。海明校验码奇偶校验的分组规则为：奇偶检验位只参加一组奇偶校验，有效编码位至少参加两组奇偶校验，每组只有一位奇偶检验位；若 $H_i=D_k$，则 D_k 被检验位所在位置的海明位号之和等于 i 的那些检验位所校验。如 $K=8$、$R=4$ 的海明校验码分组如表 2-12 所示，表中带"√"的单元格表明该位参加本组检验，不带"√"的单元格表明该位不参加本组检验。从表 2-12 可以看出，D_1 所在位置的海明位号为 3（$H_3=D_1$），P_1、P_2 检验位所在位置的海明位号分别为 1 和 2，由于 $3=2+1$，则 D_1 必须参加 P_1、P_2 组的检验；而 D_7 所在位置的海明位号为 11（$H_{11}=D_7$），P_1、P_2、P_4 检验位所在位置的海明位号分别为 1、2 和 8，由于 $11=8+2+1$，则 D_7 必须参加 P_1、P_2、P_8 组的检验。

表 2-12 $K=8$、$R=4$ 的海明校验码分组

分组 \ 海明位号	12	11	10	9	8	7	6	5	4	3	2	1	组被检验海明位号
	H_{12}	H_{11}	H_{10}	H_9	H_8	H_7	H_6	H_5	H_4	H_3	H_2	H_1	
	D_8	D_7	D_6	D_5	P_4	D_4	D_3	D_2	P_3	D_1	P_2	P_1	
$P_4(8)$	√	√	√	√	√								8、9、10、11、12
$P_3(4)$	√					√	√	√	√				4、5、6、7、12
$P_2(2)$		√	√			√	√			√	√		2、3、6、7、10、11
$P_1(1)$		√		√		√		√		√		√	1、3、5、7、9、11
占用校验海明位号	8 4 =12	8 2 1 =11	8 2 =10	8 1 =9	8	4 2 1 =7	4 2 =6	4 1 =5	4	2 1 =3	2	1	

(4) 奇偶检验位生成。

由上述分组可知,每组中的数位由一位奇偶检验位和若干位有效数据位组成。因此,根据分组和奇偶检验位生成规则,每组中的一位偶(或奇)检验位由该组中被校验的若干位有效数据位做异或运算(或再取反)得到取值。如 K＝8、R＝4,偶检验位的逻辑表达式为:

$$P_4 = H_9 \oplus H_{10} \oplus H_{11} \oplus H_{12} = D_5 \oplus D_6 \oplus D_7 \oplus D_8$$
$$P_3 = H_5 \oplus H_6 \oplus H_7 \oplus H_{12} = D_2 \oplus D_3 \oplus D_4 \oplus D_8$$
$$P_2 = H_3 \oplus H_6 \oplus H_7 \oplus H_{10} \oplus H_{11} = D_1 \oplus D_3 \oplus D_4 \oplus D_6 \oplus D_7$$
$$P_1 = H_3 \oplus H_5 \oplus H_7 \oplus H_9 \oplus H_{11} = D_1 \oplus D_2 \oplus D_4 \oplus D_5 \oplus D_7$$

若数据有效编码为:11101001,即 $D_8=D_7=D_6=D_4=D_1=1$、$D_5=D_3=D_2=0$,代入上述逻辑表达式有:$P_4=1$,$P_3=0$,$P_2=0$,$P_1=1$。

(5) 海明校验码合成。

把数据有效编码和(4)中生成的奇偶检验位按(2)中海明校验码排列,则可合成所需要的海明校验码。如(4)举例的海明校验码为:1110**1**100**01**0**1**,其中斜黑体为偶检验位。

例 2.16 设数据有效编码 $D_4D_3D_2D_1=1101$,请写出该数据偶校验的海明校验码。

解:由于 K＝4,$2^3=8 \geqslant 4+3+1$,所以偶检验位取 3 位,海明校验码位数 N＝4+3＝7 位。根据海明校验码分组,这时分为 3 组:$P_1D_4D_2D_1$、$P_2D_4D_3D_1$、$P_3D_4D_3D_2$;由奇偶检验位生成规则,3 位偶检验位分别为:

$$P_1 = D_1 \oplus D_2 \oplus D_4 = 0$$
$$P_2 = D_1 \oplus D_3 \oplus D_4 = 1$$
$$P_3 = D_2 \oplus D_3 \oplus D_4 = 0$$

由数据有效编码和奇偶检验位在海明校验码中的排列有:$D_4D_3D_2P_3D_1P_2P_1$,则数据有效编码为 1101 的偶校验海明校验码为:110**0**1**10**。

3. 海明校验的查错与纠错

根据奇偶校验的查错原理,接收端对接收的海明校验码进行译码,即分组对组中的一位偶(或奇)检验位和被校验的若干位有效数据位做异或运算(或再取反)来得到每组的出错信号 $E_r(r=1,2,\cdots,R)$。如 K＝8、R＝4,偶检验海明校验码每组出错信号的逻辑表达式为:

$$E_4 = H_8 \oplus H_9 \oplus H_{10} \oplus H_{11} \oplus H_{12} = P_4 \oplus D_5 \oplus D_6 \oplus D_7 \oplus D_8$$
$$E_3 = H_4 \oplus H_5 \oplus H_6 \oplus H_7 \oplus H_{12} = P_3 \oplus D_2 \oplus D_3 \oplus D_4 \oplus D_8$$
$$E_2 = H_2 \oplus H_3 \oplus H_6 \oplus H_7 \oplus H_{10} \oplus H_{11} = P_2 \oplus D_1 \oplus D_3 \oplus D_4 \oplus D_6 \oplus D_7$$
$$E_1 = H_1 \oplus H_3 \oplus H_5 \oplus H_7 \oplus H_9 \oplus H_{11} = P_1 \oplus D_1 \oplus D_2 \oplus D_4 \oplus D_5 \oplus D_7$$

通常把 R 位出错信号组成的二进制数字($E_R \cdots E_r \cdots E_2 E_1$)称为指误字。海明校验查错与纠错的规则为:若指误字全 0,则各组均无错,正确接收到海明校验码,提取出有效数据位即可;若指误字仅有一位为 1,则表示奇偶检验位有一位错误(奇偶检验位只参加一组奇偶校验,其出错仅会引发其所在组出错信号为 1),且指误字的十进制数值就是出错的奇偶检验位的海明位号,这时可以不加纠正,提取出有效数据位即可;若指误字多位为 1,则表示有效数据位有一位错误(有效数据位参加多组奇偶校验,其出错会引发其所在的多组出错信号为 1),且指误字的十进制数值就是出错的有效数据位的海明位号,这时必须纠正,将出错位取反即可得到正确的海明校验码。若海明校验码 $H_{12}H_{11}\cdots H_2H_1=$

111011000101,且 4 位指误字 $E_4E_3E_2E_1=1000$,则说明 H_8 出错,H_8 为奇偶校验位;若 4 位指误字 $E_4E_3E_2E_1=1010$,则说明 H_{10} 出错,H_{10} 为有效数据位。对于 K=4、R=3 的海明校验码指误字与出错位海明位号之间的对应关系如表 2-13 所示,其中偶校验指误字各位的逻辑表达式为:

表 2-13 K=4、R=3 时指误字与出错位的关系

海明位号	1	2	3	4	5	6	7	指误字	无错	出错位海明位号						
含义	P_1	P_2	D_1	P_3	D_2	D_3	D_4			1	2	3	4	5	6	7
第三组				√	√	√	√	E_3	0	0	0	0	1	1	1	1
第二组		√	√			√	√	E_2	0	0	1	1	0	0	1	1
第一组	√		√		√		√	E_1	0	1	0	1	0	1	0	1

$$E_1 = P_1 \oplus D_1 \oplus D_2 \oplus D_4$$
$$E_2 = P_2 \oplus D_1 \oplus D_3 \oplus D_4$$
$$E_3 = P_3 \oplus D_2 \oplus D_3 \oplus D_4$$

例 2.17 设 K=4、R=3 的偶校验海明校验码在接收端接收到的数据为 $H_7\cdots H_2H_1=1100010$,请从中提取出有效数据。

解:K=4、R=3 时,有效数据和偶检验位在海明校验码中的排列为 $D_4D_3D_2P_3D_1P_2P_1$,由题可知,接收端接收到的数据为:$D_4=H_7=1$、$D_3=H_6=1$、$D_2=H_5=0$、$D_1=H_3=0$、$P_3=H_4=0$、$P_2=H_2=1$、$P_1=H_1=0$。根据指误字各位的逻辑表达式有:

$$E_1 = P_1 \oplus D_1 \oplus D_2 \oplus D_4 = 1$$
$$E_2 = P_2 \oplus D_1 \oplus D_3 \oplus D_4 = 1$$
$$E_3 = P_3 \oplus D_2 \oplus D_3 \oplus D_4 = 0$$

这时,指误字为 011,多位为 1,则有效数据位出错,且出错位的海明位号为 3,将 $H_7\cdots H_2H_1=1100010$ 中的 $H_3=0$ 改为 1,即正确的海明校验码是 1100110,$D_4=H_7=1$、$D_3=H_6=1$、$D_2=H_5=0$、$D_1=H_3=1$,有效数据为 1101。

例 2.18 若检验位采用偶校验生成,对字符 M 的 8 位 ASCII(最高位为 0)进行海明校验编码;当海明校验码在传送过程中第六位出错,如何找出该出错并把它纠正过来。

解:(1) 海明校验码的生成。

由于 K=8,$2^4=16 \geq 8+4+1$,所以偶检验位取 4 位,海明校验码位数 N=8+4=12 位。根据海明校验码分组,这时分为 4 组:$P_1D_7D_5D_4D_2D_1$、$P_2D_7D_6D_4D_3D_1$、$P_3D_8D_4D_3D_2$、$P_4D_8D_7D_6D_5$;由奇偶检验位生成规则和字符 M 的 8 位 ASCII(01001101),4 位偶检验位分别为:

$$P_4 = D_5 \oplus D_6 \oplus D_7 \oplus D_8 = 1$$
$$P_3 = D_2 \oplus D_3 \oplus D_4 \oplus D_8 = 0$$
$$P_2 = D_1 \oplus D_3 \oplus D_4 \oplus D_6 \oplus D_7 = 0$$
$$P_1 = D_1 \oplus D_2 \oplus D_4 \oplus D_5 \oplus D_7 = 1$$

由有效数据位和奇偶检验位在海明校验码中的排列有：$D_8D_7D_6D_5P_4D_4D_3D_2P_3D_1P_2P_1$，则字符 M 的 8 位 ASCII 的偶校验海明校验码为：0100**1**110**0**1**01**。

(2) 海明校验码的校验。

若第六位出错,则接收到的偶校验海明校验码为：0100**1**1 **0** 0**0**1**01**。根据指误字各位的逻辑表达式有：

$$E_4 = P_4 \oplus D_5 \oplus D_6 \oplus D_7 \oplus D_8 = 0$$
$$E_3 = P_3 \oplus D_2 \oplus D_3 \oplus D_4 \oplus D_8 = 1$$
$$E_2 = P_2 \oplus D_1 \oplus D_3 \oplus D_4 \oplus D_6 \oplus D_7 = 1$$
$$E_1 = P_1 \oplus D_1 \oplus D_2 \oplus D_4 \oplus D_5 \oplus D_7 = 0$$

出错信号 E_3 和 E_2 有效,它们共同检验 D_3 和 D_4,则可以肯定是 D_3 或 D_4 出错,但若 D_4 出错,由于 E_1 也检验 D_4,那么 E_1 也会有效,所以 D_4 没有出错,只能是 D_3 出错。因此,只需对接收的海明校验码中的 D_3 取反即是正确的海明校验码。

4. 海明校验的实现

由海明校验码的分组与奇偶检验位的生成逻辑表达式可知,奇偶检验位采用"异或"门即可得到其取值;根据数据有效编码与奇偶检验位在海明校验码中的排列,则可合成出海明校验码。对于 K＝4、R＝3 的偶校验海明校验码编码的逻辑电路如图 2-15 所示。

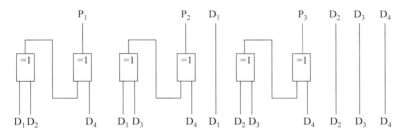

图 2-15　K＝4、R＝3 的偶校验海明校验码编码的逻辑电路

对于译码与查错纠错,则由指误字各位的逻辑表达式可知,采用异或门即可得到其取值;通过译码电路对指误字进行译码,译码电路的输出就是出错位置或无错的信号,这些信号是纠错的依据,即可以通过译码输出来使出错位取反,从而得到正确的数据字。对于 K＝4、R＝3 的偶校验海明校验码查错纠错的逻辑电路如图 2-16 所示,该电路包含三部分：底部的指误字生成电路、中间的译码电路、上部的纠正电路。若指误字生成电路的输出：$E_3E_2E_1=101$,则 H_5 即 D_2 出错;指误字 101 使译码电路的输出取反后除 Y_5 为 1 外,其余均为 0；Y_5 为 1,使其对应的异或门输出是另一个输入的反,从而使 H_5 得到纠正。

2.3.4　循环冗余校验码

循环冗余校验码(Cyclic Redundancy Check code,CRC)也是一种应用广泛的具备检错纠错能力的数据校验码,但它也仅能纠正一位出错或判断两位错误。循环冗余校验码与海明校验码相似,也是由有效数据位和检验位组成,但其检验位加在有效数据位之后,并不改变有效数据的结构。循环冗余校验是基于模 2 算术运算和算术多项式来建立编码规则,且编码原理较为复杂,检错纠错能力与选取的算术多项式有关。

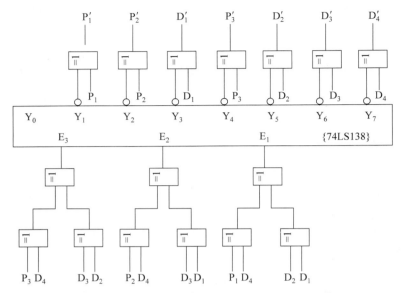

图 2-16　K＝4、R＝3 的偶校验海明校验码查错纠错的逻辑电路

1. 模 2 算术运算与算术多项式

模 2 算术运算与逻辑运算类同,是按位进行加减乘除运算,位与位之间不存在进位与借位。

模 2 加与模 2 减的运算结果相同,即有：$0\pm0=0, 0\pm1=1, 1\pm0=1, 1\pm1=0$。

模 2 乘即按模 2 加求部分积之和,无进位。

模 2 除即按模 2 减求部分余数,不借位;商上规则为：部分余数最高为 1,商上 1 减除数;部分余数最高为 0,商上 0 减 0。

任何一个二进制数串可以采用一个只含 0 和 1 两个系数的算术多项式表示,如 m 位二进制数串 $C_{m-1}C_{m-2}\cdots C_1C_0$ 所对应的 m－1 次多项式 C(X)为：

$$C(X) = C_{m-1}X^{m-1} + C_{m-2}X^{m-2} + \cdots + C_1X^1 + C_0$$

例如二进制数串 1011011 的算术多项式为：$X^6+X^4+X^3+X+1$。因此,在生成循环冗余校验码时,通常采用算术多项式来表示模 2 算术运算,从而有时又把循环冗余校验码称为多项式码。

2. 循环冗余校验的编码原理

循环冗余校验是通过模 2 算术运算来建立有效数据和检验位之间的约定关系,这种约定关系一般是：N＝K＋R 位的数据校验码被约定的除数所除,如果可以除尽,则接收的数据校验码无错;如果不能除尽,则有一位出错,由余数来指定出错位在数据校验码中的位置。

但数据校验码如何生成呢？对于任意被检验数据,被约定的除数所除,一般是不可能除尽,即将产生一个余数,若让被检验数据减去该余数,则肯定可以被约定的除数除尽。但在进行减运算时,可能需要借位,这时无法采用简单的拼装方法来实现编码,从而采用模 2 算术运算,使余数直接拼装在被检验数据后面,形成一个可以被约定的除数除尽的校验码(对此不加数学推导)。若被约定的除数采用算术多项式来表示,则该算术多项式一般称为生成多项式,并记为 G(X)。若有效数据采用算术多项式 F(X)表示,当由生成多

项式 G(X)去除,其商和余数的多项式分别为 Q(X)和 T(X),则有:
$$F(X) = Q(X)G(X) + T(X)$$
$$F(X) - T(X) = Q(X)G(X)$$
其中 F(X)－T(X)算术多项式所对应的二进制数串即是循环冗余校验码。

3. 循环冗余校验的编码过程

循环冗余校验码具体的生成方法包含检验位位数选取、余数算术多项式生成和循环冗余校验码合成等三个步骤。

(1) 检验位位数选取。

由于利用 $R'+1$ 位的生成多项式去模 2 除被检验数据可得到 R' 位余数,为使被检验数据与检验信息直接拼接成循环冗余校验码,则检验位位数 R 取为生成多项式最高次幂 R'(生成多项式位数减 1),如生成多项式 $G(X)=X^3+X+1(1011)$,则检验位位数 R=3。特别地,通常把由 K 位有效数据和 R 位检验位组成的循环冗余校验码称为(K+R,K)CRC 码。

(2) 余数算术多项式生成。

根据算术多项式的格式,写出数据有效编码的算术多项式 F(X)。为使数据有效编码的右侧空出 R 位来拼装后续得到的 R 位余数,将数据有效编码的算术多项式 F(X)左移 R 位即可得到 $F(X) \times X^R$;又为得到 R 位的余数,则选取一个包含 R+1 位的生成多项式 G(X),对 $F(X) \times X^R$ 做模 2 除,即有:
$$F(X) \times X^R / G(X) = Q(X) + T(X)/G(X)$$
从而得到余数 T(X)。

(3) 循环冗余校验码合成。

将左移 R 位的数据有效编码 $F(X) \times X^R$ 与余数 T(X)做模 2 加,即可得到循环冗余校验码(这时循环冗余校验码记为(N,K)码):
$$F(X) \times X^R + T(X) = F(X) \times X^R - T(X) = Q(X)G(X)$$

特别地,由于 $F(X) \times X^R$ 右侧 R 位是 0,它与余数 T(X)做模 2 加也即是做模 2 减,且实际上就是拼接。

例 2.19 设数据有效编码 1100,生成多项式 G(X)=1011,请写出该数据循环冗余校验码。

解:由于生成多项式的最高次幂为 3,所以检验位取 3 位,循环冗余校验码位数 N=4+3=7 位。

```
                1110
        1011 ╱ 1100000     最高为 1
              1011         模 2 减,商上 1
              ────
               1110        最高为 1
               1011        模 2 减,商上 1
               ────
                1010       最高为 1
                1011       模 2 减,商上 1
                ────
                 0010      最高为 0
                 0000      减 0,商上 0
                 ────
                  010      余数位数小于除数位数,为最后余数
```

根据算术多项式的格式,数据有效编码的算术多项式为:$F(X)=X^3+X^2=1100$;将 $F(X)$ 左移 3 位有:$F(X)\times X^3=X^6+X^5=1100000$;用 4 位的 $G(X)=X^3+X+1$ 对 $F(X)\times X^3$ 做模 2 除如前,则有:$F(X)\times X^3/G(X)=1100000/1011=1110+010/1011$,余数为 010。

将左移 3 位后的数据有效编码 1100000 与余数做模 2 加,则得该数据的循环冗余校验码:$1100000+010=1100010$(记为(7,4)码)。

4. 循环冗余校验的查错与纠错

根据循环冗余校验的编码规则,接收端接收到循环冗余校验码后,则仍用生成多项式去除,若余数为 0,循环冗余校验码正确无错误;若余数不等于 0,循环冗余校验码出错,由余数来确定出错位的位置,并加以纠正。对于例 2.19 余数与出错位的对应关系如表 2-14 所示,从表 2-14 中可以看出:余数与出错位位置关系直观性差,如余数为 110 时,第 5 位 D_5 出错;余数为 100 时,第 3 位 D_3 出错。但不为 0 的余数具有循环特性,即当余数不为 0 时,在余数后面补一个 0 后继续按模 2 去除生成多项式,余数形成一个循环,循环周期就是不为 0 的余数个数。如余数为 100,从如下除可以看出:经过 7 次除减后,余数又循环到初始值 100,余数循环次序为 100→011→110→111→101→001→010→100。

```
                1011100
        1011  / 100 0           最高为 1
                1011             模 2 减,商上 1
                 0110            最高为 0
                 0000            减 0,商上 0
                  110 0          最高为 1
                  1011           模 2 减,商上 1
                   111 0         最高为 1
                   1011          模 2 减,商上 1
                    101 0        最高为 1
                    1011         模 2 减,商上 1
                     001 0       最高为 0
                     0000        减 0,商上 0
                      010 0      最高为 0
                      0000       减 0,商上 0
                       100       经过 7 次除减,余数循环到初始值
```

利用不为 0 余数的循环特性,仅需要设置一位取反纠错电路即可对所有位纠错,从而降低校验开销。如若在 M_7 设置取反纠错电路,余数为 100 时是第 3 位 M_3 出错;在补 0 继续按模 2 去除生成多项式时,每计算一次新余数,CRC 码同步循环左移一次;第四次计算的新余数是 M_7 出错时的余数 101,这时 CRC 码通过四次循环左移,出错的第 3 位 M_3 便移到 M_7 位置,利用 M_7 位置的取反纠错电路对 M_3 纠正;继续计算新余数和 CRC 码循环左移,再经过三次计算新余数,最后余数为初值 100,这时 CRC 码再通过三次循环左移,原在 M_7 位置上的已纠正的出错位 M_3 回到 M_3 位置。显然,余数经过一次循环,出错位得到纠正。

表 2-14　G(X)=1011 的(7,4)CRC 余数与出错位的对应关系

G(X)=1011 正确性	(7,4)CRC 位串							余数	出错位
	M_7	M_6	M_5	M_4	M_3	M_2	M_1		
	1	1	0	0	0	1	0	0 0 0	无
	1	1	0	0	0	1	*1*	0 0 1	M_1
	1	1	0	0	0	*0*	0	0 1 0	M_2
一位错误	1	1	0	0	*1*	1	0	1 0 0	M_3
	1	1	0	*1*	0	1	0	0 1 1	M_4
	1	1	*1*	0	0	1	0	1 1 0	M_5
	1	*0*	0	0	0	1	0	1 1 1	M_6
	0	1	0	0	0	1	0	1 0 1	M_7
两位错误				……				其他余数	无法确定

若有循环冗余校验码 $M_N M_{N-1} \cdots M_i \cdots M_2 M_1$，且在 M_i 位设置取反纠错电路，其出错时对应余数为 a_i。综合说来，循环冗余校验查错纠错的具体方法为：

(1) 查错。接收到循环冗余校验码后，用生成多项式去除，若余数为 0，正确接收到循环冗余校验码，提取出有效数据位即可；若余数不等于 0 为 a_j，循环冗余校验码出现一位 (M_j) 错误。

(2) 纠错。对余数 a_j 在后面补 0 后继续按模 2 去除生成多项式，且每除减一次计算一个新余数时，CRC 码同步循环左移一次，如此反复，直到余数仍为 a_j 结束；在反复除减计算与循环左移过程中，若计算的新余数为 a_i，则利用 M_i 位置上的取反纠错电路对 M_i 位置上的二进制数变反。

例 2.20　设数据的循环冗余校验码采用的生成多项式为 G(X)=1011，若接收到的 (7,4)CRC 码是 1101110，请问该 CRC 码是否出错？若出错，是哪一位出错？

解：用生成多项式 G(X)=1011 按模 2 去除接收到的 (7,4)CRC 码 1001111，可得到 3 位余数 111。余数 111 不等于 0，表明 CRC 码出错；对照表 2-14 可知，右起第六位出错，该位应该是 0。

5. 循环冗余校验的实现

对于循环冗余校验的编码，简单易理解的实现方法是串行计算法。从循环冗余校验的编码过程可以看出，其核心是模 2 除，而模 2 除的基本操作是模 2 减和生成多项式右移，为便于模 2 减，可把生成多项式右移改为余数（含被除数）左移。若模 2 减用异或门实现，左移用移位寄存器实现，则循环冗余校验编码的逻辑电路主要由移位寄存器和模 2 除两部分组成，(7,4)CRC 码编码的逻辑电路如图 2-17 所示。M 为移位寄存器的串行输入端，前 K 次输入数据有效编码，后 R 次输入 0，且输入与 CLK 同步，g_3、g_2、g_1、g_0 为生成多项式输入端。在输入前，通过移位寄存器的置 0 端 Rd，将移位寄存器清 0。对于例 2.19，数据有效编码为 1100、生成多项式为 1011，经过 7 个时钟则在 $T_2 T_1 T_0$ 中生成了余数，其工作过程状态如表 2-15 所示。再把数据有效编码为 1100 置于 $T_6 T_5 T_4 T_3$，由此便合成

(7,4)CRC 编码,并存放于移位寄存器中。

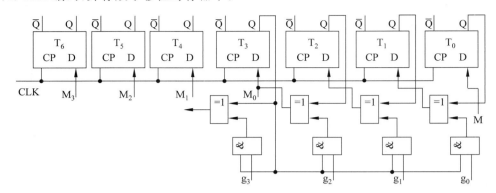

图 2-17 (7,4)CRC 码编码的逻辑电路

表 2-15 例 2.18 余数生成的过程状态

Rd 或 CLK	输入 M	$T_3 \sim T_0$	Rd 或 CLK	输入 M	$T_3 \sim T_0$
Rd	0	0000	CLK_4	0	1100
CLK_1	1	0001	CLK_5	0	1110
CLK_2	1	0011	CLK_6	0	1010
CLK_3	0	0110	CLK_7	0	0010

对于循环冗余校验的查错与纠错,则在(7,4)CRC 码编码逻辑电路的 $T_2T_1T_0$ 输出端连接一个比较器,则可构成一个(7,4)CRC 码的查错与纠错逻辑电路。

6. 生成多项式需满足的条件

生成多项式是由发送方与接收方共同约定的,目前常用不同码距的生成多项式如表 2-16 所示。为有效地实现循环冗余校验,生成多项式必须满足以下条件。

表 2-16 常用不同码距的生成多项式

CRC 码位数 N	数据位数 K	码距	G(X)算术多项式	G(X)二进制编码
7	4	3	X^3+X+1	1011
7	4	3	X^3+X^2+1	1101
7	3	4	$X^4+X^3+X^2+1$	11101
7	3	4	X^4+X^2+X+1	10111
15	11	3	X^4+X+1	10011
15	7	5	$X^8+X^7+X^6+X^4+1$	111010001
31	26	3	X^5+X^2+1	100101
31	21	5	$X^{10}+X^9+X^8+X^6+X^5+X^3+1$	11101101001
63	57	3	X^6+X+1	1000011
63	51	5	$X^{12}+X^{10}+X^5+X^4+X^2+1$	1010000110101

（1）循环冗余校验码中的检验位位数为 R 时，生成多项式必须是 R 次方的算术多项式，即其对应的二进制编码是 R+1 位。

（2）算术多项式的最高项与最低项的系数必须是 1，即其对应的二进制编码的最高位与最低位必须是 1。

（3）循环冗余校验码中任何一位发生错误时，用生成多项式按模 2 去除，都应使余数不为 0，且不同位发生错误的余数不同。

（4）用生成多项式按模 2 去除循环冗余校验码，在余数不为 0 时，若在余数后面补 0 后继续不断按模 2 去除，应使所得余数循环。

2.4 指令格式与指令功能分类

对于用户来说，如果需要利用一台计算机来完成一个计算任务，就必须了解这台计算机具体详细的功能和这些功能如何使用。计算机的内在功能是由指令系统来体现的，而指令是用二进制数串来表示的。那么，一台计算机一般必须具备哪些方面的指令，这些指令的具体功能任务是什么；一条指令的二进制数串可分为哪些字段，这些字段表示什么含义，如何用二进制数串来编码，各种编码表示有什么优缺点；计算机指令系统在功能和表示上有什么要求等等，是本节要讨论的问题。

2.4.1 指令格式及其结构类型

1. 指令的一般格式

指令作为指示计算机工作的基本单元，应能被计算机硬件直接识别、解释和执行，可见指令也必须用二进制数串来表示。所谓指令格式，是指一条指令二进制数串分段的结构形式。依据计算机的功能特征，一条指令需要表示的基本信息包含功能操作和操作对象（数据的二进制编码），所以指令二进制数串通常包含两个字段，一个字段用于指示功能操作，且称为操作码；另一个字段用于指示操作对象，且称为操作数。

如果在指令中直接指定操作数，一方面由于操作数固定，指令仅能对特定操作数进行处理，若需要对其他操作数进行同样处理，则应修改指令，灵活性差；另一方面，操作数数据字长越长，指令字长也越长，即指令字长与数据字长有关。而程序所占存储空间小和灵活性强亦是程序编制的目标，从而把用于指示操作对象的字段变换为用于指示操作数在存储部件中的单元地址，且称为地址码。这时指令二进制数串不变，只要改变地址码指示的存储单元内容，则同一条指令可处理不同的操作数，灵活性强；且由于单元地址的长度不变，指令字长也不变。因此，指令二进制数串由操作码和地址码两个字段组成，而由于功能操作所需要的操作数不同，则指令中的地址码个数可能不同，即指令格式如图 2-18 所示。

图 2-18 指令的一般格式

一台计算机指令格式的选择与确定涉及许多因素，如指令字长度、地址码与操作码结构等，它与计算机体系结构、数据表示、指令功能及其实现方法等都密切相关。而指令字长度是由操作码长度、地址码个数和地址码长度决定，即可以通过缩短操作码与地址码长度、减少地址码个数来缩短指令字长。

2. 操作码的结构类型

操作码用于表示对应指令操作的功能与特性,即计算机应该执行什么特性的操作及其该操作的功能。不同指令的操作码二进制编码不同,即指令的操作码具有唯一性,如0001 表示加法操作、0010 表示减法操作等。操作码字段所包含的二进制数的位数则是操作码长度,对于一台计算机的指令系统,根据操作码长度是否可变,可将指令格式分为固定长度与可变长度两种。

(1) 固定长度操作码。

固定长度操作码是指计算机指令系统中所有指令的操作码长度相同,且操作码在指令二进制数串中的位置固定。对于固定长度操作码,操作码长度取决于指令系统的指令数,指令数越多,操作码长度越长,反之则越短。若指令系统共有 M 条指令,指令中操作码长度字为 N 位,则 $N \geqslant \log_2 M$。特别地,操作码长度是否固定与指令字长是否可变没有关系,变长结构指令字的指令系统,操作码长度也可能是固定的,如 IBM 370 计算机(字长 32 位)指令系统的指令字包含三种不同的长度,但操作码字段都是 8 位。

对于固定长度操作码,由于操作码字段极其规整,有利于指令的译码分析,使得硬件设计简单、指令分析时间短,但二进制数串编码的冗余量大,不利于缩短指令字长。

(2) 可变长度操作码。

可变长度操作码是指计算机指令系统中指令的操作码长度有相同的,也有不相同的,且操作码在指令二进制数串中的位置可变。如 PDP-11 计算机(字长 16 位)指令系统的指令字分为单字长、两字长、三字长等三种,含有 4~16 位不等的操作码长度,且操作码字段遍及整个指令字。对于可变长度操作码,操作码平均长度与指令系统的指令数有关,但并不一定指令数越多,操作码平均长度越长。可变长度操作码二进制数串的编码方法可分为 Huffman 编码和扩展编码,这是指令格式的优化设计问题,在"计算机体系结构"课程中讨论。

对于可变长度操作码,由于操作码字段是非规整的,不利于指令的译码分析,使得硬件设计复杂、指令分析时间长,但二进制数串编码的冗余量小,有利于缩短指令字长。

3. 地址码的结构类型

地址码用于表示指令操作所需要操作数在计算机存储部件中的存储位置(即地址)。由于计算机中控制器可直接控制访问的存储部件有通用寄存器、主存储器和 I/O 端口(即 I/O 接口中用于存放输入输出设备数据的寄存器),则地址可以是主存储器的单元地址、通用寄存器的编号、I/O 端口的地址;当然也可以是操作数本身或是用于计算地址的偏移量。地址码具体表示的是何种信息,随指令操作和寻址的不同而不同,这将在 2.5 节中讨论。特别地,存储部件往往特指主存储器,但有时则是可记忆存储二进制数部件的通称,在此是指后者,如 CPU 中通用寄存器集合、I/O 端口集合都可以称其为存储部件。

不同操作的指令所需操作数的数量不同,而指令所需操作数的数量不同,指令字中需要表示的地址数量一般也不同。一条包含两个操作对象的双目操作指令(如算术运算的加减和逻辑运算的与或操作等),指令字中一般应表示三个地址:两个源操作数地址和一个结果操作数地址。一条包含一个操作对象的单目操作指令(如逻辑运算的求反操作等),指令字中一般应表示两个地址:一个源操作数地址和一个结果操作数地址。一条无操作对象的无目操作指令(如空操作等),指令字中一般不需要包含地址。也就是说,当指令操作需要多个操作数,由于一个操作数往往对应一个地址码,则指令字中的地址码字段就需要多个地址码。

一般说来,指令字地址码字段的地址码数量是由指令操作所需要的操作数数量来决定,但一个操作数并不一定必须有一个地址码相对应,即指令字地址码字段的地址码数量并不一定与指令操作所需要的操作数数量相等,其缘由在于操作数在计算机中的存储位置有显式和隐式两种表示方式。所谓显式表示是指通过指令字中的地址码来指示操作数在计算机中的存储位置,而隐式表示是指通过指令字中的操作码来指示操作数在计算机中的一个特定存储位置。显然,当采用隐式表示时,并不需要地址码来指示操作数在计算机中的存储位置,从而可以减少地址码数量,缩短指令字长度。所以,指令字地址码字段的地址码数量一般是小于或等于指令操作所需要的操作数数量。根据一条指令中所含地址码的数量,一般可以将指令格式分为三地址指令、二地址指令、单地址指令和零地址指令等四种结构。

(1) 三地址指令。

若指令字中的地址码字段包含三个地址码,这种指令就是三地址指令,其格式如图 2-19 所示。其中:OP 为操作码,Ad1 为第一源操作数地址,Ad2 为第二源操作数地址,Ad3 为结果操作数地址。

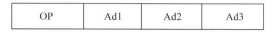

图 2-19 三地址指令的格式

对于双目操作指令,当三个地址均采用显式表示时,则是三地址指令。双目操作三地址指令的操作表达式为:

$$Ad3 \leftarrow (Ad1)\ OP\ (Ad2)$$

操作含义是:将 Ad1 中的内容与 Ad2 中的内容进行 OP 操作,操作结果送 Ad3 所指示地址存放。ARM 系列微处理器的双目操作一般是三地址指令,如"ADD R0,R1,R2"三地址指令的操作为:R0←(R1)+(R2)。

显然,单目操作指令和无目操作指令不可能是三地址指令。三地址指令的地址码字段一般较长,如主存储器地址空间为 16K,存储单元地址则为 14 位,若三个操作数都在主存储器中,则地址都是主存单元地址,那么地址码字段达 42 位。并且存储空间越大,地址码的二进制数位越多,指令字长越长。

(2) 二地址指令。

若指令字中的地址码字段包含两个地址码,这种指令就是二地址指令,其格式如图 2-20 所示。其中:Ad2 为源操作数地址,Ad1 既为结果操作数地址,同时也是另一个源操作数地址。

对于单目操作指令,当二个地址均采用显式表示时,则是二地址指令。单目操作二地址指令的操

| OP | Ad1 | Ad2 |

图 2-20 二地址指令的格式

作表达式为：

$$Ad1 \leftarrow OP(Ad2)$$

操作含义是：将 Ad2 中的内容进行 OP 操作，操作结果送 Ad1 所指示地址存放。ARM 系列微处理器的单目操作一般是二地址指令，如"MVN R0,R1"二地址指令的操作为：R0←～(R1)。

  显然，无目操作指令不可能是二地址指令，但双目操作指令可能是二地址指令。对于任何一个计算过程，都将产生许多中间结果，这些中间结果一般都是后续操作指令的源操作数，且不需要保存到计算结束。因此，对于双目操作指令，其中一个源操作数常常是一个中间结果，该中间结果可以被本指令结果覆盖。为了减少地址码个数，缩短指令字长，可以使结果操作数与其中一个源操作数共享一个地址，即本指令结果操作数地址隐式表示为中间结果源操作数地址，或者说中间结果源操作数地址隐式表示为本指令结果操作数地址。这时，双目操作指令仅需要显式表示两个地址码，是二地址指令。双目操作二地址指令的操作表达式为：

$$Ad1 \leftarrow (Ad1) \ OP \ (Ad2)$$

操作含义是：将 Ad1 中的内容与 Ad2 中的内容进行 OP 操作，操作结果送 Ad1 所指示地址存放。Intel 80x86 系列微处理器的双目操作一般是二地址指令，如"ADD AX,BX"二地址指令的操作为：AX←(AX)+(BX)。

  对于双目操作二地址指令，根据源操作数存放的物理存储部件不同，指令格式又可分为三种类型。

  ① SS 存储器-存储器型：两个源操作数均来源于主存储器，即两个地址码指示的地址均是主存储器的单元地址。

  ② RR 寄存器-寄存器型：两个源操作数均来源于通用寄存器，即两个地址码指示的地址均是通用寄存器的编号。

  ③ RS 寄存器-存储器型：两个源操作数中一个来源于主存储器，一个来源于通用寄存器，即一个地址码指示的地址是主存储器的单元地址，一个地址码指示的地址是通用寄存器的编号。

  (3) 单地址指令。

  若指令字中的地址码字段仅有一个地址码，这种指令就是单地址指令，其格式如图 2-21 所示。其中：Ad 既为结果操作数地址，同时也是一个源操作数地址。

OP	Ad

图 2-21 单地址指令的格式

  对于单目操作指令，当结果操作数与源操作数共享一个地址且显式表示时，则是单地址指令。单目操作单地址指令的操作表达式为：

$$Ad \leftarrow OP(Ad)$$

操作含义是：将 Ad 中的内容进行 OP 操作，操作结果送 Ad 所指示地址存放。Intel 80x86 系列微处理器的单目操作一般是单地址指令，如"NOT AX"单地址指令的操作为：AX←～(AX)。

  显然，无目操作指令不可能是单地址指令，但双目操作指令也可能是单地址指令。当结果操作数与其中一个源操作数的共享地址隐式表示时,双目操作指令仅需要显式表示一个地址码,是单地址指令。双目操作单地址指令的操作表达式为:

$$AdX \leftarrow (Ad) \; OP \; (AdX)$$

操作含义是:将 AdX 中的内容与 Ad 中的内容进行 OP 操作,操作结果送 AdX 所指示地址存放,其中 AdX 为隐含地址(AdX 通常为累加器)。Intel 80x86 系列微处理器的双目操作有时是单地址指令,如"MUL BL"单地址指令的操作为:AX←(AL)×(BL)。

(4) 零地址指令。

若指令字中仅有操作码字段而无的地址码字段,这种指令就是零地址指令,其格式如图 2-22 所示。对于无目操作指令,则是零地址指令,如 Intel 80x86 系列微处理器的 NOP(空操作)、WAIT(等待)、HALT(停机)等指令。但单目操作指令和双目操作指令可能也是零地址指令。

OP

图 2-22 零地址指令的格式

对于单目操作指令,当结果操作数与源操作数共享一个地址且隐式表示时,则是零地址指令。单目操作零地址指令的操作表达式为:

$$AdX \leftarrow OP(AdX)$$

操作含义是:将 AdX 中的内容进行 OP 操作,操作结果送 AdX 所指示地址存放,其中 AdX 为隐含地址(AdX 通常为累加器)。Intel 80x86 系列微处理器的单目操作有时是零地址指令,如"CBW"零地址指令的操作为:将 AL 符号扩展到 AH 中形成 AX 字。

对于双目操作指令,当两个源操作数与结果操作数均在堆栈时,而堆栈地址又是隐式表示的,则是零地址指令。

从以上多种地址结构来看,减少指令字中地址码字段的地址码数量,是缩短指令字长的关键。

例 2.21 某 16 位计算机所有指令的格式均为如图 2-23 所示,请分析该计算机指令格式的结构特点。

图 2-23 例 2.21 的指令的格式

解:(1) 从指令字长来看,该计算机指令字长均为 16 位,且与机器字长相等,则该计算机采用的是定长结构的等字长指令格式。

(2) 从地址码字段来看,该计算机指令包含二个地址码,则该计算机采用的是二地址指令格式。

(3) 从操作码字段来看,该计算机指令的操作码字段长度均为 6 位,则该计算机采用的是固定长度操作码指令格式。

例 2.22 某 16 位计算机所有指令的格式均为如图 2-23 所示,若其仅有三种指令且操作码分别为:MOV(OP)=0AH、STA(OP)=1BH、LDA(OP)=3CH,现有三条指令的代码分别为:F0F9H、2856H、6FD6H,问这三条指令的代码是否正确?若正确,各表示哪种指令?

解:根据题意可知,指令字的高 6 位是操作码字段,三种指令操作码的二进制编码分别为:MOV(OP)=001010H,STA(OP)=011011,LDA(OP)=111100。

(1) 指令代码 F0F9H 的二进制编码为 **111100** 0011111001,其高 6 位与 LDA(OP)相

同,则该指令代码正确,且表示 LDA 指令。

（2）指令代码 2856H 的二进制编码为 **001010** 0001010110,其高 6 位与 MOV(OP)相同,则该指令代码正确,且表示 MOV 指令。

（3）指令代码 6FD6H 的二进制编码为 **011011** 1111010110,其高 6 位与 MOV(OP)、STA(OP)、LDA(OP)均不同,则该指令代码不正确。

2.4.2 指令系统的设计要求与功能分类

1. 指令系统设计要求

（1）完备性。完备性是指指令系统中的指令种类齐全、功能丰富、使用方便,即当采用汇编语言编写程序时,指令系统直接提供的指令足够使用,而不必用软件来实现。一台计算机中由硬件指令实现的功能并不多,这些最基本功能一般极其常用且简单,许多复杂或复合功能都可用最基本的硬件指令编程来实现。采用硬件指令的目的是提高程序执行速度,便于用户编写程序。

（2）高效性。高效性是指利用某指令系统中的指令所编写的程序,运行效率高,具体表现在程序占用存储空间小、执行速度快。一般来说,一个功能更丰富、种类更完善的指令系统,高效性必定更好。

（3）规整性。规整性包括指令系统的对称性、匀齐性、一致性。对称性是指存储部件中的存储单元使用及其寻址对所有指令同等对待,功能操作设置对称,以便于记忆指令系统、提高程序的可读性;如所有指令均可访问寄存器,既设置了 A→B 的指令,也设置了 B→A 的指令。匀齐性是指指令操作可以支持数据类型和存储位置不同的操作数,以实现指令使用的数据类型与存储位置的无关性,简化程序设计;如算术运算指令的操作数可以是定点数,也可以是浮点数,定点数可以是小数,也可以是整数。一致性是对指令格式和数据格式而言的,它是指指令字长和数据字长之间的关系,以降低指令与数据存取的代价;一般指令字长和数据字长都应该是字节的整数倍。特别地,规整性的实现是有限的,不能太完善,否则会导致指令系统过于复杂,实现难度大。

（4）兼容性。软件兼容是指同一个软件(目标程序)可以不加修改地在不同计算机上运行,而且所得结果一致。计算机之间的指令系统兼容是软件兼容实现的基础要素,软件兼容则指令系统一定兼容,反之则不一定。由于不同的计算机,在结构和性能上存在差异,实现所有软件都完全兼容是不可能的,通常仅能做到"向上兼容",即在低档计算机上开发的软件可以在高档计算机上运行,对于指令系统兼容来说,则是高档计算机的指令可以增加,但不能删除或更改低档计算机上所有指令的功能和格式。如 80286 微处理器包含 8086 微处理器的所有指令,但增加了有符号乘法指令等。

（5）正交性。正交性是指指令字中各个不同含义的字段,如操作码字段、地址码字段中的多个操作数地址与寻址方式表示等,在二进制数编码时,彼此独立而互不相关。

2. 指令系统功能分类

从计算机功能特征来看,一台计算机指令系统所包含的指令可分为运算操作、数据传输和数据存储等三种类型。但由于数据存储是存储部件的固有属性,其功能实现并不需要通过指令操作,也就是说并不需要数据存储类型的指令。

“存储程序”是计算机实现连续自动工作的基础，仅是必要条件，也就是说指令序列（程序）仅是计算机工作的模板，驱动指令序列中的指令逐条处理则是实现连续自动工作的充分条件。由于程序和原始数据存储在主存储器中，所以驱动指令逐条处理的方法是：在当前指令处理后，应能够自动地形成下一条需要处理指令在主存储器中的存储单元地址。下一条指令地址形成的最直观方法是在当前指令中直接或间接地给出，这时则需要指令格式中增加“下条指令地址码”字段，即指令格式如图 2-24 所示。按照该格式，必然增加了每一条指令的指令字长，极大地增加了程序所占的存储空间，还增加了程序设计的复杂性（当然，从另一角度来看，也可降低程序设计的复杂性，因为对所需要处理的指令并不需要排序了）。因此，在对所需要处理指令排序的基础上，提出“顺序驱动”方法来形成下条指令的地址，即设置一个程序计数器，由当前指令地址加上一递增量（PC＋△）。但有些指令在处理前，并不能确定下一条需要处理的指令，而必须在指令处理后，由运算结果来决定。为此，在指令系统中，设置转移控制指令，来实现对运算结果的测试，并在指令字中给出非“顺序驱动”时“下条指令地址”，送到程序计数器。

操作码	若干操作数地址码	下条指令地址码

图 2-24　含下条指令地址的指令格式

由此可见，一台计算机指令系统所包含的指令分为运算操作、数据传输和程序控制等三种类型，计算机指令的功能分类如图 2-25 所示。另外，针对特殊需要，还设置一些特殊指令，一般包含处理机控制指令和特权指令。处理机控制指令用于控制处理机功能、修改状态标志等，如 80x86 系列微处理器的空操作指令、开中断指令、陷阱指令、清或置进位标志等。特权指令用于计算机软硬件资源的分配与管理，一般仅供系统软件使用，应用软

- 计算机指令系统
  - 数据传输指令
    - 一般传输指令
    - 数据交换指令
    - 批量传输指令
    - 堆栈操作指令
    - 输入输出指令
    - 地址传输指令
  - 运算操作指令
    - 算术运算指令
    - 逻辑运算指令
    - 类型转换指令
    - 移位操作指令
    - 测试比较指令
  - 程序控制指令
    - 转移控制指令
    - 循环控制指令
    - 过程调用返回指令
  - 特殊指令
    - 处理器控制指令
    - 特权指令

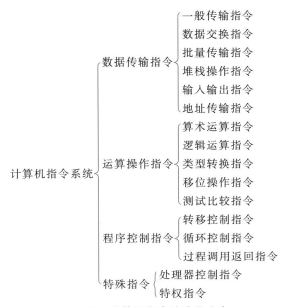

图 2-25　计算机指令的功能分类

件不能直接使用,如多处理机的任务创建与切换指令、用户访问权限检测指令等。特别地,由于任何复合类型数据的操作与传输,均可通过反复对其所包含的原子类型数据进行操作与传输来完成,所以计算机指令的功能分类仅对原子数据而言。而目前,许多计算机设置了复合数据的操作与传输指令,如 80x86 系列微处理器的串操作指令、向量处理机的向量运算指令等。

2.4.3 数据传输指令

数据传输指令用于实现存储部件中存储单元之间的数据传送,该类指令通常包含一般传输指令、数据交换指令、批量传输指令、堆栈操作指令、输入输出指令和地址传输指令等。另外,有的处理器还设置了累加器等特种寄存器的清零指令,该指令也可以认为是数据传输指令,即相当于将"0"送到寄存器中。在数据传输指令中,存储单元可以是同一存储部件的,也可以是不同存储部件的;数据类型可以是字节或字的,也可以是双字或多字的;传送方向可以是单向的,也可以是双向的;操作结果可以是仅实现单个数据传送,也可以是多个或批量数据传送。特别地,存储单元往往与主存储器对应,但也可以与通称存储部件对应,如 CPU 中的每一个寄存器和 I/O 端口中的每一个端口也可以通称为存储单元,在此则是后者。

1. 一般传输指令

一般传输指令用于实现 CPU 寄存器与主存储器中存储单元(通称)之间单个数据的单向传送,即单个数据从源地址指示的存储单元传送到目的地址指示的存储单元,而源地址指示的存储单元内容保持不变。根据数据传送的源地址和目的地址的不同,一般传输指令又可分为:

(1) 主存储单元之间的传送,在 80x86 和 ARM 系列微处理器中均没有这种一般传输指令。

(2) 从主存单元传送到寄存器,如 80x86 系列微处理器"MOV AX,[2000H]"指令的操作为 DS:([2000H])→AX,ARM 系列微处理器"LDR R0,[R1,♯8]"指令的操作为([(R1)+8])→R0。

(3) 从寄存器传送到主存单元,如 80x86 系列微处理器"MOV [2000H],AX"指令的操作为(AX)→DS:[2000H],ARM 系列微处理器"STR R0,[R1,♯8]"指令的操作为(R0)→[(R1)+8]。

(4) 寄存器之间的传送,如 80x86 系列微处理器"MOV AX,BX"指令的操作为(BX)→AX,ARM 系列微处理器"MOV R0,R1"指令的操作为(R1)→R0。

2. 数据交换指令

数据交换指令用于实现 CPU 寄存器与主存储器中存储单元(通称)之间单个数据的双向传送,即将源操作数与目的操作数相互交换存储位置。根据数据交换的存储部件的不同,数据交换指令又可分为:

(1) 寄存器之间的数据交换,如 80x86 系列微处理器"XCHG AX,BX"指令的操作为(AX)→BX、(BX)→AX。

(2) 寄存器与主存单元之间的数据交换,如 ARM 系列微处理器"SWP R0,R1,

[R2]"指令的操作为([R2])→R0、(R1)→[R2]。

特别地,由于主存单元之间进行数据交换没有实际意义,所以一般不设置主存单元之间的数据交换指令。

3. 地址传输指令

地址传输指令用于实现将存放于主存储器操作数的单元地址送到寄存器中,如 80x86 系列微处理器"LEA CX,[BX][SI]+0F62H"指令的操作为[(BX)+(SI)+0F62H]→CX。

4. 批量传输指令

批量传输指令用于实现 CPU 寄存器与主存储器中存储单元(通称)之间多个或批量数据的单向传送。根据批量传输的存储部件不同,批量传输指令又可分为:

(1) 从多个主存单元传送到多个寄存器,如 ARM 系列微处理器"LDMIA R5,{R0,R2,R3}"指令的操作为 R0←([R5])、R2←([R5+4])、R3←([R5+8]),其中后缀 IA 表示每次传送后地址加 4。

(2) 从多个寄存器传送到多个主存单元,如 ARM 系列微处理器"STMIB R5,{R0,R2,R3}"指令的操作为 R0→[R5+4]、R2→[R5+8]、R3→[R5+12],其中后缀 IB 表示每次传送前地址递增。

(3) 主存储单元之间的批量传送,如 80x86 系列微处理器"REP MOVB"指令的操作为:由 SI 指示的存储单元字节型源串中的(CX)个元素传送到由 DI 指示的存储单元(该指令前必须对 SI、DI 和 CX 赋值)。

5. 堆栈操作指令

堆栈是一个特殊的存储区,这将在 2.5 节中讨论。堆栈操作指令用于实现 CPU 寄存器与堆栈之间单个或多个数据的单向传送。根据数据传输方向的不同,堆栈操作指令又可分为:

(1) 从寄存器传送到堆栈(进栈操作),如 80x86 系列微处理器"PUSH AX"指令的操作为:(AX)→SS:[(SP)],ARM 系列微处理器"LDMFD R13!,{R0,R2,R3}"指令的操作为 R0←[R13]、R2←[R13+4]、R3←[R13+8],其中 R13 为栈顶地址寄存器、后缀 FD 表示满递减堆栈、后缀"!"表示最后的栈顶地址写入 R13。

(2) 从堆栈传送到寄存器(出栈操作),如 80x86 系列微处理器"POP AX"指令的操作为:AX←[SS:(SP)],ARM 系列微处理器"STMFD R13!,{R0,R2,R3}"指令的操作为:(R0)→[R13]、(R2)→[R13+4]、(R3)→[R13+8]。

6. 输入输出指令

输入输出指令用于实现 CPU 寄存器与 I/O 端口之间单个数据的单向传送。根据数据传输方向的不同,输入输出指令又可分为:

(1) 从寄存器传送到端口(输出操作),如 80x86 系列微处理器"OUT [20H],AX"指令的操作为:(AX)→[20H]。

(2) 从端口传送到寄存器(输入操作),如 80x86 系列微处理器"IN AL,[20H]"指令的操作为:(AX)←[20H]。

特别地,I/O 端口的编址有统一编址和独立编址之分(在 3.3 节中讲述)。当统一编址时,I/O 端口则相当于主存储器的存储单元,通过一般传输指令则可实现 I/O 端口与 CPU 寄存器之间的数据传送,从而不需要设置输入输出指令,如 ARM 系列微处理器的主存储器和 I/O 端口中的单元地址是统一编址的,所以 ARM 系列微处理器没有输入输出指令。只有主存储器和 I/O 端口是独立编址,才需要设置输入输出指令,如 80x86 系列微处理器的主存储器和 I/O 端口中的单元地址是独立编址,从而设置了输入输出指令。

2.4.4 运算操作指令

运算操作指令用于实现对存放于寄存器与主存单元的数据进行运算操作,该类指令通常包含算术运算指令、逻辑运算指令、移位操作指令、类型转换指令和测试比较指令等。不同的运算操作指令对应不同的数据类型,即不同的运算操作指令仅对特定类型的数据进行运算操作才有意义,如算术运算指令仅对数值型数据进行运算操作才有意义。由于计算机一般不具备运算操作指令与数据类型之间匹配的功能,所以在编程时应特别注意。运算操作指令是计算机指令系统的核心,不同计算机的功能差异则是由运算操作指令来体现。

1. 算术运算指令

算术运算指令用于实现对数值数据进行加、减、乘、除、加 1、减 1 和求补等运算,即算术运算指令一般包含加法指令、减法指令、乘法指令、除法指令、加 1 指令、减 1 指令和求补指令等。不同计算机对不同数据类型支持算术运算的指令差异较大,一般仅支持定点二进制数,但有些计算机还具有浮点二进制数运算指令或定点十进制数运算指令,或同时具有这两种数据类型的指令。如 80x86 系列微处理器"ADC AL,0A0H"定点二进制数带进位加指令的操作为:AL←(AL)+0A0H+CF,"DEC CX"定点二进制数减 1 指令的操作为:CX←(CX)−1,ARM 系列微处理器"SMULL R0,R1,R2,R3"有符号定点二进制数乘指令的操作为:R0←((R2)×(R3))$_{低32}$,R1←((R2)×(R3))$_{高32}$,"SMLAL R0,R1,R2,R3"有符号定点二进制数乘加指令的操作为:R0←((R2)×(R3))$_{低32}$+(R0),R1←((R2)×(R3))$_{高32}$+(R1)。特别地,多数算术运算指令都会影响到状态标志位,即根据运算结果,改变标志寄存器中的状态位,而状态位一般有进位、溢出、全零、正负、奇偶等。

2. 逻辑运算指令

逻辑运算指令用于实现对逻辑数据进行与、或、非、异或等运算,即逻辑运算指令一般包含与指令、或指令、非指令、异或指令等。当计算机没有位操作指令时,逻辑运算指令往往用于对数据字中的某些位(一位或多位)进行清 0、置 1、取反等。如 80x86 系列微处理器"AND AL,0FH"与指令的操作为:AL←AL∧0FH(即对 AL 中的高 4 位清 0、低 4 位不变),"OR AL,0FH"或指令的操作为:AL←AL∨0FH(即对 AL 中的低 4 位置 1、高 4 位不变),"XOR AL,0FH"异或指令的操作为:AL←AL⊕0FH(即对 AL 中的低 4 位取反、高 4 位不变)。另外,有的处理器设置了位操作指令,也可以认为是逻辑运算指令,如 ARM 系列微处理器"BIC R0,R1,♯%1011"位清除指令的操作为:将 R1 中的 0、1 和 3 位清零,其余位不变。特别地,多数逻辑运算指令同算术运算指令一样,会影响到状态标志位。

3. 移位操作指令

移位操作指令用于根据指定的移位次数实现对数值数据进行左移、右移、循环左右移等操作,且数据为无符号数时的左右移称为逻辑左右移,数据为有符号数时的左右移称为算术左移右移,而循环移又分为带进位循环左右移和不带进位循环左右移。所以移位操作指令一般有逻辑左移指令、逻辑右移指令、算术左移指令、算术右移指令、带进位循环左移指令、带进位循环右移指令、不带进位循环左移指令和不带进位循环右移指令等。如 80x86 系列微处理器"SAR AL,1"算术右移指令的操作为:$AL_7 \rightarrow AL_7$ 与 AL_6、……、$AL_0 \rightarrow CF$(CF 为进位标志位),80x86 系列微处理器"SHR AL 1"逻辑右移指令的操作为:$0 \rightarrow AL_7$、$AL_7 \rightarrow AL_6$、……、$AL_0 \rightarrow CF$,80x86 系列微处理器"ROL AL,1"不带进位循环左移指令的操作为:$AL_7 \rightarrow AL_0$ 与 CF、$AL_6 \rightarrow AL_7$、……、$AL_0 \rightarrow AL_1$,80x86 系列微处理器"RCL AL,1"带进位循环左移指令的操作为:$AL_7 \rightarrow CF$、$AL_6 \rightarrow AL_7$、……、$CF \rightarrow AL_0$。特别地,有的处理器把移位操作嵌入到数据传输指令,如 ARM 系列微处理器"MOV R0,R1,LSL♯2"一般传输指令则把逻辑左移嵌入其中(R1 逻辑左移两位后传送到 R0 中)。

4. 类型转换指令

类型转换指令用于把数据字长短的数值数据转换为数据字长长的数值数据,又称符号扩展指令。对于数值数据,不同数据字长是不同的数据类型,不同类型的数值数据不能进行算术运算。当需要对不同数据字长的数值数据进行算术运算时,则应把数据字长短的数值数据转换为数据字长长的数值数据。类型转换指令有哪些指令,取决于数值数据有哪些类型。如 80x86 系列微处理器"CBW"字节转换指令的操作为:将有符号的 8 位整数的符号扩展到 AH 中,则 80x86 系列微处理器有 8 位和 16 位的数值数据类型。

5. 测试比较指令

测试比较指令用于对两个数据之间的关系特征(大小或相等)进行判断,且仅影响到状态标志位而不会改变原有的操作数。测试比较指令一般包含比较指令和测试指令等,如 80x86 系列微处理器"CPM AX,BX"比较指令的操作为:AX-BX 并改变标志寄存器中的状态位,ARM 系列微处理器"TST R1 ♯%1"位测试指令的操作为:$R1 \wedge 01H$ 并改变标志寄存器中的状态位,ARM 系列微处理器"TST R1,R0"相等测试指令的操作为:$R1 \oplus R0$ 并改变标志寄存器中的状态位。特别地,测试比较指令通常与条件转移指令连用,即置于条件转移指令之前,用来产生条件转移指令的条件。

2.4.5 程序控制指令

程序控制指令用于实现程序运行方向的选择和指令执行顺序的控制,即通过把转移目标地址(主存单元地址)置于程序计数器(PC)来改变程序运行方向,而转移目标地址通常由直接寻址、间接寻址或相对寻址来生成。程序控制指令一般包含转移控制指令、循环控制指令和过程调用返回指令等。

1. 转移控制指令

转移控制指令用于根据程序功能需要,改变指令序列的处理顺序。按转移是否需要测试判断相应条件,转移控制指令分为无条件转移指令和条件转移指令。无条件转移指令不受任何条件约束,直接转移到无条件转移指令中地址码指示的转移目标地址处理指令,如80x86系列微处理器"JPM BX"无条件转移指令的操作为:(BX)→IP(寄存器直接寻址,转移目标地址在BX中)。条件转移指令受一定条件约束,当条件满足时,转移到条件转移指令中地址码指示的转移目标地址处理指令;若条件不满足,则按指令序列顺序处理指令,如80x86系列微处理器"JC BX"条件转移指令的操作为:CF=1时(BX)→IP。条件转移指令中的条件来源于标志寄存器的有关状态位,这些状态位是根据前面指令的执行结果设置的。

特别地,由于ARM系列微处理器的所有指令均可带条件的,即条件满足就执行本条指令,条件不满足则不执行本条指令,如"MOVEQ R0,R1"指令,仅当状态位Z=1时才执行。因此,ARM系列微处理器只有转移控制指令,如"B 0X1200"是无条件地执行本条指令转移到0X1200处(直接寻址,操作数即为转移目标地址),而"BEQ 0X1200"只有当状态位Z=1时才执行本条指令转移到0X1200处。

2. 循环控制指令

循环控制指令可以认为是增强型条件转移指令,它不仅能根据条件改变指令序列的执行顺序,而且还能修改控制变量,支持循环程序的运行。如80x86系列微处理器"LOOP START"循环控制指令的操作为:(CX)−1→CX、(CX)≠0时START→IP。

3. 过程调用返回指令

在编写程序时,为避免程序的重复编写,往往把具有特定功能程序段设定为独立且可以公用的子程序。在主程序运行过程中,当需要运行子程序时,通过子程序入口地址(转移目标地址)来调用,控制程序运行是在主程序调用子程序处转入到子程序;当子程序运行结束后,则利用返回地址(转移目标地址)返回到主程序的子程序调用处继续运行主程序。这样,既简化了程序设计,又节省了存储空间。主程序和子程序是相对的概念,调用其他程序的程序认为是主程序,被其他程序调用的程序则认为是子程序。

过程调用指令用于实现子程序调用并控制程序从主程序运行转到子程序运行,又称为子程序调用指令或转子指令;显然,在过程调用指令中,必须给出子程序的入口地址。另外,为使子程序运行结束后返回主程序运行,过程调用指令还应具有保存其下一条指令地址的功能,通常把过程调用指令的下一条指令地址称为返回地址。如80x86系列微处理器"CALL IN"过程调用指令的操作为:IN→IP且下条指令地址进栈。过程返回指令用于实现子程序运行结束后返回主程序运行,如80x86系列微处理器"RET"过程返回指令的操作为:下条指令地址出栈→IP。特别地,过程调用与返回指令也可以是带条件的,即条件转子或条件返回,且条件与条件转移相同。

返回地址的保存方法有多种:①返回地址保存在子程序的第一个字单元,该字单元地址作为过程返回指令的间接地址,采用间接寻址方式返回主程序;这时过程返回指令是单地址指令,且可以实现子程序的多重调用,但不能实现子程序的递归循环。②返回地址保存在某一个寄存器中,过程返回指令采用寄存器寻址方式返回主程序;这时过程返回指令是单地址指令,且可以实现子程序的递归循环,但难以实现子程序的多重调用。③返回地址保存堆栈中,由于堆栈具有后进先出的特性,最后进栈的返回地址总是最先被使用,从而可有效地支持多重调用和递归循环。

过程调用与返回指令与条件转移指令都可以改变程序的运行方向,但两者存在本质的不同。①条件转移指令不存在返回,也就不存在返回地址保存;过程调用指令需要返回,也就需要保存返回地址。②条件转移指令是在同一程序段内转移,范围小;过程调用指令是在不同程序段之间转移,范围大。

2.5 寻址方式与堆栈

存储程序的基本含义是在计算机工作之前,必须把指令和数据存放在计算机的存储部件中。CPU 对存储部件(含通用寄存器、主存储器、I/O 端口)的访问(即读写)有地址方式、相联方式(在计算机体系结构中讨论)和堆栈方式(本节最后讨论)等三种,其中地址方式是最为常用的。当采用地址访问方式时,则任何一种存储部件中任一个存储单元均有一个二进制编号(即单元地址),通过单元地址去访问其对应存储单元的存储字。为了缩短指令中地址码的长度和增强程序设计的灵活性,往往采用所谓的寻址方式来形成单元地址。那么,什么是寻址方式,各种存储部件有哪些寻址方式,各种寻址方式如何形成单元地址,各又有哪些特点;堆栈作为特殊的存储空间,它有哪些操作和类型,不同类型堆栈的寻址方式是如何实现的等等,是本节要讨论的问题。

2.5.1 寻址方式及其分类

1. 寻址与寻址方式

由于存储部件存储空间的不断扩大,当采用地址方式访问时,若直接给出单元地址,则单元地址的二进制数位很长,如若主存容量为 4GB,则单元地址的二进制数为 32 位。即由指令地址码直接给出指令或操作数地址,指令字必然很长,势必导致程序所占存储空间大。为此,通常采用某种映射规则来获取存储部件的单元地址,以减少表示单元地址的二进制数位。可见,指令中地址码给出的地址往往不是真正地址,而称为形式地址;利用映射规则,由形式地址变换得到的地址也不一定是真正地址,而称为有效地址,如在 80x86 系列微处理器中,形式地址变换得到的是其中的一个逻辑地址,即偏移地址。

所谓寻址即是寻找存储部件的单元地址,而寻址方式则是指获取存储部件单元地址的映射规则,即寻址方式的作用就是把形式地址(Ax)转换为有效地址(EA)的方法,如图 2-26 所示。由于寻址方式需要通过对形式地址映射才能

形式地址(Ax) —寻址方式→ 有效地址(EA)

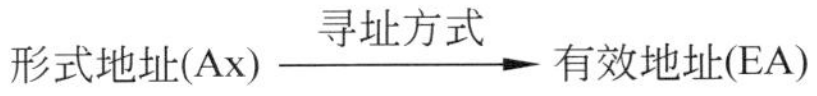

图 2-26 寻址方式的作用

得到有效地址,显然降低了指令的处理速度,但引入寻址方式具有两方面的好处。一是可以缩短地址码的长度,扩大访问的存储空间,减少程序的存储容量;如 80x86 系列微处理器的"MOV AX,[SI]"指令中的源操作数采用寄存器间接寻址,地址码仅 4 位(8086CPU 共 10 个寄存器),若直接给出偏移地址则需要 16 位。二是丰富程序设计手段,增强程序设计的灵活性,提高程序运行效率,如采用变址寻址可以由循环程序来对主存储器连续存储单元的数据进行相同处理。

2. 寻址方式的分类

根据有效地址所在的存储部件不同,寻址可分为寄存器寻址、主存储器寻址和 I/O

端口寻址。特别地，由于通用寄存器和 I/O 端口的存储空间一般不是很大，它们的寻址方式较为简单，往往直接给出单元地址即可，大多数寻址方式主要是针对主存储器而设置的。而由于存储单元中存储的内容有指令和数据之分，那么根据访问内容不同，寻址可分为指令寻址和操作数寻址。由于指令一定存储在主存储器中，则指令寻址即是指令主存储器寻址，寻址方式比较简单；数据可存储于寄存器、主存储器和 I/O 端口中，那么操作数寻址包含操作数寄存器寻址、操作数主存储器寻址和操作数 I/O 端口寻址，寻址方式较为复杂。每一种寻址对应一种或多种寻址方式，则寻址方式的分类如图 2-27 所示。

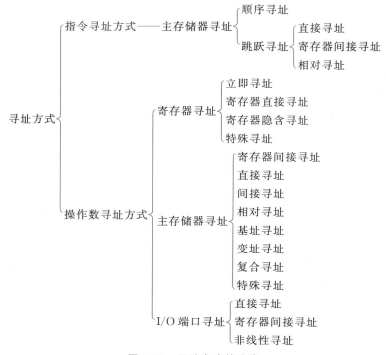

图 2-27 寻址方式的分类

2.5.2 指令寻址方式

指令寻址是指寻找指令在主存储器中的单元地址，而指令寻址方式则是指由当前指令的主存单元地址或当前指令的地址码来获取下一条需要处理指令的主存单元地址的映射规则。指令寻址方式分为顺序寻址和跳跃寻址两种。

1. 顺序寻址

在主存储器中，程序指令序列是按单元地址由小到大排列的，即先处理指令的主存单元地址一定比后处理指令的主存单元地址要小，指令序列中相邻指令的主存单元地址也是相邻的。当运行一段程序时，通常是按程序指令序列的顺序逐条处理指令，这时指令的主存单元地址也是逐步增大的。因此，在计算机中设置一个程序计数器（PC），程序运行时，首先将程序段的起始地址赋予 PC，之后则可由 PC 的内容（即是当前指令的主存单元地址）加上一个增量（Δ）来获取下一条需要处理指令的主存单元地址（仍置于 PC 中）。

指令顺序寻址是通过程序计数器 PC 加 Δ，由硬件自动形成下一条需要处理指令的主存单元地址，指令顺序寻址方式的过程如图 2-28 所示。Δ 大小即是当前指令所占主存单元数量。对于定长指令字结构指令系统的计算机，Δ 为恒定值，如 ARM 系列微处理器的指令字长均为 32 位，主存储器是字节编址（即存储字长为 8 位），每条指令占 4 个主存单元，所以 Δ 恒等于 4。对于变长指令字结构指令系统的计算机，Δ 值是变化的，如 80x86 系列微处理器。

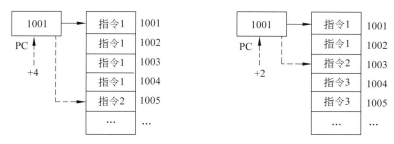

图 2-28　指令顺序寻址方式的过程

2. 跳跃寻址

当程序指令序列不是按顺序处理指令时，下一条需要处理指令的主存单元地址可能不是(PC＋Δ)，即指令顺序寻址方式形成的地址可能不是下一条需要处理指令的主存单元地址。这时，当前指令一定是程序控制指令，而程序控制指令可能产生操作（条件满足或无条件），也可能不产生操作（条件不满足）。当条件满足或无条件产生操作时，其操作则是把指令中地址码指示的主存单元地址赋予 PC(PC 内容原为 PC＋Δ)，从而改变程序指令序列的顺序处理指令；当条件不满足不产生操作时，PC 内容不变为(PC＋Δ)，仍按程序指令序列的顺序处理指令。

指令跳跃寻址是指由当前指令的地址码通过一定的寻址方式来形成下一条需要处理指令的主存单元地址（目标地址），并赋予程序计数器，使程序从目标地址处开始按指令序列顺序处理指令。无条件转移指令跳跃寻址方式的过程如图 2-29 所示。对于图 2-29，在无条件转移指令处理过程中，PC 内容经过了两次变化：1002→1003（基于顺序寻址由硬件自动完成）、1003→1006（基于跳跃寻址由软件指示硬件完成）。跳跃寻址中的寻址方式则有直接寻址、寄存器间接寻址和相对寻址等三种，它与后续讨论的操作数主存储器的直接寻址、寄存器间接寻址和相对寻址完全相同。

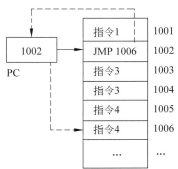

图 2-29　无条件转移指令跳跃寻址方式的过程

2.5.3　操作数寻址方式

操作数寻址是指寻找操作数在储器部件中的单元地址，而操作数寻址方式则是指由当前指令的地址码来获取操作数在存储部件中的单元地址的映射规则。由于操作数寻址方式较多,因此地址码字段需要进一步细分为寻址方式与形式地址两个字段,单地址指令格式如图 2-30 所示。其中：I 为寻址方式特征码,Ax 为形式地址,I 的位数由寻址方式的数量决定。可见,寻址过程就是把 I 和 Ax 的不同组合变换成有效地址。操作数寻址方式包含操作数寄存器寻址、操作数主存储器寻址和操作数 I/O 端口寻址等三种类型。

图 2-30　含寻址方式的单地址指令格式

1. 寄存器寻址

操作数在寄存器中的寻址称为寄存器寻址,相应地把由当前指令的地址码来获取操作数所在寄存器编号的映射规则称为寄存器寻址方式。寄存器寻址方式一般包含立即寻址、直接寻址、隐含寻址和特殊寻址等四种。

（1）立即寻址。

立即寻址是指形式地址(Ax)即为操作数本身,一般用于对变量赋初值,如 80x86 系列微处理器的"MOV AX,2008H"指令的源操作数就是立即寻址。当采用立即寻址时,虽然操作数存放在主存储器中,但从主存储器读取指令时,它作为指令代码的一部分而随同一起被送到 CPU 内的指令寄存器中。在指令功能实施时（通常又称为执行阶段）,可直接从指令寄存器获得该操作数,而不需要访问主存储器,所以可认为操作数在寄存器中。

立即寻址具有指令处理速度快的优点,但指令应用的通用性差,操作数的范围受形式地址字段二进制数位的限制。

（2）寄存器直接寻址。

寄存器直接寻址通常简称为寄存器寻址,它是指形式地址(Ax)为 CPU 内的通用寄存器编号,操作数存放于该通用寄存器中,即操作数＝(Ri)、EA＝Ri,如 80x86 系列微处理器的"MOV AX,2008H"指令的目的操作数就是寄存器直接寻址。若采用寄存器直接寻址,在指令功能实施时,不需要访问主存储器,其单地址指令格式及其寻址过程如图 2-31 所示。

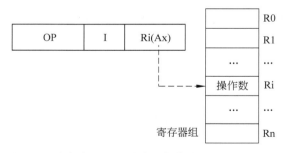

图 2-31　含寄存器寻址单地址指令格式及其寻址过程

寄存器直接寻址具有指令处理速度快和指令字长短（CPU 中寄存器的数量少,一般只有十几个或几十个,则寄存器编号所需要的二进制位数少,形式地址码短）等两个突出的优点,从而编程时尽量应用该寻址方式。但由于寄存器数量极其有限,使得仅能用于存放使用频率高的操作数。

(3) 寄存器隐含寻址。

隐含寻址是指在指令中不明显给出操作数在存储部件中的单元地址,而利用操作码来隐含指定。隐含寻址一般仅用于 CPU 内的通用寄存器,在主存储器和 I/O 端口中不采用。寄存器隐含寻址是指不需要地址码,而利用操作码来隐含指定操作数所在的通用寄存器编号,如 80x86 系列微处理器的乘法指令(IMUL),则隐含指定其中一个乘数在累加器 AX 中。特别地,隐含指定的通用寄存器一般具有特定用途,如 80x86 系列微处理器中累加器 AX。

采用寄存器隐含寻址时,指令字长比采用寄存器直接寻址更短(完全不需要地址码),但在 CPU 内,可隐含指定的通用寄存器一般只有 1~2 个,否则会导致操作码编码的长度长、难度大。

(4) 特殊寻址。

在有些处理器中,还可能设置少部分不常用的寻址方式,以满足特殊需要。如在 ARM 系列微处理器中,为增强指令功能而又不会导致指令字长变长,则设置寄存器移位与多寄存器等两种寻址方式。

寄存器移位寻址是指存放操作数的通用寄存器先进行移位再进行运算操作,如"ADD R3,R2,R1,LSL ♯3"指令中的 R1 先进行逻辑左移 3 位(相当于乘 8)后,再与 R2 进行相加,即其操作为:R3←R2+8×R1。

多寄存器寻址是指可由一条指令使 16 个通用寄存器的任何子集,与存储器中连续的存储单元之间进行数据传送。如"LDMIA R1,{R0,R2,R5}"指令,其操作为:R0=[R1]、R2=[R1+4]、R5=[R1+8](传送数据的字长为 32 位,主存储器是字节编址)。

2. 主存储器寻址

操作数在主存储器中的寻址称为主存储器寻址,相应地把由当前指令的地址码来获取操作数所在主存储器单元地址的映射规则称为主存储器寻址方式。主存储器寻址方式一般包含寄存器间接寻址、直接寻址、间接寻址、变址寻址、基址寻址、相对寻址、复合寻址和特殊寻址等八种。

(1) 寄存器间接寻址。

寄存器间接寻址是指形式地址(Ax)为 CPU 内的通用寄存器编号,操作数在主存储器中的单元地址就存放于该通用寄存器中,即 EA=(Ri),如 80x86 系列微处理器的"MOV AL,[BX]"指令的源操作数就是寄存器间接寻址。若采用寄存器间接寻址,在指令功能实施时,需要访问一次主存储器,其单地址指令格式及其寻址过程如图 2-32 所示。

存储器间接寻址既可缩短指令字长(形式地址码短),又可扩大主存寻址范围,还使得程序设计灵活,如只需要修改寄存器内容,同一条指令就可以访问不同的主存单元。

(2) 直接寻址。

直接寻址是主存储器直接寻址的简称,它是指形式地址(Ax)直接指定操作数存放于主存储器中的单元地址,即 EA=Ax,如 80x86 系列微处理器的"MOV AX,[2000H]"指令的源操作数就是直接接寻址。若采用直接寻址,在指令功能实施时,需要访问一次主存储器,其单地址指令格式及其寻址过程如图 2-33 所示。

直接寻址的有效地址直观,不需要任何计算操作即可获得操作数在主存储器中的单

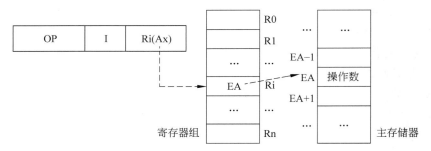

图 2-32　含寄存器间接寻址单地址指令格式及其寻址过程

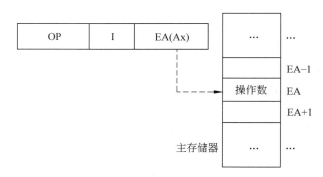

图 2-33　含直接寻址的单地址指令格式及其寻址过程

元地址;但由于操作数存放的单元地址在指令中直接给出,需要通过修改指令的形式地址才能改变操作数的单元地址,导致编程的灵活性差,寻址范围还受到地址码长度的限制。

(3) 间接寻址。

间接寻址是主存储器间接寻址的简称,它是指形式地址(Ax)指定的不是操作数在主存储器中的单元地址,而是操作数地址在主存储器中的单元地址,即 EA=(Ax),如 80x86 系列微处理器的"MOV AX,@2000H"(@为间接寻址标志)指令的源操作数就是间接寻址。若采用间接寻址,在指令功能实施时,需要访问两次主存储器,其单地址指令格式及其寻址过程如图 2-34 所示。

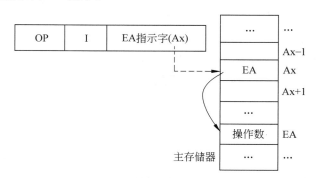

图 2-34　含间接寻址的单地址指令格式及其寻址过程

间接寻址的优点是可避免直接寻址的缺陷,即寻址范围与地址码长度无关,而由数据字长决定;编程灵活,通过修改操作数单元地址指示字则可改变操作数的单元地址。但在指令功能实施时,需要访问两次主存储器,降低了指令的处理速度。

(4) 变址寻址。

通常在 CPU 内部设有用于寻址过程中提供单元地址修改量的寄存器,该寄存器称为变址寄存器,如 80x86 系列微处理器中的 SI 和 DI。变址寻址是指由形式地址部分位指定的变址寄存器(Rx)的内容与形式地址部分位的值 D 相加来形成操作数有效地址,即 EA=(Rx)+D;而 Rx 的内容称为变址值,形式地址部分位的值 D 称为偏移值;如 80x86 系列微处理器的"MOV AX,[SI]+6"指令的源操作数就是变址寻址。若采用变址寻址,在指令功能实施时,需要访问一次主存储器,其单地址指令格式及其寻址过程如图 2-35 所示。特别地,有些处理器仅有一个变址寄存器,这时变址寄存器可隐含,在地址码中不需要给出变址寄存器的编号。

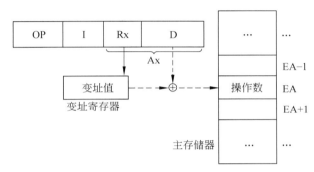

图 2-35　含变址寻址单地址指令格式及其寻址过程

变址寻址既可缩短指令字长(形式地址码短),又可扩大主存寻址范围,但在指令功能实施时,需要通过加运算来获得有效地址,降低了指令的处理速度。变址寻址面向用户,主要用于对有规律存放于主存储器的批量数据进行相同运算操作。如将数组存放于主存储器的起始地址作为偏移值,那么仅需要有规律地修改变址寄存器的内容(如增 1 或减 1),则可由循环体程序段对批量数据进行相同的运算操作,极大地方便了程序设计。特别地,在循环程序运行过程中,偏移值 D 保持不变,通过改变变址寄存器的内容,则可实现不同操作数的寻址。

(5) 基址寻址。

通常在 CPU 内部设有用于寻址过程中提供单元地址基准量的寄存器,该寄存器称为基址寄存器。基址寻址的有效地址 EA=(Ry)+D,其中基址寄存器 Ry 的内容称为基准值,形式地址部分位的值 D 称为位移值。基址寻址与变址寻址的寻址过程和特点虽然类同,但应用却有很大区别。

基址寻址面向系统,主要用于程序重定位。如在多道程序环境下,由于用户编程使用的是逻辑地址,当用户程序装入主存储器时,为了实现用户程序的再定位,管理程序给每个用户程序分配一个基准地址。用户程序运行时,便将基准地址装入基址寄存器,这样可通过基址寻址实现逻辑地址到特定用户物理地址的变换,且在程序运行过程中,基址寄存器的值保持不变,通过改变位移值 D,便可实现不同操作数的寻址。如 80x86 系列微处理器设有数据段基址寄存器(DS),操作数的逻辑地址即为有效地址 EA,则操作数在主存储器的单元地址为:(DS)×16+EA,在程序运行过程中,DS 的内容保持不变,通过改变 EA 则可实现不同操作数的寻址。特别地,基址寻址还可用于指令逻辑地址到物理地址的变换。

(6) 相对寻址。

在 CPU 内部设有用于提供指令单元地址的寄存器,该寄存器称为程序计数器,如 80x86 系列微处理器中的 IP。相对寻址是指由程序计数器(PC)的内容与形式地址部分位的值 D 相加来形成操作数有效地址,即 EA=(PC)+D;如 80x86 系列微处理器的"MOV AX,6[IP]"指令的源操作数就是相对寻址。对于相对寻址,PC 的内容可认为是基准量,形式地址的值 D 则为位移值,可见相对寻址是基址寻址的一种变形。

相对寻址与变址寻址的寻址过程和特点类同,但相对寻址还具有便于实现程序浮动的优点,即只需要确定操作数与指令之间的相对距离,当程序在主存储器中浮动时,操作数与指令在主存储器内一起移动,由于操作数与指令之间的位移量不变,而无须修改指令中的地址码。另外,相对寻址也可以用于程序控制指令,以实现相对转移。

(7) 复合寻址。

复合寻址是上述寻址方式的组合使用,它一般有基址变址寻址、相对间接寻址、间接相对寻址、变址间接寻址和间接变址寻址等。

基址变址寻址是基址寻址与变址寻址的组合使用,即 EA=(Ry)+(Rx)+D。

相对间接寻址是相对寻址与间接寻址的组合使用,且是先相对寻址后间接寻址,即 EA=((PC)+D)。

间接相对寻址也是相对寻址与间接寻址的组合使用,且是先间接寻址后相对寻址,即 EA=(PC)+(D)。

变址间接寻址是变址寻址与间接寻址的组合使用,且是先变址寻址后间接寻址,即 EA=((Rx)+D)。

间接变址寻址也是变址寻址与间接寻址的组合使用,且是先间接寻址后变址寻址,即 EA=(Rx)+(D)。

(8) 特殊寻址。

如同寄存器寻址一样,在有些处理器中,也可能设置少部分不常用的寻址方式,以满足特殊需要,如段寻址、自增自减寄存器间址等。

在 8086 微处理器中,为扩大寻址范围而设置了段寻址方式。在 8086CPU 中,与寻址有关的寄存器为 16 位,在指令中也仅能给出 16 位的地址,16 位地址的寻址空间仅为 64KB;而 8086CPU 有 20 位地址,可寻址空间为 1MB。因此,8086CPU 采用段寻址方式,通过 16 位的地址去访问 1MB 主存空间。为此,把 1MB 主存空间按 64KB 大小分成若干逻辑段,那么段内地址仅需要 16 位,且称为偏移地址。而每个逻辑段的 20 位起始地址规定最低 4 位为 0000,这样 20 位起始地址也仅高 16 位为有效数字,即起始地址也仅需要 16 位,且称为段基址。把偏移地址与段基址统称为逻辑地址。这样,通过段基址左移 4 位加上偏移地址则形成 20 位地址(主存单元的物理地址)。段寻址方式的寻址过程如图 2-36 所示。

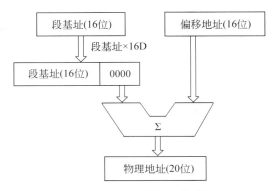

图 2-36 段寻址的寻址过程

自增自减寄存器间接寻址是指通过寄存器 Ri 间接寻址从主存储器获取操作数后,寄存器内容自动增减修改。寻址操作为:EA=(Ri)、Ri←(Ri)±d,d 为修改量。

3. I/O 端口寻址

操作数在 I/O 端口中的寻址称为 I/O 端口寻址,相应地把由当前指令地址码来获取操作数所在 I/O 端口的映射规则称为 I/O 端口寻址方式。当主存储器和 I/O 端口采用统一编址时,I/O 端口寻址与主存储器寻址的方式相同;当主存储器和 I/O 端口采用独立编址时,I/O 端口寻址方式一般比较简单,仅有直接寻址和寄存器间接寻址。

特别地,由于 I/O 设备多种多样,其接口上的 I/O 端口数目差异较大。为使 I/O 端口的地址短且规整,可以采用非线性编址,即一台 I/O 设备一个地址或两个地址(一个是数据类端口,一个是控制或状态类端口)。当采用非线性编址时,一个 I/O 设备地址对应多个 I/O 端口,即通过同一地址可以访问若干个 I/O 端口,且把这种寻址方式称为非线性寻址方式。这时,I/O 端口寻址是通过地址码(即 I/O 设备地址)和操作码(读还是写)或操作次序来实现。如 8259A 可编程中断控制器接口芯片,其内部有两组共 7 个寄存器(I/O 端口):初始化命令字寄存器 ICW1~ICW4 和操作命令字寄存器 OCW1~OCW3。ICW1、OCW2、OCW3 的端口地址相同(偶地址 $A_0=0$),则以写入数据字中的 B_4B_3 来区分:$B_4=1$ 写入 ICW1,$B_4=0$ 写入 OCW2 或 OCW3;$B_3=1$ 写入 OCW2,$B_4=0$ 写入 OCW3。ICW2、ICW3、ICW4、OCW1 的端口地址相同(奇地址 $A_0=1$),OCW1 的写入必须在写入 ICW2 及可能需要写入 ICW3、ICW4 之后进行;而是否需要写入 ICW3 和 ICW4,则由写入数据字中的 B_1B_0 来决定。

2.5.4 堆栈及其寻址实现

1. 堆栈及其结构与操作类型

堆栈是一种按"后进先出"或"先进后出"特定顺序进行数据存取的存储空间(也可以认为是一个存储部件),存放于堆栈中的数据属于堆栈类型。通常,堆栈主要用于暂时存放中断断点地址、子程序调用返回地址、状态标志和子程序调用的传递参数等,所以用于堆栈类型数据的操作一般只有进栈和出栈,即面向访问堆栈的操作指令一般只有进栈指令(PUSH)和出栈指令(POP)。所谓进栈是将指定寄存器内容传送到堆栈中,出栈是将堆栈中的某个数据传送到指定寄存器中。根据堆栈的位置不同,堆栈有硬堆栈和软堆栈之分。堆栈作为一种线性组织的存储空间,无论哪一种堆栈均具有两个端单元,且把数据进出端称为栈顶,另一端则称为栈底。

(1) 存储器堆栈。

为满足用户对堆栈容量的要求,计算机从主存储器中划出一段区域来作为堆栈的存储空间,该堆栈称为存储器堆栈或软堆栈,显然,软堆栈在主存储器中。软堆栈的栈底地址固定,栈顶地址浮动,存储空间可变。由于主存储器是按地址访问的,则通过设置一个专门的寄存器作为堆栈栈顶寄存器(SP),其存放的内容即是栈顶单元地址,通常称为栈顶指针,栈顶指针所指定的单元地址即是用于存放堆栈栈顶数据。而根据栈顶与栈底单元地址的大小关系,软堆栈可分为向上生长与向下生长两种,如图 2-37 所示。若栈顶单元地址比栈底单元地址小,即进栈操作时栈顶单元地址减小、出栈操作时栈顶单元地址增大,该软堆栈则是向下生长的;若栈顶单元地址比栈底单元地址大,即进栈操作时栈顶单元地址增大、出栈操作时栈顶单元地址减小,该软堆栈则是向上生长的。特别地,软堆栈一般采用向下生长,且栈底单元地址为主存储器的最高单元地址。

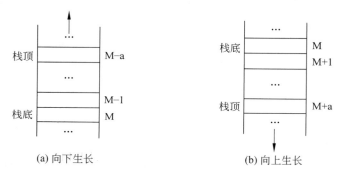

图 2-37 软堆栈结构及其生长

(2) 寄存器堆栈。

为满足用户对堆栈速度的要求,有些计算机采用一组专门的寄存器来构成堆栈,该堆栈称为寄存器堆栈或硬堆栈,显然,硬堆栈在中央处理机中。硬堆栈的栈底与栈顶的地址均固定,存储空间不变。硬堆栈中各寄存器是相互连接的,寄存器之间具有对应位可自动推移,即可将一个寄存器的内容推移到相邻寄存器中去。硬堆栈结构如图 2-38 所示。

2. 堆栈的寻址方式

操作数在堆栈中的寻址称为堆栈寻址,相应地把由当前指令(即是操作数进出堆栈的操作指令)的地址码来获取操作数所在堆栈单元地址的映射规则称为堆栈寻址方式。而无论硬堆栈还是软堆栈均采用隐寻址,且一般以字为单位从栈顶进行进出栈操作。

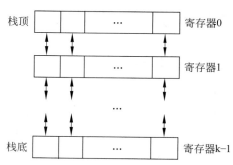

图 2-38 硬堆栈的结构

对于软堆栈,当进行进出栈操作时,可通

过自动修改栈顶寄存器来实现隐含寻址。若主存储器为字编址,当堆栈为向下生长时,则进栈操作为:SP←(SP)−1、M[SP]←(R),出栈操作为:R←M[SP]、SP←(SP)+1;当堆栈为向上生长时,则进栈操作为:SP←(SP)+1、M[SP]←(R),出栈操作为:R←M[SP]、SP←(SP)−1。若主存储器为字节编址,当堆栈为向下生长的,则进栈操作为:SP←(SP)−2、M[SP]←(R),出栈操作为:R←M[SP]、SP←(SP)+2;当堆栈为向上生长的,则进栈操作为:SP←(SP)+2、M[SP]←(R),出栈操作为:R←M[SP]、SP←(SP)−2。如8086CPU 的主存储器为字节编址,堆栈为向下生长的,其进出栈操作如图 2-39 所示。

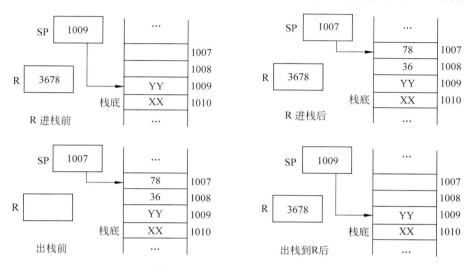

图 2-39　8086CPU 软堆栈操作

对于硬堆栈,当进行进出栈操作时,可通过始终对栈顶寄存器操作来实现隐含寻址。当进栈时,栈顶寄存器及其以下寄存器的内容由上往下向相邻寄存器推移,再将寄存器 R 的内容送到栈顶寄存器中;当出栈时,将栈顶寄存器的内容送到寄存器 R 中,再把栈顶寄存器以下寄存器的内容由下往上向相邻寄存器推移。硬堆栈进出栈操作如图 2-40 所示。

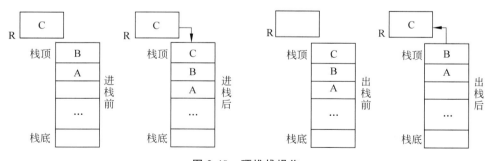

图 2-40　硬堆栈操作

特别地,当堆栈是存储操作数的唯一存储空间时,则该计算机称为堆栈计算机。对于堆栈计算机,其指令均是零地址的。

例 2.23　若某处理机指令格式如图 2-41 所示,其中 OP 为操作码字段,试分析该处理机指令格式的特点。

图 2-41 例 2.22 的指令格式

解：(1) 从指令字长来看，该处理机指令字长均为 32 位，且与机器字长相等，则该处理机采用的是定长结构的等字长指令格式。

(2) 从地址码字段来看，该处理机指令包含二个地址码，其中一个地址码指示操作数在源寄存器（共有 16 个）上，另一个地址码指示操作数在存储器中，且单元地址由变址寄存器内容（共有 4 个）+偏移量（范围为 2^{16}）决定，则该处理机采用的是两地址 RS 型指令格式。

(3) 从操作码字段来看，该处理机指令的操作码字段长度均为 6 位，则该处理机采用的是固定长度操作码指令格式，可设置 $2^6=64$ 条指令。

例 2.24 某 16 位处理机的指令格式有如图 2-42 所示三种，其中 OP 为操作码字段，指令汇编格式中的 S(源)和 D(目)都是通用寄存器，M 为主存储器中的一个单元。(1)指出该处理机寄存器组织结构；(2)试分析该处理机指令格式的特点及其寻址方式；(3)处理机完成哪种指令格式操作所花时间最短？哪种指令格式操作所花时间最长？第二种指令格式的处理时间会等于第三种吗？

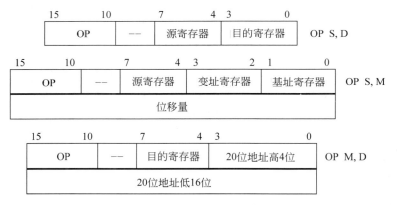

图 2-42 例 2.23 的三种指令格式

解：(1) 由三种指令格式可以看出：该处理机有 $2^4=16$ 个通用寄存器，$2^2=4$ 个基址寄存器，$2^2=4$ 个变址寄存器。

(2) 从指令字长来看，该处理机指令字长有 16 位的和 32 位的，则该处理机采用的是变长结构的指令格式，且第一种格式为单字长，第二和第三种格式为双字长。

从地址码字段来看，该处理机指令均包含两个地址码，则该处理机采用的是二地址指令格式；且第一种格式的两个地址码指示操作数均在通用寄存器上，即为 RR 型指令格式；第二和第三种格式的一个地址码指示操作数在通用寄存器上，另一个地址码指示操作数在存储器中，即为 RS 型指令格式。

从操作码字段来看,该处理机指令的操作码字段长度均为6位,则该处理机采用的是固定长度操作码指令格式,可设置 $2^6 = 64$ 条指令。

对于寻址方式,第一种格式的两个地址 S 和 D 均为寄存器寻址,第二种格式中的 S 是寄存器寻址,M 是基址寻址或变址寻址或基址变址寻址,第三种格式中的 D 是寄存器寻址,M 是直接寻址。

(3) 处理第一种格式指令所花的时间最短,因为它是 RR 型指令,不需要访问存储器。处理第二种格式指令所花的时间最长,因为它是 RS 型指令,需要访问存储器,同时还需要花费一定时间进行寻址的变换运算(基址或变址或基址变址)。处理第二种格式指令所花的不可能等于第三种格式指令,因为它虽然也访问存储器,但直接寻址不需要进行寻址的变换运算。

例 2.25 一种两地址 RR 型、RS 型指令格式如图 2-43 所示,其中源寄存器、目的寄存器都是通用寄存器,I 为间接寻址标志位,X 为寻址模式字段,D 为偏移量字段。通过 I、X、D 的组合,可构成一个操作数的寻址方式,其有效地址 E 的算法及有关说明如表 2-17 所示。请写出表中 6 种寻址方式名称,并说明主存中操作数的位置。

6位	4位	4位	1位	2位	16位
OP	源寄存器	目的寄存器	I	X	D

图 2-43 例 2.24 的指令格式

表 2-17 例 2.24 有效地址 E 的算法及有关说明

寻 址 方 式	I	X	有效地址 E 算法	说　　明
①	0	00	E=D	D 为偏移量
②	0	01	指令地址=(PC)+D	PC 为程序计数器
③	0	10	E=(Rx)+D	Rx 为变址寄存器
④	0	11	E=(R_Y)+D	R_Y 为基址寄存器
⑤	1	00	E=(D)	
⑥	1	11	E=(R)	R 为通用寄存器

解: (1) 直接寻址,操作数在有效地址 E=D 的存储单元中。

(2) 相对寻址。

(3) 变址寻址,操作数在 E=(Rx)+D 的存储单元中。

(4) 基值寻址,操作数在 E=(R_Y)+D 的存储单元中。

(5) 间接寻址,用偏移量做地址访问主存得到操作数的地址指示器,再按地址指示器访主存的操作数。

(6) 寄存器间接寻址,通用寄存器的内容指明操作数在主存中的地址。

例 2.26 一台处理机具有如图 2-44 所示指令格式,它有 8 个通用寄存器(字长 16 位),2 位 X 指定寻址模式,6 位 OP 为操作码字段,主存储器实际容量为 256K 字。

(1) 假设不用通用寄存器也能直接访问主存中的每一个单元,请问地址码域应为多

X	OP	源寄存器	目的寄存器	地址

图 2-44　例 2.25 的指令格式

少位？指令字长度有多少位？

(2) 假设 X=11 时，指定的通用寄存器作为基址寄存器，请提出一个硬件设计规划，使得这时能寻址 1MB 主存空间。

解：(1) 由于 $2^{18}=256K$，当直接寻址时，地址码的位数应为 18 位；处理机中有 8 个通用寄存器，则源寄存器和目的寄存器标识均需要 3 位($2^3=8$)；所以指令字长度 $=2+6+3+3+18=32$ 位。

(2) 当指定的通用寄存器作为基址寄存器，即此时是基址寻址，但字长 16 位基址寄存器不足以寻址 1MB 字地址空间；为此将通用寄存器左移 4 位低位补 0 来形成 20 位基地址，而后与地址字段中偏移量相加得有效地址，这样就可访问主存 1MB 地址空间中的任何单元。

例 2.27　若处理机的机器字长 16 位，主存容量 128KB，指令字长度为 16 位或 32 位，共 78 条指令，请为该处理机设计指令格式，要求有直接、立即、相对、基址等四种寻址方式。

解：由题意可知，机器字长 16 位，主存访问的单元容量为 128KB÷2=64K 字，所以主存访问地址为 16 位($2^{16}=64K$)；当操作码字段采用固定长度格式时，由于 $2^6<78<2^7$，故操作码 OP 字段需要 7 位。

显然，单字长(16 位)指令无法用于直接寻址访问主存，仅能用于非访存，双字长(32 位)指令用于访问主存，因此该处理机设计指令格式如图 2-45 所示，其中通用寄存器最多可设置 8 个，且可以用作基址寄存器。

15　　　9		5　　　3	2　　　0	
OP	--	源寄存器R1	目的寄存器R2	OP S, D

15　　　9	8	7	2　　　0	
OP	X	--	基址寄存器R_Y	OP S, M或OP M, S
位移量D				

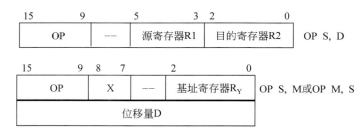

图 2-45　例 2.27 设计的指令格式

复　习　题

1. 什么是数据类型？简述数据类型的分类。
2. 什么是数据表示？什么是数据结构？通常哪些数据类型可作为数据表示？
3. 什么是原子数据类型？它通常又可分为哪两种？
4. 什么是数据字？什么是数据字长？

5．什么是 BCD 码？什么是有权 BCD 码与无权 BCD 码？什么是可靠性 BCD 码？

6．什么是 ASCII 码？ASCII 码有哪些特点？

7．汉字包含哪几种不同用途的编码？简述计算机在处理汉字过程中这几种编码的关系。

8．写出汉字国标码、区位码、机内码之间的变换公式。

9．汉字输入码有哪几种？汉字字形码有哪几种？简述各编码的基本思想。

10．计算机有哪几种不同级别的指令？通常讲的指令是指哪一种？简述这几种指令之间的关系。

11．什么是指令？什么是指令字？什么是指令字长？简述指令字长与机器字长之间的关系。

12．什么是指令系统？目前计算机的指令系统有哪几种类型？

13．什么是定长指令字结构？什么是变长指令字结构？

14．什么是真值？什么是机器数？

15．对于数值数据表示，什么是溢出？溢出可分为哪两种？当出现这两种溢出时，计算机是如何处理的？

16．什么是表数范围？什么是表数精度？数值数据表示应从哪几个方面评价？

17．数值数据表示有哪两种格式？这两种格式划分的依据是什么？在表数方面它们有哪些区别？写出它们的一般格式。

18．数值数据表示有哪几种编码？简述这几种编码的定点机器数的异同点。

19．简述定点机器数原码、补码、反码和移码的特点，并写出它们的表数范围。

20．写出定点机器数原码、补码、反码和移码与真值的映射式，并简述相应的变换规则。

21．浮点机器数由哪两个字段组成？两个字段定点数编码一般有哪几种组合？

22．浮点机器数尾数规格化的目的是什么？写出规格化尾数的真值范围、补码与原码形式。

23．写出浮点机器数 IEEE 754 标准的表示格式，对于单精度短浮点格式，从哪些方面进行了规定。

24．什么是数据校验码？什么是检错码？什么是检错纠错码？写出数据校验码的格式和检验位位数与有效编码位位数之间的关系式。

25．什么是码距？简述码距与检错纠错能力的关系。

26．简述奇与偶校验码的编码规则，并写出奇与偶校验的校验位与出错信号的逻辑表达式。

27．简述二维奇偶校验码的编码规则，为什么二维奇偶校验比一维奇偶校验具有更强的检错纠错能力？

28．简述海明校验码的编码原理、编码过程、排列原则和分组原则。

29．什么是指误字？简述海明校验检错纠错的规则。

30．简述循环冗余校验码的编码原理、编码过程、余数算术多项式的生成方法。

31．简述余数循环特性含义和循环冗余校验检错纠错的方法。

32. 什么是指令格式？指令格式包含哪两个字段？各起什么作用。
33. 对于指令系统，根据操作码长度是否可变，可将指令格式分为哪两种？各有什么优缺点？
34. 对于指令系统，根据指令字中所含地址码个数，可将指令格式分为哪几种？
35. 对于双目操作二地址指令，根据源操作数存放的物理存储部件不同，指令格式可分为哪几种。
36. 指令系统设计要求包含哪几个方面？简述它们的具体含义。
37. 写出计算机指令系统的功能分类，简述各类各种指令的功能作用。
38. 什么是寻址与寻址方式？什么是有效地址与形式地址？简述寻址方式的功能作用。
39. 根据对主存访问的内容不同，主存寻址可分为哪两种？简述其含义。
40. 写出寻址方式的分类，简述各类各种寻址方式的映射规则与特点。
41. 什么是堆栈？堆栈有哪两种结构类型？简述它们的组织结构。
42. 用于对存放于堆栈的数据操作有哪两种？简述它们的含义。
43. 简述不同结构类型堆栈隐含寻址的过程方法。

练 习 题

1. 为什么数值数据表示需要采用多种不同的编码？
2. 为什么浮点机器数的尾数需要规格化？为什么浮点机器数的表示格式需要标准化？
3. 对于原子类型的数值数据和非数值数据，各有哪些属性需要表示？这些属性是如何表示的？
4. 简述数据校验码的编码原理，数据校验码给传输带来的负面影响是什么？
5. 海明校验实际就是奇偶校验应用，但奇偶校验仅具备检错能力，而海明校验则同时具有检错与纠错能力，为什么？
6. 指令格式主要涉及哪些因素？缩短指令字长的措施有哪些？
7. 在指令格式中，地址码个数与哪些因素有关？地址码个数等于指令操作所需要的操作数吗？为什么？
8. 若指令操作所需要的操作数相同，为什么指令格式中地址码个数可以不同？
9. 为什么指令系统中不需要数据存储指令，却需要数据传输指令和运算操作指令，还增设了程序控制指令？
10. 指令系统中，一定需要配置输入输出指令吗？为什么？
11. 为什么在寻址过程中引入寻址方式？试比较基址寻址、变址寻址和相对寻址的异同点。
12. 试比较过程调用指令与条件转移指令的异同点。
13. 补码表示的 n+1 位二进制定点小数与定点整数的模各是多少？
14. 浮点数的正负如何识别？浮点数的表数范围与精度各由浮点数格式中的哪个要

素决定?

15. 设$[X]_\text{原} = 1.A_1A_2A_3A_4A_5A_6$,若要 $X > -1/2$,$A_1 \sim A_6$ 应满足什么条件?若要 $-1/8 \geqslant X \geqslant -1/4$,$A_1 \sim A_6$ 又应满足什么条件?

16. 设$[X]_\text{补} = 1.A_1A_2A_3A_4A_5A_6$,若要 $X > -1/2$,$A_1 \sim A_6$ 应满足什么条件?若要 $-1/8 \geqslant X \geqslant -1/4$,$A_1 \sim A_6$ 又应满足什么条件?

17. 分别以下列形式表示$(5382)_{10}$。
(1) 8421码　　(2) 余3码　　(3) 2421码　　(4) 格雷码

18. 写出下列定点数的原码、反码、补码与移码(仅定点整数),其中机器数字长为8位(移码偏置值为2^7)。
(1) $-35/64$　(2) $23/128$　(3) -127　(4) 100　(5) 0(分别用定点小数和定点整数表示)　(6) -1(分别用定点小数和定点整数表示)

19. 写出下列机器数的真值(移码偏置值为2^4)。
(1) $[X]_\text{补} = 0.1001$　(2) $[X]_\text{补} = 1.1001$　(3) $[X]_\text{原} = 0.1101$
(4) $[X]_\text{原} = 1.1101$　(5) $[X]_\text{反} = 0.1011$　(6) $[X]_\text{反} = 1.1011$
(7) $[X]_\text{移} = 0,1010$　(8) $[X]_\text{移} = 1,1010$　(9) $[X]_\text{补} = 0,1001$
(10) $[X]_\text{补} = 1,1001$　(11) $[X]_\text{原} = 0,1101$　(12) $[X]_\text{原} = 1,1101$
(13) $[X]_\text{反} = 0,1011$　(14) $[X]_\text{反} = 1,1011$

20. 已知$[X_1]_\text{原} = 0.1101$、$[X_2]_\text{原} = 1.1101$、$[X_3]_\text{原} = 0,1101$、$[X_4]_\text{原} = 1,1101$,写出它们的补码、反码和移码(仅对 X_3 和 X_4)。

21. 已知$[X_1]_\text{补} = 0.1001$、$[X_2]_\text{补} = 1.1001$、$[X_3]_\text{补} = 0,1001$、$[X_4]_\text{补} = 1,1001$,写出它们的原码、反码和移码(仅对 X_3 和 X_4)。

22. 若机器数字长为8位,写出定点小数与定点整数最大正数、最小正数、最大负数、最小负数的原码、反码、补码、移码(仅对定点整数)和真值。

23. 若机器数字长为16位,阶码与尾数分别为6位和10位(均含1位符号位),采用浮点机器数的一般格式,试写出 $X_1 = -18.25$ 和 $X_2 = 213/256$ 原码+移码、全补码的浮点数。

24. 若机器数字长为16位,阶码与尾数分别为6位和10位(均含1位符号位),写出全原码与全补码时浮点数的最大正数、最小正数、最大负数、最小负数。

25. 将下列十进制数转换为IEEE单精度浮点数。
(1) 28.75　　(2) 624　　(3) -0.625　　(4) -1000.5

26. 将下列IEEE单精度浮点数转换为十进制数。
(1) 11000000 11110000 00000000 00000000
(2) 01000011 10011001 00000000 00000000
(3) 8C5A3E00H
(4) 3F100000H

27. 有两个机器数分别为9CH和FFH,若它们分别为下列格式的机器数时,写出其对应真值。
(1) 无符号整数　　　　　　　　(2) 原码表示的定点整数

（3）原码表示的定点小数　　　　　（4）补码表示的定点整数
（5）补码表示的定点小数　　　　　（6）移码表示的定点整数

28．若下列奇偶校验码均是正确的,请问哪些是奇校验码,哪些是偶校验码。
（1）10110110　　（2）01110010　　（3）11011110　　（4）10101101

29．请写出下列编码的奇校验位和偶校验位。
（1）10100001　　（2）00011001　　（3）01001110　　（4）00101010

30．请写出下列数据块（1）的二维奇校验码和数据块（2）的二维偶校验码。
（1）1 0 0 1 1 0 1 1　　　　　　　　（2）1 1 1 0 0 1 1 1
　　0 0 1 1 0 1 0 1　　　　　　　　　　1 1 0 1 0 0 1 1
　　1 1 0 1 0 0 0 0　　　　　　　　　　0 0 1 1 0 1 0 0
　　1 1 1 0 0 0 0 0　　　　　　　　　　1 0 0 1 1 0 0 0

31．设 K=8、R=4 的偶检验海明校验码为 101011000101,请判断该海明校验码是否有错。若有,则纠正并提取出有效数据。

32．设有效数据为 01101110,写出它的偶检验海明校验码。若接收端接收到的有效数据为 01101111,如何确定出错位并加以纠正。

33．设有效数据为 0011,当生成多项式为 $G(X)=X^3+X+1$ 时,写出它的(7,4)CRC 校验码。若接收端接收到的有效数据为 0001,如何确定出错位并加以纠正。

34．设有一(7,3)CRC 校验码为 0101000,请判断该海明校验码是否有错。若有,则纠正并提取出有效数据。

35．若某处理机指令格式如下图所示,其中 OP 为操作码字段,试分析该处理机指令格式的特点。

36．若某处理机指令格式如下图所示,其中 OP 为操作码字段,试分析该处理机指令格式的特点。

15	12 11	9 8	6 5	3 2	0
OP	寻址方式	源寄存器	寻址方式	目的寄存器	

37．某处理机 16 位单字长单地址主存访问指令格式如下图所示,其中 D 为补码表示的形式地址(含一位符号位),I 为直接/间接寻址标识(1 为间接寻址,0 为直接寻址),M 为寻址方式标识(00 变址寻址,01 为基址寻址,10 为相对寻址,11 为立即寻址),X 为变址寻址。设 PC、R_X、R_Y 分别为指令计数器、变址寄存器、基址寄存器,请问:

（1）该指令格式能定义多少种不同的操作？对于非间接寻址,写出各种寻址方式计算有效地址的表达式。

（2）立即寻址操作数的范围是多少？

（3）设基址寄存器为 14 位,当基址寻址时,其寻址范围是多少？

(4) 当间接寻址时,其寻址范围是多少?

4位	2位	1位	1位	8位
OP	M	I	X	D

38. 若基址寄存器的内容是 3000H,变址寄存器的内容是 02B0H,当前正在处理指令在主存中的地址为 3A00H,其地址码中的内容是 1FH,请问基址寻址、变址寻址和相对寻址的有效地址各是多少?

39. 某计算机字长为 16 位,主存容量为 640KB,共有 80 条单字长单地址指令,请设计一种指令格式使其具有直接、间接、变址和相对等四种寻址方式。

40. 某计算机指令系统采用指令字长为 1~4 个字节的变字长指令格式,若 CPU 与主存储器之间的数据传送宽度为 32 位,每次读取指令代码时,如何识别该字包含几条指令?

41. 某处理机字长为 32 位,CPU 中有 16 个 32 位通用寄存器,设计一种能容纳 64 种操作的指令格式。若用通用寄存器作基址寄存器,那么 RS 型指令的最大存储空间是多少?

42. 某计算机指令系统有间接、变址和相对等三种寻址方式,其指令格式由操作码、寻址方式标识和地址码等三部分组成。当前正在处理指令在主存中的地址为 1F05H,其地址码中的内容是 001AH,变址寄存器的内容为 23A0H,主存储器部分地址及相关内容有:(001AH)=23A0H、(1F05H)=2400H、(1F1FH)=2500H、(23A0H)=2600H、(23BAH)=1748H。请问:

(1) 当变址寻址时,当前指令从主存中取出的操作数是多少?

(2) 当间接寻址时,当前指令从主存中取出的操作数是多少?

(3) 当相对寻址时,当前指令操作数的有效地址为多少?

43. 某处理机的单地址指令格式依次包含 6 位操作码 OP、2 位寻址方式标识 I 和 8 位地址码 D 等三字段,其中 I=00 表示直接寻址,I=01 表示 R_{X1} 变址寻址,I=10 表示 R_{X2} 变址寻址,I=11 表示相对寻址。若(PC)=1234H、(R_{X1})=0037H、(R_{X2})=1122H,以下四条指令采用上述格式,请确定这些指令的有效地址。

(1) 4420H   (2) 2244H   (3) 1322H   (4) 1122H

第 3 章 系统总线及其 I/O 接口

总线作为物理个体之间信息传输的公共通路，实质是一束标准的传输线。对于微小型计算机，功能部件之间通常采用系统总线来互连，以实现相互间的信息交换，而功能部件一般需要通过特定功能的接口电路才能连接到系统总线上。本章介绍总线及其分类、特性、事务等基本概念，阐明系统总线的数据交换过程、通信定时方式、分配仲裁及其方法、单处理机的总线结构，讨论 I/O 接口及其分类、功能、结构组成，概括常用系统总线与 I/O 接口标准的性能特点。

3.1 总线的基本概念

由第 1 章可知，对于传输性能要求不高的微小型计算机，功能部件之间可以采用总线互连形式来组成实现；另外，由后续讲述功能部件组织设计的章节还可知，器件（或部件）之间通常也采用总线互连形式来组成实现功能部件。那么，总线如何定义，物理个体如何连接于总线上，总线有哪些类型、特性及性能指标，总线事务及其类型有哪些，总线传送数据方式有哪些等等，则是本节需要讨论的问题。

3.1.1 总线及其电路

1. 总线及其互连特点

功能部件的器件（或部件）之间、计算机的功能部件之间乃至计算机之间均需要进行信息交换，即从计算机组成实现层次来看，某相对独立的整体，其所包含的个体之间需要利用传输线连接在一起。而个体之间的互连形式有两种类型：一是全互连型，又称专用传输线型，即任意两个个体之间均配置一束专用独立传输线来实现；二是总线型，即多个个体之间利用一束规范共享传输线来实现。因此，所谓总线是指计算机及其内部多个（两个以上或全部）物理个体之间进行信息交换的公共传输线束或通路。显然，总线互连与全互连相比，具有传输线少、集成容易、互连方便、结构简单、扩展性好、代价低、兼容性强（不同厂家生产的物理个体互连实现整体或整体的一部分）等优点，但信息传输率小、带宽低。

显然，分时与共享是总线传输信息的控制技术，同时也决定总线传输信息的客观特性，即容许一对一或一对多的互连通信，但不允许多对一的互连通信。分时是指同一时刻只能传送一个物理个体发出的信息，共享是各物理个体之间均利用同一传输线束来进行信息交换。不同厂家根据同一总线传输特性生产的个体，通过该总线互连实现整体或整体的一部分。

2. 总线电路

总线电路一般由三态门组成,用于将器件(或部件)、功能部件或计算机连接到总线上。三态门的输出存在高电平、低电平和高阻等三种状态。当三态门的输出处于高电平或低电平状态时,表明其输入输出导通;当三态门的输出处于高阻状态时,表明其输入输出断开。三态门输入输出的导通与断开,由其使能端控制,且通常是低电平实现导通、高电平实现断开。

三态门构成总线电路的一般逻辑如图 3-1 所示,其中 $D_1 \sim D_N$ 为器件或部件或计算机。当 D_i 发送控制端为低电平时,则 D_i 向总线发送信息;当 D_i 接收控制端为低电平时,则 D_i 接收总线信息。由总线传输信息的客观特性表明,连接于总线上的 N 个物理个体,其发送控制端不能同时为低电平,以避免多对一的互连通信;但接收控制端可以同时为低电平,以实现一对多的互连通信。

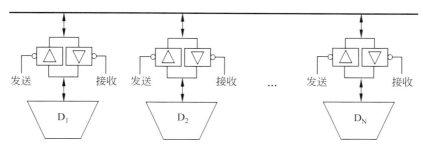

图 3-1 三态门构成总线电路的一般逻辑

3.1.2 总线的分类

在现代计算机中,总线应用极其广泛,且形式多样、种类繁多。从不同角度来看,总线存在不同的分类。

1. 从互连成整体层次来看

由物理个体通过总线互连成一个整体的功能层次来看,总线可分为内部总线、系统总线和外部总线等三种类型。

(1) 内部总线。

内部总线又称片总线,用于将器件(或部件)互连成一个功能部件、实现"器件→部件"组成级的总线则属于内部总线,如运算器内部的总线就属于内部总线,该总线把算术逻辑运算单元、通用寄存器等互连在一起。

(2) 系统总线。

用于将功能部件互连成一台完整计算机、实现"部件→系统"组成级的总线则属于系统总线。系统总线是计算机的重要组成部分,它将 CPU、主存储器和 I/O 模块等互连在一起。

(3) 外部总线。

外部总线又称通信总线,用于计算机之间、计算机与其他设备之间的互连。目前,外部总线也属于计算机组成的一个部分。

特别地,本节后续内容主要针对系统总线开展讨论。

2. 从数据传送并行性来看

从同时传输数据的二进制位数是否仅一位来看,总线可分为串行总线和并行总线等两种类型。

(1) 串行总线。

在线束中,若仅含有一根双向或两根单向用于传送数据的数据线、同时只能传送一位数据的总线则属于串行总线。当传送的数据包含多位时,利用串行总线进行信息传输,数据位必须按规定的顺序和频率一位一位传送,传输率小、带宽低。由于串行传输对传输线特性的要求不高,且硬件成本较低,所以适用于远距离传输数据。外部总线一般采用串行总线。

(2) 并行总线。

在线束中,若含有一根以上双向或两根以上单向用于传送数据的数据线、同时可传送多位数据的总线则属于并行总线。由于传输线特性不可能完全一致,当远距离传输时,多位数据到达接收端的延迟时间存在差异,可能造成传输错误,且硬件成本较高,所以适用于近距离传输数据。内部总线和系统总线一般采用并行总线。

3. 从操作定时方式来看

从传输信息中不同信号的传送时序确定方法来看,总线可分为同步总线和异步总线等两种类型。

(1) 同步总线。

互连的物理个体采用统一时钟(同步时钟)来规定自身和与传输信息有关操作的(总线操作)时序,以完成相互间信息交换的总线则属于同步总线。由于同步总线的操作时序固定不变,从而容易控制、传输速度也较快。但所有物理个体必须按同一速度工作,使得工作速度快的物理个体的效率低;且当远距离传输时,同步时钟容易发生变形,可能造成传输错误,从而兼容性差。所以同步总线适用于近距离、工作速度相当的物理个体之间传输数据,内部总线和系统总线一般采用同步总线。

(2) 异步总线。

互连的物理个体采用握手性的应答信号来确定与传输信息有关的操作时序,以完成相互间信息交换的总线则属于异步总线。由于异步总线的操作时序不固定,从而控制较复杂、传输速度也较慢。但所有物理个体均按自身速度工作,使得各物理个体的工作效率高;且不存在同步时钟变形的问题,从而兼容性好。所以异步总线适用于远距离、工作速度差别大的物理个体之间的传输数据,外部总线一般采用异步总线。

4. 从互连个体数量来看

从互连物理个体数量是否为两个以上来看,总线可分为专用总线和公用总线等两种类型。

(1) 专用总线。

对于全互连中的专用传输线束,为实现物理个体兼容而加以规范标准化,仅能用于特定两个个体之间互连的总线则属于专用总线。若某整体包含 N 个物理个体,则需要 $N(N-1)/2$ 束专用总线。最典型的专用总线是用于处理器与存储器互连的存储总线。

专用总线具有控制简单、带宽高、利用率低等特点。

（2）公用总线。

一般意义的总线则属于公用总线。

3.1.3 总线的特性与性能指标

1. 总线的特性

总线实质是在对多个物理个体传输特性进行综合规范的基础上，提出的一个信息传输标准。总线作为物理个体传输信息的标准，需要从物理连接、传输信号的逻辑与时序等方面进行规范，才能保证物理个体之间信息交换准确无误。总线需要规范的内容则构成总线的特性。

（1）物理特性。

物理特性又称为机械特性，它是对物理个体之间进行物理连接的定义规范，主要包括线束的类型与数量及排列顺序、接插件的几何形状与尺寸等要素。

（2）功能特性。

功能特性是对线束中每根线传输信号种类与编码位号的定义规范，如系统总线中某根线用于传输地址码中的哪一位等。

（3）电气特性。

电气特性是对线束中每根线传输信号传送方向与有效电平范围的定义规范，如系统总线中任何一根地址线都是单向的，且由源节点到目的节点，高电位为12mV～18mV，表示"1"。

（4）时间特性。

时间特性是对线束中每根线传输信号有效性时间的定义规范，即规定总线上各传输信号有效的时序关系。如 CPU 对主存储器读，则系统总线中地址信息在整个读周期应有效，在地址信息有效后经过读出时间，数据信息才稳定地输出。

2. 总线的性能指标

度量总线性能的指标主要有以下四种。

（1）总线宽度。

总线宽度是指总线线束的线数，它决定总线所占的物理空间和成本。对于系统总线，地址线宽度指明利用该总线能直接访问存储器的地址空间范围，数据线宽度则指明利用该总线访问存储器一次时所能交换的二进制位数。

（2）总线周期。

总线周期又称为总线传输周期，它是指完成一次数据传输操作所需要的时间，单位一般为时钟周期（T）。

（3）总线带宽。

总线带宽是指单位时间内通过总线传送数据的最大二进制位数（最大传输率），单位一般为每秒字节（B/S），计算式为：

$$B = W \times f / N$$

其中：B 为总线带宽，W 为总线数据宽度（B），f 为总线时钟频率，N 为总线周期。

（4）总线负载。

总线负载是指在保证信息交换准确无误的前提下，可以连接于总线的最大物理个体数。大多数总线的负载能力是有限的。

例 3.1 设某 32 位总线的时钟频率为 100MHz，数据宽度为一个字，传输周期为 2 个时钟周期，问：

（1）该总线数据传输率为多少？

（2）若仅将总线数据宽度增加到 64 位，该总线数据传输率又为多少？

（3）若仅将总线时钟频率增加到 200MHz，该总线数据传输率又为多少？

解：（1）由题可知：W＝32b＝4B，f＝100MHz，N＝2T，根据总线数据传输率的计算式，则有：B＝4B×100MHz/2T＝200MB/S。

（2）由题可知：W＝64b＝8B，其余不变，同（1）有：B＝8B×100MHz/2T＝400MB/S。

（3）由题可知：f＝200MHz，其余不变，同（1）有：B＝4B×200MHz/2T＝400MB/S。

3.1.4 总线事务与数据传送方式

1. 总线事务及其类型

物理个体之间一次信息交换包含若干操作，通常把物理个体之间一次信息交换中的所有操作总和称为总线事务。根据一次信息交换过程是否包含数据信号传送，总线事务可分为非数据的和数据的等两种类型。非数据总线事务仅包含控制和地址信号传送，如中断响应、DMA 响应、主存储器刷新和广集（多方信息在总线上进行 AND 或 OR 运算，如多个中断源检测）等；而数据总线事务还包含数据信号传送，如主存储器读、I/O 设备写等。对于数据总线事务，根据传送原子数据的数量又可分为简单读写、复合读写、块猝发和广播写等四种类型。

（1）简单读写事务。

在一次信息交换过程中，对给定的一个地址仅传送一个原子数据的数据总线事务称为简单读写事务，其地址与数据时序如图 3-2 所示，如 CPU 对主存储器和 I/O 设备的读或写。功能部件之间的数据传送有主从之分，简单读是由从方到主方的数据传送，简单写是由主方到从方的数据传送。

图 3-2 简单读写事务地址与数据时序

（2）复合读写事务。

在一次信息交换过程中，对给定的一个地址读后写或写后读地传送多个原子数据的数据总线事务称为复合读写事务，其地址与数据时序如图 3-3 所示。读后写复合读写事务用于多道程序共享存储器的存储保护，写后读复合读写事务用于数据校验。

（3）块猝发事务。

在一次信息交换过程中，以给定的一个地址为起始地址，对连续存储单元中的数据块

| 地址 | 等待 | 数据读 | 数据写 | 读后写 | | 地址 | 数据读 | 等待 | 数据读 | 写后读 |

图 3-3 复合读写事务地址与数据时序

一个接一个地读或写的数据总线事务称为块猝发事务,其地址与数据时序如图 3-4 所示,如并行存储器的读写、直接存储访问(DMA)等。数据块一般是数据线宽度的整数倍。

图 3-4 块猝发事务地址与数据时序

(4) 广播写事务。

数据传送通常是在一个主方和一个从方之间进行,但有时也允许一个主方对多个从方进行简单写事务,这种数据总线事务称为广播写事务。显然,广播写事务不需要给定地址。

2. 数据传送方式

当若干物理个体通过某一总线来连接成一相对独立整体时,总线的数据线宽度是不变的,但需要传送数据的字长是变化的。当采用总线来传送不同字长的数据时,有的数据的所有位可以同时传送,有的数据则需要分段或分位传送。因此,把数据位分段分时传送的策略称为数据传送方式。根据总线数据线宽度与数据字长的大小关系,数据传送方式分为串行传送、并行传送和串并传送等三种类型。

(1) 串行传送。

当数据线宽度为 1 时,数据字所包含的二进制数位必须按位序一位一位地分时传送,

图 3-5 串行传送结构

这种数据传送方式称为串行传送,如图 3-5 所示。串行传送采用脉冲表示二进制数,且需要约定传输一位二进制数的时间(即位时间),即通常在位时间间隔内有脉冲则为"1",无脉冲则为"0"。如某数据字长为 8 位,接收部件在第一、第三个位时间接收到一个脉冲,其余 6 个位时间没有接收到脉冲,且低位在前、高位在后,那么接收到的二进制数是"00000101"。显然,无论被传送的数据字长为多少,串行传送的数据线均仅需一根传输线,成本较低,适用于远距离传输;但传输速度慢,如若被传送的数据字长为 N 位、位时间为 t,则传送的时间至少为 Nt。

在串行传送时,被传送数据在发送部件需要并-串转换,这称为拆卸,即发送部件应具备拆卸功能;而被传送数据在接收部件需要串-并转换,这称为装配,即接收部件应具备装配功能。

(2) 并行传送。

当数据线宽度与数据字长相等时,数据字所包含的二进制数位可以同时传送,这种数据传送方式称为并行传送,如图 3-6 所示。并行传送采用电位表示二进制数,且一般高电位为"1",低电位则为"0"。如某数据字长为 8 位,接收部件接收到的第一、第三位是高电位,其余 6 位是低电位,那么接收到的二进制数是"00000101"。显然,当被传送的数据字长为 N

图 3-6 并行传送结构

位时,并行传送的数据线需要 N 根传输线,成本较高,适用于近距离传输;但传输速度快。

(3) 并串传送。

当数据线宽度小于数据字长时,数据字所包含的二进制数位需要分段分时传送,段内位同时并行传送、段间位分时串行传送,这种数据传送方式称为并串传送。并串传送仍采用电位表示二进制数,且一般高电位为"1",低电位则为"0"。如某数据字长为 16 位,数据线宽度为 8 位,则需要把数据字分为 2 个字节,同一字节的位并行传送,字节间的位串行传送。

3.2 系统总线特性与连接结构

系统总线是计算机的骨架和数据交换的通路,用于连接计算机所包含的功能部件,它对计算机性能影响很大。那么,系统总线包含哪些传输线,功能部件之间利用系统总线进行数据交换的过程如何;不同类型信号之间的时序如何确定,串行传送时位信号如何识别;连接在系统总线上的功能部件同时需要使用总线进行数据交换,系统总线如何分配;单机系统中功能部件之间是否可以采用多束总线来连接,为什么要采用多束总线连接等等,则是本节需要讨论的问题。

3.2.1 数据交换过程与传输线分类

1. 数据交换过程

系统总线由多个功能部件所共享,当功能部件之间进行数据交换时,必须有一个功能部件发出总线使用请求,以获得总线的控制权。通常,把发出总线使用请求并负责支配控制总线的功能部件则称为主部件,而把参与本次信息交换的其他功能部件(一对一时仅一个,一对多时有多个)称为从部件。功能部件之间进行数据交换时的这种主从关系不是固定不变的,但主存储器不会主动提出信息交换请求,即仅能是从部件,处理器与 I/O 设备则可能是主部件,也可能是从部件。当主部件获得总线控制权后,则通过地址来寻求从部件,建立数据传送通路,以实现数据交换。之后,主部件释放总线控制权,转入下一个总线周期。可见,一次数据交换过程可分为 4 个阶段,属于总线时间特性定义的范畴。

(1) 请求仲裁阶段。

连接在系统总线上的任一功能部件若需要进行信息交换,则向系统总线仲裁器发出请求信号(BR)。若当前系统总线空闲,总线仲裁器则根据功能部件使用总线的优先次序,向提出总线使用请求且优先权相对高的功能部件发出允许信号(BG),使主部件获得总线控制权。

(2) 通路寻址阶段。

获得总线控制权的主部件通过系统总线发出参与本次信息交换的从部件地址信号及相关命令信号,选择电路选中从部件来建立数据传送通路,命令信号启动从部件并发出应答信号。

(3) 数据传送阶段。

主部件与从部件之间进行数据传送。

（4）释放结束阶段。

主部件与从部件撤销总线上的所有信息,主部件释放总线控制权。

特别地,总线周期包含通路寻址与数据传送两个阶段的时间。

2. 传输线分类

从信息交换过程可以看出,系统总线需要传输地址、数据和控制等三种类型的信号。因此,根据传输信号的类型,系统总线中的传输线可分为地址线、数据线和控制线,属于总线功能特性定义的范畴。

地址线用于传输主部件发出的地址信号,以实现从部件的选择。地址线通常是单向线,由主部件传送到从部件;高位选择部件,如主存储器、I/O设备;低位选择部件内的存储单元,如主存储器的存储单元、I/O设备的端口。

数据线用于传输主部件与从部件之间所需交换的数据信号。数据线通常是双向线,即数据可以由主部件发送到从部件,也可以由从部件发送到主部件。发送数据的部件称为源部件,接收数据的部件称为目的部件。当主部件为源部件时,称为输出,主部件在通路寻址阶段发出的命令为写;当主部件为目的部件时,称为输入,主部件在通路寻址阶段发出的命令为读。

控制线用于传输主部件与从部件之间的命令与状态信号,以实现相互间的控制与监视。控制线通常是单向线,可以由主部件传送到从部件,也可以由从部件传送到主部件。如 CPU 访问主存储器时,主部件 CPU 通过读/写控制线发送读或写命令到从部件主存储器,以使主存储器进行读或写操作;主存储器通过应答控制线发送应答信号到 CPU,以使 CPU 监视主存储器的读或写操作是否完成。

特别地,有时同一传输线在总线周期内,可分时传送不同类型的信号。因此,根据同一传输线是否用于分时传送不同类型的信号,系统总线中的传输线可分为专用线和复用线。专用线仅用于传送一种类型的信号,如地址线仅用于传送地址信号。复用线可分时地用于传送不同类型的信号,如常见的地址线与数据线复用,在通路寻址阶段用于传送地址信号,在数据传送阶段用于传送数据信号。

3.2.2 总线通信的定时方式

通信是总线事务中所有信号的传输过程。功能部件利用系统总线进行通信时,收发双方需要传输不同类型的信号,这些信号的有效性在时间上存在先后次序的关系。在总线通信时,不同类型信号之间时序的确定策略则是通信定时方式,其实质是一种定时协议与规则,属于总线时间特性定义的范畴。通常,总线通信的定时方式有同步、异步和半同步之分。

1. 同步定时

功能部件利用系统总线进行信息传送时,当收发部件采用统一时钟来规定不同类型信号有效性出现的时刻则称为同步定时。如图 3-7 所示的读操作同步时序共包含四个时钟,其中第一个时钟读命令与地址有效,而数据在第三个时钟有效。统一时钟可由总线控制部件发送到每一个功能部件,也可以让每个功能部件有各自的时钟发生器,但它们必须由总线控制部件发出的时钟信号来同步。

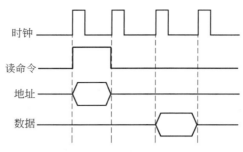

图 3-7 读操作同步时序

对于总线通信同步定时,不同信号之间的时间配合采用公用时钟,则具有较高的传输速率。但由于时钟线上的干扰信号会引起错误的同步,从而造成同步误差;且公用时钟取决于慢速部件,当功能部件之间速度差异大时,会导致总线效率低;另外,收发部件之间不知对方是否响应,可靠性较低。因此,同步定时方式适用于总线长度短、功能部件之间速度相近的系统。

2. 异步定时

功能部件利用系统总线进行信息传送时,收发部件通过请求应答式的时间标志信号来规定不同类型信号有效性出现的时刻则称为异步定时。即当一个功能部件发送出一种类型信号后,需等待接收一个确认信号来使发送的信号无效,转到下一种类型信号的发送。对于总线通信异步定时,不同信号之间的时间配合没有公用时钟和固定时间间隔,收发部件之间完全由总线操作实际时间决定的请求应答时间标志信号来控制,则具有很强的灵活性,总线效率高,可靠性也高;但由于需要传送请求应答信号,则控制较复杂,成本较高。因此,异步定时方式适用于总线长度长、功能部件之间速度差异大的系统。

系统总线中的请求与应答时间标志信号一般有就绪(RDY)、请求(REQ)和应答(ACK)等。根据请求与应答信号的建立与撤销是否相互依赖,异步定时可分为非互锁、半互锁和全互锁等三种类型。

(1)非互锁异步定时。

非互锁异步定时是指请求与应答信号的建立与撤销没有依赖关系,如图 3-8 所示。假设发送部件把数据(DATA)送到总线上,经过一定时间后又送就绪信号;接收部件收到就绪信号后,则接收数据,并发送应答信号;发送部件收到应答信号后,就撤销数据,转入下一个数据传送。显然,就绪信号的撤销与应答信号的建立无关,应答信号的撤销与就绪信号的建立无关,就绪信号与应答信号具有固定的时间宽度。非互锁异步定时实现简单,有利于提高传输速度;但无法发现错误,不能保证就绪信号与应答信号准确到达对方。如若请求与应答信号过短时,对于慢速部件容易错过;若请求与应答信号过长时,又可能影响下一次请求应答的正确性。

(2)半互锁异步定时。

半互锁异步定时是指请求与应答信号的建立与撤销存在一定的依赖关系,如图 3-9 所示。发送部件收到应答信号就撤销就绪信号,即就绪信号的撤销依赖于应答信号的建立,而接收部件应答信号的撤销与就绪信号的建立无关。半互锁异步定时解决了就绪信号有效的时间宽度,但应答信号有效的时间宽度仍是固定的。

图 3-8　非互锁异步定时　　　　　　图 3-9　半互锁异步定时

（3）全互锁异步定时。

全互锁异步定时是指请求与应答信号的建立与撤销存在完全的依赖关系,如图 3-10(a)和图 3-10(b)所示。发送部件收到应答信号就撤销就绪信号;接收部件测试到就绪信号已撤销,则撤销应答信号;而发送部件测试到应答信号已撤销,则可以再发送就绪信号。全互锁异步定时的就绪信号与应答信号有效的时间宽度,完全由通信过程的具体情况决定的,传送距离不同,就绪与应答信号有效的时间宽度也不同。由于全互锁异步定时保证了一个数据就绪信号仅能在一个应答信号结束后发出,从而极大地提高了通信的可靠性;但每次传送数据需要传输 4 个请求应答信号,控制较复杂,不利于提高传输速度。全互锁异步定时特别适用于总线长度长、功能部件之间速度差异大、总线周期可变的系统。

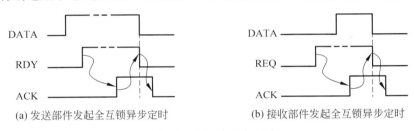

(a) 发送部件发起全互锁异步定时　　　　(b) 接收部件发起全互锁异步定时

图 3-10　全互锁异步定时

3. 半同步定时

半同步定时是将同步定时与异步定时结合在一起,既保留同步定时控制实现简单的特点,又保留异步定时对不同速度功能部件通信时总线效率与可靠性高的特点,通过设置"等待"应答信号来规定通信时序则称为半同步定时。如图 3-11 所示的读操作时序,其中引入一个等待信号(WAIT)来指示发送部件的数据是否准备就绪。当该信号无效时,则

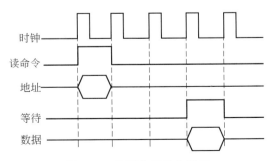

图 3-11　半同步读操作时序

插入等待周期 T_W 等待数据准备就绪,直到等待信号有效(一般为高电平),则接收部件读取总线上的数据。

例 3.2 假设某系统总线的时钟周期为 50ns,数据宽度为 32 位,每种信号传输需要一个时钟周期,存储器存储周期为 300ns,当采用同步定时方式时,从该存储器读取一个存储字时的数据传输速率为多少?

解:在同步定时方式时,存储器简单读事务的步骤及其所需时间分别为:

地址和读命令:一个时钟周期,50ns;

存储器传送数据到总线:一个存储周期,300ns;

读部件从总线读数据:一个时钟周期,50ns。

则本存储器读取一个存储字的总时间为 T = 400ns,数据传输速率为 4B/400ns = 10MB/s。

例 3.3 请画出全互锁异步定时方式下存储器的读操作时序图,并标明互锁依赖关系,其中存储器为该操作的从部件,发出读操作命令的部件为主部件。

解:在异步定时方式时,存储器简单读事务的操作时序如图 3-12 所示,具体步骤如下:

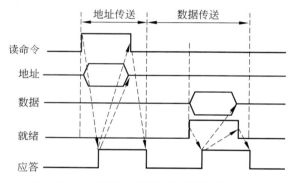

图 3-12 全互锁异步定时存储器读操作时序

(1) 主部件发出读命令信号并同时把存储器单元地址信号放在系统总线的地址线上。

(2) 存储器接收到读请求信号并读取地址线上的地址信息后,则发送应答信号,指明已接收到请求信号和地址信息。

(3) 主部件接收到应答信号后,则撤销读请求信号和地址信号。

(4) 存储器测试到读请求信号与地址信号撤销后,也撤销应答信号,表明地址传送阶段结束。

(5) 存储器准备好数据后,则把数据信号放在系统总线的数据线上,并发送就绪信号。

(6) 主部件接收到就绪信号并读取数据线上的数据信息后,则发送应答信号,指明已接收到就绪信号和数据信息。

(7) 存储器接收到应答信号后,则撤销就绪信号和数据信号。

（8）主部件测试到就绪信号与数据信号撤销后，也撤销应答信号，表明数据传送阶段结束。

3.2.3 串行传送的通信方式

对于串行传送，即是一位一位地传送二进制数的过程，被传送信息通常用 ASCII 码或 EBCDIC 码表示。当串行传送时，除需要通过规定位时间来识别位信号外，还需要通过规定的表示格式来识别字符。根据数据表示格式，串行传送可分为同步通信和异步通信等两种方式。

1. 异步通信

异步通信以包含一个字符编码的帧为单位来保证发送与接收间的同步。一个帧的二进制数是由一位起始位（低电平有效）、5~8 位数据位（次序按由低到高排列）、一位检验位（奇或偶检验，可有可无）和 1~2 位停止位（高电平有效）等字段共 8~12 位组成。若字符编码采用 ASCII 码，则数据位为 7 位，停止位选用一位，加上一位校验位、一位起始位，则一个字符帧为 10 位二进制数，字符串及字符帧格式如图 3-13 所示。由此，可以一帧接一帧地串行传送字符帧。

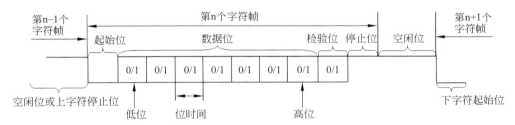

图 3-13 异步通信字符串及字符帧格式

波特率（Baud）是衡量异步通信传输速率的指标，它是指每秒传送二进制数的位数，与位时间是倒数的关系。若位时间为 15 个时钟周期，当发送与接收双方按规定的帧格式和波特率进行串行传送异步通信时，接收方一直监视数据线上的电位（一定是高电平）；当发现数据线上电位变为低电平时，则隔 8 个时钟周期查看数据线上电位是否仍为低电平。若仍为低电平，则说明当前位为起始位，后续则隔 15 个时钟周期检测数据线上电位，高电平则对应位为"1"、低电平对应位为"0"，直至该帧所有位接收完毕，转入下一字符帧接收；若不为低电平，则认为是干扰信号，继续监视数据线上的电位（一定是高电平）。

2. 同步通信

在异步通信中，每帧需要起始位和停止位来作为字符编码的开始与结束，占用了一定的时间，降低了传输效率。为去掉起始与停止标志位，则在字符串（即数据块）前加上 1~2 个规定的"同步字符"，采用同步通信方式进行串行传送，其字符串格式如图 3-14 所示。

图 3-14 同步通信字符串格式

当发送与接收双方按规定字符串格式和波特率进行串行传送同步通信时,发送方在发送字符串数据前,需要先发送同步字符;接收方在接收到同步字符后,就以与发送方相同的时钟来接收数据块,从而达到快速数据传送的目的。同步通信速度高于异步通信速度,但要求用时钟来实现发送方与接收方之间的同步,故硬件结构较为复杂。

例 3.4 假如串行传送异步通信的传输速率是 120 字符/秒,而每个字符帧为 10 位,那么数据传送的波特率和位时间各为多少?

解: 每秒传送二进制数即波特率为:10b/字符×120 字符/s=1200b/s=1200 Baud。位时间与波特率互为倒数,则位时间为:(1/1200)s=0.833ms。

3.2.4 总线仲裁及其仲裁方法

1. 总线仲裁及其方法

系统总线是由多个功能部件所共享,这样就可能出现多个主部件同时申请使用总线的情况;而多个功能部件所共享的系统总线,同一时刻仅允许一个主部件获取总线使用权来使用总线。因此,为了解决多个主部件同时竞争总线使用权,必须设置总线分配控制部件,以某种方法选择其中一个主部件来取得总线使用权。当出现多个主部件同时竞争使用总线时,将总线使用权分配于一个主部件的选择机制称为总线仲裁,而实现总线仲裁的逻辑电路则是总线控制器或总线仲裁器。

总线仲裁的基本任务是形成竞争总线使用权的多个主部件的优先次序,影响总线使用权优先次序的主要因素是公平性和紧迫性,也应考虑仲裁复杂性、总线利用率、仲裁时间等。根据总线仲裁器配置策略不同,总线仲裁可分为集中式仲裁和分布式仲裁。集中式仲裁是将总线控制逻辑和竞争总线使用权的多个主部件的请求信号集中在一起,通过一定算法形成总线使用权的优先次序;它具有仲裁时间短、总线利用率高、易于满足紧迫性等特点,适用于总线所连接功能部件的物理位置相距比较近的系统。分布式仲裁是将总线控制逻辑分散在总线所连接功能部件上,各功能部件通过一定算法来决定本身是否占用总线;它具有仲裁简单、易于满足公平性等特点,适用于总线所连接功能部件的物理位置相距比较远的系统。

2. 集中式仲裁

集中式仲裁配有一个总线仲裁器,对于微小型计算机一般采用集中式仲裁,且总线仲裁器通常集成在处理器上。集中式仲裁主要有串行链接、计数查询和独立请求等三种方式。

(1) 串行链接。

在串行链接方式中,用于总线仲裁的控制线共有三根,一根总线请求信号线(BR,一般是高电平有效),用于把各功能部件的总线请求信号共用该线传送到总线仲裁器;一根总线允许信号线(BG,一般是高电平有效),用于把总线仲裁器的总线允许信号共用该线传送到各功能部件;一根总线忙信号线(BS,一般是高电平有效),用于指示当前总线已被占用,总线仲裁器与功能部件之间的连接如图 3-15 所示。总线仲裁过程为:①当存在功能部件需要数据交换时,该功能部件则通过总线请求信号线向总线仲裁器发送请求信号,指示申请总线使用权;②当总线仲裁器接收到总线请求信号,则测试总线忙信号线上的信号以检查总线是否忙；③若总线不忙，总线仲裁器则通过总线允许信号线向功能部件发送允许信号，且串行地由一个功能部件传送到下一个功能部件，指示总线可以使用，若总线忙，总线仲裁器继续测试总线忙信号线上的信号，直到总线不忙为止；④由总线仲裁器发出的允许信号，若到达的功能部件有总线请求，则该部件获得总线使用权，允许信号不再沿总线允许信号线往下一功能部件传递，并清自身总线请求信号、置总线忙信号，进入总线周期；⑤总线周期结束时，则释放总线的功能部件清总线忙信号，总线仲裁器清总线允许信号，转入下一次总线仲裁。

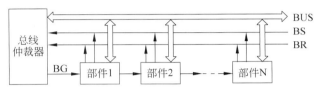

图 3-15　串行链接仲裁的连接结构

对于串行链接方式，其优点为：仲裁控制线少、结构简单、扩展容易。而缺点在于：①优先级固定且改变困难，优先级完全取决于询问链电路，越靠近总线仲裁器的功能部件优先级越高，使得远离总线仲裁器的功能部件可能长期得不到总线使用权；②询问链电路故障敏感，当某部件一旦出现故障，其后的所有部件不能进行工作；③仲裁速度较慢。因此，串行链接集中式仲裁方式适用于规模小的系统。

（2）计数查询。

在计数查询方式中，用于总线仲裁的控制线共有（⌈logN⌉+2）根，总线请求信号线和总线忙信号线各一根，传送的信号与串行链接方式相同；另外还需要⌈logN⌉根功能部件地址信号线，用于指示当前查询是否需要使用总线的功能部件的地址，总线仲裁器与功能部件之间的连接如图 3-16 所示。总线仲裁过程为：①当存在功能部件需要数据交换时，该功能部件则通过总线请求信号线向总线仲裁器发送请求信号，指示申请总线使用权；②当总线仲裁器接收到总线请求信号，则测试总线忙信号线上的信号以检查总线是否忙；③若总线不忙，总线仲裁器则通过功能部件地址信号线把计数器值（即是功能部件地址信号）发送到功能部件，指示总线可以使用，若总线忙，总线仲裁器继续测试总线忙信号线上的信号，直到总线不忙为止；④由总线仲裁器发出计数器值，若功能部件有总线请求，则均接收计数器值并与自身地址比较；⑤若某功能部件比较是相等的（可能有多个功能部件进行了比较，但仅有一个功能部件比较是相等的），则清自身总线请求信号、置总线忙信号，进入总线周期，若没有功能部件比较是相等的，总线仲裁器中的计数器加 1，转回到④；⑥总线周期结束时，则释放总线的功能部件清总线忙信号，转入下一次总线仲裁。

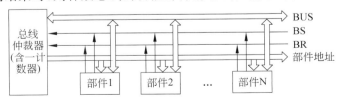

图 3-16　计数查询仲裁的连接结构

显然,计数查询方式中的部件地址信号线,代替了串行链接方式中的总线允许信号线。总线仲裁器中包含一个计数器,通过循环计数生成功能部件的地址,初始值由程序设置。每个功能部件均包含一个地址判别电路,用于判断部件地址线上的计数值是否与自身地址相一致。

对于计数查询方式,其优点为:①优先级循环改变,本次仲裁获得总线使用权的功能部件,在后续仲裁中优先级变为最低;②单点故障不敏感,当某部件出现故障时,并不会影响其他部件的正常工作。而缺点在于:①仲裁速度很慢,每次仲裁都需要通过发送一定次数的地址来询问;②扩展有限且难度较大,总线所能连接的部件数量,受到部件地址信号线线数限制,连接线也较多。因此,计数查询集中式仲裁方式适用于规模较稳定的系统。

(3) 独立请求。

在独立请求方式中,用于总线仲裁的控制线共有 2N 根,其中总线请求信号线 N 根,一个功能部件一根,用于把各功能部件总线请求信号分线传送到总线仲裁器;总线允许信号线 N 根,一个功能部件一根,用于把总线仲裁器的总线允许信号分线传送到各功能部件,总线仲裁器与功能部件之间的连接如图 3-17 所示。总线仲裁过程为:①当存在功能部件需要数据交换时,该功能部件则通过自身的总线请求信号线向总线仲裁器发送请求信号,指示自身申请总线使用权;②当总线仲裁器接收到总线请求信号(可能一个也可能多个总线请求信号有效),则测试所有总线允许信号分线上的信号(可能一个也可能没有总线允许信号有效)以检查总线是否忙;③若总线不忙,总线仲裁器则对当前接收到的总线请求信号进行排队,形成总线使用权的优先次序,并通过总线允许信号线向优先级最高的功能部件发送允许信号,指示总线可以使用,若总线忙,总线仲裁器继续测试所有总线允许信号分线上的信号,直到总线不忙为止;④接收到总线允许信号的功能部件(一定存在总线请求)则清自身总线请求信号,进入总线周期;⑤总线周期结束时,总线仲裁器清有效的总线允许信号,转入下一次总线仲裁。

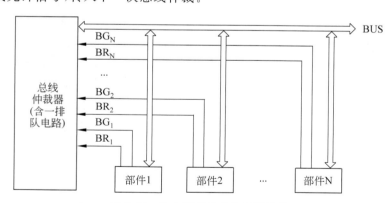

图 3-17 独立请求仲裁的连接结构

独立请求方式中各功能部件均有自身的总线请求信号线和总线允许信号线,总线仲裁器知道有哪些部件参与本次竞争总线使用权,也可以单独通知具有总线使用权的部件去占用总线。总线仲裁器中包含一个排队电路,来判别本次仲裁由哪一个部件获得总线使用权。

对于独立请求方式,其优点为:①优先级改变灵活,既可以预先固定,也可以综合各种影响总线使用权优先次序的因素通过程序来改变,还可以屏蔽某功能部件的请求而禁止其使用总线;②单点故障不敏感,当某部件出现故障时,并不会影响其他部件的正常工作;③仲裁速度快,不需要逐个部件地询问。而缺点在于:①扩展有限且难度较大,总线所能连接的部件数量,受到仲裁控制线线数限制,连接线也较多;②总线仲裁器结构较复杂、仲裁控制线多。因此,独立请求集中式仲裁方式应用广泛。

3. 分布式仲裁

分布式仲裁不需要配置总线仲裁器,各功能部件自行决定在竞争总线使用权的功能部件中是否具有最高优先级,它主要有自举分散、冲突检测和并行竞争等三种方式。

(1) 自举分散。

在自举分散方式中,用于总线仲裁的控制线共有 N 根,其中总线忙信号线(BS)一根,(N−1)根总线请求信号线 BR_{N-2},BR_{N-3},…,BR_0 分别对应部件 N−2、部件 N−3,…,部件 0,其作用与串行链接方式相同,功能部件之间的连接如图 3-18 所示。总线仲裁过程为:①当存在功能部件需要数据交换时,该功能部件则测试总线忙信号线上的信号以检查总线是否忙;②若总线不忙,功能部件通过自身总线请求信号线发送请求信号,并读取比自身优先级高的总线请求信号线上的请求信号;③如果没有发现请求信号,则立即置总线忙信号,以阻止比自身优先级高的功能部件发送总线请求信号,进入总线周期,如果发现请求信号,则转回到①,直到没有发现请求信号为止;④若总线忙,也转回到①,直到总线不忙为止;⑤总线周期结束时,则释放总线的功能部件,清总线忙信号和自身的总线请求信号,转入下一次总线仲裁。

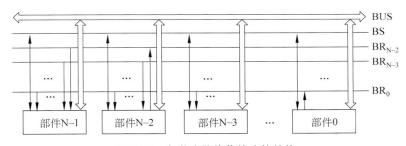

图 3-18 自举分散仲裁的连接结构

部件 N−1 没有总线请求信号线,即它不可能阻止其他功能部件发送总线请求信号;部件 0 不需要读取任何功能部件的总线请求信号,即其他功能部件不可能阻止它发送总线请求信号。分别需要读取 N−1、N−2、N−3、……、1 个功能部件的总线请求信号,即分别有 N−2、N−3、……、1 个功能部件阻止它发送总线请求信号。可见,自举分散仲裁是固定优先级的,读取的总线请求信号越多,优先级越低,优先级由低到高依次为部件 N−1、部件 N−2、部件 N−3、……、部件 0。

对于自举分散方式,其优点为:结构简单、仲裁速度快,缺点在于:优先级固定、扩展有限且难度较大。总线所能连接功能部件的数量,受到总线仲裁控制线线数限制;扩展时,所有功能部件的连线均需要改变。

(2) 冲突检测。

在冲突检测方式中,用于总线仲裁的控制线共有 N+1 根,其中总线忙信号线(BS)一根,N 根总线请求信号线 BR_N、BR_{N-1}、……、BR_1 分别对应部件 N、部件 N-1、……、部件 1,其作用与自举分散方式相同,功能部件之间的连接也与自举分散方式类同。总线仲裁过程为:①当存在功能部件需要数据交换时,该功能部件则测试总线忙信号线上的信号以检查总线是否忙;②若总线不忙,功能部件通过自身总线请求信号线发送请求信号,并读取除自身外的总线请求信号线上的请求信号;③如果没有发现请求信号,则立即置总线忙信号,以阻止其他功能部件发送总线请求信号,进入总线周期,如果发现请求信号,则撤销总线请求信号,延迟退让一定时间后转回到①,直到没有发现请求信号为止;④若总线忙,也转回到①,直到总线不忙为止;⑤总线周期结束时,则释放总线的功能部件清总线忙信号和自身的总线请求信号,转入下一次总线仲裁。

对于冲突检测方式,其优点为:结构简单、优先级由延迟退让时间决定而随机改变,缺点在于:仲裁速度慢、扩展有限。

(3) 并行竞争。

在并行竞争方式中,用于总线仲裁的控制线共有(⌈logN⌉+1)根,功能部件之间的连接如图 3-19 所示。其中 ⌈logN⌉ 根权值信号线,用于传送所有功能部件预先设定的仲裁号;一根竞争信号线,用于控制仲裁号逐位比较(高电平有效)。并行竞争仲裁的原理为:当功能部件有总线请求时,便把自身唯一的仲裁号发送到共享的权值信号线上;功能部件将从权值信号线上得到的权值与自身权值进行比较,如果权值信号线上的权值大,则撤销自身的仲裁号,本次竞争失败;如果权值信号线上的权值小,仲裁号保留在权值信号线上。

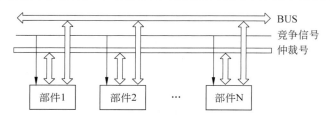

图 3-19 并行竞争仲裁的连接结构

显然,所有功能部件均配有一个仲裁号逐位比较的逻辑电路,包含 8 个功能部件的结构原理如图 3-20 所示,$b_{j2} b_{j1} b_{j0}$ 为 j 功能部件的仲裁号,j=1,2,…,8。仲裁号逐位比较的逻辑为:

① 若权值线 i 为低电平,则至少有一个请求部件的 b_{ji} 为 1;若权值线 i 为高电平,则所有请求部件的 b_{ji} 为 0。

② 请求总线使用权的功能部件仲裁号 $b_{j2} b_{j1} b_{j0}$ 取反后发送到权值线上,权值线则实现逻辑"线与"。

③ 总线仲裁时,从最高位至最低位以串行链式方式对权值信号线上的权值与请求部件权值各自逐位比较,位得胜者(请求部件的 b_{ij} 均为 0,则第 i 位均得胜,请求部件的 b_{ij} 不全为 0,则 b_{ij} 为 1 的第 i 位得胜)则传递信号 W_{ji} 为 1。

④ 当 $b_{ji}=1$ 或 $b_{ji}=0$ 且权值线 i=1 时,才使 $W_{ji}=1$;若 $W_{ji}=0$ 时,将向下传递,使后

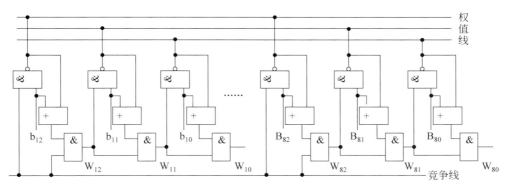

图 3-20　仲裁号逐位比较的结构原理

续的低位不能送往权值线。

⑤ 逐位比较是自动反复的过程，足够时间可得到稳定的仲裁结果。

对于并行竞争方式，其优点为：仲裁控制线少、通过程序可动态修改仲裁号而改变功能部件的优先级（仲裁号越大，优先级越高），缺点在于：结构复杂、仲裁速度慢、扩展有限。

3.2.5　单机系统的连接方式

对于单处理器计算机，系统总线的结构配置及其功能部件之间的连接方式，对信息传输效率和计算机性能有很大影响。根据功能部件之间的连接方式不同，单机系统的总线结构可分为单总线、双总线、三总线和高性能总线等四种类型。

1. 单总线结构连接

对于单处理器计算机，当使用一束系统总线来连接 CPU、主存和 I/O 设备等功能部件时，则该计算机为单总线结构的或单总线连接的，如图 3-21 所示。显然，在单总线结构的计算机中，功能部件之间必须快速地进行信息交换，以使其他功能部件需要使用总线时，可尽早地获得总线使用权；当信息交换结束时，还能迅速放弃总线使用权；否则，由于总线的分时共享，导致时间延迟大。另外，不仅 CPU 可以与主存储器、I/O 设备进行数据交换，而且主存储器与 I/O 设备之间、I/O 设备之间也可以进行数据交换；通常还把 CPU 与 I/O 设备之间的数据交换称为输入输出，把主存储器与 I/O 设备之间的数据交换称为直接存储访问（DMA）。

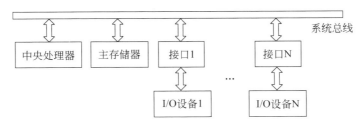

图 3-21　单总线连接的计算机结构

对于单总线结构，其优点为：结构简单、扩展容易，缺点在于：总线负载重、系统通信带宽受制于总线传输速率、高速部件的性能难以得到充分发挥。因此，单总线结构仅适用于性能要求不高的小微型计算机。为提高计算机性能,便通过增配专用总线,把高速部件与慢速部件分离,提出了双总线、三总线和高性能总线等结构连接方式。

2. 双总线结构连接

对于单处理器计算机,当使用一束系统总线和一束专用总线来连接 CPU、主存和 I/O 设备等功能部件时,则该计算机为双总线结构的或双总线连接的。根据增配的专用总线不同,双总线结构又分为主存为中心的和采用通道的两种形式。

主存为中心双总线结构增配存储总线,把高速主存从系统总线分离出来,使得慢速 I/O 设备不会影响高速 CPU 的性能发挥,对应的计算机结构如图 3-22 所示。在主存为中心双总线结构中,CPU 通过存储总线来访问主存储器,而对 I/O 设备的访问则通过系统总线。另外,CPU 与主存之间和 I/O 设备之间的数据交换可以并行,当主存储器采用双端口时,CPU 与主存之间和主存储器与 I/O 设备之间的数据交换也可以并行。因此,对于主存为中心双总线结构,它仍保持单总线结构扩展容易的优点,还具有减轻系统总线负载、提高系统通信带宽、CPU 工作效率较高的特点。

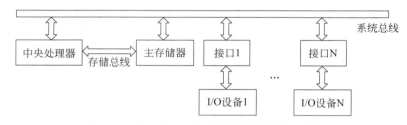

图 3-22 主存为中心双总线连接的计算机结构

采用通道双总线结构增配 I/O 总线,把慢速 I/O 设备从系统总线分离出来,不仅使得慢速 I/O 设备不会影响到高速 CPU 的性能发挥,还可减轻 CPU 直接控制输入输出的负担,对应的计算机结构如图 3-23 所示。在采用通道双总线结构中,所有的 I/O 设备连接在 I/O 总线上,通过通道(具有输入输出的特殊处理机,在第 7 章讲述)与系统总线连接。因此,采用通道双总线结构与主存为中心双总线结构具有完全相同的特点,均适用于性能要求较高的中小型计算机。

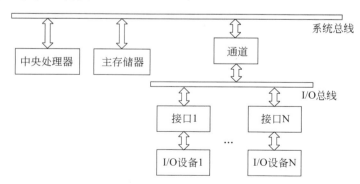

图 3-23 采用通道双总线连接的计算机结构

3. 三总线结构连接

对于单处理器计算机,当使用一束系统总线和两束专用总线来连接 CPU、主存和 I/O 设备等功能部件时,则该计算机为三总线结构的或三总线连接的。根据增配的专用总线不同,三总线结构仍分为主存为中心的和采用通道的两种形式。

对于采用通道双总线结构,虽然通过增配 I/O 总线把慢速 I/O 设备从系统总线分离出来,但在主存储器与通道进行数据交换时,仍然会影响到 CPU 对主存的访问和 CPU 的性能发挥,便再增配存储总线而构成采用通道三总线结构,对应的计算机结构如图 3-24 所示。在采用通道三总线结构中,存储总线用于 CPU 与主存之间的数据交换,I/O 总线用于 I/O 设备之间的数据交换,系统总线用于通道与 CPU 和主存储器之间的数据交换,从而可极大地提高系统通信带宽。因此,采用通道三总线结构适用于性能要求高的大中型计算机。

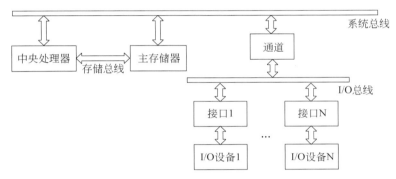

图 3-24 采用通道三总线连接的计算机结构

对于主存为中心双总线结构,虽然通过增配存储总线把高速主存从系统总线分离出来,但往往 I/O 设备的速度差异很大,那么慢速 I/O 设备势必影响快速 I/O 设备的性能发挥,便再增配 DMA 总线而构成主存为中心三总线结构,对应的计算机结构如图 3-25 所示。在主存为中心三总线结构中,存储总线用于 CPU 与主存之间的数据交换,系统总线用于 CPU 与慢速 I/O 设备之间和慢速 I/O 设备之间的数据交换,DMA 总线用于快速 I/O 设备与主存储器之间的数据交换,也可极大地提高系统通信带宽。因此,主存为中心三总线结构也适用于性能要求高的大中型计算机。

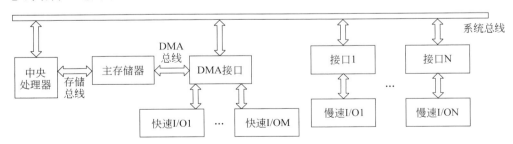

图 3-25 主存为中心三总线连接的计算机结构

4. 高性能总线结构连接

提高计算机并行处理能力和性能的根本途径是改进计算机体系结构。随着计算机体系结构的变化（如多核多层存储、高速缓存集成于 CPU 中等）和大量高速 I/O 设备的使用（如高速视频图像设备、高速网络等），总线结构连接的通信带宽也在不断提高。总线结构连接的发展趋势有：①分层次组织多束总线于一体，不同层次总线之间采用所谓桥的控制电路来连接与缓冲；②将 I/O 设备与主存储器之间的通信从处理器的操作控制分中分离出来；③高速 I/O 靠近 CPU，慢速 I/O 远离 CPU。

3.3 系统总线 I/O 接口

当 I/O 设备挂接于系统总线时，由于系统总线与 I/O 设备的特性差异很大，都必须通过接口来弥补。那么，什么是 I/O 接口，I/O 接口一般有哪些类型，需要哪些功能，结构模型如何等等，则是本节需要讨论的问题。

3.3.1 I/O 接口及其分类

1. I/O 接口的概念

在一般情况下，一台计算机所包含的两个不同功能部件之间不可能直接相连，需要利用具有特定功能的逻辑电路才能连接在一起。因此，把用于连接两个不同功能部件的具有特定功能的逻辑电路称为接口电路，简称为接口。由于 CPU、主存储器和高速缓存等部件都是数字式的微电子产品，各种特性差异不大，它们之间连接时，所需要的接口电路很简单。而 I/O 设备与主机中的 CPU、主存储器等部件连接时，所需要的接口电路极为复杂。其原因在于：I/O 设备一般是机电产品，它与主机中的 CPU、主存储器等特性差异极大，如传输速度、信号电平、数据格式、操作时序等，需要接口电路来补偿匹配。所以通常讲的接口，往往特指 I/O 接口，如图 1-4 所示。

对于单处理器计算机，其所包含的功能部件是通过系统总线来连接的，相互之间并不直接连接，而是连接在总线上，I/O 设备也不例外。而系统总线的特性规范的依据是 CPU 的引脚线，可以认为系统总线是 CPU 引脚线的延伸，即系统总线的特性与 CPU 引脚线的特性相似。显然，I/O 设备的特性与系统总线的特性差异很大，当 I/O 设备连接于系统总线时，所需要的接口电路也很复杂。因此，I/O 接口实质是总线 I/O 接口，所谓总线 I/O 接口是指把 I/O 设备连接于总线时，所需要的具有特定功能的逻辑电路，如图 1-7 所示。

特别地，对于总线 I/O 接口，一侧以并行传送方式连接于系统总线上，且仅能是一种总线；另一侧以串行或并行（一般是串行）传送方式连接 I/O 设备，但其按总线规定的数据传送控制方法标准化后，可能连接一个 I/O 设备，也可能连接多个 I/O 设备，还可能连接任何 I/O 设备，即标准化的总线 I/O 接口，对部分或所有的 I/O 设备是兼容的，并能一起正确地工作。因此，I/O 接口又称为 I/O"适配器"。

2. I/O 接口的分类

I/O 接口作为 I/O 设备的"适配器"，一侧与 I/O 设备连接；由于 I/O 设备繁杂多样，则 I/O 接口在功能上有强有弱，在组成上有繁有简，在适用性上有广有窄，即 I/O 接口从不同角度有不同的分类,主要可以按数据传送方式、应用灵活性和 I/O 控制方式等方面进行分类。

(1) 按数据传送方式分类。

由于 I/O 接口与 I/O 设备连接一侧的数据传送方式可以是串行也可以是并行。因此,按 I/O 接口与 I/O 设备之间的数据传送方式,I/O 接口可分为串行接口和并行接口。

当 I/O 接口与 I/O 设备之间采用串行传送时,则该接口为串行接口,如远程终端、鼠标。串行接口具有数据传送速度慢、传送距离长的特点。当 I/O 接口与 I/O 设备之间采用并行传送时,则该接口为并行接口,如显示器、打印机等。并行接口具有数据传送速度快、传送距离短的特点。

(2) 按应用灵活性分类。

功能相对强的 I/O 接口一般有两种形式,一是将所需要的接口芯片组织于一块功能板上的 I/O 接口板,二是将所需要的接口芯片集成于一块芯片上的 I/O 接口芯片。无论是哪一种形式,I/O 接口电路是由许多功能相对简单的接口芯片(芯片组)组成,而这些接口芯片有可编程和不可编程之分。可编程接口芯片是指用户可通过程序指令来动态定义其工作方式,以实现不同功能的接口芯片,如 8251、8255 等;不可编程接口芯片是指结构简单、功能固定且单一的接口芯片,如数据锁存器 74LS373、数据缓冲器 74LS245 等。因此,按 I/O 接口所采用的接口芯片是否可编程来分,I/O 接口可分为可编程接口和不可编程接口。

当 I/O 接口中的芯片组包含可编程接口芯片时,则该接口为可编程接口;可编程接口具有结构复杂、功能强、适用范围广等特点。当 I/O 接口中的芯片组不包含可编程接口芯片时,则该接口为不可编程接口;不可编程接口一般具有结构简单、功能弱、适用范围小等特点。

(3) 按 I/O 控制方式分类。

按 I/O 接口所适用的输入输出控制方式来分,I/O 接口可分为直接传送接口、程序查询接口、程序中断接口、DMA 接口和通道接口等(见第 7 章)。

另外,还可以按通信定时方式来分,I/O 接口可分为同步接口和异步接口;按适用范围来分,I/O 接口可分为通用接口和专用接口。

3.3.2 I/O 接口的功能与结构模型

1. I/O 接口的功能

接口是动态连接的两个功能部件之间进行数据交换的桥梁,起着"转换器"的作用,以弥补匹配两个功能部件之间特性上的差异。通常说来,I/O 接口除必须具备数据输入与输出的基本功能外,一般还需具备以下五个方面的功能。

(1) 译码寻址。

数据交换一般是按地址单元进行的。接口需要能接收来自总线的地址信息,通过译码电路,选择相应的 I/O 设备及其中的某个寄存器(即端口)。

(2) 速度匹配。

由于功能部件之间速度上有快慢,接口应是 I/O 设备与 CPU、主存储器、其他 I/O 设备等部件之间进行信息交换的缓冲器,以补偿匹配速度差异。

（3）信息转换。

主机与各种 I/O 设备存储与处理的信息格式不同,如从传送方式上有串行与并行之分,从编码方法上有二进制、ASCII、BCD 等;另外,I/O 设备上的信号电平与总线上的也可能不同。当某一 I/O 设备与其他功能部件进行信息交换时,需要接口实现信息格式与逻辑电平的转换。

（4）命令控制。

I/O 设备的工作一般受制于 CPU,接收 CPU 的命令来进行动作,如启动、停止、读、写等。通过总线传送到 I/O 设备的 CPU 命令,需要接口来接收与存储、解释与控制。

（5）状态监视。

I/O 设备的状态往往是 CPU 向 I/O 设备发送命令和进行数据交换的依据,如就绪、忙、错误、停止等,从而需要接口来收集 I/O 设备状态,并保存状态信息。

而对于某些功能强的 I/O 接口,还具备数据整理(如修改字计数器、主存地址寄存器等)、辅助中断(如根据 I/O 设备状态向 CPU 发送中断请求信号、接收来自 CPU 的中断允许信号等)、时序控制和数据检错纠错等功能。

2. I/O 接口的结构模型

从 I/O 接口的功能可以看出,I/O 设备除需要与其他功能部件进行数据交换外,还需要接收 CPU 的控制信息和向其他功能部件发送状态信息,即某 I/O 设备与其他功能部件交换的信息可分为数据信息、控制信息和状态信息等三种类型。当 I/O 设备与其他功能部件交换这三种信息时,均需要在 I/O 接口中缓存,以补偿匹配速度差异,而缓存是通过寄存器实现的。可见,I/O 接口中通常需要配置数据寄存器、控制寄存器和状态寄存器,其中控制寄存器是只写的,状态寄存器是只读的,数据寄存器是可读可写的。另外,还需要配置译码控制电路、数据转换逻辑和 I/O 设备控制逻辑等,I/O 接口的结构模型如图 3-26 所示。

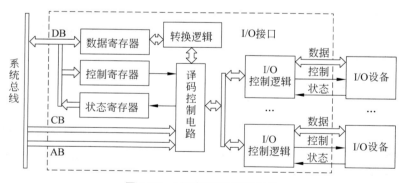

图 3-26　I/O 接口的结构模型

因此,I/O 接口一般包括:①若干端口寄存器,用于缓冲数据字、控制字和状态字;②译码控制电路,用于选择 I/O 设备及其端口和控制信息传送方向;③数据转换逻辑,用于对数据进行格式与串并的转换;④I/O 控制逻辑,用于对信号进行电平变换和对控制 I/O 设备的动作。当然,由于 I/O 接口的功能差异很大,其结构有简单的,也有复杂的,对于复杂的 I/O 接口还含有中断逻辑、数据检错纠错电路、时序信号发生器、计数器等。

3．I/O 端口及其编址

任何 I/O 接口,通常均含有许多寄存器,其中大部分 CPU 是可以访问的。为与 CPU 中的寄存器相区别,通常把 I/O 接口中 CPU 可以访问的寄存器称为 I/O 端口。显然,I/O 接口中的端口有数据端口、控制端口和状态端口之分。

CPU 对 I/O 端口的访问是按地址访问的,所以必须对 I/O 端口进行编址,而 CPU 中的通用寄存器和主存储器中的存储单元也需要编址。但由于通用寄存器使用频繁、数量少,一般是独立编址;若与主存储器或 I/O 端口统一编址,由于主存单元或 I/O 端口的数量多,必然使通用寄存器编号的二进制数位长,导致指令字长变长。而主存储器单元与 I/O 端口之间,则可以独立编址,也可以统一编址,I/O 端口的编址方式有两种：独立编址和统一编址。

（1）统一编址。

统一编址即是 I/O 端口与主存单元一起编址,它是指 I/O 端口地址与主存单元地址在逻辑上属于同一个地址空间。显然,通过指令中操作数的地址则可区分出是主存储器还是 I/O 设备。因此,对于统一编址,不需要设置输入输出指令,即用于访问主存储器的指令,也可以用于访问 I/O 设备,指令系统简单;但 I/O 端口会占用一部分主存储器空间,访问 I/O 端口指令的地址码长。

（2）独立编址。

独立编址即是 I/O 端口与主存单元分开编址,它是指 I/O 端口地址与主存单元地址在逻辑上各有自己的地址空间。这时,通过指令中操作数的地址无法区分是主存储器还是 I/O 设备,只有通过指令中操作码来区分。因此,对于独立编址,需要设置输入输出指令,即访问主存储器与访问 I/O 设备的指令是不同的,指令系统较复杂;但 I/O 端口不会占用一部分主存储器空间,访问 I/O 端口指令的地址码较短。特别是,当独立编址时,CPU 会提供访存控制信号($\overline{\text{MREQ}}$,低电平访问主存,高电平访问 I/O),以区分是对主存储器访问还是对 I/O 设备访问。

3.3.3　串行接口

1．串行接口的组成结构

由于串行接口与 I/O 设备之间的数据传送是串行的,而串行传送时,位时间控制与数据检错是串行接口必然的特性。因此,串行接口除一定包含串并和并串转换逻辑之外,还需要配置时序发生器和数据检错纠错电路,有的还配有中断逻辑。串行接口的组成结构如图 3-27 所示,其中接收器配有输入格式转换与数据检验电路,发送器配有输出格式转换与数据检验电路。

对于串行接口,其一侧可以连接多台 I/O 设备,即有多个 I/O 设备口,这些口一般是单向的,非入即出、非出即入。而各 I/O 设备口的通路一般是分开的,但也可以不分开。当输入与输出通路分开时,数据寄存器、格式转换与数据检验电路、串并与并串转换电路等是分开的。当数据输入时,数据一位一位地从 I/O 设备通过 I/O 控制逻辑进入串并转换电路,接收到一个数据字后,则通过格式转换与数据检错纠错电路送入数据寄存器。反

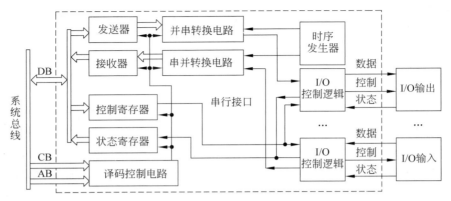

图 3-27 串行 I/O 接口的组成结构

之,当数据输出时,数据寄存器通过格式转换与数据检错纠错电路送到数据寄存器并串转换电路,而后一位一位地通过 I/O 控制逻辑发送到 I/O 设备。特别地,由于串行通信时,需要定义位时间和帧格式,因此,串行接口一般是可编程的。

2. 可编程串行接口芯片 8251A

Intel 8251A USART(通用同步/异步接收发送器)是专为 Intel 微处理器设计的用于实现 I/O 接口电路的可编程串行接口芯片,其基本性能具有四个方面。①通信方式的选择;可以工作于同步通信(又分内同步和外同步)和异步通信,同步时波特率为 0~64kbps,异步时波特率为 0~19.6kbps 且时钟频率可以为波特率的 1、16 或 64 倍。②数据传送格式的装配;字符数据为 5~8 位,异步时可以选用 1 位作为奇偶校验位且停止位为 1、1.5 或 2 位,同步时可以单同步字符或双同步字符且允许增加 1 位奇偶校验位。③全双工双缓冲发送与接收。④奇偶、溢出和帧等错误检验;具有奇偶检验、溢出检验和帧检验的检验电路,自动完成检验位插入与检查、出错标志建立。8251A 由发送缓冲器、接收缓冲器、数据总线缓冲器、读/写控制电路和调制/解调控制电路等五部分组成,其内部结构如图 3-28 所示。

(1) 发送缓冲器。

发送缓冲器包括发送缓冲寄存器、发送移位寄存器(并→串转换)和发送控制电路等。与发送缓冲器相关的引脚线有:TxD 用于串行输出数据,在时钟 $\overline{TxC}$ 下降沿发送;TxRDY 用于发送缓冲器就绪信号(高电平有效),可作为中断请求信号,表示发送缓冲寄存器已空,当 CPU 向 8251A 写入一个字符后则变为无效;TxE 用于发送器空信号(高电平有效),表示发送移位寄存器已空,CPU 可以向 8251A 写入数据;$\overline{TxC}$ 用于发送缓冲器的时钟信号,定义发送数据的波特率。发送缓冲器的工作过程为:CPU 由 OUT 指令将数据发送到 8251A 的数据总线缓冲器,再并行送入发送数据缓冲器中;当 TxRDY 有效时,把数据格式化后送移位寄存器,通过并→串转换后,经 TxD 引脚串行输出。

(2) 接收缓冲器。

接收缓冲器包括接收缓冲寄存器、接收移位寄存器(串→并转换)和接收控制电路等。与接收缓冲器相关的引脚线有:RxD 用于串行输入数据,在时钟 $\overline{RxC}$ 上升沿接收;

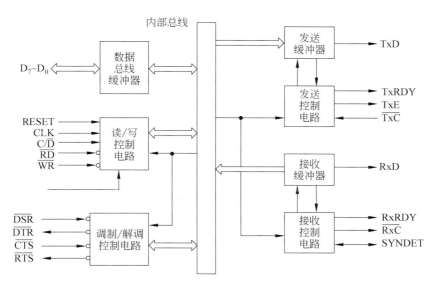

图 3-28　8251A 的内部结构

RxRDY 用于接收缓冲器就绪信号(高电平有效),可作为中断请求信号,表示接收缓冲存储器已装配好一个数据字符,当 CPU 读取该字符后则变为无效;SYNDET/BRKDET 为双功能检测信号(高电平有效),内同步时,RxD 端接收到同步字符时 SYNDET 则有效,表示后续接收的有效数据,外同步时,同步字符从 SYNDET 端输入,当接收到同步字符时则使 SYNDET 端输入有效,表示可以从 RxD 端接收有效数据,异步时,BRKDET 用于检测是否处于间断状态(高电平有效),当 RxD 接收一个字符长度全为"0"时则有效;$\overline{RxC}$ 用于接收缓冲器的时钟信号,定义接收数据的波特率。接收缓冲器的工作过程为:外部通信数据从 RxD 端,逐位进入接收移位寄存器;若为同步,则需要检测同步字符,确认已经达到同步,接收器才可开始串行接收数据,待一组数据接收完毕,则把移位寄存器中的数据并行置入接收缓冲寄存器中;若为异步,则应识别并删除起始位和停止位。这时 RxDRY 有效,等待 CPU 将数据读取。

(3) 数据总线缓冲器。

数据总线缓冲器是 CPU 与 8251A 之间的通道,它包含 3 个 8 位缓冲寄存器,其中两个用来存放 CPU 向 8251A 读取的数据及状态,当 CPU 执行 IN 指令时,便从两个寄存器中读取数据字及状态字。另一个用来存放 CPU 向 8251A 写入的数据或控制字,当 CPU 执行 OUT 指令时,向这个寄存器写入;由于两者共用一个缓冲寄存器,这就要求 CPU 在向 8251A 写入控制字时,该寄存器中无将要发送的数据,并需要有一定的措施来防止。与接收缓冲器相关的引脚线为 $D_7 \sim D_0$,用于与总线进行数据交换。

(4) 读/写控制电路。

读/写控制电路是 8251A 的内部控制器,用来接收一系列来自 CPU 的控制信号,并加以解释后向 8251A 内部的器件或部件发出有关的控制命令,以完成 CPU 对芯片的读写控制和复位等。与读/写控制电路相关的引脚线有:RESET 为复位信号(高电平有效),当向其输入一个 6 倍于时钟宽的高电平时,则使 8251A 处于空闲状态;CLK 为时钟信号,利用该时钟标志,8251A产生内部的定时信号;$\overline{CS}$为片选信号(低电平有效),用于本次CPU的读写操作是否选用该8251A;$\overline{RD}$、$\overline{WR}$为读或写控制信号(低电平有效),用于本次CPU对8251A进行读操作或写操作;$C/\overline{D}$为读写内容类别控制信号,若输入高电平,CPU对8251A写控制字或读状态字;若输入低电平,CPU对8251A读写数据字。

(5) 调制/解调控制电路。

调制/解调控制电路即是调制解调器。当使用8251A实现远距离串行通信时,8251A的数据发送端要经过调制把数字信号转换为模拟信号,数据接收端要经过解调把模拟信号转换为数字信号。与调制/解调控制电路相关的引脚线有:$\overline{DTR}$为数据终端就绪信号(低电平有效),表示CPU接收数据已准备好;$\overline{DSR}$为数据装置就绪信号(低电平有效),表示调制解调器或I/O设备发送数据已准备好,是对$\overline{DTR}$的应答信号;$\overline{RTS}$为请求发送信号(低电平有效),表示CPU发送数据已准备好;$\overline{CTS}$为清除发送信号(低电平有效),表示调制解调器接收数据已准备好,是对$\overline{RTS}$的应答信号。

特别地,可编程串行接口芯片8251A在使用前必须进行初始化,即设置方式选择、操作命令和状态等三个控制字,以确定它的工作方式、传送速率、数据格式等,具体可查阅有关的接口技术教材。

3.3.4 并行接口

1. 并行接口的组成结构

并行接口与I/O设备之间的数据传送是并行的,且其一侧往往可以连接多台I/O设备,即有多个I/O设备口。每个I/O设备口既可以是单向的输入口或输出口,也可以是双向的输入输出口,且通路一般是不分开的。并行接口一般配有中断逻辑,且与I/O设备之间加置就绪/应答联络信号(一般是高电平有效),其组成结构如图3-29所示。当数据输入时,就绪信号由I/O设备向接口发送,应答信号是由接口向I/O设备发送;当数据输出时,就绪信号由接口向I/O设备发送,应答信号是由I/O设备向接口发送。

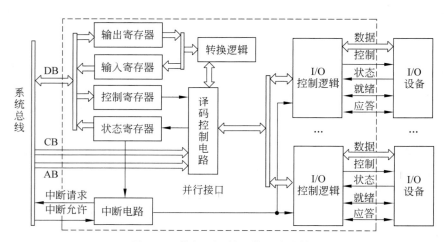

图 3-29 并行 I/O 接口的组成结构

对于并行接口,在数据输入过程时,I/O 设备将数据发送到接口,并使就绪信号为高电平。接口的输入寄存器接收到数据后,则使应答信号为高电平,并置状态寄存器的就绪位为 1 和使就绪信号变为低电平,通过中断电路向 CPU 发送中断请求信号。CPU 读取数据后,清状态寄存器的就绪位为 0,使数据总线处于高阻状态。

在数据输出过程时,CPU 将数据发送到输出寄存器,置状态寄存器的就绪位为 1 并使就绪信号变为高电平,启动 I/O 设备接收数据。I/O 设备接收数据后,则使应答信号为高电平,清状态寄存器的就绪位为 1,并使就绪信号变为低电平、数据总线处于高阻状态。

2. 可编程并行接口芯片 8255A

Intel 8255A 是与 Intel 微处理器的配套的用于实现 I/O 接口电路的可编程并行接口芯片,其基本性能具有三个方面。①三个端口可以灵活使用;具有三个相互独立与 I/O 设备相连的 8 位输入输出通道或端口(A、B、C),必要时端口 C 可以分成两个 4 位端口,分别与端口 A 和端口 B 配合,端口 A 和端口 B 作为数据端口,端口 C 作为状态或控制端口。②工作方式可以选择;具有三种工作方式:无须联络的基本输入输出方式(A 口、B 口、C 口高 4 位、C 口低 4 位可分别置于输入或输出)、协调联络的选通输入输出方式(A 口、B 口可工作于该方式,C 口引脚配合作联络信号线,多余引脚仅能作基本的输入输出线)、协调联络的双向输入输出方式(A 口可工作于该方式,C 口 5 条引脚规定配合 A 口作联络信号线,多余的三条引脚可作为工作于选通输入输出 B 口的联络信号线)。③通用性强、价格便宜。8255A 由三个 I/O 通道端口(A、B、C)、A 组和 B 组控制电路、数据总线缓冲器和读/写控制电路等四部分组成,其内部结构如图 3-30 所示。

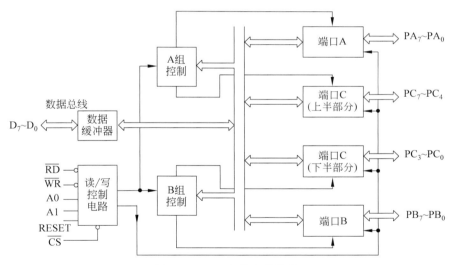

图 3-30　8255A 的内部结构

(1) I/O 通道端口(A、B、C)。

三个 8 位的相互独立的 I/O 通道端口(A、B、C),均可以看成是输入输出端口,但结构和功能也稍有不同。端口 A 包含一个 8 位的输出锁存/缓冲寄存器和一个 8 位的输入锁存寄存器,端口 B 包含一个 8 位的输出锁存/缓冲寄存器和一个 8 位的输入缓冲寄存器;端口 C 包含一个输出锁存/缓冲寄存器和一个 8 位的输入缓冲寄存器。与 I/O 通道端口(A、B、C)相关的引脚线分别为 $PA_7 \sim PA_0$、$PB_7 \sim PB_0$、$PC_7 \sim PC_0$,用于与 I/O 设备进行数据交换。

(2) A 组和 B 组控制电路。

端口 A 与端口 C 高 4 位配合构成 A 组,由 A 组控制电路控制;端口 B 与端口 C 低 4 位配合构成 B 组,由 B 组控制电路控制。A 组和 B 组的控制电路均可以接收总线上送来的读写命令和控制字,以定义和控制端口的操作。不存在与 A 组和 B 组控制电路相关的引脚线。

(3) 数据总线缓冲器。

数据总线缓冲器是一个双向 8 位缓冲寄存器,是系统总线与 8255A 之间的连接界面。输入/输出数据、CPU 编程命令以及 I/O 设备状态,均需要通过数据总线缓冲器来传输。与数据总线缓冲器相关的引脚线为 $D_7 \sim D_0$,用于与总线进行数据交换。

(4) 读/写控制电路。

读/写控制电路是 8255A 的内部控制器,用来接收一系列来自 CPU 的控制信号,并加以解释后向 8255A 内部的器件或部件发出有关的控制命令,以完成 CPU 对芯片的读写控制和复位等。与读/写控制电路相关的引脚线有:RESET 为复位信号(高电平有效),当向其输入高电平时,清除所有控制寄存器内容,使 I/O 通道端口(A、B、C)均处于输入方式;$\overline{CS}$ 为片选信号(低电平有效),用于本次 CPU 的读写操作是否选用该 8255A;$\overline{RD}$、$\overline{WR}$ 为读或写控制信号(低电平有效),用于本次 CPU 对 8255A 进行读操作或写操作;A_1、A_0 为端口选择信号,$A_1A_0=00$ 选择端口 A,$A_1A_0=01$ 选择端口 B,$A_1A_0=10$ 选择端口 C,$A_1A_0=11$ 选择控制字寄存器。

特别地,可编程并行接口芯片 8255A 在使用前必须进行初始化,即设置方式选择控制字,以确定工作方式和端口引脚线功用等,具体可查阅有关的接口技术教材。

3.4 实用标准总线及其 I/O 接口

总线被誉为是计算机的神经中枢。为了支持功能越来越强、性能越来越高的计算机,对总线特性提出了越来越多而又高的要求。总线宽度、总线时钟、总线定时、总线仲裁、总线操作等均直接影响总线的功效与适用性,所以,实用标准总线及其 I/O 接口也就呈现出复杂多样、不断发展变化的局面。那么,系统总线发展经历了哪些阶段,目前有哪些实用标准总线及其 I/O 接口,其特性与适用性如何等等,则是本节需要讨论的问题。

3.4.1 实用标准总线的发展历程

计算机处理速度、功能实现和软件平台的发展,离不开总线技术的进步,但相比于 CPU、主存、硬盘等功能部件,总线技术的提升缓慢得多。对于单处理器计算机来说,实用标准总线的发展经历了三个阶段。

1. 基于处理器总线阶段

基于处理器总线以 ISA(Industry Standard Architecture,工业标准结构)总线为代

表,另外包括 EISA(Extended Industry Standard Architecture,扩展工业标准结构)总线、MCA(Micro-Channel Architecture,微通道结构)总线和 VESA(Video Electronics Standard Association,视频电子标准协会)总线,它们的共同特点为:总线信号的功能和时序与处理器引脚关系密切,几乎是处理器引脚信号的延伸,仅针对主板上的硬件资源信号进行了少量扩展,传输带宽为 M 数量级。

最早被广泛认可的系统总线技术标准是 PC 总线,又称为 PC/XT 总线,它由 IBM 公司在 1981 年面向 8 位 8088 处理器而推出的,并在 PC/XT 上采用,数据宽度为 8 位。1984 年 IBM 又面向 16 位 80286 处理器推出了 PC/AT 总线,但 IBM 公司没有公布 AT 总线的规格。为了开发与 IBM PC 兼容的 I/O 设备,由 Intel 公司、IEEE 和 EISA 集团共同研制出以 IBM PC 总线规范为基础的 ISA 总线,并且 IEEE 于 1987 年正式制定出 ISA 总线标准。推出 32 位 80386DX 处理器后,ISA 总线数据传输速率制约了处理器性能的发挥;为了提高计算机速度,增大可用主存(实际主存 4GB,虚拟主存 64TB),1987 年 IBM 公司又引进新型总线标准——MCA 总线,其接口技术与 ISA 总线完全不兼容,但传输率和稳定性比 ISA 总线有很大提高,使得可在 ISA 总线计算机上使用的 I/O 设备无法在 MCA 总线计算机上使用。为了与 IBM 的 MCA 技术抗衡,康柏、惠普、AST、爱普生等九家计算机厂商联合在一起,于 1988 年推出与 ISA 总线兼容的 EISA 总线,且技术标准完全公开。由于要兼容 ISA 总线,阻碍了 EISA 总线速度的进一步提高。为突破 CPU 与 I/O 设备之间数据传输的瓶颈,视频电子标准协会联合 60 余家公司,创新性地推出 VESA 局部总线标准(又名 VESA Local Bus,简称 VL 总线)。从总线结构来看,VESA 总线是在传统总线基础上增加的一级总线,它将一些高速 I/O 设备如网络适配器、GUI 图形板、多媒体、磁盘控制器等从传统总线上分离出来,通过局部总线挂接到 CPU 总线上,使之与高速 CPU 相匹配。

32 位 EISA 总线的工作频率与 ISA 总线相当为 8.33MHz,但 32 位的数据宽度,使得总线带宽提升到 33MBps(ISA 总线为 16MBps);32 位地址线与数据线分立,主存寻址空间可达 4GB。另外,EISA 总线可以完全兼容 ISA 总线,许多 I/O 设备可继续使用而受到用户欢迎。EISA 总线像 ISA 总线一样辉煌,然而,其成本过高且速度潜力有限,特别是还未成为正式的工业标准,就出现了更先进的 PCI 总线,EISA 总线就成为附属品。不过,EISA 总线并没有因此而快速消失。在计算机中,它与 PCI 总线共存相当长的时间,直到 2000 年 EISA 才彻底退出。

2. 基于局部 I/O 总线阶段

基于局部 I/O 总线以 PCI(Peripheral Component Interconnect,外设部件互连)总线为代表,另外包括 AGP(Accelerated Graphics Port,图形加速接口)总线和 PCI-X(PCI 改进更新版)总线,它们的共同特点是:总线信号与处理器无关,针对局部外围部件,通用性强,传输带宽为 G 数量级。

由于 ISA/EISA 总线传输速度的限制,造成硬盘、显示卡、声卡、网卡等高速 I/O 设备只能缓慢地发送和接收数据,使得计算机的性能受到严重的影响。研制出一款既具有 VESA 局部总线的高数据传输率又与 CPU 相对独立且功能更强的总线,则成为追切需要解决的问题。由此,在 Intel 公司和多家计算机厂商的努力下,于 1992 年诞生了独立于

CPU 的 PCI 总线,1993 年第一台具有 PCI 总线的计算机问世。1996 年 3D 显卡出现。由于 3D 显卡需要与 CPU 频繁地交换数据,且图形数据往往极其庞大,而 PCI 总线只有 133MBps 的带宽(虽然后来扩展到 533MBps,且称为 PCI-64,但没有成为行业标准,仅是 Intel 公司的企业标准),这对声卡、网卡、视频卡等绝大多数 I/O 设备是绰绰有余,但对 3D 显卡则显得力不从心。为此,Intel 公司在 PCI 总线基础上研发出一种专门针对图形显示输出的 AGP 总线,并于 1996 年推出 AGP 1.0,其带宽可以达到 533MBps。由于显卡技术的日新月异,单位时间需要处理的数据呈几何级数成倍增长,533MBps 的带宽又无法满足需要,Intel 公司于 1998 年又发布 AGP 2.0,带宽提升到 1.06GBps,同时还推出图形工作站 AGP Pro 接口,并成为专业显卡的接口标准。AGP 总线将 PCI 总线从图形数据传输中解放出来,使得图形显卡和 PCI 总线上 I/O 设备都可以获得充足的带宽。而当服务器上出现如千兆以太网、光纤通道、Ultra3 SCSI 和多端口网络接口控制器等 G 数量级高速 I/O 设备时,服务器中的 PCI 总线无论是时钟频率还是传输带宽都不能满足应用需要。于是,康柏、惠普和 IBM 等服务器生产厂商在 1999 年共同提出 PCI-X 总线,提交给 PCI SIG 组织修订,在 2000 年正式发布 PCI-X 1.0。PCI-X 1.0 实质是 64 位、133MHz 版本的 PCI(带宽为 1GBps),后来推出 PCI-X 2.0 和 3.0,又把频率分别提升到 266MHz、533MHz,甚至 1GHz,其带宽完全可以适应 G 数量级的高速 I/O 设备,突破了服务器传输带宽的瓶颈,缓解了服务器内部总线资源紧张的局面。

在技术上,PCI-X 并没有脱离 PCI 体系,仍使用 64 位并行总线和共享架构。不过,PCI-X 带来的不仅仅是显著地提升了工作频率和带宽,在传输协议方面也有重大改进。如 PCI-X 启用"寄存器到寄存器"的新协议,即发送方发出的数据被预先送入一个专门的寄存器,并保持一个时钟周期,而接收方只要在该时钟周期内作出响应即可;PCI 总线则不存在缓冲,如果接收方无暇处理发送方数据,则会被自动抛弃,容易导致数据遗失。另外,PCI-X 完全兼容 64 位 PCI 扩展设备,用户已有投资可以获得充分保障。

3. 基于高性能总线阶段

基于高性能总线以 PCI Express 总线为代表,另外包括 Hyper Transport(超速传输)总线和 InfiniBand(无限带宽)总线,它们的共同特点是:总线信号与处理器无关,针对高性能服务器的数据传输,通过串行高频率达到极高的传输带宽,传输带宽为 10G 数量级。

对于 PCI 家族的总线,虽然规格高,但实际效果可能达不到,原因在于:一是时钟频率太高,容易造成并行信号的串扰;二是分时共享传输线,容易造成资源争用。因此,在 2001 年的 IDF 论坛上,Intel 公司认为以串行、高频率进行传输操作是获得稳定高性能的有效途径,提出 3GIO(Third Generation I/O Architecture,第三代 I/O 体系)总线的概念,并将 3GIO 计划提交给 PCI-SIG 组织。PCI-SIG 组织于 2002 年更名为 PCI Express,并以标准的形式正式推出。由于 PCI Express 的工作频率可高达 2.5GHz,基本单向单通道(一般记为 1×,双向记为 ×1)的带宽便可达到 250MBps(2.5GBps×1B/8b×8b/10b=250MBps),若采用全双工 16 通道(×16),数据传输速率则可高达 8GBps。但由于当时不需要如此高的带宽,且 PCI Express 不像 PCI-X 一样兼容 PCI 板卡,所以长时间没得到应用与发展,直到显卡与服务器对 PCI-X 的带宽有更高要求时,PCI Express 总线才突显出其优势。2004 年 Intel 公司推出完全基于 PCI Express 总线的 i915/925x 系列芯片组,

nVIDIA 与 ATI 两家显卡生产厂商也推出采用 PCI Express ×16 接口的显卡，从而意味 PCI Express 时代正式来临。

InfiniBand 总线是以把服务器中的总线网络化为目的，而 PCI 家族的总线却难以担负该任务，原因在于：一是传输距离与负荷扩展有限；二是通信带宽无法满足数据中心巨大的数据处理，使得服务器与存储设备、网络节点或其他服务器等的通信能力有限。为此，InfiniBand 贸易协会（InfiniBand Trade Association）于 2000 年组织康柏、惠普、IBM、DELL、Intel、Microsoft 和 SUN 等七家公司，共同研究高速先进面向网络通信的输入输出标准，通过串行、全双工、包交换方式来满足数据中心服务器的性能需要。在 2002 年，InfiniBand 技术则完全被整合在 Intel 与 SUN 服务器中。

在系统总线家族中，HyperTransport 总线是个另类，原因在于起初只是 AMD 的企业标准，目的是采用串行高频率来实现点对点的单双工传输（输入与输出线分开，实质是全双工），点对点可以是处理器与处理器、处理器与芯片组、芯片组的南北桥、路由器控制芯片等等。HyperTransport 总线虽然 2004 年才开始得到应用，而提出始于 1999 年，2000 年发布 HyperTransport 1.0，2004 年推出 HyperTransport 2.0。显然，HyperTransport 技术早 PCI Express 两年，可以认为 PCI Express 是参照 HyperTransport 而设计的，但 PCI Express 与 HyperTransport 在用途上截然不同：PCI Express 作为计算机的系统总线，而 HyperTransport 则用于两枚芯片间的连接，属于计算机的内部总线。

3.4.2 主流实用总线标准简介

1. ISA 总线

ISA 总线是 IBM 公司为 PC/AT 计算机而制定的总线标准，在随后出现的 286、386 和 486 微机中大多采用该总线。ISA 总线由于兼容性好，应用极为广泛，直到现在许多主板还留有 ISA 总线插槽，如 Pentium 计算机使用该总线与低速 I/O 设备连接，使得不少 ISA 总线 I/O 设备仍在使用，成为事实上的并行传送系统总线标准。ISA 总线的主要技术性能有：

① 数据宽度为 8/16 位，采用独立时钟，最大工作频率 8MHz，数据传输速率最大约为 16MBps。

② 地址宽度为 24 位（由 20 位扩展到 24 位），主存寻址空间为 16MB，I/O 寻址空间为 64KB，支持 15 级可屏蔽硬件中断、7 级 DMA 通道。

③ 支持 8 种总线事务，除支持存储器和 I/O 端口的读与写外，还支持中断响应、存储器刷新和总线仲裁。

④ 具有多主控制性，除 CPU 外，DMA 控制器、DRAM 刷新控制器和智能接口卡等均可以为总线事务的主部件。

⑤ 总线宽度为 98 线的 16 位体系结构，但仍保持 8 位体系结构的完整性，具有 8 位基本插槽和 16 位扩展插槽。

当然，ISA 总线的弱点也很明显，如传输速率过低、CPU 占用率高、占用硬件中断资源等。因此，在后来的 PC98 规范中，就开始放弃 ISA 总线，Intel 则从 i810 芯片组开始，也不再提供对 ISA 接口的支持。

2. PCI 总线

PCI 总线是 Intel 公司提出的高带宽、不依附于特定处理器的并行传送局部总线标准，用于连接高速 I/O 接口，如硬盘控制器、网卡和图形显示卡等，多处理器应用 PCI 总线的计算机体系结构如图 3-31 所示。因此，从结构来看，PCI 总线是在原来宿主总线（即系统总线）和 I/O 总线之间增设的一束总线，使总线结构包含三级：系统总线、PCI 总线和（E）ISA 总线。

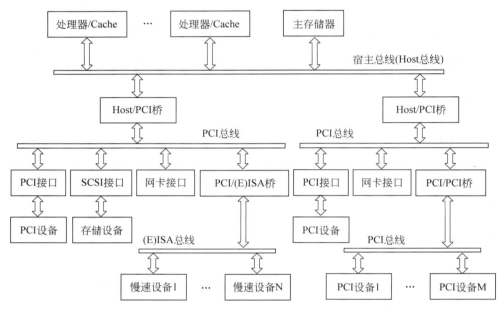

图 3-31 应用 PCI 总线的多处理器计算机体系结构

在 PCI 总线的体系结构中，一般包含 Host/PCI、PCI/（E）ISA 和 PCI/PCI 等三种不同桥接电路，它们都是 PCI 的功能部件。总线之间通过桥接电路连接，且桥接电路具有两方面的功能：一是管理控制下级总线，是下一级总线的仲裁器；二是协调上下级总线的数据传送，是总线之间的转换器，可以把一束总线的地址空间映射到另一束总线的地址空间上，使系统中任一功能部件看到的地址空间相一致。利用桥接电路可以实现总线之间数据的猝发式传送。写操作时，桥把上层总线的数据先缓冲起来，等待下层总线生成写周期，即延迟写；读操作时，桥早于上层总线的读，直接对下层总线进行预读。显然，无论是延迟写还是预读，桥的作用是使所有的读写都按处理器需要出现在总线上。

可见，桥连接的 PCI 总线的体系结构具有良好的扩充性和兼容性，多束总线并行工作。PCI 总线的主要技术性能有：

① 数据宽度为 32/64 位，工作频率为 33.33MHz/66.66MHz，且与处理器时钟无关，数据传输速率为 133Mbps～533Mbps。

② 地址宽度为 32/64 位，存储寻址空间为 4GB 并可以选择 16TB，I/O 寻址空间为 64KB 并可以选择 4GB；访问时间为：2 个时钟写、3 个时钟读。

③ 支持256个功能部件、多主控制（允许智能适时获得总线控制权以加快数据传输）、即插即用技术（由软件自动识别）和复杂多样的总线事务，与ISA、EISA和MCA兼容。

④ 总线宽度为120或184线，数据线与地址线分时复用。

⑤ 采用独立请求集中仲裁分配策略、同步定时和猝发式传输机制，且总线仲裁与数据传输并行，不存在单独的仲裁周期，数据传输由一个地址周期和若干个数据周期组成。

⑥ 具有总线事务完整性检验和自动配置能力。

⑦ 通过桥缓冲使CPU和I/O部件分离，避免I/O部件或CPU单独升级带来的兼容性问题。

PCI总线支持的总线事务复杂多样，具体的总线事务类型有：

① 中断响应：用于对PCI总线上中断控制器提出的中断请求进行响应，读取中断向量的命令；该事务的地址周期不起作用，数据周期则从中断控制器中读出中断向量的长度。

② 消息广播：用于一个主部件通过广播方式向PCI总线上的其他所有部件发送消息。

③ I/O读或写：用于一个主部件与PCI总线上的一个I/O接口之间传送数据。

④ 存储器读或行读或多行读：用于一个主部件从存储器读取数据，读、行读与多行读等三种读读取的数据量不同，所需要的数据周期也不同，与是否配置Cache有关。

⑤ 存储器写或写并无效：用于向存储器写入数据，其中写是指一个主部件写一个数据到存储器中，写并无效是指回写一个Cache行到存储器中。

⑥ 配置读或写：用于一个主部件对PCI总线上其他部件中的配置参数进行读或更新。

⑦ 双地址：用于一个主部件将使用64位地址信号寻址。

3. PCI Express总线

PCI Express总线是Intel公司以PCI总线为基础提出的高频传输、性能稳定的串行传送局部总线标准，以实现总线网络化的点对点连接，理论上带宽无限，满足高带宽的需要，采用PCI Express总线的计算机体系结构如图3-32所示。

在PCI Express总线的体系结构中，一般包括根组件（Root Complex）、交换开关（Switch）、PCI Express/PCI(-X)桥和PCI Express接口等。根组件是PCI Express总线的根，通过其前端总线（相当于传统系统总线的北桥）与处理器、主存储器互连，内嵌一条虚拟PCI总线可以配置一个或若干个PCI Express接口及其相应链路，用于连接一个终端设备或交换开关或PCI Express/PCI(-X)桥，另外还内嵌许多中央资源，如热插拔控制器、电源管理电路、中断控制器、差错检测与报告逻辑等。根组件可以代表处理器启动PCI Express总线事务和主存储器访问，也可以接收来自PCI Express总线上的功能部件访存请求，将总线事务从一个接口路由到另一个接口。交换开关具有两个或若干个PCI Express接口及其相应链路的互连部件，用于连接终端设备或根组件，具有将总线事务从一个接口路由到另一个接口的功能。PCI Express接口由差分发送器和接收器组成，连接根组件的接口称为上游接口，连接终端设备的接口称为下游接口；根组件只有下游接口,终端设备只有上游接口,交换开关则有一个上游接口和若干下游接口(图 3-32 中的交换开关包含四个接口,其中一个上游接口、三个下游接口)。PCI Express/PCI(-X)桥是将 PCI 或 PCI-X 总线及其终端设备兼容到 PCI Express 总线的连接桥,终端设备是 PCI Express 总线事务的请求者或响应者,如以太网、图形设备等。

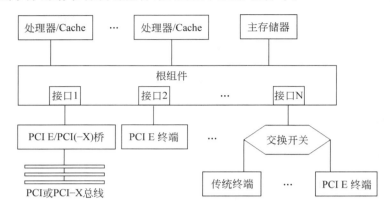

图 3-32　应用 PCI E 总线的计算机体系结构

　　PCI Express 总线中点对点链路是一种包含物理层、链路层和事务层等的分层协议规范,发送端通过分层发送数据,接收端通过分层接收数据,层次结构的功能利用与网络协议类似。事务层是 PCI Express 总线协议的最高层,在发送端,事务层接收来自 PCI E 终端的数据,封装成事务层数据包(TLP),并发送到链路层;在接收端,事务层接收链路层的数据包,并保存在虚拟通道缓冲区中,根据数据包中的 ECRC 字段检查 CRC 错误,若无误,则删去 ECRC 字段得到有效信息,并转发到 PCI E 终端。物理层是 PCI Express 总线协议的最底层,在发送端,对来自数据链路层的数据包被定时存到发送缓冲区中,在其前后分别添加帧开始和帧结尾字符后,利用串/并转换器将数据转换为串行比特流,通过差分驱动器发送出去;在接收端,利用串/并转换器将串行数据转换为字节,并转发到链路层。链路层是 PCI Express 总线协议的中间层,使用 ACK/NAK 协议来保证报文传递的可靠和数据的完整,在发送端,从事务层接收数据包,生成链路 CRC(LCRC)和序列 ID 并附加到数据包上,重新存放缓冲区保留一个副本该并转发到物理层;在接收端,链路层对接收到的数据包进行 CRC 检查,若无误,则向发送端返回带有序列 ID 的 ACK DLLP,确认后清除副本,若有误,则向发送端返回带有序列 ID 的 NAK DLLP,发送端重发副本。

　　可见,桥与交换开关连接的 PCI Express 总线的体系结构具有良好的扩充性、兼容性和灵活性,避免了 PCI 总线带宽争用和信号窜扰,多通道并行可使传输速率无限。而 PCI Express 总线的主要技术性能有:

　　① 数据传输速率可裁减;采用全双工点对点串行传输模式,一条链路包含多条通道(一条通道配置 4 根传输线,2 线用于发送,2 线用于接收),发送与接收可以并行,支持 1X、2X、4X、8X、16X、32X(X 代表通道)。

　　② 具有极高数据传输速率;工作频率为 2.5GHz,且使用内嵌时钟技术的 8b/10b 编码,时钟信息直接写入数据流中,与需要专用传输线传送同步时钟信息的并行总线相比,

节省了传输通道,提高了传输效率,数据传输速率最低为250MBps。

③ 低功耗,空间占用少;串行的传输线少且支持多点虚拟通道(理论上一条物理链路允许有8条独立控制的虚拟通道),信号采用差分传送。

④ 支持复杂多样的总线事务;除支持PCI总线事务外,还增加了消息包事务,即可以将各种事务按一定格式封装成包,执行事务时则拆成字节,且把事务分成两类:非转发事务(执行者返回完成包到请求者,如存储器读)和转发事务(执行者不返回完成包到请求者,如存储器写)。

⑤ 链路带宽与工作频率由链路端点部件配置;在硬件初始化期间,链路端点部件自动初始化链路的带宽与工作频率,操作系统和固件不参与链路级的初始化。

⑥ 具有错误处理及其错误报告功能和保持点对点及链接级数据完整性能力,支持热拔插热交换和QoS链接配置,在软件层保持与PCI兼容;这些特性完全得益于PCI Express总线的分层架构。

⑦ 具有数据包发送优先级配置功能;由应用程序和驱动程序赋予数据包优先级,由根组件、交换开关、终端设备的接口进行仲裁配置。

3.4.3 典型实用接口标准简介

1. 硬盘接口标准

硬盘是计算机中主要的外存储设备,硬盘接口是硬盘与主机之间的连接部件,用于在硬盘缓存和主机内存之间传输数据。不同硬盘接口使得硬盘与主机之间的数据传输速度不同,硬盘接口的优劣则直接影响计算机性能。专门为硬盘制定的接口标准有并行硬盘接口(PATA)和串行硬盘接口(SATA)两种,其中PATA标准由于应用领域广泛且时间长,形成了标准系列,具体有IDE、ATA-2(EIDE)、ATA-3、Ultra ATA或Ultra DMA(含Ultra DMA33和Ultra DMA66)和ATA-4。由于ATA-2和ATA-3均仅支持硬盘且传输速率没有得到很大提高(ATA-3还提高了安全性和可靠性),因此后续又推出了Ultra DMA和ATA-4两个标准,以支持速率更高的传输模式,而往往把Ultra DMA作为从ATA-3到ATA-4的过渡性标准。SATA(即Serial ATA)硬盘接口是一种与PATA完全不同的硬盘接口,由于采用串行传输方式而得名,但SATA仅有Serial ATA 1.0和Serial ATA 2.0)等两个标准。

(1) PATA硬盘接口。

IDE(Integrated Device Electronics)接口即集成设备电子部件,通常又称为ATA(Advanced Technology Attachment)接口(即高技术附加装置),它是由康柏公司开发并由西部数据公司生产的并行磁盘控制器接口,实际上是指把磁盘体与控制器集成在一起的磁盘驱动器。由于把磁盘控制器集成到驱动器之中,磁盘接口卡变得十分简单,使得在微型计算机中不再使用磁盘接口卡,而把磁盘接口电路集成到主板上,并配置专门的IDE连接器插口,通过一束40根线的单组电缆来连接。把磁盘体与控制器集成在一起,减少了磁盘接口电缆的数目与长度,数据传输的可靠性得到增强(10Mbps),磁盘制造变得更加容易(厂商不用考虑是否与其他厂商生产的控制器兼容),也方便用户安装磁盘。由于IDE接口优点众多,且成本低廉,在微型计算机中得到广泛的应用,大多数磁盘都是与

IDE 兼容的。

EIDE(Enhanced IDE,即增强型 IDE)接口是西部数据公司针对大容量存储设备与主机之间的而开发的硬盘接口标准(ATA-2),且 1994 年由 ANSI 发布。EIDE 使得硬盘驱动器可寻址大于 528M 字节的硬盘,支持直接存储访问(DMA),通过 ATA 附件包接口还可支持附加磁盘,包括 CD-ROM 和磁带等存储设备。与 IDE 相比,EIDE 支持大容量硬盘、可连接四台 EIDE 设备、具有更高数据传输速率(13.3MBps 以上)等,且为了支持大容量硬盘,EIDE 支持三种硬盘工作模式:NORMAL、LBA 和 LARGE。在采用 EIDE 接口的微型计算机中,EIDE 接口已直接集成在主板上,也无须购买单独的接口卡。

Ultra DMA33 由高通和 Intel 提出、1997 年投放市场的高速传输并行硬盘接口标准,几乎所有微型计算机的主板及硬盘都支持该标准。Ultra DMA33 采用了双倍数据传输技术,即接口在一个时钟周期内传输两次数据(时钟上升沿和下降沿各传输一次数据),使 PATA 的数据传输率从 16MB/s 提升至 33MB/s;另外还引入了冗余校验技术(CRC),随数据发送循环冗余校验码,使得高速传输数据的安全性得到有力保障。Ultra DMA66 由高通和 Intel 提出于 1998 年提出的并行硬盘接口标准。在 Ultra DMA33 基础上,采用突发数据传输使传输速率理论上可达 66.6MBps;使用 80 根的排线(保留与 ATA 插槽兼容的 40 根排线,增加 40 条地线),以降低高速传输中相邻信号的窜扰,保证数据传输的准确性。

(2) SATA 硬盘接口。

PATA 硬盘接口在安装、传输速率、功耗、抗震抗噪等多方面均存在问题,特别是传输速率,即便是 ATA-4 在理论上也仅能达到 133MBps。为此,由 Intel、APT、Dell、IBM、希捷、迈拓等厂商组织成立的 SATA 委员会于 2001 年提出了 SATA 1.0 规范,2002 年又发布了 SATA 2.0 规范。SATA 硬盘接口与 PATA 硬盘接口相比,具有许多的优势。由于采用串行传输方式,连接传输线极少(4 根),避免了传输信号间的窜扰,功耗低、抗干扰强,工作频率可以很高,可极大地提高数据传输速率(SATA 1.0 的数据传输速率可达到 150MBps,SATA 2.0 可达到 300MBps,最高可实现 600MBps);另外,采用了热插拔技术使得硬盘使用更加方便,更完善的数据校验和机箱内部散热措施使得数据传输更加可靠。特别是 SATA 2.0,还采用了 NCQ(Native Command Queuing,原生命令队列)技术,可以对硬盘指令的执行顺序进行优化排序,磁头以高效率的顺序进行寻址(传统硬盘机械地按照接收指令的先后顺序移动磁头读写硬盘不同位置的数据),从而避免磁头反复移动带来的损耗,延长硬盘寿命。

2. 热插拔接口标准

热插拔(hot-plugging 或 Hot Swap)即带电插拔,它是指在不关闭系统切断电源的环境下,插入(连接)或拔出(断开)部件的操作,以提高计算机系统的扩展性、灵活性和及时恢复能力等。由于热插拔时会瞬间产生较大电流,需要系统总线、主板 BIOS、操作系统、驱动程序和接口等的支持,从而产生了热插拔技术。从 20 世纪中期起,系统总线、主板 BIOS、操作系统和驱动程序就支持部件热插拔,使得目前 CPU、内存条、电源、风扇、PCI 适配器、网卡均可以热插拔。而随着接口技术的发展,硬盘、音箱(耳机)、鼠标等 I/O 设备也可以热插拔,并形成通用热插拔接口。通用热插拔接口主要有 USB 和 IEEE 1394 等两个标准。

（1）USB 接口。

USB（Universal Serial Bus，通用串行总线）接口是针对 I/O 接口规范不一、数量有限，无法满足众多 I/O 设备连接的需要，为简单方便地实现计算机与 I/O 设备的连接，1994 年由 Intel、Compaq、DEC、IBM、Microsoft、NT 等公司而提出的串行总线标准和 I/O 接口的技术规范。USB 技术的应用是计算机与 I/O 设备连接的重大变革，目前已广泛地应用于个人与移动计算机等信息通信产品，并扩展至摄影器材、数字电视（机顶盒）、游戏机等领域，可以连接鼠标、键盘、打印机、扫描仪、摄像头、闪存盘、MP3 机、手机、数码相机、移动硬盘、外置光软驱、USB 网卡、ADSL、Modem、Cable Modem 等几乎所有的 I/O 设备。

USB 接口技术规范在最初 USB V0.7 的基础上，于 1996 年、2000 年和 2008 年相继推出了低速 USB V1.0、高速 USB V2.0、超速 USB V3.0。USB V1.0 传输速率只有 1.5Mb/s，在技术细节上修正后，1998 年升级为 USB 1.1（全速），传输速率提升到 12Mb/s。鉴于 USB 1.1 的传输速率仍不足，两年后则推出了 USB V2.0；USB V2.0 兼容 USB 1.1，传输速率达到 480Mb/s，使用户可高效地使用 I/O 设备，且速度不同的 I/O 设备均可通过 USB 接口连接到计算机上，不必担心数据传输时发生瓶颈。为顺应 USB 1.1（FullSpeed）和 USB 2.0（HighSpeed）的需要，后又推出了 USB V3.0；USB V3.0 的物理层采用 8b/10b 编码，理论传输速率为 5.0Gb/s，实际可达到理论值的 50%，目前已广泛应用于消费电子产品。

USB 接口除具有热插拔特性之外，还具有以下特性。①即插即用，USB 接口可以自动检测和配置 I/O 设备，并自动为 I/O 设备分配资源。②万能通用，USB 接口技术在 I/O 设备的连接与控制等方面进行了规范统一，成为与设备无关的接口，极大地提高了 USB 接口对 I/O 设备的兼容性。③扩展灵活，利用 USB 接口级联树状拓扑结构，通过 USB 集线器扩展，最多可以提供 127 个 USB 插口，并直接插入计算机即可。④结构简单，USB 接口只有 4 根信号线：红色为电源线 VCC、黑色为地线 GND、绿色为数据线 DATA+、白色为数据线 DATA-。⑤使用成本低，USB 接口技术标准万能通用且开放，有利于大规模生产，I/O 设备的设计与生产不需要额外设计的安装界面。⑥传输速率可变，USB 接口具有全速与低速传输数据两种模式，且可以根据 I/O 设备的需要自动地动态转换。

基于令牌总线的 USB 系统采用级联树状拓扑结构，主要由主机（Host）、集线器（Hub）、连接电缆和 I/O 设备等组成，如图 3-33 所示。USB 主控制器广播令牌，总线上的 I/O 设备检测令牌中的地址是否与自身相符，通过接收或发送数据给主机带来响应。集线器通过其插口将 I/O 设备连接到 USB 总线上并加以检测，为 I/O 设备提供电源管理，还具有检测与恢复总线故障的功能。PC 机上一般只有一个 USB 接口，但可以通过 USB 集线器级联来扩展 I/O 设备的插口。每个集线器有一个上层接入 USB 插口和 7 个下层扩展 USB 插口，可以将另一集线器接入与计算机相连的集线器（根集线器）中，这样则有 13 个 USB 插口，由此逐层级联最多允许接入 21 个集线器，从而最多可以提供 20×6+7=127 个 USB 插口，插口与 I/O 设备之间的连接距离为 5 米。

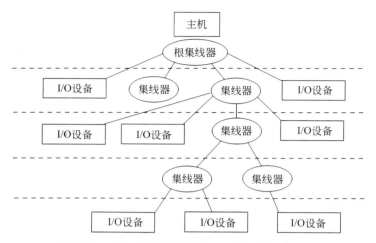

图 3-33 USB 接口及其扩展 USB 插口的拓扑结构

USB 接口技术规范将 USB 分为控制器、控制器驱动程序、USB 芯片驱动程序、设备驱动程序和 USB 设备等五部分。控制器负责执行由控制器驱动程序发出的命令；控制器驱动程序用于在控制器与 USB 设备之间建立通信信道；USB 芯片驱动程序提供对 USB 的支持；设备驱动程序即针对不同 USB 设备的客户驱动程序，用来驱动 USB 设备的程序，通常由操作系统或 USB 设备制造商提供；USB 设备即连接于主机上的外围设备，分为集线器和符合 USB 规范的 I/O 设备等两类。

针对 I/O 设备对系统资源需求的不同，USB 接口技术规范支持控制、等时、中断和批量等四种不同的数据传输方式。①控制传输方式，该方式用于主机与 I/O 设备之间传输控制、状态、配置、应答等信息，以建立一条传输通道；显然，每种 I/O 设备均支持该方式。②等时传输方式，该方式用于实时性强、周期性连续传输、有限时延和带宽、传输速率固定、允许数据传输错误存在的 I/O 设备与主机的数据传输，如话筒、喇叭、电话等。③中断传输方式，该方式用于数据传输量小、无周期性、响应时间敏感才能达到实时效果的 I/O 设备与主机的数据传输，如在键盘、鼠标、操纵杆等。④批量即数据块传输方式，该方式用于数据传输量大、带宽足够的 I/O 设备与主机的数据传输，如打印机、扫描仪和数字相机等。特别地，除等时传输外，其他方式都具有差错校验能力，在数据传输发生错误时，需要重新发送数据，以保证数据传输的正确性。在等时传输时，由于不对数据传输错误处理而继续传送数据，所以不能保证数据传输的正确性。

(2) IEEE 1394 接口。

IEEE 1394 接口是 1986 年由 Apple 公司开发的串行总线标准和 I/O 接口的技术规范，其原型为应用于 Apple Mac 微机上的 Fire Wire（火线）规范，意为令人惊奇的传输速度。由于任何接口规范必然要求 I/O 设备也具有相应的接口功能，才能连接到主机上，使得 Fire Wire 接口规范一直没有得到推广。直到 1995 年，由 IEEE 重新规范，定义了数据传输协议及连接系统，增强了连接能力，并改为 IEEE 1394 后，可用于硬盘、打印机、扫描仪和消费性电子产品如数码相机、DVD 播放机、视频电话等多种不同 I/O 设备与微机相连，使得 IEEE 1394 也成为外部总线标准，IEEE 1394 才真正得到广泛应用，如 Sony 数码摄像机则配置了 IEEE 1394 接口。之后,针对家庭网络的多媒体(视频、音频)控制,推出了 IEEE 1394B 标准,它是 IEEE 1394 升级版本,适用于实现成本低、安全 CAT5(即五类线,多媒体通信的专用线材)的高性能家庭网络。

IEEE 1394 接口协议与 USB 类似,且同时支持等时与异步等两种数据传输方式,具有高速数据传输能力,传输速率达 400Mbps;而 IEEE 1394B 接口的传输速率则可达 800Mbps 甚至更高。IEEE 1394 接口采用点对点结构,任何两台支持 IEEE 1394 的 I/O 设备可以直接连接。IEEE 1394 接口与 I/O 设备之间的连接距离为 4.5 米,主机与最末端 I/O 设备之间的连接距离为 75 米。

IEEE 1394 接口除具有热插拔特性之外,还具有以下特性。①即插即用,在增加或撤除 I/O 设备后,IEEE 1394 接口可以自动调整拓扑结构,并重新配置外围设备网络的状态。②扩展灵活,如同 USB 接口一样,IEEE 1394 接口采用级联树状拓扑结构(最多为 16 层),不需要集线器则同时最多可以连接 63 台 I/O 设备,且可以由网桥将这些独立的子网连接起来。③结构简单,IEEE 1394 接口有 6 针和 4 针等两种类型,通常称为大口和小口。6 针大口有 6 根信号线,两对双绞线用于数据传输,一对电源线用于向 I/O 设备供电(可选);当一对电源线不选用时,则为 4 针小口。④支持高速应用的升级,由于 IEEE 1394 接口的传输速率高,适用于不同传输速率的 I/O 设备及其升级。特别地,为了适应不同的线缆与插口配置和多种电子网络产品的需要,还有 6 针到 4 针的转接线缆和集线器。

除上述介绍的接口标准之外,用于主机与 I/O 设备之间连接的接口标准还有很多,如采用同步或异步传输的并行 SCSI 接口(Small Computer System Interface,即小型计算机系统接口),可用于连接硬盘驱动器、扫描仪、光驱、打印机和磁带驱动器等,最多支持 16 台 I/O 设备,传输速率可达 160MB/s,性能与稳定性比 IDE 强,但价格贵得多。

3. 远程通信接口标准

对于计算机,上述接口标准仅解决了主机与 I/O 设备之间数据传送的连接适配问题,但在数据通信、计算机网络及分布式工业控制系统中,计算机也需要进行数据交换,即还需要解决计算机之间的远程通信问题。适用于计算机之间进行远程通信的接口标准主要有 RS-232C 和 RS-485 等两种。

(1) RS-232C 接口标准。

RS-232C 接口标准是在 1969 年由美国电子工业协会联合 BELL 等公司提出的全双工(发送与接收可以同时发生)异步串行通信标准,全称是 EIA-RS-232C,其中 EIA(Electronic Industry Association)表示美国电子工业协会,RS(recommended standard)表示推荐标准,232 是标识号,C 代表新一次修改序号,之前有 RS-232B、RS-232A。RS-232C 接口标准最初是针对远距离通信连接数据终端设备 DTE(Data Terminal Equipment)与数据通信设备 DCE(Data Communicate Equipment)而制订的,由于其从机械、电气、功能和时间等各方面都进行了规范,就借用于实现计算机与终端或 I/O 设备之间的连接,从而得到广泛应用。

目前,通信设备和微机中一般都配有 RS-232C 接口,IBM PC 机上的 COM1、COM2 即是该接口。当计算机之间采用 RS-232C 接口进行远距离通信时,由于数字信号的传输频带很宽,不适用屏蔽双绞线传输,屏蔽双绞线只适用于载波信号传输,因此,需要通过调制解调器(Modem)对数字信号与载波信号进行转换,基于 RS-232C 接口的计算机远程通信系统如图 3-34 所示。

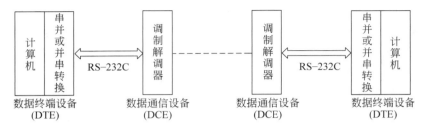

图 3-34　基于 RS-232C 接口的计算机远程通信系统

RS-232C 接口标准规定的通信速率即数据传输速率有 50、75、100、150、300、600、1200、2400、4800、9600、19200、38400b/s(波特),通信距离一般为 20 米,但与通信速率和传输介质有关,如采用屏蔽双绞线在 9600b/s 时,距离可达 35 米。RS-232C 接口标准规定的逻辑电压为负逻辑,即逻辑"1"为 −3～−15V,逻辑"0"为 3～15V。RS-232C 接口标准规定的连接器为 25 根传输线,后简为 9 根而成为实际标准,工业控制一般仅使用接收 RXD、发送 TXD 和地 GND 等三根线,传输线为屏蔽双绞线,且插头在 DCE 端、插座在 DTE 端。9 根传输线包括:发送 TXD 和接收 RXD 等两根数据信号线,数据发送准备好 DSR(Data Set Ready)、数据终端准备好 DTR(Data Terminal Ready)、请求 DCE 发送 RTSDTE(Request To Send)、允许 DTE 发送 CTSDCE(Clear To Send,RTS 的应答信号)、数据载波检测 DCD(Data Carrier Detection,表示 DCE 已接通通信链路,告知 DTE 准备接收数据,当本地 DCE 收到对方的 DCE 发送来的载波信号时,使 DCD 有效,通知 DTE 准备接收,并且由 DCE 将接收到的载波信号解调为数字信号,经 RXD 线送给 DTE)、振铃 RI(Ringing,当 DCE 收到对方的 DCE 送来的振铃呼叫信号时,使 RI 有效,通知 DTE 已被呼叫)等 6 根控制信号线,一根地线 SG。

(2) RS-485 接口标准。

由于 RS-232C 接口标准出现早,除传输速率不高(一般为 20Kb/s)外,还存在一些不足,具体有:①通信距离不长(一般为 20 米,远距离必须使用 Modem),RS-232C 接口标准驱动器允许 2500pF 的电容负载,通信距离将受电容限制;②抗噪声干扰能力弱,RS-232C 接口标准采用单端驱动非差分接收,容易产生共地噪声与共模干扰;③可靠性不理想,RS-232C 接口标准的信号电平值较高,容易损坏电路芯片;④无法用于网络连接,RS-232C 接口标准采用点对点通信结构,不能实现一对多数据传送。因此,美国电信行业协会和电子工业联合制订了适用于远程通信与网络连接的通信接口标准——RS-485。

RS-485 接口标准是半双工(发送与接收不能同时发生)异步串行通信标准,通信速率最大为 10Mb/s,通信距离可达 1200 米,且可以通过 485 中继器来增加传输距离,传输速率与传输距离成反比。RS-485 接口标准规定采用 9 芯连接器 DB-9 连接,且一般是 A、B 两线制,传输线为屏蔽双绞线,逻辑"1"为线压差 2～6V,逻辑"0"为线压差 −2～−6V。RS-485 接口标准多点连接的拓扑结构规定为总线型,在同一总线上最多可以挂接 32 个节点(驱动器或接收器),联网极为简便;通过主从方式实现一对多通信,即任何时刻只有一个节点处于发送状态。RS-485接口标准采用平衡发送和差分接收,具有抑制共模干扰的能力。若PC之间需要远程通信,在RS-232C接口上配接一个RS-232C转RS-485的转换器即可将PC连接在一起。

复 习 题

1. 什么是总线?总线互连与全互连相比有哪些优点和不足?总线传输信息的客观特性是什么?简述它们的含义。
2. 总线一般可从哪些方面进行分类?各分为哪几种总线?什么是系统总线?
3. 简述串行总线与并行总线、同步总线与异步总线的差异与适用性。
4. 总线一般包含哪些特性?总线的性能指标有哪些?简述性能指标含义。
5. 什么是总线事务?总线事务可分为哪两种类型?其划分依据是什么?
6. 数据总线事务分为哪几种类型?简述它们的含义。
7. 什么是数据传送方式?数据传送方式分为哪几种?简述它们的含义。
8. 功能部件利用系统总线进行数据交换的过程分为哪几个阶段?简述各阶段任务。总线周期包含哪两个阶段的时间?
9. 功能部件利用系统总线进行数据交换时有主部件与从部件之分,什么是主部件?什么从部件?
10. 系统总线的传输线可分为哪几种类型?其划分依据是什么?
11. 什么是通信定时方式?通信定时方式分为哪几种?简述它们的含义及其适用性。
12. 串行传送的通信方式分为哪两种?其划分依据是什么?
13. 什么是总线仲裁?总线仲裁可分为哪几种?其划分依据是什么?
14. 总线仲裁的基本任务是什么?总线仲裁应考虑的主要因素有哪些?
15. 集中式仲裁主要有哪几种方式?简述它们的优缺点与仲裁过程。
16. 分布式仲裁主要有哪几种方式?简述它们的优缺点。
17. 对于单处理器计算机,其总线结构连接包含哪几种类型?简述总线结构连接发展趋势。
18. 什么是接口?什么是I/O接口?I/O接口别名是什么?I/O接口一般需要具备哪些功能?
19. I/O接口的组成结构一般包含哪些部分?简述它们的作用。
20. I/O接口一般可从哪些方面进行分类?各分为哪几种I/O接口?
21. 什么是I/O端口?其编址方式有哪两种?简述它们的含义及其优缺点。
22. 串行接口结构一般由哪些部分组成?简述它们的作用。
23. 并行接口结构一般由哪些部分组成?简述它们的作用。
24. 可编程串行接口芯片8251A具有哪些基本性能?其结构一般由哪些部分组成?简述它们的作用。

25. 可编程并行接口芯片 8255A 具有哪些基本性能？其结构一般由哪些部分组成？简述它们的作用。

26. 实用标准总线的发展经历了哪几个阶段？各有什么特点？

27. 列出几种实用的系统总线与 I/O 接口，简述它们的性能特点。

练 习 题

1. 总线分时与共享为总线互连带来哪些优点或不足？
2. 如何利用总线电路来控制实现一对一与一对多的互连通信？
3. 总线实质是多个物理个体传输特性的标准，该标准应从哪些方面进行规范？
4. 功能部件利用系统总线进行数据交换时有主从之分，那么哪种部件可以存在多个？什么情况下可以存在多个？
5. 试比较异步定时中非互锁、半互锁和全互锁的差异。
6. 试比较串行传送中同步通信与异步通信的差异。
7. 系统总线的使用为什么需要申请与仲裁？
8. 对于单处理器计算机，由单总线结构连接变为双总线结构连接、由双总线结构连接变为三总线结构连接的根本思想各是什么？
9. 接口往往特指 I/O 接口，为什么？I/O 接口实质是总线 I/O 接口，为什么？
10. 当 I/O 端口采用独立编址时，CPU 应提供访存控制信号（$\overline{MREQ}$），为什么？
11. 在相同环境条件下，同步定时与异步定时哪个传输速率大？为什么？
12. 设同步定时总线的时钟频率为 100MHz，总线宽度为 32 位，每个时钟周期传输一次数据，该总线数据传输速率最大为多少？若要将总线带宽提高一倍，可采用哪几种方法来实现？
13. 采用串行异步通信方式传送字符 ASCII 时，字符格式为：一位起始位、7 位数据位、一位校验位、一位停止位。问：(1)当波特率为 4800 时，字符传输速率、数据传输速率和位时间各为多少？(2)当要求字符传输速率为 240 个字符/秒，波特率、数据传输速率和位时间各为多少？
14. 画出半互锁异步定时方式下存储器的读操作时序图，并标明互锁依赖关系；其中存储器为该操作的从部件，发出读操作命令的部件为主部件。

第 4 章 运算器及其设计实现

运算器是计算机的运算中心,它与控制器集成于一体而称为中央处理器(即 CPU)。数据运算操作类型很多,但一般仅需要运算器具备算术运算(加、减、乘、除等)和逻辑运算(与、或、非等)等简单运算功能,复杂运算则通过软件来扩展。而计算机是以逻辑门电路为元件来组织实现的,简单逻辑运算均具有对应的逻辑门电路直接实现。本章在讨论基本二进制加法器及其进位逻辑的基础上,分析原码与补码加、减、乘、除运算的方法、规则及流程,阐明原码与补码加、减、乘、除运算的逻辑实现与速度提高的途径,讨论算术逻辑运算部件结构设计的方法,介绍运算器的组成结构与组织形式。

4.1 二进制基本加法器及其进位逻辑

加法运算是减、乘、除运算实现的基础,减、乘、除运算可以转变为加运算,通过加法来完成;加法器是运算器的关键部件,决定运算器的性能。虽然数值数据的二进制(机器)表示方法很多,且不同表示方法的加法运算规则也不同,但最终均落脚于二进制加法,即任何加法运算规则均是以二进制加法为基本运算单元而建立的。所以,二进制加法器是最基本的加法器,实现任何加法运算规则的加法器都是通过组织改造基本加法器来实现的。那么,什么是基本加法器,有哪些类型,基本加法器的逻辑电路基于哪种器件来实现,各种类型基本加法器逻辑结构或逻辑电路如何,基本加法器通过什么途径来减少延迟时间,不同类型基本加法器可以减少多少延迟等等,是本节要分析讨论的问题。

4.1.1 二进制基本加法器与串行加法器

1. 全加器及其进位

在数字逻辑电路课程中,介绍过全加器。全加器是完成算术运算(含加、减、乘、除)的最小运算单元,任何一种算术运算实现的逻辑电路,均是以全加器为基本器件来构建的。全加器是用于在考虑低位传来进位和向高位进位时,完成对一位二进制数字相加的器件。显然,全加器包含三个输入变量:两个一位二进制数字 x_i 和 y_i、一个低位传送来的低位进位 C_{i-1},两个输出变量:一位二进制数字的本位和 S_i、一个向高位传送的高位进位 C_i,其两个输出变量的逻辑函数表达式为:

$$S_i = x_i \oplus y_i \oplus C_{i-1}$$
$$C_i = x_i y_i + (x_i \oplus y_i) C_{i-1}$$

全加器的逻辑电路如图 4-1 所示,其中上半部分为高位进位的逻辑电路,而全加器及其高位进位的逻辑符号如图 4-2 所示。

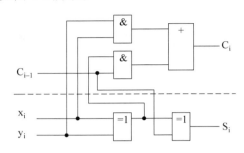

图 4-1　全加器的逻辑电路

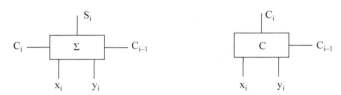

图 4-2　全加器及其高位进位的逻辑符号

2. 二进制基本加法器及其种类

全加器仅能对一位二进制数字相加,而操作数一般含有多位二进制数字。因此,把能够对两个多位二进制数进行相加运算的部件称为二进制基本加法器,简称加法器。为了提高加法器的速度,便不断地改进加法器的逻辑结构,从而使得加法器形成了多种类型。

根据加法器是否能对多位二进制数的各位二进制数字并行相加,则可以把加法器分为串行加法器和并行加法器。两个多位二进制数相加,相邻位之间存在低位向高位的进位,根据进位是否同时生成,又可以把并行加法器分为串行进位的和先行进位的。当操作数所包含的二进制数字很多时,进位不可能全部同时生成,可能需要分层分时生成;根据进位分层分时生成的逻辑不同,可以把先行进位并行加法器分为单重先行进位(组内并行组间串行)的和多重进位(组内并行组间并行)的。综合起来,加法器包括串行、串行进位并行、单重并行进位并行、多重并行进位并行等四种,其种类的层次结构如图 4-3 所示。

3. 串行加法器

如果加法器仅采用一个全加器,操作数包含的二进制数字逐位串行送入同一个全加器进行加运算,那么该加法器称为串行加法器。串行加法器除有一个全加器外,还含有两个具有右移功能的寄存器(X、Y)和一个触发器(C),其逻辑结构如图 4-4 所示。由图 4-4 可以看出,由两个移位寄存器从低位到高位逐位串行向全加器提供两个一位二进制数字的操作数,触发器则向全加器提供低位进位。如果操作数二进制位数(字长)为 n 位,两个操作数相加需要分 n 次进行,每次输出的本位和送回到其中一个移位寄存器保存起来,向高位进位则送回到触发器,用于高一位相加运算。由于每次两位二进制数字相加运算由时钟 CP 控制,则字长为 n 的二进制数相加,需要 n 个时钟。显然,串行加法器具有器件少、成本低的优点,但运算速度太慢。

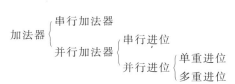

图 4-3　基本加法器种类的层次结构

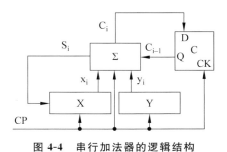

图 4-4　串行加法器的逻辑结构

4.1.2　并行加法器及其串行进位

1. 并行加法器及其进位链

由于串行加法器只有一个全加器，当两个多位二进制数相加时，同一操作数位与位之间是串行的，使得其速度很慢。如果为多位二进制数的各位均设置一个全加器，将多个全加器联合起来运用，使同一操作数位与位之间并行相加，自然就可以提高加法器的速度。所谓并行加法器是联合运用若干全加器，使操作数的所有二进制数位并行相加的部件。显然，并行加法器中全加器数量等于操作数字长，操作数字长越长，全加器数量越多，并行加法是通过牺牲成本来获得速度的。

当把两个操作数 $x_n x_{n-1} \cdots x_2 x_1$ 和 $y_n y_{n-1} \cdots y_2 y_1$ 送往并行加法器进行相加运算时，对于并行加法器中的每个全加器，仅同时得到两个一位二进制数 x_i 和 y_i，除最低位的全加器外，均未得到低位进位 C_{i-1}（最低位全加器的低位进位为 C_0，C_0 与两个操作数是同时送往并行加法器的）。可见，并行加法器中的每个全加器运算生成本位和 S_i 的时间主要取决于低位进位，即并行加法器的速度主要取决于所有向高位进位 C_i 的生成速度。通常把进位信号产生与传递的逻辑电路称为进位链，进位链是提高并行加法器速度的关键。

2. 串行进位并行加法器

从全加器的逻辑结构可以看出，当把若干全加器联合起来构建并行加法器时，最直观简单的方法是线性串行连接，即将若干全加器线性排列，相邻全加器中的低位全加器的向高位进位输出与高位全加器的低位进位输入相连接，则是串行进位并行加法器，如图 4-5 所示。串行进位并行加法器实现的逻辑函数表达式为：

$$S_n = x_n \oplus y_n \oplus C_{n-1}$$
$$S_{n-1} = x_{n-1} \oplus y_{n-1} \oplus C_{n-2}$$
$$\vdots$$
$$S_i = x_i \oplus y_i \oplus C_{i-1}$$
$$\vdots$$
$$S_2 = x_2 \oplus y_2 \oplus C_1$$
$$S_1 = x_1 \oplus y_1 \oplus C_0$$

通过分析全加器输出变量的逻辑函数表达式和串行进位并行加法器的工作过程可以发现：第 i 位的和 S_i 不仅与本位二进制数 x_i、y_i 有关，还依赖于低位送来的进位 C_{i-1}；而

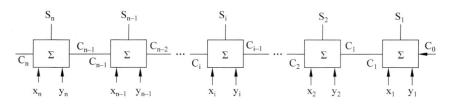

图 4-5　串行进位并行加法器逻辑结构

C_{i-1}又依赖于更低位送来的进位C_{i-2}，直至C_1依赖于最低位送来的进位C_0。因此，提高串行进位并行加法器速度关键在于加速每级进位输出的产生及其向高位传送。

3. 串行进位链及其延迟时间

在串行进位并行加法器中，按$C_i = x_i y_i + (x_i \oplus y_i)C_{i-1}$来生成所有进位的逻辑电路称为串行进位链，如图 4-6 所示。同样，在串行进位链中，第 i 位的进位输出C_i不仅与本位二进制数x_i、y_i有关，还依赖于低位送来的进位C_{i-1}；而C_{i-1}又依赖于更低位送来的进位C_{i-2}，直至C_1依赖于最低位送来的进位C_0。串行进位链所有进位输出的逻辑函数表达式为：

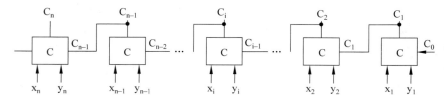

图 4-6　串行进位链逻辑结构

$$C_n = x_n y_n + (x_n \oplus y_n)C_{n-1}$$
$$C_{n-1} = x_{n-1} y_{n-1} + (x_{n-1} \oplus y_{n-1})C_{n-2}$$
$$\vdots$$
$$C_i = x_i y_i + (x_i \oplus y_i)C_{i-1}$$
$$\vdots$$
$$C_2 = x_2 y_2 + (x_2 \oplus y_2)C_1$$
$$C_1 = x_1 y_1 + (x_1 \oplus y_1)C_0$$

对于串行进位链，进位输出逻辑函数表达式$C_i = x_i y_i + (x_i \oplus y_i)C_{i-1}$可以分为两部分。第一部分为"$x_i y_i$"，它仅与本位的两个二进制数$x_i$、$y_i$有关，而与低位进位$C_{i-1}$无关，便称其为进位产生函数，记为$G_i$。第二部分为"$(x_i \oplus y_i)C_{i-1}$"，它不仅与本位的两个二进制数$x_i$、$y_i$有关，还与低位进位$C_{i-1}$有关，且当$x_i \oplus y_i = 1$时，$C_{i-1}$可以向高位传递，便把$x_i \oplus y_i$称为进位传递函数，记为$P_i$。即有：

$$G_i = x_i y_i$$
$$P_i = x_i \oplus y_i$$

所以，可以把串行进位输出逻辑函数表达式表示为：

$$C_i = G_i + P_i C_{i-1}$$

而串行进位链进位输出的逻辑函数表达式则表示为：

$$C_n = G_n + P_n C_{n-1}$$
$$C_{n-1} = G_{n-1} + P_{n-1} C_{n-2}$$
$$\vdots$$
$$C_i = G_i + P_i C_{i-1}$$
$$\vdots$$
$$C_2 = G_2 + P_2 C_1$$
$$C_1 = G_1 + P_1 C_0$$

在不考虑 G_i、P_i 的形成时间时，从进位输出的逻辑函数表达式可以看出，每级进位从输入到输出经过一级"与门"、一级"或门"。若"与门"和"或门"的延迟时间为 t_y，则从输入 x_i、y_i、C_{i-1} 到输出 C_i 的延迟时间为 $2t_y$，即每级进位的延迟时间为 $2t_y$。若操作数字长为 n，则 $C_0 \rightarrow C_n$ 的延迟时间为 $2nt_y$，即从将两个操作数 $x_n x_{n-1} \cdots x_2 x_1$ 和 $y_n y_{n-1} \cdots y_2 y_1$、最低位进位 C_0 输入到串行进位链开始，到 C_n 生成输出的延迟时间是 $2nt_y$（C_1、C_2、……、C_{n-1}、C_n 是依次分时生成的，生成 C_n 的延迟时间最长，当 C_n 生成输出时，意味着所有进位均已生成输出）。若 n=16，则 $C_0 \rightarrow C_n$ 的延迟时间为 $32t_y$。

从图 4-1 所示的本位和逻辑电路可知，对于每级本位和，从输入 C_{i-1}（除 x_1、y_1 与 C_0 是同时输入的，其余的 x_i、y_i 均比 C_{i-1} 早输入）到生成输出 S_i 的延迟时间为 $4t_y$（一个异或门含一级与门和一级或门）。可见，影响串行进位并行加法器求和延迟的主要因素是进位的产生与传递时间，求和本身的时间仅是一个次要因素；且求和延迟与操作数字长成正比，字长越大，延迟时间越长。

4.1.3 先行进位及其层级分时

1. 先行进位及其分类

为了提高并行加法器的运算的速度，就必须改进进位输出生成逻辑，以减少 $C_0 \rightarrow C_n$ 的延迟时间。从进位输出的逻辑函数表达式可以看出，由于 C_n 依赖于 C_{n-1}、C_{n-1} 依赖于 C_{n-2}，直至 C_1 依赖于 C_0，这种相邻进位逐级的依赖关系，使得 $C_0 \rightarrow C_n$ 的延迟时间长。若把相邻进位的低位进位输出表达式代入高位进位输出表达式，并依次逐级代入，则可以消除相邻进位的依赖关系，使次最低位及其后的进位输出并行生成，即使次最低位及其后的进位输出实现先行进位。依据相邻进位逐级代入规则，则可得到先行进位链进位输出的逻辑函数表达式为：

$$C_1 = G_1 + P_1 C_0$$
$$C_2 = G_2 + P_2 C_1 = G_2 + P_2 G_1 + P_2 P_1 C_0$$
$$C_3 = G_3 + P_3 C_2 = G_3 + P_3 G_2 + P_3 P_2 G_1 + P_3 P_2 P_1 C_0$$
$$C_4 = G_4 + P_4 C_3 = G_4 + P_4 G_3 + P_4 P_3 G_2 + P_4 P_3 P_2 G_1 + P_4 P_3 P_2 P_1 C_0$$
$$\vdots$$
$$C_{n-1} = G_{n-1} + P_{n-1} G_{n-2} + P_{n-1} P_{n-2} G_{n-3} + \cdots + P_{n-1} P_{n-2} P_{n-3} \cdots P_4 P_3 P_2 G_1 +$$
$$\quad P_{n-1} P_{n-2} P_{n-3} \cdots P_4 P_3 P_2 P_1 C_0$$

$$C_n = G_n + P_n G_{n-1} + P_n P_{n-1} G_{n-2} + \cdots + P_n P_{n-1} P_{n-2} \cdots P_4 P_3 P_2 G_1 +$$
$$P_n P_{n-1} P_{n-2} \cdots P_4 P_3 P_2 P_1 C_0$$

从先行进位逻辑函数表达式可以看出,各级进位输出的生成不再依赖于相邻低位的进位输出,而仅与本位二进制数 x_i、y_i 和最低位进位 C_0 有关,使得各级进位输出并行生成,从而极大地提高加法器的速度。所谓先行进位链是指各位进位输出仅依赖于本位二进制数 x_i、y_i 和最低位进位 C_0,完全并行生成的逻辑电路。

如果在并行加法器中采用先行进位链,虽然可以极大地提高加法器的速度,但在实际中是无法实现的,原因在于逻辑门电路的输入是很有限的。如在 C_n 的逻辑函数表达式中的最后一项,若 n＝16,则与门应有 17 个输入端,而逻辑门电路的扇入系数(即输入端数)是不允许的。为此,便将先行加法器中的全加器分成若干个组,对组内的进位逻辑和组间的进位逻辑做出不同的选择,从而形成多种不同的先行进位逻辑。先行进位一般分为单重先行进位和多重先行进位等两种方式。所谓单重先行进位是指组内进位并行生成、组间进位串行生成的先行进位方式;该先行进位方式在逻辑实现上仅需一层进位生成电路,所以称为单重先行进位。而所谓多重先行进位是指组内进位并行生成、组间进位并行生成的先行进位方式;该先行进位方式在逻辑实现上需要两层或两层以上进位生成电路,所以称为多重先行进位。

2. 单重先行进位

若把操作数字长为 n 的 n 位进位分为若干组,每组 m 位进位(n 为 m 的整数倍,m≤6,一般为 4),组内进位并行生成是指同组的 m 个进位同时生成,而组间进位串行生成是指不同组的进位串行生成。如操作数字长为 16,16 位进位分成 4 组,每组 4 位,即 n＝16,m＝4。C_1、C_2、C_3、C_4 为第一进位组,C_5、C_6、C_7、C_8 为第二进位组,C_9、C_{10}、C_{11}、C_{12} 为第三进位组,C_{13}、C_{14}、C_{15}、C_{16} 为第四进位组。

在并行加法器中,把用于同时生成组内 m 位进位的逻辑电路称为 m 位组内先行进位电路(CLA)。以 n＝16、m＝4 的第一组为例,4 位组内先行进位电路所有进位输出的逻辑函数表达式为:

$$C_1 = G_1 + P_1 C_0$$
$$C_2 = G_2 + P_2 G_1 + P_2 P_1 C_0$$
$$C_3 = G_3 + P_3 G_2 + P_3 P_2 G_1 + P_3 P_2 P_1 C_0$$
$$C_4 = G_4 + P_4 G_3 + P_4 P_3 G_2 + P_4 P_3 P_2 G_1 + P_4 P_3 P_2 P_1 C_0$$

其对应逻辑电路及逻辑符号分别如图 4-7 和图 4-8 所示。显然,运用 4 位组内先行进位电路可以同时生成第一进位组的进位 C_1、C_2、C_3、C_4。当然,可以用于同时生成第二进位组的进位 C_5、C_6、C_7、C_8,第三进位组的进位 C_9、C_{10}、C_{11}、C_{12},第四进位组的进位 C_{13}、C_{14}、C_{15}、C_{16},只不过进位输入不是 C_0,而分别是 C_4、C_8、C_{12}。

在并行加法器中,若把若干个组内先行进位电路按线性排列,相邻低位组内先行进位电路的最高进位输出与高位组内先行进位链的进位输入相连接,以实现组内进位并行生成、组间进位串行生成的逻辑电路称为单重先行进位链。把采用单重先行进位链来生成进位的并行加法器称为单重先行进位并行加法器。如 n＝16、m＝4 时,单重先行进位并行加法器逻辑结构如图 4-9 所示,其中下半部分为单重先行进位链逻辑结构。

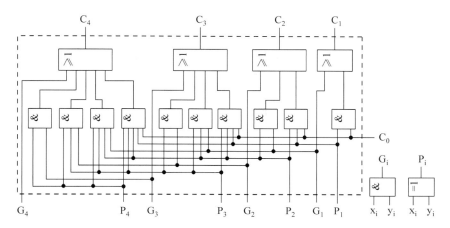

图 4-7 4 位先行进位电路逻辑电路

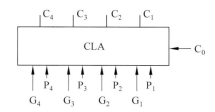

图 4-8 4 位先行进位电路逻辑符号

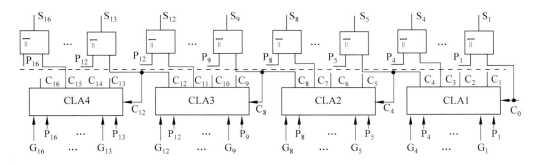

图 4-9 n=16、m=4 时单重先行进位并行加法器逻辑结构

在不考虑 G_i、P_i 的形成时间时,m 位组内先行进位电路的延迟时间为 $2t_y$,若单重先行进位链由 n/m 个 m 位组内先行进位电路构成,则 $C_0 \rightarrow C_n$ 的延迟时间为 $2nt_y/m$,仅是串行进位的 m 分之一。也就是从将两个操作数 $x_n x_{n-1} \cdots x_2 x_1$ 和 $y_n y_{n-1} \cdots y_2 y_1$、最低位进位 C_0 输入到单重先行进位链开始,到 C_n 生成输出(与 C_n 同时生成的还有 C_{n-1}、C_{n-2}、……、C_{n-m-1})的延迟时间是 $2nt_y/m$(C_m、C_{2m}、……、C_n 所在组进位是依次分时生成的,生成 C_n 组进位的延迟时间最长,当 C_n 组进位生成输出时,意味着所有组进位均已生成输出)。若 n=16、m=4,则按一、二、三、四组进位次序分时生成的,$C_0 \rightarrow C_n$ 的延迟时间为 $8t_y$,进位生成时序如图 4-10 所示。可见,单重先行进位链 $C_0 \rightarrow C_n$ 的延迟时间仅是串行进位链的四分之一,单重先行进位可以极大地提高并行加法器的速度。

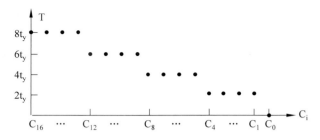

图 4-10　n＝16、m＝4 时单重先行进位生成时序

3. 多重先行进位

在单重先行进位并行加法器中,由于按组进位依次分时生成所有进位,进位生成延迟时间与组数成正比,组数越多,延迟时间越长。其原因是相邻组的高位组进位依赖于低位组的最高进位,如 n＝16、m＝4 时,第四组进位 C_{16}、C_{15}、C_{14}、C_{13} 依赖于第三组的 C_{12},第三组进位 C_{12}、C_{11}、C_{10}、C_9 依赖于第二组的 C_8,第二组进位 C_8、C_7、C_6、C_5 依赖于第一组的 C_4,第一组进位 C_4、C_3、C_2、C_1 才依赖于 C_0。与组内进位并行生成同理,也可以使各组中的最高进位并行生成,以减少除最低位组及次最低位组进位外其他高位组进位生成的延迟时间,即使其他高位组进位与次最低位组进位同时生成,如 n＝16、m＝4,若可以使四组中的最高进位 C_{16}、C_{12}、C_8、C_4 并行生成,则使三、四组进位与二组进位同时生成,减少三、四组进位生成的延迟时间。这时就需要采用多重先行进位。

若把操作数字长为 n 的 n 位进位分为若干组,每组 m 位进位(n 为 m 的整数倍,m≤6,一般为 4),组内进位并行是指同组的 m 个进位同时生成,而组间进位并行是指各组的最高进位并行生成。以操作数字长为 16、16 位进位分成 4 组、每组 4 位进位为例,其第一组中的最高进位输出的 C_4 逻辑函数表达式为:

$$C_4 = G_4 + P_4G_3 + P_4P_3G_2 + P_4P_3P_2G_1 + P_4P_3P_2P_1C_0$$

在该表达式中,只有最后一项 $P_4P_3P_2P_1C_0$ 依赖于 C_0,且把 $P_4P_3P_2P_1$ 记为 P_1^*;而前四项 $G_4 + P_4G_3 + P_4P_3G_2 + P_4P_3P_2G_1$ 与 C_0 无关,只与本组的四对 G_i、P_i 有关,把它记为 G_1^*。由此则有:

$$C_4 = G_1^* + P_1^* C_0$$
$$G_1^* = G_4 + P_4G_3 + P_4P_3G_2 + P_4P_3P_2G_1$$
$$P_1^* = P_4P_3P_2P_1$$

同理有:

$$C_8 = G_8 + P_8G_7 + P_8P_7G_6 + P_8P_7P_6G_5 + P_8P_7P_6P_5C_4$$
$$\quad = G_2^* + P_2^* C_4$$
$$G_2^* = G_8 + P_8G_7 + P_8P_7G_6 + P_8P_7P_6G_5$$
$$P_2^* = P_8P_7P_6P_5$$
$$C_{12} = G_{12} + P_{12}G_{11} + P_{12}P_{11}G_{10} + P_{12}P_{11}P_{10}G_9 + P_{12}P_{11}P_{10}P_9C_8$$
$$\quad = G_3^* + P_3^* C_8$$
$$G_3^* = G_{12} + P_{12}G_{11} + P_{12}P_{11}G_{10} + P_{12}P_{11}P_{10}G_9$$

$$P_3^* = P_{12}P_{11}P_{10}P_9$$
$$C_{16} = G_{16} + P_{16}G_{15} + P_{16}P_{15}G_{14} + P_{16}P_{15}P_{14}G_{13} + P_{16}P_{15}P_{14}P_{13}C_{12}$$
$$= G_4^* + P_4^* C_{12}$$
$$G_4^* = G_{16} + P_{16}G_{15} + P_{16}P_{15}G_{14} + P_{16}P_{15}P_{14}G_{13}$$
$$P_3^* = P_{16}P_{15}P_{14}P_{13}$$

其中：把 G_1^*、G_2^*、G_3^*、G_4^* 称为组进位产生函数，记为 G_i^*；把 P_1^*、P_2^*、P_3^*、P_4^* 称为组进位传递函数，记为 P_i^*。

对于由组进位产生函数 G_i^* 和组进位传递函数 P_i^* 来表示的各组中最高进位输出的逻辑函数表达式：

$$C_4 = G_1^* + P_1^* C_0$$
$$C_8 = G_2^* + P_2^* C_4$$
$$C_{12} = G_3^* + P_3^* C_8$$
$$C_{16} = G_4^* + P_4^* C_{12}$$

依据相邻组最高进位逐级代入规则，则可以消除相邻组最高进位之间的依赖关系，得到组最高进位输出的逻辑函数表达式为：

$$C_4 = G_1^* + P_1^* C_0$$
$$C_8 = G_2^* + P_2^* C_4 = G_2^* + P_2^* G_1^* + P_2^* P_1^* C_0$$
$$C_{12} = G_3^* + P_3^* C_8 = G_3^* + P_3^* G_2^* + P_3^* P_2^* G_1^* + P_3^* P_2^* P_1^* C_0$$
$$C_{16} = G_4^* + P_4^* C_{12} = G_4^* + P_4^* G_3^* + P_4^* P_3^* G_2^* + P_4^* P_3^* P_2^* G_1^* + P_4^* P_3^* P_2^* P_1^* C_0$$

显然，组最高进位仅依赖于本组的组进位产生函数 G_i^* 和组进位传递函数 P_i^* 以及最低进位 C_0，可以并行生成。可见，上述 C_4、C_8、C_{12}、C_{16} 的逻辑函数表达式即是并行生成组最高进位输出的逻辑函数表达式，且与 4 位组内先行进位电路进位输出的逻辑函数表达式相同，即可以运用 4 位组内先行进位电路(CLA)来实现。

当运用 m 位组内先行进位电路来并行生成组最高进位时，由于其输入是组进位产生函数 G_i^*、组进位传递函数 P_i^* 和最低进位 C_0，则组内进位并行生成不能运用 m 位组内先行进位电路来实现。这时，组内进位并行生成不需要生成组最高进位，但需要生成组进位产生函数 G_i^* 和组进位传递函数 P_i^*，为组最高进位并行生成电路(即 m 位组内先行进位电路)提供输入，当然组内的其他进位仍然需要生成。通常把多重先行进位的组内进位并行生成电路称为 m 位成组先行进位电路(BCLA)。若 n=16、m=4，4 位成组先行进位电路与 4 位先行进位电路相比，其输出发生变化，即：

第一组的输出为 G_1^*、P_1^*、C_3、C_2、C_1，不需要输出 C_4；
第二组的输出为 G_2^*、P_2^*、C_7、C_6、C_5，不需要输出 C_8；
第三组的输出为 G_3^*、P_3^*、C_{11}、C_{10}、C_9，不需要输出 C_{12}；
第四组的输出为 G_4^*、P_4^*、C_{15}、C_{14}、C_{13}，不需要输出 C_{16}。

4 位成组先行进位电路输出的逻辑函数表达式(以第一组为例，第二、三、四组与第一组相同)为：

$$G_1^* = G_4 + P_4 G_3 + P_4 P_3 G_2 + P_4 P_3 P_2 G_1$$

$$P_1^* = P_4 P_3 P_2 P_1$$
$$C_1 = G_1 + P_1 C_0$$
$$C_2 = G_2 + P_2 G_1 + P_2 P_1 C_0$$
$$C_3 = G_3 + P_3 G_2 + P_3 P_2 G_1 + P_3 P_2 P_1 C_0$$

其对应逻辑电路及逻辑符号分别如图 4-11 和图 4-12 所示。

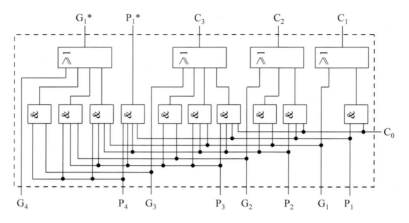

图 4-11　4 位成组先行进位电路逻辑电路

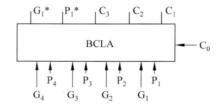

图 4-12　4 位成组先行进位电路逻辑符号

在并行加法器中,若把若干个组内先行进位电路按线性排列置于顶层,把若干个成组先行进位电路分为若干层并置于顶层之下,每层仍按线性排列,相邻层之间通过组进位产生函数 G_i^*、组进位传递函数 P_i^* 相连接,以实现组内进位除最高进位外并行生成、组间进位与组内最高进位则分层分时生成的逻辑电路称为多重先行进位链。把采用多重先行进位链来生成进位的并行加法器称为多重先行进位并行加法器。在 $n=16$、$m=4$ 时,两重先行进位并行加法器的逻辑结构如图 4-13 所示,其中下半部分为两重先行进位链的逻辑结构。

在不考虑 G_i、P_i 的形成时间时,m 位成组先行进位电路与 m 位先行进位电路的延迟时间相同为 $2t_y$。对于 $n=16$、$m=4$ 的两重先行进位链,从图 4-13 可以看出,C_0 经过 $2t_y$,由第一组成组先行进位电路(BCLA1)生成第一组的进位 C_1、C_2、C_3 和所有组进位产生函数 G_i^* 和组进位传递函数 P_i^*;再经过 $2t_y$,由先行进位电路(CLA)生成 C_4、C_8、C_{12}、C_{16};最后经过 $2t_y$,由第二、三、四组成组先行进位电路(BCLA2、BCLA3、BCLA4)分别生成 $C_5 C_6 C_7$、$C_9 C_{10} C_{11}$、$C_{13} C_{14} C_{15}$,进位生成时序如图 4-14 所示。$n=16$、$m=4$ 时的两重先行进位链,$C_0 \to C_n$ 的延迟时间为 $6t_y$,比单重先行进位链减少 $2t_y$。

当 $n=16$、$m=4$ 时,对于 $C_0 \to C_n$ 的延迟时间,两重先行进位链是单重先行进位链的

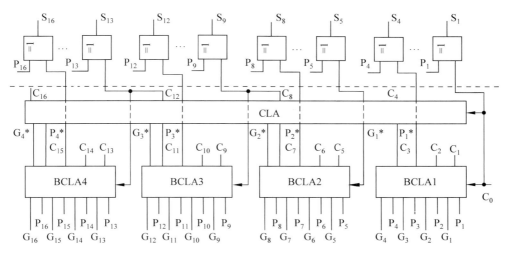

图 4-13　n＝16、m＝4 时两重先行进位并行加法器逻辑结构

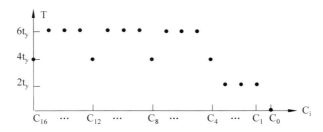

图 4-14　n＝16、m＝4 时两重先行进位生成时序

四分之三,减少不明显。当 n＝32、m＝4 时,其两重先行进位链是由两个 n＝16、m＝4 两重先行进位链串连而成,逻辑框架如图 4-15 所示,$C_0 \to C_n$ 的延迟时间为 $12t_y$,而单重先行进位链为 $16t_y$,两重先行进位链仍然是单重先行进位链的四分之三。但当 n＝64、m＝4 时,则可以运用三重先行进位链,这时与单重先行进位链相比,$C_0 \to C_n$ 的延迟时间可以得到明显减少。当然,若 n＝128、m＝4,可以运用四重先行进位链,$C_0 \to C_n$ 的延迟时间减少更为明显。所以,操作数字长越大,先行进位电路的层数越多,$C_0 \to C_n$ 的延迟时间减少越明显。

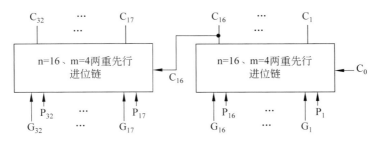

图 4-15　n＝32、m＝4 时两重先行进位链逻辑框架

4.2 定点数加减运算及其逻辑实现

从第 2 章可知,机器数有原码、反码、补码和移码等四种编码方式。当运用定点数补码进行加减运算时,由于符号位可以一同参与运算,且减法运算可以转变为加法来完成,使得补码加减运算比其他编码简单,即补码适合于加减运算。所以,在运算器中,加减运算一般是通过补码来实现的(反码与补码具有类同特性)。在 IEEE 754 标准中,阶码采用移码表示,当浮点数运算时,阶码需要做加减运算,则运算器还应实现移码加减运算。而有时还可能要求运算器具备十进制数加减运算能力。那么,这些数据类型加减运算的计算公式及其规则如何,在机器字长一定时,运算结果可能发生上溢,如何判断;这些数据类型的加减运算在逻辑上如何实现,通过什么途径来使加减运算实现的逻辑电路尽可能简单等等,是本节要分析讨论的问题。

4.2.1 补码加减的运算方法

1. 补码加法运算公式

设 X、Y 为定点数真值,补码模为 M,则补码加法的运算公式为:

$$[X+Y]_\text{补} = [X]_\text{补} + [Y]_\text{补} \quad (\text{mod } M)$$

其含义是:以 M 为模(对定点小数,M=2;对定点整数,M=2^{n+1},n+1 为机器字长),两个定点数和的补码等于两个定点数的补码之和。进一步来说:当求两个定点数真值的和时,先对两个定点数真值求补,再将两个定点数的补码相加,其结果为两个定点数和的补码,最后把和的补码转换为真值,该真值则是两个定点数真值的和。

现以定点小数为例,来证明补码加法运算公式是成立的,对于定点整数类同也可证。对于定点小数补码有:M=2,-1≤X<1,-1≤Y<1,当运用补码加法运算公式时,要求:-1≤X+Y<1(在计算机中,两个数相加必须是同类型的,相加的和也与两个数的类型相同。所以,当 X、Y 为定点小数时,X+Y 也是定点小数。当 X+Y 不在要求范围内时,则不是定点小数,对此在溢出判断中讨论)。证明分以下四种情况讨论。

(1) 若 X>0、Y>0,则 X+Y>0。

根据补码定义,当 X、Y、X+Y 为正数时,则有:

$$[X]_\text{补} = X、\quad [Y]_\text{补} = Y、\quad [X+Y]_\text{补} = X+Y$$

所以 $[X]_\text{补} + [Y]_\text{补} = X+Y = [X+Y]_\text{补}$

(2) 若 X<0、Y<0,则 X+Y<0。

根据补码定义,当 X、Y、X+Y 为负数时,则有:

$$[X]_\text{补} = 2+X、\quad [Y]_\text{补} = 2+Y、\quad [X+Y]_\text{补} = 2+X+Y$$

所以 $[X]_\text{补} + [Y]_\text{补} = 2+X+2+Y = 2+(2+X+Y)$

由于 X+Y 为负数,又是定点小数,即其绝对值小于 1,因此有:

$$1 < 2+X+Y < 2、\quad 2+(2+X+Y) > 2$$

根据模 2 运算规则,2+(2+X+Y)中的第一个 2 必丢失,则有:

$$2+(2+X+Y) = 2+X+Y \quad (\text{mod } 2)$$

再根据补码定义,则有:
$$[X]_\text{补} + [Y]_\text{补} = 2 + X + Y = [X+Y]_\text{补}$$

(3) 若 X>0、Y<0,则 X+Y>0 或 X+Y<0。

根据补码定义,当 X>0 时,$[X]_\text{补}=X$;当 Y<0,$[Y]_\text{补}=2+Y$。

所以 $[X]_\text{补}+[Y]_\text{补}=2+(X+Y)$

① 当 X+Y>0 时,X+Y 又是定点小数,即其绝对值小于 1,因此有:
$$2+(X+Y) > 2$$

根据模 2 运算规则,2+(X+Y)中的 2 必丢失;且 X+Y>0 时,$[X+Y]_\text{补}=X+Y$,所以有:
$$[X]_\text{补} + [Y]_\text{补} = X + Y = [X+Y]_\text{补}$$

② 当 X+Y<0 时,根据补码定义有 $[X+Y]_\text{补}=2+(X+Y)$,所以有:
$$[X]_\text{补} + [Y]_\text{补} = 2 + (X+Y) = [X+Y]_\text{补}$$

(4) 若 X<0、Y>0,则 X+Y>0 或 X+Y<0,这时与(3)类同,X 与 Y 位置对调即可得证。

综上所述,基于模 2,补码加法运算公式成立,且同样适应于定点整数。

2. 补码减法运算公式

设 X、Y 为定点数真值,补码模为 M,则补码减法的运算公式为:
$$[X-Y]_\text{补} = [X]_\text{补} - [Y]_\text{补} = [X]_\text{补} + [-Y]_\text{补} \quad (\text{mod } M)$$

其含义是:以 M 为模(对定点小数,M=2;对定点整数,M=2^{n+1},n+1 为机器字长),两个定点数差的补码等于两个定点数的补码之差,也等于被减数的补码与负减数的补码之和。进一步来说:当求两个定点数真值的差时,先对定点被减数真值和负定点减数真值求补,再将两个定点数的补码相加,其结果为两个定点数差的补码,最后把差的补码转换为真值,该真值则是两个定点数真值的差。

(1) 对于 $[X-Y]_\text{补}=[X]_\text{补}+[-Y]_\text{补}$。

根据补码加法的运算公式,则有:
$$[X-Y]_\text{补} = [X+(-Y)]_\text{补} = [X]_\text{补} + [(-Y)]_\text{补} = [X]_\text{补} + [-Y]_\text{补}$$

(2) 对于 $[X]_\text{补}-[Y]_\text{补}=[X]_\text{补}+[-Y]_\text{补}$。

因为　　　$[X+Y]_\text{补}=[X]_\text{补}+[Y]_\text{补} \quad (\text{mod } M)$

所以　　　$[Y]_\text{补}=[X+Y]_\text{补}-[X]_\text{补}$ ①

又因为　　$[X-Y]_\text{补}=[X]_\text{补}+[-Y]_\text{补}$

所以　　　$[-Y]_\text{补}=[X-Y]_\text{补}-[X]_\text{补}$ ②

将①②式相加,并根据补码加法的运算公式,则有:
$$[-Y]_\text{补} + [Y]_\text{补} = [X+Y]_\text{补} + [X-Y]_\text{补} - [X]_\text{补} - [X]_\text{补}$$
$$= [X+Y+X-Y]_\text{补} - [X]_\text{补} - [X]_\text{补}$$
$$= [X+X]_\text{补} - [X]_\text{补} - [X]_\text{补} = 0$$

故 $[-Y]_\text{补}=-[Y]_\text{补} \quad (\text{mod } M)$

所以 $[X]_\text{补}+[-Y]_\text{补}=[X]_\text{补}-[Y]_\text{补}=[X-Y]_\text{补}$

当给出两个定点数的补码,需要对两个定点数相减时,不难发现,若能够通过减数

$[Y]_补$ 求得减数 $[-Y]_补$，则可以把减运算转化为加运算。当然，由 $[Y]_补$ 求 $[-Y]_补$ 还应比较简单，否则把减运算转化为加运算就失去意义。而由 $[Y]_补$ 求 $[-Y]_补$ 的规则是：对 $[Y]_补$ 中的各位连同符号位一起求反，末位加"1"；且把 $[Y]_补$ 求 $[-Y]_补$ 的过程称为变补（由原码求补码称为求补），并记为：

$$[-Y]_补 = [[Y]_补]_{变补}$$

现以定点小数为例，来证明变补规则成立，并设 $[Y]_补 = y_0.y_n y_{n-1} \cdots y_2 y_1$。

(1) 当 $Y>0$ 为正数时，则有：

$$[Y]_补 = 0.y_n y_{n-1} \cdots y_2 y_1 \qquad ①$$

根据正数补码求真值规则，则有：

$$Y = 0.y_n y_{n-1} \cdots y_2 y_1, \quad -Y = -0.y_n y_{n-1} \cdots y_2 y_1$$

根据负数真值求原码规则，则有：

$$[-Y]_原 = 1.y_n y_{n-1} \cdots y_2 y_1$$

根据负数原码求补码规则，则有：

$$[-Y]_补 = 1.\bar{y}_n \bar{y}_{n-1} \cdots \bar{y}_2 \bar{y}_1 + 2^{-n} \qquad ②$$

比较①与②则可得出变补规则。

(2) 当 $Y<0$ 为负数时，则有：

$$[Y]_补 = 1.y_n y_{n-1} \cdots y_2 y_1 \qquad ③$$

根据负数补码求真值规则，则有：

$$Y = -(0.\bar{y}_n \bar{y}_{n-1} \cdots \bar{y}_2 \bar{y}_1 + 2^{-n}), \quad -Y = 0.\bar{y}_n \bar{y}_{n-1} \cdots \bar{y}_2 \bar{y}_1 + 2^{-n}$$

根据负数真值求原码规则，则有：

$$[-Y]_原 = 0.\bar{y}_n \bar{y}_{n-1} \cdots \bar{y}_2 \bar{y}_1 + 2^{-n}$$

根据负数原码求补码规则，则有：

$$[-Y]_补 = 0.\bar{y}_n \bar{y}_{n-1} \cdots \bar{y}_2 \bar{y}_1 + 2^{-n} \qquad ④$$

比较③与④亦可得出变补规则。

3. 补码加减运算规则

根据补码加减法的运算公式及其含义，补码加减运算规则为：

① 参加运算的两个操作数均用补码表示，并使两个操作数补码的数据字长相等，且等于机器字长。

② 数据符号位作为操作数的一部分一同参加运算。

③ 若求和，则把两个操作数补码当成二进制数直接相加；若求差，将减数补码变补，则把被减数补码与减数补码的变补当成二进制数相加。

④ 运算结果为补码，且若结果符号为 0，则运算结果为正；若结果符号位为 1，则运算结果为负。

⑤ 若符号位存在进位，进位则是模，应该丢弃。

特别地，当操作数字长小于机器字长时，通过补齐方法使操作数字长等于机器字长。而操作数字长大于机器字长，对于运算器来说，不可能出现；实际中若出现操作数字长大于机器字长，则通过软件方法使操作数字长等于机器字长。

例 4.1 已知机器字长为 8 位，$X=0.0100$，$Y=0.0101$。①求 $[X+Y]_补$ 和 $X+Y$；

②求[X－Y]$_{补}$和 X－Y。

① **解**：先通过补齐方法使操作数字长为 8 位，即有：
$$X=0.0100\ 000,\quad Y=0.0101\ 000$$
根据真值与补码的转换规则，则补码表示的两个操作数为：
$$[X]_{补}=0\ 0100000,\quad [Y]_{补}=0\ 0101000$$
利用补码加法运算公式，则有：
$$\begin{array}{r}0\ 0100000\\+0\ 0101000\\\hline 0\ 1001000\end{array}$$

所以 $[X+Y]_{补}=0\ 1011000$

根据真值与补码的转换规则，则有：$X+Y=0.1001$。

② **解**：先通过补齐方法使操作数字长为 8 位，即有：
$$X=0.0100\ 000,\quad Y=0.0101\ 000$$
根据真值与补码的转换规则，则补码表示的两个操作数为：
$$[X]_{补}=0\ 0100000,\quad [Y]_{补}=0\ 0101000$$
根据变补规则，则有：
$$[-Y]_{补}=0\ 1011000$$
利用补码减法运算公式，则有：
$$\begin{array}{r}0\ 0100000\\+0\ 1011000\\\hline 0\ 1111000\end{array}$$

所以 $[X-Y]_{补}=0\ 1111000$

根据真值与补码的转换规则，则有：$X-Y=0.0001$。

例 4.2 已知机器字长为 8 位，X＝101100，Y＝－110101。①求[X＋Y]$_{补}$和 X＋Y；②求[X－Y]$_{补}$和 X－Y。

① **解**：先通过补齐方法使操作数字长为 8 位，即有：
$$X=0101100,\quad Y=-0110101$$
根据真值与补码的转换规则，则补码表示的两个操作数为：
$$[X]_{补}=0\ 0101100,\quad [Y]_{补}=1\ 1001011$$
利用补码加法运算公式，则有：
$$\begin{array}{r}0\ 0101100\\+1\ 1001011\\\hline 1\ 1110111\end{array}$$

所以 $[X+Y]_{补}=1\ 1110111$

根据真值与补码的转换规则，则有：$X+Y=-1001$。

② **解**：先通过补齐方法使操作数字长为 8 位，即有：
$$X=0101100,\quad Y=-0110101$$
根据真值与补码的转换规则，则补码表示的两个操作数为：
$$[X]_{补}=0\ 0101100,\quad [Y]_{补}=1\ 1001011$$

根据变补规则,则有:
$$[-Y]_{补} = 0\ 0110101$$
利用补码减法运算公式,则有:
$$\begin{array}{r} 0\ 0101100 \\ +0\ 0110101 \\ \hline 0\ 1100001 \end{array}$$
所以$[X-Y]_{补} = 0\ 1100001$。

根据真值与补码的转换规则,则有:$X-Y = 1100001$。

例 4.3 已知机器字长为 8 位,$X = -0.0100$,$Y = -0.0101$。①求$[X+Y]_{补}$和$X+Y$;②求$[X-Y]_{补}$和$X-Y$。

① **解**:先通过补齐方法使操作数字长为 8 位,即有:
$$X = -0.0100\ 000,\quad Y = -0.0101\ 000$$
根据真值与补码的转换规则,则补码表示的两个操作数为:
$$[X]_{补} = 1\ 1100000,\quad [Y]_{补} = 1\ 1011000$$
利用补码加法运算公式,则有:
$$\begin{array}{r} 1\ 1100000 \\ +1\ 1011000 \\ \hline \text{丢弃} \longrightarrow 1\ 1\ 0111000 \end{array}$$
所以$[X+Y]_{补} = 1\ 0111000$。

根据真值与补码的转换规则,则有:$X+Y = -0.1001$。

② **解**:先通过补齐方法使操作数字长为 8 位,即有:
$$X = 0.0100\ 000 、\quad Y = 0.0101\ 000$$
根据真值与补码的转换规则,则补码表示的两个操作数为:
$$[X]_{补} = 1\ 1100000 、\quad [Y]_{补} = 1\ 1011000$$
根据变补规则,则有:
$$[-Y]_{补} = 0\ 0101000$$
利用补码减法运算公式,则有:
$$\begin{array}{r} 1\ 1100000 \\ +0\ 0101000 \\ \hline \text{丢弃} \longrightarrow 1\ 0\ 0001000 \end{array}$$
所以$[X-Y]_{补} = 0\ 0001000$。

根据真值与补码的转换规则,则有:$X-Y = 0.0001$。

4.2.2 补码加减运算上溢判断方法

按补码加减法运算规则计算,通常计算结果是正确的,但有时计算结果是错误的。若机器字长为 5 位,补码加减运算结果的数据字长也是 5 位,现以定点整数补码加减运算实例来说明:按补码加减法运算规则计算,计算结果可能不正确。现有:①$X=1000$,$Y=1001$,采用补码计算$[X+Y]_{补}$;②$X=-1000$,$Y=-1001$,采用补码计算$[X+Y]_{补}$;③$X=-1000$,$Y=1001$,采用补码计算$[X-Y]_{补}$;④$X=1000$,$Y=-1001$,采用补码计算

$[X-Y]_补$。按补码加减运算规则,则有:

```
     [X]补   0 1000            [X]补   1 1000
   +[Y]补   0 1001          +[Y]补   1 0111
   [X+Y]补  1 0001          [X+Y]补  0 1111

     [X]补   1 1000            [X]补   0 1000
   +[-Y]补  1 0111          +[-Y]补  0 1001
   [X-Y]补  0 1111          [X-Y]补  1 0001
```

从上述实例可以看出:①中两个正数相加(8+9),结果却为负数(-15),显然是错误的,实际结果应该为正数(17)。②中两个负数相加((-8)+(-9)),结果却为正数(15),显然也是错误的,实际结果应该为负数(-17)。③中负数减正数((-8)-(+9))即为两个负数相加((-8)+(-9)),结果却为正数(15),实际结果应该为负数(-17)。④中正数减负数((+8)-(-9))即为两个正数相加((+8)+(+9)),结果却为负数(-15),实际结果应该为正数(17)。

为什么会发生补码加减运算结果的错误呢?究其原因在于:当实际结果应该为正数(17)时,5位数据字长能够表示的最大整数仅为15,超出了数据表示的正向范围,即发生了正上溢;当实际结果应该为负数(-17)时,5位数据字长能够表示的最小整数仅为(-16),超出了数据表示的负向范围,即发生了负上溢。可见,实际结果对于机器字长来说,如果发生上溢,则补码加减运算规则的计算结果是错误的,无法得到正确结果,即补码加减运算规则仅适应于没有发生上溢,才可以得到正确结果。而由于机器字长是确定的,按补码加减运算规则计算的结果是有限的,上溢发生是不可避免的。所以,按补码加减运算规则计算,一定需要对计算结果进行上溢判断,通过是否发生上溢来判断计算结果是否正确。当没有发生上溢时,计算结果是正确的;当发生上溢时,计算结果是错误的。

按补码加减运算规则计算,计算结果发生上溢的判断方法有符号位判溢法、进位位判溢法和双符号位判溢法等三种。

1. 符号位判溢方法

显然,对于加减运算,两个异号数相加或两个同号数相减,结果的绝对值一定比任何一个数的绝对值要小,绝对不可能发生上溢;两个同号数相加或两个异号数相减,结果的绝对值一定比任何一个数的绝对值要大,则可能发生上溢。而两个异号数相减,实际上就是两个同号数相加,所以,可以认为只有两个同号数相加,才可能发生上溢。且两个正数相加,结果大于机器字长所能表示的最大正数,发生正上溢;两个负数相加,结果小于机器字长所能表示的最小负数,发生负上溢。从上述发生上溢的实例可以看出:当运算结果为负时,发生正上溢;当运算结果为正时,发生负上溢。因此,符号位判溢方法的基本思想是:两个符号位相同的数采用补码相加时,若运算结果的符号位与两个数的符号位相同,则未发生上溢;若运算结果的符号位与两个数的符号位相反,则发生上溢。

设参加补码相加运算两个定点数的补码符号位为 x_f、y_f,相加运算结果的符号位为 S_f,发生上溢的标志位为 V,且"1"时有效,则符号位判溢法判断发生上溢的逻辑表达式为:

$$V = x_f y_f \overline{S_f} + \overline{x_f} \overline{y_f} S_f$$

其相应的逻辑电路如图 4-16 所示,其中 X、Y 和 S 为寄存器。

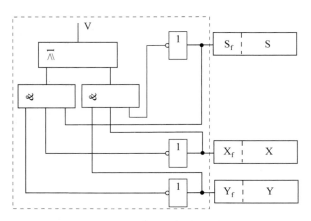

图 4-16　符号位判溢法实现的逻辑电路

特别地，x_f、y_f 指的是补码相加时两个数补码的符号位，而不是两个数补码的符号位，两者不一定是相同的。当同号数相加时，两者是相同的；当异号数相减时，补码相加时减数补码的符号位与减数补码的符号位则是相反的。如求 $[X-Y]_补$ 时，若 $Y=0.1100$，减数补码的符号位为"0"，但补码相加时减数补码的符号位为"1"；在运用符号位判溢法来判断是否发生溢出时，$y_f=1$ 而不是 $y_f=0$。

2. 进位位判溢方法

若机器字长为 5 位，补码加减运算结果的数据字长也是 5 位，现以定点整数补码加运算实例来说明进位位判溢方法的基本思想。现有：①$X=1000$，$Y=1001$，采用补码计算 $[X+Y]_补$；②$X=0110$，$Y=0101$，采用补码计算 $[X+Y]_补$；③$X=-1000$，$Y=-1001$，采用补码计算 $[X+Y]_补$；④$X=-1000$，$Y=-0101$，采用补码计算 $[X+Y]_补$。按补码加减运算规则，则有：

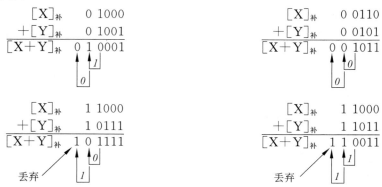

运用符号位判溢法，从最高有效数值位进位和符号位进位来看上述实例，便可以看出：①中是两个正数相加，发生正向上溢，最高有效数值位存在进位，但符号位不存在进位；②中是两个正数相加，没有发生上溢，最高有效数值位不存在进位，符号位也不存在进位；③中是两个负数相加，发生负向上溢，最高有效数值位不存在进位，但符号位存在进位；④中是两个负数相加，没有发生上溢，最高有效数值位存在进位，符号位也存在进位。可见，当最高有效数值位进位与符号位进位同时存在或同时不存在时，则没有发生上

溢;当最高有效数值位进位与符号位进位一个存在、一个不存在时,则发生上溢,且最高有效数值位进位存在则发生正向上溢,符号位进位存在则发生负向上溢。因此,两个符号位相同的数采用补码相加时,进位位判溢方法的基本思想是:两个符号位相同的数采用补码相加时,若最高有效数值位进位与符号位进位同时存在或同时不存在,则未发生上溢;若最高有效数值位进位与符号位进位一个存在、一个不存在,则发生上溢。

设两个定点数补码相加时,最高有效数值位进位为 C_n,符号位进位为 C_f,发生上溢的标志位为 V,且"1"时有效,则进位位判溢法判断发生上溢的逻辑表达式为:

$$V = C_n \oplus C_f$$

其相应的逻辑电路极其简单,一个异或门即可,异或门的两个输入分别直接来自最高有效数值位与符号位对应全加器的向高位进位。

3. 双符号位判溢方法

对于定点数机器表示,其符号位为一位,但在"移位-加"乘法运算中,往往符号位为两位甚至三位(在乘法运算中解释),且"00"表示正、"11"表示负。如若机器字长为 5 位,X＝1001 的单符号位补码为 0 1001,而双符号位补码为 00 1001;X＝－1001 的单符号位补码为 1 0111,而双符号位补码为 11 0111。当定点数补码采用双符号位时,该补码称为变形补码。由于双符号位判溢方法,面向的是定点数补码的加减运算,所以双符号位判溢方法又称为变形补码判溢方法。

若机器字长为 5 位,补码加减运算结果的数据字长也是 5 位,现以定点整数补码加运算实例来说明双符号位判溢方法的基本思想。现有:①X＝1000,Y＝1001,采用补码计算[X＋Y]补;②X＝0110,Y＝0101,采用补码计算[X＋Y]补;③X＝－1000,Y＝－1001,采用补码计算[X＋Y]补;④X＝－1000,Y＝－0101,采用补码计算[X＋Y]补。按补码加减运算规则,则有:

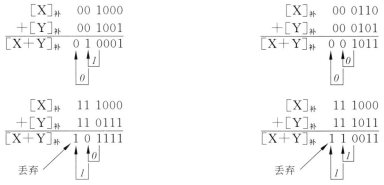

运用进位符号位判溢法,从运算结果的两位符号位来看上述实例,便可以看出:①中是两个正数相加,发生正向上溢,两位符号位不同,且为"01";②中是两个正数相加,没有发生上溢,两位符号位相同,且为"00";③中是两个负数相加,发生负向上溢,两位符号位不同,且为"10";④中是两个负数相加,没有发生上溢,两位符号位相同,且为"11"。可见,当运算结果的两位符号位相同时,则没有发生上溢;当运算结果的两位符号位不同时,则发生上溢,且两位符号位"01"则发生正向上溢,且两位符号位"10"则发生负向上溢。简言之即有:

00：表示正数； 11：表示负数；
01：表示正向上溢； 10：表示负向上溢。

因此，两个符号位相同的数采用补码相加时，双符号位判溢方法的基本思想是：两个符号位相同的数采用补码相加时，若两位符号位相同，则未发生上溢；若两位符号位不同，则发生上溢。

设两个定点数变形补码相加时，相加结果的两个符号位分别 C_{fL}、C_{fR}，发生上溢的标志位为 V，且"1"时有效，则双符号位判溢方法判断发生上溢的逻辑表达式为：

$$V = C_{fL} \oplus C_{fR}$$

其相应的逻辑电路也极其简单，一个异或门即可，异或门的两个输入分别直接来自两位符号位对应全加器的和。

例 4.4 已知机器字长为 8 位，X＝－0.1000，Y＝0.1001，按符号位判溢方法和进位位判溢方法判断$[X-Y]_{补}$是否发生上溢。

解：先通过补齐方法使操作数字长为 8 位，即有：

$$X = -0.1000\ 000, \quad Y = 0.1001\ 000$$

根据真值与补码的转换规则，则补码表示的两个操作数为：

$[X]_{补} = 1\ 1000000, \quad [Y]_{补} = 0\ 1001000, \quad [-Y]_{补} = 1\ 0111000$

利用补码加法运算公式，则有：

```
  1 1000000
+ 1 0111000
─────────
1 0 1111000
  ↑   ↑
 丢弃  0
      1
```

两个数的符号位为"1"，而运算结果符号位为"0"；根据符号位判溢方法可知：$[X-Y]_{补}$发生上溢，且是负向上溢。

而两个数相加时，最高有效数值位进位不存在，符号位进位存在；根据进位位判溢方法可知：$[X-Y]_{补}$发生上溢，且是负向上溢。

例 4.5 已知机器字长为 8 位，X＝1000000，Y＝1001000，按双符号位判溢方法判断$[X+Y]_{补}$是否发生上溢。

解：两个数的二进制位数已满足机器字长，则不需要补齐。根据真值与补码的转换规则，则变形补码表示的两个操作数为：

$$[X]_{补} = 00\ 1000000, \quad [Y]_{补} = 00\ 1001000$$

利用补码加法运算公式，则有：

```
  00 1000000
+ 00 1001000
──────────
  01 0001000
```

运算结果两位符号位为"01"，根据双符号位判溢方法可知：$[X+Y]_{补}$发生上溢，且是正向上溢。

4.2.3 补码加减运算的逻辑实现

1. 加减运算实现的逻辑结构

若机器字长为(n+1)位,两个定点小数(定点整数类同)的补码分别为:

$$[X]_{补} = x_S . x_n x_{n-1} \cdots x_2 x_1$$
$$[Y]_{补} = y_S . y_n y_{n-1} \cdots y_2 y_1$$

按加法运算公式有:

$$[X+Y]_{补} = [X]_{补} + [Y]_{补} = (x_S + y_S) + 2^{-1}(x_n + y_n) + $$
$$2^{-2}(x_{n-1} + y_{n-1}) + \cdots + $$
$$2^{-(n-1)}(x_2 + y_2) + 2^{-n}(x_1 + y_1)$$

按减法运算公式和变补规则有:

$$[X-Y]_{补} = [X]_{补} + [-Y]_{补} = (x_S + \bar{y}_S) + 2^{-1}(x_n + \bar{y}_n) + $$
$$2^{-2}(x_{n-1} + \bar{y}_{n-1}) + \cdots + 2^{-(n-1)}(x_2 + \bar{y}_2) + $$
$$2^{-n}(x_1 + \bar{y}_1) + 2^{-n}$$

从上述加减运算公式可以看出,两个定点小数的补码相加减,实质是定点小数补码中位号相同的二进制数字分别对应相加,并保证相邻位之间实现低位向高位的进位;因此,加减运算实现逻辑的主体是二进制基本并行加法器,且被加数/被减数可以直接送往并行加法器做运算。但由于减法与加法存在一些区别,即做减运算时,减数补码的每一位取反后才能送往并行加法器,且在最低位需要"+1";因此,加减运算实现逻辑需要配置一个控制信号和在并行加法器的加数/减数输入端设置控制电路,控制信号一方面控制最低位是否"+1",另一方面控制加数/减数输入端的控制电路是否对输入取反。另外,由于补码相加减运算在发生上溢时,运算结果是错误的,则加减运算实现逻辑需要配置判溢电路。由于在"移位-加"乘法运算中,往往采用变形补码做加运算,为便于乘法运算,加减运算也采用变形补码,则判溢方法一般为变形补码法。由此,加减运算实现的逻辑结构如图 4-17 所示。

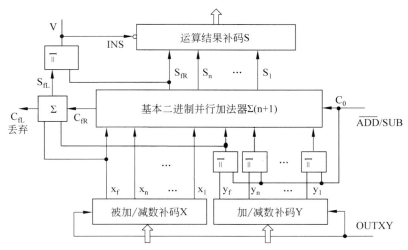

图 4-17 补码加减运算实现的逻辑结构

加减运算实现逻辑结构主要由基本二进制并行加法器、变形补码判溢电路、加数/减数输入端控制电路和三个寄存器（X、Y、S）等四部分组成，其中加数/减数输入端控制电路由(n+1)个异或门组成。ADD/$\overline{\text{SUB}}$为加减运算控制信号，"0"时控制实现加运算，"1"时控制实现减运算。OUTXY为寄存器X、Y的输出控制信号，且高电平有效。INS为寄存器S的输入控制信号，且低电平有效，由上溢标志位提供。

2. 加减运算实现的操作过程

假设参与运算的两个n+1位定点数补码已送到寄存器X、Y中，即寄存器X、Y中存储了$[X]_{补}$、$[Y]_{补}$。$[X]_{补}+[Y]_{补}$的操作过程如下：

① 使控制信号OUTXY=1，打开寄存器X、Y的输出门，将$[X]_{补}$和$[Y]_{补}$分别放置于对应数据线，且$[X]_{补}$直接送到并行加法器$\Sigma(n+1)$上，同时x_f还直接送到左符号位全加器Σ上。

② 给出ADD/$\overline{\text{SUB}}$控制信号，当作加运算时，使ADD/$\overline{\text{SUB}}$=0，$[Y]_{补}$通过异或门不变送到并行加法器$\Sigma(n+1)$上，同时y_f还送到左符号位全加器Σ上，且使$C_0=0$；当作减运算时，使ADD/$\overline{\text{SUB}}$=1，$[Y]_{补}$通过异或门取反送到并行加法器$\Sigma(n+1)$上，同时y_f还送到左符号位全加器Σ上，且使$C_0=1$，使$[Y]_{补}$取反后实现变补。

③ 并行加法器$\Sigma(n+1)$与左符号位全加器Σ对输入端二进制数字进行相加，相加结果中的S_{fR}和S_{fL}则送入用于判溢的异或门。

④ 判溢异或门的输出V送到寄存器S的输入控制INS，当V=0时，未发生上溢，则将并行加法器$\Sigma(n+1)$输出的相加结果存入于寄存器S；当V=1时，发生上溢，并行加法器$\Sigma(n+1)$输出的相加结果是错误的，丢弃。

4.2.4 移码加减运算及其逻辑实现

1. 移码加运算公式

设X、Y为定点整数真值，机器字长为n+1位，移码的偏置值为2^n，则移码加法的运算公式为：

$$[X+Y]_{移}=[X]_{移}+[Y]_{移}-2^n$$

其含义是：两个定点整数和的移码等于两个定点整数的移码之和并对和的最高位取反。进一步来说：当求两个定点整数真值的和时，先变换出两个定点整数的移码，再将两个定点整数的移码相加，并对相加结果的最高位取反，即为两个定点数和的移码，最后把和的移码转换为真值，该真值则是两个定点整数真值的和。特别地，一个数减去或加上偏置值2^n实质是都对该数的最高位取反。

对于移码加运算公式，根据移码的定义有：

$$[X]_{移}=2^n+X \quad [Y]_{移}=2^n+Y$$
$$[X+Y]_{移}=2^n+(X+Y)$$

所以

$$[X]_{移}+[Y]_{移}=2^n+X+2^n+Y=2^n+(2^n+X+Y)=2^n+[X+Y]_{移}$$
$$[X+Y]_{移}=[X]_{移}+[Y]_{移}-2^n$$

2. 移码减运算公式

设 X、Y 为定点整数真值，机器字长为 n+1 位，移码的偏置值为 2^n，则移码减法的运算公式为：

$$[X-Y]_{移} = [X]_{移} - [Y]_{移} + 2^n = [X]_{移} + [-Y]_{移} - 2^n$$

其中间部分含义是：两个定点整数差的移码等于两个定点整数的移码之差并对差的最高位取反。进一步来说：当求两个定点整数真值的差时，先变换出两个定点整数真值的移码，再将两个定点整数的移码相减，并对相减结果的最高位取反，即为两个定点数差的移码，最后把差的移码转换为真值，该真值则是两个定点整数真值的差。其后部分含义是：两个定点整数差的移码等于定点被减数移码与负定点减数移码之和并对和的最高位取反。进一步来说：当求两个定点整数真值的差时，先变换出被减数和负减数的移码，再将被减数和负减数的移码相加，并对相加结果的最高位取反，即为两个定点整数差的移码，最后把差的移码转换为真值，该真值则是两个定点整数真值的差。

（1）对于 $[X-Y]_{移} = [X]_{移} - [Y]_{移} + 2^n$。

根据移码的定义有：

$$[X]_{移} = 2^n + X \quad [Y]_{移} = 2^n + Y$$
$$[X-Y]_{移} = 2^n + (X-Y)$$

所以

$$[X]_{移} - [Y]_{移} = 2^n + X - 2^n - Y = (2^n + X - Y) - 2^n = [X-Y]_{移} - 2^n$$
$$[X-Y]_{移} = [X]_{移} - [Y]_{移} + 2^n$$

（2）对于 $[X-Y]_{移} = [X]_{移} + [-Y]_{移} - 2^n$

由于 $[X+Y]_{移} = [X]_{移} + [Y]_{移} - 2^n$，则有：

$$[X-Y]_{移} = [X+(-Y)]_{移} = [X]_{移} + [-Y]_{移} - 2^n$$

当给出两个定点整数的移码，需要对两个定点整数相减时，不难发现，若能够通过减数 $[Y]_{移}$ 求得减数 $[-Y]_{移}$，则可把减运算转化为加运算。当然，由 $[Y]_{移}$ 求 $[-Y]_{移}$ 还应比较简单，否则把减运算转化为加运算就失去意义。而由 $[Y]_{移}$ 求 $[-Y]_{移}$ 的规则是：对 $[Y]_{移}$ 中的各位连同符号位一起求反，末位加"1"；且把 $[Y]_{移}$ 求 $[-Y]_{移}$ 的过程称为变移（由原码求移码称为求移），并记为：

$$[-Y]_{移} = [[Y]_{移}]_{变移}$$

现来证明变移规则成立，并设 $[Y]_{移} = y_0.y_n y_{n-1} \cdots y_2 y_1$。根据移码偏置值为 2^n 时移码与补码的关系，则有：

$$[Y]_{补} = \bar{y}_0.y_n y_{n-1} \cdots y_2 y_1$$

而根据变补规则，则有：

$$[-Y]_{补} = y_0.\bar{y}_n \bar{y}_{n-1} \cdots \bar{y}_2 \bar{y}_1 + 2^{-n}$$

再根据移码偏置值为 2^n 时移码与补码的关系，则有：

$$[-Y]_{移} = \bar{y}_0.\bar{y}_n \bar{y}_{n-1} \cdots \bar{y}_2 \bar{y}_1 + 2^{-n}$$

比较 $[Y]_{移}$ 与 $[-Y]_{移}$，变移规则成立。

3. 移码加减运算的逻辑实现

与补码加减运算一样，移码加减运算也可能发生上溢，且当发生上溢时，按移码加减运算公式计算出的结果是错误的。同样,可以通过实例得出移码加减运算发生上溢的条件是两个同号定点整数相加;而符号位判溢方法的基本思想是:两个符号位相同的数采用移码相加时,若运算结果的符号位与两个数的符号位相反,则未发生上溢;若运算结果的符号位与两个数的符号位相同,则发生上溢,且运算结果为正是正向上溢,运算结果为负是负向上溢。设参加移码相加运算两个定点整数移码的符号位为 x_f、y_f,相加运算结果的符号位为 S_f,发生上溢的标志位为 V,且"1"时有效,则符号位判溢法判断发生上溢的逻辑表达式为:

$$V = x_f y_f S_f + \bar{x}_f \bar{y}_f \bar{S}_f$$

显然,移码加减运算符号位判溢法实现的逻辑电路与图 4-16 基本相同。

同样与补码加减运算一样,根据移码加减运算公式和判溢方法,可以得到移码加减运算实现的逻辑结构,且与图 4-17 类似,区别在于:一是由于移码加减运算采用符号位判溢法,则判溢电路更换为符号位判溢法的判溢电路,且不需要在并行加法器 $\sum(n+1)$ 的基础上加置一个全加器;二是由于求和结果的最高位取反后才是移码加减运算的结果,则需要在并行加法器 $\sum(n+1)$ 输出端最高位处加置一个非门。

例 4.6 已知机器字长为 8 位,X=101100,Y=-110101。当偏置值为 2^7 时,①求 $[X+Y]_{移}$ 和 X+Y;②求 $[X-Y]_{移}$ 和 X-Y。

① **解**:先通过补齐方法使操作数字长为 8 位,即有:

$$X = 0101100, \quad Y = -0110101$$

根据真值与移码的转换公式,则移码表示的两个操作数为:

$$[X]_{移} = 1\ 0101100, \quad [Y]_{移} = 0\ 1001011$$

利用移码加法运算公式,则有:

$$\begin{array}{r} 1\ 0101100 \\ +\ 0\ 1001011 \\ \hline 取反 \longrightarrow\ 1\ 1110111 \end{array}$$

所以 $[X+Y]_{移} = 0\ 1110111$

根据真值与移码的转换公式,则有:$X+Y = 01110111 - 2^7 = -1001$。

② **解**:先通过补齐方法使操作数字长为 8 位,即有:

$$X = 0101100, \quad Y = -0110101$$

根据真值与移码的转换公式,则移码表示的两个操作数为:

$$[X]_{移} = 1\ 0101100, \quad [Y]_{移} = 0\ 1001011$$

根据变移规则,则有:

$$[-Y]_{移} = 1\ 0110101$$

利用移码减法运算公式,则有:

$$\begin{array}{r} 1\ 0101100 \\ +\ 1\ 0110101 \\ \hline 取反 \longrightarrow\ 0\ 1100001 \end{array}$$

所以 $[X-Y]_{补} = 1\ 1100001$

根据真值与移码的转换公式,则有:X-Y=11100001-2⁷=1100001。

例 4.7 已知机器字长为 8 位,X=1000000,Y=1001000。当偏置值为 2⁷ 时,按符号位判溢方法判断[X+Y]_移是否发生上溢。

解:两个定点整数的二进制位数已满足机器字长,则不需要补齐。根据真值与移码的转换公式,则移码表示的两个操作数为:

$$[X]_{移}=1\ 1000000,\quad [Y]_{移}=1\ 1001000$$

利用移码加法运算公式,则有:

$$\begin{array}{r} 1\ 1000000 \\ +1\ 1001000 \\ \hline 1\ 0001000 \end{array}$$

运算结果的符号位为"1",根据符号位判溢方法可知:[X+Y]_移发生上溢,且是正向上溢。

4.2.5 十进制加运算及其逻辑实现

1. 一位十进制数加运算及其逻辑实现

第 2 章已讲过,多位十进制数在计算机中是以 BCD 码数字串形式来处理。十进制数加减运算与二进制数一样,也是以位为单元来计算,一位十进制数加法逻辑类同全加器,它是组成多位十进制数加法器的基本单元。BCD 码是采用 4 位二进制编码来表示一位十进制数,自然一位十进制数的加运算只能按二进制加法运算规则来进行,仅在于 4 位二进制数的进位是 16,而 4 位二进制 BCD 码表示一位十进制数的进位是 10。所以,当两个一位十进制数的 BCD 码按二进制加法运算规则相加时,得到的实际结果可能是正确,也可能是错误。当出现错误结果时,则必须对实际结果加以校正,才能得到正确结果。校正是通过判断校正电路实现的,而判断校正电路是根据正确结果与实际结果逻辑关系建立的,它能够把所有的实际结果转换为正确结果。

在考虑低位进位时,两个一位十进制数相加,共有(0~19)20 个结果(不考虑低位进位仅(0~18)19 个)。当两个一位十进制数的 BCD 码按二进制加法运算规则相加时,结果包含 5 位二进制数字,其中进位 1 位、和 4 位。BCD 码种类很多,其中 8421 码是最常用的,便以 8421 码为例,其他 BCD 码类似。

依据二进制与十进制加法运算规则和十进制数的 8421 码,则可以建立正确结果与实际结果的对应关系,如表 4-1 所示,C 与 $S_4S_3S_2S_1$ 为正确结果的进位与和,E 与 $R_4R_3R_2R_1$ 为实际结果的进位与和。

从表 4-1 可以看出:当按二进制加法运算规则相加时,若结果为 0~9,实际结果正确,不需要校正;若结果为 10~19,实际结果不正确,需要校正。从不正确实际结果二进制数与正确结果 8421 码之间的对应关系可知,只需要对不正确实际结果二进制数与"0110"进行相加,则可得到正确结果的 8421 码,且校正函数的逻辑表达式为:

$$P=E+R_4R_3+R_4R_2$$

因此,两个一位十进制数的 8421 码加运算的规则如下:

① 两个一位十进制数的 8421 码按二进制加法运算规则相加。

表 4-1 正确结果与实际结果的对应关系

结果十进制数	正确结果 8421 码					实际结果二进制数					是否校正
	C	S_4	S_3	S_2	S_1	E	R_4	R_3	R_2	R_1	
0	0	0	0	0	0	0	0	0	0	0	实际结果正确,不需要校正
1	0	0	0	0	1	0	0	0	0	1	
2	0	0	0	1	0	0	0	0	1	0	
3	0	0	0	1	1	0	0	0	1	1	
4	0	0	1	0	0	0	0	1	0	0	
5	0	0	1	0	1	0	0	1	0	1	
6	0	0	1	1	0	0	0	1	1	0	
7	0	0	1	1	1	0	0	1	1	1	
8	0	1	0	0	0	0	1	0	0	0	
9	0	1	0	0	1	0	1	0	0	1	
10	1	0	0	0	0	0	1	0	1	0	实际结果错误,需要校正
11	1	0	0	0	1	0	1	0	1	1	
12	1	0	0	1	0	0	1	1	0	0	
13	1	0	0	1	1	0	1	1	0	1	
14	1	0	1	0	0	0	1	1	1	0	
15	1	0	1	0	1	0	1	1	1	1	
16	1	0	1	1	0	1	0	0	0	0	
17	1	0	1	1	1	1	0	0	0	1	
18	1	1	0	0	0	1	0	0	1	0	
19	1	1	0	0	1	1	0	0	1	1	

② 若①中的和小于或等于 9(即 P=0),①中和加"0000"(即不需要校正),则可以得到正确和的 8421 码;若①中和大于 9(即 P=1),①中和加"0110"(即需要校正),则可以得到正确和的 8421 码。

③ 在需要校正加"0110"时,最高位产生的进位就是两个一位十进制数相加向高位的进位。

设两个一位十进制数的 8421 码分别为 $A_4A_3A_2A_1$ 和 $B_4B_3B_2B_1$,根据 8421 码加运算规则和校正函数,8421 码加运算实现的逻辑电路(可称为 8421 十进制全加器)由一个 4 位 8421 码的基本二进制并行加法器、一个 4 位校正的基本二进制并行加法器和一个判断电路等三部分组成,其逻辑结构如图 4-18 所示,其中 C_0、$A_4A_3A_2A_1$ 和 $B_4B_3B_2B_1$ 为输入,C 和 $S_4S_3S_2S_1$ 为输出。通常把所有 BCD 十进制全加器统称为十进制全加器,逻辑符号如图 4-19 所示。

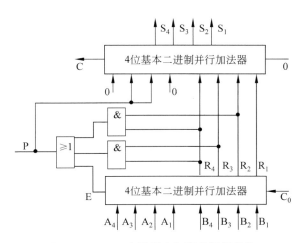

图 4-18 8421 十进制全加器的逻辑结构

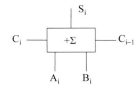

图 4-19 十进制全加器的逻辑符号

2. 多位十进制数加运算及其逻辑实现

采用 8421 码表示的两个十进制数分别为 2631 与 1594,则求和算式如下:

```
   0010 0110 0011 0001   (2631)
 + 0001 0101 1001 0100   (1594)
   ─────────────────────
   0011 1011 1100 0101
 + 0000 0110 0110 0000   十百位大于9,+0110;个千位小于9,+0000
   ─────────────────────
   0100 0010 0010 0101   (4225)
```

从例中求和算式可以看出,多位十进制数加运算的逻辑电路(可称为十进制并行加法器)与二进制串行进位并行加法器一样,将若干十进制全加器线性排列,相邻十进制全加器中的低位十进制全加器的高位进位与高位十进制全加器的低位进位输入相连接,则是十进制并行加法器,如图 4-20 所示,其中 A_i、B_i、S_i、C_i 分别为十进制数第 i 位第一操作数 BCD 码、第二操作数 BCD 码、和数 BCD 码、进位。

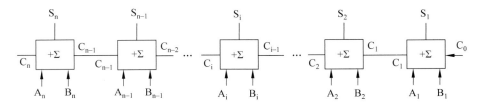

图 4-20 十进制并行加法器的逻辑结构

特别地,上述介绍的仅是无符号十进制并行加法器,且运用原码进行运算。那么十进制并行减法器如何实现呢?这与二进制减法一样,可以把减法转换为加法,即减去一个数等于加上这个数以 $M=10^m$ 为模的补(m 为十进制有效数值位位数),如 $111-001=111+999(m=3, M=1000)$。另外,当考虑有符号十进制数加减时,十进制加减运算规则与二进制原码一样,取绝对值即无符号数参加运算。

对于二进制原码加减运算规则,请自行查阅有关教材等来了解。

4.3 定点数乘运算及其逻辑实现

加减运算是元运算,必须由硬件来实现;乘除运算是基本运算,可以通过组织加减运算及其相关元操作来完成,而加减运算及其元操作的组织可以利用硬件,也可以利用软件。因此,乘除运算实现的途径有硬件的与软件的,乘除运算采用硬件还是软件来实现,是计算机体系结构的问题,不属于计算机组成设计的范畴。

在原码、反码、补码和移码等四种编码方式中,原码与真值的关系最为简单直观。当运用数值数据的原码进行乘除运算时,由于符号位与数值位分开运算,且符号位运算极其简单,使得原码乘除运算比其他编码简单,即原码适合于乘除运算;但由于加减运算一般是通过补码来实现的,且补码乘除运算与原码乘除运算相比,复杂度差别不大,为减少机器数的转换,乘除运算也可能通过补码来实现。所以,在运算器中,乘除运算通过原码还是补码来实现,是综合权衡的结果。乘除运算比加减运算复杂得多,运算延迟也较大,在权衡乘除运算延迟与造价的基础上,使得乘除运算的机器实现有多种方法,即乘除运算器有多种类型。那么,乘运算操作如何分解,分解后包含哪些元操作,这些元操作如何实现;乘运算机器实现的方法有哪些,即乘法器有哪些种类,各自实现的算法与逻辑电路如何等等,是本节要分析讨论的问题。

4.3.1 乘法器种类与手工运算的改进

1. 乘法器的种类

组织加减运算实现乘运算的本质是将乘数位积(乘数中的一位与被乘数的乘积)相加,而位积相加可以串行也可以并行,则根据乘运算位积相加的并行性,实现方法有串行加与并行加之分。位积可以是一位的也可以是两位的,则根据乘运算相加位积的位数,串行加实现方法又可以分为一位的与两位的。而每种实现方法既可以通过原码实现,也可以通过补码实现。当乘运算采用不同的编码与不同实现方法时,逻辑电路自然不同,是不同的乘法器。综合起来,乘法器包括原码并行加、补码并行加、原码一位串行加、补码一位串行加、原码两位串行加、补码两位串行加等六种,其种类层次结构如图 4-21 所示。

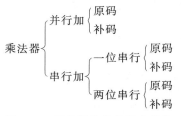

图 4-21 乘法器种类的层次结构

2. 手工乘运算分解

乘运算除加减元运算外,还包含哪些元操作,先来观察二进制数手工笔算的过程。设两个定点小数:X=0.1101,Y=-0.1011,求 X×Y。乘积符号按"同号得正、异号得负"规则单独处理,其即是异或运算;而乘积绝对值则将 X、Y 的绝对值做如下运算。从手工运算乘积绝对值可以看出,运算过程分为三个步骤。

① 乘数位判断。乘数位判断是指通过对乘数位的识别来决定本位位积是被乘数还是 0;若乘数位为"1",位积为被乘数;乘数位为"0",位积为 0。可见,位积计算是通过乘数位判断完成的,不存在位乘。

```
        1101           被乘数
    ×   1011           乘数
    ─────────
        1101           位权 $2^{-4}$ 位的位积与位部分积
       11010           位权 $2^{-3}$ 位的位积与位部分积
      000000           位权 $2^{-2}$ 位的位积与位部分积
    + 1101000          位权 $2^{-1}$ 位的位积与位部分积
    ─────────
     10001111          乘积绝对值
```

② 位积左移。位积左移是指位积与被乘数位置相比,需要左移一定位数,左移后右侧空出位补 0,即得到本位位部分积。左移位数等于本位位权幂减最低位位权幂,如位权 2^{-2} 位的左移位数为:$-2-(-4)=2$(最低位位权幂为 -4)、位权 2^{-4} 位的左移位数为:$-4-(-4)=0$(最低位位积不左移,可以直接作为最低位位部分积)。特别地,对于定点整数,左移位数也是等于本位位权幂减最低位位权幂,如位权 2^2 位的左移位数为:$2-0=2$(最低位位权幂为 0)、位权 2^0 位的左移位数为:$0-0=0$(最低位位积不左移,可以直接作为最低位位部分积)。

③ 位部分积相加。位部分积相加是指对所有位部分积进行一次性加法运算,加运算的结果就是乘积绝对值。显然,位部分积相加时,位部分积的个数为乘数的二进制位数。

可见,手工乘运算可分解为四种元操作:乘数位判断、位积左移、符号位异或及重复次数控制和一种元运算:位部分积相加。

3. 手工乘运算的改进

对于位部分积相加,由于乘数的二进制位数一般都大于 2,即位部分积的个数一般都大于 2,无法运用上述介绍的一般加法器来完成位部分积一次性并行相加。当然,可以设计一个能对包含两个以上二进制数一次性并行相加的加法器(可称为多并加法器)来完成位部分积一次性相加,但多并加法器所需要的全加器很多,造价很高。如若被乘数与乘数均为 n 位二进制数,实现 n 个位部分积一次性并行相加的多并加法器需要 $n(n-1)$ 个全加器,而对两个位部分积相加的一般加法器仅需要 n 个全加器。因此,为了适合利用一般加法器来完成对所有位部分积求和,以降低乘法器的复杂性与造价,可以将所有位部分积之和由一次性并行相加改为多次串行累加得到,即上述实例做如下运算来得到乘积绝对值。

```
        1101           被乘数
    ×   1011           乘数
    ─────────
        1101           位权 $2^{-4}$ 位的位积与位部分积
    +  11010           位权 $2^{-3}$ 位的位积与位部分积
    ─────────
       100111          第一次累加部分积
    +  000000          位权 $2^{-2}$ 位的位积与位部分积
    ─────────
       100111          第二次累加部分积
    + 1101000          位权 $2^{-1}$ 位的位积与位部分积
    ─────────
     10001111          乘积绝对值
```

从上述实例位部分积累加可以看出,为使部分积与位积相加的位对齐,位积(被乘数或0)不断左移,使得累加的二进制位数不断增加,而一般加法器相加的二进制位数不可能增加,还是不可能利用一般加法器来完成对所有位部分积求和。实际上每次累加时部分积最低位并没有加,即本次部分积最低位就是下次部分积的最低位。因此,通过部分积右移把最低位移出但保留,右移后左侧空出位补0,而位积与被乘数或乘数位置相比不再左移,这样每次累加的二进制位数不变,即上述实例做如下运算来得到乘积绝对值。

```
          1101           被乘数
       ×  1011           乘数
         ─────
          1101           位权 $2^{-4}$ 位的位积
       →  110    1       部分积右移一位
       +  1101           位权 $2^{-3}$ 位的位积
         ─────
         10011           第一次累加部分积
       →  1001   11      第一次累加部分积右移一位
       +  0000           位权 $2^{-2}$ 位的位积
         ─────
          1001           第二次累加部分积
       →  100    111     第二次累加部分积右移一位
       +  1101           位权 $2^{-1}$ 位的位积与位部分积
         ─────
         10001   111     乘积绝对值
```

由此,通过对手工乘运算的改进,即由位部分积多次串行累加代替一次性并行相加、由部分积右移代替位积左移,使得所有位部分积之和适合利用一般加法器来完成。通常,把所有位部分积之和由一次性并行相加得到的乘法器称为并行加乘法器,而把所有位部分积之和由多次串行累加得到的乘法器称为串行加乘法器。当然,串行加乘法器虽然在复杂性与造价上比并行加乘法器要低,但运算延迟增大,即串行加乘法器是以牺牲速度来换取造价。

4.3.2 有符号数的移位与舍入规则

1. 有符号数移位规则

从上述可知,乘法运算包含乘数位判断与位积左移或部分积右移等两个元操作,其中乘数位判断的位积可以通过乘数位与被乘数进行与运算来实现。由于上述是绝对值运算,位积或部分积是一个无符号的数,其移位时空出位补0。但对于有符号数,移位时空出位补0还是补1,则与机器数的编码有关。

(1) 原码移位规则。

当有符号机器数为原码时,无论是正数还是负数,在左移或右移时,符号位均不变,空出位一律补"0"。原码移位前后的形式为:

正数左移:$0\ x_n x_{n-1} \cdots x_2 x_1 \to 0\ x_{n-1} \cdots x_2 x_1\ 0$;

正数右移:$0\ x_n x_{n-1} \cdots x_2 x_1 \to 0\ 0\ x_n x_{n-1} \cdots x_2$;

负数左移:$1\ x_n x_{n-1} \cdots x_2 x_1 \to 1\ x_{n-1} \cdots x_2 x_1\ 0$;

负数右移:$1\ x_n x_{n-1} \cdots x_2 x_1 \to 1\ 0\ x_n x_{n-1} \cdots x_2$。

(2) 补码移位规则。

当有符号机器数为补码时,若为正数,无论是左移还是右移,符号位均不变,空出位一律补"0";若为负数,无论是左移还是右移,符号位均不变,但左移时空出位补"0"、右移时空出位补"1"。补码移位前后的形式为:

正数左移:0 $x_n x_{n-1} \cdots x_2 x_1 \to 0$ $x_{n-1} \cdots x_2 x_1$ 0;

正数右移:0 $x_n x_{n-1} \cdots x_2 x_1 \to 0$ 0 $x_n x_{n-1} \cdots x_2$;

负数左移:1 $x_n x_{n-1} \cdots x_2 x_1 \to 1$ $x_{n-1} \cdots x_2 x_1$ 0;

负数右移:1 $x_n x_{n-1} \cdots x_2 x_1 \to 1$ 1 $x_n x_{n-1} \cdots x_2$。

2. 有符号数舍入规则

当有符号机器数右移时,由于受硬件存储字长的限制,可能需要舍弃一定数量的二进制位(通常称为尾数),从而造成一些误差。为了减少误差,则应遵循一定规则来舍弃尾数。设有符号机器数有 p+q 位,若仅保留前 p 位,尾数则为 q 位,常用的舍入规则有恒舍弃、恒置 1、0 舍 1 入等三种,其中 0 舍 1 入规则最为常用。

(1) 恒舍弃规则。

恒舍弃规则为:q 位尾数无论为任何代码,一律舍弃,保留的 p 位二进制数不作任何改变。如机器数 0 0101 ***、1 0101 ***右移三位(***为 0 与 1 的任何组合),根据移位规则与恒舍弃规则,则有:

原码:0 0101 *** → 0 *000* 0101、1 0101 *** → 1 *000* 0101;

补码:0 0101 *** → 0 *000* 0101、1 0101 *** → 1 *111* 0101。

(2) 恒置 1 规则。

恒置 1 规则为:q 位尾数无论为任何代码,一律舍弃,但保留的 p 位二进制数的最低位恒置 1,即若保留的 p 位二进制数的最低位为 1,不作任何改变;若保留的 p 位二进制数的最低位为 0,则把 0 改为 1。如机器数 0 0100 ***、1 0101 ***右移三位(***为 0 与 1 的任何组合),根据移位规则与恒置 1 规则,则有:

原码:0 0100 *** → 0 *000* 010*1*、1 0101 *** → 1 *000* 010*1*;

补码:0 0100 *** → 0 *000* 010*1*、1 0101 *** → 1 *111* 010*1*。

(3) 0 舍 1 入规则。

0 舍 1 入规则为:q 位尾数无论为任何代码,一律舍弃,但以舍弃 q 位尾数的最高位为保留的 p 位二进制数最低位是否加 1 的标志位;若标志位为 0,保留的 p 位二进制数不作任何改变;若标志位为 1,则在保留的 p 位二进制数的最低位加 1。如机器数 0 0101 0**、1 0101 1**右移三位(**为 0 与 1 的任何组合),根据移位规则与 0 舍 1 入规则,则有:

原码:0 0101 0** → 0 *000* 010*1*、1 0101 1** → 1 *000* 01*10*;

补码:0 0101 0** → 0 *000* 010*1*、1 0101 1** → 1 *111* 01*10*。

4.3.3 原码一位乘法及其逻辑实现

1. 原码一位乘运算及其累加递推公式

原码与真值在表示形式上极其相似,两个二进制数的原码乘运算与真值基本一样。设两个二进制数的原码为:$[X]_\text{原} = x_S x_n x_{n-1} \cdots x_2 x_1$、$[Y]_\text{原} = y_S y_n y_{n-1} \cdots y_2 y_1$,它们乘积的原码为:$[Z]_\text{原} = [X \times Y]_\text{原} = z_S z_m z_{m-1} \cdots z_2 z_1$,且 m=2n。乘积 $[Z]_\text{原}$ 符号位为两个二进制数符号位的异或值,乘积绝对值 $|Z|$ 为两个二进制数绝对值相乘的结果,即原码乘运算公

式为：

$$z_s = x_s \oplus y_s$$
$$|Z| = |X| \times |Y|$$

根据原码数值位与真值数值位之间的转换关系，$|X|$、$|Y|$、$|Z|$即是被乘数、乘数和乘积的原码数值位，即：

$$|X| = x_n x_{n-1} \cdots x_2 x_1$$
$$|Y| = y_n y_{n-1} \cdots y_2 y_1$$
$$|Z| = z_m z_{m-1} \cdots z_2 z_1$$

依据改进的手工乘运算过程及其元操作与元运算和原码乘运算公式，原码一位乘运算串行累加及部分积递推公式为：

$$|Z| = |X| \times \sum_{j=1}^{n}(y_j \cdot 2^{-(n-j+1)})$$
$$P_j = 2^{-1}(y_j \times |X| + P_{j-1})$$
$$P_0 = 0$$

其中：P_j为第j次部分积，$j=1,2,\cdots,n$，P_0为部分积初始值。现来求证串行累加及部分积递推公式的成立。

将式$|X| \times |Y|$中的$|Y|$按位权展开则有：

$$|Z| = |X| \times (y_n y_{n-1} \cdots y_2 y_1)$$
$$= |X| \times (y_n \cdot 2^{-1} + y_{n-1} \cdot 2^{-2} + \cdots + y_2 \cdot 2^{-(n-1)} + y_1 \cdot 2^{-n})$$
$$= |X| \times \sum_{j=1}^{n}(y_j \cdot 2^{-(n-j+1)})$$

所以原码一位乘运算串行累加公式成立。

$$|Z| = |X| \times (y_n \cdot 2^{-1} + y_{n-1} \cdot 2^{-2} + \cdots + y_2 \cdot 2^{-(n-1)} + y_1 \cdot 2^{-n})$$
$$= 2^{-1}(y_n \cdot |X| + 2^{-1}(y_{n-1} \cdot |X| + 2^{-1}(\cdots + 2^{-1}(y_2 \cdot |X| + 2^{-1}(y_1 \cdot |X| + P_0)))))$$

由此便有部分积递推公式：

$$P_0 = 0$$
$$P_1 = 2^{-1}(y_1 \cdot |X| + P_0)$$
$$P_2 = 2^{-1}(y_2 \cdot |X| + P_1)$$
$$\vdots$$
$$P_j = 2^{-1}(y_j \cdot |X| + P_{j-1})$$
$$\vdots$$
$$P_{n-1} = 2^{-1}(y_{n-1} \cdot |X| + P_{n-2})$$
$$P_n = 2^{-1}(y_n \cdot |X| + P_{n-1}) = |Z|$$

其中：$y_j \cdot |X| + P_{j-1}$由判断一位乘数位与加法完成，乘2^{-1}由部分积右移完成。

2. 原码一位乘的运算方法

综合上述，原码一位乘的运算规则如下：

① 操作数原码的符号位与数值位分开处理，按"同号得正、异号得负"规则，即两个操作数符号位异或值为乘积符号位。

② 取被乘数原码数值位作为运算的被乘数|X|，字长为 n 位；取乘数原码数值位作为运算的乘数|Y|，字长为 n 位；部分积字长等于被乘数字长加 1，即字长为 n+1 位，且初始值为 0。

③ 从低到高依次对乘数位进行判断，若乘数位为 1，低 n 位部分积加被乘数；若乘数位为 0，部分积加 0；最高进位置于部分积最高位。

④ 部分积每累加一次后按原码右移一位（空出的高位补 0），即得到新部分积（含右移出部分积字的位）。

⑤ 重复③④运算乘数二进制位数次（即 n 次）。

⑥ 将乘积符号位与最后部分积（含移出位）相拼接，即是乘积的原码。

特别地，当由机器来进行部分积递推运算时，部分积最高位为进位标志，用于保存部分积累加时可能出现的溢出进位，以便在后续右移时使其回归到数值位。另外，由于部分积最高位为进位标志，所以部分积右移空出的高位均补 0。

若 $(y_j \cdot |X| + P_{j-1})$ 记为 P'_j，C_n 为加运算时的最高进位，$P_j = P_{j(n+1)} P_{jn} \cdots P_2 P_1$，则相应原码一位乘的运算算法为：

步骤 1：设置部分积 P_j 的字长为 n+1 位、被乘数|X|与乘数|Y|的字长为 n 位；

步骤 2：截取$[X]_原$数值位置于|X|，截取$[Y]_原$数值位置于|Y|；

步骤 3：$z_s = x_s \oplus y_s$、$P_0 = 0$、$j = 1$；

步骤 4：若 $y_j = 1$，则 $P'_j = P_{j-1(低n位)} + |X|$；若 $y_j = 0$，则 $P'_j = P_{j-1(低n位)} + 0$；$P_{j(n+1)} = C_n$；

步骤 5：$P_j = 2^{-1} P'_j$（即 P'_j 右移一位高位补 0）；

步骤 6：$j = j + 1$，若 $j \leq n$，转步骤 4，否则转步骤 7；

步骤 7：$[Z]_原 = z_s$ 与 P_n 拼接。

3. 原码一位乘运算的逻辑实现

从原码一位乘的运算方法可知，原码乘法运算实现的逻辑电路由 n 位被乘数寄存器、n 位乘数寄存器、n+1 位部分积寄存器、n 位并行加法器、被乘数输入控制逻辑、符号生成逻辑、启停逻辑和计数器等组成，其实现的逻辑结构如图 4-22 所示。其中乘数寄存器和部分积寄存器具有移位功能，且是连通的；乘数寄存器开始存放的是乘数|Y|，当运算完成后，存放的是乘积低 n 位，乘数|Y|不再保留，乘积高 n 位存放于部分积寄存器。原码一位乘运算实现的操作过程如下：

① 当指令译码器输出 MUL=1 时，启动信号有效使 D 触发器置 1，同时把$[X]_原$与$[Y]_原$的 n 位数值位分别装入被乘数与乘数寄存器，把$[X]_原$与$[Y]_原$的符号位送到异或门输入端，通过异或门生成乘积符号位；另外，还将计数器 J 与部分积寄存器清 0。

② 当触发器 Q=1 时，与门打开，时钟脉冲 T 则连续不断地在与门输出端输出。

③ 在时钟脉冲上升沿，打开被乘数与部分积寄存器的输出门，并使计数器 J 加 1 计数；部分积寄存器数据直接输入到并行加法器，被乘数寄存器数据通过控制逻辑（即与门）输入到并行加法器（输入数据是被乘数|X|还是 0 由 y_1 决定）。

④ 在时钟脉冲有效期间，并行加法器将输入的两个二进制数进行相加，并把相加结果及其进位装入部分积寄存器。

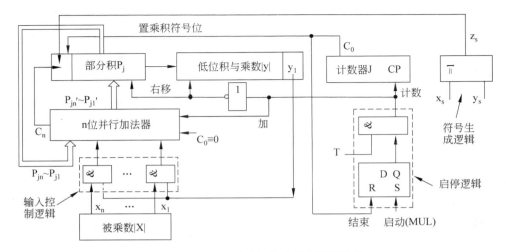

图 4-22 原码一位乘运算实现的逻辑结构

⑤ 在时钟脉冲下降沿,使乘数寄存器与部分积寄存器右移一位,且部分积寄存器空出的最高位补 0,部分积寄存器的最低位传送到乘数寄存器最高位,乘数寄存器最低位丢弃。

⑥ 在时钟脉冲 T 连续不断的作用下,则重复③、④、⑤中的操作,直到第(n+1)个时钟脉冲时,其上升沿使计数器产生进位输出(计数器的模为 n+1)。

⑦ 计数器 J 的进位输出使停止信号有效,D 触发器清 0,Q=0 使与门关闭,从而又使第(n+1)个时钟脉冲无效,④和⑤中的操作不再进行;另外,通过计数器 J 的进位输出,把由异或门生成的乘积符号位置于部分积寄存器最高位。至此,在部分积寄存器与乘数寄存器中存放了乘积的原码。

例 4.8 设 $X=-0.1101, Y=-0.1011$,运用原码一位乘运算方法求 $[X\times Y]_原$。

解:$[X]_原=1\ 1101, [Y]_原=1\ 1011, x_s=1, y_s=1, |X|=1101, |Y|=1011$。根据原码一位乘运算方法,则有:

部分积 P_j		乘数|Y|	y_1	说明
0 0000		101	**1**	$P_0=0$
+ 1101				$y_1=1, P_0+|X|$
0 1101				P_1'
→0 0110	1	10	**1**	右移一位得 P_1
+ 1101				$y_1=1, P_1+|X|$
1 0011				P_2'
→0 1001	11	1	**0**	右移一位得 P_2
+ 0000				$y_1=0, P_2+0$
0 1001				P_3'
→0 0100	111		**1**	右移一位得 P_3
+ 1101				$y_1=1, P_3+|X|$
1 0001				P_4'
→0 1000	1111			右移一位得 P_4

所以 $|Z|=|X\times Y|=P_4=10001111$ $z_s=x_s\oplus y_s=1\oplus 1=0$

$$[Z]_\text{原}=[X\times Y]_\text{原}=0\ 10001111$$

4.3.4 补码一位乘法及其逻辑实现

1. 补码一位乘运算及其累加递推公式

设两个二进制数的补码为：$[X]_\text{补}=x_s\ x_n x_{n-1}\cdots x_2 x_1$，$[Y]_\text{补}=y_s\ y_n y_{n-1}\cdots y_2 y_1$，它们乘积的补码为：$[Z]_\text{补}=[X\times Y]_\text{补}=z_s\ z_m z_{m-1}\cdots z_2 z_1$，且 $m=2n$，则补码乘运算公式为：

$$[Z]_\text{补}=[X\times Y]_\text{补}=[X]_\text{补}\times(-y_s+0.y_n y_{n-1}\cdots y_2 y_1)$$

且补码一位乘运算串行累加及部分积递推公式为：

$$[Z]_\text{补}=[X]_\text{补}\times\sum_{j=1}^{n+1}(2^{-(n-j+1)}(y_{j-1}-y_j))$$

$$P_j=2^{-1}((y_{j-1}-y_j)\cdot[X]_\text{补}+P_{j-1})$$

$$P_0=0$$

其中：$y_0=0$ 为附加位，$y_{n+1}=y_s$，P_j 为第 j 次部分积，$j=1、2、\cdots\cdots、n+1$，P_0 为部分积初始值。现以定点小数为例（定点整数类似）来求证补码一位乘运算与串行累加及部分积递推公式的成立。

(1) 若被乘数 X 符号任意，Y 为正。

根据补码定义有：

$$[X]_\text{补}=2+X=2^{n+1}+X\quad(\text{mod } 2)$$

$$[Y]_\text{补}=Y=0.y_n y_{n-1}\cdots y_2 y_1$$

所以

$$[X]_\text{补}\times[Y]_\text{补}=(2^{n+1}+X)\times Y=2^{n+1}\times Y+X\times Y$$

$$=2^{n+1}\times(0.y_n y_{n-1}\cdots y_2 y_1)+X\times Y$$

$$=2\times(y_n y_{n-1}\cdots y_2 y_1)+X\times Y$$

由于 $(y_n y_{n-1}\cdots y_2 y_1)$ 是大于 0 的正整数，由模的运算性质有：

$$2\times(y_n y_{n-1}\cdots y_2 y_1)=2\quad(\text{mod } 2)$$

所以

$$[X]_\text{补}\times[Y]_\text{补}=2+X\times Y=[X\times Y]_\text{补}\quad(\text{补码定义})$$

$$[Z]_\text{补}=[X\times Y]_\text{补}=[X]_\text{补}\times[Y]_\text{补}=[X]_\text{补}\times Y$$

$$=[X]_\text{补}\times 0.y_n y_{n-1}\cdots y_2 y_1-[X]_\text{补}\times y_s$$

$$=[X]_\text{补}\times(-y_s+0.y_n y_{n-1}\cdots y_2 y_1)\qquad①$$

(2) 若被乘数 X 符号任意，Y 为负。

根据补码定义有：

$$[Y]_\text{补}=2+Y=1.y_n y_{n-1}\cdots y_2 y_1$$

所以

$$Y=1.y_n y_{n-1}\cdots y_2 y_1-2=0.y_n y_{n-1}\cdots y_2 y_1-1$$

$$[X\times Y]_\text{补}=[X\times(0.y_n y_{n-1}\cdots y_2 y_1-1)]_\text{补}$$

$$= [X \times 0.y_n y_{n-1} \cdots y_2 y_1 - X]_{补}$$
$$= [X \times 0.y_n y_{n-1} \cdots y_2 y_1]_{补} - [X]_{补}$$

由于
$$(0.y_n y_{n-1} \cdots y_2 y_1) > 0$$

所以
$$[X \times 0.y_n y_{n-1} \cdots y_2 y_1]_{补} = [X]_{补} \times (0.y_n y_{n-1} \cdots y_2 y_1)$$
$$[X \times Y]_{补} = [X]_{补} \times (0.y_n y_{n-1} \cdots y_2 y_1) - [X]_{补} \times Y_S$$
$$= [X]_{补} \times (-y_S + 0.y_n y_{n-1} \cdots y_2 y_1) \qquad ②$$

综合①②两式,则当被乘数 X 和乘数 Y 的符号均任意时,有:
$$[X \times Y]_{补} = [X]_{补} \times (-y_S + 0.y_n y_{n-1} \cdots y_2 y_1)$$

所以补码一位乘的运算公式成立。

将式$[X \times Y]_{补}$中的 $0.y_n y_{n-1} \cdots y_2 y_1$ 按位权展开则有:
$$[X \times Y]_{补} = [X]_{补} \times (-y_S + 0.y_n y_{n-1} \cdots y_2 y_1)$$
$$= [X]_{补} \times (-y_S + y_n \cdot 2^{-1} + y_{n-1} \cdot 2^{-2} + \cdots + y_2 \cdot 2^{-(n-1)} + y_1 \cdot 2^{-n})$$
$$= [X]_{补} \times ((y_n - y_{n+1}) + 2^{-1}(y_{n-1} - y_n) + 2^{-2}(y_{n-2} - y_{n-1}) + \cdots +$$
$$2^{-(n-1)}(y_1 - y_2) + 2^{-n}(y_0 - y_1)$$
$$= [X]_{补} \times \sum_{j=1}^{n+1} (2^{-(n-j+1)} (y_{j-1} - y_j))$$

所以补码一位乘运算串行累加公式成立。
$$[X \times Y]_{补} = [X]_{补} \times ((y_n - y_{n+1}) + 2^{-1}(y_{n-1} - y_n) + 2^{-2}(y_{n-2} - y_{n-1}) + \cdots +$$
$$2^{-(n-1)}(y_1 - y_2) + 2^{-n}(y_0 - y_1)$$
$$= 2^0 \{(y_n - y_{n+1}) \cdot [X]_{补} + 2^{-1} \{(y_{n-1} - y_n) \cdot [X]_{补} +$$
$$2^{-1} \{(y_{n-2} - y_{n-1}) \cdot [X]_{补} + 2^{-1} \{\cdots + 2^{-1} \{(y_1 - y_2) \cdot [X]_{补} +$$
$$2^{-1} \{(y_0 - y_1) \cdot [X]_{补} + P_0\}\}\}\}\}\}$$

由此便有部分积递推公式:
$$P_0 = 0$$
$$P_1 = 2^{-1}((y_0 - y_1) \cdot [X]_{补} + P_0)$$
$$P_2 = 2^{-1}((y_1 - y_2) \cdot [X]_{补} + P_1)$$
$$\vdots$$
$$P_j = 2^{-1}((y_{j-1} - y_j) \cdot [X]_{补} + P_{j-1})$$
$$\vdots$$
$$P_{n-1} = 2^{-1}((y_{n-2} - y_{n-1}) \cdot [X]_{补} + P_{n-2})$$
$$P_n = 2^{-1}((y_{n-1} - y_n) \cdot [X]_{补} + P_{n-1})$$
$$P_{n+1} = (y_n - y_{n+1}) \cdot [X]_{补} + P_n$$

其中:$(y_{j-1} - y_j) \cdot [X]_{补} + P_{j-1}$ 由判断两位乘数位与加法完成,乘 2^{-1} 由部分积右移完成。

2. 补码一位乘的运算方法

综合上述,补码一位乘的运算规则(由 Booth 夫妇提出,常称 Booth 规则)如下:

① 操作数补码的符号位与数值位一同参加运算。

② 被乘数补码取双符号位作为运算的被乘数 X,字长为 n+2 位;乘数补码取单符号位且末位增设初始值为 0 的附加位 y_0 作为运算的乘数 Y,字长为 n+2 位;部分积字长与被乘数相同为 n+2 位,且初始值为 0。

③ 从低到高依次对乘数两位(含附加位)进行判断:若乘数高低两位=00,部分积加 0;若乘数高低两位=01,部分积加$[X]_{补}$;若乘数高低两位=10,部分积加$[-X]_{补}$;若乘数高低两位=11,部分积加 0。

④ 部分积每累加一次后按补码右移一位(最高位参加移位但本身维持不变),即得到新部分积(含右移出部分积字的位)。

⑤ 重复③和④乘数位数次(即 n+1 次),但最后一次即第(n+1)次不右移。

⑥ 最后的部分积(含右移出部分积字的位)即是乘积的补码。

特别地,当由机器来进行部分积递推运算时,由于符号位参加运算,部分积与参加运算的被乘数均取双符号位,部分积低位符号位为进位标志,用于保存部分积累加时可能出现的溢出进位,以便在后续右移时使其回归到数值位,否则将会侵占符号位。另外,由于补码一位乘时,参加运算的二进制数是有符号的,所以部分积右移最高位应维持不变。

若$((y_{j-1}-y_j) \cdot [X]_{补}+P_{j-1})$记为$P_j'$,则相应补码一位乘的运算算法为:

步骤 1:设置被乘数 X、乘数 Y 与部分积 P_j 的字长均为 n+2 位;

步骤 2:将被乘数补码置于 X 的低 n+1 位,最高位为被乘数补码的符号位;将乘数补码置于 Y 的高 n+1 位,最低位为 0;

步骤 3:$P_0=0,j=1$;

步骤 4:若 $y_j y_{j-1}=00$,则 $P_j'=P_{j-1}+0$;若 $y_j y_{j-1}=01$,则 $P_j'=P_{j-1}+[X]_{补}$;若 $y_j y_{j-1}=10$,则 $P_j'=P_{j-1}+[-X]_{补}$;若 $y_j y_{j-1}=11$,则 $P_j'=P_{j-1}+0$;

步骤 5:$P_j=2^{-1}P_j'$(即 P_j' 右移一位,最高位参加移位但本身维持不变);

步骤 6:$j=j+1$,若 $j \leqslant n+1$,转步骤 4,否则转步骤 7;

步骤 7:$[Z]_{补}=P_{n+1}$。

3. 补码一位乘运算的逻辑实现

从补码一位乘的运算方法可知,补码乘法运算实现的逻辑电路如图 4-23 所示。补码乘法运算实现的逻辑电路与原码乘法相类似,但有以下区别:①被乘数、乘数和部分积寄存器的字长均为 n+2 位,并行加法器的字长为 n+2 位;②乘积符号位通过运算生成,不需要符号生成逻辑;③被乘数输入控制逻辑分两级:前一级区分加 0 还是加$[X]_{补}$或$[-X]_{补}$,后一级区分加$[X]_{补}$还是加$[-X]_{补}$;④当运算完成后,乘积低 n 位存放于乘数寄存器高 n 位(乘数不再保留),乘积高 n+2 位(双符号位)存放于部分积寄存器。补码一位乘运算实现的操作过程也与原码乘法相类似。

例 4.9 设 $X=-0.1101$、$Y=0.1011$,运用补码一位乘运算方法求$[X \times Y]_{补}$。

解:$[X]_{补}=11\ 0011$,$[-X]_{补}=00\ 1101$,$[Y]_{补}=0\ 1011$。根据补码一位乘运算方法,则有:

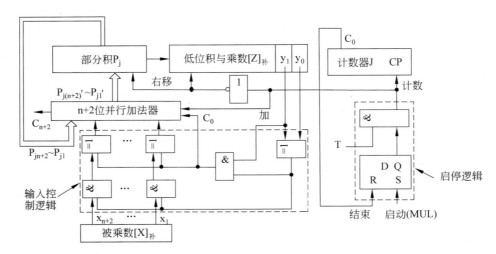

图 4-23 补码一位乘运算实现的逻辑结构

部分积 P_j		乘数$[Y]_补$ $y_1 y_0$		说明
00 0000		0 101	**10**	$P_0 = 0$
+00 1101				$y_1 y_0 = 10, P_0 + [-X]_补$
00 1101				P_1'
→00 0110	1	0 10	**11**	右移一位得 P_1
+00 0000				$y_1 y_0 = 11, P_1 + 0$
00 0110				P_2'
→00 0011	01	0 1	**01**	右移一位得 P_2
+11 0011				$y_1 y_0 = 01, P_2 + [X]_补$
11 0110				P_3'
→11 1011	001	0	**10**	右移一位得 P_3
+00 1101				$y_1 y_0 = 10, P_3 + [-X]_补$
00 1000				P_4'
→00 0100	0001		**01**	右移一位得 P_4
+11 0011				$y_1 y_0 = 01, P_3 + [X]_补$
11 0111	0001			最后一步不移位

所以 $[X \times Y]_补 = 1\ 0111\ 0001$

4.3.5 两位乘运算方法

上述一位乘运算方法,由于每次判断加移位仅根据乘数的一位来计算位积,所以称为一位串行加乘法,相应的实现逻辑电路称为一位串行加乘法器。显然,一位乘运算方法对

n 位数的乘数需要 n 次重复操作,才能得到运算结果。为了提高乘运算的速度,每次判断加移位可以根据乘数的两位来计算位积,这时的乘运算方法则称为两位串行加乘法,相应的实现逻辑电路称为两位串行加乘法器。

1. 原码两位乘运算方法

原码一位乘运算部分积递推公式有:

$$P_{j-1} = 2^{-1}(y_{j-1} \times |X| + P_{j-2})$$
$$P_j = 2^{-1}(y_j \times |X| + P_{j-1}) = 2^{-1}(y_j \times |X| + 2^{-1}(y_{j-1} \times |X| + P_{j-2}))$$
$$= 2^{-2}((2y_j + y_{j-1}) \times |X| + P_{j-2}))$$

可见,部分积 $P_{j-2} \to P_j$ 的递推操作,由乘数中相邻两位二进制数 $y_j y_{j-1}$ 决定。$y_j y_{j-1}$ 有 4 种组合,每种组合对应操作为:

① $y_j y_{j-1} = 00$,$P_j = 2^{-2}(P_{j-2} + 0|X|)$,相当于部分积 P_{j-2} 加 0,部分积右移 2 位。

② $y_j y_{j-1} = 01$,$P_j = 2^{-2}(P_{j-2} + 1|X|)$,相当于部分积 P_{j-2} 加 $|X|$,部分积右移 2 位。

③ $y_j y_{j-1} = 10$,$P_j = 2^{-2}(P_{j-2} + 2|X|)$,相当于部分积 P_{j-2} 加 $2|X|$,部分积右移 2 位;$2|X|$ 容易得到,只要将 $|X|$ 左移一位即可。

④ $y_j y_{j-1} = 11$,$P_j = 2^{-2}(P_{j-2} + 3|X|)$,相当于部分积 P_{j-2} 加 $3|X|$,部分积右移 2 位;但加 $3|X|$ 不能如同其他三种组合一样由一次加完成,而要分两次操作,即增加一次"X 左移一位与加 $|X|$"的操作,从而降低运算速度。为此,用 $(4|X| - |X|)$ 来替代 $3|X|$,即求部分积 P_j 运算时减 $|X|$,欠加 $4|X|$;当部分积 P_j 右移两位后求部分积 P_{j+2} 运算时,加 $4|X|$ 变成加 $|X|$,该加 $|X|$ 与 $y_{j+2}y_{j+1}$ 一同来决定求部分积 P_{j+2} 运算应加 $|X|$ 的个数。如 $P_{j-2} = 1011$、$|X| = 1101$、$y_j y_{j-1} = 11$、$y_{j+2} y_{j+1} = 01$。若由部分积 P_{j-2} 通过加 $2|X|$ 再加 $|X|$ 后右移两位得部分积 P_j、由部分积 P_j 加 $|X|$ 右移两位得部分积 P_{j+2} 的运算公式为:$P_j = 2^{-2}(P_{j-2} + 3|X|)$、$P_{j+2} = 2^{-2}(P_j + |X|)$,运算过程如下:

```
      00 1011              部分积 P_{j-2}
   +   1 1010              加 2|X|,2|X|=11010
      10 0101
   +     1101              加 |X|,|X|=1101
      11 0010              得 P'_j
   →  00 1100    10        右移两位得 P_j
   +     1101              加 |X|,|X|=1101
      01 1001              得 P'_{j+2}
   →    0110    0110       右移两位得 P_{j+2}
```

经运算有:$P_{j+2} = 01100110$。若由部分积 P_{j-2} 通过减 $|X|$(减 $|X|$ 即是加 $[-|X|]_{变补}$)后右移两位得准部分积 P_{jz}、由准部分积 P_{jz} 加 $2|X|$($y_{j+2}y_{j+1} = 01$ 加 $|X|$、求部分积 P_j 时欠加 $|X|$)右移两位得部分积 P_{j+2} 的运算公式为:$P_{jz} = 2^{-2}(P_{j-2} + [-|X|]_{变补})$、$P_{j+2} = 2^{-2}(P_{jz} + 2|X|)$,运算过程如下:

```
        00 1011              部分积 P_{j-2}
    +   11 0011              加[-|X|]_{变补}，[-|X|]_{变补}=11 0011
        11 1110              得 P'_{jz}
    →   11 1111      10      右移两位得 P_{jz}（空出高位补高符号位）
    +    1 1010              加 2|X|，2|X|=11010
        01 1001              得 P'_{j+2}
    →     0110      0110     右移两位得 P_{j+2}
```

经运算有：$P_{j+2}=01100110$。两种方法结果相同，但后一种方法，在每次判断加移位时需要对三位二进制数（其中两位乘数位、一位欠加位）进行判断。

综合上述，结合原码一位乘的运算规则，则原码两位乘的运算规则如下：

① 操作数原码的符号位与数值位分开处理，按"同号得正、异号得负"规则，即两个操作数符号位异或即为乘积符号位。

② 取被乘数原码数值位且在最高两位处补 0 作为运算的被乘数 $|X|$，字长为 $n+2$ 位；部分积字长等于被乘数字长，且初始值为 0；取乘数原码数值位且数值位位数为奇数时在高一位处补 0 作为运算的乘数 $|Y|$，即 n 为偶数时字长为 n 位，n 为奇数时字长为 $n+1$ 位。

③ 设置一位欠加位 C，且初始值为 0。

④ 从低到高依次对乘数两位 $y_j y_{j-1}$ 与欠位 C 进行判断，且按表 4-2 所示操作规则进行操作。

表 4-2 原码二位乘运算判断操作规则

$y_j y_{j-1}$	C	操　　作
00	0	部分积加 0，0→C
00	1	部分积加 $|X|$，0→C
01	0	部分积加 $|X|$，0→C
01	1	部分积加 2$|X|$，0→C
10	0	部分积加 2$|X|$，0→C
10	1	部分积减 $|X|$，即加[-$|X|$]_{变补}，1→C
11	0	部分积减 $|X|$，即加[-$|X|$]_{变补}，1→C
11	1	部分积加 0，1→C

⑤ 部分积每累加一次后按原码右移两位（最高位参加移位但本身维持不变），但当 n 为奇数时最后一步移一位，即得到新部分积（含右移出部分积字的位）。

⑥ 重复④⑤ $n/2$（n 为偶数）或 $(n+1)/2$（n 为奇数）次。

⑦ 将乘积符号位与最后的部分积（含右移出部分积字的位）相拼接，即是乘积的原码。

特别地，当由机器来进行部分积递推运算时，部分积与参加运算的被乘数均在最高位

处附加两位"0",其中低位为数值位(加 2|X|时的 2|X|可能占用该位)或符号位(加 $[-|X|]_{变补}$时的$[-|X|]_{变补}$占用该位),高位为进位标志或符号位。当加 2|X|时,附加的低位为进位标志,用于保存部分积累加时可能出现的溢出进位,以便在后续右移时使其回归到数值位。当加$[-|X|]_{变补}$时,附加的高位为符号位,用于保存部分积累加时可能出现的负数,以便部分积右移空出的高位补 1。

例 4.10 设 X=−0.1101,Y=0.0110,运用原码两位乘运算方法求$[X×Y]_原$。

解: $[X]_原=1\ 1101$,$[Y]_原=0\ 0110$,$x_s=1$、$y_s=0$、|X|=00 1101、2|X|=01 1010、|Y|=0110、$[-|X|]_{变补}=11\ 0011$。根据原码两位乘运算方法,则有:

部分积 P_j	乘数 $\|Y\|$	$y_2 y_1 C$	说明
00 0000	01	**10 0**	$P_0=0$
+01 1010			$y_2 y_1 C=100,P_0+2\|X\|$
01 1010			P_1'
→00 0110	10	**01 0**	右移两位得 P_1,0→C
+00 1101			$y_2 y_1 C=010,P_1+\|X\|$
01 0011			P_2'
→00 0100	1110		右移两位得 P_2,0→C

所以 $|Z|=|X×Y|=P_2=0\ 1001110$ $z_s=x_s⊕y_s=1⊕0=1$
$[Z]_原=[X×Y]_原=1\ 01001110$

例 4.11 设 X=−0.011、Y=−0.011,运用原码两位乘运算求$[X×Y]_原$。

解: $[X]_原=1\ 011$,$[Y]_原=1\ 011$,$x_s=1$、$y_s=1$、|X|=00 011、2|X|=00 110、|Y|=0011、$[-|X|]_{变补}=11\ 101$。根据原码两位乘运算方法,则有:

部分积 P_j	乘数 $\|Y\|$	$y_2 y_1 C$	说明
00 000	00	**11 0**	$P_0=0$
+11 101			$y_2 y_1 C=110,P_0+[-\|X\|]_{变补}$
11 101			P_1'
→11 111	01	**00 1**	右移两位得 P_1,1→C
+00 011			$y_2 y_1 C=001,P_1+\|X\|$
00 010			P_2'
→00 001	001		右移一位得 P_2,0→C

所以 $|Z|=|X×Y|=P_2=001001$ $Z_s=X_s⊕Y_s=1⊕1=0$
$[Z]_原=[X×Y]_原=0\ 001001$

2. 补码两位乘运算方法

补码一位乘运算部分积递推公式有:

$$P_{j-1} = 2^{-1}((y_{j-2} - y_{j-1}) \cdot [X]_补 + P_{j-2})$$
$$P_j = 2^{-1}((y_{j-1} - y_j) \cdot [X]_补 + P_{j-1})$$
$$= 2^{-1}((y_{j-1} - y_j) \cdot [X]_补 + 2^{-1}((y_{j-2} - y_{j-1}) \cdot [X]_补 + P_{j-2}))$$
$$= 2^{-2}((y_{j-2} + y_{j-1} - 2y_j) \cdot [X]_补 + P_{j-2})$$

可见,部分积 $P_{j-2} \to P_j$ 的递推操作,由乘数中相邻三位二进制数 $y_j y_{j-1} y_{j-2}$ 决定。$y_j y_{j-1} y_{j-2}$ 有 8 种组合,每种组合对应操作为:

① $y_j y_{j-1} y_{j-2} = 000$, $P_j = 2^{-2}(P_{j-2} + 0[X]_{补})$,相当于部分积 P_{j-2} 加 0,部分积右移两位。

② $y_j y_{j-1} y_{j-2} = 001$, $P_j = 2^{-2}(P_{j-2} + 1[X]_{补})$,相当于部分积 P_{j-2} 加 $[X]_{补}$,部分积右移两位。

③ $y_j y_{j-1} y_{j-2} = 010$, $P_j = 2^{-2}(P_{j-2} + 1[X]_{补})$,相当于部分积 P_{j-2} 加 $[X]_{补}$,部分积右移两位。

④ $y_j y_{j-1} y_{j-2} = 011$, $P_j = 2^{-2}(P_{j-2} + 2[X]_{补})$,相当于部分积 P_{j-2} 加 $2[X]_{补}$,部分积右移两位;当 $[X]_{补}$ 取双符号位时,将 $[X]_{补}$ 左移一位、高符号位不变、最低位补 0 即可得 $2[X]_{补}$。

⑤ $y_j y_{j-1} y_{j-2} = 100$, $P_j = 2^{-2}(P_{j-2} + 2[-X]_{补})$,相当于部分积 P_{j-2} 加 $2[-X]_{补}$,部分积右移两位;同样,当 $[-X]_{补}$ 取双符号位时,将 $[-X]_{补}$ 左移一位、高符号位不变、最低位补 0 即可得 $2[-X]_{补}$。

⑥ $y_j y_{j-1} y_{j-2} = 101$, $P_j = 2^{-2}(P_{j-2} + [-X]_{补})$,相当于部分积 P_{j-2} 加 $[-X]_{补}$,部分积右移两位。

⑦ $y_j y_{j-1} y_{j-2} = 110$, $P_j = 2^{-2}(P_{j-2} + [-X]_{补})$,相当于部分积 P_{j-2} 加 $[-X]_{补}$,部分积右移两位。

⑧ $y_j y_{j-1} y_{j-2} = 111$, $P_j = 2^{-2}(P_{j-2} + 0[X]_{补})$,相当于部分积 P_{j-2} 加 0,部分积右移两位。

综合上述,结合补码一位乘的运算规则,则补码两位乘的运算规则如下:

① 操作数补码的符号位与数值位一同参加运算。

② 被乘数补码取三符号位作为运算的被乘数 X,字长均为 n+3 位;部分积字长等于运算被乘数字长,且初始值为 0;乘数补码末位增设初始值为 0 附加位 y_0 作为运算的乘数 Y,且 n 为偶数取双符号、字长为 n+3 位,n 为奇数乘数取单符号、字长为 n+2 位。

③ 从低到高依次对乘数三位 $y_j y_{j-1} y_{j-2}$ 进行判断,且按表 4-3 所示操作。

表 4-3 补码两位乘运算判断操作规则

$y_j y_{j-1} y_{j-2}$	操　　作	$y_j y_{j-1} y_{j-2}$	操　　作
000	部分积加 0	100	部分积加 $2[-X]_{补}$
001	部分积加 $[X]_{补}$	101	部分积加 $[-X]_{补}$
010	部分积加 $[X]_{补}$	110	部分积加 $[-X]_{补}$
011	部分积加 $2[X]_{补}$	111	部分积加 0

④ 部分积每累加一次后按补码右移两位(最高位参加移位但本身维持不变),但当 n 为奇数时最后一步移一位,当 n 为偶数时最后一步不移位,即得到新部分积(含右移出部分积字段的位)。

⑤ 重复③和④ n/2(n 为偶数)或 (n+1)/2(n 为奇数)次。

⑥ 最后的部分积(含右移出部分积字的位)即是乘积的补码。

例 4.12 设 $X=-0.011$,$Y=-0.011$,运用补码两位乘运算方法求 $[X\times Y]_{补}$。

解: $[X]_{补}=111\ 101$,$2[X]_{补}=111\ 010$,$[-X]_{补}=000\ 011$,$2[-X]_{补}=000\ 110$,$[Y]_{补}=1\ 101$。根据原码两位乘运算方法,则有:

部分积 P_j	乘数$[Y]_{补}$	$y_2y_1y_0$	说明
000 000	1 1	**0 1 0**	$P_0=0$
+111 101			$y_2y_1y_0=010$,$P_0+[X]_{补}$
111 101			P_1'
→111 111	01	**1 1 0**	右移两位得 P_1
+000 011			$y_2y_1y_0=110$,$P_1+[-X]_{补}$
000 010			P_2'
→000 001	001		最后一步右移一位得 P_2

所以 $[X\times Y]_{补}=0.001001$

例 4.13 设 $X=-0.1101$,$Y=0.0110$,运用补码两位乘运算方法求 $[X\times Y]_{补}$。

解: $[X]_{补}=111\ 0011$,$2[X]_{补}=110\ 0110$,$[-X]_{补}=000\ 1101$,$2[-X]_{补}=001\ 1010$,$[Y]_{补}=00\ 0110$。根据原码两位乘运算方法,则有:

部分积 P_j	乘数$[Y]_{补}$	$y_2y_1y_0$	说明
000 0000	00 01	**1 0 0**	$P_0=0$
+001 1010			$y_2y_1y_0=100$,$P_0+2[-X]_{补}$
001 1010			P_1'
→000 0110	10	00 **0 1 1**	右移两位得 P_1
+110 0110			$y_2y_1y_0=011$,$P_1+2[X]_{补}$
110 1100			P_2'
→111 1011	0010	**0 0 0**	右移两位得 P_2
+000 0000			$y_2y_1y_0=000$,P_2+0
111 1011			P_3'
111 1011	0010		最后一步不移位 P_3

所以 $[X\times Y]_{补}=1\ 10110010$

4.3.6 阵列乘法器

一位或两位串行加乘法器,使用同一硬件,通过位部分积多次累加实现二进制数相乘,运算所需要的时间随二进制位数增加,呈线性增长。为快速实现乘法运算,可以如同手工运算一样,利用多并加法器对位部分积实现连续相加。其基本思想是利用大量与门生成系列位积项,同时采用大量全加器对位积项进行并行相加。

1. 原码阵列乘法器

设被乘数、乘数和乘积的原码为:$[X]_{原}=x_S\ x_4x_3x_2x_1$、$[Y]_{原}=y_S\ y_4y_3y_2y_1$、$[X\times Y]_{原}=z_S\ z_8z_7\cdots z_2z_1$,则有:

$$z_S = x_S \oplus y_S$$
$$|X \times Y| = |X| \times |Y|$$

其手工运算如下：

```
                    x₄    x₃    x₂    x₁
               ×    y₄    y₃    y₂    y₁
              ─────────────────────────────
                   x₄y₁  x₃y₁  x₂y₁  x₁y₁
              x₄y₂ x₃y₂  x₂y₂  x₁y₂
         x₄y₃ x₃y₃ x₂y₃  x₁y₃
    x₄y₄ x₃y₄ x₂y₄ x₁y₄
   ─────────────────────────────────────────
z₈  z₇   z₆   z₅   z₄   z₃    z₂    z₁
```

在手工运算中，位积项 $x_i y_j$ 可以由一个与门生成，相关位积项相加可以由一个全加器实现，4×4 位的原码并行加乘法器的逻辑结构如图 4-24 所示，它主要由位积项与门生成逻辑、位积项并行加逻辑、符号生成异或门和三个寄存器组成，其中位积项并行加逻辑如图 4-25 所示。特别地，由于并行加乘法器中的全加器按阵列方式组织布置的，所以通常把并行加乘法器称为阵列乘法器。可以推出，n 位×n 位的原码阵列乘法器共需要 $n\times n$ 个与门、$n\times(n-1)$ 个全加器。

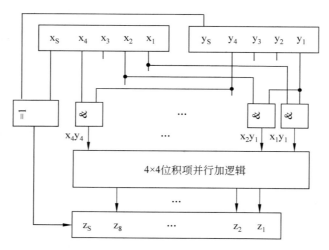

图 4-24 5×5 位原码阵列乘法器的逻辑结构

在并行加乘法器中，除最后一行的全加器外，为避免同一行全加器从低位到高位的进位延迟，每个全加器的进位向左下角的全加器传递，即同一行所有全加器的进位均传递到下一行高一位全加器上，来完成低位进位加。而最后一行的全加器，图中采用的是串行进位逻辑，但也可采用并行进位逻辑，以加快运算速度。

2. 补码阵列乘法器

由于补码乘法中，被乘数、乘数和乘积均是补码，为利用原码阵列乘法器，需要先将被乘数与乘数的补码变换为原码，通过原码阵列乘法器得到乘积的原码，再将乘积的原码变换为乘积的补码。可见，补码阵列乘法器由被乘数求补逻辑、乘数求补逻辑、原码阵列乘法器和乘积求补逻辑组成，其逻辑结构如图 4-26 所示。

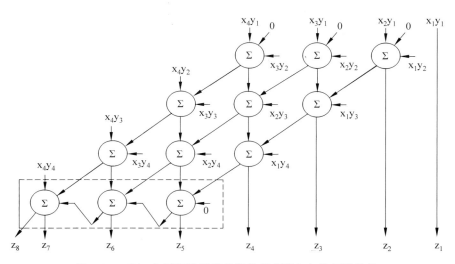

图 4-25 4×4 位原码阵列乘法器位积项并行加的逻辑结构

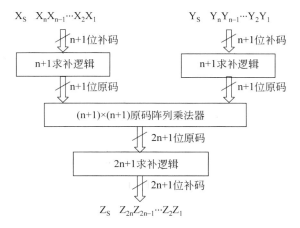

图 4-26 (n+1)×(n+1)位补码阵列乘法器的逻辑结构

求补规则为：符号位不变，当符号位为 0 时，数值位不变；当符号位为 1 时，数值位自低位向高位的第一位 1 及其右侧低位 0 保持不变，左侧高位按位取反。根据求补规则求补逻辑电路如图 4-27 所示。当 $x_S=0$ 时，X 为正数，与门输出为 0，则通过异或门使 $x_i'=x_i$；当 $x_S=1$ 时，X 为负数，当低 m 位的 x_i 为 0 时，低 m 个与门输出为 0，通过异或门使低

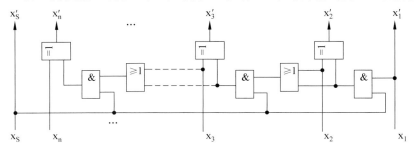

图 4-27 n+1 位字长二进制数的求补逻辑电路

m 位的 $x'_i = x_i$，其他高位对应的与门输出为 1，通过异或门使 $x'_i = x_i$。图中的或门用于从低位到高位搜索第一个"1"。

4.4 定点数除运算及其逻辑实现

与 4.3 节类同，除运算操作如何分解，分解后包含哪些元操作，这些元操作如何实现；除运算机器实现的方法有哪些，即除法器有哪些种类，各自实现的算法与逻辑电路如何等等，是本节要分析讨论的问题。

4.4.1 除法器种类与手工运算的改进

1. 除法器的种类

组织加减运算实现除运算的本质是将商位积相减，而商位积相减可以串行也可以并行，则根据除运算商位积相减的并行性，实现方法有串行减与并行减之分。而实现方法既可以通过原码实现，也可以通过补码实现。当除运算采用不同的编码与不同实现方法时，逻辑电路自然不同，即是不同的除法器。综合起来，除法器包括原码并行减、补码并行减、原码串行减、补码串行减等四种，其种类层次结构如图 4-28 所示。

除法器 $\begin{cases} 并行减 \begin{cases} 原码 \\ 补码 \end{cases} \\ 串行减 \begin{cases} 原码 \\ 补码 \end{cases} \end{cases}$

图 4-28 除法器种类的层次结构

2. 手工除运算分解

除运算除加减元运算外，还包含哪些元操作，先来观察二进制数手工笔算的过程。设有两个定点小数：$X = 0.1001$、$Y = -0.1011$，求 X/Y 及其余数。商符号按"同号得正、异号得负"规则单独处理，该规则即是异或运算，余数符号为被除数符号；而商与余数绝对值则将 X、Y 的绝对值做如下运算。从手工运算商与余数绝对值可以看出，其运算过程包含三种操作。

```
除数           01101        商
1011  ) 1001                被除数
       -0000                余数 $R_0 (= |X|) < |Y|$，商上 0，$R_0 - 0$
        1001**0**           得余数 $R_1$ 且低位补 0
       -**0**1011           余数 $R_1 \geq 2^{-1}|Y|$，商上 1，$R_1 - 2^{-1}|Y|$
         0111**0**          得余数 $R_2$ 且低位补 0
       -**00**1011          余数 $R_2 \geq 2^{-2}|Y|$，商上 1，$R_2 - 2^{-2}|Y|$
          0011**0**         得余数 $R_3$ 且低位补 0
       -**000**0000         余数 $R_3 < 2^{-3}|Y|$，商上 0，$R_3 - 0$
           0110**0**        得余数 $R_4$ 且低位补 0
       -**0000**1011        余数 $R_4 \geq 2^{-4}|Y|$，商上 1，$R_4 - 2^{-4}|Y|$
             0001           商位数与被除数或除数相同，结束，得最后余数
```

(1) 部分余数大小比较。

部分余数大小比较是指上第 i 位商前，先比较部分余数 R_i 与商位部分积 $2^{-i}Y$(i 为商

位上商顺序号,顺序号从 0 开始计)之间的大小来决定商上 1 还是 0;若部分余数大,商上 1;若部分余数小,商上 0。

(2) 商位积右移。

商位积右移是指商位积与被除数位置相比,需要右移一定位数,右移后左侧空出位补 0,即得到本商位部分积,右移位数等于本商位上商顺序号。特别地,与乘法运算类似,把商位与除数的乘积称为商位积,其右移一位后则称为商位部分积。

(3) 部分余数与商位部分积相减。

重复上述三种操作或运算,直到商位数与被除数或除数相同为止。可见,手工除运算可分解为四种元操作:部分余数大小比较、商位积右移、符号位异或、余数重复次数控制,以及一种元运算:部分余数与商位部分积相减。特别地,定点小数数值位 4 位,上商 5 次,第一次上的商作为溢出判断位,不是真正商,应去掉;当为 1 时,表示 $|X|>|Y|$,商>1,产生溢出。

3. 手工除运算的改进

由于部分余数低位不断补 0,为使部分余数与商位部分积相减的位对齐,商位积(除数)则不断右移,使得每次相减的二进制位数在增加,而一般减法器相减的二进制位数不可能增加。实际上每次相减时部分余数高 i 位并没有减,即本次部分余数高 i 位就是下次部分余数的高 i 位(即均为 0)。因此,每次相减时,通过部分余数左移把最高位 0 移去,而商位积与被除数位置相比不再右移,这样每次相减的二进制位数不变,即上述实例做如下运算来得到商与部分余数绝对值。特别地,部分余数每次左移相当于将部分余数乘 2,部分余数经过 n 次左移,相当于将部分余数乘 2^n;因此将商位积右移改为部分余数左移后,最后的部分余数应乘 2^{-n} 才是真正的余数。

```
除数         01101        商
1011    ) 1001            被除数
        −0000             部分余数 R₀(=|X|)<|Y|,商上 0,R₀−0
         ─────
          1001            得部分余数 R₁
         10010            部分余数 R₁ 左移一位
        −1011             部分余数 2R₁>|Y|,商上 1,2R₁−|Y|
         ─────
         00111            得部分余数 R₂
         01110            部分余数 R₂ 左移一位
        −1011             部分余数 2R₂>|Y|,商上 1,2R₂−|Y|
         ─────
         00011            得部分余数 R₃
         00110            部分余数 R₃ 左移一位
        −0000             余数 2R₃<|Y|,商上 0,2R₃−0
         ─────
         00110            得部分余数 R₄
         01100            部分余数 R₄ 左移一位
        −1011             部分余数 2R₄>|Y|,商上 1,R₄−|Y|
         ─────
         00001            商位数与被除数或除数相同,结束,得最后余数
```

而对于余数大小比较,一般是通过减运算实现的,即若左移一位的部分余数与除数相

减结果为正,左移一位的部分余数大于除数,商上 1;若左移一位的部分余数与除数相减结果为负,左移一位的部分余数小于除数,商上 0。除法运算也是通过减运算实现的,即商上 1 时,左移一位的部分余数与除数需要相减,可以与部分余数大小比较的相减合并,商上 1 后不再相减;商上 0 时,左移一位的部分余数与除数不需要相减,但部分余数大小比较时已相减,则应在部分余数大小比较相减结果上加上除数,以恢复左移一位的部分余数。通常把商上 0 时将部分余数还原为部分余数大小比较前的数值、商上 1 时将部分余数大小比较的减运算与除法运算的减运算合并的除法运算方法称为恢复余数法。显然,恢复余数法对于每位商的操作运算不仅不同,且还是预先不可确定,控制极其复杂。

针对除法恢复余数法的复杂性,来分析恢复余数法的每位商、余数之间的关系,是否可以在商上 0 时不恢复余数,使商上 0 与商上 1 的操作运算一致。设第 i、$i+1$、$i+2$ 位商的部分余数分别为 R_i、R_{i+1}、R_{i+2},根据恢复余数法,将部分余数 R_i 左移一位再减 $|Y|$,则有第 $i+1$ 位商的部分余数为:

$$R_{i+1} = 2R_i - |Y|$$

若 $R_{i+1} = 2R_i - |Y| < 0$,商上 0,需要加 $|Y|$ 来恢复余数,即第 $i+1$ 位商 0 的部分余数为:

$$R_{i+1} = (2R_i - |Y|) + |Y| = 2R_i$$

继续除求商,将部分余数 R_{i+1} 左移一位再减 $|Y|$,则有第 $i+2$ 位商的部分余数为:

$$R_{i+2} = 2(2R_i) - |Y| = 4R_i - |Y|$$

即在第 $i+1$ 位商恢复余数后,还需要左移一位,再减去除数才能得到第 $i+2$ 位商的部分余数。

从第 $i+2$ 位商的部分余数可以看出,当 $R_{i+1} = 2R_i - |Y| < 0$ 商上 0 时,可以不加 $|Y|$ 恢复余数操作,仅把 $(2R_i - |Y|)$ 左移一位再加 $|Y|$ 也可以得到第 $i+2$ 位商的部分余数,即有:

$$R_{i+2} = 2(2R_i - |Y|) + |Y| = 4R_i - |Y|$$

可见,当部分余数 $R_{i+1} < 0$ 商上 0 时,将部分余数 R_{i+1} 左移一位再加 $|Y|$,则可以得到部分余数 R_{i+2};当部分余数 $R_{i+1} > 0$ 商上 1 时,将部分余数 R_{i+1} 左移一位再减 $|Y|$,则可以得到部分余数 R_{i+2}。通常把商上 0 时不还原余数大小比较前的数值、商上 1 与商上 0 均将余数大小比较的减运算与除法运算的减运算合并的除法运算方法称为不恢复余数法。显然,不恢复余数法对于每位商的操作运算不仅类同,且还是预先可确定的,控制简单。特别地,由于不恢复余数法每位商的操作运算,商上 0 时加 $|Y|$、商上 1 时减 $|Y|$,所以又称为加减交替法。

由此,依据手工除运算过程,通过对手工除运算的改进,即由部分余数左移代替商位积右移、由商上 0 时不恢复余数代替恢复余数,并把减 $|Y|$ 转为加 $[-|Y|]_{补}$,使得除法运算也适合利用一般加法器来完成。

4.4.2 原码除法及其逻辑实现

1. 原码除的运算方法

同乘法运算一样,设两个二进制定点小数的原码为:$[X]_原 = x_S\ x_n\ x_{n-1} \cdots x_2\ x_1$、$[Y]_原 =$

$y_s\ y_n y_{n-1} \cdots y_2 y_1$,它们商及余数的原码为:$[Q]_原 = [X/Y]_原 = Q_S\ Q_n Q_{n-1} \cdots Q_2 Q_1$、余数 $[R]_原 = R_S\ R_m R_{m-1} \cdots R_2 R_1$。商$[Q]_原$符号位为两个二进制数符号位的异或值,余数$[R]_原$符号位为被除数的符号位,商与余数绝对值为两个二进制数绝对值相除的结果,即原码除运算公式为:

$$Q_S = x_s \oplus y_s$$
$$r_S = x_S$$
$$|Q| = (|X| - |R|) / |Y|$$

根据原码数值位与真值数值位之间的转换关系,$|X|$、$|Y|$、$|Q|$、$|R|$即是被除数、除数、商和余数的原码数值位,即:

$$|X| = x_n x_{n-1} \cdots x_2 x_1$$
$$|Y| = y_n y_{n-1} \cdots y_2 y_1$$
$$|Q| = Q_n Q_{n-1} \cdots Q_2 Q_1$$
$$|R| = r_m r_{m-1} \cdots r_2 r_1$$

特别地,定点小数相除时,商与余数也对应为定点小数,则应满足$|X| < |Y|$,才能使商<1;被除数与除数字长一般相等,商的数值有效位由精度要求决定,一般与除数字长相等,即商的字长一般与除数字长相等。定点整数相除时,商与余数也对应为定点整数,则应满足$|X| > |Y|$,才能使商>1;被除数字长大于或等于除数字长,商的数值有效位由实际结果决定,商的字长一般也与除数字长相等。

综合手工除运算的改进,原码除的运算规则如下:

① 操作数原码的符号位与数值位分开处理,按"同号得正、异号得负"规则,即两个操作数符号位异或为商符号位,余数符号位为被除数符号位。

② 取被除数原码数值位且最高两位处补 0 作为运算的部分余数初始值 R_0,字长为 $n+2$ 位;除数原码数值位且最高一位处补 0 作为运算的除数,字长为 $n+1$ 位;商字长等于除数字长,且初始值为 0。

③ 部分余数加$[-|Y|]_补$(即减$|Y|$)得到新部分余数。

④ 若新部分余数最高位为 0(即新部分余数为正),商上 1,部分余数按补码左移一位(最高位维持不变,空出的低位补 0)后再加$[-|Y|]_补$;若新部分余数最高位为 1(即新部分余数为负),商上 0,部分余数左移一位后再加$|Y|$;最高进位置于部分余数最高位。

⑤ 重复④ n 次,即除数数值位二进制位数次。

⑥ 若最后余数最高位为 0(即最后部分余数为正),商上 1;若最后余数最高位为 1(即最后部余数为负),商上 0。

⑦ 将商符号位与最后的商相拼接,即是商的原码。

⑧ 将余数符号位与右移 n 次的最后部分余数相拼接,即是余数的原码。

特别地,当由机器来计算新部分余数时,部分余数最高位为溢出标志,用于保存部分余数左移时可能出现的数值位移出,在后续的减运算中,通过借位使部分余数恢复正常。另外,数值位 n 位,上商 n+1 次,第一次上的商作为溢出判断,不是真正商,应去掉。

若 C_{n+1} 为加减运算时的最高进位,则相应原码一位乘的运算算法为:

步骤 1:设置 R_j 的字长为 $n+2$ 位、$|Q|$ 与 $|Y|$ 的字长为 $n+1$ 位;

步骤 2：截取 $[X]_原$ 数值位置于 $|X|$ 或 R_j 低 n 位、最高两位为 0，即 $R_0 = |X|$，截取 $[Y]_原$ 数值位置于 $|Y|$ 低 n 位、最高位为 0；

步骤 3：$Q_s = x_s \oplus y_s$、$Q = 0$、$j = 1$、$R_j = R_0 - |Y|$；

步骤 4：若 $R_j \geqslant 0$，则 $Q_{n+2-j} = 1$、$R_{j+1} = 2R_j - |Y|$；若 $R_j < 0$，则 $Q_{n+2-j} = 0$、$R_{j+1} = 2R_j + |Y|$；$r_{n+2} = C_n$；（其中 $2R_j$ 即是 R_j 按补码左移一位）

步骤 5：$j = j+1$，若 $j \leqslant n$，转步骤 4，否则转步骤 6；

步骤 6：若 $R_j \geqslant 0$，则 $Q_{n+2-j} = 1$；若 $R_j < 0$，则 $Q_{n+2-j} = 0$；

步骤 7：$[Q]_原 = Q_s$ 与 Q 拼接、$[R]_原 = x_s$ 与 $2^{-n}R_n$ 拼接。

2. 原码除运算的逻辑实现

从原码除的运算方法可知，原码除法运算实现的逻辑电路由 n+2 位部分余数寄存器、n+1 位除数寄存器、n+1 位商寄存器、n+1 位并行加法器、除数输入控制逻辑、符号生成逻辑、启停逻辑和计数器等组成，其实现的逻辑结构如图 4-29 所示。其中商寄存器和部分余数寄存器具有移位功能，部分余数寄存器开始存放的是被除数 $|X|$，当运算完成后，存放的是最后的部分余数，被除数 $|X|$ 不再保留。原码除运算实现的操作过程如下：

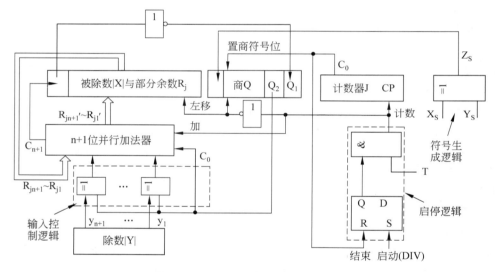

图 4-29 原码除运算实现的逻辑结构

① 当指令译码器输出 DIV=1 时，启动信号有效使 D 触发器置为 1 和商寄存器值置为 0…02H，同时把 $[X]_原$ 与 $[Y]_原$ 的 n 位数值位分别装入部分余数寄存器与除数寄存器，把 $[X]_原$ 与 $[Y]_原$ 的符号位送到异或门输入端，通过异或门生成乘积符号位；另外，还将计数器置为 0。

② 当 D 触发器 Q=1 时，与门打开，时钟脉冲 T 则连续不断地在与门输出端输出。

③ 在时钟脉冲上升沿，打开除数与部分余数寄存器的输出门，并使计数器加 1 计数；部分余数寄存器数据直接输入到并行加法器，除数寄存器数据通过控制逻辑（即异或门）输入到并行加法器（输入数据是 $|Y|$ 还是 $[-|Y|]_补$ 由 Q_2 决定）。

④ 在时钟脉冲有效期间，并行加法器将输入的两个二进制数进行相加，并把相加结

果及其进位装入部分余数寄存器,且部分余数寄存器最高位通过非门置入商寄存器的最低位。

⑤ 在时钟脉冲下降沿,使商寄存器与部分余数寄存器左移一位,且部分余数寄存器最高位维持不变、空出的最低位补 0,商寄存器最高位丢弃、空出的最低位补 0。

⑥ 在时钟脉冲 T 连续不断的作用下,则重复③、④、⑤中的操作,直到第(n+1)个时钟脉冲时,其上升沿使计数器产生进位输出(计数器的模为 n+1)。

⑦ 计数器 J 的进位输出使停止信号有效,D 触发器清 0,Q=0 使与门关闭,从而又使第(n+1)个时钟脉冲无效,④、⑤中的操作不再进行;另外,通过计数器 J 的进位输出,把由异或门生成的商符号位置于商寄存器最高位。至此,在商寄存器中存放了商的原码,部分余数寄存器中存放了余数原码的有效数值位,通过其他逻辑生成余数的原码。

例 4.14 设 X=−0.1001,Y=−0.1011,运用原码除运算方法求[X/Y]$_原$。

解:[X]$_原$=1 1001,[Y]$_原$=1 1011,X$_s$=1,Y$_s$=1,R$_0$=|X|=0 01001,|Y|=01011,[−|Y|]$_补$=10101,根据原码除运算方法,则有:

部分余数 R$_j$	商|Q|	Q$_1$	说明
0 01001			R$_0$
+ 10101			R$_0$+[−|Y|]$_补$
0 11110		**0**	R$_1$,余数为负,Q$_5$ 商上 0
←1 11100	0		R$_1$ 左移一位得 2R$_1$
+ 01011			Q$_5$=0,2R$_1$+|Y|
0 00111	0	**1**	R$_2$,余数为正,Q$_4$ 商上 1
←0 01110	01		R$_2$ 左移一位得 2R$_2$
+ 10101			Q$_4$=1,2R$_2$+[−|Y|]$_补$
1 00011	01	**1**	R$_3$,余数为正,Q$_3$ 商上 1
←1 00110	011		R$_3$ 左移一位得 2R$_3$
+ 10101			Q$_3$=1,2R$_3$+[−|Y|]$_补$
1 11011	011	**0**	R$_4$,余数为负,Q$_2$ 商上 0
←1 10110	0110		R$_4$ 左移一位得 2R$_4$
01011			Q$_2$=0,2R$_4$+|Y|
0 00001	0110	**1**	R$_5$,余数为负,Q$_1$ 商上 1

所以|Q|=|X/Y|=1101 |R|=R$_5$=0001   Q$_s$=x$_s$⊕y$_s$=1⊕1=0
[Q]$_原$=[X/Y]$_原$=0 1101   [R]$_原$=1 0001×2^{-4}

4.4.3 补码除法及其逻辑实现

1. 补码除运算及其部分余数递推公式

补码除运算也分恢复余数法和加减交替法,与原码除运算一样,仅讨论加减交替法。设两个二进制定点小数补码为:[X]$_补$=x$_S$ x$_n$x$_{n-1}$…x$_2$x$_1$、[Y]$_补$=y$_S$ y$_n$y$_{n-1}$…y$_2$y$_1$,它们的商与余数补码为:[Q]$_补$=Q$_S$ Q$_n$Q$_{n-1}$…Q$_2$Q$_1$、[R]$_补$=r$_S$ r$_n$r$_{n-1}$…r$_2$r$_1$,则补码除运算公

式为：
$$[X]_{补}=[Q \cdot Y]_{补}+[2^{-n}R]_{补}$$

且补码除运算部分余数递推公式为：

$$[R_j]_{补}=[2R_{j-1}]_{补}+[(1-2Q_{n+3-j})Y]_{补} \quad (j=2,3,\cdots,n+1)$$

$$[R_1]_{补}=[X]_{补}+[(1-2K)Y]_{补} \quad (X,Y 同号,K=1;X,Y 异号,K=0)$$

其中：R_j 为第 j 次部分余数，$j=1,2,\cdots,n+1$。

从原码除运算来看，通过比较当前部分余数与除数的绝对值大小，决定商上 0 还是 1、当前部分余数是加除数还是减除数来得到新部分余数。由于原码除运算的被除数与除数是绝对值参加运算，被除数与除数大小的比较可以转变为：被除数与除数相减得到起始部分余数，由起始部分余数正负判断被除数与除数大小。但对于补码，被除数与除数的符号是任意的，绝对值大小的比较则很复杂。现分以下四种情况来讨论补码如何比较绝对值大小。

(1) 若 X>0,Y>0,则 $[X]_{补}=|X|,[Y]_{补}=|Y|$。

$[X]_{补}-[Y]_{补}=|X|-|Y|=[R]_{补}$，设 R>0 即与 Y 同号，则有 $|X|-|Y|>0$ 即 $|X|>|Y|$；设 R<0 即与 Y 异号，则有 $|X|-|Y|<0$ 即 $|X|<|Y|$。

(2) 若 X<0,Y<0,则 $[X]_{补}=2-|X|,[Y]_{补}=2-|Y|$。

$[X]_{补}-[Y]_{补}=2-|X|-(2-|Y|)=|Y|-|X|=[R]_{补}$，设 R<0 即与 Y 同号，则有 $|Y|-|X|<0$ 即 $|X|>|Y|$；设 R>0 即与 Y 异号，则有 $|Y|-|X|>0$ 即 $|X|<|Y|$。

(3) 若 X>0,Y<0,则 $[X]_{补}=|X|,[Y]_{补}=2-|Y|$。

$[X]_{补}+[Y]_{补}=2+|X|-|Y|=[R]_{补}$，根据补码定义有：R 为负与 Y 同号，$|X|-|Y|<0$ 即 $|X|<|Y|$。

(4) 若 X<0,Y>0,则 $[X]_{补}=2-|X|,[Y]_{补}=|Y|$。

$[X]_{补}+[Y]_{补}=2+|Y|-|X|=[R]_{补}$，根据补码定义有：R 为负与 Y 异号，$|Y|-|X|<0$ 即 $|X|>|Y|$。

综上所述则有：被除数与除数同号，起始部分余数补码为被除数补码减除数补码；且起始部分余数与除数同号，被除数大于除数，起始部分余数与除数异号，被除数小于除数。被除数与除数异号，起始部分余数补码为被除数补码加除数补码；且起始部分余数与除数同号，被除数小于除数，起始部分余数与除数异号，被除数大于除数。因此有：

$$[R_1]_{补}=[X]_{补}+[(1-2K)Y]_{补} \quad (X、Y 同号,K=1;X,Y 异号,K=0)$$

与起始部分余数类同，后续部分余数为：

$$[R_j]_{补}=[2R_{j-1}]_{补}+[(1-2Q_{n+3-j})Y]_{补}$$

即有：

$$[R_1]_{补}=[X]_{补}+[(1-2K)Y]_{补}$$
$$[R_2]_{补}=[2R_1]_{补}+[(1-2Q_{n+1})Y]_{补}$$
$$[R_3]_{补}=[2R_2]_{补}+[(1-2Q_n)Y]_{补}$$
$$\cdots\cdots$$
$$[R_n]_{补}=[2R_{n-1}]_{补}+[(1-2Q_3)Y]_{补}$$
$$[R_{n+1}]_{补}=[2R_n]_{补}+[(1-2Q_2)Y]_{补}$$

将以上各式依次乘以 $2^0, 2^{-1}, 2^{-2}, \cdots, 2^{-(n-1)}, 2^{-n}$,则有:

$$[R_1]_{\text{补}} = [X]_{\text{补}} + [(1-2K)Y]_{\text{补}}$$

$$[2^{-1}R_2]_{\text{补}} = [R_1]_{\text{补}} + [2^{-1}(1-2Q_{n+1})Y]_{\text{补}}$$

$$[2^{-2}R_3]_{\text{补}} = [2^{-1}R_2]_{\text{补}} + [2^{-2}(1-2Q_n)Y]_{\text{补}}$$

$$\vdots$$

$$[2^{-(n-1)}R_n]_{\text{补}} = [2^{-(n-2)}R_{n-1}]_{\text{补}} + [2^{-(n-1)}(1-2Q_3)Y]_{\text{补}}$$

$$[2^{-n}R_{n+1}]_{\text{补}} = [2^{-(n-1)}R_n]_{\text{补}} + [2^{-n}(1-2Q_2)Y]_{\text{补}}$$

将以上各式依次代入,则有:

$$[2^{-n}R_{n+1}]_{\text{补}} = [X]_{\text{补}} + [(1-2K)Y + 2^{-1}(1-2Q_{n+1})Y + 2^{-2}(1-2Q_n)Y + \cdots +$$
$$2^{-(n-1)}(1-2Q_3)Y + 2^{-n}(1-2Q_2)Y]_{\text{补}}$$

$$= [X]_{\text{补}} + \left[\left((1-2K) + \sum_{j=1}^{n}2^{-j} - \sum_{j=0}^{n-1}(2^{-j}Q_{n+1-j})\right)Y\right]_{\text{补}}$$

由于 $\sum_{j=1}^{n}2^{-j}$ 是等比级数,即有 $\sum_{j=1}^{n}2^{-j} = 1-2^{-n}$

所以有:

$$[X]_{\text{补}} = \left[\left((2K-1) - \sum_{j=1}^{n}2^{-j} + \sum_{j=0}^{n-1}(2^{-j}Q_{n+1-j})\right)Y\right]_{\text{补}} + [2^{-n}R_n]_{\text{补}}$$

$$[X]_{\text{补}} = \left[\left((2K-2) + 2^{-n} + \sum_{j=0}^{n-1}(2^{-j}Q_{n+1-j})\right)Y\right]_{\text{补}} + [2^{-n}R_n]_{\text{补}}$$

当 X、Y 同号时,则 K=1,商为正、2K-2=0;且令 $Q_{n+1}=Q_s$ 和 $Q_1=1$,则有 $[Q]_{\text{补}} = Q_{n+1}Q_nQ_{n-1}\cdots Q_3Q_2Q_1 = Q_sQ_nQ_{n-1}\cdots Q_3Q_21 = Q$,所以有:

$$\left[\left((2K-2) + 2^{-n} + \sum_{j=0}^{n-1}(2^{-j}Q_{n+1-j})\right)Y\right]_{\text{补}} = \left[\left(\sum_{j=0}^{n-1}(2^{-j}Q_{n+1-j}) + 2^{-n}\right)Y\right]_{\text{补}}$$

$$= [(Q_sQ_nQ_{n-1}\cdots Q_3Q_21)Y]_{\text{补}}$$

$$= [Q \cdot Y]_{\text{补}}$$

当 X、Y 异号时,则 K=0、商为负、2K-2=-2;$[Q]_{\text{补}} - 2 = Q$,所以有:

$$\left[\left((2K-2) + 2^{-n} + \sum_{j=0}^{n-1}(2^{-j}Q_{n+1-j})\right)Y\right]_{\text{补}} = \left[\left(\sum_{j=0}^{n-1}(2^{-j}Q_{n+1-j}) + 2^{-n} - 2\right)Y\right]_{\text{补}}$$

$$= [(Q_sQ_nQ_{n-1}\cdots Q_3Q_21 - 2)Y]_{\text{补}}$$

$$= [([Q]_{\text{补}} - 2) \cdot Y]_{\text{补}}$$

$$= [Q \cdot Y]_{\text{补}}$$

综合则补码除运算公式成立。

2. 补码除的运算方法

由上述可知,补码除运算时,操作数补码的符号位与数值位一同参加运算,被除数与除数补码取双符号位作为运算的被除数 X 与除数 Y,字长为 n+2 位;商为单符号位补码,字长为 n+1 位,且初始值为 0;部分余数初始值为被除数 X。综合上述,补码除法运算包含商符确定、比较上商规则、余数计算规则、商处理规则和余数处理规则等五个方面。

（1）商符确定规则。从补码除运算公式推导可知，第一次上的商 Q_{n+1} 即是商符 Q_s。为了防止溢出，定点小数除运算应满足 $|X|<|Y|$，即被除数小于除数。当被除数与除数同号时，商为正，被除数减去除数的部分余数与除数一定是异号，商上"0"，恰是商的符号；当被除数与除数异号，商为负，被除数加上除数的部分余数与除数一定是同号，商上"1"，也恰是商的符号。可见，在补码除运算中，商符在比较上商过程中自动形成。

（2）比较上商规则。①部分余数与除数同号，部分余数大于除数，商上1，部分余数左移一位减去除数得到新部分余数；部分余数与除数异号，部分余数小于除数，商上0，部分余数左移一位加上除数得到新部分余数。②若商的处理采用恒置1法，重复②n次；若商的处理采用校正法，重复②n+1次。

特别地，除第一次上商即符号商是按"同号上1、异号上0"外，后续上商即数值商的比较上商规则为：商为正即商符为0，按原码上商，部分余数与除数同号，部分余数大于除数，商上1，部分余数与除数异号，部分余数小于除数，商上0；商为负即商符为1，按反码上商，部分余数与除数同号，部分余数小于除数，商上1，部分余数与除数异号，部分余数大于除数，商上0。所以，符号商与数值商的比较上商规则如表4-4所示。综合符号商与数值商的比较上商规则有统一比较上商规则：部分余数与除数同号，商上1；部分余数与除数异号，商上0。

（3）余数计算规则。①被除数与除数同号，被除数减去除数得到起始部分余数；被除数与除数异号，被除数加上除数得到起始部分余数。②商上1，部分余数左移一位减去除数得到新后继部分余数；商上0，部分余数左移一位加上除数得到新后继部分余数。③重复②n次。所以，部分余数计算规则如表4-4所示。

表 4-4 商符确定、比较上商与余数计算规则

$[X]_补$ 与 $[Y]_补$	同　号		异　号	
起始余数 $[R_1]_补$	$[X]_补 - [Y]_补$		$[X]_补 + [Y]_补$	
$[R_1]_补$ 与 $[Y]_补$	一定异号		一定同号	
符号商	0		1	
两次余数 $[R_2]_补$	$[R_2]_补 = 2[R_1]_补 + [Y]_补$		$[R_2]_补 = 2[R_1]_补 - [Y]_补$	
$[R_i]_补$ 与 $[Y]_补$	同号	异号	同号	异号
数值商	1	0	1	0
	$[R_i]_补 = 2[R_{i-1}]_补 - [Y]_补$	$[R_i]_补 = 2[R_{i-1}]_补 + [Y]_补$	$[R_i]_补 = 2[R_{i-1}]_补 - [Y]_补$	$[R_i]_补 = 2[R_{i-1}]_补 + [Y]_补$

（4）商的处理规则。根据商的精度要求，商的处理有两种方法。一是恒置1法：商的最末一位恒置为1，适用于对商的精度要求不高场合；恒置1法操作简单，但精度较低；当商为负时，实际商是反码，所需要的商是补码，两者之间相差最末一位的1，引起的最大误差为 2^{-n}。二是校正法：当能除尽（运算过程中的任一步余数为0）时，若除数为正，不必校正；若除数为负，则通过商加 2^{-n} 来校正；当不能除尽时，若商为正，不必校正；若商为

负,则通过商加 2^{-n} 来校正。

（5）余数处理规则。若商为正,当最后余数与被除数异号时,最后余数加上除数则得正确的余数;若商为负,当最后余数与被除数异号时,最后余数减去除数则得正确的余数。

相应补码除的运算算法为:

步骤 1:设置部分余数 R_j 与除数 Y 的字长为 $n+2$ 位、商 Q 的字长为 $n+1$ 位;

步骤 2:将被乘数与乘数补码分别置于 R_j 和 Y 的低 $n+1$ 位,最高位分别为被乘数补码的符号位;$Q=0$;

步骤 3:若 $x_s \oplus y_s = 0$,则 $[R_1]_补 = [R_0]_补 - [Y]_补$;若 $x_s \oplus y_s = 1$,则 $[R_1]_补 = [R_0]_补 + [Y]_补$;$j=2$;

步骤 4:若 $r_s \oplus y_s = 0$,$Q_{n+3-j} = 1$,$[R_j]_补 = [2R_{j-1}]_补 - [Y]_补$;若 $r_s \oplus y_s = 1$,$Q_{n+3-j} = 0$,$[R_j]_补 = [2R_{j-1}]_补 + [Y]_补$;

步骤 5:$j=j+1$,若 $j \leq n$,转步骤 4,否则转步骤 6;

步骤 6:$Q_1 = 1$;若 $Q_{n+1} = 0$ AND $r_s \oplus x_s = 1$,$[R]_补 = [R_j]_补 + [Y]_补$;若 $Q_{n+1} = 1$ AND $r_s \oplus x_s = 1$,$[R]_补 = [R_j]_补 - [Y]_补$。

3. 补码除运算的逻辑实现

从补码除的运算方法可知,补码除法运算实现的逻辑结构如图 4-30 所示。补码除法运算实现的逻辑电路与原码除法相类似,但有以下区别:①除数的字长为 $n+2$ 位,并行加法器的字长为 $n+2$ 位;②商符号位通过运算生成,不需要符号生成逻辑。补码一位除运算实现的操作过程也与原码除法相类似。

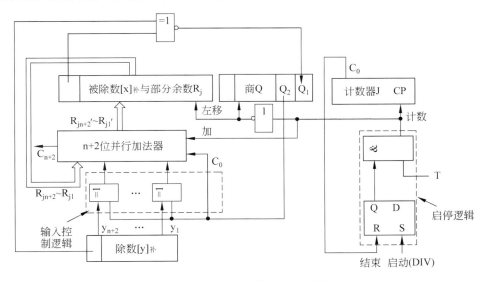

图 4-30 补码除法运算实现的逻辑结构

例 4.15 设 $X=0.1001$,$Y=-0.1001$,运用补码除运算方法求 $[X/Y]_补$。

解:$[X]_补 = 00\ 1001$,$[Y]_补 = 11\ 0111$,$[-Y]_补 = 00\ 1001$,根据补码除运算方法,则有:

部分余数 R_j	商|Q|	Q_1	说明
00　1001			R_0
＋11　0111			X 与 Y 异号,$[X]_补+[Y]_补$
00　0000		**0**	R_1,余数与 Y 异号,Q_5 商上 0
← 00　0000	0		R_1 左移一位得 $2R_1$
＋11　0111			$Q_5=0,2R_1+[Y]_补$
11　0111	0	**1**	R_2,余数与 Y 同号,Q_4 商上 1
← 10　1110	01		R_2 左移一位得 $2R_2$
＋00　1001			$Q_4=1,2R_2+[-Y]_补$
11　0111	01	**1**	R_3,余数与 Y 同号,Q_3 商上 1
← 10　1110	011		R_3 左移一位得 $2R_3$
＋00　1001			$Q_3=1,2R_3+[-Y]_补$
11　0111	011	**1**	R_4,余数与 Y 同号,Q_2 商上 1
← 10　1110	0111		R_4 左移一位得 $2R_4$
＋00　1001			$Q_2=1,2R_4+[-Y]_补$
11　0111	0111	**1**	R_5,余数与 Y 同号,Q_1 商上 1

运算中有一步余数为零,表示能除尽,且除数为负,则商需要校正,即有:

$$[Q]_补=[X/Y]_补=0\ 1111+0\ 0001=1.0000$$

而余数与被除数异号,余数也需校正,即有:

$$[R]_补=(11.0111+00.1001)\times 2^{-4}=0.0000\times 2^{-4}$$

部分余数 R_j	商|Q|	Q_1	说明
11　0111			R_0
＋00　1011			X 与 Y 异号,$[X]_补+[Y]_补$
00　0010		**1**	R_1,余数与 Y 同号,Q_5 商上 1
← 00　0100	1		R_1 左移一位得 $2R_1$
＋11　0101			$Q_5=1,2R_1+[-Y]_补$
11　1001	1	**0**	R_2,余数与 Y 异号,Q_4 商上 0
← 11　0010	10		R_2 左移一位得 $2R_2$
＋00　1011			$Q_4=0,2R_2+[Y]_补$
11　1101	10	**0**	R_3,余数与 Y 异号,Q_3 商上 0
← 11　1010	100		R_3 左移一位得 $2R_3$
＋00　1011			$Q_3=0,2R_3+[Y]_补$
00　0101	100	**1**	R_4,余数与 Y 同号,Q_2 商上 1
← 00　1010	1001		R_4 左移一位得 $2R_4$
＋00　0101			$Q_2=1,2R_4+[-Y]_补$
11　1111	1001	**0**	R_5,余数与 Y 异号,Q_1 商上 0

例 4.16 设 $X=-0.1001,Y=0.1011$,运用补码除运算方法求$[X/Y]_补$。

解：$[X]_{补} = 11\ 0111$，$[Y]_{补} = 00\ 1011$，$[-Y]_{补} = 00\ 0101$，根据补码除运算方法，则有：（见上）

运算中没有一步余数为零，表示不能除尽，且商为负，则商需要校正，即有：

$$[Q]_{补} = [X/Y]_{补} = 1\ 0010 + 0\ 0001 = 1.0011$$

而余数与被除数同号，余数不需要校正，即有：

$$[R]_{补} = 1.1111 \times 2^{-4}$$

4.4.4 阵列除法器

同串行加乘法器一样，串行减乘法器的运算时间随二进制位数增加，呈线性增长。为快速实现除法运算，可以利用加减法器对商部分积实现并行加减，其基本思想是利用大量加减运算单元生成各位余数，以使"左移与加减"操作在同一节拍内完成。

1. 可控加减运算单元

阵列除法器实现的基础是可控加减运算单元（CAS），其逻辑电路如图 4-31 所示。由 CAS 逻辑电路可知，它由一个全加器和一个异或门组成，且包含四个输入端和四个输出端。四个输入端为：加减控制信号 P_i、被加减二进制数 A_i、加减二进制数 B_i、进借位输入 C_i，四个输出端为：加减控制信号 P_0、和差二进制数 S_0、加减二进制数 B_0、进借位输出 C_0，且输入输出的逻辑关系为：

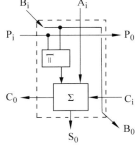

图 4-31 可控加减运算单元逻辑电路

$$P_0 = P_i \quad B_0 = B_i \quad S_0 = A_i \oplus (B_i \oplus P_i) \oplus C_i$$
$$C_0 = (A_i + C_i)(B_i \oplus P_i) + A_i C_i$$

当 $P_i = 0$ 时，CAS 为加法器，且 S_0 和 C_0 有：

$$S_0 = A_i \oplus B_i \oplus C_i \quad C_0 = A_i B_i + B_i C_i + A_i C_i$$

当 $P_i = 1$ 时，CAS 为减法器，且 S_0 和 C_0 有：

$$S_0 = A_i \oplus \overline{B_i} \oplus C_i \quad C_0 = A_i \overline{B_i} + \overline{B_i} C_i + A_i C_i$$

2. 原码阵列除法器

设两个二进制定点小数的原码为：$[X]_{原} = x_S\ x_4 x_3 x_2 x_1$，$[Y]_{原} = y_S\ y_4 y_3 y_2 y_1$，它们商及余数的原码为：$[Q]_{原} = [X/Y]_{原} = Q_S\ Q_4 Q_3 Q_2 Q_1$，余数 $[R]_{原} = r_S\ r_4 r_3 r_2 r_1$。商 $[Q]_{原}$ 符号位为两个二进制数符号位的异或值，余数 $[R]_{原}$ 被除数的符号位，商与余数绝对值为两个二进制数绝对值相除的结果，即原码除运算公式为：

$$Q_S = x_S \oplus y_S$$
$$r_S = x_S$$
$$|Q| = (|X| - |R|)/|Y|$$

根据原码数值位与真值数值位之间的转换关系，$|X|$、$|Y|$、$|Q|$、$|R|$ 即是被除数、除数、商和余数的原码数值位，即：

$$|X| = x_4 x_3 x_2 x_1$$
$$|Y| = y_4 y_3 y_2 y_1$$

$$|Q| = Q_4 Q_3 Q_2 Q_1$$
$$|R| = r_4 r_3 r_2 r_1$$

由原码除运算方法可以看出:除第一步一定做减外,后续是加还是减,由上一步的商来决定。若由手工来实现原码除运算方法,其运算如下:

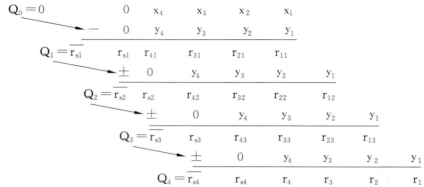

因此,原码阵列除法器的逻辑结构如图 4-32 所示。在原码阵列除法器中,同行相邻可控加减运算单元的加减控制信号 P 与进借位信号 C 依次连接,同列相邻可控加减运算单元 S_0 与 A_i 依次连接。特别地有:

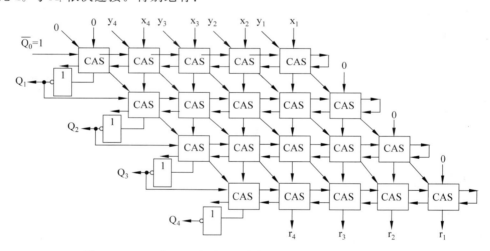

图 4-32 4×4 位原码阵列乘法器商位积项并行加减的逻辑结构

(1) 由于 CAS 为减法器时,CAS 仅对除数求反码,为使除数求补时末位加 1,则使每行最右边 CAS 的 P_0 与 C_i 相连接。

(2) 由上一行最左边 CAS 的 S_i 即余数符号位求反即为商,作为相邻下一行的加减控制信号 P_i。

(3) 行与行之间 CAS 的斜线连接,则是将输入的除数传送到各 CAS 行。

3. 补码阵列除法器

补码阵列除法器与补码阵列乘法器类似,利用两个求补逻辑与原码阵列乘法器来实现。

4.5 浮点数算术运算方法与逻辑运算实现

二进制编码既可以表示数值量,也可以表示逻辑量;而当二进制编码表示数值量时,又有定点表示格式和浮点表示格式之分。当二进制编码表示数值量时,需要对它实施算术运算;当二进制编码表示逻辑量时,需要对它实施逻辑运算。上述讨论了定点数的算术运算方法及其逻辑实现,但浮点数表示数据的范围宽、有效精度高,更适合科学与工程计算的需要。那么,当二进制编码浮点格式表示数值量时,由于浮点数是由定点整数的阶码与定点小数的尾数组成,算术运算如何分解,分解后包含哪些定点数运算,可分为哪些步骤;当二进制编码表示逻辑量时,由于逻辑运算是元操作,逻辑运算如何实现等等,是本节要分析讨论的问题。

4.5.1 浮点数加减运算方法

1. 手工加减运算分解

浮点数手工加减运算除定点数加减运算外,还包含哪些元操作,先来观察浮点二进制数手工笔算的过程。设有两个浮点数:$X=0.1101\times2^3$,$Y=0.1011\times2^1$,求 $X+Y$。实际中,往往将浮点格式转变为实数格式:$X=110.1$,$Y=1.011$ 后,按小数点对齐和二进制加法规则进行运算。由于计算机中的数据表示没有实数格式,这条途径在计算机上是无法实现的。

对于浮点格式表示的实数,其小数点在实数中的位置是由阶码决定的,即两个浮点数的阶码相等,定点小数格式的尾数则可以按二进制加法规则进行运算。当两个浮点数的阶码不相等时,使阶码相等有两条途径。一是大阶看齐小阶、大阶对应的尾数左移,左移位数是两个浮点数阶码的差;如对于上述两个浮点数,X 的阶码大,且两个浮点数的阶码差为 2,则将 X 的尾数左移 2 位,即有:$X=0.0100\times2^1$。另一是小阶看齐大阶、小阶对应的尾数右移,右移位数是两个浮点数阶码的差;如对于上述两个浮点数,Y 的阶码小,则将 Y 的尾数右移 2 位,即有:$Y=0.0010\times2^3$。当大阶看齐小阶时,尾数相加为结果浮点数的尾数:$0.0100+0.1011=0.1111$,结果浮点数的阶码为小阶浮点数的阶码:1,结果浮点数为:0.1111×2^1,实数为:1.111。当小阶看齐大阶时,尾数相加为结果浮点数的尾数:$0.1101+0.0010=0.1111$,结果浮点数的阶码为大阶浮点数的阶码:3,结果浮点数为:0.1111×2^3,实数为:111.1。而实际结果实数为:$110.1+1.011=111.111$。显然,大阶看齐小阶时的结果与实际结果误差大,小阶看齐大阶时的结果与实际结果相近。可见,当两个浮点数的阶码不相等时,应采用"小阶看齐大阶"的途径来使阶码相等,才能有效地保证加减运算结果的精度。其原因在于:大阶看齐小阶时,尾数左移,使尾数高位丢弃,损失大;小阶看齐大阶时,尾数右移,使尾数低位丢弃,损失小。

计算机中的浮点数通常是规格化的形式,通过使阶码相等操作和尾数定点数加运算,结果浮点数可能不是规格化的形式。因此,需要判断运算结果是否是规格化的,如果不是,还需要对运算结果进行规格化操作。在使阶码相等和结果规格化的操作中,尾数需要左移或右移、阶码需要递增或递减。当尾数右移时,由于低位部分被丢弃而造成一定误差,为减少误差,应进行舍入处理;另外,还可能导致尾数下溢,则应进行溢出处理。当阶码递增或递减时,阶码可能产生上溢,也应进行溢出处理。

可见,手工加减运算过程分为阶码大小比较、使阶码相等、尾数加减、结果规格化,且在使阶码相等和结果规格化的步骤中,还需要进行舍入与溢出的判断与处理;而其所包含的尾数加减为定点小数的加减。

2. 加减运算公式

设有两个规格化浮点数为:$X=2^m \times M_x$,$Y=2^n \times M_y$,其中:m 和 n 分别为数 X 和 Y 的阶码、M_x 和 M_y 为数 X 和 Y 的尾数。浮点数 X 和 Y 加减运算公式为:

$$X \pm Y = 2^m \times (M_x \pm M_y \times 2^{-(m-n)}) \quad m \geqslant n$$

$$\text{或} = 2^n \times (M_x \times 2^{-(n-m)} \pm M_y) \quad n \geqslant m$$

可见,当 $m=n$ 时,两个浮点数的尾数直接进行加减运算即得到结果的尾数,而结果的阶码即为任一浮点数的阶码。当 $m \neq n$ 时,则通过小阶看齐大阶,且小阶对应尾数右移两个阶码差位,使两个浮点数的阶码相等,之后两个浮点数的尾数进行加减运算即得到结果的尾数,而结果的阶码为大阶。通常,把使两个浮点数阶码相等的操作称为对阶,对阶的原则是小阶看齐大阶,其本质是实数形式手工加减运算时的对齐小数点。

3. 加减运算步骤

从加减运算公式中可以看出,浮点数加减包括:求阶差并判断、对阶、尾数加/减、结果规格化等四个步骤,且在对阶与结果规格化时,需要舍入与溢出的判断与处理。而为了提高速度,运算前还可进行 0 检查操作。浮点数加减运算步骤为:

(1) 0 检查。由于浮点数加减运算较复杂,运算时间较长,若两个浮点数中有一个为 0,运算结果即为另一个浮点数。

(2) 求阶差。将两个浮点数的阶码相减,即 $\Delta E = m-n$;若 $\Delta E=0$,跳过(3)转(4),即无需对阶,结果阶码为任一浮点数的阶码。

(3) 对阶。若 $\Delta E>0$,M_y 右移 ΔE 位,n 加 ΔE,即 $Y=2^m \times (M_y \times 2^{-\Delta E})$;若 $\Delta E<0$,M_x 右移 ΔE 位,m 加 ΔE,即 $X=2^n \times (M_x \times 2^{-\Delta E})$;且结果阶码为大阶。特别地,由于移位是按位进行的,对阶的逻辑实现方法为:尾数右移一位,对应阶码加 1,直到小阶等于大阶,两个浮点数的阶码则相等。

(4) 尾数加/减。按定点小数加减运算规则对阶码相等的两个浮点数的尾数进行加减运算,即 $M_{x+y} = M_x \pm M_y \times 2^{-\Delta E}$ 或 $M_x \times 2^{-\Delta E} \pm M_y$。特别地,这时定点小数加减应采用双符号位,以便记录结果尾数因溢出而产生的进位。

(5) 结果规格化。①当结果尾数符号位和数值最高有效位为 11.0××…× 或 00.1××…× 时,已是规格化的,无须任何操作。②当结果尾数符号位和数值最高有效位为 11.1××…× 或 00.0××…× 时,需要左规,即尾数数值位连同符号位一起左移一位,结果阶码减 1,直到结果尾数为 11.0××…× 或 00.1××…× 的形式为止;显然,左规可能需要进行多次。③当结果尾数符号位为 01.××…× 或 10.××…× 时,需要右规,即尾数数值位连同符号位右移一位,结果阶码加 1;显然,右规仅需要一次。

特别地,在进行对阶与规格化操作时,需要附加舍入与溢出的判断与处理。因此,浮点数加减运算的流程如图 4-33 所示。

例 4.17 若两个数真值为:$X=2^{01} \times 0.1101$,$Y=2^{11} \times (-0.1010)$,浮点数的阶码为

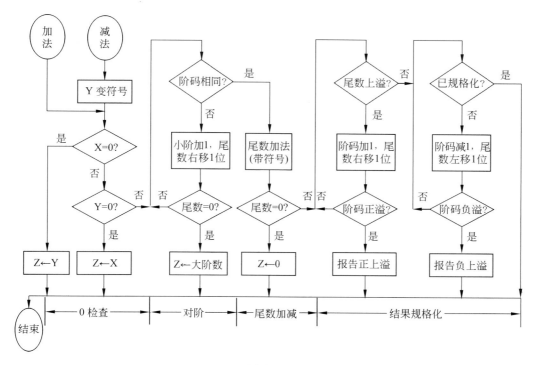

图 4-33 浮点数加减运算流程

4 位（含阶符），尾数为 6 位（含数符），求 X+Y。

解：$[X]_{浮补}=0001\ 0.11010$，$[Y]_{浮补}=0011\ 1.01100$。

① 求阶差。$[m]_补-[n]_补=0001+1101=1110$，即 $\Delta E=-010\neq 0$。

② 对阶。$\Delta E<0$，即 X 的阶码比 Y 的阶码小 2，则 X 的尾数右移 2 位（0 舍 1 入舍入处理）、阶码加 2（溢出判断处理无溢出），即有：$[m]_补=0011$（无溢出）、$[M_x]_补=0.00111$、$[X]_{浮补}=0011\ 0.00111$。

③ 尾数加。采用双符号位实现：$[M_x]_补+[M_y]_补$，即有：

$$\begin{array}{r}00.00111\\+11.01100\\\hline 11.10011\end{array}$$

④ 结果规格化。由于运算结果尾数为：$11.1\times\times\cdots\times$ 的形式，所以需要左规以使尾数规格化，即尾数左移一位、阶码减 1（溢出判断处理无溢出），结果尾数则为：$11.0\times\times\cdots\times$ 的形式，结果为：

$$[X+Y]_{浮补}=0010\ 1.00110 \qquad X+Y=2^{010}\times(-0.11010)$$

例 4.18 若两个数真值为：$X=2^{-010}\times(-0.1111)$，$Y=2^{-100}\times 0.1110$，浮点数的阶码为 4 位（含阶符）、尾数为 6 位（含数符），求 X-Y。

解：$[X]_{浮补}=1110\ 1.00010$，$[Y]_{浮补}=1100\ 0.11100$，$[-Y]_{浮补}=1100\ 1.00100$。

① 求阶差。$[m]_补-[n]_补=1110+0100=0010$，即 $\Delta E=010\neq 0$。

② 对阶。$\Delta E>0$，即 X 的阶码比 Y 的阶码大 2，则 -Y 的尾数右移 2 位（0 舍 1 入舍

入处理）、阶码加 2（溢出判断处理无溢出），即有：$[n]_{补} = 1110$，$[M_y]_{补} = 0.11001$，$[-Y]_{浮补} = 1100\ 1.11001$。

③ 尾数减。采用双符号位且变换为加实现：$[M_x]_{补} + [-M_y]_{补}$，即有：

$$\begin{array}{r} 11.00010 \\ +\ 11.11001 \\ \hline \text{丢掉} \longrightarrow 1\ 10.11011 \end{array}$$

④ 结果规格化。由于运算结果的尾数为：$10.\times\times\cdots\times$ 的形式，所以需要右规以使尾数规格化，尾数右移一位（0 舍 1 入舍入处理）、阶码加 1（溢出判断处理无溢出），结果尾数则为：$00.1\times\times\cdots\times$ 的形式，结果为：

$$[X+Y]_{浮补} = 1111\ 1.01110 \qquad X+Y = 2^{-001} \times (-0.10010)$$

4.5.2 浮点数乘除运算方法

1. 乘运算方法

对于浮点格式表示的二进制实数，纯手工笔算为：阶码相加即为积的阶码、尾数相乘即为积的尾数，且阶码加是定点整数加、尾数乘是定点小数乘。所以，设有两个规格化浮点数为：$X = 2^m \times M_x$、$Y = 2^n \times M_y$，其中：m 和 n 分别为浮点数 X 和 Y 的阶码，M_x 和 M_y 为浮点数 X 和 Y 的尾数，则浮点数 X 和 Y 乘运算公式为：

$$X \times Y = 2^{m+n} \times (M_x \times M_y)$$

由于计算机中的浮点数通常是规格化的形式，两个规格化尾数的乘积可能不是规格化。因此，需要判断运算结果是否是规格化的，如果不是，需要对运算结果进行规格化操作。与加减运算一样，在结果规格化的操作中，还需要进行舍入与溢出的判断与处理。另外，阶码相加后，需要进行溢出判断与处理；尾数乘积的位数往往过长，还可能需要按精度要求截取高位部分来作为结果的尾数。

因此，从乘运算公式中可以看出，浮点数乘包括：阶码加、尾数乘、结果规格化、尾数截取等四个步骤，且结果规格化需要舍入与溢出的判断与处理、尾数截取需要舍入处理。而为了提高速度，运算前还可进行 0 检查操作。浮点数乘运算的流程如图 4-34 所示。特别地，在逻辑实现时，阶码加与尾数乘既可以并行操作也可以串行操作；由于阶码相加可能产生溢出而停止后续操作，因此当阶码加与尾数乘串行操作时，应先阶码加、后尾数乘。

由于 X、Y 均是规格化数，尾数乘积的范围为：$1/4 \leqslant |M_x \times M_y| < 1$，当 $1/2 \leqslant |M_x \times M_y| < 1$ 时，乘积已是规格化的，无须进行规格化操作；当 $1/4 \leqslant |M_x \times M_y| < 1/2$ 时，仅需左规一次，乘积则是规格化的。

2. 除运算方法

与浮点数乘类同，设有两个规格化浮点数为：$X = 2^m \times M_x$、$Y = 2^n \times M_y$，其中：m 和 n 分别为浮点数 X 和 Y 的阶码、M_x 和 M_y 为浮点数 X 和 Y 的尾数，则浮点数 X 和 Y 除运算公式为：

$$X \times Y = 2^{m-n} \times (M_x / M_y)$$

同浮点乘一样，需要判断运算结果是否是规格化的，如果不是，还需要对运算结果进行规格化操作。在结果规格化的操作中，还需要进行舍入与溢出的判断与处理。因此，从

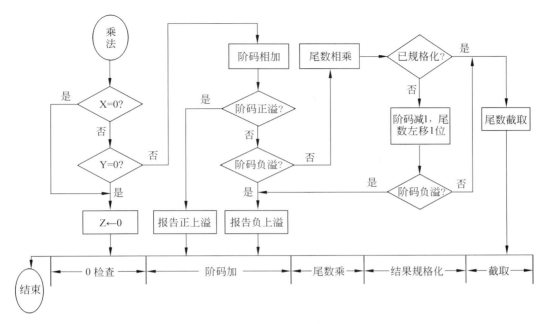

图 4-34 浮点数乘运算流程

除运算公式中可以看出,浮点数除包括:阶码减、尾数除、结果规格化等三个步骤,且结果规格化需要舍入与溢出的判断与处理。而为了提高速度,运算前还可进行 0 检查操作。浮点数除运算的流程如图 4-35 所示。特别地,同浮点乘一样,在逻辑实现时,阶码减与尾数除既可以并行操作、也可以串行操作,当阶码加与尾数乘串行操作时,应先阶码减、后尾数除。

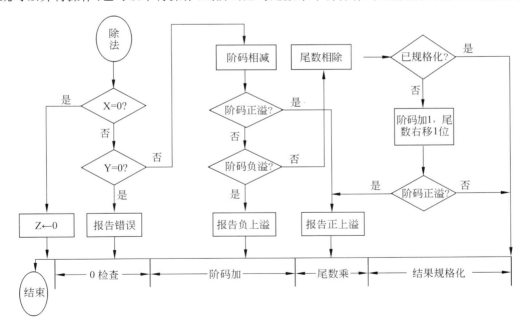

图 4-35 浮点数除运算流程

由于 X、Y 均是规格化数,尾数商的范围为:$1/2 \leq |M_x/M_y| < 2$。当$|M_x| < |M_y|$时,$1/2 \leq |M_x/M_y| < 1$时,商已是规格化的,无须进行规格化操作;当$|M_y| < |M_x|$时,$1 \leq |M_x/M_y| < 2$时,即发生溢出,仅需右规一次,商则是规格化的。

另外,浮点数除也可以分为:尾数检测调整、阶码减、尾数除等三个步骤。尾数检测调整是检查被除数尾数绝对值是否小于除数尾数绝对值,如果被除数尾数绝对值大于除数尾数绝对值,则将被除数尾数右移一位并使对应阶码加 1;由于操作数是规格化数,所以只做右规就可以使被除数尾数绝对值小于除数尾数绝对值。当被除数尾数绝对值小于除数尾数绝对值,可以防止尾数相除发生溢出,且结果是规格化的定点小数,无须进行规格化操作。

例 4.19 设浮点数 $X = 2^{-5} \times 0.1110011$,$Y = 2^3 \times (-0.1110010)$,阶码(含阶符号位)用 4 位移码表示,尾数(含数符号位)用 8 位补码表示,且阶码在前尾数在后,求 $X \times Y$ 的浮点数及其真值。要求直接用补码完成尾数乘法运算,运算结果尾数仍然保留 8 位(含符号位),并用尾数之后的 4 位值处理舍入操作。

解:阶码采用移码单符号位,被乘数尾数采用补码三符号位,乘数尾数采用补码单符号位(乘数数值位是奇数),则有:

$[M_x]_{补} = 000\ 1110011$,$[-M_x]_{补} = 111\ 0001101$,$[M_y]_{补} = 1\ 0001110$,$[m]_{移} = 0\ 011$,$[n]_{移} = 1\ 011$,$[X]_{浮} = 00\ 011\ 000\ 0110011$,$[Y]_{浮} = 11\ 011\ 111\ 0001110$。

① 阶码相加。$[m+n]_{移} = [m]_{移} + [n]_{移} - 2^n = 0\ 011 + 1\ 011 - 1\ 000 = 0\ 110$,即阶码和 0 110 的真值为 -2。

② 尾数相乘。尾数相乘采用补码两位乘方法实现,则有:(见下)

③ 结果规格化。尾数符号位与最高数值位相反,已是规格化的数,不需左规,阶码仍为 00 110。

④ 尾数截取。尾数乘结果为 1 0011001 1001010,依据题意和"0 舍 1 入"规则(尾数乘结果后 4 位为 1001),尾数取 1 0011010。

所以,$[X \times Y]_{浮} = 0\ 110\ 1\ 0011010$,$X \times Y = 2^{-2} \times (-0.1100110)$。

部分积 P_j	乘数$[Y]_{补}$	$y_2 y_1 y_0$	说明
000 0000000		1 00011 **1 0 0**	$P_0 = 0$
+110 0011010			$y_2 y_1 y_0 = 100, P_0 + 2[-X]_{补}$
110 0011010			P_1'
→111 1000110	10	1 000 **1 1 1**	右移两位得 P_1
+000 0000000			$y_2 y_1 y_0 = 111, P_1 + 0$
111 1000110			P_2'
→111 1110001	1010	1 0 **0 0 1**	右移两位得 P_2
+000 1110011			$y_2 y_1 y_0 = 001, P_2 + [X]_{补}$
000 1100100			P_3'
→000 0011001	001010	**1 0 0**	右移两位得 P_3
+110 0011010			$y_2 y_1 y_0 = 100, P_2 + 2[-X]_{补}$
110 0110011			P_4'
→111 0011001	1001010	**1 0**	右移一位得 P_4

例 4.20 若浮点数表示格式为：总位数为 10，其中阶码（含阶符号位）4 位，用移码表示，尾数（含数符号位）6 位，用补码表示，且阶码在前尾数在后。设 X＝(－0.11001)× 2^{011}，Y＝0.10011× 2^{-001}，求 X/Y 的浮点数及其真值。

部分余数 R_j	商|Q|	Q_1	说明
11 00111			R_0
＋ 00 10011			M_x 与 M_y 异号，$[M_x]_补+[M_y]_补$
11 11010		**0**	R_1，余数与 M_y 异号，Q_6 商上 0
← 11 10100	0		R_1 左移一位得 $2R_1$
＋ 00 10011			$Q_6=0$，$2R_1+[M_y]_补$
00 00111	0	**1**	R_2，余数与 M_y 同号，Q_5 商上 1
← 00 01110	01		R_2 左移一位得 $2R_2$
＋ 11 01101			$Q_5=1$，$2R_2+[-M_y]_补$
11 11011	01	**0**	R_3，余数与 M_y 异号，Q_4 商上 0
← 11 10110	010		R_3 左移一位得 $2R_3$
＋ 00 10011			$Q_4=0$，$2R_3+[M_y]_补$
00 01001	010	**1**	R_4，余数与 M_y 同号，Q_3 商上 1
← 00 10010	0101		R_4 左移一位得 $2R_4$
＋ 11 01101			$Q_3=1$，$2R_4+[-M_y]_补$
11 11111	0101	**0**	R_5，余数与 M_y 异号，Q_2 商上 0
← 11 11110	01010		R_5 左移一位得 $2R_5$
＋ 00 10011			$Q_2=0$，$2R_5+[M_y]_补$
00 10001	01010	**1**	R_6，余数与 M_y 同号，Q_1 商上 1

解：阶码采用移码单符号位，尾数采用补码双符号位，则有：

$[M_x]_补$＝11 00111，$[M_y]_补$＝00 10011，$[-M_y]_补$＝11 01101，$[m]_移$＝1 011，$[n]_移$＝0 111，$[X]_浮$＝11 011 11 00111，$[Y]_浮$＝00 111 00 10011。

① 阶码相减。$[m-n]_移$＝$[m]_移$＋$[-n]_移$＋2^n＝1 011＋1 001＋1 000＝0 100，即阶码差 1 100 的真值为 4。

② 尾数相除。尾数相除采用补码除方法实现，则有：（见上）

不能除尽且商为正，商不必校正，即$[Q]_补$＝0 10101；商为正且最后余数与被除数异号，余数需校正，即$[R]_补$＝(0 10001＋0 10011)× 2^{-5}＝1 00110× 2^{-5}。

③ 结果规格化。由于 $|M_x|>|M_y|$，则 $|M_x/M_y|>1$，需右规一次阶码加 1，即$[Q]_补$＝1 01011(0 舍 1 入)，结果阶码为 1 101。

所以，$[X/Y]_浮$＝1 101 1 01011，X×Y＝2^3×(－0.10101)。

4.5.3 逻辑运算及其实现

运算器除可以实现大量算术运算外，还需要实现逻辑运算，如：与、或、非、异或等。由于逻辑运算是按位进行的，位与位之间相互独立，不存在如同算术运算一样的进位或借位关系,且已有相应的实现位逻辑运算的元件。因此,逻辑运算的实现比算术运算简单得多。设两个逻辑数的二进制代码为:$X = x_{n+1} x_n \cdots x_2 x_1$、$Y = y_{n+1} y_n \cdots y_2 y_1$,逻辑运算结果的二进制代码为:$Z = z_{n+1} z_n \cdots z_2 z_1$。

(1) 非运算。非运算是对一个逻辑数二进制代码按位取反,即有:
$$z_i = \bar{x}_i \quad (i=0,1,\cdots,n)$$
相应实现的逻辑电路如图 4-36 所示。

(2) 与运算。与运算是对两个逻辑数二进制代码按位相与,即有:
$$z_i = \bar{x}_i \wedge \bar{y}_i \quad (i=0,1,\cdots,n)$$
相应实现的逻辑电路如图 4-37 所示。

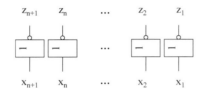

图 4-36　逻辑数非运算实现的逻辑电路

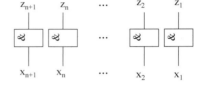

图 4-37　逻辑数与运算实现的逻辑电路

(3) 或运算。或运算是对两个逻辑数二进制代码按位相或,即有:
$$z_i = \bar{x}_i \vee \bar{y}_i \quad (i=0,1,\cdots,n)$$
相应实现的逻辑电路如图 4-38 所示。

(4) 异或运算。异或运算是对两个逻辑数二进制代码按位相异或,即有:
$$z_i = \bar{x}_i \oplus \bar{y}_i \quad (i=0,1,\cdots,n)$$
相应实现的逻辑电路如图 4-39 所示。

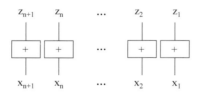

图 4-38　逻辑数或运算实现的逻辑电路

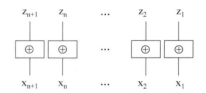

图 4-39　逻辑数或运算实现的逻辑电路

4.6　运算器组成及其组织结构

运算器在控制器的控制下,用于对二进制数进行加工,加工的核心是算术运算与逻辑运算,而各种运算可以通过上述讨论的逻辑电路来实现,但运算器不是将各种运算的逻辑电路简单地集成在一起。一方面,应尽可能地实现元器件共享,以降低成本和提高可靠性;另一方面,还需要配置辅助功能,如操作数的选择、运算结果特征判断、二进制代码传送等。那么,各种运算的逻辑电路如何集成在一起,需要配置哪些辅助功能并加以实现,运算器由哪些部分组成,逻辑结构如何等等,是本节要来分析讨论的问题。

4.6.1 算术逻辑运算单元与部件

1. 算术逻辑运算基本单元

由前述讨论可知,一位二进制数的加、减和与、或、非是不可再分的元运算,多位二进制数的其他任何运算均是由这些元运算复合而成的。因此,把能够对一位二进制数进行加、减和与、或、非的逻辑电路称为运算基本单元,其实现的逻辑电路及其逻辑符号如图 4-40 所示,其中 $S_{+/-}S_1S_2$ 为功能选择控制输入、A 与 B 为一位二进制数输入、E 为一位二进制数输出、C_0 为加减运算进位输出、C_i 为一位全加器低位进位输入。运算基本单元的逻辑功能如下:

当 $S_{+/-}S_1S_2=\times 00$ 时,$E=A\wedge B$,实现与运算,C_0 无效。

当 $S_{+/-}S_1S_2=\times 01$ 时,$E=A\vee B$,实现或运算,C_0 无效。

当 $S_{+/-}S_1S_2=\times 10$ 时,$E=\overline{B}$,实现非运算,C_0 无效。

当 $S_{+/-}S_1S_2=011$ 时,$E=A\oplus B\oplus C_i$、$C_0=A\wedge B+(A\oplus B)C_i$,实现加运算。

当 $S_{+/-}S_1S_2=111$ 时,$E=A\oplus \overline{B}\oplus C_i$、$C_0=A\wedge \overline{B}+(A\oplus \overline{B})C_i$,实现减运算。

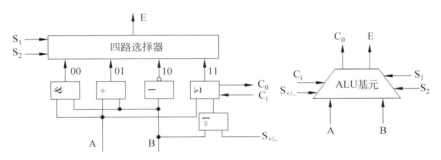

图 4-40 运算基本单元实现的逻辑电路及其逻辑符号

2. 算术逻辑运算单元

从算术逻辑运算基本单元可以看出,减运算是在一位全加器的输入端增设一个异或门和一个功能选择控制输入来实现的。类似地,若在一位全加器的输入端增设一个函数发生器,以改变输入数据的特性,这些数据经过一位全加器后,则可以实现更多更复杂的算术逻辑运算。把能够对一位二进制数进行加、减和与、或、非以外的更多更复杂算术逻辑运算的逻辑电路称为运算单元,其实现的一种逻辑结构及其逻符号如图 4-41 所示,其中 $P_0,P_1,\cdots,P_{n-1}$ 为函数发生器数据特性选择控制输入,使函数发生器最多可以产生 2^n 种数据变换,即相同的 A、B 通过函数发生器最多可以产生 2^n 种不同特性的 X、Y。

如若函数发生器控制逻辑如表 4-5 所示,则 X、Y 与 A、B 的逻辑关系为:

表 4-5 某函数发生器的控制逻辑

P_3P_2	00	01	10	11	P_1P_0	00	01	10	11
X	1	$\overline{A}\vee B$	$\overline{A}\vee \overline{B}$	$\overline{A}$	Y	$\overline{A}$	$\overline{A}\wedge \overline{B}$	$\overline{A}\wedge B$	0

$$X=\overline{P_3AB+P_2A\overline{B}} \qquad Y=\overline{P_1\overline{B}+P_0B+A}$$

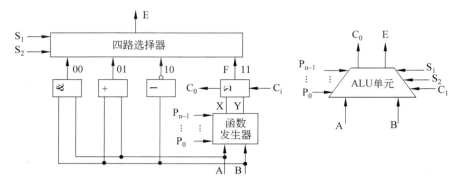

图 4-41　运算单元实现的逻辑结构及其逻辑符号

将 X、Y 代入一位全加器本位和与高位进位的逻辑表达式，则得到运算单元中一位全加器输出 F 和 C_0 与 P_0、P_1、P_2、P_3 和 A、B 的逻辑表达式。显然，取 P_0、P_1、P_2、P_3 的不同组合，一位全加器输出 F 和 C_0 与 A、B 的逻辑表达式有 16 种，使得运算单元对 A、B 可以实现 16＋3＝19 种不同的算术逻辑运算。

3. 算术逻辑运算部件

将若干算术逻辑运算的基本单元或单元组合在一起，则可以对多位二进制数进行算术运算与逻辑运算，该逻辑电路称为算术逻辑运算部件（Arithmetic Logic Unit, ALU）。如将 4 个运算基本单元通过进位串接在一起，则构成了具有加、减、与、或、非等运算功能的四位串行进位算术逻辑运算部件，其逻辑结构如图 4-42 所示。同样，可以将 4 个运算单元通过进位串接在一起，构成功能更为强大的四位串行进位算术逻辑运算部件。

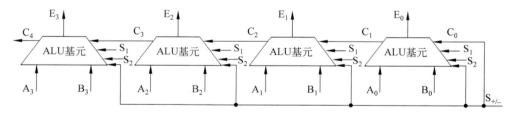

图 4-42　四位串行进位算术逻辑运算部件

另外，为了提高算术运算的速度，可以利用先行进位电路，将 4 个运算基本单元组织在一起，构成具有加、减、与、或、非等运算功能的四位先行进位算术逻辑运算部件，其逻辑结构如图 4-43 所示。

可见，算术逻辑运算部件的设计是基于运算单元，采用搭积木的途径来实现，其设计涉及的相关要素有：

① 指令系统。指令系统是计算机硬件设计的基本依据，也是 ALU 设计的基础要素。绝大部分指令的功能执行是由 ALU 来完成实现的，即计算机指令数越多，ALU 的功能越强大，如若指令系统配置乘除指令，ALU 则应配备乘除运算电路，具有乘除运算功能。

② 机器字长。机器字长是运算器的性能指标，实际是 ALU 并行运算二进制数的位数，也是 ALU 设计的参数。机器字长越长，ALU 逻辑电路越庞大。

③ 机器数及其运算方法。对于数值数据，机器数及其运算方法是 ALU 设计的直接

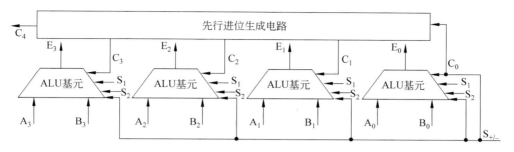

图 4-43 四位先行进位算术逻辑运算部件

要素。不同的表示及其运算方法,实现的逻辑电路不同;机器数越多,ALU 逻辑电路越复杂,如若有浮点格式机器数,ALU 则应配备浮点数运算电路。

4.6.2　SN74181 ALU 集成电路芯片

1. SN74181 芯片的引脚

SN74181 是四位先行进位的多功能算术逻辑运算部件芯片,引脚结构如图 4-44 所示。SN74181 共有 22 根引脚,其中输出引脚 8 根、输入引脚 14 根。输入引脚有:$A_0 \sim A_3$ 和 $B_0 \sim B_3$ 为两个四位二进制数输入、M 为运算模式控制输入、$S_0 \sim S_3$ 为功能选择控制输入、$\overline{C_n}$ 为低位进位反相输入(有进位输入 0、无进位输入 1),输出引脚有:$F_0 \sim F_3$ 为运算结果四位二进制数输出、P 与 G 为组进位传递函数与组进位产生函数输出、A=B 为两个四位二进制数相等输出(A=B 输出 1、A≠B 输出 0)、$\overline{C_{n+4}}$ 为高位进位反相输出(有进位输出 0、无进位输出 1)。

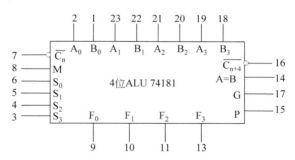

图 4-44　SN74181 芯片的引脚结构

2. SN74181 芯片的功能

SN74181 有两种运算模式:算术运算与逻辑运算,且由输入 M 控制。当 M=0 时,SN74181 处于算术运算模式,即 M 对各位进位输出没有任何影响,运算结果输出 F 不仅与本位二进制数输入 A 和 B 有关,还与本位进位输入 C 有关。当 M=1 时,SN74181 处于逻辑运算模式,即 M 对各位进位输出进行封锁,使运算结果输出 F 仅与本位二进制数输入 A 和 B 有关,与本位进位输入 C 无关。

SN74181 在每种运算模式下,均有 16 种运算功能,且由 $S_0 \sim S_3$ 输入控制,具体的运算功能及其控制如表 4-6 所示,显然它共有 32 种运算功能。特别地,减法采用补码进行,减数反码由内部生成,当$\overline{C_n}=1$(无进位)时,输出结果为"A－B－1";若减法使输出结果为"A－B",则必须使$\overline{C_n}=0$,强迫最末位有进位,以实现加 1。

表 4-6　SN74181 运算功能及其控制

功能选择 $S_3S_2S_1S_0$	逻辑运算 M＝1	算术运算 M＝0、$\overline{C_n}=1$	功能选择 $S_3S_2S_1S_0$	逻辑运算 M＝1	算术运算 M＝0、$\overline{C_n}=1$
0000	F＝$\overline{A}$	F＝A	1000	F＝$\overline{A\vee B}$	F＝A＋(A∧B)
0001	F＝$\overline{A\vee B}$	F＝A∨B	1001	F＝$\overline{A\oplus B}$	F＝A＋B
0010	F＝$\overline{A}\wedge B$	F＝A∨$\overline{B}$	1010	F＝B	F＝(A∨$\overline{B}$)＋(A∧B)
0011	F＝0	F＝0－1(2 的补码)	1011	F＝A∧B	F＝(A∧B)－1
0100	F＝$\overline{A\wedge B}$	F＝A＋(A∧$\overline{B}$)	1100	F＝1	F＝A＋2A(A 左移一位)
0101	F＝$\overline{B}$	F＝(A∨B)＋(A∧$\overline{B}$)	1101	F＝A∨$\overline{B}$	F＝(A∨B)＋A
0110	F＝A⊕B	F＝A－B－1	1110	F＝A∨B	F＝(A∨$\overline{B}$)＋(A∧B)
0111	F＝A∧$\overline{B}$	F＝(A∧$\overline{B}$)－1	1111	F＝A	F＝A－1

3. SN74181 构建大规模 ALU 的方法

一片 SN74181 仅能对 4 位二进制数进行算术与逻辑运算,通常难以满足实现运算的需要。因此,类同前述进位链的分组,可以将 SN74181 作为 4 位的小组,通过级连形式,即将低位 SN74181 芯片的 C_{n+4} 与相邻高位 SN74181 芯片的 C_n 相连,依次把多片 SN74181 连接在一起,则可以构建不同规模组内先行进位组间串行进位的 ALU,如两片 SN74181 可以构建 8 位的 ALU、四片 SN74181 可以构建 16 位的 ALU 等,四片 SN74181 构建 16 位 ALU 的级连形式如图 4-45 所示。

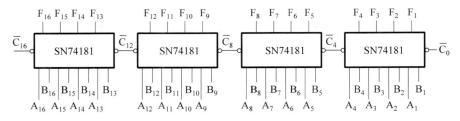

图 4-45　四片 SN74181 级连构建的 16 位 ALU

采用级连形式构建的大规模 ALU,由于组间进位是串行的,速度比较慢。为了提高 ALU 速度,则利用 SN74181 输出的组进位传递函数与组进位产生函数,通过先行进位电路(CLA)将多片 SN74181 连接在一起,以实现组间先行进位,四片 SN74181 构建组间先行进位的 16 位 ALU 如图 4-46 所示。SN74182 是与 SN74181 配套的成组先行进位集成电路芯片,它把 SN74181 提供的小组进位传递函数 P 与进位产生函数 G 作为输入 P^* 和 G^*,同时生成各小组(芯片)的最高位进位。SN74182 的逻辑电路如图 4-47 所示,其中 $\overline{P}^\triangle$、$\overline{G}^\triangle$ 分别为大组进位传递函数与进位产生函数输出,用于实现更多重先行进位。

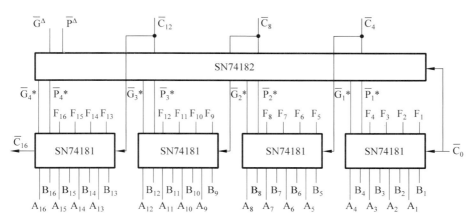

图 4-46　四片 SN74181 构建组间先行进位的 16 位 ALU

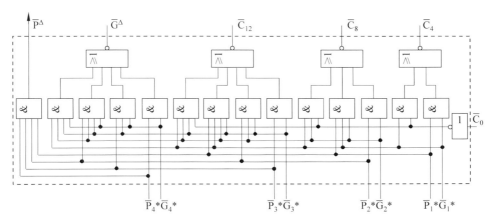

图 4-47　SN74182 的逻辑电路

4.6.3　定点运算器组成及其组织结构

1. 定点运算器的组成结构

运算器的功能是在控制器的控制下,对二进制数进行算术运算与逻辑运算。对于不同计算机中的运算器,其逻辑复杂性差异很大,主要取决于运算能力与性能要求。无论运算器的逻辑复杂性是简单还是复杂,但均必须包含算术逻辑运算部件、若干通用寄存器、输入端选择暂存控制逻辑、输出端判别分配移位逻辑和状态标志寄存器等,运算器的组成结构一般如图 4-48 所示。算术逻辑运算部件是运算器的核心,用于对数据进行算术与逻辑运算,也常作为数据传输的通路;输入端选择暂存控制逻辑用于从多路数据源中选择源操作数暂存,并以所需要的编码形式送入 ALU;输出

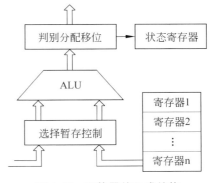

图 4-48　运算器的组成结构

端判别分配移位逻辑用于对 ALU 的运算结果进行特性测试和移位操作,并将结果分配到所需要的通路中保存;通用寄存器用于存放各种数据,以减少对存储器的访问;状态标志寄存器用于保存运算过程中运算结果的特性。

2. 定点运算器的组织结构

运算器的组织结构取决于其组成部件或器件之间的连接方式,不同的连接方式则数据传输的数据通路不同,从而形成不同的组织结构。由于专用传输线连接方式,其线路及控制繁杂,则运算器内部一般采用总线连接方式。根据总线数量,运算器的组织形式可以分为单总线、双总线和三总线等三种组织结构。

(1) 单总线运算器的组织结构。

若采用一条总线将运算器的组成部件或器件连接在一起,则为单总线结构的运算器,如图 4-49 所示。由于组成部件或器件之间的数据传输都通过同一总线实现,则在同一时间只能传输一个数据,而实现一次双操作数运算需要传送两个源操作数和一个目的操作数,即一次双操作数运算需要分三步传送数据,导致运算操作速度慢。

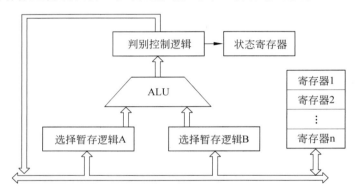

图 4-49　单总线运算器的组织结构

(2) 双总线运算器的组织结构。

若采用两条总线将运算器的组成部件或器件连接在一起,则为双总线结构的运算器,如图 4-50 所示。由于组成部件或器件之间的数据传输都通过两条总线实现,则在同一时间可以传输两个数据,即两个源操作数可以同时传送到 ALU 去运算。但由于两条总线被两个源操作数所占用,则 ALU 输出的运算结果不能立即传送到总线上,所以在 ALU 的输出端设置一个缓冲器,先将运算结果缓存。等到两个源操作数不再使用总线时,再传输目的操作数。可见,一次双操作数运算需要分两步传送数据,比单总线少一步,使运算操作速度得到提高。

(3) 三总线运算器的组织结构。

若采用三条总线将运算器的组成部件或器件连接在一起,则为三总线结构的运算器,如图 4-51 所示。由于组成部件或器件之间的数据传输都通过三条总线实现,则在同一时间可以传输三个数据,实现一次双操作数运算需要传送的两个源操作数和一个目的操作数,仅需要一步即可,运算操作速度快,但控制相对复杂。特别地,若某个数不需要运算或修改,而需要从一总线传输另一总线,则在总线之间设置旁路器,而不必借助 ALU。

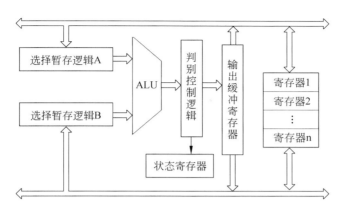

图 4-50 双总线运算器的组织结构

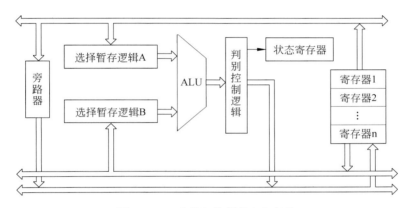

图 4-51 三总线运算器的组织结构

4.6.4 浮点运算器组成结构

从定点数与浮点数的算术运算方法可知,由于浮点数算术运算比定点数算术运算复杂得多,所以是否配置浮点运算器,由计算机的性能要求与功能需要来决定。在不配置浮点运算器的计算机中,可以按照浮点数算术运算的算法,通过软件方法利用定点运算器来实现,但浮点数运算的速度比较慢。因此,随着集成电路制造技术的发展和硬件价格的下降,目前计算机均配置浮点运算器。

综合浮点数算术运算的算法,对浮点数进行算术运算时,阶码和尾数是分开处理的。阶码处理所需要的操作有:比较判等、加减1、判断溢出、定点整数加减等,尾数处理所需要的操作有:移位、舍入、判0、定点小数加减乘除等,且阶码处理与尾数处理所需要的操作之间,关联性弱。因此,浮点运算器由阶码部件与尾数部件组成,且相互之间是松散连接的,浮点运算器组成的逻辑结构如图 4-52 所示(其中实线为数据信号线、虚线为控制信号线,且未包含独立的 0 检查逻辑)。阶码部件用于处理阶码,可以实现阶码处理的操作,它是在具有定点整数加减功能的运算器中,配置比较判等、加减 1、判断溢出等器件或部件来实现的;尾数部件用于处理尾数,可以实现尾数处理的操作,它是在具有定点小数加减乘除功能的运算器中,配置移位、舍入、判 0 等器件或部件来实现的。

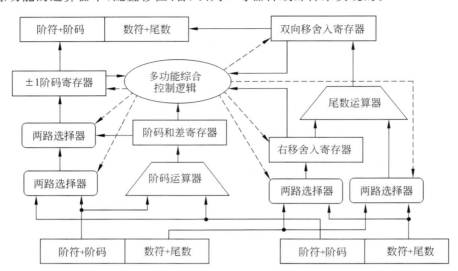

图 4-52　浮点运算器组成的逻辑结构

当进行加减运算时,将二数阶码送到阶码运算器求差,控制逻辑根据阶差生成控制信号。一方面,选择小阶阶码及其对应尾数分别送入±1 阶码寄存器和右移舍入寄存器,控制±1 阶码寄存器加 1、右移舍入寄存器右移一位,直到两数阶码相等,实现对阶;期间,控制逻辑还根据尾数特征,控制右移舍入寄存器进行舍入操作。另一方面,选择大阶阶码对应尾数与右移舍入寄存器中的尾数一同送入尾数运算器,进行求和或求差,实现尾数加减。控制逻辑根据尾数加减运算结果生成控制信号,控制±1 阶码寄存器加或减 1、双向移舍入寄存器右移或左移一位,直到尾数是规格化的,实现尾数规格化;期间,控制逻辑不仅根据尾数特征,控制双向移舍入寄存器进行舍入操作,还根据阶码特征,判断溢出。最后,±1 阶码寄存器存放的是加减运算结果的阶码、双向移舍入寄存器存放的是加减运算结果的尾数。

当进行乘除运算时,在控制逻辑控制下,将两数阶码和尾数分别送到阶码运算器和尾数运算器,分别对阶码求和或求差、对尾数求积或求商,并选择阶码的和或差送入±1 阶码寄存器,实现阶码加减与尾数乘除。控制逻辑根据尾数乘除运算结果生成控制信号,控制±1 阶码寄存器加或减 1、双向移舍入寄存器右移或左移一位,直到尾数是规格化的,实现尾数规格化;期间,控制逻辑不仅根据尾数特征,控制双向移舍入寄存器进行舍入操作,还根据阶码特征,判断溢出。最后,±1 阶码寄存器存放的是乘除运算结果的阶码、双向移舍入寄存器存放的是乘除运算结果的尾数。

复 习 题

1. 什么是二进制基本加法器?它是如何分类的?
2. 什么是串行加法器与并行加法器?试比较它们的优缺点。

3. 什么是进位链？什么是串行进位链与并行进位链？写出串行进位链与并行进位链的逻辑函数表达式。

4. 什么是串行进位并行加法器？影响其速度的主要因素是什么？

5. 什么是单重先行进位与多重先行进位？写出 4 位先行进位电路(CLA)和成组先行进位电路(BCLA)的逻辑函数表达式。

6. 写出定点数补码加减运算的公式及其运算规则。

7. 定点数补码加减运算上溢的判断方法有哪几种？写出它们判断发生上溢的逻辑函数表达式。

8. 定点数补码加减运算实现的逻辑电路有哪几部分组成？写出定点数补码加减运算实现的操作过程。

9. 写出定点数移码码加减运算的公式。

10. 写出一位十进制数 8421 码加法运算的规则及其校正函数的逻辑表达式。

11. 定点数乘除法运算实现的途径有哪些？乘法器与除法器是如何分类的？

12. 写出定点有符号机器数的移位规则和舍入规则。

13. 写出定点数原码一位乘的运算公式与累加递推公式。

14. 写出定点数原码一位乘的运算规则与运算算法。

15. 定点数原码一位乘运算实现的逻辑电路有哪几部分组成？写出定点数原码一位乘运算实现的操作过程。

16. 定点数补码一位乘运算实现的逻辑电路有哪几部分组成？写出定点数补码一位乘运算实现的操作过程。

17. 写出定点数原码两位乘的累加递推公式与运算规则。

18. 写出定点数补码两位乘的累加递推公式与运算规则。

19. 写出定点数原码除的运算公式、运算规则与运算算法。

20. 定点数原码除运算实现的逻辑电路有哪几部分组成？写出定点数原码除运算实现的操作过程。

21. 写出定点数补码除的运算公式、运算规则与运算算法。

22. 写出浮点数加减的运算公式、运算步骤与实现对阶的逻辑方法。

23. 写出浮点数乘的运算公式与运算步骤。

24. 写出浮点数除的运算公式与运算步骤。

25. 什么是运算基本单元与运算单元？它们在功能与结构上的区别是什么？

26. 什么是算术逻辑运算部件？写出其设计的技术途径。

27. 集成 ALU 芯片 SN74181 共有多少根引脚？其中输出引脚多少根？输入引脚多少根？写出各引脚信号的用途。

28. 集成 ALU 芯片 SN74181 有哪两种运算模式？运算模式由哪根引脚控制？两种运算模式各有多少种运算功能？由哪几根引脚控制？

29. 定点运算器一般由哪几部分组成？写出各部分的功用。

30. 定点运算器的组织形式有哪几种？试比较它们的优缺点。

31. 浮点运算器由哪两部分组成？写出它们的功用。

32. 原码阵列乘法器由哪几部分组成？写出各部分的功用。补码阵列乘法器构建设计的技术途径是什么？

33. 阵列乘法器与阵列除法器实现各采用什么运算单元？它们有什么区别？

练 习 题

1. 4位先行进位电路(CLA)和4位成组先行进位电路(BCLA)有哪些区别？利用CLA与BCLA的逻辑符号，画出64位三重进位链的逻辑结构图。

2. 若逻辑门的延迟为t_y，画出题1中64位三重进位链的进位生成时序图，所有进位生成的延迟时间是多少？

3. 当并行加法器的字长较长时，为什么采用多重先行进位方式？

4. 根据定点数移码加减运算公式，总结出定点数移码加减运算的规则。

5. 根据定点数补码加减运算实现的逻辑结构，设计并画出定点数移码加减运算实现的逻辑结构图。

6. 写出余3码表示的两个一位十进制数加法运算的校正函数逻辑表达式，以4位基本二进制并行加法器为基础，设计并画出实现的逻辑结构图。

7. 手工乘法运算可以分解为哪些元操作和元运算？哪些元操作和元运算不适合于硬件实现？为什么？如何改进使之适合于硬件实现？

8. 手工除法运算可以分解为哪些元操作和元运算？哪些元操作和元运算不适合于硬件实现？为什么？如何改进使之适合于硬件实现？

9. 在浮点数加减运算时，对阶即使阶码相等是"小阶看齐大阶"还是"大阶看齐小阶"？为什么？

10. 在浮点数算术运算时，如何判断运算结果是否是规格化数？如果不是，如何使其为规格化数？

11. 在浮点数算术运算时，如何判断运算结果是否发生溢出？为什么？

12. 若浮点数运算结果的尾数符号位为10或01时，是否是发生溢出？为什么？如何处理？

13. 若浮点数运算结果的尾数符号位和最高有效位为11.1或00.0时，是否是规格化数？为什么？如何处理？

14. 对于集成ALU芯片SN74181，当F＝A、F＝B、F＝A＋B时，功能控制引脚M和$S_3S_2S_1S_0$的二进制数是什么？

15. 在定点运算器的三种组织形式中，完成一次双目运算所需要传输的数据各分为几步进行？为什么？

16. 试设计3位先行进位与成组先行进位的逻辑电路，并构建并画出9位单重先行进位与二重先行进位的并行加法器。若逻辑门的延迟为t_y，写出这两种并行加法器中进位链的延迟时间。

17. 利用SN74181和SN74182集成电路芯片，按下列两种方式构建并画出64位字长的ALU的逻辑结构图。(1)二重先行进位；(2)三重先行进位。

18. 利用SN74181集成电路芯片，设计并画出实现一位8421码十进制数加法运算的逻辑结构图。

19. 在阵列除法器中，为什么可以采用CAS的进位/借位输出端作为上商的控制信号？

20. 已知纯小数机器数$[X]_{补}=11001100$、$[Y]_{补}=10101001$，且最高位为符号位，求X+Y和X－Y，并判断运算结果是否发生上溢。

21. 已知二进制数X和Y，且机器字长为8位，采用变形补码求：①$[X+Y]_{补}$和X+Y；②$[X-Y]_{补}$和X－Y，并判断运算结果是否发生上溢。

(1) X=0.1101,Y=－0.1110；　　　(2) X=－0.1011,Y=0.1111；
(3) X=－0.1111,Y=－0.1100；　　(4) X=0.11010,Y=0.101110。

22. 已知二进制数X和Y，且机器字长为8位，采用变形补码求：①$[X+Y]_{补}$和X+Y；②$[X-Y]_{补}$和X－Y，并判断运算结果是否发生上溢。

(1) X=1101,Y=－1110；　　　(2) X=－1011,Y=1111；
(3) X=－1111,Y=－1100；　　(4) X=11010,Y=101110。

23. 已知十进制数X和Y，且机器字长为5位，采用移码求：①$[X+Y]_{移}$和X+Y；②$[X-Y]_{移}$和X－Y，并判断运算结果是否发生上溢。

(1) X=－6,Y=－3；　　(2) X=7,Y=11；　　(3) X=－3,Y=－12。

24. 已知十进制数X和Y，且采用8421码表示，求X+Y的8421码。

(1) X=6,Y=3；　　(2) X=7,Y=11；　　(3) X=27,Y=15。

25. 已知二进制数X和Y，采用原码一位乘和补码一位乘计算X×Y，并保留小数点后8位。

(1) X=－0.1111,Y=0.1110；　　(2) X=－0.110,Y=－0.010；
(3) X=0.11101,Y=0.01111；　　(4) X=－0.011010,Y=－0.011101。

26. 已知二进制数X和Y，采用原码一位乘和补码一位乘计算X×Y。

(1) X=－1111,Y=1110；　　(2) X=－110,Y=－101；
(3) X=11101,Y=10111；　　(4) X=－110011,Y=－111011。

27. 已知二进制数X和Y，采用原码两位乘和补码两位乘计算X×Y，并保留小数点后8位。

(1) X=0.1011,Y=－0.0001；　　(2) X=－0.101,Y=－0.111；
(3) X=0.11101,Y=0.01111；　　(4) X=－0.011010,Y=－0.011101。

28. 已知二进制数X和Y，采用原码两位乘和补码两位乘计算X×Y。

(1) X=－1111,Y=1110；　　(2) X=－110,Y=－101；
(3) X=11101,Y=10111；　　(4) X=－110011,Y=－111011。

29. 已知二进制数X和Y，采用原码除法和补码除法计算X÷Y，商的位数取除数的位数。

(1) X=0.1010,Y=0.1101；　　(2) X=－0.101,Y=0.110；
(3) X=0.10101,Y=－0.11011；　　(4) X=－0.101101,Y=0.111011。

30. 已知二进制数X和Y，采用原码除法和补码除法计算X÷Y。

(1) X=1010,Y=1101；   (2) X=－101,Y=110；

(3) X=10101,Y=－11011；   (4) X=－101101,Y=111011。

31. 已知 X 和 Y，若机器数阶码 4 位、尾数 7 位，且均含符号位和采用补码表示，按浮点数加减运算步骤求：①[X＋Y]$_浮$ 和 X＋Y；②[X－Y]$_浮$ 和 X－Y。

(1) X=2^{-011}×0.100100,Y=2^{-010}×(－0.011010)；

(2) X=－1.625,Y=5.25；

(3) X=2^{101}×(0.100010),Y=2^{100}×0.010110；

(4) X=15/64,Y=－29/256。

32. 已知 X 和 Y，若机器数阶码 4 位、尾数 7 位（均含符号位），且阶码采用移码、尾数采用补码表示，按浮点数加减运算步骤求：①[X＋Y]$_浮$ 和 X＋Y；②[X－Y]$_浮$ 和 X－Y。

(1) X=2^{-011}×0.100100,Y=2^{-010}×(－0.011010)；

(2) X=－1.625,Y=5.25；

(3) X=2^{101}×(0.100010),Y=2^{100}×0.010110；

(4) X=15/64,Y=－29/256。

33. 已知 X 和 Y，若机器数阶码 4 位、尾数 7 位，且均含符号位和采用补码表示，按浮点数乘除运算步骤求：①[X×Y]$_浮$ 和 X×Y；②[X÷Y]$_浮$ 和 X÷Y。

(1) X=2^3×13/16,Y=2^4×(－9/16)；   (2) X=2^{-2}×13/32,Y=2^3×15/32；

(3) X=5.25,Y=－1.625；   (4) X=－29/256,Y=15/64。

34. 已知 X 和 Y，若机器数阶码 4 位、尾数 7 位（均含符号位），且阶码采用移码、尾数采用补码表示，按浮点数乘除运算步骤求：①[X×Y]$_浮$ 和 X×Y；②[X÷Y]$_浮$ 和 X÷Y。

(1) X=2^3×13/16,Y=2^4×(－9/16)；   (2) X=2^{-2}×13/32,Y=2^3×15/32；

(3) X=5.25,Y=－1.625；   (4) X=－29/256,Y=15/64。

第 5 章 主存储器及其组织实现

存储器是计算机的存储中心,用于存放程序和数据的二进制代码,其性能的优劣对计算机性能的影响极大,容量大、速度快、成本低是计算机对主存储器的基本要求,主存储器一般是 MOS 型半导体存储器。本章介绍存储器的分类、性能指标、存储系统和地址译码等,分析 MOS 型半导体存储器芯片的结构原理与组成逻辑、特性与引脚,讨论主存储器的容量扩展与带宽扩展的组织实现技术。

5.1 存储器与存储系统的概述

由第 1 章可知,存储器中存放的大量二进制数是以存储单元为单位一维线性编址来组织的;一个存储单元包含若干位二进制数,它是访问存储器的逻辑单位。而计算机中不仅仅只有存储器,还有存储系统。因此,单就功效难以建立起存储器的概念,还需要进一步认识其性能、特性、分类及其适用性等,才可能在概念上对存储器有个完整清晰的理解。在计算机中,为什么必须有存储系统,采用什么方法来构建,这样构建的存储系统具有怎样的结构和特征;存储器与存储系统是不同概念的对象,存储器被存储系统替换后,为什么用户编程感觉不到有什么变化;主存储器一般是半导体存储器,大容量的主存储器是由小容量的存储器芯片组成的,那么怎样组织实现;而当对主存储器进行访问时,需要以半导体存储器芯片结构原理为基础,来理解存储单元是怎样选择的,这是本节要分析讨论的问题。

5.1.1 存储器的访问与性能

1. 存储器的访问

在计算机中,包含多种不同特性的存储器,但无论是哪种存储器都是用于存放程序和数据。存储器存放的程序和数据,不是本身所固有的,而是由其他功能部件写入的,同时又提供给其他功能部件所使用。所以,存储器包含写入和读出等两种基本操作,且统称为访问(Access)。由于程序和数据均采用二进制编码表示,则写入操作即是由其他功能部件把一定数量的二进制数存到存储器中,而读出操作即是其他功能部件把一定数量的二进制数从存储器取出来。

一次性同时写入的二进制位数与一次性同时读出的二进制位数是相等的,通常称为访问字长或访问单位,相应的二进制数称为访问字。对于主存储器来说,访问字长一般等于机器字长,但也可以是半字长或双字长。对于主存储器来说,访问字长≥存储字长,即同一存储单元的二进制数是同时访问操作的。

2. 存储器的性能指标

存储器的性能由技术指标来描述,常用于描述存储器性能的技术指标主要包括存储容量、存储速度、存储带宽和价格。

① 存储容量。存储容量是指存储器能存放二进制数的总量,用于反映存储空间大小的技术指标,存储容量越大,存储空间就越大,记忆的二进制数也就越多。存储容量的基本单位可以是位(bit,缩写为 b,即 1 位二进制数),也可以是字节(Byte,缩写为 B,即 8 位二进制数)。常用存储容量的单位还有 K(Kilo)、M(Mega)、G(Giga)、T(Tera),当基本单位为字节时,则有:

$$1TB = 2^{10}GB = 2^{20}MB = 2^{30}KB = 2^{40}B$$

② 存取速度。存取速度可由存取时间和存取周期等两个参数来表示,它取决存储介质的物理特性和访问机构的类型。

存取时间又叫存储器访问时间(Memory Access Time),它是指启动一次存储器操作(读或写)到完成该操作所需要的全部时间,用 T_A 表示。目前,大多数存储器的存取时间在 ns 级,而存取时间可分为读出时间和写入时间两种,一般来说,读出时间与写入时间是相等的。对于主存储器来说,写入时间是从存储器接收到有效的地址开始,到数据写入被选中单元为止所需的全部时间。读出时间是从存储器接收到有效地址开始,到被选中单元的数据被有效输出为止所需的全部时间。

存取周期(Memory Cycle Time)是指存储器连续进行两次独立的存储器操作(如连续两次读操作)所需的最小间隔时间,用 T_M 来表示。由于存储器的存储介质和有关控制线路都需要有一定的稳定恢复时间,则 $T_M > T_A$。现代双极型(TTL)半导体存储器的存取周期接近 10ns,MOS 型半导体存储器的存取周期可达 100ns。

③ 存取带宽。存取带宽又称数据传输率或频带,是指单位时间可存取二进制数的最大位数,单位为:B/s、b/s 等。在以存储器为中心具有存储层次的计算机中,主存储器的存储带宽是改善计算机性能的一个关键因素。

④ 存储价格。存储价格是指基本单位容量所需的费用,单位为:元/字节、元/位等。设一个存储器的存储容量为 S 字节,购买该存储器的总费用为 C 元,则该存储器的存储价格表示为 S/C(元/字节)。目前,不同介质存储器的存储价格差异很大,可达成千上万倍,且存储速度越快,存储价格越高,这是计算机中必须有存储系统而不能仅有存储器的重要原因之一。

5.1.2 存储器的分类及其结构

从不同的角度出发,可对存储器进行不同的分类。一般可依据存储器的功能作用、特性和存储介质等来分类。

1. 按存储器的功能作用分类

根据存储器在计算机中所起的功能作用不同,CPU 外部的存储器可分为高缓冲存储器、主存储器和辅助存储器等三种。由于高缓冲存储器与主存储器在主机的内部,所以统称为内存;而辅助存储器在主机的外部,则称为外存。

① 高速缓冲存储器。高速缓冲存储器简称高速缓存,用于存放 CPU 当前正在使用

的程序和数据,即 CPU 对外部的访问绝大多数是访问高速缓冲存储器。显然,高速缓冲存储器的性能要求为:存取速度一定要快(尽可能与 CPU 的速度相适应),但存储容量可以较小(能存放 CPU 当前正在使用的程序和数据即可),存储价格则高。

② 主存储器。主存储器简称主存,用于存放 CPU 运行期间所需要的程序和数据,即 CPU 对外部的访问很少是访问主存储器。显然,主存储器的性能要求为:存储容量尽可能大(可存放 CPU 运行期间所需要的程序和数据),但存储价格不能太高,存取速度适宜即可。主存储器是冯·诺依曼计算机体系结构中传统意义的存储器。

③ 辅助存储器。辅助存储器简称辅存,用于存放 CPU 运行期间一段时间内暂不需要但以后可能需要的程序和数据以及一些需要永久性保存的信息,即 CPU 对外部的访问极少是访问辅助存储器。显然,辅助存储器的性能要求为:存储容量一定要大(可存放 CPU 运行期间需要或不需要的程序和数据),但存储价格尽可能低,存取速度可以慢。

在 CPU 内部还可能有不同功能作用的存储器,如控制存储器与暂存存储器等。控制存储器简称控存,用于存放微程序,仅当采用微程序控制器时,CPU 内部才需要配置控制存储器。暂存存储器又称为缓冲栈,用于存放 CPU 运行期间所产生的非结果性信息,如中间结果、地址映像信息等,目的是减少 CPU 外部访问;通常由几个或几十个寄存器组成,存储速度可与 CPU 相匹配,存储容量极小,存储字长与机器字长相等。

2. 按存储器的特性分类

存储器的特性包含访问规则、信息保存、写功能、读破坏等四个方面,因此又可从这四个角度来对存储器进行分类。

(1) 根据访问规则来分。

访问规则特性是指存储器存储单元之间信息的读写应遵循一定的规则,又称为存取方式。根据存储器的访问规则来分,存储器可分为随机存储器(RAM)、串行存储器和直接存储器等三种。随机存储器是指存储器任一存储单元的内容可按需随机读出与写入,且存取时间与存储单元的物理位置无关。串行存储器是指存储器所有存储单元的内容仅能按排列位置顺序读出或写入,且存取时间与存储单元的物理位置有关。直接存储器是指存储器一定范围存储单元的内容需按排列位置顺序读出或写入,各范围之间却可按需随机读出与写入,即兼有随机存储器与串行存储器的访问规则。

(2) 根据信息保存性来分。

信息保存特性是指存储器在断电之后,信息是否仍可保持,又称为信息易失性。根据存储器的信息保存性来分,存储器可分为易失性存储器和非易失性存储器等两种。非易失性存储器是指断电之后信息仍可保持,又称为永久性存储器;而易失性存储器则反之,又称为非永久性存储器。

(3) 根据写功能性来分。

写功能特性是指存储器写操作是否存在非在线和写前擦除限制,显然,读操作应该是存储器的常态,不存在任何限制。根据存储器的写功能性来分,存储器可分为写常态存储器、只读存储器(ROM)和混合存储器等三种。写常态存储器是指可在线写且写前无须擦除,但信息是易失的;只读存储器是指非在线写且写前需擦除,但信息是非易失的;混合存储器是指可在线写且信息是非易失的,写前可能需擦除,也可能无须擦除。

(4) 根据读破坏性来分。

读破坏特性是指存储器读操作是否破坏所存储信息,显然,写操作是不可能破坏所存储信息。根据存储器的读破坏性来分,存储器可分为破坏性存储器和非破坏性存储器等两种。破坏性存储器是指对某存储单元进行读操作时,原存储的信息将会被破坏,且把这种读取称为破坏性读取;非破坏性存储器是指对某存储单元进行读操作时,原存储的信息不会被破坏,且把这种读取称为非破坏性读取。特别地,对于破坏性存储器,每次进行读操作之后,必须紧跟一个重写(再生)操作,以便恢复被破坏的信息。

3. 按存储器的存储介质分类

从存储器的功能来看,只要具有两个显著且稳定物理特征状态的物质或元件或器件都可作为存储介质。但从存储器的性能来看,还应具备两个状态相互之间和两个状态与微电信号之间可转换且转换实现容易、速度快。这样的物质或元件或器件作为存储介质,不仅可利用两个状态来记忆"0""1",满足存储器的功能要求,还可使存储器具有良好的性能。因此,存储器的存储介质不多。根据存储器存储介质来分,存储器可分为半导体存储器、磁性材料存储器和光盘存储器等三种。

① 半导体存储器。采用半导体器件组成实现的存储器称为半导体存储器,它具有容量大、速度快、价格还不贵、集成度高、体积小、功耗低、维护简单等特点。目前,半导体存储器主要有两类:双极型和 MOS 型,而双极型半导体存储器分为 TTL 型与 ECL 型等两种,MOS 型半导体存储器分为写常态存储器、只读存储器和混合存储器等三种,写常态存储器又有静态存储器(SRAM)与动态存储器(DRAM)之分。

② 磁表面存储器。采用磁性材料实现的存储器称为磁表面存储器(又称为磁存储器),它具有容量特大、速度慢、价格便宜、体积大、生产自动化程度低等特点。目前,磁表面存储器一般有磁盘存储器、磁带存储器、磁芯存储器等三种。

③ 光存储器。光存储器是指应用激光在记录介质上进行读写的存储器,它具有容量很大、速度较慢、价格便宜、记录密度高、耐用性好、可靠性高等特点。光盘可分为只读型、只写一次型和磁光盘等三种。

4. 存储器的分类结构

不同存储介质的存储器不仅性能存在差异,而且特性也不同,因此,功能适用性也就不一样,存储器的分类结构如表 5-1 所示。

5.1.3 存储系统及其组织结构

1. 存储系统及其特征

衡量存储器性能主要包含速度、容量和价格等三个指标,不同存储介质存储器的三个性能指标差别很大。一般说来,速度越快、价格就越高,容量就不能过大;反之,容量要求越大,价格就应越低,速度必越慢。如半导体存储器的速度快、价格就高,容量就不能大;而磁表面存储器的价格低,容量就可大,但速度慢。计算机是以存储器为中心,在程序运行过程中,CPU 所需要的指令、数据要从存储器中读取,CPU 运算出来的数据要写到存储器,输入输出设备也要直接与存储器交换数据,即 CPU 就要求存储器的速度要快。另外,要运行的程序往往大而多,涉及的数据也很多,用户就要求存储器的容量要大。而造价低则是根本。也就是说，计算机对存储器性能的基本要求是速度快、容量大、价格还要低。显然，某种介质的存储器性能与计算机对存储器的性能要求不匹配。

表 5-1 不同存储介质的存储器性能、特性及其功能适用性

介质类型			特　性	性　能	功能适用
半导体存储器	双极型	TTL 型	随机、易失、写常态、非破坏读	容量较大、速度特快、价格很贵	高速缓存
		ECL 型	随机、易失、写常态、非破坏读	容量较大、速度特快、价格很贵	高速缓存
	MOS 型	静态型	随机、易失、写常态、非破坏读	容量较大、速度快、价格贵	高速缓存、主存
		动态型	随机、易失、写常态、破坏读	容量大、速度较快、价格较贵	主存
		只读型	随机、非易失、非在线写、非破坏读	容量较大、速度较快、价格很贵	主存、控存
		混合型	随机、非易失、在线写、非破坏读	容量较大、速度较快、价格很贵	主存、控存
磁表面存储器	磁盘存储器		直接、非易失、在线写、非破坏读	容量特大、速度慢、价格便宜	辅存
	磁带存储器		串行、非易失、在线写、非破坏读	容量大、速度很慢、价格便宜	辅存
	磁芯存储器		直接、非易失、在线写、非破坏读	容量大、速度慢、价格便宜	辅存
光存储器	只读型		直接、非易失、非在线写、非破坏读	容量大、速度慢、价格很便宜	辅存
	写一次型		直接、非易失、非在线写、非破坏读	容量大、速度慢、价格很便宜	辅存
	磁光盘		直接、非易失、在线写、非破坏读	容量大、速度慢、价格便宜	辅存

为使某种介质的存储器性能与计算机对存储器的性能要求相匹配，人们一直在研究如何改进工艺、提高技术，以生产出价格低廉而速度更快的存储器。单就存储器发展趋势而言，存储器的体积是越来越小，容量是越来越大，速度是越来越高，价格是越来越低，寿命是越来越长。但从比较的角度来看，不同介质存储器的性能仍然存在"速度快的价格就高"的现象。也就是说，单靠材料工艺等技术，使某种介质存储器满足计算机对存储器的性能要求是难以实现的。

人们自然想到，是否可以将各种材料工艺、性能特性不同的多个存储器组织起来，构成一个存储器集合，以实现计算机对存储器的性能要求呢？答案是肯定的。因此，采用硬件或软件或硬软件相结合的方法，将两个或两个以上速度、容量和价格各不相同的存储器有机地连接在一起的存储器集合，称为存储系统。显然，存储系统必须具备以下两个特征。一是对应用程序员和 CPU 是透明的。存储系统虽然包含了多个存储器，但从应用程序员和 CPU 来说，仍然相当于冯·诺依曼体系结构原型中原始意义的一个存储器，应

用程序员和 CPU 仍按原有方法访问存储系统,并不需要关注存储系统的存在及其组织实现方法。二是具有速度快、容量大、价格低的性能特点。若存储系统包含了 N 个存储器,那么存储系统的性能表现为:速度近似等于 N 个存储器中存取速度最快的那个存储器的速度,容量近似等于 N 个存储器中容量最大的那个存储器的容量,价格近似等于 N 个存储器中价格最低的那个存储器的价格。

特别地,存储器与存储系统是两个完全不同的概念,存储器是存储系统组织的基本单元,存储系统是存储器有机整体。如果在一台计算机中只有存储器,即使有多个存储器,但没有存储系统,不同存储器的性能优势不可能得到充分发挥,无法满足计算机对存储器的性能要求。

2. 存储访问局部性原理

程序对存储空间的访问具有所谓程序访问局部性的特点,它是存储系统组织的基础。程序访问局部性包括时间局部性和空间局部性两个方面。

时间局部性是指程序在最近的未来要用到的信息很可能是现在正在使用的信息,这主要是由于复杂计算是通过反复进行简单的算术与逻辑运算来完成的,使得复杂计算程序中包含大量需要重复运行的指令序列。

空间局部性是指程序在最近的未来要用到的信息与现在正在使用的信息很可能在存储空间上是相邻或相近的,这主要是由于程序中的指令序列通常是顺序处理和数据集合不是随机分散地存储,如向量、阵列、树形和表格等数据类型,其中的数据元素在存储空间中一般是以连续簇聚的形式存放。因此,程序运行时对存储器访问的地址分布往往是连续的,而不可能是随机的,即簇聚为自然块或页面。

3. 存储系统的一般结构

怎样将多个存储器组织为存储系统呢?根据程序访问局部性和存储器性能特点,可以采用线性层次结构方法来组织实现存储系统,且速度越快的存储器越靠近 CPU,速度越慢存储器越远离 CPU,存储系统的层次结构模型如图 5-1 所示。其中,M_1 级靠 CPU 最近,其速度最快,或者说 M_1 的存储器访问周期 T_1 最小,通过 M_1 使存储系统的存储器速度可满足 CPU 对存储器速度要求。但是,M_1 的价格 C_1 同速度低的存储器相比,就要贵很多,存储容量 S_1 受价格因素限制也只能较小。为使离 CPU 最远的 M_N 满足用户对存储器容量要求,M_N 的容量 S_N 就应该很大,但应具有较低价格 C_N。受价格因素的限制,M_N 的速度也就相对低,或者说 M_N 的存储访问周期 T_N 最大。也就是说,存储系统的存取周期 $T\sim MIN(T_1,T_2,\cdots,T_N)$、存储容量 $S\sim MAX(S_1,S_2,\cdots,S_N)$、存储价格 $C\sim MIN(C_1,C_2,\cdots,C_N)$。

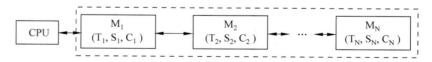

图 5-1　存储系统的层次结构模型

由上述分析可知,M_1 的容量很小,一般不足以存放整个程序和程序需要使用的全部数据;而 M_N 的容量很大,可以存放 CPU 运行期间及其以后需要的程序和数据。但实际

上 M_1 只需要存放当前正在使用的程序和程序所需数据中的一部分(可称为块或页)。由于程序访问具有时间局部性,近期未来一段时间内要用的信息(指令和数据)很有可能在 M_1 中,从而使得近期未来一段时间内能在 M_1 中访问到需要使用的信息,或称为能对 M_1 访问命中。若对 M_1 访问未命中,则需要把所需访问的存储字及其与其相邻近的一部分(块或页)内容从 M_2 送至 M_1,由于程序访问具有空间局部性,这部分内容所包含的存储字,通常都是近期未来一段时间内所需要使用的信息。若对 M_2 访问也未命中,则需要把所需访问的存储字及其与其相邻近的一部分内容从 M_3 送至 M_2;以此类推,M_3 与 M_4、……、M_{N-1} 与 M_N 之间的关系类同。在存储层次中,存储器之间一般满足包容关系,任何一个层次的内容都是其上一层次(离 CPU 更远一层)存储器中内容的子集。

由此可见,利用程序访问局部性,只要用户把需要的程序和数据存储在价格低、容量大、速度慢、最外层的存储器 M_N 中,CPU 运行期间所需要的程序和数据,绝大部分都可从价格高、容量小、速度快、最内层的存储器 M_1 中得到,且离 CPU 越远的存储器,CPU 访问的频度越低。因此,存储系统的速度近似于 M_1 的速度,价格和容量近似于 M_N 的价格和容量,即存储系统具有速度快、容量大、价格低的性能特点。

4. 存储层次组织的操作

采用线性层次结构的方法将不同类型、性能各异的存储器组织在一起建立起来的存储系统,存储层次间有许多问题需要解决,这些问题应由存储系统的设计人员通过硬件或软件或硬软件相结合的方法来自动实现,以保证对应用程序员和 CPU 是透明的。综合起来主要有以下四个操作。

① 存储层次间的信息传送。在对 M_i 访问未命中时,并不是仅从其上一层 M_{i+1} 送一个存储字到 M_i 中,而是把包含该存储字所在的一部分存储信息送至 M_i 中。这样,由于程序访问具有空间局部性,近期未来一段时间内所需使用的信息很有可能在该部分中被一起送至 M_i,从而保证对 M_i 有较高的命中率。高层存储器向低层存储器传送信息的操作是自动实现的。

② 存储层次间的地址变换。在运行程序期间,CPU 形成系列逻辑地址流,逻辑地址要变换为最高层 M_N 的物理地址,从最高层 M_N 开始,逐步转化为 M_{N-1},M_{N-2},……,直到 M_1,才能实现 CPU 对 M_1 的访问。存储层次间的地址变换的操作也是自动实现的。特别地,地址变换算法取决于高层存储器 M_{i+1} 的存储空间如何映像到低层存储器 M_i 中,存储层次间的空间映像规则与地址变换算法是一一对应的。

③ 存储空间的替换。在运行程序过程中,依据存储空间的映像规则,高层存储器 M_{i+1} 不断向低层存储器 M_i 调入信息。由于低层存储器 M_i 比高层存储器 M_{i+1} 要小得多,在某一时刻,M_{i+1} 的某部分存储空间的信息要调入到 M_i 中,但 M_i 中可以映像 M_{i+1} 的该部分存储空间已满,那么就要从可以映像 M_{i+1} 的该部分存储空间的 M_i 存储空间中,找出一部分合理可行的 M_i 存储空间,用现在要调入的信息替换原有的信息,这就需要所谓的替换算法支持,替换算法的操作是自动实现的。

④ 存储层次间信息的一致性维护。从存储层次的组织机制可以看出,当前使用的信息在各层存储器上都有其对应的存储空间,即低层存储器 M_i 所存放的内容是高层存储器 M_{i+1} 部分内容的副本。显然,正本与副本的内容应保持一致,即正本的内容修改了,副

本的内容也要修改；反之是一样的。这就是所谓的存储层次间的一致性,存储层次间的一致性的维护操作是自动实现的。

5.1.4 二级结构存储系统及其比较

1. 存储的基本层次

在计算机中,存储的基本层次一般分为七层,如图 5-2 所示,从下到上存储器的容量越来越小,价格越来越高,存取周期越来越短(即速度越来越快)。高速缓冲存储器(Cache)分为两层：CPU 芯片内的和 CPU 芯片外的,很多高性能的 CPU 芯片内集成有 Cache。片内 Cache 称为一级 Cache,容量很小,速度极快,且可分为指令 Cache 和数据 Cache；片外 Cache 称为二级 Cache,在主板上,容量较大,速度比片内 Cache 要低 5 倍左右。通用寄存器堆、指令与数据缓冲栈、片内 Cache 是在 CPU 芯片内,它们的存取速度都极高。CPU 可直接访问片外高速缓冲存储器与主存储器,则合称为内存；联机外部存储器与脱机外部存储器 CPU 不能直接访问,则合称为外存。联机外部存储器俗称硬盘,脱机外部存储器是海量的,主要有软盘、U 盘、光盘、移动硬盘、磁带等。

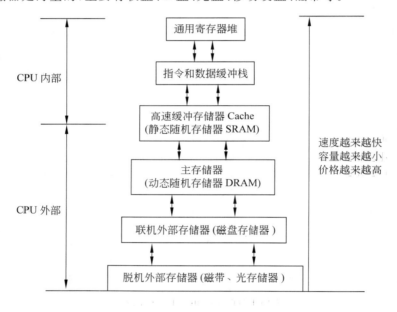

图 5-2 计算机存储的基本层次

2. 三层二级存储系统

从存储层次的组织操作来看,片内高速缓冲存储器及其以下各存储层次的组织操作是由 CPU 来自动实现,即由 CPU 的设计者完成；联机外部存储器与脱机外部存储器存储层次的组织操作是用户借助操作系统非自动实现；只有片外高速缓冲存储器、主存储器和联机外部存储器(可称为辅助存储器)等三个存储层次的组织操作是由存储系统来自动实现,即由存储系统的设计者完成。因此,由片外高速缓冲存储器、主存储器和辅助存储器构成一个三层二级存储系统,其结构模型如图 5-3 所示,其中把高速缓冲存储器与主存储器级称为高速缓冲存储器,主存储器和辅助存储器级称为虚拟存储器。

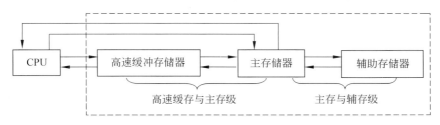

图 5-3　三层二级存储系统的结构模型

实际上,可以认为三层二级存储系统是主存储器扩展。在性能要求上,主存储器应具有较大的容量,价格不能太高,所以速度难以与 CPU 速度相匹配。为了满足 CPU 对速度的要求,则在主存与 CPU 之间插入一个高速缓冲存储器,它的速度比主存快,容量比主存小得多。另外,较大容量主存储器,容量又与用户要求相距甚远,为了满足用户对容量的要求,又在其外层加入辅助存储器,它的容量比主存大得多,速度比主存慢得多。

3. 二级存储体系的比较

高速缓冲存储器与虚拟存储器是两个不同存储层次的存储体系,在概念定义、组织操作、性能评价等方面具有相似性,但也有许多不同之处。

① 一次交换的信息量不同。若把一次交换的信息量认为是一个单位,高速缓存与主存之间以块为单位,主存与辅存之间以页为单位,块与页是相似的,但页比块大得多。块的大小是以主存储器在一个存取周期内能对主存访问到的信息量为限,一般是在几个到几十个主存存储字之间;而页的大小一般是在 1K 到几 K 主存存储字之间。

② 两层存储器之间的速度比不同。在高速缓冲存储器中,高速缓存的速度是主存的 3~10 倍。在虚拟存储器中,主存的速度一般是辅存的十万倍以上。

③ 访问不命中时 CPU 访问的通路不同。CPU 与高速缓存和主存之间都有直接通路,若 CPU 对高速缓存的块访问未命中,则当前要使用的存储字直接由主存到 CPU,即 CPU 直接访问主存,且从主存调入当前存储字所在的块到高速缓存。CPU 与辅存之间没有直接通路,若 CPU 对主存的页访问未命中,则 CPU 需要等待访问的虚页从辅存调入到主存后,才能再进行访问。

④ 设置的目的不同。高速缓冲存储器是以提高主存速度为目的,以使存储系统的速度与 CPU 相匹配,即面对 CPU。虚拟存储器是以扩大主存容量为目的,以使存储系统的容量满足用户需要,即面对用户。

⑤ 实现方式及其透明性不同。高速缓冲存储器工作时所需要的组织操作功能是由硬件实现的,对系统程序员和应用程序员均透明的。虚拟存储器工作时所需要的组织操作功能是以软件为主硬件为辅实现的,仅对应用程序员透明的。

5.1.5　半导体存储器芯片的一般结构

1. 记忆元与存储单元

对于半导体存储器芯片来说,通常把存储一位二进制数的元件或器件称为记忆元。

半导体存储器芯片一般包含很多记忆元,包含的记忆元越多,存储容量就越大。不同类型的半导体存储器,其记忆元存储一位二进制数的原理及其逻辑电路不同,从而使得性能与特性存在差异。

同样,把包含若干个记忆元的存储器操作单位也称为存储单元,显然,一个存储单元可存储若干位二进制数。存储单元是存储器读写操作的逻辑单位,即存储于同一个存储单元的二进制数是同时被访问的。可见,半导体存储器芯片的存储单元、存储字数、存储字长、存储字等概念,具有与主存储器相同的意义,其缘由在于主存储器即是半导体存储器。但半导体存储器与半导体存储器芯片是不同概念的物理实体,半导体存储器是由一定数量的半导体存储器芯片组成。因此,半导体存储器芯片的容量也有:

$$存储容量(b 或 B) = 存储字数\ M \times 存储字长\ N(b 或 B)$$

2. 芯片的组成结构

半导体存储器芯片用于存储二进制代码的,必须包含一个存储二进制代码的载体,称为存储体。存储体中存储的二进制代码是以存储单元为访问单位,一个存储单元唯一对应一个单元地址,则需要一个地址译码电路对单元地址译码,以选择对应的存储单元进行访问。存储体中存储二进制代码是供 CPU 与 I/O 设备使用的,且可读出可写入,读与写的信息传送方向相反,则需要一个读写电路以控制信息传送方向。另外,还需要控制逻辑来保证存储体、译码电路、读写电路之间协调有序工作。因此,存储器是由存储体、址址译码电路、读写电路和控制逻辑等四部分组成,如图 5-4 所示。

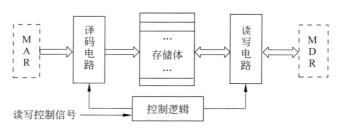

图 5-4 半导体存储器芯片的组成结构

(1) 存储体。

存储体是存储器芯片的主体,用来存储二进制代码。存储体中包含大量记忆元,记忆元在存储体中是按阵列形式排放的,如图 5-5 所示。由于 P=Q 时,可使含有同样数量记忆元的存储体所占面积最小,所以 P 与 Q 一般取相等,但不是一定要相等,也可以不相等。

(2) 译码电路。

译码电路接收由 CPU 或 I/O 设备送到 MAR 中的 W 位地址信号,经过译码等后,使 2^W 个选择信号中的一个有效,以选中与 W 位地址信号对应的存储单元。特别地,由于译码电路输出的信号在强度上往往难以与存储体相匹配,则译码电路后需要配备一个驱动电路,将译码电路输出信号进行放大,以满足存储体对选择信号的强度要求。因此,译码电路又可称为译码驱动电路。

(3) 读写电路。

读写电路用来控制选中存储单元的读或写(信息传输方向)和信号驱动判别。由于存

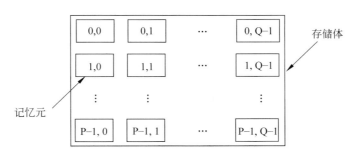

图 5-5　存储体中记忆元排放形式

储体中存储的二进制信号一般很微弱,无法适应长距离传输,则在读出时要对信号进行放大,即读写电路后需要配备一个放大电路,以满足长距离传输要求。记忆元输出的是电流信号,通过电流信号来判别是"0"还是"1"。特别地,读写电路又称为读写驱动电路,读写的数据都要通过 MDR。

(4) 控制逻辑。

控制逻辑用来接收从 CPU 送来的读/写控制信号后,产生芯片内部的控制信号,在时间上使译码电路与读写电路相匹配。

3. 芯片内部的地址译码

地址译码是指对来自 CPU 或 I/O 设备的地址编码信号进行转换,转换为与地址编码对应的存储单元的选择信号(一般为高电位),以使该存储单元所包含的记忆元与总线相连,完成这一功能的器件称为地址译码器。而半导体存储器芯片内部地址译码有单译码与双译码两种方式。

(1) 单译码方式。

单译码方式是指仅用一个地址译码器对地址编码进行译码,形成一个(一位二进制数)所谓的字选信号,该字选信号可选中与地址编码对应的存储单元。若把传送字选信号的传输线(即译码器输出线)称为字选线,那么,当存储器芯片的字容量很大时,译码电路极其复杂,字选线及其为译码电路配备的驱动电路就很多,从而使得造价高。如地址信号 $W=8$,地址译码器的输出有 $2^8=256$ 个状态,对应 256 个存储单元,译码输出线(字选线)为 256 根,译码电路为 $8\rightarrow 256$。因此,单译码方式仅适合于小字容量存储器芯片。在单译码存储器芯片的记忆元阵列中,同一行记忆元通常属于同一个存储单元,即存储单元数与记忆元阵列的行数通常相等,存储字数为 P、存储字长为 Q 单译码存储器芯片的组成组成逻辑如图 5-6 所示,其中 $2^W=P$。因此,把采用单译码方式的存储器芯片称为字结构,字结构存储器芯片的字容量一般比较小。特别地,对单译码存储器芯片,一般字数远大于字长,即 $P\gg Q$,存储体显长条形,占用面积大。字选信号需要驱动 Q 个 MOS 管,地址译码器输出信号应加以驱动。

(2) 双译码方式。

双译码方式是指将地址编码信号分成的行和列两部分,采用两个地址译码器对行和列地址编码信号进行译码,形成所谓的字选信号和位选信号两个选择信号来选择与地址编码对应的存储单元。通常把传送字选信号的传输线称为字选线,而把传送位选信号的

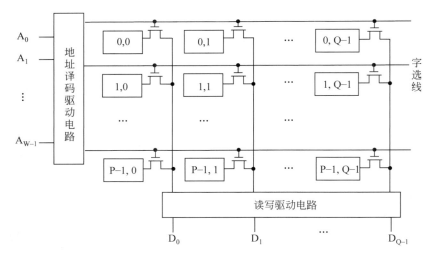

图 5-6　单译码存储器芯片的组成逻辑

传输线称为位选线。在存储器芯片字容量相等的情况下,译码电路相对简单,双译码字选线与位选线线数之和远小于单译码字选线线数。如地址信号 $W=8$,$W_x=W_y=4$,行和列地址译码器的输出均有 $2^4=16$ 个状态,对应 $16\times16=256$ 个存储单元,译码输出线(字选线与位选线线数之和)为 32 根,译码电路为 $4\rightarrow16$。因此,双译码方式适合于大容量存储器芯片。在双译码存储器芯片的记忆元阵列中,同一行记忆元通常分属于不同存储单元,即存储单元数与记忆元阵列的行数通常不相等,存储字数为 $P\times Q$,存储字长为 1 双译码存储器芯片的组成逻辑如图 5-7 所示,其中 $2^{(W/2)}=P$。因此,把采用双译码方式的存储器芯片称为位结构,位结构的存储器芯片字容量一般很大。特别地,对于双译码存储器芯片,虽然一般字数远大于字长,但 $P=Q$,存储体显正方形,占用面积小。由于位选信号仅驱动一个或少量(由存储字长来决定)MOS 管,列地址译码器输出信号不需要加以驱动。

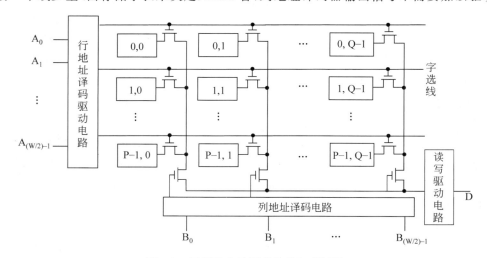

图 5-7　双译码存储器芯片的组成逻辑

特别地,不能认为,采用双译码存储器芯片的存储字长仅能为1位。从图5.7可以看出,一个字选信号使同一行记忆元与列线连通,同行记忆元存储信息哪几个可送到读写驱动电路上输出,则由位选信号决定。一个位选信号选通多少根列线,对应同行记忆元存储信息就有多少位被送到读写驱动电路上输出,存储字长也就为多少位。而采用单译码存储器芯片,列线始终与读写驱动电路选通,同行记忆元存储信息同时被送到读写驱动电路上输出,所以其存储字长由同行记忆元数决定。

5.2 MOS写常态存储器芯片

MOS写常态存储器是一种随机读写的易失性半导体存储器,根据读破坏性可分静态的(SRAM)和动态的(DRAM),半导体存储器芯片是半导体存储器组织实现的基础。那么,应从哪些方面去认识半导体存储器芯片,这是本节要分析讨论的问题。首先,一位二进制数采用什么样的电路来表示记忆,如何读出与写入,这即是半导体存储器存储信息的原理;为实现工作原理,半导体存储器芯片应具备什么样的逻辑结构,需要提供哪些信号,信号间的时序关系如何。其次,SRAM与DRAM有哪些相同与不同之处,特别是存储信息的原理有什么不同。最后,DRAM为什么读出时信息会被破坏、为什么需要刷新,什么是再生和刷新,如何再生和刷新。

5.2.1 静态存储器芯片的结构原理

1. 六管记忆元电路

静态MOS存储器(简称SRAM)芯片的记忆元由六个MOS管组成,其逻辑电路如图5-8所示。图中的T_1、T_2是工作管。若A点为高电位,使T_2导通;T_2导通,使B点为低电位;B点为低电位,使T_1截止;T_1截止,更加促使A点为高电位。反之,A点为低电位→T_2截止→B点为高电位→T_1导通→A点为低电位。可以认为,T_1、T_2两个MOS管构成一个类似基本RS触发器的双稳态电路,A、B两点是RS触发器的两个输出端,且A、B两点的电位总是互反的。且若A点为高电位代表"1",那么A点为低电位则代表"0"。因此,六管记忆元中的两个MOS管交叉耦合成双稳态电路,两个稳定状态用于表示一位二进制数的"0"和"1"。

图中的T_3、T_4是负载管,它们始终是导通的;T_5、T_6、T_7、T_8为控制管或开门管,它们导通与截止可由记忆元外部信号控制。当T_5、T_6、T_7、T_8均截止时,记忆元与外部隔离,通过电源V_{CC}和T_3、T_4可维持A、B两点电位,即在不断电情况下,触发器的两个状态是稳定的,可以保存一位二进制数。当T_5、T_6、T_7、T_8均导通时,记忆元A、B两点分别与外部I/O、$\overline{I/O}$连通,若I/O、$\overline{I/O}$所加电位信号与A、B两点电位相反,则可使A、B两点的电位发生转换,或由高到低,或由低到高,即通过外部信号,可以控制触发器的两个状态进行转换。而当记忆元与外部连通时,若I/O、$\overline{I/O}$不加电位信号,在T_3、T_4的限流作用下,A、B两点以恒定的电位信号流出。所以,六管记忆元具备了作为存储一位二进制数器件的基本特性。

对于六管记忆元电路有几点应注意。记忆元与外部连通,存在T_5、T_6和T_7、T_8两道

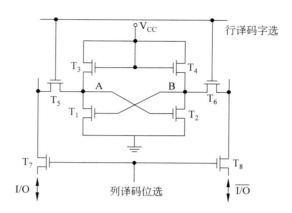

图 5-8 六管记忆元逻辑电路

门,由 T_5、T_6 控制是否连通的信息线称为字(或行)线,则 T_5、T_6 称为字(或行)选门;由 T_7、T_8 控制是否连通的信息线是位(或列)线,则 T_7、T_8 称为位(或列)选门。记忆元的选中,需要采用双译码,行译码输出(可称为字选线或行选线)用于控制 T_5、T_6 的导通与截止,以实现字线的连通与断开;列译码输出(可称为位选线或列选线)用于控制 T_7、T_8 的导通与截止,以实现位线的连通与断开。在存储器芯片的记忆元阵列中,同一列记忆元共用的 T_7、T_8 是读写电路的一部分,具有输出驱动作用,并不归属于某个记忆元,所以记忆元是六管的。

2. 六管记忆元操作

(1) 写操作。

如果向某个记忆元写入"1",则分别在 I/O、$\overline{I/O}$ 位线上输入高、低电位,利用该记忆元所在存储单元(任何记忆元一定归属于某存储单元)的地址编码,通过行、列译码的输出,将该记忆元的字选线和位选线置为有效,使 T_5、T_6、T_7、T_8 四个 MOS 管均导通,把高、低电位分别加在 A、B 两点上。若记忆元原存储信息为"1",即 A、B 两点已是高、低电位,T_1、T_2 分别是截止、导通的;再在 A、B 两点上分别加高、低电位,T_1、T_2 维持截止与导通不变,A、B 两点电位也维持不变,相当于把"1"写入到记忆元中。若记忆元原存储信息为"0",即 A、B 两点已是低、高电位,T_1 是导通的、T_2 是截止的;当在 A、B 两点上分别加高、低电位时,A 点电位逐步由低到高,B 点电位则逐步由高到低;同时,T_2 逐步由截止到导通,T_1 则逐步由导通到截止,最终达到 A 点为高电位、B 点为低电位的稳定状态,即把"1"写入到记忆元中。

向某个记忆元写入"0"与写入"1"类同,即分别在 I/O 和 $\overline{I/O}$ 位线上输入低电位与高电位,使 T_5、T_6、T_7、T_8 四个 MOS 管均导通,把低、高电位分别加在 A、B 两点上,使 T_1 导通、T_2 截止,将"0"写入到记忆元中。

(2) 读操作。

要把某个记忆元存储的信息(0 或 1)读出,同样利用该记忆元所在存储单元的地址编码,通过行、列译码的输出,将该记忆元的字选线和位选线置为有效,使 T_5、T_6、T_7、T_8 四个 MOS 管均导通,A、B 两点分别与 I/O 和 $\overline{I/O}$ 连通,即 A、B 两点的电位信号被送到 I/O

与 $\overline{I/O}$ 线上,通过读出驱动电路把记忆元存储的信息读出。

3. 芯片的逻辑结构

静态 MOS 存储器芯片是半导体存储器芯片中的一种,所以也是由存储体、译码电路、读写电路和控制逻辑等四部分组成。按六管记忆元读写操作方法,其译码方式必须是双译码,静态 MOS 存储器的芯片组成电路如图 5-9 所示。由于记忆元选择信号——字选信号和位选信号需要高电位"1",而一般译码器输出信号是低电位"0"有效,则在行和列地址译码电路前均增加了一反相器,使译码器输出信号是高电位"1"有效。存储体中所包含的六管记忆元是按行列相等的方阵排列的。读写电路分成 I/O 判别电路与输出驱动电路两部分,I/O 判别电路则由图 5-9 中的 T_7、T_8 和一个判别电路组成;判别可以在 I/O 和 $\overline{I/O}$ 线上连接一个差分器,通过其电流方向来判别是"0"还是"1";也可仅输出 I/O,通过有无电流来判别是"0"还是"1"。

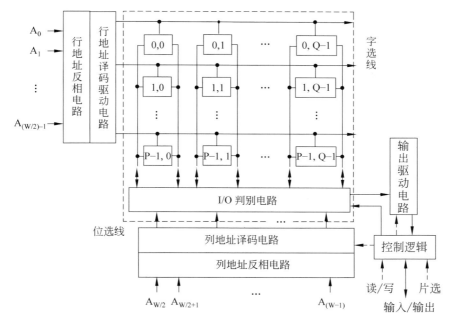

图 5-9 静态 MOS 存储器芯片的组成电路

4. 静态存储器芯片实例

Intel 2114 是 1K×4 位的静态 MOS 存储器芯片,即一块芯片上有 1024 个存储单元,每个存储单元为 4 位,其逻辑电路如图 5-10 所示。Intel 2114 芯片共有 4096 个六管记忆元,以 64×64 的方阵形式排列,且把 64 列记忆元分为 4 组,每组包含 16 列。由于存储单元数为 1K,则地址线为 $\log_2(1024)=10$ 根($A_0 \sim A_9$)。10 根地址线分成两部分,其中 6 根($A_3 \sim A_8$)用于行译码,4 根(A_0,A_1,A_2,A_9)用于列译码,即字选线有 $2^6=64$ 条、位选线有 $2^4=16$ 条。每条字选线选择记忆元阵列中的一行,每条位选线选择记忆元阵列中的四列(每组选择一列)。

Intel 2114 芯片被选中记忆元存储的信息,通过读写电路及其输入或输出三态门与数据引脚线 $D_0 \sim D_3$ 相连。输入与输出三态门受控制逻辑中读/写与片选控制信号的控

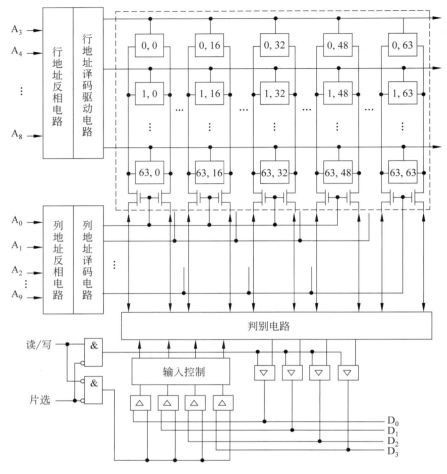

图 5-10　Intel 2114 SRAM 逻辑电路

制。当片选信号有效(低电平)和写命令信号有效(一般为低电位)时,则输入三态门打开,数据引脚线上的信息被送到芯片,并写入相应的记忆元中;当片选信号有效(低电平)和写命令信号无效(一般为高电平)时,则输出三态门打开,相应记忆元的存储信息从芯片中读出,送到数据引脚线上。由于读取与写入是分时的,在控制逻辑控制下,输入与输出三态门是互锁的,即读与写是互锁的,以避免数据引脚线上的信息出现混乱。所谓互锁是指当输入三态门打开时,输出三态门必关闭;输出三态门打开时,输入三态门必关闭;即读时不能写,写时不能读。

5.2.2　动态存储器芯片的结构原理

1. 四管与单管的记忆元电路

动态 MOS 存储器(简称 DRAM)芯片的记忆元可以由四个 MOS 管或一个 MOS 管加电容组成。在六管记忆元电路中,A、B 两点的电位即是工作管 T_1、T_2 的栅极电位,电位是电荷量的度量,电容是电荷的载体,栅极对衬底有电位,则栅极对衬底有一个客观存在但不是主观需要的分布电容(一个假想电容)。T_3、T_4 是负载管,起限流作用,主要是为工作管 T_1、T_2 的栅极电容不断补充电荷,以维持记忆元 T_1、T_2 的栅极电位,保证记忆元的状态不变。否则,由于电容必然漏电,导致 A、B 两点电位无法维持,记忆元存储的信息无法长期保持。但由于 MOS 管的栅极电阻很高,泄漏电流很小;另外,记忆元的状态电位有一个较大区间。因此,即使不即时对 T_1、T_2 的栅极电容补充电荷,记忆元状态在一定时间能维持不变。

为了提高集成度、减少功耗、降低价格,可以将六管记忆元电路中的负载管 T_3、T_4 去掉,而变成为四管记忆元,其逻辑电路如图 5-11 所示。图中的 T_1、T_2 仍是工作管,T_5、T_6、T_7、T_8 仍是控制管或开关管,T_7、T_8 在记忆元阵列中仍是被同一列记忆元共用,T_1、T_2、T_5、T_6、T_7、T_8 在记忆元存储信息的读写与保存中的功用与六管记忆元类同。但由于 T_1、T_2 的栅极电位无法维持,T_1、T_2 的无法构成具有两个稳定状态的触发器,即四管记忆元表示一位二进制数"0"和"1"的原理与六管记忆元不同。六管记忆元利用 T_1、T_2 交叉耦合成触发器的两个稳定状态来表示一位二进制数,而四管记忆元利用 T_1、T_2 管栅极与衬底间的分布电容 C_1、C_2 上有无电荷来表示一位二进制数。若 A 点为高电位,C_2 上有电荷,使 T_2 导通;T_2 导通,使 B 点为低电位,C_1 上无电荷;B 点为低电位,使 T_1 截止;T_1 截止,C_2 上的电荷可维持一定时间,A 点高电位可维持一定时间。反之,A 点为低电位→C_2 无电荷→T_2 截止→维持 C_1 有电荷→B 点维持高电位→T_1 导通→A 点为低电位。可见,C_1、C_2 有无电荷总是互锁的,即 C_1 有电荷,则 C_2 无电荷;C_2 有电荷,则 C_1 无电荷。且若 C_2 有电荷代表"1",那么 C_2 无电荷则代表"0"。所以,可以认为,四管记忆元是由四个 MOS 管和两个分布电容组成的。

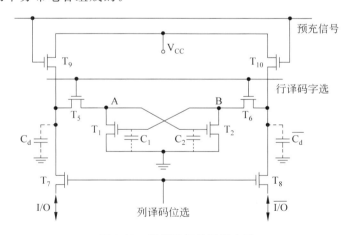

图 5-11 四管记忆元逻辑电路

T_9、T_{10} 是预充管,在存储器芯片的记忆元阵列中,同一列记忆元共用 T_9、T_{10},在预充信号作用下,用于控制对栅极电容补充电荷,并不归属于某个记忆元。另外,两根位线与衬底间同样也存在分布电容 C_d、$\overline{C_d}$,在对栅极电容补充电荷起存储电荷的作用。显然,记忆元选中,也需要采用双译码。

为了进一步提高集成度、减少功耗、降低价格,可以仅用一个 MOS 管和一个电容组成一个单管记忆元,其逻辑电路如图 5-12 所示。图中 C 是工作电容,T_5 是行选控制管,T_7 是位选控制管,T_9 是预充管,C_d 是位线分布电容。单管记忆元表示一位二进制数的原理与译码方式,与四管记忆元类同。在存储器芯片的记忆元阵列中,T_7、T_9 被同一列记忆元所共用。特别地,为了节省面积,单管记忆元中的工作电容 C 不能很大,一般比位线上的分布电容 C_d 要小。

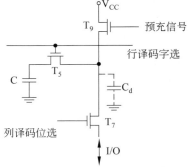

图 5-12 单管记忆元逻辑电路

另外,还有三管记忆元,这里不再介绍。

2. 四管记忆元操作

(1) 写操作。

如果向某个记忆元写入"1",则分别在 I/O 和 $\overline{I/O}$ 位线上输入高电位与低电位,利用该记忆元所在存储单元的地址编码,使 T_5、T_6、T_7、T_8 四个 MOS 管均导通,把高、低电位分别加在 A、B 两点上。若记忆元存储信息为"1",即 C_2 上有电荷、A 点为高电位但可能比标准电位低(C_2 漏电导致 A 点电位降低),C_1 上无电荷、B 点为低电位;再在 A、B 两点上分别加高、低电位,T_1、T_2 维持截止与导通不变,C_1 上无电荷、C_2 上可能得到电荷补充使 A 点电位恢复到标准电位,相当于把"1"写入到记忆元中。若记忆元原存储信息为"0",即 C_1 上有电荷、B 点为高电位但可能比标准电位低(C_1 漏电导致 B 点电位降低),C_2 上无电荷、A 点为低电位;当在 A、B 两点上分别加高、低电位时,则可对 C_2 充电、对 C_1 放电,A 点电位逐步由低到高,B 点电位则逐步由高到低;同时,T_2 逐步由截止到导通,T_1 则逐步由导通到截止,最终使 C_2 上有电荷、A 点为高电位,C_1 上无电荷、B 点为低电位,即把"1"写入到记忆元中。当 T_5、T_6、T_7、T_8 截止后,C_2 上的电荷可维持一定时间。

向某个记忆元写入"0"与写入"1"类同,即分别在 I/O 和 $\overline{I/O}$ 位线上输入低电位与高电位,使 T_5、T_6、T_7、T_8 四个 MOS 管均导通,把低、高电位分别加在 A、B 两点上,使 C_1 上有电荷、C_2 上无电荷,将"0"写入到记忆元中。当 T_5、T_6、T_7、T_8 截止后,C_1 上的电荷同样可维持一定时间。

(2) 读操作。

要把某个记忆元存储的信息(0 或 1)读出,先给出预充信号,使 T_9、T_{10} 管导通,电源向位线上的分布电容充电,使电容上的电压都达到电源电压(标准电位)。同样利用该记忆元所在存储单元的地址编码,使 T_5、T_6、T_7、T_8 四个 MOS 管均导通。若记忆元存储信息为"1",C_2 上有电荷、A 点为高电位但可能比标准电位低,C_d 上的电荷通过 I/O 位线流出形成电流信号,另外还对 C_2 补充电荷,使 A 点高电位恢复到标准电位;C_1 上无电荷、B 点为低电位,$\overline{C_d}$ 上的电荷通过 B 点瞬间完全释放,$\overline{I/O}$ 位线没有电流信号。这时,读出驱动电路输出"1";反之,若记忆元存储信息为"0",读出驱动电路输出"0"。可见,读取记忆元存储的信息时,记忆元向外部输出的信号并不是原存储于 C_1 或 C_2 的电荷,而是读前电源赋予于记忆元对应位线上的。如果读前不对记忆元预充电荷,则进行读操作,记忆元向外部输出的信号是原存储于 C_1 或 C_2 上的电荷,那么记忆元存储的信息由于读操作而消逝了,所以四管记忆元是破坏性读,相应的动态存储器为破坏性存储器。而六管记忆元原存储的信号流出后,可得到及时补充,所以它是非破坏性读,相应的静态存储器为非破坏性存储器。对于破坏性读的记忆元,在读取其存储的信息时,及时补充电荷,恢复其状态的操作称为再生。显然,再生操作并不能独立进行,再生操作应附属于读操作,读操作必须附加再生操作。

单管记忆元的读写操作过程、再生方法等与四管记忆元类同。

3. 四管与单管存储器芯片的比较

四管存储器芯片与单管存储器芯片均属于动态 MOS 存储器,虽然在特性、性能和适用性等方面相似,但在逻辑电路上存在两点不同。

① 集成度不同。由于单管记忆元电路的元件数量比四管的要少,所以单管记忆元电路占用面积小,单管存储器芯片的集成度高。

② 读写电路的复杂性不同。由于单管记忆元电路中的工作电容 C 很小,读出时"0"与"1"的电平差别很小,需要具有高精度鉴别能力的读出放大器配合。所以单管存储器芯片的读写电路比四管存储器芯片要复杂。

4. 静态与动态存储器芯片的比较

静态存储器芯片与动态存储器芯片均属于随机访问、写常态、易失的 MOS 型存储器,逻辑结构及其引脚线总体上是相似的,但在特性、性能和适用性等方面具有一定差异,在逻辑结构上也存在不同之处,最根本的区别在于记忆元存储信息的原理。SRAM 记忆元是通过两个 MOS 管交叉偶合组成的触发器的两个状态来表示"0"和"1",DRAM 记忆元是利用 MOS 管栅极与衬底间分布电容或实际电容是否存在电荷来表示"0"和"1"。

(1) 特性、性能和适用性等方面的差异。

① 特性差异。静态存储器芯片是非破坏性读出,读出时不需要再生;而动态存储器芯片是破坏性读出,读出时需要再生。

② 性能差异。动态存储器芯片集成度高、功耗小、价格低、速度慢,DRAM 芯片的功耗是 SRAM 芯片的 1/6,DRAM 芯片的价格是 SRAM 芯片的 1/4。

③ 适用性差异。动态存储器芯片仅适用于主存储器,而静态存储器芯片还适用于高速缓冲存储器。

(2) 逻辑结构的不同之处。

① 行地址与列地址的输入方式不同。动态存储器芯片的行地址与列地址采用同线分时输入方式,而静态存储器芯片则采用异线同时输入方式。由于 DRAM 芯片的集成度高,则在一定面积内集成的记忆元多、容量大、芯片引脚线多,而芯片引脚线的大小是严格规定的。因此,为减少芯片的引脚线,则采用分时复用技术,行列地址同线分时输入。

② 数据输入线与输出线不同。动态存储器芯片的数据输入与输出线是分开且可以锁存缓冲,而静态存储器芯片的数据输入与输出线是同线的。

③ 芯片选择控制信号不同。动态存储器芯片没有片选信号$\overline{CS}$,但设有行选通信号$\overline{RAS}$和列选通信号$\overline{CAS}$,即动态存储器的芯片选择是通过行列选通信号实现。

④ 存储体外的外围电路复杂性不同。动态存储器芯片输入的行地址与列地址需要锁存与时间控制、读出时需要再生与信号鉴别放大、每隔一定时间还需要刷新,因此动态存储器芯片的外围电路比静态存储器芯片要复杂得多。

5. 动态存储器芯片实例

Intel 4116 是 $16K \times 1$ 位的单管动态 MOS 存储器（DRAM）芯片，即一块芯片上有 16 384 个存储单元，每个存储单元为 1 位，其逻辑结构如图 5-13 所示。由于存储单元数为 16K，地址线需要为 $\log_2(16\,384)=14$ 根，但芯片的地址引脚线仅为 7 根。因此，将 14 位地址信息分成两部分，其中 7 位行地址用于产生 $2^7=128$ 个字选信号，7 位列地址用于产生 $2^7=128$ 个位选信号。14 位地址信息通过芯片上的 7 根地址引脚线分两次输入，先输入 7 位行地址，后输入 7 位列地址，行列地址的输入受行选通信号 $\overline{RAS}$ 和列选通信号 $\overline{CAS}$ 及时钟的控制。

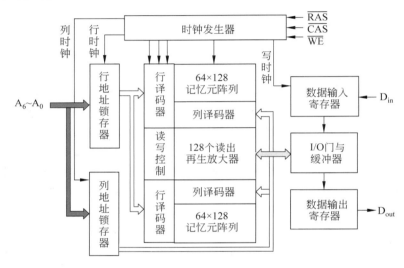

图 5-13 Intel 4116 存储器芯片逻辑结构

Intel 4116 芯片共有 16 384 个单管记忆元，以 128×128 的方阵形式排列，且把 128 行记忆元分为 2 组，每组包含 64 行，分布在读出再生放大器的左右两侧（左侧为 0～63 行，右侧为 64～127 行），其记忆元矩阵如图 5-14 所示。每根行选线与 128 个 MOS 管的栅极相连，每根列选线与 1 个 MOS 管的栅极相连，128 根列选线上有一个读出再生放大器，左右两侧分别与 64 个 MOS 管的源极相连。128 个列选管的输出并接在一起与 I/O 缓冲器相连，I/O 缓冲器一端连输出驱动器以输出数据，另一端连输入锁存器以输入数据。其中读出再生放大器由预充 MOS 管与触发器组成，左右两侧的电位相反。

读操作时，行译码输出选中一行，该行上所有 MOS 管均导通，且同一行记忆元工作电容上的电容反映于 128 个读出放大器某一侧（0～63 行在左侧，64～127 行在右侧）。列译码输出选中一列，该列上的 I/O 门 MOS 管导通，即可将读出放大器右侧信号经读写线、I/O 缓冲器输出到 D_{out} 端。由于 0～63 行记忆元存储的信息反映于读出放大器的左侧，而读出放大器右侧的信息输出到 D_{out} 端，因此 D_{out} 端信息与记忆元存储的信息反相，如选中第 63 行、第 0 列记忆元，若记忆元存储信息为"1"，则在 D_{out} 端输出的是"0"。但 64～127 行记忆元存储的信息，则以同相信息在 D_{out} 端输出，如选中第 64 行、第 0 列记忆元，若记忆元存储信息为"1"，则在 D_{out} 端输出的也是"1"。特别地，选中记忆元的信息送到读出

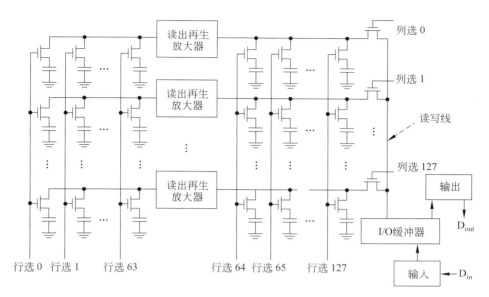

图 5-14　Intel 4116 存储器芯片记忆元矩阵结构

再生放大器时,被鉴别与重写。

写操作时,输入信息 D_{in} 通过输入寄存器、I/O 缓冲器送到读写线上,但由于只有被选中列的 I/O 门 MOS 管导通,则读写线的信息仅送到被选中列的读出放大器上,使读出放大器的右侧与输入信息同相、左侧与输入信息反相,读出放大器的信息便可写入到选中行记忆元的工作电容上。且若行译码输出选中的是 0~63 行中一行,写入的信息与输入信息反相;若行译码输出选中的是 64~127 行中一行,写入的信息与输入信息同相。可见,读出放大器左侧的 0~63 行的记忆元,写入的信息与输入信息反相,而读出时,输出的信息与存储信息反相,故最终结果是正确的。

5.2.3　静态存储器芯片的读写周期

由于读操作与写操作是分时进行的,读时不写,写时不读,通过输入三态门与输出三态门的互锁,使数据总线上的信息不至于混乱。但在与 CPU 连接时,CPU 提供的数据信息、地址信息和控制信息的时序与读写周期之间必须是同步配合的,才能使存储器芯片正常工作。

1. 读写操作时间参数的含义及其符号

(1) 读周期时间 T_{rc} 与写周期时间 T_{wc}。

读周期时间是指对存储器进行两次连续读操作的最小间隔,即从给出有效地址后,经过译码与驱动电路的延迟、读出选中单元存储的数据、I/O 电路的延迟,直到芯片中的元器件恢复到原始状态所需要的时间。写周期时间是指对存储器进行两次连续写操作的最小间隔,即从给出有效地址后,经过译码与驱动电路的延迟、向选中单元写入数据,直到芯片中的元器件恢复到原始状态所需要的时间。

对于同一芯片,读周期与写周期一般相等,即 $T_{rc}=T_{wc}=T_c$(读写周期或存取周期),

所以，读周期与写周期通常统称为读写周期。有效地址在整个读周期或写周期中应维持不变，即地址有效时间等于读或写周期时间。

（2）读出时间 T_r 与写入时间 T_w。

读出时间是指从地址有效到选中单元存储的数据在外部总线上稳定输出所需的时间；在数据稳定输出后，允许撤销片选与读信号，但不一定撤销。写入时间是指从地址有效到数据稳定写入选中单元所需的时间，即片选与写信号同时有效时间；T_w 是 T_{wc} 的主要组成部分。

显然，读或写周期时间与读或写时间是两个不同的概念，$T_{rc} > T_r$、$T_{wc} > T_w$，多出的时间用于芯片中元器件状态恢复。

（3）读操作的其他时间参数。

① 片选有效读出时间 T_{co} 与片选有效输出时间 T_{cx}。片选有效读出时间是指从片选有效到选中单元存储的数据在外部总线上稳定输出所需的时间；片选有效输出时间是指从片选有效到选中单元存储的数据在外部总线上有效所需的时间。读操作时，数据在外部总线上有效仅在于数据在外部总线上开始出现而已，但还未稳定，所以，$T_{co} > T_{cx}$。

② 片选撤销输出高阻时间 T_{otd} 与地址改变输出维持时间 T_{oha}。片选撤销输出高阻时间是指从片选信号撤销变为无效后到输出三态门为高阻状态（输出无效）所需的时间。地址改变输出维持时间是指从地址改变后到数据在外部总线上维持有效所需的时间。由于片选撤销一定先于地址改变，输出高阻时，外部总线上的数据不可能维持，所以，$T_{otd} > T_{oha}$。

（4）写操作的其他时间参数。

① 写有效延迟时间 T_{aw} 与写有效转换时间 T_{drw}。写有效延迟时间是指从地址有效到写信号有效所需的时间；如果地址信号还未稳定就发出写命令，有可能产生错误的写入。写有效转换时间是指从写信号有效到输出三态门为高阻状态所需的时间；当写信号有效后，输出三态门将被封锁而显高阻状态，这样才能从双向总线上输入写数据。

② 写恢复时间 T_{wr}。写恢复时间是指从片选与写信号均撤销变为无效后到地址改变而进入下一个读或写周期所需的时间；显然，为保证数据可靠地写入，地址有效时间（写周期时间）至少应满足 $T_{wc} = T_{aw} + T_w + T_{wr}$。

③ 写入数据有效时间 T_{dw} 与写撤销写入数据保持时间 T_{dh}。写入数据有效时间是指从写入数据在输入端稳定到允许撤销片选与写信号所需的时间。写撤销写入数据保持时间是指从写信号撤销到数据在外部总线上保持有效所需的时间。只有保证这两个时间的前提下，才能保证数据可靠地写入。

Intel 2114 静态 MOS 存储器芯片的读写操作时间参数如表 5-2 所示。

表 5-2　Intel 2114 芯片读写操作的时间参数

参 数 符 号	参 数 名 称	T_{min}/ns	T_{max}/ns
T_{rc}	读周期时间	450	
T_r	读出时间		450

续表

参 数 符 号	参 数 名 称	T_{min}/ns	T_{max}/ns
T_{co}	片选有效到输出有效时间		120
T_{cx}	片选有效到数据输出时间	20	
T_{otd}	片选撤销输出变为高阻时间	0	100
T_{oha}	地址改变输出维持时间	50	
T_{wc}	写周期时间	450	
T_{w}	写入时间	200	
T_{wr}	写恢复时间	0	
T_{drw}	写有效转换时间	0	100
T_{dw}	写入数据有效时间	200	
T_{dh}	写撤销写入数据保持时间	0	
T_{aw}	写有效延迟时间		50

2. 读写操作的时序

数据信息与地址信息一般有多位,且有些位是高电平、有些位是低电平,即在信息有效期间,高低电平同时存在。因此,采用位置高的线表示高电平的那些位,位置低的线表示低电平的那些位。控制信息必须单列,在其有效期间,线位置高表示高电平,线位置低表示低电平。当数据信息为一位时,与单列的控制信息表示相同。对于数据、地址与控制信息,在信息无效期间,线位置非高非低,以表示高阻浮空状态。

(1) 读操作时序。

静态 MOS 存储器芯片的读操作时序如图 5-15 所示,由于 CPU 输出的读写控制信号通常为高电平,仅在写时才变为低电平,即在整个读周期均为高电平,因此在时序图中省略。有效地址一部分地址信号直接送到存储器芯片,通过存储器芯片内部的译码器,选择对应的存储单元;另一部分地址信号则通过存储器芯片外部的译码电路,进行译码来产生片选信号($\overline{CS}$)。从读操作时序图中可看出:在使地址有效后,经过($T_r - T_{co}$)时间才向存储器芯片发送片选信号。当片选与读信号($\overline{WE}$始终有效为"1")有效后,经过 T_{cx} 时间则数据输出(D_{out})有效,再经过 $T_{co} - T_{cx}$ 时间,数据则在外部总线上稳定,CPU 可将其打入数据缓冲寄存器。之后则可撤销片选与读信号,经过一段时间,改变地址进行下一个读写操作。

(2) 写操作时序。

静态 MOS 存储器芯片的写操作时序如图 5-16 所示。有效地址一部分地址信号直接送到存储器芯片,通过存储器芯片内部的译码器,选择对应的存储单元;另一部分地址信号则通过存储器芯片外部的译码电路,进行译码来产生片选信号($\overline{CS}$)。从写操作时序图中可看出:在写入数据有效前,数据输出端(D_{out})可能存在前一读操作读出的数据(地址改变输出维持时间),因此,在地址有效后,片选与写信号($\overline{WE}$)均需滞后 T_{aw} 时间再有效。当片选与写信号有效后,经过 T_{drw} 时间则数据输出端(D_{out})处于高阻状态,而写入数据在

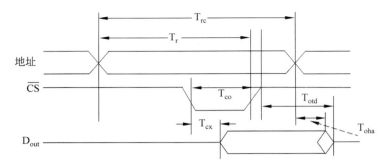

图 5-15 静态 MOD 存储器芯片读操作时序波形

撤销片选与写信号前 T_{dw} 时间,必须在输入端(D_{in})有效,并保持 T_{dh} 时间。为使数据可靠写入,地址改变前,输入端数据必须是有效,即 $T_{wr} > T_{dh}$。

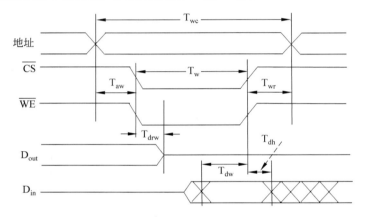

图 5-16 静态 MOD 存储器芯片写操作时序波形

例 5.1 有一个存储器由若干 SRAM 芯片组成,SRAM 芯片的写入时序如图 5-17 所示,其中 R/$\overline{W}$ 是读/写控制线。当 R/$\overline{W}$ 线为低电平时,则存储器按给定地址把数据线上的数据写入存储器。请指出图中写入时序中的错误,并画出正确的写入时序图。

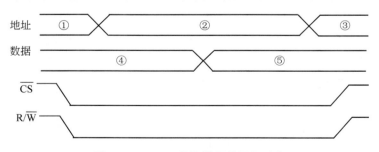

图 5-17 SRAM 芯片错误的写入时序

解:从信号时序来看,当读/写控制信号 R/$\overline{W}$ 为低电平时,数据则被写入,地址线和数据线的电平必须稳定。因此,当 R/$\overline{W}$ 线处于低电平时,如果数据信号改变,则数据发生变化,那么将写入新数据⑤到存储器。同样,当 R/$\overline{W}$ 线处于低电平时,地址信号改变,则地址发生变化,那么数据将写入到新地址②或③。当期望把数据④写入到地址②时序如图 5-18 所示。

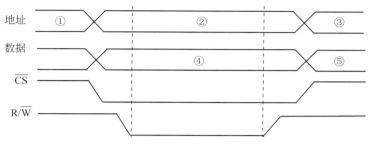

图 5-18　SRAM 芯片正确的写入时序

5.2.4　动态 MOS 存储器的刷新

1. 刷新及其相关时间参数

动态 MOS 存储器芯片的记忆元是依靠电容有无电荷来表示一位二进制数。漏电是电容必然存在的现象,而电容存储的电荷在不断泄漏过程中,又不能像静态 MOS 存储器芯片记忆元那样,通过负载管,电源可不断对电容补充电荷,以维持 MOS 管栅极的电位。电容电荷的不断泄漏,导致 MOS 管栅极电位不断降低,经过一段时间,当栅极电位比状态电位区间的下限还低时,信息就丢失。所以在一定时间内,为保持记忆元存储的信息,维持栅极电位,需要对电容补充电荷即充电。对动态 MOS 存储器芯片来说,所谓刷新是指外界按一定时间间隔,定时为记忆元电容补充电荷,以维持信息表示所需要的电位。

对一个特定记忆元来说,连续两次刷新的时间间隔称为刷新间隔(T_Δ),而允许连续两次刷新的最大时间间隔称为最大刷新间隔($T_{\Delta max}$),显然,$T_{\Delta max} \geqslant T_\Delta$;目前的动态 MOS 存储器的记忆元最大刷新间隔一般为 2ms、4ms 或 8ms。记忆元刷新一次所需要的时间称为刷新周期(T_g),对动态 MOS 存储器芯片中全部记忆元刷新一遍所经历的时间称为刷新时间(T_t)。

2. 刷新操作

动态 MOS 存储器芯片的刷新,与读写一样是动态 MOS 存储器的一种操作,所以对动态 MOS 存储器的操作包含读、写和刷新等三种,状态可分工作与刷新,其中的工作状态是读、写或保持(不被读写但信息可维持)。现以四管记忆元为例,讲述刷新操作的过程。

先给出预充信号,使 T_9、T_{10} 导通,向 C_d 和 $\overline{C_d}$ 充电,使位线分布电容上的电压达到电源电压。然后,利用该记忆元所在存储单元的行地址编码,使 T_5、T_6 两个 MOS 管导通。若记忆元存储信息为"1",C_2 上有电荷、A 点为高电位但可能比标准电位低,则 C_d 可对 T_2 栅级电容 C_2 补充电荷,使 A 点高电位恢复到标准电位;C_1 上无电荷、B 点为低电位,$\overline{C_d}$ 上的电荷通过 B 点瞬间完全释放。反之,若记忆元存储信息为"0",则 $\overline{C_d}$ 可对 T_1 栅级电容 C_1 补充电荷,使 B 点高电位恢复到标准电位。可见,刷新操作与读操作过程基本一致的,仅在于没有利用记忆元所在存储单元的列地址编码使 T_7、T_8 管导通,信息没有向外输出,即动态 MOS 存储器芯片采用"读"操作来刷新,所以通常把刷新称为"假读"。由于同一行记忆元的 T_5、T_6 连接在同一根字选线上,即一个行地址编码可使同一行记忆元的 T_5、T_6 均导通,则存储器芯片记忆元阵列中的同一行记忆元是同时刷新的。

读操作与"假读"操作均对栅级电容补充电荷,且操作过程基本一致,但前者称为再生,后者称为刷新。刷新和再生是两个不同的概念,切不可加以混淆。再生是随机的,某个存储单元只有在破坏性读出之后才需要再生。而刷新是定时的,在记忆元长期未被访问时,若不及时补充电荷,信息就会丢失。另外,再生是以存储单元为单位进行的,而刷新则是以存储矩阵行为单位进行的。特别地,由于刷新即是"假读",所以刷新周期一般等于读写周期。

3. 刷新控制电路

为实现对动态 MOS 存储器芯片进行刷新,当 CPU 与其连接时,需要配置刷新控制电路,将 CPU 的信号变换为适合 DRAM 芯片的控制信号。刷新控制电路包含刷新地址计数器、仲裁电路、刷新定时器、地址多路开关、刷新控制逻辑等,如图 5-19 所示。从图中可以看出,刷新控制电路是对 DRAM 存储器而言的,而不是 DRAM 存储器芯片。由于 DRAM 存储器是由多个动态 MOS 存储器芯片组成,DRAM 存储器所包含的若干芯片是同时刷新的,所以分析 DRAM 存储器的刷新,仅需要讨论存储器中一个芯片即可。

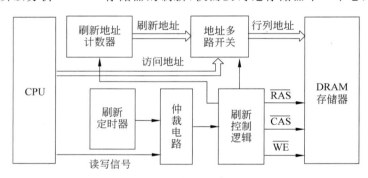

图 5-19 刷新控制电路的逻辑结构

① 刷新地址计数器:动态 MOS 存储器芯片是按行进行刷新的,即每次刷新需要提供行地址。刷新地址计数器则是根据 DRAM 存储器芯片的记忆元阵列结构,通过计数方法按序提供刷新行地址。

② 地址多路开关:存储访问地址由 CPU 提供,刷新行地址由刷新地址计数器提供。地址多路开关则是根据对芯片的操作,选择访存地址或刷新地址送往芯片。

③ 仲裁电路:当存储访问与刷新出现冲突时,需要通过裁决方式决定进行哪种操作。仲裁电路则是根据优先权,对来自 CPU 的存储访问请求和来自刷新定时器的刷新请求进行裁定。

④ 刷新定时器:刷新具有严格时间限制,即每隔一定时间必须对记忆元刷新。刷新定时器则是根据刷新方式和最大刷新间隔,定时提供刷新请求。

⑤ 刷新控制逻辑:根据仲裁电路裁定的操作,提供芯片所需要的行地址选通信号 $\overline{RAS}$、列地址选通信号 $\overline{CAS}$ 和读写信号 $\overline{WE}$,并对地址多路开关和刷新地址计数器实施

控制。

4. 刷新方式

动态 MOS 存储器芯片的刷新具有严格时间限制,而且是按行及其行序刷新,刷新则是"假读",所以刷新仅需改变行地址,对记忆元阵列中的一行进行整体读出即可。可见,刷新的关键在于刷新间隔的时间安排。根据刷新间隔的时间安排,刷新可分为集中式、分散式和异步式等三种方式。为便于比较讨论,则以记忆元阵列为 128×128、读写周期为 $0.5\mu s$、最大刷新间隔为 2ms 的动态 MOS 存储器芯片为例。

(1) 集中刷新方式。

集中刷新方式是指在最大刷新间隔内,集中安排若干个刷新周期,依次对记忆元阵列所有行逐一进行刷新操作,使动态 MOS 存储器芯片处于刷新状态而暂停读/写。例如动态 MOS 存储器芯片,在最大刷新间隔内,共包含 $2ms/0.5\mu s = 4000$ 个读写周期 T_c。用于刷新的仅需要 128 个刷新周期(T_g),且集中于后段时间,前段时间的 3872 个 T_c 均用于进行读/写或维持,其状态操作的时间分配如图 5-20 所示。

图 5-20 集中刷新方式的时间分配

集中刷新新方式在芯片处于刷新状态时,暂停读写操作,则刷新时间段为"死区",且记忆元阵列行数越多,"死区"时间越长,这是它的不足之处。例如动态 MOS 存储器芯片,其"死区"时间为 $128 \times 0.5\mu s = 64\mu s$,占最大刷新间隔的 $64\mu s \div 2ms = 128 \div 4000 = 3.2\%$(称为"死区"率)。但其处于读/写/维持状态时,读写操作不会受到刷新操作的影响,整个存储器的存取周期与单个芯片的读写周期相当,保持了芯片的速度特性,而且控制简单,适用于高速存储器。例如动态 MOS 存储器,其存取周期(T_M)为:$2ms \div (4000-128) = 0.5165\mu s$。

(2) 分散刷新方式。

分散刷新方式是指把存储器的系统存取周期(T_M)分为相等的两段,前半段时间 T_c 使存储器处于读/写/维持状态,用于读写操作;后半段时间 T_g 使存储器处于刷新状态,用于刷新操作,即将各行刷新周期分散地安排在读写周期之后。例如动态 MOS 存储器芯片,$T_M = 2 \times 0.5\mu s = 1\mu s$,前 $0.5\mu s$ 用于读写操作,后 $0.5\mu s$ 用于刷新操作,其状态操作的时间分配如图 5-21 所示。

分散刷新方式的刷新间隔远小于最大刷新间隔,记忆元被频繁刷新,使得动态 MOS 存储器芯片的速度降低一半,仅适用于慢速存储器。例如动态 MOS 存储器芯片,刷新间隔为 $128\mu s$,在最大刷新间隔内,记忆元被刷新 $2ms/128\mu s = 15.625$ 次。它与集中刷新新方式相比的优势在于不存在"死区"时间。由于分散刷新方式的缺点极其明显,所以一般不被采用。

图 5-21 分散刷新方式的时间分配

(3) 异步刷新方式。

将集中与分散两种刷新方式相结合,便是异步刷新方式。异步刷新方式是指把最大刷新间隔按记忆元阵列行数等分,每段时间最后一个读写周期用于对记忆元阵列中的一行进行刷新,其余大部分时间动态 MOS 存储器芯片处于读/写/维持状态,在最大刷新间隔内,仅对记忆元阵列中的所有行刷新一次。例如动态 MOS 存储器芯片,将 2ms 分割为 128 个时间段,每个时间段为 $2ms/128=15.5\mu s$,共包含 31 个读写周期,第 30 个读写周期用于刷新一行,第 0~29 个读写周期芯片处于读/写/维持状态,其状态操作的时间分配如图 5-22 所示。

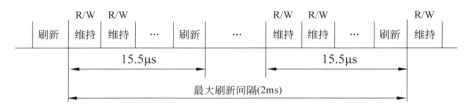

图 5-22 异步刷新方式的时间分配

显然,异步刷新方式既不存在集中刷新方式存在"死区"时间的问题,又克服了分散刷新方式所带来的存储器存取速度降低的问题。例如动态 MOS 存储器芯片,每隔 $15.5\mu s$ 刷新一行,在 2ms 时间内刷新 128 行,其存取周期(T_M)与集中刷新方式相等为 $0.5165\mu s$。

另外,由于指令译码期间不访问存储器,可利用这段时间对 DRAM 芯片进行刷新,即对 CPU 来说,DRAM 芯片始终处于读/写/维持状态。这种刷新对 CPU 是透明的,所以可称为透明刷新方式。

例 5.2 若有一个记忆元阵列为 512×2048 的 DRAM 芯片,其刷新最大时间间隔为 8ms,为保持原有特性,请问采用哪些刷新方法比较合适?各如何刷新?

解:为保持 DRAM 芯片原有特性,则需隔一定时间对记忆元阵列进行刷新。由于分散刷新导致动态 MOS 存储器的速度降低一半,则不宜采用。集中刷新与异步刷新对动态 MOS 存储器的特性影响不大,则均适宜应用。

由 DRAM 芯片记忆元的排列和按行刷新规则可知,在 8ms 需要进行 512 次刷新,即应安排 512 个刷新周期。因此,该 DRAM 芯片的刷新方法为:在 8ms 内集中进行 512 次刷新操作(集中刷新),或每隔 $8ms\div512=15.5\mu s$ 进行一次刷新操作(异步刷新)。

5.2.5 动态 MOS 存储器的新技术

从 20 世纪 70 年代以来，DRAM 芯片一直是主存储器的基本构件。目前，中央处理器、系统软件和应用程序等对主存储器的性能提出了越来越高的要求，而传统的 DRAM 芯片受其内部结构的限制，已成为计算机系统性能提高的瓶颈。通过优化 DRAM 芯片内部结构，来提高 DRAM 芯片性能是极其有效的途径。现简单介绍目前常用新型的动态 MOS 存储器技术。

1. FPM DRAM 技术

FRM DRAM（快速页式 DRAM）是基于程序访问局部性原理实现的传统 DRAM 改进型产品，而页是指由一个行地址及该行所包含列地址确定的若干个存储单元的集合，即行地址相同存储单元的集合称为页。在传统 DRAM 读写周期中，每个读写周期均需要输入行地址和列地址，才能选中被访问的存储单元。由于程序访问局部性，连续访问的存储单元地址往往是连续的，即连续访问的存储单元往往在同一页面上。快速页模式是指若连续访问的存储单元在同一页面时，仅第一次访问需要输入行地址和列地址，后续访问维持行地址而不再输入，只需输入列地址即可进行读或写操作。可见，同"页"信息连续访问的速度和效率得到极大提高。一个快速页访问周期可表示为 X-Y-Y-……，其中 X 为第一次访问时钟周期数，Y 为后续访问时钟周期数。

FRM DRAM 还支持突发模式访问。所谓突发模式是指对一个给定访问，在建立行地址和列地址之后，可以访问后续若干相邻地址的存储单元，而不需要地址输入的延迟。一个突发访问次数通常限于 4，一个突发访问周期表示为 X-Y-Y-Y，标准 FRM DRAM 的突发访问周期是 5-3-3-3，后续读写操作减少了行地址和列地址输入两个时钟周期。显然，快速页式 DRAM 及其突发模式访问需要芯片与主存控制器共同配合才能完成。

2. EDO DRAM 技术

EDO DRAM（扩展数据输出 DRAM）与 FRM DRAM 相似，是在 FRM DRAM 技术基础上改进的存取控制技术，在芯片组的支持下，使传输数据处理的时间缩短。传统 DRAM 和 FRM DRAM 在存取每个数据时，输入行地址和列地址后，必须等待电路稳定才能读写数据，而下一次访问的地址必须等待电路恢复才能输入。EDO DRAM 技术采用一种特殊读出控制逻辑，增设一个数据锁存器，在当前读写周期结束前，则可开始下一个读写周期的操作，从而提高数据的传输带宽或传输率。

EDO DRAM 也支持突发模式访问，标准 EDO DRAM 的突发访问周期是 5-2-2-2，后续读写操作减少了等待电路恢复一个时钟周期。

3. SDRAM 技术

传统 DRAM、FRM DRAM 和 EDO DRAM 均属于"非同步存取"，即 DRAM 与 CPU 采用不同的时钟控制异步工作的，CPU 必须等待若干时钟周期才能接收和发送数据。如 EDO DRAM 必须等待 2 个时钟周期，而 FRM DRAM 必须等待 3 个时钟周期。"非同步存取"的 DRAM 在处理器发送地址和控制信号到存储器后，等待存储器进行内部操作（选择行线和列线读出信号放大并传送到输出缓冲器等），从而影响了读写速度。

SDRAM（Synchronous DRAM，同步 DRAM）是在同一时钟控制下进行读写，DRAM

与 CPU 共享一个时钟周期，以相同的速度同步工作，取消等待时钟，减少了数据传输的延迟时间，在每个时钟的上升沿开始传送数据。同样，SDRAM 也支持突发模式访问，标准 SDRAM 的突发访问周期是 5-1-1-1，其读写周期（10ns～15ns）比 EDO DRAM（20ns～30ns）短，速度比 EDO DRAM 提高了 50%。

SDRAM 采用交错双记忆元阵列结构，且允许两个页面同时进行读写操作，当一个记忆元阵列在读写数据时，另一个记忆元阵列则准备好读写数据，使两个记忆元阵列紧密配合，可成倍提高存取数据的效率。SDRAM 在处理器发送地址和控制信号到 SDRAM 后，在经过一定数量（其值是已知的）的时钟周期后，SDRAM 采用成组传送方式（即一次传送一组数据）。显然，对顺序传送大量数据（如字处理和多媒体等）特别有效。

另外，SDRAM 有 DDR SDRAM（双数据传输率同步 DRAM）、SLDRAM（同步链接 DRAM）等变形产品，且均采用更先进的同步电路。DDR SDRAM 在时钟的上升沿与下降沿均传输数据，其数据传输率是标准 SDRAM 两倍；SLDRAM 是 SDRAM 扩展框架，由 4 体扩展为 16 体，其存储器还增加了新接口。

4. RDRAM 技术

RDRAM（Rambus DRAM）是一种全新结构、高带宽、芯片到芯片信号接口、系统级的 DRAM 技术，使用低压信号、极高频率工作。RDRAM 存储器通道宽度窄，一次仅能传输 16 位数据，而 FPM DRAM、SDRAM 等存储器是传统宽通道，通道宽度与处理器数据总线宽度相等。但由于价格等原因，一直未能成为市场主流。

RDRAM 实现高数据传输率主要依赖于三个方面。一是时钟的上升沿与下降沿均传输数据，其数据传输率可比单沿传输数据翻倍；二是通过减少通道每个读写周期的数据量来简化操作，以提高工作频率，而增加通道又保证了数据传输宽度；三是行地址与列地址线分离独立，使行与列选通同时进行，提高了工作效率。

另外，RDRAM 也有 Comcurrent RDRAM、Direct RDRAM 等变形产品。Comcurrent RDRAM 是 RDRAM 增强型产品，在处理图形和多媒体程序时可达到很高的带宽，尤其是在同步并发块数据导向、交叉传输时更为有效。Direct RDRAM 是 RDRAM 扩展型产品，存储器包含 2 个或 4 个通道，使接口宽度可达 16 位或 32 位。

5. CDRAM 技术

CDRAM（带高速缓存 DRAM）是在普通 DRAM 芯片中集成了一个小容量的 SRAM，并增设了一个最后读出行地址锁存器。输入的行地址同时保存在行地址锁存器和最后读出行地址锁存器中，通过行地址选中 DRAM 记忆元阵列中的一行，并将选中行数据读到 SRAM 中暂存。当读信号有效时，则通过保存在列地址锁存器中的列地址，从 SRAM 中选择若干列输出。当下一次读取时，输入的行地址与保存在最后读出行地址锁存器中的内容比较。若比较相等则 SRAM 命中，即需要读出的数据已在 SRAM 中，通过列地址可从 SRAM 中输出数据。若比较不相等则 SRAM 不命中，即需要读出的数据不在 SRAM 中，利用该行地址更新最后读出行地址锁存器中的内容，并通过该行地址选中 DRAM 记忆元阵列中的一行来更新 SRAM 的内容。如果连续读出行地址相同，则仅需要通过列地址就可从 SDRAM 中连续读出。由于 SRAM 比 DRAM 的速度快，从而可有效地提高 DRAM 芯片读取速度。

CDRAM 具有两个优点,一是在 SRAM 读出期间可同时对 DRAM 记忆元阵列进行刷新;二是由于数据输出路径(从 SRAM 到 I/O)与数据输入路径(从 I/O 到列放大和列选)是分开的,所以允许在写操作完成的同时启动同一行的读操作。

5.3 只读与混合 MOS 存储器芯片

写常态 MOS 型随机存储器芯片是易失性的,实现非易失性是应用必然要求。通过分析讨论 MOS 型只读存储器芯片的记忆元电路、存储信息原理及其逻辑结构,就可知道非易失性是如何实现的。但为实现非易失性,只读存储器芯片带来了一个新的问题——不能在线写或不能重复写。为使半导体存储器既具有写常态和非易失性两重特性,便出现了 MOS 型混合存储器芯片。由于混合存储器芯片是由只读存储器或 SRAM 改进演变而来,即它的存储原理和逻辑结构与只读存储器或 SRAM 相似,但混合存储器芯片的外特性与只读存储器或 SRAM 还是有区别的。那么,混合存储器芯片有哪些外特性,如何操作使用,不同种类半导体存储器芯片的主要特性和引脚有哪些不同。这是本节要分析讨论的问题。

5.3.1 只读 MOS 存储器芯片的结构原理

只读 MOS 存储器写入数据的过程称为对 ROM 编程,而 ROM 编程方法是由制造工艺决定的。因此,根据 ROM 编程方法或制造工艺的不同,只读存储器可分为不可写(掩模式)的、可写一次(可编程)的和可擦写的等三种。

1. 不可写只读存储器芯片

不可写(掩模式)只读存储器(MROM)是指其所存储的数据在芯片制造过程中就已写入固定,在使用时只能读出而不能改变。MROM 特点有:一是信息一次性写入而不能再修改,灵活性差;二是信息固定不变,可靠性高;三是制造工艺较复杂,生产周期长;四是外围电路简单,集成度大、价格便宜。因此,不可写只读存储器芯片仅适用定型批量生产与专用。

不可写只读存储器芯片的记忆元可以由半导体二极管、双极型晶体管或 MOS 管电路构成,1024×8 阵列 MOS 管 MROM 芯片的逻辑结构如图 5-23 所示,一个 MOS 管即为一个记忆元。该 MROM 芯片采用单译码方式、记忆元排成 1024×8 的阵列,每行一个字,共 1024 个存储单元,每个存储单元为 8 位。记忆元 MOS 管的源极与位线相连,漏极则接地。当记忆元 MOS 管的基极与行选线相连时,记忆元存储的是 0,否则存储的是 1。

MOS 管 MROM 芯片读出操作为:当某行被选中时,该行的行选择线为高电位,选中该行中的 8 个 MOS 管。记忆元 MOS 管与行选线相连的导通,列线上为低电位,输出为 0;否则列线上为高电位,输出为 1。列选线上的信号经读出放大器后送到数据缓冲寄存器,若片选$\overline{CS}$有效,则输出 $D_0 \sim D_7$。特别地,由于 MROM 芯片仅能读,则其输出无须读写信号的控制。

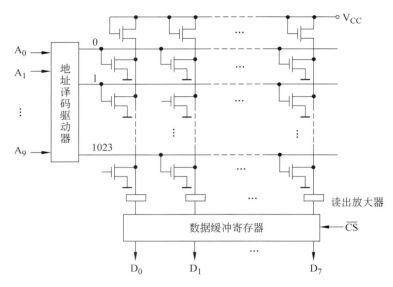

图 5-23　1024×8 阵列 MOS 管 MROM 芯片的逻辑结构

2. 可写一次只读存储器芯片

可写一次(可编程)只读存储器(PROM)是指其所存储的数据可由用户通过一定的手段写入,但只能写一次。PROM 克服了 MROM 的缺点,增加了灵活性,方便用户,但一旦写错,无法改变。

PROM 的种类很多,如图 5-24 所示的熔丝型可写一次只读存储器芯片的逻辑结构,一个记忆元由一个发射管与熔丝组成。该 PROM 采用单译方式、记忆元排成 4×4 阵列,每行一个字,共 4 个存储单元,每个存储单元为 4 位。记忆元发射管的基极与行选线相连,集电极与电源相连,发射极通过熔丝与位线相连。当记忆元中熔丝断时,则可从记忆元读取 0(相当于记忆元存储的是 0);当记忆元中熔丝未断时,则可从记忆元读取 1(相当于记忆元存储的是 1)。生产厂家提供的 PROM 芯片都是半成品,熔丝均未熔断,即相当于记忆元存储的均为 1。用户可根据需要,把熔丝熔断而写入 0。

PROM 芯片进行读操作,电源 V_{CC} 接 5V。当某行被选中时,该行的行选择线为高电位,选中该行中的 4 个发射管,基极为高电平,记忆元发射管导通。若记忆元熔丝断,列线上为低电位,输出的是 0;否则列线上为高电位,输出的是 1。列线上的信号经读出放大器后送到数据缓冲器寄存器,若片选 $\overline{CS}$ 有效且 $\overline{WE}$ 为高电平,则输出端 $D_0 \sim D_3$。

PROM 芯片进行写操作,电源 V_{CC} 接 12V。当某行被选中时,该行的行选择线为高电位,选中该行中的 4 个发射管,基极为高电平,记忆元发射管导通。需要写入 0 的位的输出端 D 接地,对应记忆元的熔丝上流过大电流而将熔丝熔断,即写入了 0;需要写入 1 的位的输出端 D 断开,对应熔丝上没有电流流过,溶丝未溶断,即保持原来的 1。

3. 可擦写只读存储器芯片

可擦写只读存储器(EPROM)指其所存储的数据可由用户通过一定的手段写入,且可多次反复写入,但必须将原来存储的数据擦除后才能再写入。EPROM 进一步增加了灵活性,方便用户使用,数据擦除是离线的,即通过紫外光照射几十分钟或太阳光(或荧

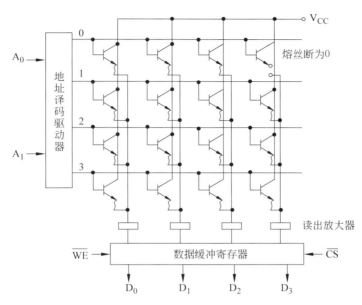

图 5-24 4×4 阵列熔丝型 PROM 芯片的逻辑结构

光)照射几十个小时来实现的。

可擦写只读存储器芯片的逻辑结构与 PROM 类同,但记忆元不同。如图 5-25 所示为浮栅 MOS 管(FEMOS)记忆元电路,即 EPROM 记忆元为一个浮栅 MOS 管,它仅引出源极(S)和漏极(D),栅极(G)不引出。由于在源极和漏极之间的多晶硅栅极埋于绝缘物 SiO_2 中,且浮空与外界绝缘,所以称为浮动栅。若 FEMOS 管导通,字选线高电平有效,MOS 管 T_2 也导通,则位线接地为低电平,即记忆元存储的是"0";若 FEMOS 管截止,字选线高电平有效,MOS 管 T_2 也导通,则位线接电源为高电平,即记忆元存储的是"1"。当 FEMOS 管制造好后,由于硅栅上无电荷,则是截止的,即

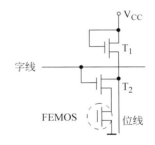

图 5-25 EPROM 记忆元电路

生产厂家提供的 EPROM 芯片都是半成品,FEMOS 管均是截止的,相当于记忆元存储的均为 1。用户可根据需要,使 FEMOS 管导通写入 0。

若要写 0,需要在 D 和 S 间加 25V 的高压编程电源 V_{pp},外加编程脉冲(芯片具有功率下降/编程写入 PD/PGM 引脚,宽度一般为 50ms),在强电场作用下,被选中记忆元的 D 与浮栅之间瞬进击穿,电子注入浮栅。当高压撤销后,绝缘层恢复绝缘状态,浮栅因被绝缘层包围,电子无法泄漏,即浮栅上的电子可长期保留,FEMOS 管导通,记忆元存储的数据由 1 改为了 0。在 EPROM 芯片上有一个石英玻璃窗口。当需要擦除存储的数据时,则用紫外光照射石英玻璃窗口,浮空硅栅的电子获得能量,形成光电流越过绝缘层而泄漏掉,FEMOS 管恢复到截止状态,存储信息恢复到 1,即将 0 擦除了。而擦除过的 EPROM 芯片可以再写入。

特别地,写入过程是按存储单元逐个进行,而紫外光照射擦除过程则是按全芯片同时

进行。当击穿写 0、照射擦除的过程反复一定次数后,绝缘层将被永久击穿而被破坏。

5.3.2 混合 MOS 存储器芯片的结构原理

混合 MOS 存储器芯片可分为电可擦写混合存储器、带电池静态混合存储器和电快擦写混合存储器等三种。

1. 电可擦写混合存储器芯片

电可擦写混合存储器(EEPROM 或 E^2PROM)的结构原理与 EPROM 类同,区别在于 EEPROM 在线可写,而 EPROM 芯片在线不可写,数据采用与读不同编程电源的方式写入,且必须依靠外界紫外线照射才能擦除。由于 EEPROM 芯片自带编程电源 V_{pp} 发生器,则使用单一的 +5V 电源,既可以在线读,也可以在线擦除和写入,而不必另外加 V_{pp} 编程电源和紫外灯,使用十分方便。正因为可以在线修改,所以可靠性不如 EPROM。

$2K \times 8$ 位的 EEPROM 芯片(2816)的逻辑结构如图 5-26 所示,读、写与擦除操作如下(其中 $\overline{OE}$ 相当于 EPROM 芯片的 PD/PGM):

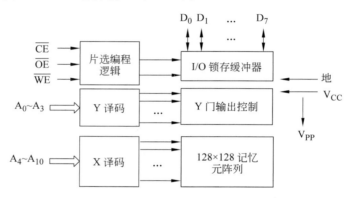

图 5-26 $2K \times 8$ 位的 EEPROM 芯片(2816)的逻辑结构

将地址 $A_0 \sim A_{10}$ 送到地址锁存器中,经过 X 与 Y 译码输出选择信号到记忆元阵列,则可选中某一存储单元。

若写入,$\overline{CE}$ 为低电平,$\overline{OE}$ 为高电平,$\overline{WE}$ 加负脉冲,数据从 $D_0 \sim D_7$ 端经过 I/O 锁存缓冲器送到记忆元阵列,即可写入到选中的存储单元。若读出,$\overline{CE}$ 为低电平,$\overline{OE}$ 为低电平,$\overline{WE}$ 加高电平,选中存储单元的数据则经过 I/O 锁存缓冲器,从 $D_0 \sim D_7$ 端输出。

若整片擦除,$\overline{CE}$ 为低电平,$\overline{OE}$ 加 $10 \sim 15V$ 电压(编程电压自身产生),$\overline{WE}$ 为低电平,$D_0 \sim D_7$ 端输入全 1,则记忆元阵列中的所有记忆元均存值 1。若擦除某一存储单元,则给出存储单元地址,在写入状态下,由 $D_0 \sim D_7$ 输入全 1,即对应存储单元写入全 1。

芯片维持等待时,$\overline{CE}$ 为低电平,$\overline{OE}$ 和 $\overline{WE}$ 都为高电平,输出端为高阻状态。

2. 带电池静态混合存储器芯片

带电池静态混合存储器由 SRAM 改进而来使它非易失,是带有后备锂电池保护的静态随机存储器,是一种典型的不挥发随机存存储器(NVRAM)。它将 SRAM、微型电池、电源检测和切换开关集成在一个芯片上,因此比一般的 SRAM 芯片要厚,引脚与一般的 SRAM 芯片兼容。当电源接通时,带电池静态混合存储器芯片如同 SRAM 一样;当电源断开后,可获得足够电力保持现已存储的数据。由于采用 CMOS 工艺,芯片中存储的数据可以保存 10 年以上,但价格贵。

带电池静态混合存储器芯片与 E^2PROM 相比,写数据时间短,特别适合存放实时采集的数据。如果将磁盘操作系统存在其中,则运行速度比磁盘要快很多。NVRAM 可以在线实时改写,特别适用于固态大容量存储装置(又称半导体盘或电子盘)。在恶劣环境下用这种装置代替磁盘存储器,省掉了磁盘驱动器等机械装置,在抗灰尘、抗振动、防腐蚀等方面比磁盘优越得多,在工业控制计算机中常使用该类存储器。

3. 电快擦写混合存储器芯片

电快擦写混合存储器由 E^2PROM 改进而来,是一种快擦写存储器,通常又称为闪速存储器(Flash Memory),也是一种具有不挥发性的存储器,可在线擦除和重写。电快擦写混合存储器芯片的逻辑结构与 E^2PROM 相似,工作模式与 E^2PROM 相同。Flash Memory 的工作模式也有读出、写入(或编程)、擦除和功耗下降(待机)等四种,擦除也是采用写入来实现。Flash Memory 与 E^2PROM 的主要在区别在于记忆元的结构与工艺。另外,E^2PROM 既可按存储单元擦除,也可整片擦除,而 Flash Memory 仅能整片擦除。

目前,电快擦写混合存储器芯片的集成度和价格已接近 EPROM,是 EPROM 和 E^2PROM 的理想替代器件。特别是由于集成度的提高以及抗振动、高可靠性、低价格的特点,也特别适用于固态大容量存储装置和代替小型硬磁盘存储器,且存取速度上比普通硬盘快很多。

5.3.3 半导体存储器芯片的特性与引脚

1. 半导体存储器芯片的特性

半导体存储器芯片类型繁多,芯片的逻辑结构差异不大,但记忆元存储"0"与"1"的原理与逻辑电路不同,从而导致特性各异。不同种类半导体存储器芯片的主要工作特性如表 5-3 所示。

表 5-3　不同种类半导体存储器芯片的主要特性

种　类	易失性	破坏性	重复写	在线写	擦除大小	写次数	价格	速　度
SRAM	易失	非破坏	可重复	在线	写常态	无限制	高	快
DRAM	易失	破坏	可重复	在线	写常态	无限制	适中	适中
MROM	非易失	非破坏	非重复	非在线	不能擦除	不能写	低	快
PROM	非易失	非破坏	写一次	非在线	不能擦除	写一次	适中	快
EPROM	非易失	非破坏	可重复	非在线	整片擦除	有限制	适中	快
E^2PROM	非易失	非破坏	可重复	在线	整片或单元擦除	有限制	高	读快写慢
Flash	非易失	非破坏	可重复	在线	整片擦除	有限制	适中	读快写中
NVRAM	非易失	非破坏	可重复	在线	写常态	无限制	高	读快写快

2. 半导体存储器芯片的引脚

引脚是半导体存储器芯片与外部进行信息交换的端接线。综合上述芯片逻辑结构与工作过程中所涉及的信号,半导体存储器芯片引脚包含数据线、地址线、控制线和电源与地线等。

① 数据线。数据线是双向传输线,用于芯片与外部进行数据交换,根数由存储字长决定,芯片引脚通常用符号 D 加序号下标表示,如 D_1、D_9。对于 2114 SRAM 芯片,存储字长 N=4 位,则数据线数 R 为 4 根;对于 2816 Flash 芯片,存储字长 N=8 位,则数据线数 R 为 8 根。特别地,DRAM 芯片数据的输入引脚线与输出引脚线是分开的,则其数据线数是存储字长的 2 倍,对于 4116 DRAM 芯片,存储字长 N=1 位,则数据线数 R 为 2 根。

② 地址线。地址线是单向传输线,用于外部向芯片传送存储单元的地址编码,根数由存储单元数决定,且分成行和列地址线,芯片引脚通常用符号 A 加序号下标表示,如 A_1、A_9。对于 2114 SRAM 芯片,存储单元数 M=1024 个,则地址线数为 $W=\log_2 1024=10$ 根;对于 2816 Flash 芯片,存储单元数 M=2048 个,则地址线数为 $W=\log_2 2048=11$ 根。

③ 控制线。控制线是单向传输线,用于外部向芯片传送控制信号,以控制芯片是否工作及其工作时的工作模式。不同种类存储器芯片所具有的控制线存在差别,但一般均具有"读/写"与"片选"控制线。读/写线用于控制芯片与外部进行数据交换的方向——输入与输出,芯片引脚通常用符号 $\overline{WE}$ 表示,且一般低电平为写有效。"片选"线用于控制芯片是否参与本次访问操作或工作,芯片引脚通常用符号 $\overline{CS}$ 或 $\overline{CE}$ 表示,且一般是低电位有效。DRAM 芯片可利用行列选通信号来实现芯片选择,即它没有"片选"引脚线,但具有行选通信号 $\overline{RAS}$ 和列选通信号 $\overline{CAS}$ 引脚线。由于 MROM 芯片仅读不写,则没有"读/写"引脚线。EPROM、E^2PROM 和 Flash 芯片必须先擦除才能写入,则具有"功率下降/编程写入"控制线,以控制芯片处于编程写入模式,芯片引脚通常用符号 PD/$\overline{PGM}$ 表示,且一般高电平为功率下降/编程写入有效。当读出时,为维持待机模式;写入为编程写入模式。

④ 电源线与地线。电源线 V_{CC} 与地线 GND 是任何微电子器件必备的,对于 PROM 和 EPROM,还具有专用的编程电源线 V_{pp}。

不同种类半导体存储器芯片的引脚比较如表 5-4 所示,四种类型的半导体存储器芯片引脚线如图 5-27 所示。

表 5-4 不同种类半导体存储器芯片的引脚

类型	数据线	地址线	读写线	片选线	行列选通线	编程写入	编程电源
SRAM	I/O 同线	行列分开	有	有	无	无	无
DRAM	I/O 分开	行列同线	有	无	有	无	无
MROM	I/O 同线	不分行列	无	有	无	无	无
PROM	I/O 同线	不分行列	有	有	无	无	有
EPROM	I/O 同线	不分行列	有	有	无	有	有
E^2PROM	I/O 同线	行列分开	有	有	无	有	无
Flash	I/O 同线	行列分开	有	有	无	有	无
NVRAM	I/O 同线	行列分开	有	有	无	无	无

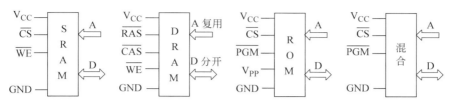

图 5-27　四种类型的半导体存储器芯片引脚线

特别地应注意两点。一是通常计算机的主存储器是由一定数量的存储器芯片组成，对于某次访问操作，往往仅需要一部分芯片参与，由此通过芯片片选信号来选择；若芯片的片选有效，则选中参与本次访问操作，否则没有选中，不参与本次访问操作。二是对于同类型的不同半导体存储器芯片，仅在于数据和地址引脚线的线数不同，因此通常用 M×N 来表示其结构特性，其中 M 为存储字数、N 为存储字长。实际上，M×N 也就是存储器芯片的容量，也就可以说，同类型的不同半导体存储器芯片，仅在于容量不同，其他结构特性是相同的。

5.4　主存储器及其容量扩展组织

计算机的主存储器是 MOS 型半导体存储器，且 CPU 约有 70% 的工作是对主存储器进行读/写操作，可见 MOS 型半导体存储器对计算机的性能起决定作用。随着集成制造技术水平的提高，半导体存储器芯片的容量不断扩大。但存储器芯片的容量无论再大，在存储字数和存储字长方面与实际主存储器需要的存储字数和存储字长都存在一定差距，这就需要将一定数量的存储器芯片组织在一起，以满足 CPU 对主存储器访问操作的需要。因此，当确定主存储器编址单位、数据存放方法等后，存储器芯片采用什么技术路线来组织，如此组织的主存储器具有什么样的组成结构，而具体如何实现则又包含存储器芯片如何选择、芯片间的引脚线如何连接、主存储器与 CPU 如何连接等，这是本节要分析讨论的问题。

5.4.1　主机及其存储器的组成结构

1. 主机结构模型及其读写操作

由第 1 章讨论可知，将中央处理器(CPU)与存储器(存储层次中的主存储器)组织在一起即为主机，其中 CPU 是主体，主存储器的任何操作来源于 CPU 需求。主存储器是存储系统中的一种存储器，用于存放计算机运行期间所需要用到的指令与数据。与一般意义上的存储器一样，读与写是主存储器的基本操作。主机是最小模式的冯·诺依曼计算机，其结构模型如图 5-28 所示。CPU 与主存储器之间的连接线包括地址线(AB)、数据线(DB)和控制线(CB)，其中控制信息有读信号(Read)、写信号(Write)和应答信号(MFC)。特别地，主存储器的读与写操作分为同步和异步两种方式，当采用异步方式进行读与写操作时，才需要应答信号。地址寄存器(MAR)和数据寄存器(MDR)是 CPU 与主存储器之间的接口。由 CPU 发送到主存储器的用于选择存储单元的地址信息存放于

MAR 中，在整个存取周期中不能改变；CPU 与主存储器之间交换的数据信息，均需要通过 MDR 缓冲。从功能上看，MAR 和 MDR 是属于主存的，但在小微型机中一般集成于 CPU 中。

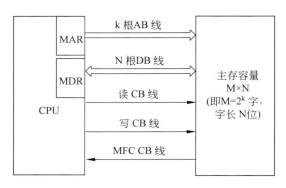

图 5-28 主机结构模型

CPU 对主存储器进行读写操作时，首先 CPU 在地址总线上送出数据信息在主存储器中的存储单元地址，该地址经译码驱动器后，选中该地址对应的存储单元；然后发出相应的读或写命令，由存储器芯片中的控制逻辑控制读出与写入，通过数据总线实现数据信息的交换。

读操作是指主存储器将由 CPU 选定的存储单元中的数据信息送到 CPU，而存储单元的数据信息维持不变。读操作过程为：

  地址→MAR→AB   CPU 将地址信息送至地址线；
  Read   CPU 通过读控制线发出读命令；
  Wait（for MFC）   CPU 等待主存工作完成（信号）；
  M(MAR)→DB→MDR   存储单元的数据信息经数据线送至 CPU。

写操作是指将 CPU 的数据信息存入由 CPU 选定的主存储器的存储单元中，使存储单元存储的信息发生改变。写操作过程为：

  地址→MAR→AB   CPU 将地址信息送至地址线；
  数据→MDR→DB   CPU 将要存入的数据信息送至数据线；
  Write   CPU 通过写控制线发出写命令；
  Wait（for MFC）   CPU 等待主存工作完成（信号）。

2. 主存储器的组成结构

从上述半导体存储器芯片讨论可知，单一芯片的存储容量一般不大，难以满足存储器容量需要，即一个存储器是由许多存储器芯片组织构成的。另外，为了便于主存储器容量的扩展，往往先将一定数量的存储器芯片组织封装在一起，构成一个所谓的存储器模块（即内存条），利用主机板上的主存扩展槽，则很容易实现主存储器容量的扩展。所以，主存储器是通过"芯片→模块→主存"三层二级来组织实现的，其组成结构如图 5-29 所示。

在图 5-29 所示的主存储器中，它包含 U 个存储模块，每个存储模块包含 V 个存储芯片组（不同模块芯片组数可能不同），每个存储芯片组由若干存储器芯片组成，且包含一定数量的存储单元。显然，某存储单元应归属于某存储模块中的某存储芯片组。当对主存

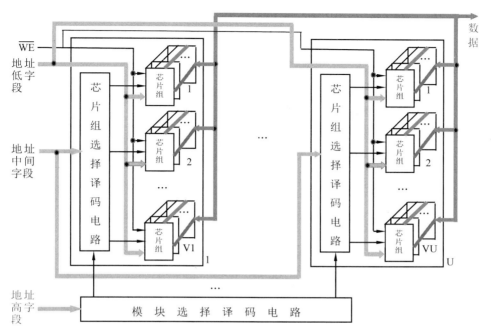

图 5-29　主存储器的组成结构

储器的某存储单元进行访问时,需要通过三层选择——存储模块的选择、存储芯片组的选择和存储单元的选择,且三层选择均具有唯一性,即仅有唯一一个存储模块或存储芯片组或存储单元被选中。由于选择是通过译码电路对存储单元地址进行译码来实现的,因此主存储器包含三层译码。第一层是利用存储单元地址的高字段,通过模块选择译码器的输出信号,控制存储芯片组选择译码器的使能端,若使能端信号有效,则对应的存储模块被选中,否则没有选中,从而实现存储模块的选择。第二层是利用存储单元地址的中间字段,通过存储芯片组选择译码器的输出信号,控制存储芯片组中芯片的片选端,若片选端信号有效,则对应的存储芯片组被选中,否则没有选中,从而实现存储芯片组的选择。第三层是利用存储单元地址的低字段,通过存储器芯片内部译码器的输出信号,控制存储单元所包含记忆元的开关管栅极,若栅极信号有效,则对应的存储单元被选中,否则没有选中,从而实现存储单元的选择。其中由于地址低字段用于选择存储器芯片内的存储单元,则称为片内地址,相应地把地址中间字段与高字段称为片外地址。

5.4.2　主存储器的数据存放方法

1. 编址单位

存储单元是对主存储器进行访问操作最小逻辑单位,单元地址与存储单元之间又是一一对应关系,因此,通常把存储单元所包含的二进制位数即存储字长称为编址单位。主存储器常用的编址单位有字编址和字节编址等两种。

字编址是指主存储器的存储字长(即编址单位)与机器字长相等。由于功能部件的访问单位通常也与机器字长相等,那么,任何一个单元地址均可作为对主存储器的访问地址,即地址编号没有浪费。而由于非数值数据的基本单位为字节,所以字编址不适合于存储非数值数据,还需要设置专门的字节操作指令。

字节编址是指主存储器的存储字长即编址单位为一个字节。字节编址的优势与缺点与字编址正相反,但两者比较来说,字节编址使主存储器的频带变窄。

2. 多字节数据的存放方式

对于字节编址的主存储器,若数据字包含多个字节时,则需要多个地址连续的存储单元来存放,存放方式分为大端和小端等两种。当低地址单元存放数据字的高字节、高地址单元存放数据字的低字节时,这种数据存放方式称为大端存放方式;当低地址单元存放数据字的低字节、高地址单元存放数据字的高字节时,这种数据存放方式称为小端存放方式。如数据字长为 32 位 4 个字节,两种数据的存放方式如图 5-30 所示。从图 5-30 可以看出,两种存放方式的字地址(即数据字访问地址)是相同的,均是数据字所占用存储单元的最低地址,其根本区别在于数据字所包含多个字节的存放次序是相反的。大端存放方式符合人的正常思维,小端存放方式有利于数据处理。特别地,寄存器、系统总线也同样存在大端与小端存放方式。

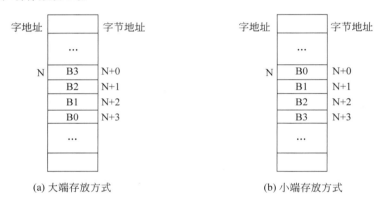

图 5-30 多字节数据的存放方式

3. 数据存放的对齐方法

对于字节编址的主存储器,理论上任何数据类型(不同数据类型数据字长不同)数据的访问地址(即字地址)可以是任何存储单元地址,即任何数据类型数据可以从任何存储单元地址开始存放。但实际是不同数据类型数据存放于主存储器时,起始地址(即字地址)是有限制的,即起始地址是按一定规则规定的,这就是所谓的数据存放的对齐方法。数据存放的对齐方法分为无规则的、访问字对齐的和边界对齐的等三种。现假设机器字长为 32 位,访问单位为 64 位,数据类型有字节(8 位)、半字(16 位)、单字(32 位)或双字(64 位)等四种,现有 8 个数据,它们在主存储器存放次序要求为:字节、半字、双字、单字、半字、单字、字节、单字。

无规则对齐方法是指任何数据类型数据存放于主存储器时,起始地址没有限制,可以是任何存储单元地址,不同数据类型数据一个紧接一个存放,如图 5-31 所示。该对齐方法的优点在于主存储器记忆元没有浪费,但当访问的一个双字、单字或半字时,可能需两次访问,访问效率降低一半,且读写控制比较复杂。

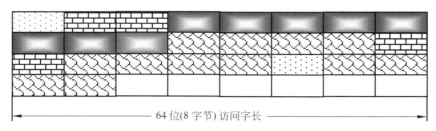

图 5-31　无规则对齐方法批量数据的存放

访问字对齐方法是指任何数据类型数据存放于主存储器时,起始地址必须是访问单位地址,当数据字长短时,多余部分不用,如图 5-32 所示。显然,该对齐方法存在主存储器记忆元的大量浪费,优点在于访问字节、半字、单字或双字等数据类型时,均可在一个存取周期内完成,读写数据的控制比较简单。

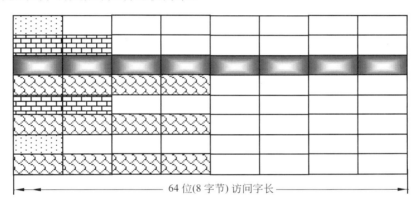

图 5-32　访问字对齐方法批量数据的存放

边界对齐方法是指任何数据类型数据存放于主存储器时,起始地址均有不同的严格限制规则,如图 5-33 所示。不同数据类型数据存放起始地址的限制规则为:双字数据起始地址的最末 3 位必须为 000(8 字节的整数倍),单字数据起始地址的最末 2 位必须为 00(4 字节的整数倍),半字数据起始地址的最末 1 位必须为 0(2 字节的整数倍),字节数据起始地址则任意。该对齐方法能够保证访问字节、半字、单字或双字等数据类型时,均在一个存取周期内完成,但主存储器记忆元仍存在一定浪费。

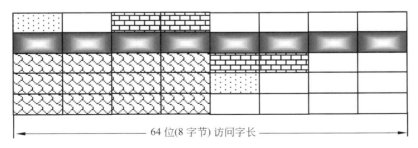

图 5-33　边界对齐方法批量数据的存放

5.4.3 主存储器模块的组织

从主存储器组成结构可知,通常需将一定数量的存储器芯片来组成存储模块。由于存储器芯片与存储模块之间存在存储单元数(字数)和存储字长的差异,则存储模块的组织包含存储器芯片选择及其引脚线连接等两个问题。存储器芯片选择是直观适配性问题,容易解决。存储器芯片引脚线连接由存储容量扩展组织决定,容量扩展组织方法分为位并扩展、字串扩展、位并字串扩展等三种。

1. 位并扩展法

位并扩展法是指当选用的存储器芯片与需要的存储模块的字数一致,但存储器芯片的存储字长小于存储模块的存储字长时,仅在存储字长的位方向扩展(加宽字长)。采用位并扩展法时,存储器芯片的选择要求是选用的存储器芯片的存储字长之和等于存储模块的存储字长。若选用一种 $M×L$ 的存储器芯片组成 $M×N(N>L)$ 的存储模块,则存储器芯片数为:$(M×N)/(M×L)=N/L$。

位并扩展法存储器芯片引脚线的连接方式为:将选用的存储器芯片的地址线、片选线和读写线对应地并联在一起而成为存储模块的地址线、块选线和读写线,选用的存储器芯片的数据线分别单独引出而成为存储模块的数据线。显然,存储模块地址线的线数与存储器芯片地址线的线数相等,即存储器芯片的存储单元数与存储模块的存储单元数一致;而存储模块数据线的线数是选用的所有存储器芯片数据线的和,即存储模块的存储字长相对于存储器芯片的存储字长得到加宽;存储模块仍有一根块选线和读写线,且并联在一起的片选线作为块选输入端($\overline{CE}$),用于存储模块的选择,意味存储模块的每次访问,选用存储器芯片均需要参加读或写操作。由此,存储模块则可封装,即 CPU 与存储模块之间不需要任何接口电路。如用 32K×2 位的 SRAM 芯片组成 32K×8 位的存储模块,所需芯片数为:32K×8/32K×2=4 片,4 片 32K×2 位的 SRAM 芯片引脚线连接如图 5-34 所示。而存储模块与 SRAM 芯片地址空间为 000 0000 0000 0000~111 1111 1111 1111,即为 0000H~7FFFH。

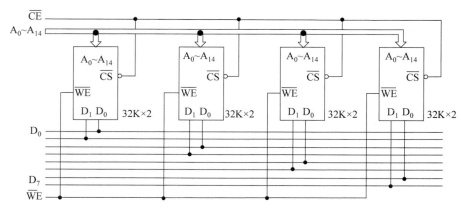

图 5-34 位并扩展法 SRAM 芯片引脚线的连接

对于 DRAM 芯片,片选线由行地址选通线与列地址选通线所替换,数据输入和输出线是分开的。当选用 DRAM 芯片组成存储模块时,则选用的 DRAM 芯片的行地址选通线与列地址选通线对应地并联在一起而成为存储模块的行地址选通线与列地址选通线,选用的 DRAM 芯片的数据输入与输出线分别单独引出而成为存储模块的数据输入与输出线。在存储模块封装时,一方面,需要增加刷新与行列选通信号控制电路(即 CPU 与主存储模块之间的接口电路,其逻辑结构类似图 5-19),以使分时输入的行列地址存到行列地址锁存器中,并实现 DRAM 芯片的刷新;另一方面,数据线上还需要增加带双向控制的数据缓冲器。因此,DRAM 存储模块需要通过接口电路(含刷新控制器),才能与 CPU 相连接。若上述中的 SRAM 芯片改为 DRAM 芯片,4 片 32K×2 位的 DRAM 芯片引脚线连接如图 5-35 所示。通过接口电路,由刷新信号和读写信号来产生读写信号与行列选通信号;同时,接口电路使存储模块 15 位地址信号分时输出 8 位行地址和 7 位列地址。特别地,DRAM 的接口电路是极其复杂,在图 5-35 中仅是示意图,它含有一个使能端($\overline{EN}$),用于存储模块的选择($\overline{CE}$)。

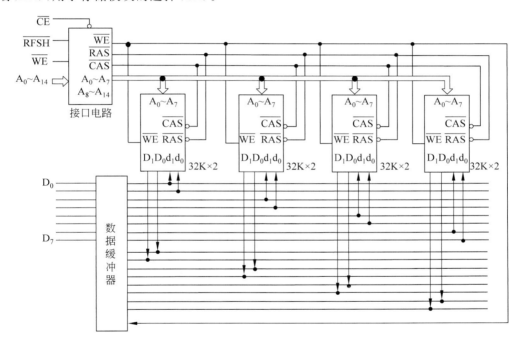

图 5-35 位并扩展法 DRAM 芯片引脚线的连接(d 入 D 出)

例 5.3 现有 16K×4 位和 16K×2 位两种容量不同、特性一样的 SRAM 芯片若干,请选用芯片来组成 16K×8 位的存储模块,画出存储器芯片的连接图。

解 对于 SRAM 芯片的选择有三种方案:选用 4 片 16K×2 位的芯片、选用 2 片 16K×2 位的芯片和 1 片 16K×4 位的芯片、选用 2 片 16K×4 位的芯片,三种方案均能满足选用的存储器芯片的存储字长之和(4×2 位=8 位或 2×2 位+1×4 位=8 位或 2×4 位=8 位)等于存储模块的存储字长(8 位)。

第一、三种方案存储器芯片引脚线的连接与图 5-34 类似。对于第二种方案,3 片 SRAM 芯片地址线均为 14 根,则选用的存储器芯片的地址线、片选线和读写线对应地并联在一起而成为存储模块的地址线、片选线和读写线,且并联在一起的片选线作为存储模块的选择线($\overline{CE}$)。1片16K×4位芯片的4根数据线和2片16K×2位芯片的2根数据线单独引出,成为存储模块的8根数据线。第二种方案存储器芯片引脚线的连接如图5-36所示,而存储模块与SRAM芯片地址空间为00 0000 0000 0000~11 1111 1111 1111,即为0000H~3FFFH。

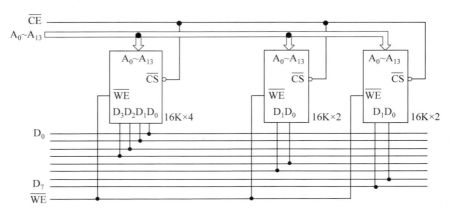

图 5-36　例 5.3 第二种方案存储器芯片引脚线的连接

2. 字串扩展法

字串扩展法是指当选用的存储器芯片的存储字长与需要的存储模块的存储字长一致,但存储器芯片的字数小于存储模块的字数时,仅在存储单元的字方向扩展(增加字数)。采用字串扩展法时,存储器芯片的选择要求是选用的存储器芯片的字数之和等于存储模块的字数。若选用一种 J×N 的存储器芯片组成 M×N(M>J)的存储模块,则存储器芯片数为:(M×N)/(J×N)=M/J。

当存储器芯片的字数小于存储模块的字数时,存储器芯片的地址线数比存储模块的地址线数少。字串扩展法存储器芯片引脚线的连接方式为:将选用的存储器芯片的地址线、数据线和读写线对应地并联在一起而成为存储模块的低位地址线、数据线和读写线;存储模块多余的高位地址线则通过译码器来产生片选信号,与存储器芯片的片选线相连,意味存储模块的每次访问,仅需要一存储器芯片参加读或写操作,译码器的使能端($\overline{EN}$)作为块选输入端($\overline{CE}$)。显然,存储模块数据线的线数与存储器芯片数据线的线数相等,即存储器芯片的存储字长与存储模块的存储字长一致;而存储模块地址线的线数是选用的存储器芯片地址线的线数与译码器输入线的线数的和,即存储模块的字数是选用的所有存储器芯片的字数的和,存储单元数得到增加;存储模块仍有一根读写线。如用16K×8位的SRAM芯片组成64K×8位的存储模块,所需芯片数为:64K×8/16K×8=4片,4片16K×8位的SRAM芯片引脚线连接如图5-37所示,4片16K×8位的SRAM芯片地址空间分布如表5-5所示。

当选用DRAM芯片组成存储模块时,选用的存储器芯片的地址线、数据输入与输出线和读写线对应地并联在一起而成为存储模块的低位地址线、数据输入与输出线和读写线,行地址选通线与列地址选通线分别单独引出。存储模块的高位地址信号,通过接口电

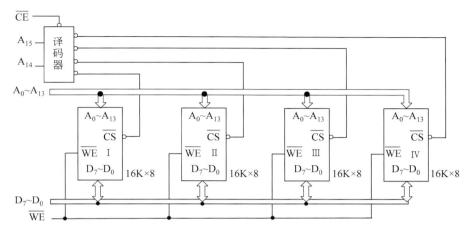

图 5-37　字串扩展法 SRAM 芯片引脚线的连接

表 5-5　4 片 16K×8 位的 SRAM 芯片地址空间分布

芯片号	地址范围			说明	十六进制值
	$A_{15}\ A_{14}$	$A_{13}\ \ \cdots\cdots\ \ A_0$			
Ⅰ	0　0	00,0000,0000,0000		最低	0000H～3FFFH
		11,1111,1111,1111		最高	
Ⅱ	0　1	00,0000,0000,0000		最低	4000H～7FFFH
		11,1111,1111,1111		最高	
Ⅲ	1　0	00,0000,0000,0000		最低	8000H～BFFFH
		11,1111,1111,1111		最高	
Ⅳ	1　1	00,0000,0000,0000		最低	C000H～FFFFH
		11,1111,1111,1111		最高	

路地址线分时输出行地址与列地址；由存储模块的高位地址信号、刷新信号和读写信号，通过接口电路产生存储器芯片的行地址选通信号与列地址选通信号。若上述中的 SRAM 芯片改为 DRAM 芯片，4 片 16K×8 位的 DRAM 芯片（记忆元阵列为 512×256）引脚线连接如图 5-38 所示。通过接口电路，由存储模块的高 2 位地址信号、刷新信号和读写信号来产生读写信号与 4 组行列选通信号，4 组行列选通信号分别与单独引出的存储器芯片行列地址选通线相连。同时，接口电路使存储模块的低 14 位地址信号分时输出 9 位行地址和 5 位列地址到选用的存储器芯片上，利用行列地址选通线，将行列地址存到存储器芯片行列地址锁存器中。特别地，存储模块的每次访问，在 4 组行列选通信号中仅有一组是有效的，意味存储模块的每次访问，仅需要一存储器芯片参加读或写操作。而 4 片 16K×8 位的 DRAM 芯片地址空间分布与表 5-5 相同。同样，接口电路含有一个使能端（$\overline{EN}$），用于存储模块的选择（$\overline{CE}$）。

例 5.4　现有 8K×8 位和 4K×8 位两种容量不同、特性一样的 SRAM 芯片若干，请

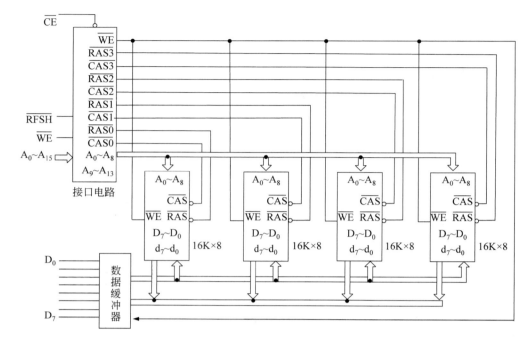

图 5-38 字串扩展法 DRAM 芯片引脚线的连接(d 入 D 出)

选用芯片来组成 16K×8 位的存储模块,画出存储器芯片的连接图。

解:对于 SRAM 芯片的选择有三种方案:选用 4 片 4K×8 位的芯片、选用 2 片 4K×8 位的芯片和 1 片 8K×8 位的芯片、选用 2 片 8K×8 位的芯片,三种方案均能满足选用的存储器芯片的字数之和(4×4K=16K 或 2×4K+1×8K=16K 或 2×8K=16K)等于存储模块的字数(16K)。

第一、三种方案存储器芯片引脚线的连接与图 5-37 类似。对于第二种方案,存储模块地址线为 14 根、4K×8 位的芯片地址线为 12 根、8K×8 位的芯片地址线为 13 根,3 片 SRAM 芯片数据线、4K×8 位芯片的地址线与 8K×8 位芯片的低 12 根地址线、3 片 SRAM 芯片的读写线对应地并联在一起而成为存储模块的数据线、低 12 根地址线($A_0 \sim A_{11}$)和读写线。8K×8 位芯片最高位地址线和片选线单独引出成为存储模块的高两位地址线(A_{12}、A_{13}),且利用门电路用于产生片选信号,与 4K×8 位芯片的片选线相连,片选信号上设置一个三态门,三态门的控制端连接在一起而作为块选线($\overline{CE}$)。第二种方案存储器芯片引脚线的连接如图 5-39 所示,而 3 片 SRAM 芯片地址空间分布如表 5-6 所示。

表 5-6 例 5.4 第二种方案 3 片 SRAM 芯片地址空间分布

芯片号	地址范围			说明	十六进制值
	A_{13}	A_{12}	$A_{11} \cdots A_0$		
I	0	0	0000,0000,0000	最低	0000H~1FFFH
		1	1111,1111,1111	最高	

续表

芯片号	地址范围				说明	十六进制值
	A_{13}	A_{12}	A_{11}	… A_0		
Ⅱ	1	0	0000,0000,0000		最低	2000H～2FFFH
			1111,1111,1111		最高	
Ⅲ	1	1	0000,0000,0000		最低	3000H～3FFFH
			1111,1111,1111		最高	

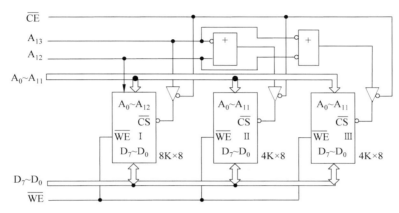

图 5-39 例 5.4 第二种方案存储器芯片引脚线的连接

3. 位并字串扩展法

位并字串扩展法是指当选用的存储器芯片不仅存储字长小于需要的存储模块的存储字长,而且字数也小于存储模块的字数时,则在存储字长的位方向和存储单元的字方向同时扩展(加宽字长和增加字数)。采用位并字串扩展法时,存储器芯片的选择要求是将选用的存储器芯片分为 V 组,组内芯片位并扩展使存储字长之和等于存储模块的存储字长,组间芯片字串扩展使字数之和等于存储模块的字数。若选用一种 J×L 的存储器芯片组成 M×N(M>J、N>L)的存储模块,则存储器芯片数为:(M×N)/(J×L)。

位并字串扩展法存储器芯片引脚线的连接方式为:选用的组内存储器芯片引脚线连接与位并扩展法相同,译码器的使能端($\overline{EN}$)作为块选输入端($\overline{CE}$);每组芯片的存储字长与存储模块的存储字长相等,但每组芯片的字数小于存储模块的字数,存储器芯片的地址线数比存储模块的地址线数少。组间引脚线连接与字串扩展法相同。如用 16K×8 位的 SRAM 芯片组成 64K×16 位的存储模块,所需芯片数为:64K×16/16K×8=8 片,8 片 16K×8 位的 SRAM 芯片引脚线连接如图 5-40 所示,4 组 SRAM 芯片地址空间分布同表 5-5。

若上述中的 SRAM 芯片改为 DRAM 芯片,8 片 16K×8 位的 DRAM 芯片引脚线连接与图 5-38 类似,仅在于 4 组 DRAM 芯片的分别有 2 片芯片组成,2 片芯片的数据输入与输出线分别单独引出,与其他组分别单独引出的数据输入与输出线对应并联在一起,而

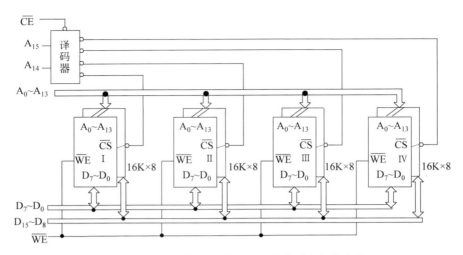

图 5-40　位并字串扩展法 SRAM 芯片引脚线的连接

成为存储模块的 16 根数据输入与输出线。

例 5.5　现有 8K×8 位和 4K×8 位两种容量不同、特性一样的 SRAM 芯片若干,请选用芯片来组成 16K×16 位的存储模块,画出存储器芯片的连接图。

解:对于 SRAM 芯片的选择有三种方案:选用 4 片 8K×8 位的芯片或选用 8 片 4K×8 位的芯片或选用 2 片 8K×8 位的芯片和 4 片 4K×8 位的芯片。第一种方案将 4 片芯片分为两组,可满足选用的组内芯片位并的存储字长之和(2×8 位=16 位)等于存储模块的存储字长(16 位),组间芯片字串的字数之和(2×8K=16K)等于存储模块的字数(16K)。第二种方案将 8 片芯片分为四组,也可满足选用的组内芯片位并的存储字长之和(2×8 位=16 位)等于存储模块的存储字长(16 位),组间芯片字串的字数之和(4×4K=16K)等于存储模块的字数(16K)。第三种方案将 6 片芯片分为三组(2 片 8K×8 位的芯片为一组,4 片 4K×8 位的芯片分为两组),同样可满足选用的组内芯片位并的存储字长之和(2×8 位=16 位)等于存储模块的存储字长(16 位),组间芯片字串的字数之和(1×8K+2×4K=16K)等于存储模块的字数(16K)。

第一种方案两组 4 片 8K×8 位和第二种方案四组 8 片 4K×8 位的存储器芯片引脚线的连接与图 5-40 类似。第三种方案存储器芯片引脚线的连接如图 5-41 所示,而 3 组 SRAM 芯片地址空间分布与表 5-6 相同。

例 5.6　采用 2764(8K×8 位)ROM 芯片和 2114(1K×1 位)SRAM 芯片组成 16K×8 位的存储模块,其中地址低 8K 为 ROM,画出存储器芯片的连接图,指出 ROM 与 RAM 的地址空间范围。

解:由题意可知,16K×8 位的存储模块需要 2764 ROM 芯片 1 片和 2114 SRAM 芯片 64 片,其中 64 片 2114 分为 8 组,组内 8 片采用位并扩展连接,1 片 ROM 芯片与 8 组 SRAM 芯片采用字串扩展连接。存储器芯片引脚线的连接如图 5-42 所示,其中 ROM 芯片的编程写入与编程电源悬空,用于非在线编程写入。ROM 与 RAM 的地址空间范围分别为 0000H~1FFFH、2000H~3FFFH。

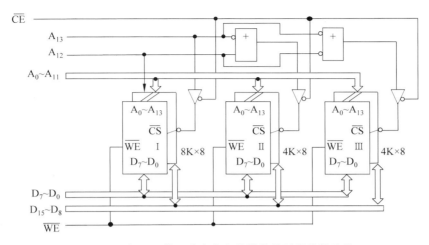

图 5-41 例 5.5 第三种方案存储器芯片引脚线的连接

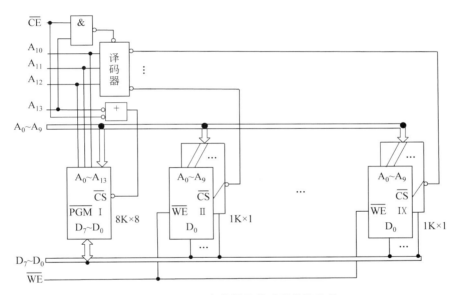

图 5-42 例 5.6 存储器芯片引脚线的连接

综上所述,存储器芯片的个数与扩展法是由存储模块的容量来决定。假定存储模块为 M×N 位,若使用 J×L 的芯片。若 M=J,N>L,则采用位并扩展法,所需存储芯片个数为 N/L。若 N=L,M>J,则采用字串扩展法,所需存储器芯片个数为 M/J。若 M>J,N>L,则位并字串扩展法,所需存储器芯片个数为(M/J)×(N/L)。通过扩展法组织的存储模块的引脚线有:由存储模块字数决定的若干根地址线、由存储模块字长决定的若干根数据线、一根读写线和一根块选线。

5.4.4 主存储器实现及其与 CPU 的连接

1. 主存储器模块的封装

主存储器模块的封装是指将存储模块所包含的存储芯片及其与主存之间的接口电路

安装在一小条印制电路板上而制作成一个所谓的内存条。内存条可直接插于主板内存插槽中使用,用户极为方便地扩展主存储器容量或拆卸更换内存条。目前,常用内存条的封装形式有单列直插(SIMM)、双列直插(DIMM)和 Rambus 直插(RIMM)等三种,无论哪种封装形式的内存条均以线数来区分。所谓线数是指内存条与主板插接时有多少个接触点,俗称"金手指"。

SIMM 有 30 线和 72 线之分。30 线的 SIMM 内存条数据宽度为 8 位(有的另附 1 位校验位),由四块内存条才能构成具有一定字数的 32 位数据宽度的主存储器,在 286、386 微型机和早期 486 微型机上使用较多。72 线的 SIMM 内存条数据宽度为 32 位(不带奇偶校验)或 36 位(带奇偶校验),在 486 微型机上可单块使用,但在 586 微型机时上必须成对使用。由于多块内存条使用极不适应主板的结构设计,因此,SIMM 内存条已经被淘汰。

DIMM 有 168 线(每面 84 线)和 184 线(每面 92 线)之分,所有 DIMM 的数据宽度均为 64 位(不带奇偶校验)或 72 位(带奇偶校验),所以在 Pentium 微型机中,只需一块 DIMM 就可构成具有具有一定字数的 64 位数据宽度的主存储器。

RIMM 也是双面的,目前只有 184 线。一个通道通常有 3 个 RIMM 插槽,所有 RIMM 插槽必须全部插满,如有空余则需要专用的 Rambus 终结器填满。

2. 主存储器的实现

根据主存储器容量的大小,主存储器的实现方式有两种。当主存储器容量不是很大时,需要的存储器芯片不多,一般采用单存储模块实现方式来实现主存储器,这时存储模块的组织即是主存储器实现,且块选线直接接地。如用 $16K \times 8$ 位的 SRAM 芯片组成 $64K \times 16$ 位的主存储器,即是指该主存储器仅有一个存储模块,将图 5-40 中的块选择线直接接地即是该主存储器逻辑结构图,表 5-5 即是存储器芯片的地址空间分布。在课程学习中,一般是单存储模块实现主存储器。

当主存储器容量很大时,需要大量存储器芯片,大量存储器芯片难以封装在一块印制电路板上,则通常采用多存储模块实现方式来实现主存储器,这时又分为规定存储器芯片和规定存储模块等两种情况。当规定存储器芯片时,则先选用一定数量的存储器芯片,组织一种字长与主存储器相等、字数小于主存储器的存储模块(不同存储模块可选用不同类型的存储器芯片,如有的是 ROM,有的是 RAM),然后通过字串扩展法来实现主存储器,其中用于选择存储模块译码器的使能端引出来作为存储访问控制端($\overline{M}$/IO)。如用 $16K \times 8$ 位的 SRAM 芯片组成 $512K \times 16$ 位的主存储器,所需 SRAM 芯片数为:$512K \times 16/16K \times 8 = 64$ 片。若采用单存储模块实现主存储器,64 片存储器芯片难以封装在一块印制电路板上,因此采用多存储模块实现主存储器。先把 64 片 $16K \times 8$ 位的 SRAM 芯片分为 8 组,每组 8 片组织成 $64K \times 16$ 位的存储模块,共有 8 块,各存储模块的芯片引脚线连接即如图 5-40 所示,存储模块的芯片地址空间分布如表 5-5 所示。然后 8 块存储模块通过字串扩展法来实现主存储器,8 块存储模块引脚线连接如图 5-43 所示,各存储模块的地址空间分布如表 5-7 所示。当然,也可把 64 片分为 4 块存储模块来实现。

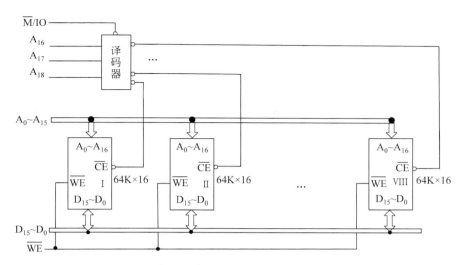

图 5-43 多存储模块实现主存储器模块引脚线的连接

表 5-7 多存储模块实现主存储器模块地址空间分布

模块号	A_{18}	A_{17}	A_{16}	地 址 范 围 $A_{15} \cdots A_0$	说明	十六进制值
Ⅰ	0	0	0	0000,0000,0000,0000	最低	00000H～0FFFFH
				1111,1111,1111,1111	最高	
Ⅱ	0	0	1	0000,0000,0000,0000	最低	10000H～1FFFFH
				1111,1111,1111,1111	最高	
Ⅲ	0	1	0	0000,0000,0000,0000	最低	20000H～2FFFFH
				1111,1111,1111,1111	最高	
Ⅳ	0	1	1	0000,0000,0000,0000	最低	30000H～3FFFFH
				1111,1111,1111,1111	最高	
Ⅴ	1	0	0	0000,0000,0000,0000	最低	40000H～4FFFFH
				1111,1111,1111,1111	最高	
Ⅵ	1	0	1	0000,0000,0000,0000	最低	50000H～5FFFFH
				1111,1111,1111,1111	最高	
Ⅶ	1	1	0	0000,0000,0000,0000	最低	60000H～6FFFFH
				1111,1111,1111,1111	最高	
Ⅷ	1	1	1	0000,0000,0000,0000	最低	70000H～7FFFFH
				1111,1111,1111,1111	最高	

而当规定存储模块时,则可采用存储模块组织方法——位并扩展法、字串扩展法、位并字串扩展法来实现主存储器,仅在于把存储模块的块选线当成存储器芯片的片选线来使用。

例 5.7 采用 16K×1 位的 4116 DRAM 芯片组成 64K×16 位的主存储器,分别画出存储器模块和存储器的连接图,指出存储模块中各芯片和主存储器各模块的地址空间分布。

解: 由题意可知,64K×16 位的主存储器需要 16K×1 位存储器芯片数为:64K×16/16K×1=64 片,并采用多存储模块来组织 64 片 4116 DRAM 芯片,实现主存储器。先把 64 片 16K×1 位的 4116 DRAM 芯片分为 4 组,每组 16 片,组内 16 片芯片位并组织成 16K×16 位的存储模块,共有 4 块,存储模块中芯片引脚线连接如图 5-44 所示,各芯片地址空间分布均为 0000H～3FFFH。然后 4 块存储模块通过字串扩展法来实现主存储器,4 块存储模块引脚线连接如图 5-45 所示,各存储模块的地址空间分布如表 5-8 所示。当然,也可把 64 片 4116 DRAM 芯片分为 2 组,每组 32 片;组内 32 片再分为 2 小组,每小组 16 片,小组内 16 芯片位并、2 小组间字串组织成 2 块 32K×16 位的存储模块;2 块存储模块通过字串扩展法来实现 64K×16 位的主存储器。

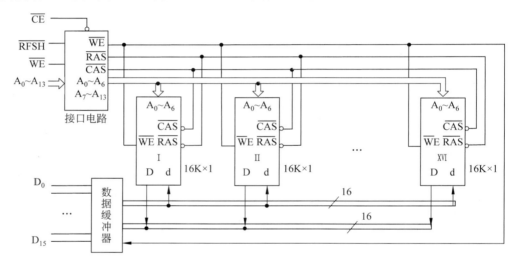

图 5-44　16K×16 位存储模块 DRAM 芯片引脚线的连接(d 入 D 出)

例 5.8 设有若干片 256K×8 位的 SRAM 芯片,某计算机需要 16M×32 位的主存储器,若主存储器由该 SRAM 芯片组成。试问:

(1) SRAM 芯片的地址线和数据线各为多少根?主存储器的地址线和数据线各为多少根?

(2) 主存储器共需要多少片 SRAM 芯片?在主存储器的地址线中,片内地址线和片外地址线各为多少根?

(3) 若主存储器采用多存储模块方式实现,存储模块的容量要求为 1024K×32 位,那么一块存储模块需要多少片 SRAM 芯片?主存储器需要多少块存储模块?存储模块的地址线和数据线各为多少根?在主存储器的片外地址线中,用于选择存储模块的地址线为多少根?

(4) 若该主存储器换为由容量相同的 DRAM 芯片来组成,DRAM 芯片的地址线和数据线各为多少根?主存储器的地址线和数据线各为多少根?

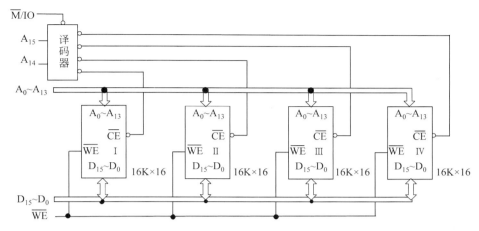

图 5-45　64K×16 位主存储器模块引脚线的连接

表 5-8　64K×16 位主存储器模块地址空间分布

芯片号	地址范围		说明	十六进制值
	A_{15} A_{14}	A_{13} … A_0		
Ⅰ	0　0	00,0000,0000,0000	最低	0000H～3FFFH
		11,1111,1111,1111	最高	
Ⅱ	0　1	00,0000,0000,0000	最低	4000H～7FFFH
		11,1111,1111,1111	最高	
Ⅲ	1　0	00,0000,0000,0000	最低	8000H～BFFFH
		11,1111,1111,1111	最高	
Ⅳ	1　1	00,0000,0000,0000	最低	C000H～FFFFH
		11,1111,1111,1111	最高	

解：(1) SRAM 芯片的数据线为 8 根，地址线为：$\log_2(256 \times 2^{10}) = 18$ 根；主存储器的数据线为 32 根，地址线为：$\log_2(16 \times 2^{20}) = 24$ 根。

(2) 主存储器需要 SRAM 芯片为：$(16 \times 2^{20} \times 32)/(256 \times 2^{10} \times 8) = 256$ 片；在主存储器的 24 根地址线中，片内地址线即为 SRAM 芯片地址线 18 根，片外地址线为：24－18＝6 根。

(3) 存储模块需要 SRAM 芯片为：$(1024 \times 2^{10} \times 32)/(256 \times 2^{10} \times 8) = 16$ 片，主存储器需要存储模块为：$(16 \times 2^{20} \times 32)/(1024 \times 2^{10} \times 32) = 16$ 块；存储模块的数据线为 32 根，地址线为：$\log_2(1024 \times 2^{10}) = 20$ 根；在主存储器的 6 根片外地址线中，用于选择存储模块的地址线为：$\log_2 16 = 4$ 根。主存储器无论由 SRAM 芯片还是由 DRAM 芯片组成，当容量一定时，其地址线和数据线数均是相同的。

(4) DRAM 芯片的地址线是行列地址分时复用，与 SRAM 芯片相比，地址线减半，DRAM 芯片的地址线为：18/2＝9 根；而 DRAM 芯片的数据线是分开的，与 SRAM 芯片相比,数据线加倍,DRAM 芯片的数据线为:8×2=16 根。

3. 主存储器与 CPU 的连接

从 5.4.1 节可知,主机是由主存储器与 CPU 连接在一起来构成的。当主存储器与 CPU 连接时,需要解决引脚线的连接和速度匹配等两个问题。

通常,CPU 速度比主存储器要快,即 CPU 内部操作如数据传送或数据相加往往仅需要一个时钟周期,而 CPU 外部操作如主存储器的访问则需要多个时钟周期,通常把 CPU 外部操作所需要的时间定义为总线周期。因此,为使主存储器与 CPU 速度匹配,对主存储器进行访问操作有三种时序控制策略。一是 CPU 采用不同频率(内频和外频,且内频>外频)来控制内部操作和外部操作(含主存储器访问)的时序,外频周期为一个总线周期,一个总线周期足以完成一次主存储器的访问操作。二是采用同步方式访问主存储器,则规定一个总线周期所包含时钟周期数,大多数外部操作(含主存储器访问)均可在规定的总线周期内完成,对于速度慢的主存储器,在规定的总线周期内无法完成访问操作时,则插入若干个等待(或延长)的时钟周期。三是异步方式访问主存储器,即主存储器完成访问操作时给 CPU 发送一个就绪信号 READY,这时总线周期需长则长,能短则短,与 CPU 的时钟周期无关。

主存储器与 CPU 引脚线的连接,包含地址线、数据线和控制线,且主存储器是根据 CPU 的寻址范围(由地址线数决定的)和数据宽度(一次访问的二进制数位数即访问字长,由数据线数决定的)来组织实现的。

一般在课程学习中,组织实现的主存储器的字数和存储字长(编址单位)分别等于 CPU 的寻址空间和访问字长(访问单位),这时,主存储器的地址线数和数据线数与 CPU 的地址线数和数据线数相等,主存储器的地址线和数据线与 CPU 的地址线和数据线直接相连即可。但在实际中,所需要的主存储器字数可能比 CPU 的寻址空间要少,即 CPU 地址线数比主存储器地址线数要多,这时片选(单模块实现主存)或块选(多模块实现主存)信号产生有三种方法。一是片外地址线全部用于地址译码来产生片选或块选信号的全译码法(上述存储模块组织和主存储器实现均是全译码法),但地址译码器的部分输出暂时悬空不用,为后续主存容量扩展做准备,例 5.9 即为该情况下的该方法。二是片外地址线部分用于地址译码来产生片选或块选信号的部分译码法,多余的片外地址线悬空不用,这时会形成多个地址对应同一存储单元的地址重叠现象。三是片外地址线直接用作片选或块选信号,这时地址空间不连续。因此,后两种产生片选或块选信号的方法一般不用,在此也不加以讨论。

另外,在实际中,主存储器通常是字节编址的(存储字长为 8 位),而访问字长通常等于机器字长为 16 位或 32 位或 64 位等,即 CPU 数据线数比主存储器数据线数要多,这时需要采用多存储体访问技术,如 8086 微机即是这种情况,在此不讨论,可查阅《微型计算机原理》等相关教材。

组织实现好的主存储器的控制线有读写控制信号($\overline{WE}$)和块选信号($\overline{CE}$,单模块主存)或存储访问控制信号($\overline{M}/IO$,多模块主存),而 CPU 中与存储访问有关的控制线有读写控制信号($\overline{WE}$或 R/$\overline{W}$)和访存控制信号($\overline{MREQ}$,低电平访问主存,高电平访问 I/O 设备,主存与 I/O 设备独立编址有该控制信号)。因此,主存储器与 CPU 的读写控制信号线有直接相连;当 CPU 有访存控制信号线时,则与主存储器块选或存储访问控制线相连,即当 $\overline{\text{MREQ}}$ 为低电平时,主存储器才工作;当 CPU 无访存控制信号线时,主存储器块选或存储访问控制线直接接地。

例 5.9 某字长为 8 位计算机采用单总线结构,地址总线 16 根($A_{15} \sim A_0$,A_0 为低位),CPU 含有访存控制引脚线 $\overline{\text{MREQ}}$ 和读写控制引脚线 $R/\overline{W}$。主存存储器地址空间分配为:$0 \sim 8191$ 为系统程序区,由 ROM 芯片组成,$8192 \sim 32767$ 为用户程序区,最大 2K 地址空间为系统程序工作区(地址为十进制数)。现有 $8K \times 8$ 位 ROM 芯片和 $16K \times 1$ 位、$2K \times 8$ 位、$4K \times 8$ 位和 $8K \times 8$ 位 SRAM 芯片。若主存储器要求字节编址,请选择适当的存储器芯片组织实现该计算机的主存储器,画出主存储器逻辑框图及其与 CPU 的连接图。

解:主存储器采用字节编址,则地址 $0 \sim 8191$ 的系统程序区的存储空间为 $8K \times 8$ 位,选用一片 $8K \times 8$ 位 ROM 芯片来实现;地址 $8192 \sim 32767$ 的用户程序区的存储空间为 $24K \times 8$ 位,为减少存储器芯片数,选用三片 $8K \times 8$ 位 SRAM 芯片来实现;最大 2K 地址的系统程序工作区的存储空间为 $2K \times 8$ 位,选用一片 $2K \times 8$ 位 SRAM 芯片来实现,且存储器芯片的地址空间分布如表 5-9 所示。由于 CPU 数据宽度是 8 位(一般等于机器字

表 5-9 存储器芯片的地址空间分布

芯 片	地址范围		说 明	十六进制值	十进制值
	$A_{15} A_{14} A_{13}$	$A_{12} \quad \cdots \quad A_0$			
8K ROM 芯片	0 0 0	0,0 000,0000,0000	8K 系统程序区	0000H~1FFFH	0~8191
		1,1 111,1111,1111			
8K SRAM 芯片 I	0 0 1	0,0 000,0000,0000	24K 用户程序区	2000H~3FFFH	8192~16383
		1,1 111,1111,1111			
8K SRAM 芯片 II	0 1 0	0,0 000,0000,0000		4000H~5FFFH	16384~24575
		1,1 111,1111,1111			
8K SRAM 芯片 III	0 1 1	0,0 000,0000,0000		6000H~7FFFH	24576~32767
		1,1 111,1111,1111			
无芯片	100~110	0,0 000,0000,0000	24K 空	8000H~DFFFH	32768~57343
		1,1 111,1111,1111			
无芯片	1 1 1	0,0 000,0000,0000	6K 空	E000H~F7FFH	57344~63497
		1,0 111,1111,1111			
2K SRAM 芯片	1 1 1	1,1 000,0000,0000	2K 系统程序工作区	F8FFH~FFFFH	63488~65535
		1,1 111,1111,1111			

长),与选用的存储器芯片的字长一致;且又仅选用五片存储器芯片和便于容量扩展,为此采用全译码单存储模块字串来组织实现主存储器。对于 8KB 的存储器芯片,其片外地址线为 3 根($A_{15}A_{14}A_{13}$),则利用 3∶8 译码器 74LS138 来产生 8 个片选信号,将 64K 的存储空间分为 8 等分,但仅用 Y_0、Y_1、Y_2、Y_3 和 Y_7 五个输出端来选择芯片,Y_4、Y_5 和 Y_6 暂时悬空不用,为后续主存容量扩展做准备。Y_7 对应的 8K 存储空间仅最大地址的 2K 存储空间已被利用,即对 2K 的 SRAM 芯片来说,$A_{12}A_{11}$ 也是两根片外地址线。因此,还需要加门电路利用 Y_7 和 $A_{12}A_{11}$ 来产生 2K 的 SRAM 芯片的片选信号,主存储器逻辑结构及其与 CPU 的连接如图 5-46 所示。

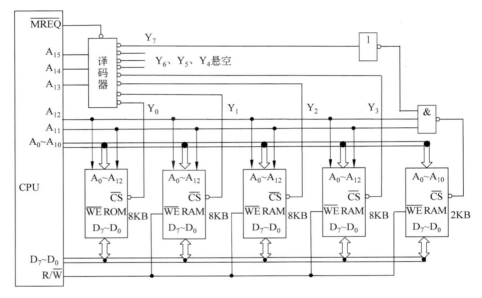

图 5-46 例 5.8 主存储器逻辑结构及其与 CPU 的连接

若为使 Y_7 对应的 8K 存储空间中空的 6K 也可用于扩展,则可采用 2-4 译码器来产生 2K 的 SRAM 芯片的片选信号。

例 5.10 某计算机的主存储器地址空间分配如下:0000H～3FFFH 为 ROM 存储区域,4000H～5FFFH 为保留地址空间,6000H～FFFFH 为 RAM 存储区域。CPU 的地址线 16 根,数据线 8 根,控制信号有读写控制 R/$\overline{W}$ 和访存控制 $\overline{MREQ}$。要求解决:(1)提出主存储器地址空间的基本译码方案;(2)若 ROM 存储区域采用 8K×1 位的 ROM 芯片,RAM 存储区域采用 8K×1 位的 SRAM 芯片,试画出主存储器与 CPU 的连接图;(3)若 ROM 存储区域采用 8K×8 位的 ROM 芯片,RAM 存储区域采用 4K×8 位的 SRAM 芯片,试画出主存储器与 CPU 的连接图;(4)若 ROM 存储区域采用 16K×8 位的 ROM 芯片,RAM 存储区域采用 8K×8 位的 SRAM 芯片,试画出主存储器与 CPU 的连接图。

解:(1)由题意可知,CPU 的寻址空间为 $2^{16}=64$K,寻址空间不大,需要的存储器芯片也不太多,主存储器采用单模块实现(其他同样)。在 CPU 64K 寻址空间中,ROM 地址空间为 $2^{14}=16$K,保留地址空间为 $2^{14}+2^{13}-2^{14}=8$K,RAM 地址空间为 $2^{16}-2^{14}-2^{13}$

=40K。地址译码以 8K 为地址空间单位,将 64K 的地址空间分为 8 个存储区域,则通过高 3 位地址译码产生 8 个存储区域的选择信号,主存储器地址空间的基本译码方案如图 5-47 所示。3-8 译码器的输出中,按题意:$\overline{Y}_0 \sim \overline{Y}_1$ 为 2 个 8K 的 ROM 地址空间的选择信号,对应高 3 位地址为 000～001;$\overline{Y}_3 \sim \overline{Y}_7$ 为 5 个 8K 的 RAM 地址空间的选择信号,对应高 3 位地址为 011～111;$\overline{Y}_2$ 为 1 个 8K 的保留地址空间的选择信号,对应高 3 位地址为 010。由于采用单模块实现,则 3-8 译码器的使能端由访存控制信号控制。3-8 译码器输出的逻辑表达式如下:

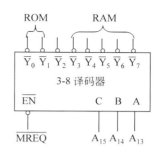

图 5-47 例 5.9 基本译码方案

$$\overline{Y}_0 = \overline{\overline{A}_{15} \cdot \overline{A}_{14} \cdot \overline{A}_{13} \cdot \overline{MERQ}}$$

$$\overline{Y}_1 = \overline{\overline{A}_{15} \cdot \overline{A}_{14} \cdot A_{13} \cdot \overline{MERQ}}$$

$$\overline{Y}_3 = \overline{\overline{A}_{15} \cdot A_{14} \cdot A_{13} \cdot \overline{MERQ}}$$

$$\overline{Y}_4 = \overline{A_{15} \cdot \overline{A}_{14} \cdot \overline{A}_{13} \cdot \overline{MERQ}}$$

$$\overline{Y}_5 = \overline{A_{15} \cdot \overline{A}_{14} \cdot A_{13} \cdot \overline{MERQ}}$$

$$\overline{Y}_6 = \overline{A_{15} \cdot A_{14} \cdot \overline{A}_{13} \cdot \overline{MERQ}}$$

$$\overline{Y}_7 = \overline{A_{15} \cdot A_{14} \cdot A_{13} \cdot \overline{MERQ}}$$

(2) 16KB 的 ROM 地址空间需要 16 片 8K×1 位的 ROM 芯片,且将其分为二组,每组 8 片,组内芯片位并扩展,组间字串扩展。40KB 的 RAM 地址空间需要 40 片 8K×1 位的 SRAM 芯片,且将其分为五组,每组 8 片,组内芯片位并扩展,组间字串扩展。所有存储器芯片地址线(均为 13 根)对应并接在一起,与作为片内地址线的 CPU 低 13 位地址线相连;CPU 高 3 位作为片外地址线连接(1)中的译码输入,以产生组片选信号。ROM 芯片没有读写控制线,40 片 SRAM 芯片的读写控制线($\overline{WE}$)并接在一起与 CPU 的读写控制线(R/$\overline{W}$)相连。主存储器与 CPU 引脚线的连接如图 5-48 所示。

(3) 16KB 的 ROM 地址空间需要 2 片 8K×8 位的 ROM 芯片,且 2 片 ROM 芯片之间进行字串扩展;40KB 的 RAM 地址空间需要 10 片 4K×8 位的 SRAM 芯片,10 片 SRAM 芯片之间也是进行字串扩展。2 片 ROM 芯片的地址线(13 根)对应并接在一起,与作为其片内地址线的 CPU 低 13 位地址线相连;10 片 SRAM 芯片的地址线(12 根)对应并接在一起,与作为其片内地址线的 CPU 低 12 位地址线相连。CPU 高 3 位作为片外地址线连接(1)中的译码输入,译码器输出 $\overline{Y}_0$ 和 $\overline{Y}_1$ 直接作为 2 片 ROM 芯片的片选信号;通过译码器输出 $\overline{Y}_3 \sim \overline{Y}_7$ 和 CPU 的地址线 A_{12} 由门电路来产生 10 片 SRAM 芯片的片选信号。10 片 SRAM 芯片的读写控制线($\overline{WE}$)并接在一起与 CPU 的读写控制线(R/$\overline{W}$)相连。主存储器与 CPU 引脚线的连接如图 5-49 所示。

(4) 16KB 的 ROM 地址空间需要 1 片 16K×8 位的 ROM 芯片;40KB 的 RAM 地址空间需要 5 片 8K×8 位的 SRAM 芯片,5 片 SRAM 芯片之间进行字串扩展。1 片 ROM 芯片的地址线(14 根)与作为其片内地址线的 CPU 低 14 位地址线相连;5 片 SRAM 芯片

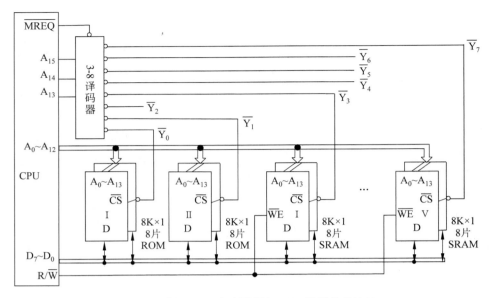

图 5-48 例 5.9(2)主存储器与 CPU 引脚线的连接

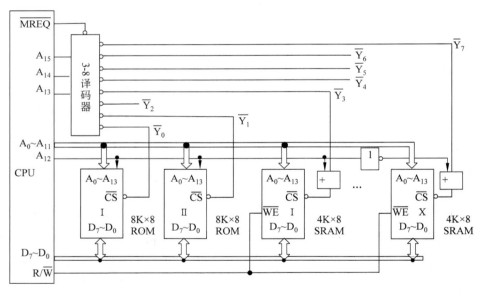

图 5-49 例 5.9(3)主存储器与 CPU 引脚线的连接

的地址线(13 根)对应并接在一起,与作为其片内地址线的 CPU 低 13 位地址线相连。CPU 高 3 位作为片外地址线连接(1)中的译码输入,译码器输出 $\overline{Y_0}$ 和 $\overline{Y_1}$ 均作为 1 片 ROM 芯片的片选信号,译码器输出 $\overline{Y_3} \sim \overline{Y_7}$ 直接作为 5 片 SRAM 芯片的片选信号。5 片 SRAM 芯片的读写控制线($\overline{WE}$)并接在一起与 CPU 的读写控制线(R/$\overline{W}$)相连。主存储器与 CPU 引脚线的连接如图 5-50 所示。

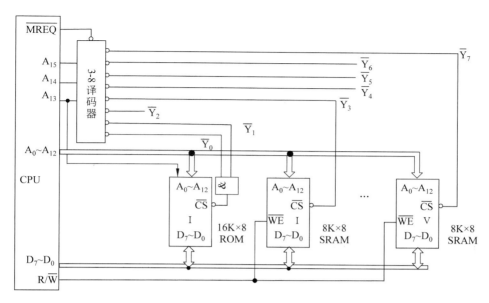

图 5-50　例 5.9(4) 主存储器与 CPU 引脚线的连接

5.5　主存储器带宽扩展组织

主存储器为中心的计算机,对主存储器的速度要求很高。衡量主存储器速度的参数包含延迟和带宽,当采用存储层次方法组织存储器之后,主存储器的延迟得到释放,但带宽又成为主存储器的关键。因此,在设计半导体存储器芯片时,不仅要考虑延迟,还要考虑带宽。在组织计算机的主存储器时,不仅需要容量扩展,还需要带宽扩展。那么,为什么需要带宽扩展呢,带宽扩展实现的技术途径有哪些呢,其中面向带宽扩展的主存储器组织实现技术又有哪些呢,它们如何组织实现的,这是本节要分析讨论的问题。

5.5.1　主存储器性能提高的技术途径

1. 提高主存储器速度的技术途径

现代计算机是以主存储器为中心的,即不仅 CPU 需要通过对主存储器进行访问,来完成取指令、取操作数、写运算结果等操作,而且 I/O 设备也可以直接对主存储器进行访问,来完成数据输入输出等操作。这就要求主存储器的速度要快,而目前主存储器的速度远比 CPU 的速度慢,因此主存储器的速度已成为计算机性能提高的瓶颈。延迟和带宽(或频带)是衡量主存储器速度的基本参数,即可以通过减少延迟和扩展带宽等两条途径来提高主存储器速度。延迟是指完成一次存储访问所需要的时间,带宽是指单位时间内所有访问源读或写的二进制位数。因此,延迟减少,可以增加带宽;但带宽增加,延迟不一定减少。

对于主存储器的延迟,从存储器芯片的设计出发,通过动态 MOS 存储器的新技术,已使主存储器延迟基本达到极限;另外,还从主存储器组织实现出发,采用存储层次方法,也有效地减少了主存储器的延迟。所以,减少延迟的技术途径有:面向存储器芯片设计的 DRAM 新技术和面向存储器组织的存储层次方法。

2. 带宽扩展的技术途径

主存储器的带宽有最大带宽与实际带宽之分,且最大带宽是实际带宽的上限,通常简称为带宽。最大带宽是指所有访问源连续对主存储器访问时的带宽,即指单位时间内所有访问源读或写的最大二进制位数。由于一般难以使主存储器满负荷工作,所以实际带宽一般小于最大带宽。为了使实际带宽尽量达到最大带宽,则从 CPU 出发,设置各种缓冲机构,如 8086 中的指令缓冲栈,即在主存储器空闲时,把未来需要处理的指令预先取到指令缓冲栈,以尽量使主存储器能满负荷工作。

由于存储系统的应用,CPU 直接访问主存储器的概率极小,主存储器对 CPU 的访问操作影响极为有限。但由于 Cache 与主存储器存在数据块的交换,为减小 Cache 不命中时的开销,则主存储器的带宽要大。特别是多级 Cache(存储系统有时包含多级 Cache)和分离 Cache(Cache 分为指令的和数据的)出现,使得主存储器的最大带宽成为其组织实现的关键。

可见,主存储器带宽扩展的技术途径有:从 CPU 出发的缓冲技术和从主存储器出发的并行访问技术,前者属于 CPU 设计组织的范畴,后者属于主存储器设计组织的范畴。目前,面向带宽扩展的主存储器并行访问技术可以分为面向设计的多端口空间并行技术、面向组织的多存储体时间并行技术,前者为多端口存储器,后者为并行存储器。所谓并行存储器是指通过设置多个存储器或存储体,使它们并行工作,在一个存取周期内可以访问到多个存储字;并行存储器可分为单体多字存储器和多体交叉存储器等两种。

5.5.2 双端口存储器

1. 双端口存储器的结构原理

双端口存储器是指同一个存储器具有两组相互独立的读写端口,允许两个访问源异步进行读写操作。双端口存储器能够有效地扩展带宽,其最大特点是可以共享存储数据。双端口 RAM 是常用的双端口存储器,且有多种结构,图 5-51 所示的是一种基本的双端口存储器结构。可见,双端口存储器具有左右两个数据端口、地址端口、读写控制端口和片选端口。

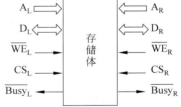

图 5-51 双端口 RAM 的结构原理

若把左右两个端口同时对同一个存储单元进行访问称为冲突。那么,当左右两个端口访问的存储单元地址不同时,则不会发生冲突,两个端口使用各自的据线、地址线和控制线对存储器进行异步读写操作。

当左右两个端口访问的存储单元地址相同时,便发生冲突。为避免冲突发生,则左右两个端口各设置一个标志 $\overline{Busy}$,且高电平操作,低电平空闲。当发生冲突时,由仲裁逻辑决定哪个端口优先进行读写操作,而将另一端口的 $\overline{Busy}$ 标志置为低电平,以延迟对存储器的访问。优先读写的端口操作完成后,被延迟端口的 $\overline{Busy}$ 标志复位为高电平,便可进行被延迟的读写操作。由于左右两个端口的访问冲突是不可避免的，因此双端口存储器的带宽不可能是单端口存储器的两倍。

除双端口存储器外，还出现了三端口及其以上的存储器，且在通信密集领域得到广泛应用，如交换机与路由器、主机总线适配器与蜂窝电话基站等。目前，多端口存储的容量越来越大，仲裁逻辑控制变得更加复杂，但多端口存储器的结构原理与双端口存储器相似。

2. 双端口存储器实例

IDT7133 双端口存储器是 2K×16 位的双端口 SRAM，存储阵列是按 256×128 排列，即行地址线为 8 根，列地址线为 3 根，一根列地址译码输出可选中 16 列。它具有两个相互独立的左端口和右端口，其逻辑结构如图 5-52 所示。IDT7133 双端口存储器无冲突读写操作的逻辑控制如表 5-10 所示，存储单元可由 $\overline{WE_{UB}}$ 和 $\overline{WE_{LB}}$ 来控制高低字节分开进行读或写操作。在输出使能控制信号（$\overline{OE}$）的配合下，同一端口的读写操作包含七种状态：高高阻低高阻、高写低写、高读低写、高写低读、高读低读、高写低高阻、高高阻低写。

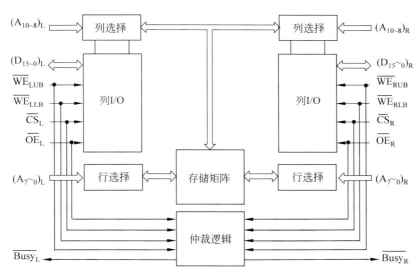

图 5-52 IDT7133 双端口存储器的逻辑结构

表 5-10 IDT7133 双端口存储器无冲突读写操作的逻辑控制

左端口或右端口						功　能
$\overline{WE_{LB}}$	$\overline{WE_{UB}}$	$\overline{CS}$	$\overline{OE}$	$D_{7\sim 0}$	$D_{15\sim 8}$	
×	×	1	1	高阻态	高阻态	端口不用
0	0	0	×	数据写	数据写	高、低字节数据写入
0	1	0	0	数据写	数据读	高字节读取数据、低字节数据写入
1	0	0	0	数据读	数据写	高字节数据写入、低字节读取数据

左端口或右端口						功　能
$\overline{WE_{LB}}$	$\overline{WE_{UB}}$	$\overline{CS}$	$\overline{OE}$	$D_{7\sim 0}$	$D_{15\sim 8}$	
1	1	0	0	数据读	数据读	高、低字节读取数据
1	0	0	1	高阻态	数据写	高字节数据写入、低字节输出高阻
0	1	0	1	数据写	高阻态	高字节输出高阻、低字节数据写入
1	1	0	1	高阻态	高阻态	输出高阻

5.5.3 单体多字存储器

1. 单体多字存储器的结构原理

常规的主存储器是单体单字存储器,仅包含一个存储体,每个存取周期只能访问到一个存储字,存储容量为 M×ω 位(M 为字数,ω 为字长)的结构模型如图 5-53 所示,其最大带宽为 $B_m = \omega/T_M$(T_M 为存取周期)。在存储特性和存储容量与单体单字存储器一致的前提下,可通过具有同时访问多字(扩大了访问字长)能力的单体多字存储器来扩展存储器的最大带宽。

单体多字存储器由多个特性相同、共用译码与读写控制等外围电路的存储体组成,各存储体具有相同存储容量和单元地址,一个单元地址可从不同的存储体访问到一个存储字,那么每个存取周期则可同时访问到多个存储字,存储容量为 M×ω 位的结构模型如图 5-54 所示。可见,单体多字存储器可以在不改变存储体存取周期的情况下,能够使带宽得到扩展。若存储体个数为 n,在保证存储容量 M×ω 不变的情况下,可以把存储体的字数减少 n 倍,即每个存储体的字数变为 M/n,访问字长为 n×ω 位,存储器最大频宽为 $B_m = n\omega/T_M$,最大带宽扩大了 n 倍。这时把地址信息分成两个字段,高字段用于访问存储体(存储体字数减少,存储体地址码缩短),低字段则用于控制一个多路选择器,从同时读出的 n 个存储字中选择一个数输出。

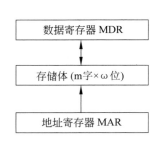

图 5-53　单体单字存储器的结构模型

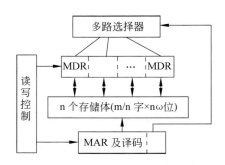

图 5-54　单体多字存储器的结构模型

例如单体单字存储器的字数为 1M,字长为 1 个字节,存储容量为 $1MB = 2^{20} \times 8$ 位,其中数据寄存器(MDR)为 8 位,地址寄存器(MAR)为 20 位。若改为单体多字存储器,存储体个数为 8,存储器容量仍为 1MB,每个存储体容量为 $2^{20}/8 \times 8$ 位 $= 2^{17} \times 8$ 位,访问

字长为 8×8 位 = 64 位。这时数据寄存器（MDR）为 64 位，地址寄存器（MAR）仍为 20 位，则 MAR 的高 17 位用于选择每个存储体的存储单元，MAR 的低 3 位用于控制多路选择器以实现 8 选 1。

2. 单体多字存储器的访问冲突

单体多字存储器实现简单，但访问冲突的概率很大。单体多字存储器访问冲突是指可以同一存取周期访问到的多个存储字而不能或不需要同时访问，主要来自以下 4 个方面。

① 取指令冲突。单体多字存储器一次取出多个指令字，一般能很好地支持程序的顺序执行。但若多个指令字中有一条转移指令字时，那么转移指令后面被同时取出的几个指令字只能作废。

② 读操作数冲突。单体多字存储器一次取出的多个数据字不一定都是即将执行指令所需要的操作数，而即将执行指令所需要的操作数也可能不包含在同一个访问字中而不能一次取出。由数据存放的随机性比程序指令存放的随机性大，所以取指令冲突的概率较小，读操作数冲突的概率较大。

③ 写数据冲突。单体多字存储器必须是凑齐多个数据字之后才能作为一个访问字一次写入存储器。因此，需要先把属于同一个访问字的多个数据读到数据寄存器中，对其中的某些数据作修改，然后再把整个访问字写回存储器。

④ 读写冲突。当要读出的数据字和要写入的数据字同在一个访问字中时，读和写的操作就无法在同一存储周期中完成。

取指令与读操作数冲突容易解决，写数据与读写冲突则难以解决。从存储器本身看，访问冲突产生的原因是多个存储体共用译码与读写控制等外围电路，若多个存储体各自有独立的译码与读写控制等外围电路，写数据与读写冲突就自然解决，取指令与读操作数冲突也有所缓解。

5.5.4 多体多字存储器

1. 多体多字存储器的结构原理

多个存储体共用译码与读写控制等外围电路是单体多字存储器产生访问冲突的根本原因，为避免访问冲突，则让多个存储体各自有独立的外围电路。具有独立的译码与读写控制等外围电路的存储体即是存储模块。多体多字存储器由多个存储模块组成，一个单元地址可从不同的存储体访问到一个存储字，在一个存取周期内，若分时地访问各个存储模块，则可并发访问到多个存储字。包含 n 个存储模块的多体多字存储器的结构模型如图 5-55 所示，同样，多体多字存储器可以在不改变存储体存取周期的情况下，能够使带宽得到扩展。但带宽能否得到扩展，由多体多字存储器的工作访问方式决定，其访问方式有顺序和交叉之分。

顺序访问方式是指当对多个存储模块中的某个模块进行访问时，其他模块不工作，存储模块之间是串行访问的。这时，多体多字存储器在一个存取周期内，仍仅能访问到一个存储字，带宽没有得到扩展。顺序访问方式的多体多字存储器虽然带宽没有得到扩展，但

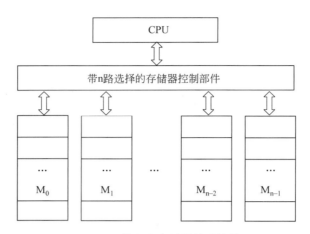

图 5-55　多体多字存储器的结构模型

可提高可靠性,即多个存储模块中的某个模块出现故障时,其他模块仍可正常工作;实质上,它是通过模块来扩展存储容量的组织方法。

交叉访问方式是指当对多个存储模块中的某个模块进行访问时,其他模块也在工作,存储模块之间是分时启动、并发访问的,即按流水线方式工作。这时,多体多字存储器在一个存取周期内,能访问到多个存储字,带宽得到扩展。可见,多体多字存储器的交叉访问方式是通过模块来扩展存储器带宽的组织方法。对于由 n 个存储模块组成的主存储器,为使带宽提高 n 倍,则在一个存取周期内需要分时启动、并发访问 n 个存储模块,如图 5-56 所示,且存储模块的启动间隔 t 为:

$$t = \lfloor T_M / n \rfloor$$

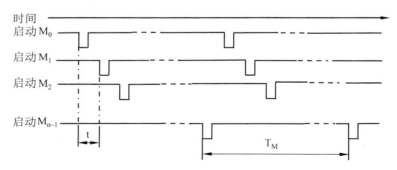

图 5-56　多体多字存储器的交叉访问方式

2. 多体多字存储器的编址方法

若多体多字存储器包含 $n=2^a$ 个存储模块,每个存储模块有 $M=2^b$ 个存储单元(字),则存储器的容量为 $n \times M = 2^{a+b}$ 个字,存储单元字地址码的二进制位数为 a+b。这时地址码需要分为两个字段,一个字段用于选择存储模块,另一个字段用于选择存储模块内的对存储单元。因此,根据用地址码的高位还是低位来选择存储模块,多体多字存储器编址方法可分为高位块选编址和低位块选编址。存储模块之间按流水线方式工作的过程如图 5-57 所示。

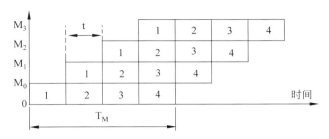

图 5-57 多体多字存储器流水线工作的时序

(1) 高位块选编址法。

高位块选编址法是将多体多字存储器地址码的高 a 位用来区分存储模块,低 b 位是存储模块的块内地址,如图 5-58 所示,且把地址码高 $a=\log_2 n$ 位称为模块体号($k=0,1,2,\cdots,n-1$),低 $b=\log_2 M$ 位称为体内地址($j=0,1,2,\cdots,M-1$)。即当按地址 A 访问存储器时,地址码高 a 位作为块选译码器的输入,由译码器选中一个存储模块,地址码低 b 位作为块内地址选中相应存储体模块内的一个存储单元来进行读写操作。由模块体号和体内地址可得到存储单元地址 A,计算式为:

$$A = M \times k + j$$

若已知存储单元地址 A,则可得到模块体号 k 和体内地址 j,计算式为:

$$k = \lceil A/M \rceil, \quad j = A \bmod M$$

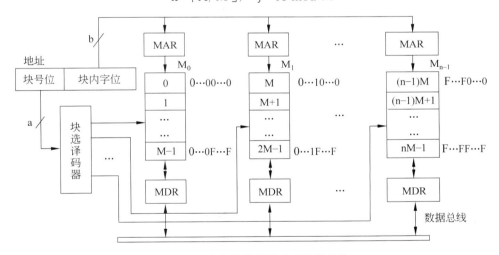

图 5-58 高位块选编址法的逻辑结构

显然,高位块选编址法的多体多字存储器中的存储模块内的地址是连续的,则又称为顺序编址法。由于程序访问的局部性,程序运行时,CPU 连续访问的地址(指令或数据)也是连续的,即 CPU 连续访问的地址绝大多数分布于同一存储模块中,形成了存储模块访问冲突。虽然每个存储模块都有自己独享的译码与读写控制等外围电路,可独立工作,但 CPU 仅能使一个存储模块在不停地忙碌,其他存储模块空闲而顺序访问,即存储模块之间是串行访问的,在一个存取周期内,只能访问到一个存储字。所以,多体多字存储器的高位块选编址法由于访问冲突的存在,而无法用于带宽扩展,主要用于常规主存容量的扩展。市场上的 8MB、16MB、32MB 等主存模块可以很方便地扩展高位块选编址的主存储器容量。

(2) 低位块选编址法。

低位块选编址法是将多体多字存储器地址码的低 a 位用来区分存储模块,高 b 位是存储模块的块内地址,如图 5-59 所示,且把地址码低 $a=\log_2 n$ 位称为模块体号($k=0,1,2,\cdots,n-1$),高 $b=\log_2 M$ 位称为体内地址($j=0,1,2,\cdots,M-1$)。即当按地址 A 访问存储器时,地址码低 a 位作为块选译码器的输入,由译码器选中一个存储模块,地址码高 b 位作为块内地址选中相应存储体模块内的一个存储单元来进行读写操作。由模块体号和体内地址可得到存储单元地址 A,计算式为:

$$A = n \times j + k$$

若已知存储单元地址 A,则可得到模块体号 k 和体内地址 j,计算式为:

$$k = A \bmod n, \quad j = \lceil A/n \rceil$$

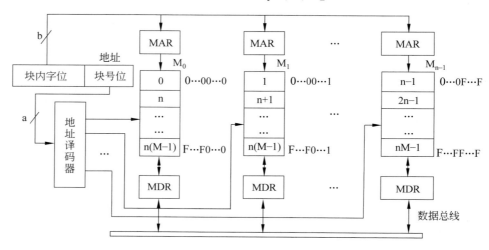

图 5-59 低位块选编址法的逻辑结构

显然,低位块选编址法的多体多字存储器中的存储模块内的地址是间断的,则又称为交叉编址法。这时,CPU 连续访问的地址绝大多数分布于不同的存储体中,很大程度上避免了存储模块的访问冲突,存储模块之间是并发访问的,在一个存取周期内,能访问到多个存储字。所以,多体多字存储器的低位块选编址法由于不存在访问冲突,可用于带宽扩展,理想情况下,带宽可扩展 n 倍。

3. 交叉编址主存储器的带宽

在理想情况下,由 n 个存储模块组成的交叉编址的主存储器的带宽可提高 n 倍,即通过增加存储模块数就能够扩展带宽。但由于存储模块的访问冲突不可能完全消除,带宽提高的倍数一定小于 n。而访问冲突存在的原因有:取指令发生转移时,使连续访问的指令地址非连续(连续访问的指令可能在同一个存储模块上);存取操作数存在离散性时,连续访问的数据地址非连续(连续访问的数据可能在同一个存储模块上)。一个存储周期内完成 n 个有效存储字的存取操作是理想状态,但实际只能完成 k(k=1～n)个有效存储字的存取操作,k 显然是一个随机变量。

设 P(k)是 k 的概率密度函数,g 为程序中的转移指令且转移成功的概率,E 是 k 的平均值(又称为交叉编址存储器的加速比),则有:

$$E = \sum_{k=1}^{n} kP(k)$$

在仅考虑指令发生转移时,则有:

$$P(k) = (1-g)^{k-1} \times g$$

将后式代入前式并化简可得:

$$E = \frac{1-(1-g)^n}{g}$$

可见,当 g=0(即不发生转移)时,E=n,交叉编址存储器的带宽可提高 n 倍。当 g=1(即每条转移指都发生转移)时,E=1,带宽与常规的存储器一样。据统计,一般程序的转移概率 g 约为 0.2,当存储模块数分别为 4、8、16、32 时,带宽可提高的倍数 E 约为 2.95、3.14、3.32、3.33;如果存储模块数 n 再增加,加速效果并不明显。另外,如果考虑到操作数的读写冲突,实际的带宽可提高倍数还要低。

例 5.11 设存储器存储单元数为 32 字,字长 64 位,存储模块数 M=4,分别采用用顺序编址法和交叉编址法进行组织。若存取周期 $T_M=200$ns,总线数据宽度为 64 位,总线传送周期 $\tau=50$ns,问顺序存储器和交叉存储器的带宽各是多少?

解: 无论是顺序的还是交叉的存储器,存储器访问与总线传送均可并行进行。设连续对存储器访问 L 次,则访问的二进制位数均为:Q=64L(位),访问 L 次顺序与交叉存储器所需的时间分别为:

$$T_{顺} = LT_M + \tau = 200L + 50(\text{ns}), \quad T_{交} = T_M + L\tau = 200 + 50L(\text{ns})$$

理想情况时相应的带宽为:

$$W_{顺} = 64L/(200L+50) \times 10^9 (\text{位/s}), \quad W_{交} = 64L/(200+50L) \times 10^9 (\text{位/s})$$

当 L→∞ 时,$W_{顺} = 64L/200L \times 10^9 = 3.2 \times 10^8$(位/s),$W_{交} = 64L/50L \times 10^9 = 12.8 \times 10^8$(b/s)。

非理想情况时如 L=4,相应的带宽为:

$$W_{顺} = (64 \times 4)/(200 \times 4 + 50) \times 10^9 = 3.0 \times 10^8 (\text{位/s}),$$
$$W_{交} = (64 \times 4)/(50 \times 4 + 200) \times 10^9 = 6.4 \times 10^8 (\text{b/s})$$

例 5.12 有一个具有 8 个存储模块的多体交叉编址存储器,如果 CPU 访问的地址为以下八进制值,问该多体存储器比单体存储器的访问速度提高多少?(忽略初启时的延迟)

(1) $1001_8, 1002_8, 1003_8, \cdots, 1100_8$

(2) $1002_8, 1004_8, 1006_8, \cdots, 1200_8$

(3) $1003_8, 1006_8, 1011_8, \cdots, 1300_8$

解: 衡量存储器速度的参数有延迟和带宽,当延迟不变时,存储器访问速度由带宽决定,即带宽提高多少,速度也提高多少。

(1) CPU 连续访问的地址分布在 8 个存储模块中,而不存在访问冲突,速度可提高 8 倍。

(2) CPU 连续访问的地址分布在 4 个存储模块中(一个存储模块含两个地址),存在访问冲突,速度可提高 4 倍。

(3) CPU 连续访问的地址分布在 8 个存储模块中,而不存在访问冲突,速度可提高 8 倍。

复 习 题

1. 对于存储器,访问字与访问字长的含义是什么?访问字长与机器字长、存储字长有什么关系?

2. 存储器的性能指标有哪些?简述其含义。

3. 存储器可从哪几个方面进行分类?各分为哪几种?简述各种存储器的含义。

4. 阐述不同介质存储器的特性、性能及其功能适用性。主存储器一般采用哪种介质存储器来组织实现?

5. 什么是存储系统?存储系统应具备哪些特征?

6. 存储系统采用什么方法组织?这样组织的依据是什么?

7. 简述存储访问的时间局部性与空间局部性的含义,时间局部性与空间局部性产生的理论基础。

8. 采用线性层次结构方法组织的存储系统,存储层次间的组织操作有哪些?

9. 在计算机中,存储层次一般包含哪几层?其中哪些层的组织操作由 CPU 控制实现?哪些层的组织操作由存储系统控制实现?

10. 简述三层二级存储系统的含义,比较二级存储体系的异同点。

11. 对于半导体存储器(芯片),什么是记忆元?什么是存储单元?

12. 半导体存储器芯片由哪几部分组成?各起什么作用?画出它的组成结构图。记忆元在存储体中是怎样排列的?

13. 半导体存储器芯片内部地址译码有哪两种方式?比较它们的优缺点。

14. 六管记忆元电路中包含几个 MOS 管?各起什么作用?简述其存储一位二进制数的原理和读写操作过程。

15. 四管记忆元电路与六管记忆元电路相比,减少了哪几个 MOS 管?为什么可以减少?简述其存储一位二进制数的原理和读写操作过程。

16. 四管与单管存储器芯片有哪些相似与相异之处?SRAM 与 DRAM 芯片有哪些相似与相异之处?

17. Intel 2116 SRAM 芯片与 Intel 4116 DRAM 芯片的字数和字长各是多少?

18. SRAM 芯片读与写操作时间参数有哪些?说明各时间参数的含义。

19. 什么是存取时间?什么是存取周期?

20. 什么是 DRAM 的刷新?简述其操作过程。

21. 什么是 DRAM 的再生?简述其操作过程。

22. DRAM 的刷新控制电路有哪几部分组成？各起什么作用？
23. DRAM 刷新的方式有哪几种？举例说明其含义。
24. 只读存储器可分为哪几种？混合存储器可分为哪几种？
25. 简述不同种类半导体存储器芯片的主要特性。
26. 半导体存储器芯片一般包含哪些引脚线？不同种类半导体存储器芯片的引脚线有哪些不同？半导体存储器芯片数据线与地址线各由什么来决定？
27. CPU 与主存储器之间的连接线有哪几种？简述 CPU 对主存储器进行读写的过程。
28. 利用地址对主存储器的存储单元进行访问时，需要通过哪三层译码选择？哪层译码选择的地址为片内地址？哪层译码选择的地址为片外地址？
29. 主存储器是通过哪三层、哪二级来组织实现？
30. 什么是编址单位？常用的编址单位有哪两种？简述它们的优缺点。
31. 对于字节编址的主存储器，多字节数据的存放方式有哪两种？简述它们的含义。
32. 什么是数据存放的对齐方法？数据存放的对齐方法有哪几种？简述它们的含义。
33. 存储容量扩展组织方法有哪几种？简述各种方法的适用性和存储器芯片引脚线连接（含 DRAM）。
34. 什么是内存条？内存条的封装形式有哪几种？
35. 由存储模块实现主存储器的方式有哪两种？简述各种方式的适用性。
36. 为使主存储器与 CPU 速度匹配，对主存储器进行访问操作有哪几种时序控制策略？
37. 片选（单模块实现主存）或块选（多模块实现主存）信号产生有哪几种方法？
38. 简述主存储器与 CPU 的引脚线如何连接。
39. 什么是主存储器的带宽？为什么主存储器的带宽需要扩展？带宽扩展的组织实现技术有哪些？
40. 什么是并行存储器？并行存储器有哪两种？
41. 什么是双端口存储器？简述其访问冲突的含义。
42. 简述单体多字存储器实现带宽扩展的原理。
43. 什么是单体多字存储器访问冲突？访问冲突来自于哪几个方面？产生的根本原因是什么？
44. 简述多体多字存储器实现带宽扩展的原理。
45. 多体多字存储器访问方式有哪两种？简述它们的含义。哪种访问方式可实现带宽扩展？
46. 多体多字存储器的编址方法有哪两种？简述它们的含义与特征。哪种编址方法可用于带宽扩展？

练 习 题

1. 计算机中,为什么不能仅有存储器,还应该具有存储系统?

2. 对于 DRAM 芯片,选择存储单元的地址为什么一般分两次输入,且还需要对记忆元阵列进行刷新?

3. 为什么 DRAM 芯片的外围电路比 SRAM 芯片的要复杂?为什么 DRAM 芯片的访问速度比 SRAM 芯片的要慢?

4. 为什么半导体存储器芯片需要设置片选控制端?

5. 主存储器为什么需要进行容量扩展?为什么需要进行带宽扩展?

6. 存取时间与存取周期有什么区别?

7. 对于 32KB 容量的存储器,若按 16 位字编址,其地址范围是多少?地址寄存器和数据寄存器各是多少位?若按字节编址,其地址范围是多少?地址寄存器和数据寄存器又各是多少位?

8. 容量为 64K×1 位的 DRAM 芯片,其数据线和地址线各为多少根?控制线一般有哪些?容量为 32K×2 位的 SRAM 芯片,其数据线和地址线各为多少根?控制线一般有哪些?容量为 8K×8 位的 ROM 芯片,其数据线个地址线和控制线各为多少根?控制线一般有哪些?容量为 16K×4 位的混合芯片,其数据线和地址线各为多少根?控制线一般有哪些?

9. 由 16K×1 位的 DRAM 芯片构成 64K×8 位的存储器,读写周期为 $0.5\mu s$,要使 CPU 在 $1\mu s$ 内至少访问一次,问采用哪种刷新方法比较合适?若每行刷新间隔不超过 2ms,该方法下刷新信号的产生周期是多少?

10. 由 64K×1 位的 DRAM 芯片构成 1M×8 位的存储器,读写周期为 $0.5\mu s$,每行刷新间隔不超过 2ms。若采用异步刷新,产生刷新信号的间隔为多少时间?若采用集中刷新,存储器刷新一遍至少需要多少个读写周期?CPU 访问的死时间为多少?死时间率是多少?

11. 存储器容量为 16K×32 位,当选用下列存储芯片时,各需要多少片?指出容量扩展的方法。

1K×4 位,2K×8 位,4K×4 位,16K×1 位,4K×8 位,8K×8 位。

12. 采用 4 片 32K×8 位 SRAM 芯片,可组织实现哪几种字数和字长的主存储器?画出相应主存储器的逻辑框图。

13. 现需要一个 16K×16 位的主存储器,若使用 4K×4 位的 DRAM 芯片来组织实现。问:

(1) 简述主存储器的组织实现方法。

(2) 画出主存储器的逻辑框图。

(3) 写出各芯片组的地址分布和 $\overline{RAS}$、$\overline{CAS}$ 信号形成的逻辑条件。

14. 采用 32K×8 位的 SRAM 和 32K×4 位的 ROM 芯片,组织实现 256K×8 位的主存储器,其中 30000H~3FFFFH 地址空间为只读存储区,其余为写常态存储区。问:

(1) 简述主存储器的组织实现方法。

(2) 画出主存储器的逻辑框图。

(3) 写出各芯片或芯片组的地址分布和片选信号的逻辑表达式。

15. 现有 1024×1 位的 SRAM 芯片,用它组成 16K×8 位的主存储器。问:

(1) 一般应采用单存储模块还是多存储模块来实现?为什么?

(2) 采用多存储模块实现时,若存储模块容量为 4K×8 位,该存储模块需要多少块?画出存储模块的逻辑框图,写出各模块的地址分布。

(3) 在主存储器地址信号中,哪几位用于选模块?哪几位用于选芯片?哪几位用于片内地址?

16. 已知某 16 位计算机的地址码为 20 位,若使用 16K×8 位的 SRAM 芯片组成其最大空间的主存储器,并采用多存储模块实现方式。

(1) 若存储模块容量为 128K×16 位,共需要多少块存储模块?每块存储模块需要多少 SRAM 芯片?主存储器共需要多少 SRAM 芯片?

(2) 画出存储模块、主存储器的逻辑框图和主存储器与 CPU 的连接图。

(3) 在计算机的 20 位地址信号中,哪几位用于选模块?哪几位用于选芯片?哪几位用于片内地址?

(4) 写出存储模块的地址分布。

17. 某计算机字长为 16 位,主存容量为 256KB,请用 16K×8 位的 SRAM 和 32K×16 位的 ROM 芯片,为该计算机组织实现其主存储器。要求 18000H~1FFFFH 为 ROM 区,其余为 RAM 区,画出主存储器的逻辑框图和与 CPU 的连接图。

18. 假设 CPU 有 16 根地址线,8 根数据线,并含有访存控制信号 $\overline{MREQ}$ 和读写控制信号 $R/\overline{W}$。主存存储器地址空间分配为:6000H~67FFH 为系统程序区,6800H~6BFFH 为用户程序区。现有 2K×8 位、4K×8 位、8K×8 位的 ROM 芯片和 1K×4 位、4K×8 位、8K×8 位的 SRAM 芯片,还有译码器和各种门元件。请选择适当的存储器芯片组织实现该计算机的主存储器,画出主存储器逻辑框图及其与 CPU 的连接图,并写出各片选信号的逻辑表达式。

19. 假设 CPU 的地址线为 A_{15}~A_0,数据线 D_{15}~D_0,控制线 $\overline{MREQ}$ 和 $R/\overline{W}$。主存存储器 ROM 地址空间分配为 0000H~3FFFH,由含有 $\overline{CS}$ 控制线的 8K×8 位的 ROM 芯片构成;RAM 地址空间的起始地址为 6000H,容量为 40K×16 位,由含有 $\overline{CS}$ 和 $\overline{WE}$ 控制线的 8K×8 位的 SRAM 芯片构成。

(1) 提出主存储器地址空间的译码方案。

(2) 画出主存储器逻辑框图及其与 CPU 的连接图。

20. 有一个容量为 4K×8 位的主存储器,使用 1K×8 位的存储芯片组成,当 CPU 向任何地址单元写入数据时,地址分布中以 4000H 为起始地址的存储芯片总有与其相同的数据,试分析故障原因。

21. 若主存储器的数据总线宽度为 32 位,存取周期为 200ns,那么主存储器的最大带宽是多少?若 CPU 对主存储器访问的时间间隔为 50ns,那么主存储器的实际带宽是多少(不考虑 I/O 设备的访问)?

22. 某计算机采用四体交叉存储器,一段小循环程序存放在存储器的连续地址单元中,若每条指令执行时间相等,且不需要到存储器存取数据。当在下面两种执行该程序时,程序运行时间是否相等? 为什么?

(1) 循环程序由 6 条指令组成,重复执行 80 次。

(2) 循环程序由 8 条指令组成,重复执行 60 次。

23. 若有访问周期为 100ns、容量为 64K×1 位的 DRAM 芯片,由该芯片来组织实现 1M×16 位的主存储器,要求主存储器的平均访问周期降至 50ns。请问可采用哪些方法来组织实现该主存储器? 画出相应的结构原理图。

第 6 章

控制器及其设计实现

控制器是计算机的控制中心,它同运算器集成于一体而称为中央处理器(即 CPU)。控制器功能实现极其复杂,但综合说来是根据指令要求和计算机工作过程中的异常情况,通过控制信号指挥协调各部件或器件进行操作。本章在介绍中央处理器的功能模型与性能指标、控制器的功能结构与实现方法等的基础上,分析指令处理流程中的状态转换及其相应的数据通路、微操作、微命令和时序信号体系及其控制方式、实现结构原理,讨论微程序设计技术、组合逻辑控制器与存储逻辑控制器的组成结构,最后则以简单模型机为例,阐明控制信号序列发生器的设计方法。

6.1 控制器功能结构与实现方法

由第 1 章可知,计算机硬件系统的三元素结构模型包含中央处理器(即 CPU)、主存储器和 I/O 系统(含 I/O 接口与设备),对于微型计算机,中央处理器是由运算器和控制器两大功能部件组成,并将其集成于一块电路芯片之中,而运算器在第 4 章讨论过,因此本章主要讨论控制器。首先从"存储程序"原理出发,明确中央处理器需要实现哪些功能,功能实现需要怎样的结构模型支持,其中包含哪些寄存器,一般有哪些性能指标来度量,进而对控制器功能任务具体化,明确控制器有哪些功能任务,功能任务实现需要怎样的组成结构。控制器是逻辑功能部件,逻辑功能实现的方法有多种,控制器可以采用哪些方法来实现,这是本节要分析讨论的问题。

6.1.1 中央处理器的功能与结构

1. 中央处理器的功能

对于"存储程序"原理的冯·诺依曼体系结构的计算机,当把程序装入主存储器后,计算机则可连续自动运行程序。而程序是指令的有序集合,程序运行过程实质是从程序首地址开始,连续自动地处理指令序列,直到程序最后一条指令(停机结束指令)。所以,从"存储程序"来看,中央处理器的功能为:实现连续自动处理存储于主存储器中的指令序列。

程序中的指令用于指示计算机对数据进行传输与运算或指示下一条指令地址(转移)。由此,在程序运行过程中,计算机的部件或器件之间存在指令和数据(均为二进制代码,且数据包含地址)的流动,从而形成了指令流和数据流。指令流中的某条指令何时流经何部件或器件是由程序按计算机的逻辑结构严格规定的,数据流中的某个数据何时流经何部件或器件是由指令按计算机的逻辑结构严格规定的。所以,从程序运行来看,中央处理器的功能就是对指令流和数据流在时间与空间上实施规定控制。指令流是静态程序的指令序列,通过程序运行方式来实现指令逐条处理的指令序列;数据流是静态分配存储的数据,根据指令执行来实现数据逐个存取的数据序列,且指令流和数据流均具有动态性。特别地,对于冯·诺依曼结构的计算机,数据流是根据指令流中指令的功能需求与寻址方式而形成的,即数据流是由指令流来驱动的。

2. 中央处理器的任务

由于程序存放在主存储器中,指令的功能与寻址特性由中央处理器控制实现的,且任何一条指令处理可分为取指令和执行指令两个阶段。可见,程序运行是取指令、执行指令、再取指令、再执行指令,……,循环往复,直到结束,如图 6-1 所示。

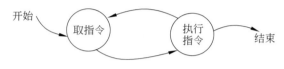

图 6-1　程序运行过程

取指令阶段的任务主要有两项,一是把当前需要处理的指令代码从主存储器中取到 CPU 的寄存器中,另一是顺序形成下一条需要处理的指令在主存储器中位置(即地址)。执行指令阶段的任务则比较复杂,但可分为三个方面。①分析指令的功能与寻址特性:指令是采用二进制代码来表示指令的功能特性及其作用对象(操作数)存储位置的形成方式;即需要分析(或译码)本条指令的操作码,识别指令的功能特性;另外还需要分析参与本条指令的地址码(含寻址方式与形式地址),识别指令的寻址特性,以获取源操作数或目的操作数或转移目标(转移指令转移时的下一条需要处理指令)的存储物理位置(即有效地址),且操作数的有效地址可以是主存储器存储单元地址、CPU 寄存器编号、I/O 设备端口地址,而转移目标的有效地址仅能为主存储器存储单元地址。②生成并发出控制信号序列:在分析指令操作码和地址码的基础上,由控制器生成并发出控制信号序列,以控制计算机中的部件或器件实施相应操作。③指令的功能与寻址特性实现的执行:在控制信号序列作用下,运算器、存储器和 I/O 系统执行相应操作,以实现指令功能与寻址特性。

另外,控制器还应根据 I/O 设备的不同要求(如直接存储访问 DMA、键盘命令、总线使用等)或程序运行过程中计算机出现的异常情况(如算术运算的溢出、掉电等),产生并发出不同的控制信号序列,使程序运行转移或暂停,以实现主机与 I/O 设备的数据交换(即数据输入输出)、总线的分配与管理(对总线结构的计算机而言)、计算机异常的处理。所以,从程序功能正确实现来看,中央处理器的任务可分为五项,其中除第(4)项是由运算器实现之外,其余均是由控制器实现的。

(1) 指令控制。严格按程序规定静态指令序列的顺序处理指令,并自动地从主存储器中取到 CPU 的寄存器中。指令控制是 CPU 的首要任务。

(2) 操作控制。一条指令的功能与寻址特性,往往需要计算机中的多个部件或器件协同操作才能实现,根据从主存储器取出的指令代码,产生一组控制信号,并把不同的控制信号送往相应的部件或器件,控制它们按指令的功能与寻址特性进行操作。操作控制是指令功能与寻址特性实现的关键。

（3）时间控制。一条指令所需要的部件或器件操作不是同时执行的,时间上有长短、有先后,即指令功能与寻址特性实现所需要的一组控制信号、指令处理过程的取指令和执行指令等两个阶段均存在时间的严格要求。时间控制是计算机有条不紊自动工作的基础。

（4）数据加工（含状态测试）。对数据进行算术运算和逻辑运算以及对程序运行状态进行测试,称为数据加工;对于运算类型的指令,数据加工是CPU的基本任务。

（5）中断请求处理。I/O设备的要求与计算机内部的异常一般是通过中断方式提出的,对中断请求处理进行控制是CPU的重要任务。对于中断,将在第7章输入输出系统中进行具体讨论,本章不考虑CPU对中断请求处理的功能。

特别地,所谓控制信号序列是指不同时刻有效的控制信号集合。不同功能需求、不同寻址方式的指令和不同中断请求的处理,所需要的控制信号序列是不同的。

3. 中央处理器的结构模型

由中央处理器的功能与任务可知：为实现指令控制、操作控制和时间控制,需要有控制器,它主要包含识别指令的指令译码器（ID）、顺序形成下一条指令的程序计数器（PC）和产生并发出控制信号序列的控制单元（CU）。为实现数据加工和形成程序运行状态（冯·诺依曼结构计算机是有限状态机,即程序运行方向改变的依据是程序运行状态）,需要有运算器,它主要包含算术逻辑运算单元（ALU）、输入选择暂存逻辑（ALUX）（由第4章运算器及其设计实现可知：ALUX可能仅有暂存功能,只包含暂存器;也可能还有多路选择功能,包含暂存器和多路选择器）、运算结果判别控制逻辑（JPCL）（同样由第4章可知,它同时具有对结果进行多路分配、移位和特征判别等功能）和通用寄存器（含累加器）等。为实现异常与I/O设备请求的处理,需要有中断控制逻辑（ZCL）。另外,由于信息暂时存放与传输的需要,还应配置一定数量的寄存器。可见,中央处理器是由控制器、运算器、中断控制逻辑和系列寄存器组成,中央处理器的结构模型如图6-2所示。特别地,在图6-2中央处理器的结构模型中,把具有强大信息变换功能的逻辑电路称为功能部件,把具有简单信息变换功能的逻辑电路称为变换部件,而仅具有暂存存放信息功能的逻辑电路称为器件（即寄存器）。其中运算器工作任务是由控制器发出的控制信号来确定,所以又称为执行部件。运算器主要工作任务有：

（1）由算术逻辑运算部件对数据进行算术运算与逻辑运算。

（2）由结果分配判别逻辑对运算结果进行状态测试,如运算结果是否为零、运算是否存在进位等。

6.1.2 中央处理器中的寄存器

中央处理器在程序运行过程中,用到大量来源于存储器、I/O设备和CPU本身的信息（即指令、数据和状态的二进制编码）,这些信息均需要暂时存放,所以CPU中配置了许多寄存器。而根据寄存器的不同属性,存在不同的分类。

1. CPU常用寄存器的配置

在中央处理器中,常用寄存器的配置一般有：

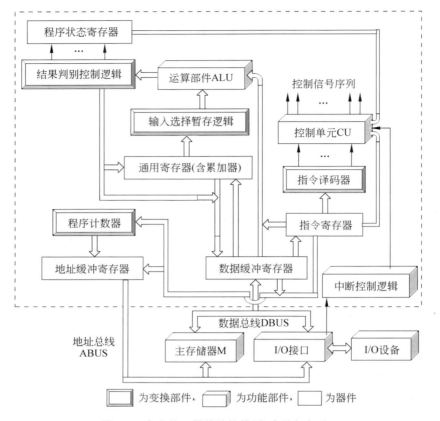

图 6-2 中央处理器的结构模型(虚线框部分)

(1) 通用寄存器(GR)。通用寄存器是没有特殊规定仅用于暂时存放一种特定信息的寄存器总称,一般可用来存放原始数据和运算结果。对于通用寄存器,有时也附加指定某种信息存放于一通用寄存器中,即通用寄存器代替专用寄存器,如变址寻址中的变址寄存器(如 8086 中的 BX)、计数时的计数寄存器(如 8086 中的 CX)等。为了减少访问存储器的次数,提高运算速度,往往配置大量通用寄存器,少则几个,多则几十个、上百个,甚至是小规模的存储器(一个存储单元即是一个寄存器)。

(2) 累加器(AC)。累加寄存器俗称为累加器,用来暂时存放 ALU 运算的结果信息,是通用寄存器的特殊规定。由于累加器的配置,实现了通用寄存器隐含寻址,如进行加法运算时,规定其中的一个操作数存放于累加器中,由一个地址码指定另一个操作数存放的位置,相加结果也存放于累加器中,这样累加器不需要地址码来指定。若利用累加器对多个数据进行连续相加,中间结果与最终结果均暂时存放于累加器中,最终结果可认为是累加器数据不断累加而来,这就是不具备"加法"功能的特殊通用寄存器称为"累加器"的缘由。在 CPU 中,至少配置 1 个累加器,也可配置 2 个或更多。当配置了多个累加器时,通用寄存器隐含寻址的实现,会带来指令条数的增加(即相同运算采用不同的累加器,操作码的编码不同)。

(3) 指令寄存器(IR)。指令寄存器用来暂时存放当前正在处理指令的代码。当指令从主存储器读取暂时存放于指令寄存器之后,在指令的处理过程中,指令代码是不允许改变的,以保证指令功能的整体实现。由指令代码的基本格式可知,指令的二进制数编码包含操作码、寻址方式和地址码三个部分,不同部分的编码需送往不同的部件或器件进行识别。

(4) 数据缓冲寄存器(MDR)。数据缓冲寄存器用来暂时存放 CPU 与主存储器或 I/O 设备进行信息交换(读取或写入)时,当前正在传输的指令字或数据字。指令字仅是单向地由 CPU 从主存储器读取,数据字则可双向地由 CPU 从主存储器或 I/O 设备读取、由 CPU 向主存储器或 I/O 设备写入。MDR 的作用主要有两方面,①路径中转:由 CPU 从主存储器或 I/O 设备读取的不同类型信息,应传送到不同的部件或器件;由 CPU 向主存储器或 I/O 设备写入的数据,来源于不同的部件或器件;通过 MDR 实现一对多或多对一路径选择的数据缓冲。②速度补偿:CPU 与主存储器或 I/O 设备在信息传输上存在速度差异,通过 MDR 使 CPU 与主存储器或 I/O 设备隔离,各自独立进行信息传输操作,避免相互等待。

(5) 地址缓冲寄存器(MAR)。地址缓冲寄存器用来暂时存放 CPU 与主存储器或 I/O 设备进行信息交换(读取或写入)时,当前正在传输的指令字或数据字的单元地址或端口地址。MAR 的作用与 MDR 相同。

(6) 程序状态寄存器(PSWR)。程序状态寄存器用来暂时存放当前正在运行程序的状态字。程序运行过程中的指令流指令序列取决于静态程序的指令序列(顺序处理)和程序的运行状态(转移处理),当处理转移指令时,转移指令根据程序运行状态决定后面需要处理的指令地址。程序状态寄存器的内容,一部分由 CPU 自动生成,一部分由用户编程设定。由 CPU 自动生成的是运算结果特征,一般有进位标志(C)、零标志(Z)、溢出标志(V)、负数标志(N)等,由用户编程设定的是控制标志,一般有中断标志(I)、陷阱标志(P)等工作状态。不同 CPU 程序状态寄存器标志位的位数与位置不尽相同。

(7) 地址指针寄存器(ADR)。地址指针寄存器用来暂时存放当前正在运行程序的指令寻址方式中所需要相关地址,如栈顶指针寄存器(如 8086 中的 SP)、段寄存器(如 8086 中的 CS、DS、ES、SS)等。

(8) ALU 端寄存器(ALUR)。ALU 端寄存器用来暂时存放 ALU 的源操作数。由于 ALU 的源操作数可来源于不同的部件或器件,则在 ALU 的输入端配置端寄存器,通过 ALUR 实现多对一路径选择的数据缓冲。

对于 CPU 寄存器的配置,还有三点需要注意。

① 寄存器字长。为了与 ALU 匹配,用于暂时存放数据的寄存器字长,一般均与机器字长相同,以避免数据寄存器二进制位数过多的对齐截取与过少的对齐浪费。数据寄存器字长决定 CPU 对外数据访问单位,一般访问单位也与机器字长相同。由于 CPU 对外访问单位的一致性,使得用于暂时存放指令代码的寄存器字长与机器字长也相同。所以,除地址指针寄存器、程序状态寄存器和指令寄存器的字长可按需确定字长之外,其余的寄存器字长往往与机器字长相同。

② 常用寄存器配置。CPU 中的寄存器还有很多,不同 CPU 配置的寄存器有很大差别,这里仅是从原理上配置 CPU 中的寄存器,"常用"的本质就在此。另外,在保证不影

响基本原理实现的基础上,为简化"控制单元设计"的学习,在中央处理器的逻辑结构模型(图 6-2)中,未标出地址指针寄存器,即在后续讨论中,不考虑对"地址指针寄存器"的控制。

③ 与"控制单元"无关的寄存器。在"中断控制逻辑"中,也配置了许多寄存器,这些寄存器多数不接受"控制单元"的控制,在此不加介绍,将在第 7 章输入输出系统中具体讨论。

2. CPU 常用寄存器的分类

CPU 寄存器的属性很多,但主要有归属性、可见性和通用性,所以可从归属性、可见性和通用性三方面对其进行分类。当然,分类并不是绝对的,同一寄存器在不同 CPU 中,其属性可能不同。

(1) 按归属性分。按寄存器的归属性可分为面向运算器的、面向控制器的和面向 CPU 外部的。面向运算器的寄存器一般用于暂时存放数据信息,包含有通用寄存器、累加器和 ALU 端寄存器;面向控制器的寄存器一般用于暂时存放控制或地址信息,包含有指令寄存器、程序状态寄存器和地址指针寄存器;面向 CPU 外部的寄存器一般用于暂时存放 CPU 与外部进行交换的各种信息,包含有数据缓冲寄存器和地址缓冲寄存器。

(2) 按通用性分。按寄存器的通用性可分为面向通用的和面向专用的。面向通用的寄存器是具有多种功能用途、可用于暂时存放任何信息,包含有通用寄存器、累加器。面向专用的寄存器是具有特定功能用途、用于暂时存放特定信息,包含有指令寄存器、数据缓冲寄存器、地址缓冲寄存器、程序状态寄存器、地址指针寄存器和 ALU 端寄存器。

(3) 按可见性分。按寄存器的可见性可分为面向用户的和面向机器的。面向用户的寄存器是用户采用低级语言编程时可访问使用其暂时存放信息,包含有通用寄存器、累加器和地址指针寄存器。面向机器的寄存器是对用户透明不可见的、CPU 内部可访问使用其暂时存放信息,包含有指令寄存器、数据缓冲寄存器、地址缓冲寄存器、程序状态寄存器和 ALU 端寄存器。

6.1.3 中央处理器的主要性能指标

CPU 性能高低直接决定计算机的档次,而 CPU 性能是由性能指标来反映。CPU 性能指标有字长、主频、片内 Cache 容量、地址总线宽度、数据总线宽度和工作电压等,其中字长与主频是 CPU 性能的核心指标。

(1) 字长。字长是指运算器能够同时加工的二进制数据的位数。CPU 按照其字长可以分为:8 位 CPU、16 位 CPU、32 位 CPU 以及 64 位 CPU 等。

(2) 主频。主频又称为内频,即是 CPU 的工作频率,它是衡量 CPU 工作速度的主要参数。主频反映 CPU 中器件的工作速度,如触发器的翻转速度、门电路的延迟等。主频的倒数则是时钟周期,这是 CPU 中最小的时间单位,操作执行至少是一个时钟周期。

(3) 片内 Cache 容量。片内 Cache 的容量对提高 CPU 工作速度起着重要作用。早期的 CPU 一般没有片内 Cache,近十几年来的 CPU 一般均设有片内 Cache,且工作频率与主频相同或相近。片内 Cache 通常分为指令 Cache 与数据 Cache,容量分别可达几十 KB~几百 KB,甚至 MB 级。

(4) 地址总线宽度。地址总线宽度是 CPU 地址引脚线的线数(含可能复用的),它决定 CPU 可以访问的最大的物理地址空间。如地址总线宽度为 32 位,则 CPU 可访问的最大容量为 $2^{32}=4096MB(4GB)$。

(5) 数据总线宽度。数据总线宽度是 CPU 数据引脚线的线数(含可能复用的),它决定 CPU 与外部(Cache、主存储器或 I/O 设备)之间进行一次数据交换的二进制数的位数,即是 CPU 的访问单位。

(6) 工作电压。工作电压是指 CPU 正常工作所需的电压。早期 CPU 的工作电压为 5V,使得发热量大,寿命短。随着 CPU 的制造工艺与主频的提高,工作电压逐步下降,目前台式计算机的 CPU 工作电压一般为 3V 或 2V。

6.1.4 控制器的功能与结构

1. 控制器的功能任务

从 CPU 的功能与结构讨论中可以看出,控制器是控制中心,计算机中的其他部件或器件都接受其控制,以实现部件或器件之间操作的协调有序,使运算器、存储器和 I/O 系统等有机地组合为一个整体,使计算机工作有条不紊而又自动地进行信息处理。计算机的工作任务来源于静态程序的指令序列和 I/O 设备或主机内部异常的请求等两个方面,则控制器的功能就是对静态程序与中断请求的处理实施正确控制。由于静态程序的指令序列存放在主存储器中,只有通过程序运行,才能将静态程序的指令序列转换为动态的指令流,使指令分时逐条执行,则可把静态程序处理称为程序运行。同时也可看出,程序运行控制又分为指令流动控制和指令执行控制。因此,控制器的功能任务包含指令流动控制、指令执行控制和中断处理控制等三个方面。

(1) 指令流动控制。要将静态程序的指令序列转换为动态的指令流,则需要利用由控制单元产生的控制信号序列,把指令代码从主存储器的存储单元读取到 CPU 的寄存器之中。另外,为实现程序自动运行,在当前指令处理完后,则应自动形成了下一条指令在主存储器中的地址。可见,指令流动控制任务分为指令读取控制和指令地址形成。

(2) 指令执行控制。在 CPU 在读取指令后,需要通过操作码译码来分析指令的功能需求和通过地址码来计算形成操作数地址或转移指令的目标地址,若指令所需要的操作数或转移目标地址在 CPU 外部(存储器或 I/O 设备),还需要读取数据(源操作数或转移目标地址)或保存数据(目的操作数)。当存在间接寻址时,读取指针(即地址)后,才能读取数据或保存数据。除 RS 型与 SS 型传输指令外,还需要对数据实施加工,如对源操作数进行变换运算、将转移目标地址送到程序计数器等。而无论是存取数据还是数据加工,均是利用由控制单元产生的控制信号序列,使运算器、存储器和 I/O 系统执行相应操作来实现的。可见,指令执行控制任务分为指令功能识别、地址计算形成、指针读取、数据读取、数据保存和数据加工。

(3) 中断请求控制。对于中断,一方面需要对中断源建立请求并进行排队选择;另一方面需要根据中断请求的特性,利用由控制单元产生的控制信号序列,实现不同的处理方法。中断请求一般分为程序暂停和程序转移等两种类型。程序暂停是 CPU 放弃总线等资源使用权,停止程序运行。程序转移是 CPU 取得中断程序入口地址,转移程序运行。

可见,中断请求控制任务分为中断请求选择、程序暂停控制和程序转移控制。

通过上述讨论,控制器功能任务的结构层次如图 6-3 所示。指令读取、指针读取、数据读取、数据保存、数据加工、程序暂停和程序转移等控制为控制器的控制性任务,控制性任务仅需要控制单元产生控制信号序列,由计算机中的其他相关部件或器件具体执行。特别地,指令读取、指针读取、数据读取虽然都是 CPU 从外部读取二进制数,但控制信号序列是不同的;不同功能指令数据加工实施的控制信号序列也是不同的。指令地址形成、指令功能识别、地址计算形成、中断请求选择等为控制器的工作性任务,由控制器自身具体执行。

图 6-3 控制器功能任务的结构层次

2. 控制器的组成结构

从控制器的功能任务来看,针对自身工作性任务分别需要设置程序计数器、指令译码器、地址形成逻辑和中断控制逻辑等变换部件执行相应操作,以实现指令地址形成、指令功能识别、地址计算形成和中断请求选择。由于指令地址形成、指令功能识别、地址计算形成等自身工作性任务,可认为是指令执行前的预处理,则把程序计数器、指令译码器、地址形成逻辑(IR(Add))(在图 6-2 中央处理器的结构模型中,IR(Add)隐含于 IR)及指令寄存器统称为指令预处理部件。控制信号序列即是一组具有空间与时间特性的控制信号集合,某一控制信号发往哪个部件或器件是空间特性,在什么时刻有效则是时间特性。控制单元可产生的任一控制信号,本身已规定了发往哪个部件或器件,即已具有空间特性。实际说来,需要控制单元产生的哪些控制信号,是由计算机中的可执行操作的部件或器件来确定的。根据指令功能特性、中断请求类型和程序状态,由控制单元产生控制信号序列时,还需要利用系列时间标志信号来定义控制信号的时间特性,即在哪一个时间标志信号有效。为体现产生不同控制信号序列的相关因素,则把控制单元分为控制信号序列发生器和时序信号产生器。所以,控制器是由指令预处理部件、时序信号产生器、控制信号序列发生器和中断控制逻辑等四个部分组成,控制器的组成结构如图 6-4 所示,其中控制信号序列发生器是核心。

(1)指令预处理部件。指令预处理部件包含程序计数器、指令译码器、数地址形成逻辑及指令寄存器等。

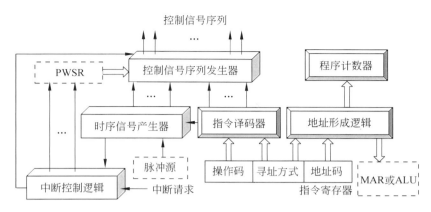

图 6-4 控制器的组成结构

① 程序计数器(PC)。程序计数器通过提供指令在主存储器中的存储单元地址(正在处理或者下一次处理的指令地址)的方式,保证程序运行按规定的指令流指令序列逐条处理,又称指令计数器或地址寄存器或指令地址形成部件。由于静态程序指令序列与动态指令流指令序列不一定相同,所以,程序计数器提供的指令地址采用硬件和软件两种方法来产生。由于静态程序指令序列在存储器中是连续存放的,那么,当按静态程序指令序列次序处理指令(称为顺序处理)时,则由程序计数器自动递加一个增量(通常讲的"PC+1",并不一定是"+1",意指 PC 指向下一次处理的指令,增量的大小取决于当前指令占用的存储单元数)产生下一次处理的指令地址,实现冯·诺依曼结构计算机"顺序计算"的原理,这时静态程序指令序列与动态指令流指令序列相同。当不按静态程序指令序列次序处理指令(称为转移处理)时,则通过转移指令,将转移的目标地址(对转移指令来说,即是下一次处理的指令地址)送往程序计数器,这时静态程序指令序列与动态指令流指令序列不同。特别地,处理转移指令时,程序计数器也自动递加了一个增量,但被送来的转移目标地址覆盖修改。有些情况下,被覆盖的指令地址还需要保留,以便转移处理后返回,再按静态程序指令序列处理转移指令后的指令(如中断转移、子程序调用转移)。特别强调,有的 CPU 中的程序计数器,不具备自动递增功能,"PC+1"由 ALU 实现。

② 指令译码器(ID)。指令译码器通过译码提供对应电位信号的方式,对指令寄存器中指令代码的操作码和寻址方式字段进行分析,识别指令的功能需求和寻址方式,又称指令译码器为指令分析部件。控制信号序列发生器根据指令译码器的输出,产生指令所需要的控制信号序列,以控制功能实施的执行与操作数有效地址的形成。

③ 地址形成逻辑。地址形成逻辑根据指令寄存器中指令代码的地址码及其寻址方式,计算形成操作数的有效地址或转移指令的目标地址。地址形成逻辑计算形成的地址,若为操作数地址,可以是主存储器存储单元地址、CPU 寄存器编号、I/O 设备端口地址,且送往 MAR 或 ALU;若为转移目标地址,则是主存储器存储单元地址,送往 PC。

(2) 时序信号产生器。

程序运行是指令序列(即一条条指令)的处理过程,而指令处理是操作序列(一个个或一组组操作)的执行过程,即一条条指令处理和一个个或一组组操作执行,在时间上有严格的先后次序(即时序)。由于操作的执行时间短且不同操作执行时间的差异小,则往往采用定时方式来规定一个个或一组组操作的执行时间,实现先后次序的同步衔接;而由于指令处理时间相对较长且不同指令处理时间的差异较大,则一般采用应答方式来规定一条条指令的处理时间,实现先后次序的异步衔接。从而,需要有系列时间标志信号(即时序信号)来规定各个或各组操作的执行时间。时序信号产生器则是根据指令处理流程中操作执行的时间特性,生成系列用于规定一个个或一组组操作执行时间的时间标志信号,以保证计算机有条不紊地进行工作。

(3) 控制信号序列发生器。

指令的读取、数据的读取与保存、不同指令的数据加工、不同中断的转移,需要对应的控制信号序列,以控制计算机中的相关部件或器件执行相应操作,才能实现指令与数据读取、指令功能实施和中断转移。控制信号序列发生器则是根据指令操作码、中断请求、程序状态和时序信号,生成满足不同功能要求的控制信号序列,又称控制信号序列发生器为微操作信号发生器、操作控制器等。

(4) 中断控制逻辑。

中断控制逻辑是用来对 I/O 设备的不同要求和程序运行过程中计算机出现的异常情况进行排队选择,生成中断请求信号送往控制信号序列发生器,以正确地实现中断请求控制。对于中断控制逻辑,将在第 7 章输入输出系统中进行具体讨论。

6.1.5 控制信号序列发生器的实现方法

由控制器的组成结构可以看出控制信号序列发生器的外特性,它的输出是控制信号序列,而输入则是指令预处理部件的译码信号、时序信号产生器的时序信号、中断控制逻辑的请求信号和程序状态寄存器的状态信号,即控制信号是译码信号、时序信号、请求信号和状态信号的逻辑函数。当计算机的指令系统与组成结构确定后,控制信号的逻辑函数也就唯一地确定了。从"数字逻辑"课程可知,逻辑函数的实现方法有组合逻辑方法、存储逻辑方法和组合逻辑与存储逻辑相结合方法。显然,控制信号序列发生器也可用这三种方法来实现,不同的实现方法,控制信号序列生成的方式不同。而由控制器的功能任务可知,控制器的核心任务是生成实现不同功能任务的控制信号序列,可见,控制信号序列发生器是控制器的核心。因此,根据控制信号序列发生器的实现方法,可把控制器也分为硬布线控制器、微程序控制器和门阵列控制器等三种,不同类型的控制器,根本区别在于控制信号序列发生器结构与原理不同,其他部分大同小异。小异则在于控制信号序列发生器外特性的时序信号输入内容有所不同,即不同类型的控制器时序信号产生器有所不同。

1. 组合逻辑实现方法

组合逻辑实现方法采用组合逻辑电路设计技术,利用门电路和触发器组成极其复杂的逻辑电路来实现控制信号的逻辑函数。若控制信号序列发生器采用组合逻辑的实现方法,则相应的控制器称为组合逻辑控制器或硬布线控制器。

组合逻辑实现方法是分立元件时代的产物,以使用最少器件数和取得最高操作速度为设计目标。由于逻辑电路结构不规整,使得设计、调试、维修较困难,难以实现设计自动化;且一旦设计生产后,无法进行指令扩展,控制功能固定。硬布线控制器最大优点是速度快,随着 RISC 技术和 VLSI 技术的发展,当前仍受到青睐,在追求高性能的巨型机和 RISC 计算机仍采用该方法。

2. 存储逻辑实现方法

存储逻辑实现方法采用程序设计思想,将控制信号序列二进制代码化,利用只读存储器 ROM 读操作特性,通过软件来组织控制信号序列逻辑,实现控制信号的逻辑函数。若控制信号序列发生器采用存储逻辑的实现方法,则相应的控制器称为存储逻辑控制器或微程序控制器。

存储逻辑实现方法是随着计算机功能不断增强、指令数不断增加,极其庞大而又复杂的组合逻辑难以设计生产的情况下,英国剑桥大学教授 M. V. Wilkes 于 1951 年首先提出了微程序控制概念,但该思想仅在半导体只读存储器发展成熟后才得到广泛应用。存储逻辑实现方法利用存储技术和程序设计技术,使复杂控制逻辑得到简化。微程序控制器具有设计规整、调试维修更改容易、指令扩充方便、易于实现自动化设计等优点。但是,由于增加了一级控制存储器,所以指令的执行速度比组合逻辑控制器慢。微程序控制器已成为当前控制器的主流。

3. 组合与存储逻辑相结合实现方法

组合与存储逻辑相结合实现方法吸收前两种方法的设计思想,利用可编程逻辑阵列(PLA)来实现控制信号的逻辑函数。若控制信号序列发生器采用组合逻辑与存储逻辑相结合的实现方法,则相应的控制器称为组合与存储逻辑相结合控制器或门阵列控制器。

可编程逻辑阵列是将组合逻辑技术和存储逻辑技术相结合来实现逻辑函数的产物,则组合与存储逻辑相结合实现方法克服了上述两种实现方法的缺点,是一种较为理想的方法,但可编程逻辑阵列价格较贵。

特别地,存储逻辑实现方法实质是软件的方法,而组合逻辑实现方法是硬件的方法,组合与存储逻辑相结合实现方法是软硬件相结合的方法,这与第 1 章讨论过的"软件与硬件在逻辑功能实现上是等价的,任何一个逻辑功能可以采用软件的方法实现,也可以采用硬件的方法实现,还可以采用软硬件相结合的方法实现"相一致。无论采用哪一种方法来实现控制信号序列发生器,其外特性是相同的,本质都是将"做什么"的指令代码或中断请求转变为"如何做"的控制信号,仅在于结构原理不同。

例 6.1 若某 CPU 的指令格式如图 6-5 所示,其中 OP=000~001 时为转移指令,OP=010~111 时为非转移指令,且无论操作数还是转移目标寻址都仅有直接寻址(MOD=1)和相对寻址(MOD=0),请给出该 CPU 地址形成的逻辑结构图。

解:由 CPU 指令可知,形式地址 A 通过地址形成逻辑产生有效地址 EA,若是非转移指令,则送往 MAR;若是转移指令,送往 PC。指令是否是转移指令有操作 OP 决定,即有指令译码器决定。而当 MOD=1 时为直接寻址,即 EA=A;当 MOD=0 时为相对寻址,即 EA=(PC)+A。因此,该 CPU 地址形成的逻辑结构如图 6-6 所示,图中的加法器具有两数加和单数直送功能,$I_0 \sim I_7$ 是指令译码器输出。

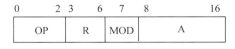

图 6-5 CPU 的指令格式

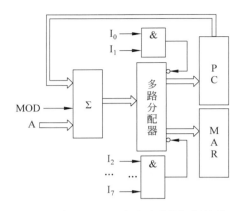

图 6-6 例 6.1CPU 地址形成的逻辑结构

6.2 指令处理的数据通路、微操作与微命令

建立控制信号的逻辑函数是设计实现控制信号序列发生器的基础。在控制信号序列发生器的外特性中,译码信号、请求信号和状态信号等三种因素的变量数分别由指令译码器、中断控制逻辑和程序状态寄存器输出决定,译码与状态的变量取值生成原理已具体讨论过,请求变量取值生成原理将在第 7 章输入输出系统中具体讨论。控制信号与时序信号的变量取决于的指令处理过程和中断请求类型,由于中断请求控制信号序列较简单,且一般在一条指令处理结束后进行测试判断,为简化控制信号逻辑函数,在后续讨论中一般不考虑中断请求控制任务,即仅对指令处理过程进行讨论。而控制信号序列发生器某一时段发出的控制信号序列,实质是建立一条数据通路,即指令处理过程中,需要建立多少条数据通路,控制信号序列发生器就应发出多少组控制信号序列。通过对指令处理过程中所需数据通路及其创建的讨论,就可认识指令处理过程所需的操作与时序,为后续控制信号与时序信号变量的讨论奠定基础。因此,计算机对指令如何处理,指令处理流程可分为哪几个状态、指令处理的每个状态需要建立哪些数据通路、数据通路创建需要哪些微操作、微操作的实现需要哪些控制信号、哪些控制信号是由控制信号序列发生器发出等,这是本节要讨论的问题。

6.2.1 指令处理流程及其状态转换

1. 指令处理的一般流程

指令处理可分为取指令和执行指令两个阶段。从控制器的任务可知,取指令包含指令读取和指令地址形成,执行指令包含指令功能识别、地址计算形成、指针读取、数据读取、功能实施和数据保存。在地址计算形成后,需要进行四种判断:①是否是间接寻址,若不是,那么转入第②种判断;若是,则转入指针读取,继续进行第①种判断,直到间址结束取得操作数地址。②源操作数是否需要外部访问(即存储器或 I/O 设备访问),若不需要,那么转入第③种判断;若需要,数据读取后转入第③种判断。③是否是 RS 或 SS 型传输指令,若是,那么转入第④种判断;若不是,功能实施后转入第④种判断。④目的操作数是否需要外部访问,若不需要,那么指令处理结束;若需要,则转入数据保存,结束指令处理。另外,中断请求检查是在每条指令处理结束后,以实现中断请求控制。若假设指令的操作数仅有一个存在间接寻址,且当指令包含两个及以上源操作数时,仅有一个源操作数存在需要外部访问(以下其他处类同,这与实际是相符合的),则指令处理的一般流程如图 6-7 所示。中断请求控制分为程序暂停与程序转移,由于后续不对中断请求控制详细讨论,则在指令处理的一般流程中未加判断来区分。

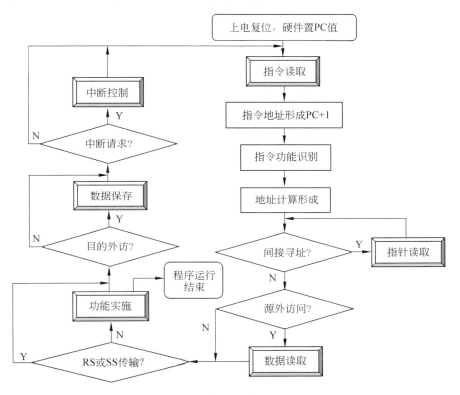

图 6-7 指令处理的一般流程

2. 指令处理的状态及其转换

在指令处理的一般流程中,需要执行一系列操作,根据控制器的任务,这些操作可分为两类。一类为控制器控制性任务的操作,可称为控制性操作,如图 6-7 中的指令读取、指针(地址)读取、数据读取、数据保存、功能实施和中断处理等。控制性操作的特点是需要一组控制信号序列,主要由控制器之外的运算器、存储器或 I/O 系统等执行,且执行时间长。另一类为控制器工作性任务的操作,可称为工作性操作,如图 6-7 中的指令地址形成、指令功能识别、地址计算形成以及间接寻址、源外访(源操作数外部访问)、目的外访(目的操作数外部访问)、RS 或 SS 传输、中断请求等判断。工作性操作的特点是不需要一组控制信号序列,主要由控制器自身执行,且执行时间短。而控制性操作与工作性操作之间、工作性操作之间有的还可并发或同时执行,如指令地址形成与指令读取可并发执行、指令功能识别与地址计算形成可同时执行。可见,工作性操作的执行时间依附于控制性操作的执行时间,即工作性操作执行时间不单独存在,且通常将指令地址形成、指令功能识别与地址计算形成等工作性操作依附于指令读取之后,间接寻址、源外访、RS 或 SS 传输、目的外访等判断操作,而依附于指针读取、数据读取、功能实施、数据保存之前,中断请求判断操作则依附于中断控制操作之前。因此,从有限状态机来看和暂不考虑中断控制情况下,指令处理一般流程的状态可分为读取指令、读取指针、读取数据、功能实施、保存数据等五个状态,指令处理的状态转换如图 6-8 所示。

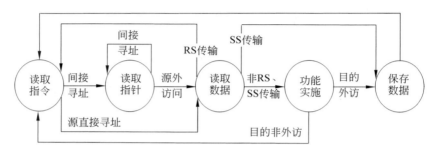

图 6-8 指令处理的状态转换

6.2.2 指令处理的数据通路及其微操作

1. 指令处理的数据通路

信息传输是信息处理的基本内容。在指令处理的过程中,功能部件之间需要频繁地进行信息交换,如地址编码需要从控制器传送到存储器或 I/O 设备,指令编码需要从存储器传送到控制器,数据编码需要从存储器或 I/O 设备传送到运算器,数据编码还需要从运算器传送到存储器或 I/O 设备等。功能部件之间进行信息交换时,中间需要经过一定的部件或器件,由此形成了一条信息传送的路径。因此,功能部件之间传送信息的路径称为数据通路。

数据通路是在一组控制信号序列的作用下,利用共享总线或专用传输线来构建的。计算机中数据通路的结构与 CPU 的结构模型有关,且决定控制信号序列发生器的逻辑功能。指令功能的实现依赖于创建相应的系列数据通路,指令处理流程不同状态创建不同的数据通路。对于图 6-2 的中央处理器的结构模型来说,指令处理流程不同状态的数据通路具体如下。

(1) 指令读取。

指令读取状态时,需要建立地址编码(控制器到存储器)和指令编码(存储器到控制器)等两条数据通路。

① 地址数据通路为:PC→MAR→ABUS→M。

② 指令数据通路为:M→DBUS→MDR→IR→ID→CU。

(2) 指针读取。

指针读取状态时,需要建立地址编码(控制器到存储器)和指针编码(存储器到控制器)等两条数据通路。

① 地址数据通路为：IR(Add)→MAR→ABUS→M{首次间址}或 MDR→MAR→ABUS→M{再次间址}，其中 IR(Add)意指取 IR 中地址部分并通过地址形成逻辑加以变换的地址。

② 指针数据通路为：M→DBUS→MDR 或 M→DBUS→MDR→PC{间接寻址转移指令}。

（3）数据读取。

数据读取状态时，需要建立地址编码（控制器到存储器）和数据编码（存储器到运算器）等两条数据通路。

① 地址数据通路为：IR(Add)→MAR→ABUS→M{直接寻址、相对寻址、变址寻址}或 MDR→MAR→ABUS→M{间接寻址}。

② 数据数据通路为：M→DBUS→MDR→AC(GR 通用寄存器){SR 传送指令}或 M→DBUS→MDR{源操作数在 M 运算指令}。

（4）功能实施。

功能实施状态时，需要建立数据编码一条数据通路，这条数据通路具体实现哪个或哪两个功能部件信息交换，则取决于指令的功能需求。

① 运算型指令实现运算器内部传送。

数据数据通路为：AC(GR、IR(Ad))→ALUX→ALU→JPCL→AC(GR){RR 指令}或 AC(GR、IR(Ad))→ALUX→ALU→JPCL→MDR{RS 指令}或 MDR→ALUX→ALU→JPCL→AC(GR){SR 指令}或 MDR→ALUX→ALU→JPCL→MDR{SS 指令}，其中 IR(Ad)意指取 IR 中的立即数。

② RR 传送型指令实现运算器内部传送或控制器传送到运算器。

数据数据通路为：AC(GR)→GR(AC)或 IR(Ad)→AC(GR)。

③ 转移型指令实现控制器内部传送。

数据数据通路为：IR(Add)→PC{直接寻址、相对寻址}。

（5）数据保存。

数据保存状态时，需要建立地址编码（控制器到存储器）和数据编码（运算器到存储器）等两条数据通路。

① 地址数据通路与数据读取状态相同。

② 数据数据通路为：JPCL→MDR→DBUS→M{目的操作数在 M 运算指令}或 AC(GR)→MDR→DBUS→M{RS 传送指令}。

注意：在有些数据通路中，M 还可由 I/O 设备代替，即为简化起见，不考虑 CPU 与 I/O 设备的数据交换。

2. 指令处理的微操作

操作在人们生活生产中应用极其普遍，在指令处理流程中，操作是指完成一项特定任务时所需部件与器件的动作。不同的任务需要不同的操作，操作的复杂程度取决于任务粒度的大小。因此，根据指令处理流程，操作可分为功能操作、状态操作和微操作。微操作是指令处理流程中由 CPU 控制或实现的不可再分的部件或器件动作，如 ID 译码、PC→MAR 等，数据通路则是通过系列微操作来创建。状态操作是指指令处理流程一个状态所包含微操作的集合,完成一组规定的微操作就实现了一个状态的转换。功能操作是指处理一条指令所需状态操作的集合,完成一组规定的状态操作就实现了一条指令的功能。当按规定顺序把若干条指令处理完,则就实现了一段程序的运行。功能操作与状态操作是复合性操作,微操作是原子性操作。从操作角度来看,程序运行是操作的分解过程,按指令将程序分解为系列功能操作、按状态将功能操作分解为若干状态操作、按动作将状态操作分解为若干微操作,如图6-9所示。

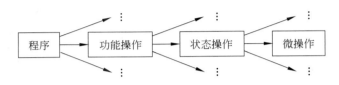

图 6-9　程序运行的操作分解过程

3. 指令处理微操作分类

由第 1 章可知,计算机是对信息进行处理的机器,信息处理包含存储、传输和加工(运算)。信息存储是计算机的静态功效,不需要操作;信息传输与加工是计算机的动态功效,需要通过操作来实现。因此,根据操作功效,微操作可分为传输性的和加工性的,传输性微操作用于创建数据通路,加工性微操作用于规定信息加工方法。对于图 6-2 的中央处理器结构模型和图 6-4 的控制器组成结构来说,加工性微操作和传输性微操作具体如下。

(1) 加工性微操作。根据微操作执行的功能部件不同,加工微操作可进一步分为运算器加工微操作和控制器加工微操作等两种。

① 控制器加工微操作有:(PC)+△、ID 译码、IR(Ad)或 IR(Add)、时序信号生成、控制信号序列生成等。

② 运算器加工微操作有:ALU 输入选择、ALU 输出分配、结果判别控制、ALU 运算(如+、-、与)等。

(2) 传输性微操作。根据信息传输关联的功能部件不同,传输性微操作可进一步分为 CPU 外部传输微操作、运算器内部传输微操作、控制器内部传输微操作和运算器与控制器之间传输微操作等四种。

① CPU 外部传输微操作有:MAR→ABUS、DBUS→MDR、MDR→DBUS、MDR→MAR、Read(M→DBUS)、Write(DBUS→M)、$\overline{M}$/IO(ABUS→M);由于不考虑 CPU 与 I/O 设备的数据交换,则在后续讨论中,MAR→ABUS→M 与 MAR→ABUS 等同,即无须 ABUS→M 这一微操作。

② 运算器内部传输微操作有:MDR→AC(GR)、JPCL→MDR、AC(GR)→MDR、AC(GR)→ALUR、ALUR→ALU、ALU→JPCL、JPCL→AC(GR)、MDR→ALUR、AC(GR)→AC(GR)。

③ 控制器内部传输微操作有:PC→MAR、MDR→IR、IR→ID、ID→CU、IR(Add)→MAR、MDR→PC、IR(Add)→PC。

④ 运算器与控制器之间传输微操作有:IR(Ad)→ALUR、IR(Ad)→AC(GR)。

6.2.3 模型机及其微命令

1. 微命令及其与微操作的关系

微操作是部件或器件的动作，由于部件或器件的特性不同，有的部件或器件需要控制信号序列发生器的控制信号才能实现动作，有的部件或器件可直接实现动作。因此，根据微操作是否需要控制信号序列发生器的控制信号才能实现，可把微操作分为硬微操作和软微操作。显然，硬微操作与控制信号序列发生器的功能无关，则通常把微操作特指为软微操作。所以，可认为微操作是通过控制信号序列发生器将控制信号发送到相关部件或器件上而引起动作来实现的，并把由控制信号序列发生器生成的控制实现微操作的控制信号称为微命令，微命令数等于控制信号序列发生器的输出变量数。可见，微命令是控制信号序列中的最小单位，一个微操作对应一个或多个微命令，即一个或多个微命令同时有效则可实现一个特定的微操作。

对于加工性微操作，若对应部件的动作取决于输入且功能单一，则该微操作一般是硬微操作，如 ID 译码、时序信号生成、控制信号序列生成、结果判别控制等。(PC)+△动作不是由程序计数器输入决定、ALU 运算动作多样（如＋、－、与等）、ALU 输入选择、ALU 输出分配等，这些微操作则是软微操作。

对于传输性微操作，若为部件内部的信息传输，则该微操作一般是硬微操作，如 IR→ID、ID→CU、ALUR→ALU、ALU→JPCL 等，其余的传输性微操作一般是软微操作，但是否是软微操作，与 CPU 的结构实现逻辑有关。

另外，通常把控制器称为控制部件，相对地把运算器、存储器、I/O 设备称为执行部件，控制部件与执行部件之间通过控制线来实现正向和反向两种作用关系。正向作用是控制部件通过控制线向执行部件发送各种控制信号即微命令，而执行部件接到微命令后产生动作即微操作。而反向作用是执行部件通过控制线向控制部件发送结果状态。

2. 基于单总线模型机逻辑结构

一个微操作实现所需要的控制信号即微命令与 CPU 的结构实现逻辑有关。CPU 结构实现逻辑通常分为共享总线型和专用传输线型两种，其中共享总线型又有单总线、双总线和多总线之分。基于单总线 CPU 结构实现逻辑控制直观且易理解，但微操作的并行性差；基于专用传输线 CPU 结构实现逻辑则相反。为简化控制信号序列发生器，则以基于单总线 CPU 结构实现逻辑为模型机，使指令处理流程中状态、数据通路、微操作及微命令的对应关系易于理解。

对于基于单总线的模型机，CPU 内部通过片总线将 ALU、PC、GR 等部件和器件连接起来，CPU 外部则通过系统总线将 CPU、M 和 I/O 设备等部件连接起来成为模型机，模型机的结构实现逻辑如图 6-10 所示。其中 G 为停机标志 D 触发器，G＝1 运行，G＝0 停机。

3. 模型机中的微命令与微操作

在单总线的模型机中，可以多个部件或器件同时接收总线上的数据，但某时刻仅能一个部件或器件向总线发送数据。因此，为防止总线数据冲突，连接到片总线或系统总线上的部件或器件的输出均采用三态门控制（图 6-10 中，部件或器件向总线输出控制，用三角

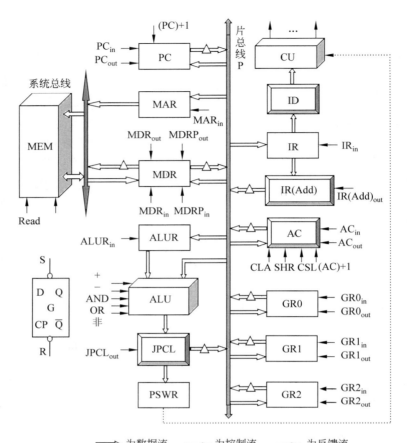

图 6-10 基于单总线模型机的结构实现逻辑

空心箭头表示)。在基于单总线模型机中,共有 32 个控制信号即微命令,其中用于传输微操作的 21 个、用于加工微操作的 11 个,这些控制信号的控制用途如表 6-1 所示。指令处理流程中五个状态的数据通路,在创建时所需要微操作与微命令如表 6-2 所示。从表 6-2 中可以看出,加工微操作一般仅需要一个控制信号,而传输微操作需要一个或两个控制信号;另外,还可看出,仅当数据通路中包含有部件时,数据通路创建才可能需要加工微操作,否则仅需要传输微操作。

表 6-1 模型机控制信号及其控制用途

微操作类型	控制信号	控 制 用 途
用于传输微操作	PC_{in}	用于 PC 接收来自片总线 P 的数据
	PC_{out}	用于 PC 向片总线 P 输出数据
	IR_{in}	用于 IR 接收来自片总线 P 的数据
	$IR(Add)_{out}$	用于 IR(Add)向片总线 P 输出数据
	AC_{in}	用于 AC 接收来自片总线 P 的数据
	AC_{out}	用于 AC 向片总线 P 输出数据

续表

微操作类型	控制信号	控制用途
用于传输微操作	GRi$_{in}$(3个)	用于 GRi 接收来自片总线 P 的数据
	GRi$_{out}$(3个)	用于 GRi 向片总线 P 输出数据
	MAR$_{in}$	用于 MAR 接收来自片总线 P 的数据
	MDR$_{in}$	用于 MDR 接收来自系统总线 DBUS 的数据
	MDR$_{out}$	用于 MDR 向系统总线 DBUS 输出数据
	MDRP$_{in}$	用于 MDR 接收来自片总线 P 的数据
	MDRP$_{out}$	用于 MDR 向片总线 P 输出数据
	ALUR$_{in}$	用于 ALUR 接收来自片总线 P 的数据
	JPCL$_{out}$	用于 JPCL 向片总线 P 输出数据
	Read	用于把 MEM 的某单元的数据读取到系统总线 DBUS
	Write	用于把系统总线 DBUS 的数据写入到 MEM 的某单元
用于加工微操作	(PC)+1	用于(PC)递增△
	+	用于 ALU 对来自 ALUR 和片总线 P 的数据进行加运算
	−	用于 ALU 对来自 ALUR 和片总线 P 的数据进行减运算
	AND	用于 ALU 对来自 ALUR 和片总线 P 的数据进行与运算
	OR	用于 ALU 对来自 ALUR 和片总线 P 的数据进行或运算
	非	用于 ALU 对来自 ALUR 的数据进行非运算
	CLA	用于对 AC 清零
	SHR	用于对 AC 的数据进行算术右移
	CSL	用于对 AC 的数据进行循环左转
	(AC)+1	用于对 AC 的数据进行加 1
	R	用于对 G 清零

表 6-2 模型机数据通路微操作与微命令的对应关系

处理状态	数 据 通 路	微操作与微命令（控制信号）
读取指令	① PC→MAR→ABUS→M ② M→DBUS→MDR→IR→ID→CU，其中 IR→ID→CU 为硬传输微操作 ③ PC 软加工微操作、ID 和 CU 硬加工微操作	① PC→MAR：PC$_{out}$、MAR$_{in}$ ② M→DBUS：Read DBUS→MDR：MDR$_{in}$ MDR→IR：MDRP$_{out}$、IR$_{in}$ ③ (PC)+△：(PC)+1
读取指针	① IR(Add)→MAR→ABUS→M(首次间址) ② MDR→MAR→ABUS→M(操作数再次间址) ③ M→DBUS→MDR(操作数间址) ④ M→DBUS→MDR→PC(转移目标间址) ⑤ IR(Add)为硬加工微操作	① IR(Add)→MAR：IR(Add)$_{out}$、MAR$_{in}$ ② MDR→MAR：MDRP$_{out}$、MAR$_{in}$ ③ M→DBUS：Read DBUS→MDR：MDR$_{in}$ ④ M→DBUS：Read DBUS→MDR：MDR$_{in}$ MDR→PC：MDRP$_{out}$、PC$_{in}$

续表

处理状态	数据通路	微操作与微命令（控制信号）
读取数据	① 同读取指针①（直接寻址） ② 同读取指针②（间接寻址） ③ M→DBUS→MDR→AC(GR) ④ 同读取指针③ ⑤ IR(Add)为硬加工微操作	① 同读取指针① ② 同读取指针② ③ M→DBUS：Read 　DBUS→MDR：MDR$_{in}$ 　MDR→AC(GRi)：MDRP$_{out}$、AC$_{in}$(Ri$_{in}$) ④ 同读取指针③
功能实施	① AC(GR)→ALUR→ALU→JPCL→AC(GR) ② AC(GR)→ALUR→ALU→JPCL→MDR ③ MDR→ALUR→ALU→JPCL→AC(GR) ④ MDR→ALUR→ALU→JPCL→MDR ⑤ AC(GR)→GR(AC) ⑥ IR(Add)→PC ⑦ MDR→PC ⑧ ALUR、JPCL、IR(Add)硬加工微操作和ALU软加工微操作 ⑨ AC软加工微操作	① AC(GR)→ALUR：AC$_{out}$(GRi$_{out}$)、ALUR$_{in}$ 　JPCL→AC(GR)：JPCL$_{out}$、AC$_{in}$(GRi$_{in}$) ② AC(GR)→ALUR：AC$_{out}$(GRi$_{out}$)、ALUR$_{in}$ 　JPCL→MDR：JPCL$_{out}$、MDRP$_{in}$ ③ MDR→ALUR：MDRP$_{out}$、ALUR$_{in}$ 　JPCL→AC(GR)：JPCL$_{out}$、AC$_{in}$(GRi$_{in}$) ④ MDR→ALUR：MDRP$_{out}$、ALUR$_{in}$ 　JPCL→MDR：JPCL$_{out}$、MDRP$_{in}$ ⑤ AC(GR)→GR(AC)：AC$_{out}$(GRi$_{out}$)、GRi$_{in}$(AC$_{in}$) ⑥ IR(Add)→PC：IR(Add)$_{out}$、PC$_{in}$ ⑦ MDR→PC：MDRP$_{out}$、PC$_{in}$ ⑧ 功能运算：＋、－、AND、OR、非 ⑨ 功能运算：CLA、SHR、CSL、(AC)+1
保存数据	① 同读取指针① ② 同读取指针② ③ JPCL→MDR→DBUS→M ④ AC(GR)→MDR→DBUS→M ⑤ JPCL为硬加工微操作	① 同读取指针① ② 同读取指针② ③ JPCL→MDR：JPCL$_{out}$、MDRP$_{in}$ 　MDR→DBUS：MDR$_{out}$ 　DBUS→M：Write ④ AC(GR)→MDR：AC$_{out}$(Ri$_{out}$)、MDR$_{in}$ 　MDR→DBUS：MDR$_{out}$ 　DBUS→M：Write

对于图 6-10 模型机的结构实现逻辑，ALUX 仅有暂存功能，在表 6-2 中等同于 ALUR。而模型机的数据通路，未考虑立即数寻址。

例 6.2 若某 CPU 的结构模型如图 6-2 所示，由 4 条典型指令组成的一个简单程序如表 6-3 所示，请问这 4 条典型指令各包含哪几种状态操作，并给出每个状态操作的数据通路和微操作（该程序是死循环，但与题中问题无关）。

解：4 条典型指令分别为非访存指令、直接访存指令、间接访存指令和转移控制指令，它们覆盖了指令处理流程中所有的五种状态操作——读取指令、读取指针、读取数据、功能实施、保存数据等。

表 6-3　4 条典型指令组成的一个程序

存储单元地址	单元存储内容	指 令 功 能
$(020)_8$	CLA	累加器内容清零
$(021)_8$	ADD 30	累加器与地址 30 单元内容相加
$(022)_8$	SHR I 31	将累加器内容逻辑右移存到由地址 31 单元所指示单元中
$(023)_8$	JMP 21	无条件跳转到地址 21 单元
⋮	⋮	⋮
$(030)_8$	$(006)_8$	
$(031)_8$	$(032)_8$	
$(032)_8$	和数	

(1) 非访存指令 CLA。

该指令取指阶段需要一个状态操作——读取指令，执行阶段则根据对指令中的操作码和寻址方式，确定所需要的状态操作。由于该指令零地址指令，则执行阶段仅需要一个状态操作——功能实施。

读取指令状态操作 CPU 包含三项工作：一是从主存取出该指令的二进制代码；二是程序计数器加 1；三是对指令中的操作码进行译码和寻址方式进行测试。所以，读取指令的数据通路及传输微操作如下：

① 地址数据通路为：PC→MAR→ABUS→M；相应传输微操作有：(PC)=$(020)_8$→MAR，其中(MAR)→ABUS、(ABUS)→M 为硬微操作。

② 指令数据通路为：M→DBUS→MDR→IR→ID→CU；相应传输微操作有：(DBUS)→MDR、(MDR)→IR、(M_{20})→DBUS，其中(IR)→ID、(ID)→CU 为硬微操作。

由于控制信号序列发生器送一控制信号到程序计数器，使程序计数器存在一个加工微操作：(PC)+1，而 ID 译码与测试与 CU 生成控制信号序列为硬微操作。

功能实施状态操作 CPU 仅有一项工作：将累加器清零。该工作不存在数据通路，即不存在传输微操作，但控制信号序列发生器送一控制信号到累加器，使累加器存在一个加工微操作：累加器自清零，即 0→AC。

(2) 直接访存指令 ADD。

该指令取指阶段需要一个状态操作——读取指令，执行阶段则根据对指令中的操作码和寻址方式，确定所需要的状态操作。由于该指令包含一个直接访存的源操作数，则执行阶段需要两个状态操作——读取数据和功能实施。显然，该指令读取指令状态操作与非访存指令 CLA 的数据通路与微操作完全相同，仅在于在取出 CLA 指令后，程序计数器内容变为$(021)_8$，正是存放 ADD 指令的主存单元。

读取数据状态操作 CPU 仅有一项工作：从主存中取出一个源操作数。所以，读取数据的数据通路及传输微操作如下：

① 地址数据通路为：IR(Add)→MAR→ABUS→M；相应传输微操作有：IR(Add)=$(030)_8$→MAR，其中(MAR)→ABUS、(ABUS)→M 为硬微操作。

② 数据数据通路为：M→DBUS→MDR；相应传输微操作有：(DBUS)→MDR、(M_{30})→DBUS。

且不存在加工微操作。

功能实施状态操作 CPU 仅有一项工作：将累加器内容与数据缓冲寄存器内容相加，结果送回到累加器，即(AC)+(MDR)=6→AC。所以，功能实施的数据通路及传输微操作如下：

数据数据通路为：AC→ALUX→ALU、MDR→ALUX→ALU、ALU→JPCL→AC；相应传输微操作有：AC→ALUX、MDR→ALUX、JPCL→AC，其中 ALUX→ALU、ALU→JPCL 为硬微操作。

由于控制信号序列发生器发送一个控制信号到算术逻辑运算部件，使算术逻辑运算部件存在一个加工微操作：ALU+。

(3) 间接访存指令 SHR。

该指令取指阶段需要一个状态操作——读取指令，执行阶段则根据对指令中的操作码和寻址方式，确定所需要的状态操作。由于该指令包含一个间接访存的目的操作数，则执行阶段需要三个状态操作——读取指针、功能实施和保存数据。同样，该指令读取指令状态操作与非访存指令 CLA 的数据通路与微操作完全相同，仅在于在取出 ADD 指令后，程序计数器内容变为$(022)_8$，正是存放 SHR 指令的主存单元。

读取指针状态操作 CPU 仅有一项工作：从主存中取出目的操作数地址。所以，读取指针的数据通路及传输微操作如下：

① 地址数据通路为：IR(Add)→MAR→ABUS→M；相应传输微操作有：IR(Add)=$(031)_8$→MAR，其中(MAR)→ABUS、(ABUS)→M 为硬微操作。

② 数据数据通路为：M→DBUS→MDR；相应传输微操作有：(DBUS)→MDR、(M_{31})→DBUS。

且不存在加工微操作。

功能实施状态操作 CPU 仅有一项工作：将累加器内容逻辑右移。该工作不存在数据通路，即不存在传输微操作，但控制信号序列发生器送一控制信号到累加器，使累加器存在一个加工微操作：累加器逻辑右移 SHR，即 R(AC)→AC、O→AC_7、AC_0→CF。

保存数据状态操作 CPU 仅有一项工作：将累加器内容送到由地址 31 单元所指示单元中。所以，保存数据的数据通路及传输微操作如下：

① 地址数据通路为：MDR→MAR→ABUS→M；相应传输微操作有：(MDR)=$(032)_8$→MAR，其中(MAR)→ABUS、(ABUS)→M 为硬微操作。

② 数据数据通路为：(AC)→MDR→DBUS→M，相应传输微操作有：(AC)→MDR、(MDR)→DBUS、(DBUS)→M。

且不存在加工微操作。

(4) 控制转移指令 JMP。

该指令取指阶段需要一个状态操作——读取指令，执行阶段则根据对指令中的操作码和寻址方式，确定所需要的状态操作。由于该指令包含一个直接寻址的目标地址，则执行阶段需要一个状态操作——功能实施。显然，该指令读取指令状态操作与非访存指令

CLA 的数据通路与微操作完全相同,仅在于在取出 SHR 指令后,程序计数器内容变为 $(023)_8$,正是存放 JMP 指令的主存单元。

功能实施状态操作 CPU 仅有一项工作:将转移目标地址送到程序计数器。所以,功能实施的数据通路及传输微操作如下:

数据数据通路为:IR(Add)→PC;相应传输微操作有:IR(Add)=$(021)_8$→PC。且不存在加工微操作。

例 6.3 若某 CPU 结构的实现逻辑如图 6-10 所示,给出"SHR I 31"指令的所需要的控制信号。

解:该指令包含读取指令、读取指针、功能实施和保存数据等四个状态操作,根据例 6.1 中各状态操作所含的微操作,由图 6-10 则可知各状态操作所需要的控制信号如下:

(1) 读取指令所需要的控制信号包含传输的和加工的,用于传输的控制信号有:PC_{out}、MAR_{in}、Read、MDR_{in}、MDR_{out}、IR_{in};用于加工的控制信号有:(PC)+1。

(2) 读取指针所需要的控制信号仅包含传输的,即有:IR(Add)$_{out}$、MAR_{in}、Read、MDR_{in}。

(3) 功能实施所需要的控制信号仅包含加工的,即 SHR。

(4) 保存数据所需要的控制信号仅包含传输的,即有:MDR_{out}、MAR_{in}、AC_{out}、$MDRP_{in}$、MDR_{out}。

6.3 时序信号体系及其控制实现

从程序运行和指令处理可知,程序运行的指令之间、指令处理的状态之间、状态包含的微操作之间,均存在时间上的先后次序(即时序),且不同的功能操作、状态操作和微操作的执行时间往往是不相等,操作时间规定和先后次序衔接的控制方式有同步定时和异步应答之分。那么,计算机在运行程序时,哪些时序关系采用同步定时方式,哪些时序关系采用异步应答方式;当存在同步定时方式时,需要哪些时序信号来标定,如何产生时序信号等,这是本节要讨论的问题。

6.3.1 指令周期及其时段划分

1. 指令周期与机器周期

指令周期是指 CPU 对指令进行处理所需要的全部时间,它包含指令处理结束后对中断请求测试判断的时间,但不包含存在中断请求时对中断请求进行处理的时间。从操作角度来看,一个指令周期执行一个复合的功能操作。机器周期又称为 CPU 周期,它是指指令处理流程中,状态的维持时间或两次状态转换之间的时间间隔,所以还可称为状态周期。从操作角度来看,一个机器周期执行一个相对完整复合的状态操作。可见,通常可把一个指令周期分为若干个机器周期,即一个指令周期常用若干个机器周期来表示。

根据指令周期的定义,从 6.2.1 节中可知,指令周期即是指令处理流程,指令处理流程包含读取指令、读取指针、读取数据、功能实施、保存数据等五个状态,则指令周期中对应地包含取指周期、间址周期、取数周期、实施周期(一般称为执行周期,由于执行一词应用极为广泛,为便于区分而在此不应用)和存数周期等五种类型的机器周期,各种机器周期的工作任务则由对应状态的状态操作来规定。特别地,中断控制也是一个 CPU 运行程序中的一个状态,则从 CPU 来看,除指令处理流程的五种机器周期外,还有一种中断周期,即 CPU 共有六种类型的机器周期。

根据机器周期的定义,从 6.2.1 节中又可知,除实施周期(含中断周期)外,每种机器周期的时间主要取决于 CPU 对外部的访问时间。实施周期的时间虽然取决于指令的功能特性,但由于实施周期的状态操作是由 CPU 本身执行的,且 CPU 的操作速度比主存储器快得多,绝大部分指令实施周期的状态操作可在一个存取周期内完成。因此,通常采用存取周期来标定机器周期的长短,以便于使 CPU 与主存储器的工作配合与协调。当采用存取周期来标定机器周期时,则有少部分指令的实施周期可能包含两个或三个、甚至更多个机器周期。

对于具体某条指令的指令周期包含哪几种机器周期,取决于操作数的寻址方式,但至少包含取指周期和读数周期或实施周期或存数周期等两种机器周期。若实施周期是一个机器周期时,一个指令周期至少由两个机器周期来组成,即一个指令周期由"访存次数+1"个机器周期来组成。一个指令周期至多由多少个机器周期组成,除与操作数的寻址方式有关之外,还与间址的次数和实施周期的机器周期数有关。可见,由于指令的功能需求与寻址方式不同,有的简单,有的复杂,则指令间的指令周期差异较大。

2. 节拍与时钟周期

由机器周期的定义可知,一个机器周期内执行一个状态操作,状态操作是一个复合性操作,它一般包含若干个硬或软的微操作。一个机器周期内的微操作,有的可以并行执行,有的只能串行执行,即微操作之间存在时序关系,如(PC)→MAR 与(PC)+△、(MDR)→IR 与 IR→ID 等。所以,还需要把一个机器周期的时间分为若干个时间段,每一个时间段执行一个微操作或一组可并行微操作。节拍是指执行一个微操作或一组可并行微操作的时间。可见,一个机器周期一般分为若干个节拍,即一个机器周期可用若干个节拍来表示。

根据节拍的定义可知,节拍时间的长短取决于一个微操作或一组可并行微操作的执行时间。微操作是指令处理流程中不可再分的原子性操作,节拍则是指令周期中不可再分的原子性时间段。时钟周期是计算机中最小的时间单位,节拍时间的长短必然由时钟周期来度量,即一个节拍是采用若干个时钟周期来表示的。

由于微操作的执行时间极短且差异不大,且一般可在一个时钟周期内执行完,则往往把所有机器周期的任意节拍时间都设为相等,即等时间节拍。若 CPU 采用等时间节拍时,且一个节拍时间等于时钟周期,则一个机器周期可用若干个时钟周期来表示,即通过时钟周期来对机器周期进行时段划分。一个机器周期的时钟周期数,由机器周期内串行执行的微操作数来决定。在一个机器周期的基本时钟周期数确定之后,若由于参与机器周期状态操作的部件或器件的速度慢,无法在规定的时钟周期数内执行完状态操作,还可以不断插入等待时钟周期。如 8086 CPU 的一个机器周期由四个基本时钟周期 $T_1 \sim T_4$ 表示,当 8086 CPU 处于外部访问的机器周期(即总线周期)时,在 T_3 与 T_4 时钟周期之间可以插入任意个等待时钟周期 T_w,以等待速度较慢的主存储器或 I/O 设备执行完读或写操作。

3. 指令周期的方框图表示法

指令周期的描述如同算法一样,可以有许多手段,但最为有效而又直观简洁的是方框图表示法,其包含 4 种图标。

① "□":一个矩形表示一个机器周期的时间,方框中标注创建数据通路的微操作。

② "◇":一个菱形表示一种判断或测试,方框中标注判断或测试的内容,但时间上依附于紧前方框的机器周期,而不单独占用时间。

③ "～":一个波浪线表示一种公操作,所谓公操作是一条指令的周期结束后 CPU 开始执行的状态操作,如中断管理、通道管理等。

④ "→":一条箭线用于连接机器周期、判断或测试、公操作等图标,以表示它们之间的时序。

例 6.2 中 4 条典型指令的指令周期方框图如图 6-11 所示,图中 I=1 表示间接寻址、I=0 表示直接寻址。

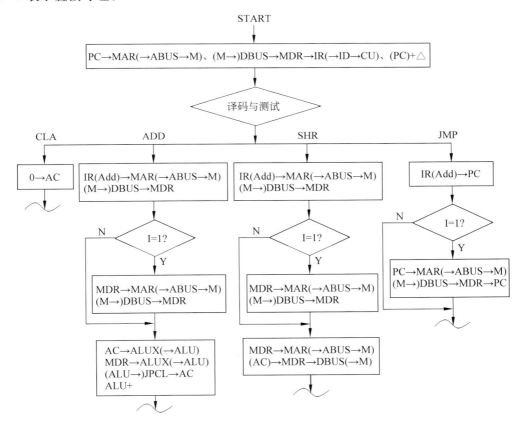

图 6-11　4 条典型指令的指令周期微操作方框图

6.3.2　控制器时序控制

从操作角度来看,指令处理和状态维持都是通过执行微操作序列来实现的,且不同指令、不同状态执行的微操作序列是不同的。一个指令周期使用多少个机器周期来执行状态操作序列、一个机器周期使用多少个节拍来执行微操作序列、一个或一组微操作使用多少个时钟周期来执行,就是时序控制。由于指令处理时间长且不同指令处理时间的差异大,若指令周期采用统一的机器周期数来表示,必然导致时间的极大浪费,则采用应答方式来标定指令处理时间,而指令处理先后次序的衔接可通过状态转换来异步实现。所以,所谓控制器时序控制(又称 CPU 控制)是指不同机器周期微操作序列执行的时间标定与次序衔接的控制方法,常用有同步控制、异步控制、联合控制等三种方式。

1. 同步控制

同步控制是指任何微操作与状态操作均采用统一的时序进行控制,又称为固定时序控制。当控制器采用同步控制方式时,任何指令所需要的各种状态操作的节拍(含脉冲)数和任何机器周期所包含的各种微操作的执行时间都由事先设定的时序来标定,每个时序的结束就意味着一个微操作或一个状态操作执行完,自动转入后续微操作或状态操作。另外,由于微操作的执行时间极短且不同微操作执行时间的差异很小,则往往采用固定时间来标定微操作执行,以便降低微操作执行时间控制的难度。根据状态操作执行时间标定的差异,同步时序控制一般有三种实现方案。

(1) 定长机器周期。不管状态操作的繁简,以最繁状态操作的执行时间为标准,标定任何指令所需要各种机器周期,即各种机器周期所包含的节拍(含脉冲)数固定。显然,对于简单的状态操作,将导致时间的浪费,如若以乘法或除法指令的实施周期所包含的节拍(含脉冲)数为基准,那么,当处理 RR 型传送等指令时,大多数节拍(含脉冲)均处于空闲,没有微操作执行。

(2) 延长节拍不定长机器周期。选取适当复杂状态操作的执行时间为标准,标定大多数指令所需要各种机器周期,即大多数指令所需要各种机器周期所包含的节拍(含脉冲)数固定,少部分指令所需要某些机器周期,由于包含的状态操作较繁,无法在标准的机器周期内执行完,则适当延长若干个节拍(含脉冲)数。特别地,通常以存取周期为标准,这时仅有少部分指令的实施周期所包含的状态操作在存取周期内无法执行完,取指周期、间址周期、取数周期、存数周期和大多数指令的实施周期所包含的状态操作均可执行完。

(3) 分散节拍不定长机器周期。分散节拍不定长机器周期的同步时序控制与延长节拍不定长机器周期在方法上基本相同,仅在于对于少部分指令所需要某些机器周期,其状态操作无法在标准的机器周期内执行完时,则采用特定的时序信号进行定时。

同步时序控制方式控制简单、容易实现,但对于许多简单指令的实施周期,会出现较多的空闲节拍,部分节拍也会出现空闲时间片,而造成的时间浪费,使得指令的处理速度较慢,机器的工作效率较低。另外,对于同步时序控制,由于指令处理流程所需的时序是统一的,大部分微操作、状态操作与时钟同步,所以还称为集中控制或中央控制。

2. 异步控制

异步控制是指微操作与状态操作不采用统一的时序(各功能部件内部可能设有自己的时序)进行控制,又称为可变时序控制方式。当控制器采用异步控制方式时,任何指令所需要的各种状态操作的节拍(含脉冲)数和任何机器周期所包含的各种微操作的执行时间由具体部件或器件决定,操作之间的衔接是由"结束-起始"信号通过"应答"方式来实现,即前一个操作的"结束"信号就是下一个操作的"起始"信号。如主存储器的读写操作,控制器向主存储器发送读写信号后,主存储器则启动自身的时序,控制主存储器各项操作的执行,控制器处于等待状态,待主存储器返回MFC结束信号,以此作为CPU下一个微操作的起始信号。

在异步时序控制方式中,状态操作需要多少节拍就使用多少节拍,微操作需要多少时钟就占用多少时钟,没有空闲节拍和空闲时钟的浪费,使得机器的工作效率较高、指令的处理速度快,但控制复杂、实现难度大。另外,对于异步时序控制,由于指令处理流程所需的时序不是统一的,微操作、状态操作与时钟不同步,所以又称为分散控制或局部控制。

3. 联合控制

联合控制方式是指同步控制和异步控制相结合的方式,它的基本思想为:CPU内部的微操作和状态操作采用同步控制,CPU外部的微操作和状态操作采用异步控制。在联合控制方式下,绝大部分指令的功能操作安排在统一机器周期内执行完,少部分微操作执行时间过长或过短过而难以确定的指令,则采用异步控制。实际中,计算机几乎没有完全采用同步控制或完全采用异步控制,大多数是采用联合控制。

联合时序控制方式既具有同步控制控制简单的特点,又具有异步控制工作效率高的特点。

6.3.3　CPU内部时序信号体系

1. 时序信号及其基本体制

程序运行的指令之间、指令处理的状态之间、状态包含的微操作之间,均存在时间上的先后次序(即时序)。从6.3.2节控制器时序控制可知,通常指令之间采用异步应答方式、微操作之间采用同步定时方式,而状态之间时序控制则有多种选择。所以,为统一规定状态操作与微操作的执行时间、状态操作之间和微操作之间的执行次序,计算机加电启动后,在时钟脉冲作用下,控制器将根据当前正在执行指令的需要,产生时序信号,从时间上,对状态操作与微操作实施严格约束,以使时间进度不早不晚、先后次序不颠倒错乱,否则可能造成信息的丢失或导致错误的结果。可见,时序信号是控制器为CPU各部件或器件协调执行操作而提供的时间标志,规定在某个时间标志到来时做什么,在另一个时间标志到来时又做什么,有条理、有节奏地指挥机器的动作。

微操作是指令处理流程不可再分的动作,其基本功效有三种:向存储器件存入二进制编码、由源存储器件向目的存储器件传送二进制编码、存储器件输出二进制编码。存储器件即是寄存器,它一般由若干触发器、输出三态门、输入控制逻辑(CLI)和输出控制逻辑(CLO)组成,一对触发器和三态门存储控制一位二进制数。一位二进制数D触发器的存储器件实现逻辑如图6-12所示,其中节拍电位与工作脉冲是时序信号,对二进制数存入、输出和传送的控制作用不同。节拍电位对二进制数流动起开门或关门的控制作用,控制触发器输入信号的有效时间;工作脉冲作为触发器时钟控制信号,控制触发器输入信号存入时刻。

当向存储器件存入二进制编码时,输出控制逻辑的节拍电位无效,若输入条件满足(即有效),节拍电位与工作脉冲作用于输入控制逻辑,可使二进制编码存入存储器件。当存储器件输出二进制编码时,输入控制逻辑的节拍电位与工作脉冲均无效,若输出条件满足(即有效),节拍电位作用于输出控制逻辑,可使三态门打开,存储器件的二进制编码输出。当源存储器件A向目的存储器件B传送二进制编码时,在节拍电位与工作脉冲的作

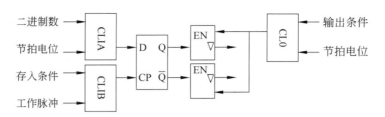

图 6-12　一位二进制数 D 触发器的存储器件实现逻辑

用下,同时使源存储器件 A 输出、目的存储器件 B 存入,则可使源存储器件向目的存储器件传送二进制编码。所以,在节拍电位与工作脉冲的配合作用下,可有效实现微操作的基本功效,即时序信号的基本体制是节拍——脉冲。通过节拍电位将数据加到触发器的输入端或使输出三态门打开,利用工作脉冲把触发器输入端的数据存入触发器。特别地,为保证存入到存储器件中的数据可靠,必须先建立节拍信号,并且要求节拍信号在工作脉冲到来之前必须已经稳定。

2. 三级时序信号体系

由 6.3.2 节控制器时序控制可知,异步时序控制不需要统一的时序信号,且不同的同步时序控制方式所需要的时序信号虽然有所不同,但均包含机器周期、节拍电位和工作脉冲等时序信号,且称为三级时序信号体系。特别地,由于不同指令的指令周期差异较大,在时序体系中一般不为指令周期设置时间标志,即指令周期通常不是一级时序。每个机器周期包含若干节拍电位,每个节拍电位含有一个或多个工作脉冲 P。若一个节拍电位内含一个工作脉冲 P,工作脉冲必须处于节拍电位的末尾,以保证存储器件所有的触发器都能可靠、稳定地翻转。当一个节拍电位内可并发执行多个传输性微操作时,也可含多个工作脉冲 P;若一个节拍电位内含有 n 个工作脉冲 P,工作脉冲的宽度仅为节拍电位宽度的 1/n。机器周期之间、节拍电位之间、工作脉冲之间,既不允许有重叠交叉,也不允许有空隙,是一个接一个地连接。

指令周期由取指周期、取数周期和实施周期等三个机器周期 $M_1 \sim M_3$ 组成的定长机器周期的三级时序信号体系如图 6-13 所示,其中每个机器周期 M 包含四个节拍电位 $T_1 \sim T_4$,每个节拍电位 T 含有一个脉冲 P。指令周期由取指周期和实施周期等两个机器

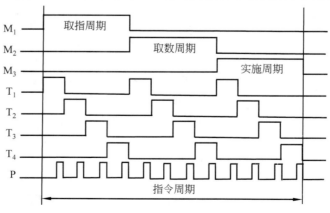

图 6-13　定长机器周期的三级时序信号体系

周期 $M_1 \sim M_2$ 组成的延长节拍不定长机器周期的三级时序信号体系如图 6-14 所示,其中取指周期 M_1 包含四个节拍电位 $T_1 \sim T_4$,实施周期包含六个节拍电位 $T_1 \sim T_6$,每个节拍电位 T 含有一个脉冲 P。指令周期由取指周期、实施周期和存数周期等三个机器周期 $M_1 \sim M_3$ 组成的分散节拍不定长机器周期的三级时序信号体系如图 6-15 所示,其中取指周期 M_1 和存数周期 M_3 包含四个节拍电位 $T_1 \sim T_4$,实施周期 M_2 采用特定时序信号,包含五个节拍电位 $TT_1 \sim TT_5$,且节拍电位时间不等,但所有每个节拍电位 T 均含有一个脉冲 P。

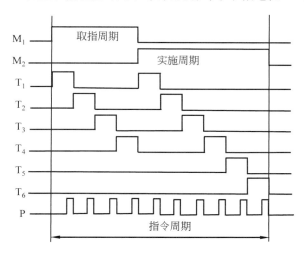

图 6-14　延长节拍不定长机器周期的三级时序信号体系

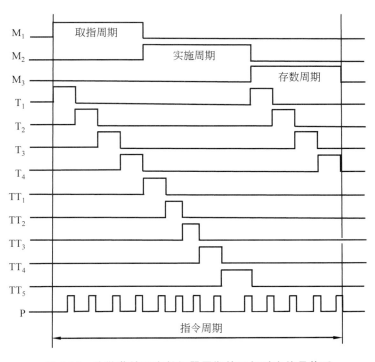

图 6-15　分散节拍不定长机器周期的三级时序信号体系

在微型计算机中,一般不设置节拍电位和工作脉冲,时钟周期的长段作为节拍电位,其前沿与后沿则作为工作脉冲触发。所以,微型计算机的时序信号体系与三级时序信号体系不同,仅有机器周期时序信号,且称为时钟周期时序信号体系。指令周期由取指周期、存数周期和实施周期等三个机器周期 $M_1 \sim M_3$ 组成的定长机器周期的时钟周期时序信号体系如图 6-16 所示,其中一个机器周期 M 的基本时钟周期数为 4,即取指周期、取数周期和实施周期均包含 4 个时钟周期(1、2、3、4),但实施周期还插入了 2 个等待时钟周期(a、b)。

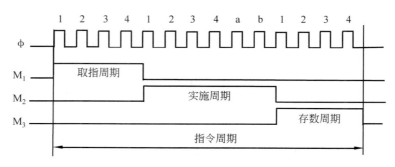

图 6-16 插入时钟周期的时序信号体系(φ 为时钟信号)

6.3.4 时序信号产生器

1. 时序信号产生器的结构原理

时序信号产生器功能是利用时钟生成用于对各种控制信号进行时间同步的时序信号。不同体系结构计算机的时序信号产生器不尽相同,但一般都是由脉冲源、整形逻辑、机器周期发生逻辑、节拍电位发生逻辑和启停控制逻辑等五部分组成,如图 6-17 所示,其中时钟信号可直接作为工作脉冲。

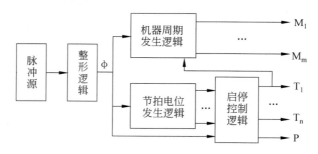

图 6-17 时序信号产生器的一般结构

对于含有四个节拍 $T_1 \sim T_4$ 的定长机器周期,其节拍电位发生逻辑如图 6-18 所示,它主要由一个计数器和四个触发器组成。$\overline{\text{Reset}}$ 为启动信号,低电平有效。$\overline{\text{Reset}}$ 分别与 D_1 的置位端(S)和 $D_2 \sim D_4$ 的复位端(R)相连,则当启动时,T_{10} 为 1,$T_{20} \sim T_{40}$ 为 0。启动之后,将在计数器的进位输出端 RC_0 的作用下,$T_{10} \sim T_{40}$ 周期性地轮流为 1,形成某个机器周期的节拍电位信号。其中 $T_{10} \sim T_{40}$ 为未经启停控制逻辑前的原始节拍电位信号,$T_1 \sim T_4$ 为经启停控制逻辑后 CPU 工作时所需的节拍电位信号。

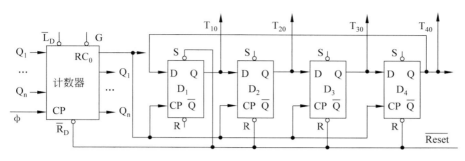

图 6-18 含四个节拍的节拍电位发生逻辑

通常,一种机器周期都对应一个状态触发器,在程序运行 CPU 处于不同的机器周期时,其对应的状态触发器被置"1"。由于 CPU 在任何时刻仅能处于一种机器周期,所以 CPU 在任何时刻有一个且仅有一个状态触发器被置"1"。包含取指周期(FT)、间址周期(JT)、取数周期(ST)、实施周期(ET)和存数周期(DT)等五种机器周期 $M_1 \sim M_5$(未考虑中断周期)的机器周期发生逻辑如图 6-19 所示;其中 FS、JS、SS、ES、DS 是触发器输入端信号,当某输入为 1 时,使对应的状态触发器置 1;MF、MJ、MS、ME、MD 是触发器输出端信号,即是对应机器周期时序标志信号。触发器输入端信号 FS、JS、SS、ES、DS 则根据指令系统所有指令所需要的机器周期状态信号及其转换变化,通常采用计数器输出译码方式产生,具体逻辑电路的设计参见例 6-6。

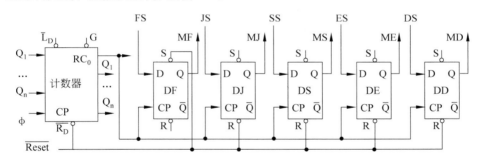

图 6-19 含五种机器周期的机器周期发生逻辑

根据指令处理的状态转换,若任何指令仅一个操作数存在间接寻址的情况下,指令周期包含 10 种机器周期时序,具体如下:

(1) 取指周期→取数周期,如直接寻址存储器读数指令 LDA;
(2) 取指周期→实施周期,如目的寄存器寻址 RR 型加法指令 ADD;
(3) 取指周期→存数周期,如直接寻址存储器存数指令 STA;
(4) 取指周期→间址周期→取数周期,如间接寻址存储器读数指令 LDA;
(5) 取指周期→间址周期→存数周期,如间接寻址存储器存数指令 STA;
(6) 取指周期→取数周期→实施周期,如目的寄存器寻址 RS 型加法指令 ADD;
(7) 取指周期→间址周期→取数周期→实施周期,如目的寄存器寻址、源间接寻址 RS 型加法指令 ADD;
(8) 取指周期→实施周期→存数周期,如目的直接寻址 RR 型加法指令 ADD;

(9) 取指周期→间址周期→实施周期→存数周期,如目的间接寻址 RR 型加法指令 ADD;

(10) 取指周期→间址周期→取数周期→实施周期→存数周期,如目的间接寻址 RS 型加法指令 ADD。

特别地,机器周期与节拍电位发生逻辑除采用计数器方式设计外,还可以采用循环移位方式。

2. 启停控制逻辑

计算机一旦接通电源,就自动产生原始的节拍电位信号 $T_{10} \sim T_{40}$ 和工作脉冲,但仅在程序运行的情况下,才允许时序信号产生器发出 CPU 工作时所需的机器周期 $M_1 \sim M_5$、节拍电位 $T_1 \sim T_4$ 和工作脉冲。由于计算机的启动与停止是随机的,因此,需要启停控制逻辑来保证机器周期、节拍电位和工作脉冲的完整性,控制原始时序信号的发出。即当计算机启动程序运行时,使程序运行从第一个机器周期的第一个节拍电位的第一个工作脉冲(若一个节拍电位含有多个工作脉冲)开始进行微操作;而在程序运行停止时,一定在一个机器周期的最后一个节拍电位的最后一个工作脉冲结束微操作。典型的启停控制逻辑如图 6-20 所示。

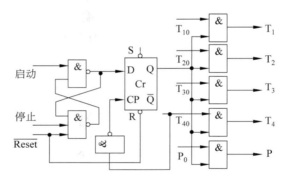

图 6-20 启停控制逻辑原理

启停控制逻辑的核心是一个运行标志触发器(Cr),利用原始节拍电位信号 T_{40} 取反后的上升沿(即 T_{40} 的下降沿),将启动或停止信号加载到运行标志触发器,实现对原始时序信号的发出。当运行触发器为"1"时,原始时序信号通过门电路发送出去,变成 CPU 真正需要的机器周期 $M_1 \sim M_5$、节拍电位 $T_1 \sim T_4$ 和工作脉冲 P;当运行标志触发器为"0"时,停止原始时序信号的发出。

例 6.4 在内存中存放的信息有指令、数据和地址,且它们都是以二进制编码表示,那么 CPU 是怎样识别它们的?必须加以识别吗?

解:(1) 指令周期包含取指、间址、取数、实施、存数等不同的机器周期,且取指、间址、取数等三个机器周期 CPU 均是从内存中读取不同的信息。取指周期读取的是指令,间址周期读取的是地址,取数周期读取的是数据。因此,CPU 通过机器周期时序信号从时间上来识别同时存放于内存中的二进制编码是指令还是数据或地址。

(2) 由于从内存中读取不同的信息,需要通过不同的数据通路送往不同部件,即指令送往控制器、地址送往存储器、数据送往运算器,所以从内存中读取的信息必须加以识别。

例 6.5 设微处理器 CPU 主频为 8MHz,其时钟周期是多少微秒? 若每个机器周期包含 4 个时钟周期,CPU 处理指令的平均速度为 0.8MIPS。问:

(1) 指令周期平均是多少微秒? 平均含有多少个机器周期?

(2) 若微处理器时钟周期改为 $0.4\mu s$,处理指令的平均速度为多少 MIPS?

(3) 若处理指令的平均速度需要 40 万次/秒,微处理器的主频为多少 MHz?

解: 时钟周期 $=1/f=1/(8\times10^6)=0.125(\mu s)$。

(1) 平均指令周期 $=1/(0.8\times10^6)=1.25(\mu s)$,指令的平均机器周期 $=1.25(\mu s)/4\times0.125(\mu s)=2.5$。

(2) 指令处理的平均速度 $=1/(2.5\times4\times0.4\mu s)=0.25$ 条$/\mu s=0.25$MIPS。

(3) 由于 $0.4\times10^6=1/(2.5\times4\times T)$,$T=0.25\times10^{-6}(s)$(T 为时钟周期),则主频 $f=1/T=4.0$MHz。

例 6.6 假设某计算机仅有 A 和 B 两条指令,A 指令需要取指、实施和存数三个机器周期,B 指令需要取指、取数、实施和存数四个机器周期。设计一个逻辑电路,用于为图 6-19 机器周期发生逻辑产生 FS、SS、ES、DS 等四个状态触发器输入端信号。

解: 机器周期状态信号一般可以采用计数器输出译码方式产生,即选取指令系统中包含最多机器周期的指令处理状态数为计数器状态数,通过对计数器状态进行译码产生机器周期状态信号。

由题意可知,A 和 B 指令包含取指(FS)、取数(SS)、实施(ES)和存数(DS)等四个机器周期状态,且 A 和 B 指令的状态转换分别为:FS→ES→DS 和 FS→SS→ES→DS。用两位二进制数来表示机器周期状态,且状态编码定义为:FS—00、SS—01、ES—10、DS—11,则该计算机指令系统机器周期状态编码转换如图 6-21 所示,也即是计数器状态转换。若采用 D 触发器,A 和 B 指令作为输入,从而有计数器激励函数的真值表如表 6-4 所示,其中输入 AB=10 或 01 分别表示为 A 指令或 B 指令生成机器周期状态信号。

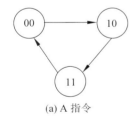
(a) A 指令

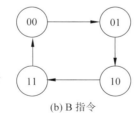
(b) B 指令

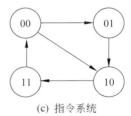
(c) 指令系统

图 6-21 机器周期状态编码转换

表 6-4 计数器激励函数的真值表

现态 Q_1Q_2	输入 AB	次态 $Q_1^{n+1}Q_2^{n+1}$	激励 D_1D_2
00	01	01	01
00	10	10	10
01	01	10	10
10	01	11	11

续表

现态 Q_1Q_2	输入 AB	次态 $Q_1^{n+1}Q_2^{n+1}$	激励 D_1D_2
10	10	11	11
11	01	00	00
11	10	00	00

根据计数器激励函数的真值表可列出计数器的激励函数为：

$$D_1 = \overline{Q_1}\,\overline{Q_2}A\overline{B} + \overline{Q_1}Q_2\overline{A}B + Q_1\overline{Q_2}\overline{A}B + Q_1\overline{Q_2}AB = \overline{Q_2}A\overline{B} + \overline{A}B(Q_1 \oplus Q_2)$$

$$= \overline{\overline{\overline{Q_2}A\overline{B}} \cdot \overline{\overline{A}B(Q_1 \oplus Q_2)}}$$

$$D_2 = \overline{Q_1}\,\overline{Q_2}\,\overline{A}B + \overline{Q_1}\,\overline{Q_2}\overline{A}B + Q_1\overline{Q_2}A\overline{B} = \overline{Q_2}(\overline{A}B + Q_1A\overline{B})$$

$$= \overline{Q_2 + \overline{Q_1}\,\overline{\overline{A}B} + A \odot B}$$

从而可画出生成状态触发器输入端信号的逻辑电路如图 6-22 所示。

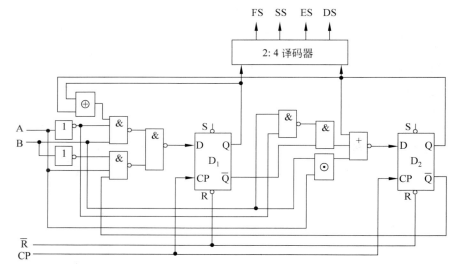

图 6-22 生成状态触发器输入端信号的逻辑电路

6.4 微程序设计技术

微程序控制器是当前控制器的主流，微程序控制器实现的关键是微程序的设计，而微程序设计是一项全新概念下的技术性工作。因此，必须熟悉系列概念，如微程序、微指令、微周期、微地址、相容与互斥微命令等，那么，微周期与机器周期有什么关系、微程序结构如何组织、一条微指令有哪些部分组成、一条微指令可包含哪些微命令、一条微指令所包含的微命令如何同步、微指令各个字段是设计或编码的方法有哪些且它们有哪些特性、微指令的格式有哪些且它们有哪些特点、微程序与机器指令、微指令有什么关系、微程序设计有哪些基本要求，等等，这是本节要讨论的问题。

6.4.1 微指令及其基本格式

1. 微指令及其微周期

微指令是指一定时间单位(如机器周期或节拍)内有效的若干微命令集合,并作为一个存储单元的内容。一条微指令所包含微命令的多少称为微指令粒度,从三级时序体系中可知,用于定义微指令的时间单位只有机器周期和节拍,所以,微指令粒度可分为机器周期粒度和节拍粒度两种。根据机器周期和节拍的时间定义,机器周期粒度大于节拍粒度。显然,机器周期粒度的微指令用于完成一个状态操作,节拍粒度的微指令用于完成若干可并行执行的微操作。

存放一条微指令的控制存储器的存储单元地址称为微地址。由于微指令存放在控制存储器中,所以将从控制存储器中读取一条微指令并执行微指令所包含微命令相应微操作所需要的全部时间则称为微指令周期。当微指令的粒度为机器周期时,由于机器周期等于执行微指令所包含微命令的时间,所以微指令周期是读取微指令时间与机器周期之和,为保证计算机整体控制信号的同步,通常将读取微指令时间隐藏于前一条微指令执行之中,使微指令周期相当于执行微指令所包含微命令相应微操作的时间,即使微指令周期相当于机器周期。若机器周期包含四个节拍 $T_1 \sim T_4$,则在 T_4 节拍既执行微指令的操作,同时也并行地读取下一条微指令,微指令周期与机器周期的时间关系如图 6-23 所示。如"ADD"指令在第二个机器周期中,经过 $T_1 \sim T_3$ 节拍运算器运算完成,在 T_4 节拍将运算结果送到寄存器的同时,则可读取下一条微指令。

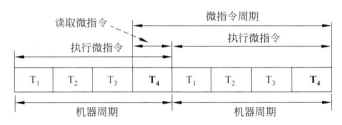

图 6-23 微指令周期与机器周期的时间关系

2. 微命令的兼容性与互斥性

一个微命令(控制信号)即是一位二进制数。若微命令对应的二进制数为"1",则表示该微命令有效,即由控制部件向执行部件发出了控制信号,执行部件执行微命令所对应的微操作;若微命令对应的二进制数为"0",则表示该微命令无效,即控制部件没有向执行部件发出控制信号,执行部件不执行微命令所对应的微操作。因此,微命令之间具有兼容和互斥之分。允许同时有效的微命令称为兼容性微命令,如若 A、B、C、D、E、F 等六个微命令是兼容的,那么六个微命令对应的六位二进制数允许同时为"1",当然不一定必须同时为"1"。不允许同时有效的微命令称为互斥性微命令,如若 A、B、C、D、E、F 等六个微命令是互斥的,那么六个微命令对应的六位二进制数同时仅能有一位为"1",其他必须为"0"。由兼容性微命令控制下共同完成的微操作则称为兼容性微操作,互斥性微命令对应的微操作则称为互斥性微操作。显然,微命令之间的兼容性和互斥性是相对的,一个微命令与一些微命令兼容,而与另一些微命令互斥。微命令的兼容性与互斥性对于单个微命令,是没有意义的。

3. 微指令的基本格式

微程序中微指令处理的动态序列如同程序中指令处理的动态序列一样,通过顺序和跳转处理静态微指令序列来实现,即只要在当前微指令处理结束时,得到下一条需要处理的微指令地址,就可实现静态微指令序列的顺序与跳转处理。由于静态微指令序列跳转处理比静态指令序列跳转处理的概率大得多,不可能如同静态指令序列一样,采用跳转微指令来实现静态微指令序列跳转处理,否则跳转微指令在微程序中的比例会很大,使得微程序运行的效率低。因此,便把下一条微指令地址的相关信息与当前微指令的若干微命令组合在一起,设置一个微地址转移逻辑对下一条微指令地址的相关信息进行变换,来形成下一条微指令地址。可见,微指令由两大部分信息组成,即微指令可分为两个域:微操作控制域(OCF)和顺序控制域。微操作控制域用于描述该微指令需要执行微操作所需要的相应控制信号,即控制部件向执行部件发出的微命令由微操作控制域来决定;顺序控制域用于描述该微指令处理之后的下一条微指令地址,即下一条微指令地址由顺序控制域来决定。

由于静态微指令序列的处理存在顺序和跳转,而顺序还是跳转通常由机器状态和外部条件决定,所以顺序控制域又分为两个字段:测试标志字段(BCF)和下一微地址字段(BAF),则微指令的基本格式如图 6-24 所示。测试标志字段用于指示下一条微指令地址形成所需要测试的状态条件,如运算结果是否为 0、是否存在进位等;下一微地址字段给出一个微地址,下一条微指令地址是否就是该微地址与是否进行状态条件测试及测试是否成立有关。如果需要进行状态条件测试且测试成立,则对给出的微地址进行变换,从而实现跳转;否则,给出的微地址就是下一条微指令地址。

图 6-24 微指令的基本格式

4. 微命令的同步控制

当一条微指令从控制存储器中取出并送到微指令寄存器后,其所包含的有效微命令就开始生效,直到新的微指令送入微指令寄存器。而大部分微命令的持续时间为一个节拍时间,如表 6-2 中的 PC_{out}、MAR_{in} 等;少部分微命令的持续时间为一个机器周期,如表 6-2 中的 Read、Write 等。

当微指令粒度为机器周期时,微指令寄存器中的任何有效微命令的持续时间均为机器周期。显然不能让所有有效微命令均持续一个机器周期,必须对从微指令寄存器发出的仅在一个节拍时间有效的微命令进行时间同步,然后才能与相应执行部件的控制端相连。这时,微命令同步方法是在微指令寄存器与相应执行部件之间,增设输入为有效微命令和时序信号(包含机器周期和节拍电位)的逻辑电路,使有效微命令在一个节拍时间内有效。若有一个微命令 a,在任何一条机器指令取指周期的 T_2 节拍和 ADD 指令取数周

期的 T_3 节拍有效,则该微命令同步控制电路如图 6-25 所示。

当微指令粒度为节拍时,微指令寄存器中的任何有效微命令的持续时间均为节拍时间。显然不能让所有有效微命令均仅持续一个节拍时间,必须对从微指令寄存器发出的在一个机器周期有效的微命令进行时间同步,然后才能与相应执行部件的控制端相连。这时,微命令同步方法是使一个机器周期有效的微命令,在该机器周期所包含的微指令(微指令数等于节拍数)中,均为有效。若一个机器周期包 3 个节拍,对应三条微指令,有一个微命令 a 在整个机器周期均有效,则使微命令 a 在三条微指令均为"1",如图 6-26 所示。

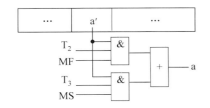

图 6-25　机器周期粒度微命令同步控制

图 6-26　节拍粒度微命令同步控制

6.4.2　微程序及其与指令、微指令的关系

1. 微程序及其结构

微操作的执行时间和次序是严格控制的,微操作对应所需要的微命令具有时序性,使得微指令的执行也具有时序性。微程序就是系列微指令的有序集合,用于控制状态操作序列或微操作序列,以实现机器指令的功能。一台计算机对应一个指令系统,即一台计算机包含一定数量的微程序段,每个微程序段都存在一个起始地址(即入口地址),机器指令对应微程序段的入口地址由操作码来规定。根据是否存在公共微程序段,一台计算机的微程序组织一般有两种结构:无公共微程序段和有公共微程序段。

(1) 无公共微程序段。指令系统中的任何一条机器指令的处理流程,唯一对应一组微操作序列,将该微操作序列所需要的微命令以机器周期或节拍为时间单位,用一条微指令表示,并按机器周期和节拍顺序把微指令组织在一起,则是机器指令对应的微程序段。将每条指令的微程序段放置在由操作码规定起始地址的控制存储器中,由此构成了一台计算机的微程序。包含 N 条指令无公共微程序段的微程序结构如图 6-27 所示(未考虑中断处理),显然,微程序段的数量为 N+1。特别地,每条机器指令的微程序段均由取指和执行两部分组成,且顺序先取指后执行;由于指令微程序段的起始地址是由操作码规定,需要在机器指令处理结束后,获得下一条指令的操作码,则先取指后执行的机器指令微程序段改为先执行后取下一条指令;为配合机器指令微程序段结构顺序的改变,在控制存储器启动地址(固定的)处增放一段取指微程序段。

(2) 有公共微程序段。任何一条机器指令,取指阶段的微操作序列和间接寻址的微操作序列都是相同的,即图 6-27 中的取指微程序段是一样的,包含间接寻址指令间址微程序段也是一样的。这些相同微程序段在控制存储器中重复出现,导致控制存储器的存储空间存在大量浪费。为了节约控制存储器空间,则按照程序设计设置子程序的方法,将微程序中重复度较高的微程序段定义为微子程序。在运行机器指令的微程序段时,通过

"Jump Opcode Routine"表示依据操作码转到下一条指令对应的微程序段。

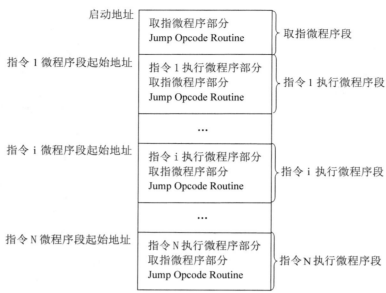

图 6-27　无公共微程序段微程序的组织结构

转移方法调用微子程序来实现指令微程序段的完整性。将每条指令的微程序段放置在由操作码规定入口地址的控制存储器中，将取指微子程序和间址微子程序也放置于入口地址固定的控制存储器中，由此构成了一台计算机的微程序。包含N条指令有公共微程序段的微程序结构如图6-28所示（未考虑中断处理），显然，微程序段的数量为N+A，A为公共微程序段数。特别地，有公共微程序段结构的微程序，使得微程序中将更多的出现分支转移，甚至是多条件、多分支转移。

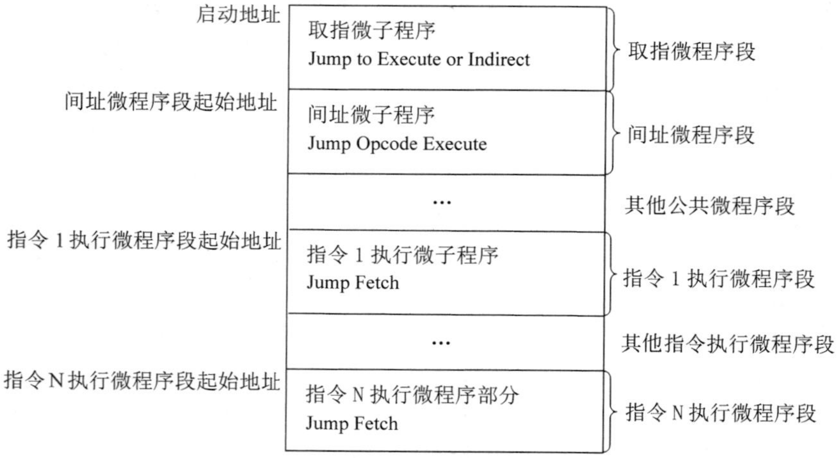

Jump to Execute or Indirect　表示依据操作码或寻址方式转执行或间指微程序段。
Jump Opcode Execute　表示依据操作码转执行微程序段。
Jump Fetch　表示转取指微程序段。

图 6-28　有公共微程序段微程序的组织结构

2. 机器指令、微程序、微指令的关系

为了实现微指令所描述的微操作,需要微指令提供相应的微命令,所以微指令的核心任务是提供控制信号。通过一组微指令提供的控制信号,使一条机器指令中的所有微操作得以完成,从而实现机器指令的功能,机器指令、微程序、微指令的关系如图 6-29 所示。

图 6-29 机器指令、微程序、微指令的关系

可见,一条机器指令对应一段微程序,这段微程序由若干条微指令序列组成的;反言之,一条机器指令的功能是通过若干条微指令序列来实现的,一条机器指令所需要完成的功能操作,由若干条微指令序列来进行解释和执行。指令与微指令、程序与微程序、地址与微地址具有一一对应关系,但前者面向内存储器,后者面向控制存储器。

6.4.3 微命令的编码方法

微指令格式与微命令编码方法是实现微程序设计基本要求的关键因素,微指令格式主要由微命令编码方法决定,编码方法的不同,微操作控制域的格式也有所不同。同指令字一样,微指令字是指一条微指令所包含的二进制数,相应的二进制数位数称为微指令字长。一台计算机的微命令(控制信号)多则上百,少则几十,如果微操作控制域中一位二进制数直接用"0"与"1"来表示微命令的有效性,则会导致微指令字长太长,控制存储器空间大,这与微程序设计的基本要求是相悖的。微命令编码方法即是微命令有效性表示方法,它是指如何对微操作控制域二进制数进行编码来表示微命令的有效性并译码成相应的微命令。微命令编码方法一般有三种:位直接编码法、分段编码法、统一编码法,其中分段编码法又有分段直接编码法和分段间接编码法之分。另外,从权衡微指令字长、微指令执行速度和灵活性之间的关系出发,还有为发挥多种编码方法优势的混合编码法和为针对特殊需要的技巧编码法。

1. 位直接编码法

位直接编码法是指直接利用一位二进制数"0"和"1"来表示一个微命令的有效性,即一位二进制数直接为一个微命令。二进制位数为 N 的微操作控制域格式如图 6-30 所示。如有 A、B、C、D、E、F、G 等七个微命令,则利用七位二进制数来表示它们的有效性,当七位二进制数为"1000100"时,则表示 A 和 E 微命令有效,其余微命令均无效,7 位二进制数的每一位直接为一个微命令。

位直接编码法的特点在于微命令并行表示的能力强、微操作执行的速度快、微命令编码表示简单容

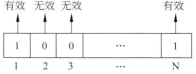

图 6-30 位直接编码法控制域格式

易;但微操作控制域的二进制位数多,微指令字长,一般计算机包含 N 个微命令,微操作控制域就需要 N 位二进制数。

2. 统一编码法

位直接编码法使得微指令的微操作控制域过长,而统一编码法则可使微操作控制域最短。它是指将微操作控制域的二进制数全部一起编码,一个编码表示 1～2 个微命令有效,并通过译码成生成所有的微命令。若计算机包含 N 个微命令,则采用 $L \geqslant \log_2 N$ 位二进制数来表示 N 个微命令的有效性,如 112 个微命令,统一编码法仅需要 7 位二进制数,其微操作控制域格式如图 6-31 所示。

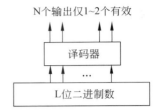

图 6-31 统一编码法控制域格式

统一编码法的特点与直接编码法相反,即微操作控制域的二进制位数少,一般计算机包含 N 个微命令,微操作控制域仅需要二进制位数 $L \geqslant \log_2 N$,微指令字短;但译码器输出仅有 1～2 位有效,且译码器宠大繁杂,微命令并行表示的能力弱、微操作执行的速度慢。

3. 分段编码法

分段编码法是直接编码法与统一编码法的折中方法,它是将微操作控制域的二进制数分为若干个字段,段内二进制数采用统一编码法,段与段之间采用直接编码法。分段编码法又可分为分段直接编码法和分段间接编码法。

分段直接编码法是指将微操作控制域的二进制数分为若干个字段,利用一个字段的编码来表示一组互斥性微命令的有效性,并通过译码成生成一组互斥性的微命令。分为 L 个字段、每个字段依次为 $n_1, n_2, \cdots, n_L$ 位的微操作控制域格式如图 6-32 所示。如若 A、B、C、D、E、F、G 等七个微命令是互斥的,则需要三位二进制数来表示它们的有效性,若 "001～111" 编码依次用于表示 A～G 微命令有效,"000" 编码用于表示七个微命令均无效。那么当编码为 "001" 时,可通过译码器生成七位二进制数为 "1000000",即是七个互斥性微命令,其中 A 微命令有效,其余均无效。而分段直接编码法的分段规则为:

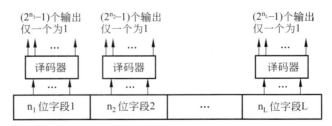

图 6-32 分段直接编码法控制域格式

① 互斥性微命令分在同一字段,兼容性微命令分在不同字段。前者可以提高二进制数位的利用率,缩短微指令字长;后者有利于实现微操作的并行性,加快指令执行速度。

② 同一字段互斥性微命令尽量面向同类微操作,如信息送往总线微命令。这样可使微指令结构清晰,易于编制微程序和扩展功能。

③ 每个字段的二进制数位不能太长,一般不超过 6 位。二进制数位越长,译码电路

越复杂,译码时间越长。

④ 每个字段应留出一个编码来表示本字段的微命令均无效,即若字段二进制位数为 n,则最多可表示(2^n-1)个互斥性微命令。

分段间接编码法是以分段直接编码法为基础,但一个字段的某些编码不能独立表示微命令,还需要其他字段译码来加以解释。分为 L 个字段且包含 P、Q 字段,其中 P 字段 3 位的微操作控制域格式如图 6-33 所示。在图 6-33 中,P 字段译码输出,还受到 Q 字段译码输出的控制才形成微命令。当 Q 字段译码输出的 q_1 微命令有效时,Q 字段译码输出 $P_{11}, P_{21}, \cdots, P_{71}$ 才能形成一个有效的微命令;当 Q 字段译码输出的 q_2 微命令有效时,Q 字段译码输出 $P_{12}, P_{22}, \cdots, P_{72}$ 才能形成一个有效的微命令。由于分段间接编码法的译码电路复杂而费时,它一般作为分段直接编码法的一种补充,但它可进一步缩短微操作控制域长度。

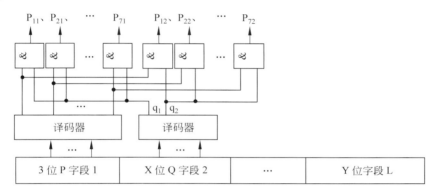

图 6-33 分段间接编码法控制域格式

分段编码法的特点则介于直接编码法和统一编码法之间。

混合编码法是直接编码法与分段直接编码法相结合的方法。计算机中有一些微命令的兼容性强,无法归到任何字段编码,仅能采用直接编码;又为使微指令字不太长,则对互斥性微命令采用分段直接编码法。因此,有的微命令是直接编码,有的微命令是分段直接编码。

技巧编码法则是多种多样。如在微指令的基本格式中附设一个常数字段的常数字段编码法,它与机器指令中的立即数类似,向执行部件直接发送一个常数,或送入 ALU 参加运算,或送入计数器作为初值来控制微程序循环次数。如局部性微命令(仅有一条或少数几条微指令才使用的微命令)共享微操作控制域一位的微地址参与解释编码法,控制存储器 004 单元微指令的这一位为取指标志,而 110 单元微指令的这一位为变址标志。

4. 微命令编码方法的比较

实质说来,位直接编码法和统一编码法是分段编码法的极端情况,当微操作控制域的二进制数一位为一个字段时的分段编码法即是位直接编码法,当微操作控制域的二进制数为一个字段时的分段编码法即是统一编码法。但它们在减小控制存储器容量、增强微操作并行性、提高微指令执行速度和微指令粒度适用性等方面有较大差异。

(1) 减小控制存储器容量的差异。统一编码法极大地减少微操作控制域二进制位数,对于一组互斥性微命令,采用分段编码法也可有效地减少微操作控制域二进制位数。因此,从减小控制存储器的容量来看,统一编码法是最为理想的,位直接编码法最不理想,分段编码法介于两者之间。

(2) 增强微操作并行性的差异。统一编码法的一条微指令,无论微操作控制域的二进制位数为多少,均仅能表示 1~2 个微命令有效;而采用位直接编码法的一条微指令,若微操作控制域的二进制位数为 N,则最多可表示 N 个微命令有效;采用分段编码法的一条微指令,由于一个字段仅能表示一个微命令有效,可表示有效微命令的数量由字段数决定。因此,从微操作的并行性来看,位直接编码法是最为理想的,统一编码法最不理想,分段编码法介于两者之间。

(3) 提高微指令执行速度的差异。位直接编码法的微指令,微操作控制域的二进制数直接是微操作控制信号;而分段编码法与统一编码法的微指令,微操作控制域的二进制数需要通过译码解释,才能形成微操作控制信号,且统一编码法译码解释比分段编码法复杂。因此,从微指令执行速度的来看,位直接编码法是最快的,统一编码法最慢,分段编码法介于两者之间。

(4) 微指令粒度适用性的差异。机器周期粒度微指令的定义时间单位长,包含的微命令多、对并行性的要求高;节拍粒度微指令的定义时间单位短,包含的微命令少、对并行性的要求低。因此,位直接编码法适用于机器周期粒度微指令,分段编码法和统一编码法适用于节拍粒度微指令。

6.4.4 微指令格式的类型

采用不同微命令编码方法,一条微指令可同时表示的微命令数量不同,即微操作的并行性有差异。因此,根据微命令的并行性,微指令格式可分为水平型微指令和垂直型微指令。

1. 水平型微指令及其特点

水平型微指令是指可定义多个并行微命令并相应执行多个并行微操作的微指令。显然,水平型微指令格式的微操作控制域采用直接编码法、分段编码法和混合编码法,所包含的微命令较多,相应的二进制位数也较多,即微指令字是长格式的。另外,由于水平型微指令格式利用多个并行微命令来隐含操作对象(源与目的部件或器件),使得微操作控制域不必给出操作对象,格式即如同图 6-26 微指令的基本格式。若 CPU 数据通路支持多种微操作并行执行,如可同时进行代码预取、ALU 运算等,则可采用一条水平型微指令描述代码预取与 ALU 运算所需要的微命令,即水平型微指令是面向 CPU 内部逻辑控制描述。

水平型微指令的优点有:一条微指令可同时表示许多微命令,且解释电路简单,因此微指令处理速度快、效率高,微操作执行的并行能力强;此外,对机器指令功能解释所需要的微指令条数少,一条机器指令对应的微程序较短,使得控制存储器的纵向容量小。水平型微指令的缺点是:微操作控制域的二进制位数较多,微指令字长,编码复杂困难,使得控制存储器的横向容量大,微指令编码的自动化难以实现。

2. 垂直型微指令格式及其特点

垂直型微指令是指仅可定义1～2个并行微命令，并相应执行1～2个并行微操作的微指令。显然，垂直型微指令格式的微操作控制域采用统一编码法，所包含的微命令少，相应的二进制位数也较少，即微指令字是短格式的。另外，由于垂直型微指令格式仅能控制1～2个微操作，类似于机器指令的格式，需要微操作控制域给出操作对象（源与目的部件或器件的编址）及其他附加信息，即微操作控制域的格式如图6-34所示，它分为微操作码和微操作对象两个字段。若CPU数据通路仅支持1～2个微操作并行执行，如不能同时进行代码预取、ALU运算等，则可采用两条垂直型微指令描述代码预取与ALU运算所需要的微命令，即垂直型微指令是面向算法控制描述。

微操作码	微操作对象	测试标志	下一微地址
控制信号描述		后续微地址描述(顺序控制域)	

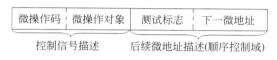

图6-34　垂直型微指令格式

垂直型微指令与机器指令一样，又可分为多种类型，如传送型、运算型、移位型、转移型等，所有微指令集合组成一个微指令系统。不同类型的垂直型微指令，微操作控制域的格式有所不同，传送型、运算型、移位型、转移型等垂直型微指令微操作控制域格式如图6-35～图6-38所示。传送型微指令的功能是源部件数据传送到目的部件，当源部件或目的部件为存储器时，附加信息中含读写控制信号，存储器单元按规定的寻址方式编址。运算型微指令的功能是对ALU左右输入的数据按附加信息指定的运算进行。移位型微指令的功能是对寄存器中的数据按指定的方式及次数移位。转移型微指令的功能是根据附加信息指定的状态条件（含无条件）测试，决定是否转移到目标微地址单元。

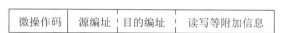

微操作码	源编址	目的编址	读写等附加信息

图6-35　传送型微操作控制域格式

微操作码	左输入编址	右输入编址	运算等附加信息

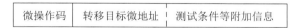

图6-36　运算型微操作控制域格式

微操作码	寄存器编址	移位次数	移位方式等附加信息

图6-37　移位型微操作控制域格式

微操作码	转移目标微地址	测试条件等附加信息

图6-38　转移型微操作控制域格式

垂直型微指令的优点有：微操作控制域的二进制位数较少，微指令字短且结构规整，编码简单，使得控制存储器的横向容量小，微指令编码的自动化容易实现。垂直型微指令

的缺点是:一条微指令同时仅表示 1~2 条微命令,且解释电路复杂,因此微指令处理速度慢、效率低,微操作执行的并行能力弱;此外,对机器指令功能解释所需要的微指令条数多,一条机器指令对应的微程序较长,使得控制存储器的纵向容量大。

3. 水平型与垂直型微指令的比较

(1) 水平型微指令并行操作能力强且效率高,而垂直型微指令则相反。水平型微指令可同时定义多个并行微命令,控制多条数据通路同时进行信息传送;而垂直型微指令仅定义 1~2 个微命令,控制一条数据通路进行信息传送。

(2) 水平型微指令执行时间短,垂直型微指令执行时间长。实现一条机器指令功能的微指令数,垂直型微指令要比水平型微指令多,使得机器指令的执行时间长;而执行一条微指令时,水平型微指令微命令的解释一般简单直接,使得微指令的执行时间要比垂直型微指令短。

(3) 水平型微指令对机器指令解释的微程序,其微指令字较长,微程序较短;而垂直型微指令对机器指令解释的微程序,其微指令字较短,微程序较长。

(4) 水平型微指令用户难以掌握,而垂直型微指令与指令比较相似,用户比较容易掌握。水平型微指令与机器指令差别较大,一般需要精通计算机体系结构、数据通路、时序系统以及微命令,才能进行编码。

6.4.5 微程序运行的控制方法

1. 微程序运行控制及其类型

一条机器指令对应一段微程序,控制存储器中的微程序包含许多微程序段,微程序段中第一条微指令的微地址称为微程序的入口地址。在微程序运行过程中,当前正在处理的微指令称为现行微指令,其对应的微地址称为现行微地址;现行微指令处理后需要处理的下一条微指令称为后继微指令,其对应的微地址称为后继微地址。微程序运行控制即是微指令流控制,它是根据当前处理的微指令及其处理结果来控制形成后继微地址的过程。显然,微程序运行控制包含微程序入口地址与后继微地址的形成,即微程序入口地址与后继微地址的形成方法即是微程序运行的控制方法。

2. 微程序入口微地址形成方法

机器指令的处理分为取指与执行阶段,执行阶段的操作是由取指阶段所读取指令的操作码决定的。而从微程序的结构可知,取指阶段对应的微程序段或微指令一般是公用的,其入口地址或微地址在控制存储器中是固定的(通常为 0)。通过取指微程序段或微指令从主存储器中读取指令后,则可利用指令操作码来转换获得该条机器指令的执行微程序。根据指令操作码的结构特性,由指令操作码转换形成其对应执行微程序段入口地址的方法通常有一级功能转换法、二级功能转换法和 PLA 电路转换法等三种。

(1) 一级功能转换法。

根据指令操作码直接转换形成其对应执行微程序段入口地址,称为一级功能转换法。当指令操作码字段的位数和位置固定,则可采用一级功能转换法。如将指令操作码算术左移 1 位低位补 0 与 00⋯00000 相加作为微程序段入口地址,即 00⋯00000+SHL1(OP)(OP 为指令操作码)。若某计算机包含 16 条指令,指令操作码为 0000~1111,则 16 条指令对应执行微程序段入口地址为 00…00000,00…00010,00…00100,…,00…11110。

（2）二级功能转换法。

所谓二级功能转换法是指先按指令类型标志（操作码或操作码的一部分），以区分出指令属于哪一类（如单操作数指令、双操作数指令等），再根据操作码其余部分或类型标志直接转换形成其对应执行微程序段入口地址。显然，当同类机器指令的操作码字段的位数和位置固定，而不同类机器指令的操作码的位数和位置不固定时，则可采用二级功能转换法。若某计算机有 15 条指令，且含单操作数指令 7 条和双操作数指令 8 条等两类指令，采用操作码扩展技术进行编码，单操作数指令操作码为 000~110，双操作数指令操作码为 111000~111111。若是单操作数指令（操作码高三位为 000~110），则将指令操作码算术左移 1 位低位补 0 与 00…0000 相加作为微程序段入口地址，即 00…0000+SHL1(OP)（OP 为指令操作码），那么 7 条单操作数指令对应执行微程序段入口地址为 00…0000,00…0010,00…0100,…,00…1100。若是双操作数指令（操作码高三位为 111），操作码低 3 位（类型标志外的其余部分）算术左移 1 位低位补 0 与 00…01111 相加作为微程序段入口地址，那么 8 条双操作数指令对应执行微程序段入口地址为 00…01111,00…10001,00…10011,…,00…11111。

（3）PLA 电路转换法。

可编程逻辑阵列（PLA）是一种可编程的译码-编码逻辑电路，这正是把指令操作码转换为对应执行微程序段入口地址所需要的功能。因此，当指令操作码位数和位置均不固定时，则可采用 PLA 电路将指令操作码为对应执行微程序段入口地址。PLA 电路转换法是将多种转换依据如操作码、寻址方式等作为 PLA 电路的输入，输出即是对应执行微程序段入口地址。PLA 电路转换法对于变长度、变位置的操作码特别有效，而且转换速度较快。

设某计算机有 $I_0,I_1,…,I_7$ 共 8 条指令，操作码分别为 000~111，对应执行微程序段入口地址为 020H,031H,087H,…,146H，采用 PLA 电路转换法实现将指令操作码转换为对应执行微程序段入口地址的逻辑电路如图 6-39 所示。其中 $IR_1、IR_2、IR_3$ 为指令操作码，$\mu MAR_8 \sim \mu MAR_0$ 为对应执行微程序段入口地址。

3. 后继微地址形成方法

在形成机器指令执行微程序段入口地址后，就开始运行微程序。而每条微指令处理完毕后，需要根据当前微指令顺序控制域的规定，控制形成后继微地址。后继微地址的形成方法对微指令格式的灵活性影响很大，根据当前微指令顺序控制域可以形成后继微地址的数量，后继微地址形成主要有二分支计数和多分支断定等两种方法。

（1）二分支计数法。

二分支计数法是指按顺序或转移等两种方式来处理当前微指令的顺序控制域，形成后继微地址。当微程序按静态微指令序列顺序方式运行时，后继微地址由当前微地址加上一个增量（通常为 1）来形成；当微程序对静态微指令序列以转移方式运行时，后继微地址则通过变换当前微指令的顺序控制域来形成。与程序转移一样，微程序转移一般有无条件转移、条件转移、循环转移、微子程序转移、返微主程序转移等五种形态，加上顺序方式和取出微指令后转对应执行微程序段入口地址，则顺序控制域的测试标志字段需要 3

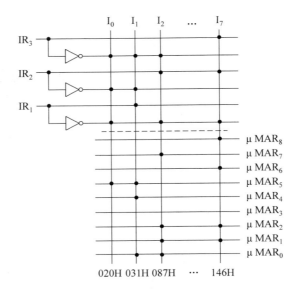

图 6-39 PLA 电路转换法的逻辑电路

位二进制数来指示二分支计数法形成后继微地址的转移控制形态,如表 6-5 所示。表中 μPC 为微程序计数器,RR 为微主程序返回寄存器,BAF 为顺序控制域中的下一微地址。二分支计数法形成后继微地址结构原理如图 6-40 所示。特别地,顺序控制域中的下一微地址字段一般位数较少,仅是后继微地址的若干低位或高位,其余若干高位或低位取 μPC 若干高位或低位。

表 6-5 二分支计数法形成后继微地址的转移控制形态

测试标志字段		转移控制形态	转移条件	后继微地址形成操作
编号	二进制编码			
0	000	顺序处理		$\mu PC+1 \to \mu PC$
1	010	条件转移	条件成立 P	$\mu PC+1 \to \mu PC$
			条件不成立	$BAF \to \mu PC$
2	011	循环转移	循环成立 Q	$BAF \to \mu PC$
			循环不成立	$\mu PC+1 \to \mu PC$
3	001	无条件转移		$BAF \to \mu PC$
4	100	微子程序转移		$\mu PC+1 \to RR, BAF \to \mu PC$
5	101	返微主程序转移		$RR \to \mu PC$
6	110	执行微程序段转移		操作码形成入口地址

由表 6-5 和图 6-40 可知,当后继微地址形成译码器输入端为 000 时,转移控制形态是顺序处理,译码输出 0 端为 1,其余均为 0,或非门 a 输出为 1。这时,与门 f 被打开,μPC 执行加 1 操作;非门 d 输出 0,与门 e 被封锁。

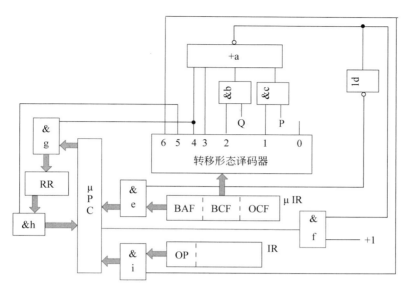

图 6-40　二分支计数法形成后继微地址结构原理

当后继微地址形成译码器输入端为 001 或 010 或 011 时,转移控制形态分别是条件转移、循环转移和无条件转移,译码输出 1 或 2 或 3 端为 1,其余均为 0。若相应条件转移的 P=1 或循环转移的 Q=1,或非门 a 输出为 0;这时,与门 f 被封锁,μPC 不执行加 1 操作;非门 d 输出 1,与门 e 被打开,微指令寄存器 μIR 中 BAF 字段送到 μPC 作为后继微地址的若干低位或高位。若相应条件转移的 P=0 或循环转移的 Q=0,或非门 a 输出为 1;这时,与门 f 被打开,μPC 执行加 1 操作;非门 d 输出 0,与门 e 被封锁。

当后继微地址形成译码器输入端为 100 时,转移控制形态是微子程序转移,译码输出 4 端为 1,其余均为 0,或非门 a 输出为 0。这时,与门 f 被封锁,μPC 不执行加 1 操作;非门 d 输出 1,与门 e 被打开,微指令寄存器 μIR 中 BAF 字段送到 μPC 作为后继微地址的若干低位或高位。另外,与门 g 被打开,μPC 的内容(当前微指令处理后已加 1)送到 RR 微主程序返回寄存器。

当后继微地址形成译码器输入端为 101 时,转移控制形态是返微主程序转移,译码输出 5 端为 1,其余均为 0,或非门 a 输出为 1。这时,与门 f 被打开,μPC 执行加 1 操作;非门 d 输出 0,与门 e 被封锁。另外,与门 h 被打开,RR 中的返回微主程序微地址送到 μPC 作为后继微地址。

当后继微地址形成译码器输入端为 110 时,转移控制形态是执行微程序段转移,译码输出 6 端为 1,其余均为 0,或非门 a 输出为 1。这时,与门 f 被打开,μPC 执行加 1 操作;非门 d 输出 0,与门 e 被封锁。另外,与门 i 被打开,由机器指令操作码形成的对应执行微程序段入口地址送到 μPC 作为后继微地址。

二分支计数法的优点是直观易理解,微程序编制与测试容易,微指令字较短,后继微地址形成的实现简单。它的缺点是由测试条件决定的多分支转移难以实现,也不能根据刚产生的运算结果立即转移,导致微程序运行速度慢,微程序在控制存储器中的物理地址分配较困难。

(2) 多分支断定法。

多分支断定法是指后继微地址可由微程序设计者指定,或者根据微指令所规定的测试标志,由逻辑电路控制形成后继微地址的全部或部分二进制数位。当微程序按静态微指令序列顺序方式运行时,后继微地址由顺序控制域中的下一微地址字段直接给出;当微程序对静态微指令序列以转移方式运行时,后继微地址则根据顺序控制域中的测试标志字段和当前状态条件控制形成后继微地址。而多分支转移一般有三种情形:

① 转移到不同寻址方式对应获取操作数微程序段入口。当取出机器指令的代码后,则根据机器指令的寻址方式控制形成后继微地址,即后继微地址的若干低位由机器指令的寻址方式决定。

② 转移到不同机器指令对应执行微程序段入口。当机器指令的操作数获取后,则根据机器指令操作码控制形成后继微地址,即后继微地址的若干低位由机器指令操作码决定。

③ 条件转移分支。对于条件转移指令,通过对测试标志字段与机器当前状态进行比较测试,在状态条件满足时,则修改微地址寄存器(μMAR)中部分二进制位,从而实现微程序的分支转移。

可见,多分支断定法是以下一微地址为基础,通过对机器指令操作码、操作数寻址方式和机器当前状态来控制形成后继微地址,结构原理如图 6-41 所示。

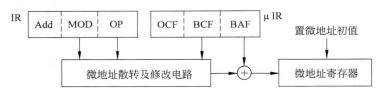

图 6-41 多分支断定法形成后继微地址结构原理

多分支转移虽然有很多分支,但分支数是有限的,为缩短微指令字长,通常不需要将后继微地址的所有位都作为断定位,通常仅需要断定形成有限的若干低位,后继微地址的若干高位由下一微地址字段直接给出。因此,测试标志字段仅是后继微地址若干低位的形成条件。机器指令的代码不同,机器运行的状态不同,断定形成的后继微地址若干低位不同,分支也就不同。特别地,测试标志字段不是后继微地址若干低位本身,只是若干低位形成的条件。显然,当微指令采用多分支断定法形成后继微地址时,它至少是无条件转移的。

对于采用多分支断定法的微指令,顺序控制域的测试标志字段如果只有一位,可测试的测试源至多两个,且至多产生两个分支的微地址;若有两位,可测试的测试源至多 4 个,且至多产生 4 个分支的微地址;依次类推,测试标志字段为 n 位,可测试的测试源至多 2^n 个,且至多产生 2^n 个分支的微地址。微地址的位数取决于控制存储器的容量,与微地址寄存器(μMAR)的位数相等。

多分支断定法的优点是可以快速实现多分支转移,从而提高微程序的运行速度,微程序设计灵活,微程序在控制存储器中的物理地址分配较方便。其缺点微指令字较长,后继微地址形成较复杂。因此,在实际中,往往是二分支计数法和多分支断定法混合使用。

6.4.6 微程序设计

1. 微程序设计的任务及基本要求

微程序设计包含三方面工作任务,一是选定微指令格式及其微命令编码方法;二是根据机器指令的微操作或微命令序列,写出每条微指令的编码;三是选定微程序结构,将微指令组织成微程序或微子程序。在完成微程序设计的工作任务时,其基本要求有:

(1) 控制存储器的容量小。减小控制存储器容量的途径是缩短微指令字长度和减少机器指令对应微指令的条数。

(2) 微指令的执行速度快。提高微指令执行速度的途径是微操作控制域对微命令的描述应简单直接,以缩短微命令的解释时间。

(3) 微指令与微程序易修改且灵活。微程序设计过程中,微指令与微程序或多或少地存在错误,机器指令可能需要增加与删除或改变功能,这就需要微指令与微程序具有易修改且灵活的特性。

2. 微程序设计语言

微程序是由微指令组成的,而微指令是采用二进制数编码来表示,微指令中微操作控制域的编码方法和顺序控制域的设计方法均有多种,且微指令字长往往很长,可能多达上百位。所以,直接采用二进制数来进行微程序是极其繁杂、难度大,容易出错、不易修改,从而产生了微程序设计语言。所谓微程序设计语言就是设计者专门用来编制微程序的语言,用微程序设计语言编制的程序称为源微程序。源微程序不能直接装入控制存储器中,必须转换成二进制代码后才能装入控制存储器。将源微程序翻译成二进制代码的程序称为微编译程序。

微程序设计语言与程序设计语言类似,可分为低级与高级两种类型。微低级程序设计语言有微指令语言、微汇编语言等,微程序控制计算机出现的早期,微程序直接使用微指令语言依靠人工来编写和地址分配,且可以直接载入控制存储器,但费时、费力,还容易出错,从而出现了微汇编语言。微汇编语言与汇编语言相似,是用符号来表示微指令的语言,且微汇编程序中的一条语句与微程序中的一条微指令是一一对应的。

微高级程序设计语言与高级程序设计语言一样,接近于数学描述语言或自然语言。源微程序在编译时,需要根据硬件及微指令的并行操作能力进行优化,以减少微指令的条数。微程序设计人员愿望既便于描述微程序,又接近数据描述;既与机器无关,又能翻译成高效率微码的微高级语言。

3. 动态微程序设计与静态微程序设计

微程序有静态微程序设计和动态微程序设计之分。若一台计算机的指令系统有一系列固定的微程序,在系列微程序设计好之后,一般无须改变且不容易改变,这种微程序设计称为静态微程序设计。若一台计算机采用 EPROM 作为控制存储器时,可以通过改变微指令和微程序来改变机器的指令系统,以适应于不同应用要求,这种微程序设计称为动态微程序设计。

采用动态微程序设计的目的是为了使计算机能更加灵活而又有效地适应于不同应

用。如在不改变硬件结构的前提下,为计算机配置两套不同的可切换的系列微程序,且分别适用于科学计算和数据处理的指令系统,这样计算机则可高效地实现科学计算和数据处理。

4. 毫微程序设计

毫微程序设计是指为充分发挥水平型微指令与垂直型微指令的优势,采用二级微程序设计方法,将水平型微指令与垂直型微指令相结合来设计微程序。第一级采用垂直型微指令来编写垂直微程序,第二级采用水平型微指令来编写水平微程序。当处理一条机器指令时,先进入第一级垂直微程序,由于它是垂直型微指令,并行操作能力不强,但需要时可由它调用第二级水平微程序(即毫微程序),之后则返回第一级垂直微程序。可见,毫微程序是用以解释微程序的一种微程序,因此组成毫微程序的毫微指令就可看作是解释微指令的微指令。

第一级垂直微程序是根据处理算法和机器指令而编写的,具有严格的顺序结构;垂直型微指令与机器指令相似,使得垂直微程序容易编写。第二级水平微程序是由垂直型微指令调用的,具有较强的并行操作能力,若干条垂直型微指令可以调用同一条毫微指令,所以,毫微程序中的每条毫微指令均不相同,相互之间也没有顺序关系。对于一条垂直型微指令,除需要描述操作外,还需要给出与一个毫微地址相关的信息,以读取一条毫微指令来解释该垂直型微指令的微操作,实现数据通路和其他处理的控制。

毫微程序设计的优点在于:一是垂直型微指令字长短,毫微指令即水平型微指令的并行性高,因此,既可减少控制存储器的容量,又可以实现高度地并行操作。二是垂直微程序容易编写,便于实现微程序设计的自动化。三是毫微程序中的毫微指令没有顺序关系,修改与增删毫微指令不会影响毫微程序控制结构,独立性强。四是若改变机器指令的功能,仅需要修改垂直微程序,毫微程序不需要修改,灵活性好。

毫微程序设计的缺点在于一个微周期内需要两次访问控制存储器,使得微指令处理速度变慢;同时还需要两个控制存储器,硬件成本增加。

例 6.7 对于图 6-10 基于单总线模型机,请采用混合编码法安排该计算机微指令微操作控制域的格式,并写出"ADD GR0"机器指令功能$((AC)+(GR0)\rightarrow AC)$实现所包含微指令微操作控制域的编码。

解:(1) 混合编码法是位直接编码法与分段直接编码法的结合,即有的微命令采用位直接编码法编码,有的微命令采用分段直接编码法编码,且同一段的微命令必须是互斥的。而一般明来,向同总线输出信息的微命令、同一部件的微命令均是互斥的。

从表 6-1 可知,该单总线模型机共有 32 个微命令,其中用于传输微操作的 21 个、用于加工微操作的 11 个。分段直接编码的互斥微命令有三组:PC_{out}、$IR(Add)_{out}$、$GR0_{out}$、$GR1_{out}$、$GR2_{out}$、$MDRP_{out}$、$JPCL_{out}$ 共 7 个微命令组,需 3 位二进制数编码;AC_{out}、AC_{in}、CLA、SHR、CSL、(AC)+1 共 6 个微命令组,需 3 位二进制数编码;+、−、AND、OR、非共 5 个微命令组,需 3 位二进制数编码。而其余的 PC_{in}、IR_{in}、$GR0_{in}$、$GR1_{in}$、$GR2_{in}$、MAR_{in}、MDR_{in}、MDR_{out}、$MDRP_{in}$、$ALUR_{in}$、Read、Write、(PC)+1、R 共 14 个微命令是兼容的,则采用位直接编码法。若顺序控制域为 5 位,则图 6-10 基于单总线模型机的微指令微操作控制域的二进制数的分配如图 6-42 所示,其中 0~4 位二进制数用于顺序控制

域、5～13位二进制数用于分段直接编码、14～27位二进制数用于位直接编码。

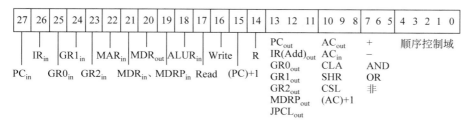

图 6-42 单总线模型机微指令的格式

用于位直接编码的 14～27 位二进制数，"1"表示对应的微命令有效，"0"表示对应的微命令无效；用于分段直接编码的 5～13 位二进制数表示微命令有效的编码分配如表 6-6 所示。

表 6-6 分段直接编码的分配

11～13 位		8～10 位		5～7 位	
编码	有效微命令	编码	有效微命令	编码	有效微命令
000	无有效微命令	000	无有效微命令	000	无有效微命令
001	PC$_{out}$	001	AC$_{out}$	001	＋
010	IR(Add)$_{out}$	010	AC$_{in}$	010	－
011	GR0$_{out}$	011	CLA	011	AND
100	GR1$_{out}$	100	SHR	100	OR
101	GR2$_{out}$	101	CSL	101	非
110	MDRP$_{out}$	110	（AC）＋1	110	无效编码
111	JPCL$_{out}$	111	无效编码	111	无效编码

(2) 由于"ADD GR0"机器指令是寄存器寻址，则指令功能实现包含读取指令与功能实施等两个机器周期。若每个机器周期含有三个节拍 $T_1 \rightarrow T_2 \rightarrow T_3$，根据表 6-2，两个机器周期的微操作及其控制信号（微命令）的时序如下：

① 取指周期。

T_1　（PC）→MAR：Read、PC$_{out}$、MAR$_{in}$，且 MAR→ABUS 为硬微操作。

T_2　DBUS→MDR、(PC)+1→PC：Read、MDR$_{in}$、(PC)+1，其中 ABUS→M 和 M→DBUS 由 Read 控制。

T_3　（MDR）→IR：Read、MDRP$_{out}$、IR$_{in}$，且 IR(OP)→ID→CU 和 ID 译码、CU 产生控制信号序列等微操作为硬微操作。

其中 Read 在整个机器周期有效。

② 实施周期。

T_1　AC→ALUX：AC$_{out}$、ALUR$_{in}$。

T_2 GR0→PUS：GR0$_{out}$。

T_3 (ALUR)+(PUS)→AC：+、JPCL$_{out}$、AC$_{in}$，且 ALUR→ALU 和 ALU→JPCL 为硬微操作。

由于微指令采用混合编码，则应为节拍粒度微指令，即指令功能实现包含六条微指令，读取指令与功能实施各三条，六条微指令微操作控制域的编码如图 6-43 所示。

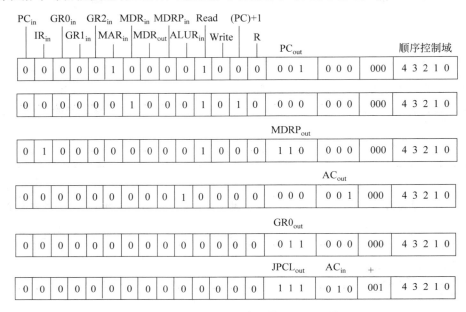

图 6-43 "ADD GR0"微指令微操作控制域的编码

例 6.8 采用多分支断定法形成后继微地址微指令顺序控制域的断定标志字段为 4 位，包含 A 和 B 两个断定，断定条件与后继微地址低两位的关系如表 6-7 所示，其中 T_1~T_4 为 4 个状态标志，顺序控制域的下一微地址字段为 101101。

表 6-7 断定条件与后继微地址低两位的关系

断定 A	后继微地址次低位	断定 B	后继微地址低位
00	0	00	0
01	1	01	1
10	T_1	10	T_3
11	T_2	11	T_4

(1) 画出该微指令格式的结构图。

(2) 该格式的微指令可实现多少路分支？写出每路分支的微地址。

解：(1) 微指令格式的结构如图 6-44 所示。

(2) 该格式的微指令的断定标志为 4 位，则可实现 $2^4=16$ 路分支，每路分支微地址如表 6-8 所示，其中 12 路分支微地址与 4 个状态标志有关。

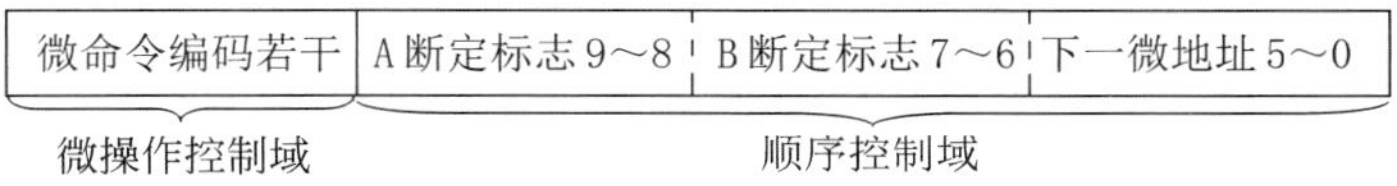

| 微命令编码若干 | A断定标志9～8 | B断定标志7～6 | 下一微地址5～0 |

微操作控制域　　　　　　　　顺序控制域

图 6-44　例 6.8 的微指令格式

表 6-8　微指令每路分支微地址

断定 A	断定 B	分支微地址	断定 A	断定 B	分支微地址
00	00	101101 00	10	00	101101 $T_1$0
00	01	101101 01	10	01	101101 $T_1$1
00	10	101101 0T_3	10	10	101101 T_1T_3
00	11	101101 0T_4	10	11	101101 T_1T_4
01	00	101101 10	11	00	101101 $T_2$0
01	01	101101 11	11	01	101101 $T_2$1
01	10	101101 1T_3	11	10	101101 T_2T_3
01	11	101101 1T_4	11	11	101101 T_2T_4

例 6.9　采用混合编码法的微指令字长为 24 位,23～9 位为微操作控制域,其中 23～15 位采用位直接编码,14～9 位等分为两段,均采用分段直接编码;8～0 为顺序控制域,其中 8～7 为断定标志字段,6～0 为下一微地址字段。

(1) 画出该微指令格式的结构图。

(2) 该格式的微指令最多可表示多少个微命令?

(3) 该格式的一条微指令可同时使多少个微命令有效?

(4) 当下一微地址为全微地址位数时,控制存储器的容量最大为多少?

解：(1) 微指令格式的结构如图 6-45 所示。

| 微命令位直接编码23～15 | 微命令分段直接编码14～9 | 断定标志8～7 | 下一微地址6～0 |

微操作控制域　　　　　　　　　　顺序控制域

图 6-45　例 6.8 的微指令格式

(2) 位直接编码的二进制数 1 位表示一个微命令,23～15 共 9 位,则可表示 9 个微命令;分段直接编码 n 位二进制数,可表示(2^n-1)个微命令,则可表示 $2(2^3-1)=14$ 个微命令。所以,该格式微指令最多可表示 $9+14=23$ 个微命令。

(3) 位直接编码的微命令可以同时有效,分段直接编码的微命令一段仅使一个微命令有效,所以该格式一条微指令可同时使 $9+2=11$ 个微命令有效。

(4) 当下一微地址为全微地址位数时,微指令顺序控制域下一微地址字段的位数决定寻址范围即控制存储器的存储单元数,微指令字长决定存储单元字长,所以该格式微指令所需控制存储器的最大容量为 $2^7 \times 24 = 128 \times 24$ 位。

6.5 硬布线控制器与微程序控制器

由 6.1.5 节可知,控制器分为硬布线控制器、微程序控制器和门阵列控制器等三种结构与原理不同的类型,其中对于指令多、功能强的计算机,门阵列控制器的造价高,所以计算机很少采用。那么,对于硬布线控制器和微程序控制器,它们的控制方法与思想是什么,结构与原理如何,需要哪些时序信号,结构原理与性能特征有哪些区别等等,这是本节要讨论的问题。

6.5.1 硬布线控制器

1. 硬布线控制方法

硬布线控制是早期推出的设计控制信号序列发生器的一种基本方法,采用该方法设计实现的硬布线控制器,控制计算机各部件或器件进行操作所需要的控制信号是由直接连线的组合逻辑电路生成,即控制信号序列发生器是由大量逻辑门电路和触发器组成的极其庞大而又繁杂的组合逻辑电路,所以又称为组合逻辑控制器。而组合逻辑电路设计则是以使用最少元件和取得最高操作速度为目标,且组合逻辑电路一旦设计确定,则无法更改与扩充,难以调试,如果想增加新的控制功能,必须重新设计与布线。

硬布线控制方法的基本思想是根据指令的功能要求、当前的时序信号和机器内部外部的状态特征,由庞大繁杂的组合逻辑电路(控制信号序列发生器)来生成固定的控制信号序列。当处理不同的指令时,通过庞大繁杂的组合逻辑电路激励一系列与指令功能要求相适应的控制信号序列,以实现对指令的解释。

2. 硬布线控制器的时序信号体系

一台计算机的指令系统,通常包含上百条甚至几百条指令,指令的功能需求差异很大,即所需要的机器周期不尽相同,有的仅需要两个机器周期,有的需要 5 个甚至更多机器周期。如果时序信号生成采用同步控制方式,必然会使计算机处理指令的速度慢、效率低。如果时序信号生成采用异步控制方式,又会导致硬布线控制器更加复杂,因此,硬布线控制器一般采用联合控制方式生成时序信号。而对于一条指令,不仅需要确定其需要哪些控制信号,还需要明确这些控制信号应该在哪些或哪个机器周期的哪些或哪个节拍有效,所以硬布线控制器应采用三级时序信号体系——机器周期、节拍电位和工作脉冲(参见 6.3.3 节)。

3. 硬布线控制器的结构原理

硬布线控制器主要由控制信号序列发生器、指令寄存器和指令译码器、时序信号产生器等部分组成,硬布线控制器的结构原理如图 6-46 所示,其中控制信号序列发生器是核心。

控制信号序列发生器是一个庞大繁杂的组合逻辑电路,其输出即是控制信号序列 C_u ($u=1\sim U$),输出变量数为 U,且分为两部分。一部分送往 CPU 内部,用于控制 CPU 内部的微操作,如运算功能选择控制信号;另一部分送往 CPU 外部,用于控制 CPU 外部的微操作,如存储器访问控制信号。而其输入则有四个来源:

(1) 指令译码器。指令译码器对指令操作码进行分析,以识别当前正在处理的指令,译码器的每个输出 I_k($k=1\sim K$)表示一条指令,K 为指令系统的指令条数,也即是控制信

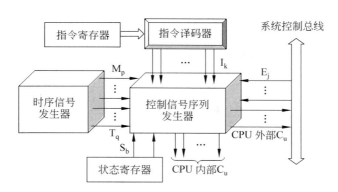

图 6-46 硬布线控制器的结构原理

号序列发生器部分输入来源于指令译码器 K 个输出变量。

（2）时序信号发生器。时序信号发生器用于产生时序信号，以定义控制信号的先后次序。在硬布线控制器中，时序信号包括机器周期 $M_p(p=1\sim P)$ 和节拍脉冲信号 $T_q(q=1\sim Q)$，P 为机器周期的种类数，Q 为不同机器周期所包含节拍脉冲的最大数，控制信号序列发生器部分输入来源于时序信号发生器 P+Q 个输出变量。

（3）状态寄存器。状态寄存器存放的是运算结果状态及 CPU 内部的其他状态，它可能影响程序运行方向的改变，如条件转移指令是否转移等，其中的部分一位二进制数 S_b $(b=1\sim B)$ 表示一种状态，B 为机器的状态数，也即是控制信号序列发生器部分输入来源于状态寄存器 B 个状态。

（4）系统控制总线。CPU 外部的操作或状态通过系统控制总线送到 CPU，它们可能影响程序运行方向的改变如中断转移等和机器周期的转换如存储器"就绪"等，其中的部分一位二进制数 $E_j(j=1\sim J)$ 表示一种操作或状态，J 为 CPU 外部的操作或状态数，也即是控制信号序列发生器部分输入来源于系统控制总线 J 个操作或状态。

根据硬布线控制方法的基本原理，从逻辑函数的角度来看，控制信号序列输出变量 C_u 是指令译码器输出 I_k、时序信号发生器输出 M_p 与 T_q、状态寄存器部分位 S_b 和系统控制总线部分位 E_j 等四种输入变量的逻辑函数，即：

$$C_u = f_u(I_k, M_p, T_q, S_b, E_j)$$

可见，控制信号序列发生器设计的关键就在于为每个控制信号建立逻辑函数。

当机器加电工作时，对于某一控制信号 C_u，是在某条特定指令和状态条件下，在某一序列的特定机器周期及节拍脉冲时间间隔中起作用，从而激励这条控制信号线有效对执行部件进行控制，所以，控制信号 C_u 的逻辑函数一般形式为：

$$C_u = \sum_p \left(M_p T_q S_b E_j \sum_k I_k \right)$$

如主存读操作控制信号 C_1，无论哪条指令，取指周期 $M_1=1$ 均被激励而有效；而当指令为 LDA、ADD 和 SUB 时，在取数周期 $M_2=1$ 也被激励而有效，与其他状态无关，则有：

$$C_1 = M_1 + M_2(LDA + ADD + SUB)$$

特别地，控制信号序列发生器的输入变量数为 K+P+Q+J+B，它是一个多输入多输出的组合逻辑电路，其中的多可能达上百甚至几百，这就是控制信号序列发生器"庞大繁杂"的缘由。另外,指令译码器输出 I_k、状态寄存器部分位 S_h 和系统控制总线部分位 E_j 属于空间因素,时序信号发生器输出 M_p 与 T_q 属于时序因素,因此,可以认为控制信号一般是时间因素和空间因素的函数。

6.5.2 微程序控制器

1. 微程序控制方法

微程序控制方法是由英国剑桥大学 M. V. Wilkes 教授于 1951 年提出来的,但由于受存放微程序的控制存储器制造技术限制,在后来的十几年时间内并未真正使用,直到 1964 年,IBM 公司在 IBM 360 系列机上才成功地采用了微程序控制方法。自 20 世纪 70 年代以来,由于 VLSI 技术的发展,推动了微程序设计技术的发展和应用。微程序控制方法建立的基础在于:机器指令的功能实现可以分解为序列微操作,而一个微操作可由一个或若干个微命令(控制信号)控制,即一条机器指令可由微命令序列来解释。

微程序控制方法的基本思想是依据程序设计方法,把机器指令功能实现所需要的控制信号(微命令),按照一定规则编写成微指令,若干条解释同一条机器指令的微指令构成了一段微程序,并将实现指令系统中所有指令对应的微程序存放在控制存储器中。当机器处理某条指令时,则逐条取出对应微程序中的微指令并把其所包含的控制信号(微命令)发送到相应部件或器件,使部件或器件执行规定的微操作;机器指令对应的微程序运行结束,相应的微操作也就全部执行完,从而实现了指令的功能。重复该过程,直到程序中的所有指令都处理完毕。

显然,在微程序控制的计算机中,涉及两个层次的指令处理——机器指令与微指令。采用机器指令编写的程序存放于主存储器中,面向的是机器语言程序员所看到的传统机器,以完成解题任务。采用微指令编写的微程序存放于控制存储器中,面向的是硬件逻辑设计者所看到的微程序控制机器。

微程序控制实际上是按照设计解题程序方法来组织控制信号序列发生器,采用规整的存储逻辑代替繁杂的组合逻辑,即微程序控制器利用存储技术和程序设计技术,使繁杂的组合逻辑电路得到简化。

2. 微程序控制器的结构原理

微程序控制器主要由控制存储器、微指令寄存器、微地址寄存器、微地址形成逻辑、微地址译码读取和微命令译码同步等部分组成,微程序控制器的结构原理如图 6-47 所示,其中带微程序的控制存储器是微程序控制器核心。

(1) 控制存储器(CM)。控制存储器用来存放所有指令功能实现的微程序,要求存取周期短,即速度快。存储单元字长等于微指令字的长度,一般需要几十位,且每个单元存放一条微指令。控制存储器单元数取决于指令系统,即等于所有微程序所包含的微指令数量,控制存储器采用只读存储器,一旦微程序固化,机器工作则只读不写,以确保微程序不被破坏。

(2) 微指令寄存器(μIR)。微指令寄存器用来存放从控制存储器读出的一条微指令字,在微指令处理期间不能改变,其字长等于微指令字的长度。

(3) 微地址寄存器(μMAR)。微地址寄存器用来存放由微地址形成逻辑生成的下一条

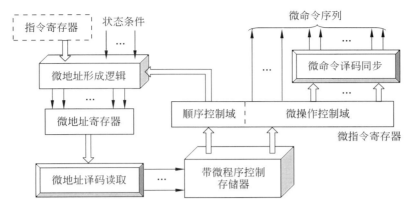

图 6-47 微程序控制器的结构原理

微指令的地址,即将要访问的控制存储器的地址;微地址寄存器内容是在当前微指令处理期间发生改变,其字长由控制存储器单元数决定。特别地,当后继微地址形成方法采用二分支计数法时,为降低成本,则将微地址寄存器改为具有计数功能的寄存器,即以 μPC 代替。

(4) 微地址形成逻辑。微地址形成逻辑用来生成两种地址:微程序入口地址和后继微地址,微程序入口地址生成的依据是机器指令的操作码或寻址方式、微指令的处理状态和 CPU 内外部状态,后继微地址生成的依据是当前微指令顺序控制域信息、CPU 内外部状态。微地址形成逻辑生成两种地址,可以是完整的地址,也可以是地址的部分低位,并置于微地址寄存器中。由 6.4.5 节可知,微地址形成逻辑是极其复杂、设计难度大的组合逻辑电路。

(5) 微地址译码读取。微地址译码读取电路用来选择控制存储器中的存储单元、控制选中存储单元微指令的读取,读取的微指令置于微指令寄存器中。

(6) 微命令译码同步。微命令译码同步电路用来对微指令寄存器中的微操作控制域进行译码并加以时序同步,生成有效微命令序列,通过控制信号线发送到相应的部件或器件,使部件或器件进行相应的微操作。而当微命令采用位直接编码时,由于微操作控制域中为"1"的二进制数,就是一个有效的微命令,则不需要译码;另外,由 6.1.4 节可知,微指令为节拍粒度不需要同步,微指令为机器周期粒度才需要同步。

特别地,在微程序控制器中,时序信号体系比较简单,一般采用"节拍-脉冲"二级基本体制即可。

3. 微程序控制计算机的工作过程

当计算机开机上电后,通过复位信号(Reset)把第一条指令的地址置于 PC 和把取指微程序段的入口地址置于 μPC(或 μMAR),则开始程序运行,对于微程序控制计算机,在程序运行时,其工作过程如图 6-48 所示。可见,微程序控制计算机的工作过程分为置 μPC 为取指微程序入口地址、运行取指微程序、形成指令对应执行微程序入口地址于 μPC 和运行指令对应的执行微程序等四个步骤,分别对应更新修改 PC、读取 PC 指示机器指令、分析识别指令和执行指令操作等四个机器状态。上述四个步骤,则是一条机器指令的处理过程,如此周而复始、循环往复,直到程序中所有指令处理完毕为止,则实现了程序运行。

(1) 置 μPC 为取指令微程序入口地址。在复位信号作用下或指令对应的执行微程

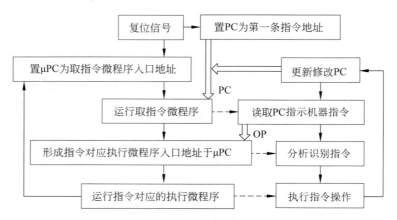

图 6-48 微程序控制计算机的工作过程

序运行结束后,则将取指微程序入口地址置于 μPC(或 μMAR)中,取指微程序入口地址一般为 0。

(2) 运行取指微程序。取指令是所有机器指令的公共的基本操作,利用该公共操作,则按 PC 指示的地址,从主存储器中读取机器指令的代码,并存放于指令寄存器 IR。对于微程序控制计算机,则通过运行取指微程序段来控制完成取指公共操作,其流程如图 6-49 所示,取指微程序可以由一条微指令(机器周期粒度微指令)或多条微指令(节拍粒度微指令)组成。

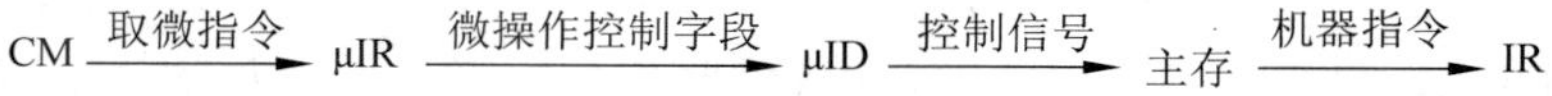

CM $\xrightarrow{\text{取微指令}}$ μIR $\xrightarrow{\text{微操作控制字段}}$ μID $\xrightarrow{\text{控制信号}}$ 主存 $\xrightarrow{\text{机器指令}}$ IR

图 6-49 取指微程序的运行流程

(3) 形成指令对应执行微程序入口地址于 μPC。根据当前指令寄存器中的机器指令操作码 OP,通过微地址形成逻辑生成该机器指令对应执行微程序的入口地址,并存放于 μPC(或 μMAR)。

(4) 运行指令对应的执行微程序。所有机器指令均有特定功能,这些特定功能需要通过间址、取数、实施和存数等基本操作来实现。对于微程序控制计算机,则通过运行指令对应的执行微程序段来控制完成机器指令的功能,对于执行微程序中的微指令,首条微指令与后继微指令的处理有所不同,它们的处理如图 6-50 所示。

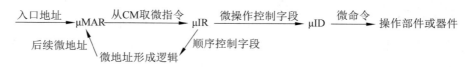

图 6-50 执行微程序的运行流程

6.5.3 微程序控制器与硬布线控制器的比较

早期,计算机所包含的指令较少、功能较简单,硬布线控制器的缺点不是很突出。随着计算机所包含的指令越来越多、功能越来越强大,生成控制信号序列的组合逻辑电路越来越杂乱、烦琐，指令系统不同，组合逻辑电路也不一样，而且缺乏规律性，使得难以实现设计自动化，设计效率低，不利于检测与调试。另外，当组合逻辑电路设计完后，难以修改，某一处出现问题，则可能需要改变许多元器件或连接线；一旦应用于集成电路制造成芯片后，那么指令系统无法扩充与更改、指令功能及其处理操作无法改变，因此，灵活性极其缺乏。由此，提出了规律性强、易于实现设计自动化、灵活性高的微程序控制方法，并加以应用实现而产生了微程序控制器。

无论是硬布线控制器还是微程序控制器，需要实现的功能虽然一样，即都是将每条机器指令规定的"做什么"转变为"如何做"，但在控制信号序列形成方法与原理、实现方法与手段等方法有较大区别，从而也使得它们的性能特征与适用场合也有较大差异，具体如表 6-9 所示。

表 6-9　硬布线控制器与微程序控制器的比较

比较内容		微程序控制器	硬布线控制器
原理实现	方法原理	控制信号事先以微程序的形式存于控制存储器，处理指令时读出一条微指令即可	控制信号由组合逻辑电路根据当前指令代码、CPU 内外部状态和时序信号即时生成
	实现部件	带微程序的 ROM	庞大的组合逻辑电路
性能特征	速度	慢	快
	规整性	简洁规整	繁杂不规整
	灵活性	扩充修改容易	扩充修改困难
	设计规则	设计有规律，易于实现自动化	设计无规律，难于实现自动化
适用场合		CISC CPU	RISC CPU

6.6　控制信号序列发生器设计

指令系统及其指令格式和指令处理所需要的时序信号体系是控制器设计的基础，控制信号序列发生器是控制器的核心。指令系统及其指令格式包括指令设置、指令实现功能、指令格式、寻址方式、操作码编码方法等，指令处理所需要的时序信号体系则包括指令处理的机器周期时序、状态操作的节拍时序、时钟周期、节拍时间（所含时钟周期数）等。若有一台模型机及其指令系统，那么，各条指令有什么功能，功能实现的时序信号如何安排，模型机机器周期发生的逻辑电路如何，组合逻辑与存储逻辑控制信号序列发生器的设计流程如何，设计流程的任务如何实现等等，这是本节要讨论的问题。

6.6.1　模型机指令及其控制信号序列

1. 模型机指令及其功能

若有一台结构实现逻辑如图 6-10 所示的模型机，其指令系统极其简单，仅有 15 条指令，其中非访存指令 9 条、访存指令 2 条、控制指令 4 条，且转移目标和存储访问均为直接寻址,采用定长操作码编码,指令功能与操作如表 6-10 所示。

表 6-10 模型机指令及其功能

指令类别	指令名称	助记符	功能实施	功能说明
非访存指令	累加器清	CAL	$0 \to AC$	累加器内容清为 0
	累加器非	COM	$\overline{AC} \to AC$	累加器内容取反
	累加器加 1	INC	$(AC)+1 \to AC$	累加器内容加 1
	算术右移	SHR	$R(AC) \to AC, AC_0 \to AC_0$	累加器内容算术右移
	循环左移	CSL	$L(AC) \to AC, AC_0 \to AC_n$	累加器内容循环左移
	加法	ADD GR_i, EA	$(GR_i)+(EA) \to AC$	寄存器与主存单元内容相加
	减法	SUB GR_i, EA	$(GR_i)-(EA) \to AC$	寄存器与主存单元内容相减
	与	AND GR_i	$(AC) \wedge (GR_i) \to AC$	累加器与寄存器内容相与
	或	OR GR_i	$(AC) \vee (GR_i) \to AC$	累加器与寄存器内容相或
访存指令	取数	LDA EA	$(EA) \to AC$	主存单元内容取到累加器
	存数	STA EA	$(AC) \to EA$	累加器内容存到主存单元
控制指令	无条件转移	JMP EA	$EA \to PC$	目标地址送到程序计数器
	零转移	JZ EA	$Z=1$ 时 $EA \to PC$	结果为 0 目标地址送计数器
	进位转移	JC EA	$C=1$ 时 $EA \to PC$	有进借位目标地址送计数器
	停机	STP	$0 \to G$	运行标志触发器置为 0

2. 模型机指令机器周期时序

通常 CPU 处理指令流程一般包含取指、间址、取数、实施和存数等五种机器周期,且各种机器周期状态操作的任务是确定的。对于模型机指令系统,由于寻址方式中没有设置间址寻址,所以不存在间址周期。根据模型机指令功能及处理流程和各种机器周期状态操作的任务,指令处理流程机器周期有四种时序。

(1) 取指周期→取数周期,取数指令 LDA 为该机器周期时序。

(2) 取指周期→取数周期→实施周期,加法指令 ADD 和减法指令 SUB 为该机器周期时序。

(3) 取指周期→实施周期,CLA、COM、INC、SHR、CSL、AND、OR、JMP、JZ、JC、STP 等 11 条指令为该机器周期时序。

(4) 取指周期→存数周期,存数指令 STA 为该机器周期时序。

假设模型机采用定长机器周期同步控制,且每个机器周期含有三个节拍 $T_1 \to T_2 \to T_3$,其三级时序信号体系与图 6-13 类似(不同在于每个机器周期仅含 3 个节拍),节拍发生的逻辑电路与图 6-18 类似(不同在于仅需要 3 个触发器),机器周期发生的逻辑电路如图 6-51 所示,图中 DF、DS、DE 和 DD 分别取指周期、取数周期、实施周期和存数周期状态触发器,END_1、SS 和 ES 分别为取指周期、取数周期和实施周期状态触发器置 1 控制信号,实现微操作"1→DF、1→DS、1→DE",它们均安排在前一机器周期的 T_3 节拍有效。

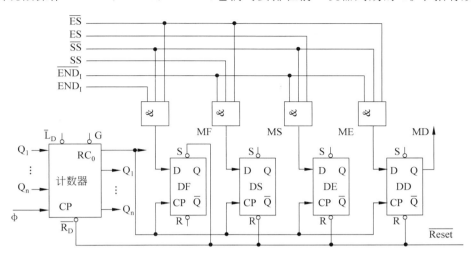

图 6-51 模型机机器周期发生逻辑电路

3. 模型机指令控制信号节拍时序

每个机器周期包含的微操作及其控制信号,还需要根据机器周期的节拍和微操作的次序做出规定。微操作及其控制信号的节拍安排需要遵循三个原则:①有些微操作的次序是不能改变的,在规定微操作的节拍时,必须满足微操作的先后次序;②操作对象不同的微操作,能在一个节拍内执行,则规定在同一个节拍内,以节省时间;③当有些微操作的时间短时,允许它们在一个节拍内执行且可保证先后次序。由此,各种机器周期的微操作及其控制信号的节拍安排如下:

(1) 取指周期。

T_1 (PC)→MAR:PC_{out}、MAR_{in};且 MAR→ABUS 为硬微操作,根据原则③也安排在 T_1 节拍内。

T_2 DBUS→MDR、(PC)+1→PC:Read、MDR_{in}、(PC)+1;其中 ABUS→M 和 M→DBUS 由 Read 控制。

T_3 (MDR)→IR:$MDRP_{out}$、IR_{in};且 IR(OP)→ID→CU 和 ID 译码、CU 产生控制信号序列等微操作为硬微操作,根据原则③也安排在 T_3 节拍内。

(2) 取数周期。

T_1 IR(Add)→MAR:IR(Add)$_{out}$、MAR_{in};且 MAR→ABUS 为硬微操作,根据原则③也安排在 T_1 节拍内。

T_2 DBUS→MDR:Read、MDR_{in};其中 ABUS→M 和 M→DBUS 由 Read 控制。

T_3 (MDR)→AC:$MDRP_{out}$、AC_{in}。

(3) 实施周期。

- 累加器清 0 指令 CLA。

T_1

T_2

T_3　AC 清 0：CLA。

- 累加器非指令 COM。

T_1　(AC)→ALUR：AC_{out}、$ALUR_{in}$；且 ALUR→ALU 为硬微操作，根据原则③也安排在 T_1 节拍内。

T_2

T_3　$\overline{(ALUR)}$→AC：非、$JPCL_{out}$、AC_{in}；且 ALU→JPCL 为硬微操作，根据原则③也安排在 T_3 节拍内。

- 累加器加 1 指令 INC。

T_1

T_2

T_3　(AC)加 1：(AC)+1。

- 累加器算术右移指令 SHR。

T_1

T_2

T_3　AC 算术右移：SHR。

- 累加器循环左移指令 CSL。

T_1

T_2

T_3　AC 循环左移：CSL。

- 停机指令 STP。

T_1

T_2

T_3　G 清 0：R。

- 加法指令 ADD GR_i，EA。

T_1　AC→ALUX：AC_{out}、$ALUR_{in}$。

T_2　GR_i→PUS：$GR_{i\,out}$。

T_3　(ALUR)+(PUS)→AC：+、$JPCL_{out}$、AC_{in}，且 ALUR→ALU 和 ALU→JPCL 为硬微操作，根据原则③也安排在 T_3 节拍内。

- 减法指令 SUB GR_i，EA。

T_1　AC→ALUX：AC_{out}、$ALUR_{in}$。

T_2　GR_i→PUS：$GR_{i\,out}$。

T_3　(ALUR)−(PUS)→AC：−、$JPCL_{out}$、AC_{in}，且 ALUR→ALU 和 ALU→JPCL 为硬微操作，根据原则③也安排在 T_3 节拍内。

- 与指令 AND GR_i。

T_1　AC→ALUX：AC_{out}、$ALUR_{in}$。

T_2　GR_i→PUS：$GR_{i\,out}$。

T_3　(ALUR)∧(PUS)→AC：AND、$JPCL_{out}$、AC_{in}，且 ALUR→ALU 和 ALU→JPCL 为硬微操作，根据原则③也安排在 T_3 节拍内。

- 或指令 OR GR_i。
- T_1 AC→ALUX：AC_{out}、$ALUR_{in}$。
- T_2 GR_i→PUS：GRi_{out}。
- T_3 (ALUR)∨(PUS)→AC：OR、$JPCL_{out}$、AC_{in}，且 ALUR→ALU 和 ALU→JPCL 为硬微操作，根据原则③也安排在 T_3 节拍内。
- 无条件转移指令 JMP EA。
- T_1
- T_2
- T_3 IR(Add)→PC：IR(Add)$_{out}$、PC_{in}。
- 零转移指令 JZ EA。
- T_1
- T_2
- T_3 Z=1 时 IR(Add)→PC：IR(Add)$_{out}$(Z=1)、PC_{in}(Z=1)，Z 为结果为零标志位。
- 进位转移指令 JC EA。
- T_1
- T_2
- T_3 C=1 时 IR(Add)→PC：IR(Add)$_{out}$(C=1)、PC_{in}(C=1)，C 为结果为零标志位。

(4) 存数周期。

T_1 IR(Add)→MAR：IR(Add)$_{out}$、MAR_{in}(直接寻址存在该微操作，间址寻址不存在)；且 MAR→ABUS 为硬微操作，根据原则③也安排在 T_1 节拍内。

T_2 (AC)→MDR：AC_{out}、$MDRP_{in}$。

T_3 (MDR)→DBUS：Write、MDR_{out}；其中 ABUS→M 和 DBUS→M 由 Write 控制。

6.6.2 组合逻辑控制信号序列发生器设计

组合逻辑控制信号序列发生器的设计过程分为构建指令节拍的控制信号、列出控制信号的节拍时间表、归纳出控制信号的逻辑表达式、化简并画出逻辑表达式功能实现的逻辑电路等四个步骤。

1. 列出指令节拍的控制信号

分析指令处理的数据通路，将数据通路建立所需要的微操作及其对应控制信号分配到具体机器周期的各节拍上。对于上述模型机及其指令系统，各指令的数据通路与微操作、各节拍时序的控制信号如 6.6.1 节所述。

2. 构建控制信号的节拍时间表

控制信号的节拍时间表是一张所有控制信号的时序表，是对指令节拍控制信号的汇总。表行表示在哪一个机器周期的哪一个节拍有哪些指令需要某一或某几个控制信号，有的还附加一定的状态条件，即表行从上到下是指令处理的时间序列；表列表示一条指令在哪些机器周期的哪些节拍需要哪些控制信号，即表列从左到右是所有指令。根据上述指令节拍的控制信号，汇总出包含模型机所有指令控制信号的节拍时间如表 6-11 所示。

表 6-11 模型机控制信号（微操作命令）的节拍时序

机器周期	节拍	状态条件	控制信号	CAL	COM	INC	SHR	CSL	ADD	SUB	AND	OR	LDA	STA	JMP	JZ	JC	STP
取指周期 (FT)	T_1		PC_{out}、MAR_{in}	1	1	1	1	1	1	1	1	1	1	1	1	1	1	1
	T_2		MDR_{in}、(PC)+1、Read	1	1	1	1	1	1	1	1	1	1	1	1	1	1	1
	T_3	MS	$MDRP_{out}$、IR_{in}	1	1	1	1	1	1	1	1	1	1	1	1	1	1	1
		$\overline{ME}$	SS(1→DS)										1	1				
			ES(1→DE)												1	1	1	1
取数周期 (ST)	T_1		IR(Add)$_{out}$、MAR_{in}						1	1	1	1	1	1				
	T_2		MDR_{in}、Read						1	1	1	1	1					
	T_3	$\overline{ME}$	$MDRP_{out}$、AC_{in}						1	1	1	1	1					
		$\overline{MF}$	$END_I(1→DF)$											1				
实施周期 (ET)	T_1		AC_{out}、$ALUR_{in}$						1	1	1	1						
	T_2		GRi_{out}						1	1	1	1						
	T_3		CLA↑	1														
			(AC)+1			1												
			SHR↑				1											
			CSL↑					1										
			R															1
			非↑		1													
			+↑						1									

续表

机器周期	节拍	状态条件	控制信号	CAL	COM	INC	SHR	CSL	ADD	SUB	AND	OR	LDA	STA	JMP	JZ	JC	STP
实施周期(ET)	T_3		→↑															
			AND↑							1								
			OR↑								1							
			$JPCL_{out}$、AC_{in}		1				1	1								
		Z	$IR(Add)_{out}$、PC_{in}												1	1		
		C	$IR(Add)_{out}$、PC_{in}														1	
		$\overline{MF}$	$END_t(1→DF)$	1	1	1	1	1	1	1	1	1						
存数周期(DT)	T_1		$IR(Add)_{out}$、MAR_{in}											1				
	T_2		AC_{out}、$MDRP_{in}$											1				
	T_3		MDR_{out}、Write											1				
		$\overline{MF}$	$END_t(1→DF)$											1				

表中"1"表示所在列指令需要所在行的控制信号,空则表示不需要;表中$\overline{MF}$、$\overline{MS}$、$\overline{ME}$分别表示取指周期、取数周期和实施周期状态触发器 DF、DS、DE 为 0,即机器周期处于非取指周期、非取数周期和非实施周期。如取指周期的 T_3 节拍存在 $MDRP_{out}$ 与 IR_{in} 两个控制信号,则在控制信号列与 T_3 节拍行处填入 $MDRP_{out}$、IR_{in};而所有指令均需要这两个控制信号,则在所有指令列与 T_3 节拍行处填入 1。另外,对于各机器周期的结束节拍,还应根据其后继可能转换的机器周期,加设机器周期状态触发器置 1 信号。如取指周期的 T_3 结束节拍,由于取指周期结束后可能转换到取数周期或实施周期或存数周期,需要控制信号 SS(1→DS) 或 ES(1→DE) 或 DS(1→DD) 来置取数周期或实施周期或存数周期的状态触发器 DS 或 DE 或 DD 为 1,所以 T_3 节拍增设控制信号 SS(1→DS) 和 ES(1→DE)。但由于取指周期结束后,机器周期不处于取数周期与实施周期,则一定处于存数周期,即存数周期的状态触发器 DS 已处于 1,所以可以不设置 DS(1→DD) 控制信号。

3. 归纳出控制信号的逻辑表达式

对控制信号的节拍时间表每一行上的控制信号进行分析归纳与逻辑综合,写出控制信号的逻辑表达式。控制信号逻辑表达式的一般形式为:

$$控制信号名 = \sum 机器周期 \times 节拍 \times (\sum 指令名) \times 状态条件$$

如控制信号 MAR_{in},所有指令在取指周期的 T_1 节拍都需要,则有一与项 $FT \cdot T_1$;ADD、SUB 和 LDA 指令在取数周期的 T_1 节拍都需要,则有一与项 $ST \cdot T_1 \cdot (ADD+SUB+LDA)$;STA 指令在存数周期的 T_1 节拍都需要,则有一与项 $DT \cdot T_1 \cdot STA$;所以控制信号 MAR_{in} 的逻辑表达式为:$FT \cdot T_1 + ST \cdot T_1 \cdot (ADD+SUB+LDA) + DT \cdot T_1 \cdot STA$。同理,则可以建立所有控制信号的逻辑表达式,模型机指令系统所有控制信号的逻辑表达式如下:

$PC_{out} = FT \cdot T_1$

$MAR_{in} = FT \cdot T_1 + ST \cdot T_1 \cdot (ADD+SUB+LDA) + DT \cdot T_1 \cdot STA$

$Read = FT \cdot T_2 + ST \cdot T_2 \cdot (ADD+SUB+LDA)$

$MDR_{in} = FT \cdot T_2 + ST \cdot T_2 \cdot (ADD+SUB+LDA)$

$(PC) + 1 = FT \cdot T_2$

$MDRP_{out} = FT \cdot T_3 + ST \cdot T_3 \cdot (ADD+SUB+LDA)$

$IR_{in} = FT \cdot T_3$

$SS(1 \to DS) = FT \cdot T_3 \cdot (ADD+SUB+LDA)$

$ES(1 \to DE) = FT \cdot T_3 \cdot (CAL+COM+INC+SHR+CSL+AND+$
$\qquad OR+JMP+JZ+JC+STP) + ST \cdot T_3 \cdot (ADD+SUB)$

$IR(Add)_{out} = ST \cdot T_1 \cdot (ADD+SUB+LDA) + ET \cdot T_3 \cdot$
$\qquad (JMP+JZ \cdot Z+JC \cdot C) + DT \cdot T_1 \cdot STA$

$AC_{in} = ST \cdot T_3 \cdot (ADD+SUB+LDA) + ET \cdot T_3 \cdot (COM+$
$\qquad ADD+SUB+AND+OR)$

$END_1(1 \to DF) = ST \cdot T_3 \cdot LDA + ET \cdot T_3 \cdot (CAL+COM+INC+$
$\qquad SHR+CSL+ADD+SUB+AND+OR+$

$$JMP + JZ + JC) + DT \cdot T_3 \cdot STA$$

$$AC_{out} = ET \cdot T_1 \cdot (COM + ADD + SUB + AND + OR) + DT \cdot T_2 \cdot STA$$

$$ALUR_{in} = ET \cdot T_1 \cdot (COM + ADD + SUB + AND + OR)$$

$$GRi_{out} = ET \cdot T_2 \cdot (ADD + SUB + AND + OR)$$

$$CLA\uparrow = ET \cdot T_3 \cdot CLA$$

$$(AC) + 1 = ET \cdot T_3 \cdot INC$$

$$SHR\uparrow = ET \cdot T_3 \cdot SHR$$

$$CSL\uparrow = ET \cdot T_3 \cdot CSL$$

$$R = ET \cdot T_3 \cdot STP$$

$$非\uparrow = ET \cdot T_3 \cdot COM$$

$$+\uparrow = ET \cdot T_3 \cdot ADD$$

$$-\uparrow = ET \cdot T_3 \cdot SUB$$

$$AND\uparrow = ET \cdot T_3 \cdot AND$$

$$OR\uparrow = ET \cdot T_3 \cdot OR$$

$$JPCL_{out} = ET \cdot T_3 \cdot (COM + ADD + SUB + AND + OR)$$

$$PC_{in} = ET \cdot T_3 \cdot (JMP + JZ \cdot Z + JC \cdot C)$$

$$Write = DT \cdot T_3 \cdot STA$$

$$MDRP_{in} = DT \cdot T_2 \cdot STA$$

$$MDR_{out} = DT \cdot T_3 \cdot STA$$

4. 化简并画出逻辑表达式功能实现的逻辑电路

对归纳出的控制信号逻辑表达式进行化简后,采用逻辑门来实现所有控制信号逻辑表达式的功能,相应的逻辑电路则是组合逻辑控制信号序列发生器。显然,控制信号序列发生器是极其繁杂的多输入多输出的组合逻辑电路,对于模型机指令系统,它有 4 个机器周期、3 个节拍、5 个状态条件、15 条指令等 27 个输入变量和 30 个输出变量。

特别地,对于门阵列控制器,其控制信号序列发生器设计与组合逻辑控制信号序列发生器设计类同,仅在于最后采用可编程逻辑阵列来实现。

6.6.3 存储逻辑控制信号序列发生器设计

存储逻辑控制信号序列发生器的设计过程分为构建指令节拍的控制信号、拟定微程序控制与微指令格式、设计机器指令微程序段、编制指令系统微程序并设计微地址形成逻辑、微程序写入控制存储器等四个步骤,其中构建指令节拍的控制信号与组合逻辑控制信号序列发生器相同。

1. 拟定微程序控制与微指令格式

拟定微程序控制与微指令格式包括微指令操作控制字段的编码方法、微程序处理入口地址与后继微地址的形成方法、微指令格式的类型与粒度、微指令的字段划分与位定义等。根据上述模型机具有结构简单、指令数不多的特点,则采用节拍粒度水平微指令格式、位直接编码法,通过二级功能转换形成微程序入口地址,利用二分支计数法形成后继微指令地址。微指令位的分配定义如表 6-12 所示(为简化微程序设计,条件转移指令通过硬件来实现转移控制,从而微指令顺序控制字段不设下一微指令地址)。可见,上述模型机微指令格式由 33 位二进制数组成,其中第 0~30 位为微操作控制信号,第 31 和 32 位为标志测试。JZDD 表示 Z=1 时 IR(Add)$_{out}$ 为 1、Z=0 时 IR(Add)$_{out}$ 为 0,即 IR(Add)$_{out}$=JZDD∧Z;JZPC 表示 Z=1 时 PC$_{in}$ 为 1、Z=0 时 PC$_{in}$ 为 0,即 PC$_{in}$=JZPC∧Z。JCDD 与 JCPC 类同。

表 6-12　模型机微指令位的分配定义

位号	0	1	2	3	4	5	6	7	8	9
微命令	PC$_{out}$	MAR$_{in}$	Read	MDR$_{in}$	(PC)+1	MDRP$_{out}$	IR$_{in}$	IR(Add)$_{out}$	Write	AC$_{in}$
位号	10	11	12	13	14	15	16	17	18	19
微命令	AC$_{out}$	ALUR$_{in}$	GRi$_{out}$	CLA↑	(AC)+1	SHR↑	CSL↑	R	非↑	+↑
位号	20	21	22	23	24	25	26	27	28	29
微命令	−↑	AND↑	OR↑	JPCL↑	PC$_{in}$	MDR$_{out}$	MDRP$_{in}$	JZDD	JZPC	JCDD
位号	30	31	32							
微命令	JCPC	IEND	ZUB							

IEND 为一条机器指令处理结束标志,IEND=1 表示机器指令处理结束,IEND=0 表示机器指令处理还未结束;显然,在机器指令处理所包含的微指令序列中,只有最末一条微指令的第 31 位为 1,其余微指令的第 31 位均为 0。ZUB 为微指令转移标志,ZUB=0 表示转取指微程序入口地址(通常为 0)或机器指令执行阶段微程序入口地址(由操作码生成),ZUB=1 表示顺序生成微地址;显然,在每段微程序中,只有最末一条微指令的第 32 位为 1,其余微指令的第 32 位均为 0。

2. 设计机器指令微程序段

通常把取指周期和间址周期的微指令序列作为一个公共微程序,且不考虑中断周期。由于上述模型机指令没有设置间址周期,所以模型机存储逻辑控制信号序列发生器的微程序段数最少为 15+1=16。根据机器指令的机器周期时序和控制信号节拍时序,按照规定的微指令格式和一个节拍一条微指令,为取指周期和所有机器指令执行阶段设计一段微程序。

对于取指公共微程序段,由于取指周期包含的三个节拍均存在控制信号,则其包含三条微指令。T$_1$ 节拍存在 PC$_{out}$ 和 MAR$_{in}$ 两个控制信号,则该节拍对应微指令的第 0、1 位为 1,第 2~30 位均为 0;而该微指令既不是机器指令微指令序列中最末一条微指令,也不是微程序段中最末一条微指令,则第 31 和 32 位均为 0,微指令为 180000000H。T$_2$ 节拍存在 Read、MDR$_{in}$ 和(PC)+1 三个控制信号,则该节拍对应微指令的第 2、3 和 4 位为 1,在第 0~30 位中的其余位均为 0;而该微指令既不是机器指令微指令序列中最末一条微指令,也不是微程序段中最末一条微指令,则第 31 和 32 位均为 0,微指令为 070000000H。T$_3$ 节拍存在 MDRP$_{out}$、IR$_{in}$ 两个控制信号,则该节拍对应微指令的第 5、6

位为1,在第0~30位中的其余位均为0;而该微指令不是机器指令微指令序列中最末一条微指令,但是微程序段中最末一条微指令,则第31位为0、第32位为1,微指令为00C000001H。所以,取指公共微程序段的微指令序列为:180000000H→070000000H→00C000001H。

  对于机器指令执行阶段的微程序,由于它们执行阶段的机器周期数和机器周期存在控制信号的节拍数差异较大,则执行阶段微程序的微指令数不同。如累加器加1指令INC,其执行阶段仅包含实施周期,且仅 T_3 节拍存在(AC)+1一个控制信号,所以执行阶段微程序只有一条微指令。该微指令的第14位为1,在第0~30位中的其余位均为0;该微指令不仅是微程序段中最末一条微指令,而且还是机器指令微指令序列中最末一条微指令,则第31、32位均为1,微指令为000040003H。如加法指令ADD,其执行阶段包含取数周期和实施周期,且包含的三个节拍均存在控制信号,所以执行阶段微程序有六条微指令。取数周期 T_1 节拍存在IR(Add)$_{out}$和MAR$_{in}$两个控制信号,则该节拍对应微指令的第1、7位为1,在第0~30位中的其余位均为0;而该微指令既不是机器指令微指令序列中最末一条微指令,也不是微程序段中最末一条微指令,则第31和32位均为0,微指令为082000000H。类同,取数周期 T_2、T_3 节拍的微指令分别为030000000H、008800000H,实施周期 T_1、T_2、T_3 节拍的微指令分别为000600000H、000100000H、000102203H。所以,加法指令执行阶段微程序段的微指令序列为:082000000H→030000000H→008800000H→000600000H→000100000H→000102203H。同理,则可设计出模型机所有机器指令执行阶段的微程序。

  3. 编制指令系统微程序并设计微地址形成逻辑

  对机器指令的微程序段进行核对审查和精简合并,进一步提炼出公共微程序,以减少控制存储器容量。根据微程序入口地址和后继微指令地址的形成方法,排列微程序段存储顺序,编制出指令系统微程序,确定微指令对应的微地址和微程序段的入口地址,提出微程序入口地址和后继微指令地址形成的具体规则,进而设计出微地址形成的逻辑电路。

  模型机所有机器指令执行阶段微程序段和取指公共微程序段均不存在转移,因此由μPC自动加1增量规则形成后继微指令地址。取指微程序段的入口地址为0,之后按操作码由小到大来排列微程序段,即机器指令执行阶段微程序段存储顺序为:CLA→INC→SHR→CLS→STP→JMP→JZ→JC→COM→LDA→STA→AND→OR→ADD→SUB,模型机指令系统微程序如表6-13所示。为节省控制存储器容量,微程序段连续存储。根据机器指令执行阶段微程序段入口地址的分布,由操作码生成微程序段入口地址的规则为:①执行阶段为1~2条微指令的微程序入口地址是"操作码高位补两个0+11";②执行阶段为3条微指令的微程序入口地址是"操作码高位补两个0+(操作码低两位+1)×110+10";③执行阶段为6条微指令的微程序入口地址是"操作码最低位变反后左移一位再高位补一个0+1"。由此,则可以设计微地址形成逻辑电路。

  4. 微程序写入控制存储器

  将微程序的二进制代码按地址写入控制存储器。

表 6-13 模型机微程序的二进制代码

微程序名称	指令操作码	微指令地址	微指令（二进制代码）																																
			0	1	2	3	4	5	6	7	8	9	10	11	12	13	14	15	16	17	18	19	20	21	22	23	24	25	26	27	28	29	30	31	32
取指		00H	1	1	0	0	0	0	0	0	0	0	0	0	0	0	0	0	0	0	0	0	0	0	0	0	0	0	0	0	0	0	0	0	0
		01H	0	0	0	1	1	0	0	0	0	0	0	0	0	0	0	0	0	0	0	0	0	0	0	0	0	0	0	0	0	0	0	0	1
		02H	0	0	1	1	0	1	1	0	0	0	0	0	0	0	0	0	0	0	0	0	0	0	0	0	0	0	0	0	0	0	0	0	1
CLA	0000	03H	0	0	0	0	0	0	0	0	0	0	0	0	0	1	0	0	0	0	0	0	0	0	0	0	0	0	0	0	0	0	0	1	1
INC	0001	04H	0	0	0	1	1	0	0	0	0	0	0	0	0	0	1	0	0	0	0	0	0	0	0	0	0	0	0	0	0	0	0	1	1
SHR	0010	05H	0	0	0	0	0	0	0	0	0	0	0	0	0	0	0	1	0	0	0	0	0	0	0	0	0	0	0	0	0	0	0	1	1
CLS	0011	06H	0	0	0	0	0	0	0	0	0	0	0	0	0	0	0	0	1	0	0	0	0	0	0	0	0	0	0	0	0	0	0	1	1
STP	0100	07H	0	0	0	0	0	0	0	1	0	0	0	0	0	0	0	0	0	1	0	0	0	0	0	0	0	0	0	0	0	0	0	1	1
JMP	0101	08H	0	0	0	0	0	0	0	0	0	0	0	0	0	0	0	0	0	0	0	0	0	0	0	1	0	0	0	0	0	1	0	1	1
JZ	0110	09H	0	0	0	0	0	0	0	0	0	1	0	0	0	0	0	0	0	0	0	0	0	0	0	0	0	0	0	0	0	1	1	1	0
JC	0111	0AH	0	0	0	0	0	0	0	0	0	0	0	0	0	0	0	0	0	0	0	0	0	0	0	0	0	0	1	0	0	1	1	1	1
COM	1000	0BH	0	0	0	0	0	0	0	0	1	0	1	0	0	0	0	0	0	0	0	0	0	0	0	0	0	0	0	0	0	0	1	0	0
		0CH	0	0	0	0	0	0	0	0	0	0	0	0	0	0	0	0	0	0	0	0	0	0	1	0	0	0	0	0	0	0	0	0	1
LDA	1001	0DH	0	1	1	0	0	0	0	0	0	0	0	0	0	0	0	0	0	0	0	0	0	0	0	0	0	0	0	0	0	0	0	0	0
		0EH	0	0	0	1	0	0	1	0	0	0	0	0	0	0	0	0	0	0	0	0	0	0	0	0	0	0	0	0	0	0	0	1	1
		0FH	0	0	0	0	1	0	0	0	0	0	0	0	0	0	0	0	0	0	0	0	0	0	0	0	0	0	0	0	0	0	1	1	1
STA	1010	10H	0	1	1	0	0	0	0	0	0	0	0	0	0	0	0	0	0	0	0	0	0	0	0	0	0	0	0	0	0	0	0	0	0
		11H	0	0	0	0	0	0	1	0	0	0	0	0	0	0	0	0	0	0	0	0	0	0	0	0	1	1	0	0	0	0	0	0	0
		12H	0	0	0	0	0	0	0	0	1	0	0	0	0	0	0	0	0	0	0	0	0	0	0	0	0	0	0	0	0	0	0	1	1

续表

微程序名称	指令操作码	微指令地址	微指令（二进制代码）																															
			0	1	2	3	4	5	6	7	8	9	10	11	12	13	14	15	16	17	18	19	20	21	22	23	24	25	26	27	28	29	30	31	32
AND	1011	13H	0	0	0	0	0	0	0	0	0	0	1	1	0	0	0	0	0	0	0	0	0	0	0	0	0	0	0	0	0	0	0	0	0
		14H	0	0	0	0	0	0	0	0	0	1	0	0	1	0	0	0	0	0	0	0	0	0	0	0	0	0	0	0	0	0	0	0	0
		15H	0	0	0	0	0	0	0	0	0	0	0	0	0	0	0	0	0	0	0	0	0	0	0	1	0	0	0	0	0	0	0	1	1
OR	1100	16H	0	0	0	0	0	0	0	0	0	0	1	1	0	0	0	0	0	0	0	0	0	0	0	0	0	0	0	0	0	0	0	0	0
		17H	0	0	0	0	0	0	0	0	0	1	0	0	1	0	0	0	0	0	0	0	0	0	0	0	0	0	0	0	0	0	0	0	0
		18H	0	0	0	0	0	0	0	0	0	0	0	0	0	0	0	0	0	0	0	0	0	0	1	1	0	0	0	0	0	0	0	1	1
ADD	1101	19H	0	0	0	0	0	0	0	1	0	0	0	0	0	0	0	0	0	0	0	0	0	0	0	0	0	0	0	0	0	0	0	0	0
		1AH	0	0	1	1	0	0	0	0	0	0	0	0	0	0	0	0	0	0	0	0	0	0	0	0	0	0	0	0	0	0	0	0	0
		1BH	0	0	0	0	0	0	0	0	0	0	1	1	0	0	0	0	0	0	0	0	0	0	0	0	0	0	0	0	0	0	0	0	0
		1CH	0	0	0	0	0	0	0	0	0	1	0	0	1	0	0	0	0	0	0	0	0	0	0	0	0	0	0	0	0	0	0	0	0
		1DH	0	0	0	0	0	0	0	1	0	0	0	0	0	0	0	0	0	0	0	0	0	0	0	0	0	0	0	0	0	0	0	0	0
		1EH	0	0	0	0	0	0	0	0	0	0	0	0	0	0	0	0	0	0	0	0	0	0	0	1	0	0	0	0	0	0	0	1	1
SUB	1110	1FH	0	1	0	0	0	1	0	0	0	1	0	0	0	0	0	0	0	1	0	0	0	0	0	0	0	0	0	0	0	0	0	0	0
		20H	0	0	1	1	0	0	0	0	0	0	0	0	0	0	0	0	0	0	0	0	0	0	0	0	0	0	0	0	0	0	0	0	0
		21H	0	0	0	0	0	1	0	0	0	0	1	0	0	0	0	0	0	0	0	0	0	0	0	0	0	0	0	0	0	0	0	0	0
		22H	0	0	0	0	0	0	0	0	0	0	0	0	1	0	0	0	0	0	0	0	0	0	0	0	0	0	0	0	0	0	0	0	0
		23H	0	0	0	0	0	0	0	0	0	0	1	0	0	0	0	0	0	0	0	0	0	0	0	0	0	0	0	0	0	0	0	0	0
		24H	0	0	0	0	0	0	0	0	0	1	0	0	0	0	0	0	0	0	0	0	1	0	0	1	0	0	0	0	0	0	0	1	1

复 习 题

1. 什么是指令流？什么是数据流？指令流与数据流有什么关系？
2. 从存储程序和程序运行角度，简述中央处理器的功能特性。
3. 指令处理包含哪些任务？中央处理器的功能包含哪几个方面？
4. 中央处理器由哪几部分组成？其中哪些是功能部件？哪些是变换部件？
5. 中央处理器一般配置的寄存器有哪些？可从哪几个方面来分类？
6. 简述数据缓冲寄存器(MDR)、地址缓冲寄存器(MAR)、程序状态寄存器(PSWR)和指令寄存器(IR)的作用及其类型。
7. 简述程序计数器、结果判别控制逻辑、输入选择暂存逻辑和指令译码器的作用及其类型。
8. 中央处理器的主要性能指标有哪些？其核心指标是哪几个？
9. 控制器的功能任务可分为哪几个方面？各方面包含哪些功能任务？这些功能任务哪些是控制性任务？哪些是工作性任务？
10. 控制器主要由哪几部分组成？简述各组成部分的功能。
11. 控制器中的指令预处理部件包含哪些变换部件？简述各变换部件的功能。
12. 控制信号序列发生器的实现方法有哪些？对应控制器的名称是什么？比较它们的优缺点。
13. 简述指令处理的一般流程图。
14. 对于指令处理流程，一般可分为哪几个状态？简述状态转换的条件。
15. 指令处理流程中执行的操作可分为哪两种？划分的依据是什么？简述其含义。
16. 什么是数据通路？根据 CPU 一般结构模型，列出指令读取和数据保存状态的数据通路。
17. 什么是功能操作？什么是状态操作？什么是微操作？简述它们间的关系。
18. 根据微操作功效，微操作可分为哪两种？简述其含义。
19. 什么是微命令？简述微命令与微操作的关系。
20. 对于基于单总线模型机，用于传输微操作的控制信号有哪些？用于加工微操作的控制信号有哪些？
21. 什么是指令周期？什么是机期周期？什么是节拍？简述它们之间的关系，指出它们对应的操作类型。
22. 什么是控制器时序控制？常用时序控制方式有哪些？简述它们的特点。
23. 什么是时序信号？时序信号的基本体制是什么？三级时序信号体系中包含哪些时序信号？
24. 时序信号产生器功能是什么？它一般由哪几部分组成？
25. 什么是微指令？简述微指令的基本格式。
26. 什么是微指令粒度？微指令粒度一般有哪两种？

27. 什么是微地址？什么是微指令周期？
28. 什么是兼容性微命令？什么是互斥性微命令？
29. 什么是微程序？微程序一般有哪几种结构？
30. 简述机器指令、微程序、微指令的关系。
31. 什么是微命令编码？微命令编码方法一般有哪几种？简述各种编码方法的含义及其特点。
32. 在性能上，微命令编码方法有哪些差异？
33. 微指令格式有哪两种？简述两种格式的含义及其优缺点。
34. 在性能上，水平型与垂直型微指令有哪些区别？
35. 什么是微程序运行控制？它包含哪两个方面的运行控制？
36. 微程序段入口微地址的形成方法有哪几种？简述各形成方法的含义及其适用性。
37. 后继微地址的形成方法有哪几种？简述各形成方法的含义及其优缺点。
38. 微程序设计的任务有哪些？微程序设计的基本要求有哪些？
39. 什么是微程序设计语言？什么是源微程序？什么是微编译程序？
40. 什么是动态微程序设计？什么是静态微程序设计？什么是毫微程序设计？
41. 什么是硬布线控制器？简述硬布线控制器实现的方法原理。
42. 硬布线控制器一般由哪几部分组成？简述各组成部分功用。
43. 什么是微程序控制器？简述硬布线控制器实现的方法原理。
44. 微程序控制器一般由哪几部分组成？简述各组成部分功用。
45. 在性能特征上，硬布线控制器与微程序控制器有哪些区别？
46. 简述微程序控制器的工作过程。
47. 简述组合逻辑控制信号序列发生器与存储逻辑控制信号序列发生器的设计过程。

练 习 题

1. 主存储器的静态指令序列与指令流的动态指令序列是一致的吗？为什么？
2. 累加器(AC)具有加运算功能吗？为什么？
3. 中央处理器是否可以不设置指令寄存器，而直接对数据缓冲寄存器的信息进行译码？为什么？举例说明。
4. 对于{ADD AC，GR_1}指令，需要控制器中的哪些功能任务，才能实现指令的功能？
5. 指令流动态指令序列的形成方法有哪两种？各是如何实现的？
6. 当利用组合逻辑、存储逻辑和组合逻辑与存储逻辑相结合等三种方法来实现控制信号序列发生器时，各主要采用什么器件？
7. 从CPU一般结构模型和控制器组成结构来看，立即数寻址、寄存器寻址和直接寻址是否均需要地址形成逻辑来完成？为什么？

8. 指令处理至少包含哪几个状态操作？为什么？举例说明。

9. 若指令为{ADD AC,X}，其中操作数 X 为间接寻址，对于 CPU 一般结构模型来说，该指令处理包含哪几个状态操作？每种状态操作包含哪些数据通路？每条数据通路包含哪些微操作？

10. 若指令为{ADD AC,X}，其中操作数 X 为直接寻址，对于基于单总线模型机来说，该指令处理需要哪些的控制信号？

11. 在计算机 CPU 内部结构中，为什么需要配置时序信号发生器？

12. 若指令为{ADD AC,X}，其中操作数 X 为直接寻址或间接寻址，对于 CPU 一般结构模型来说，画出该指令周期的方框图。

13. 若指令为{ADD AC,X}，其中操作数 X 为直接寻址，且 CPU 采用同步定长机器周期时序控制，对于 CPU 一般结构模型来说，画出该指令处理所需要的三级时序信号体系。

14. 在微指令基本格式中，为什么设置顺序控制域？但在机器指令格式中又不设置顺序控制字段呢？

15. 在微程序控制器中，微程序计数器(μPC)可以由具有加"1"功能的微地址寄存器(μMAR)代替，试问程序计数器(PC)是否可以由具有加"1"功能的地址寄存器(MAR)代替？为什么？

16. 某计算机 CPU 内部结构如下图所示，总线之间的数据传送均通过 ALU，且 ALU 还具有以下功能：

$$F=A; F=B; F=A+1; F=B+1; F=A-1; F=B-1$$

写出转子指令(JSR)的取指和实施周期的微操作序列。JSR 指令占两个字，第一个字是操作码，第二个字是子程序入口地址，返回地址保存在存储器堆栈中，堆栈指示器始终指向栈顶。

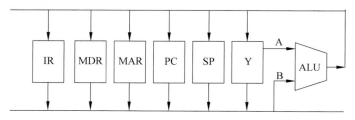

17. 设微处理器主频为 66MHz，平均每条指令的处理时间为两个机器周期，每个机器周期包含两个时钟周期，请问：

（1）若存储访问等待时间为 0，即无须插入等待周期，那么平均每秒可处理多少条指令？

（2）若每条指令处理需要访问一次存储器，且存储访问需要插入两个机器周期等待时间，那么平均每秒可处理多少条指令？

18. 设微处理器主频为 8MHz，每个机器周期包含两个时钟周期，指令处理的平均速度为 0.8MIPS，请问：

（1）指令周期的平均时间是多少微秒？

(2) 指令周期的平均包含多少个机器周期?
(3) 若微处理器的时钟周期为 $0.4\mu s$,指令处理的平均速度为多少 MIPS?
(4) 若想得到指令处理的平均速度为 12MIPS,则微处理器主频应为多少 MHz?

19. 假设计算机 CPU 内部结构如下图所示,其中有一个累加寄存器 AC、一个状态条件寄存器和其他 4 个专用寄存器,各部分之间的实线表示数据通路,箭头表示信息传送方向。要求:
(1) 标明图中 a、b、c、d 等 4 个寄存器的名称;
(2) 简述指令从主存储器取出到产生控制信号的数据通路;
(3) 简述数据在运算器和主存储器之间进行存/取访问的数据通路。

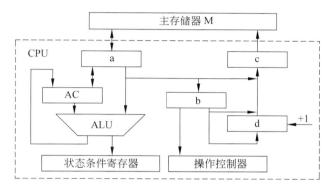

20. 某计算机 CPU 内部结构模型如下图所示,图中 MM 为主存储器、CU 为控制信号序列发生器),传送指令 MOV R_1,R_2(功能为 $R_1 \rightarrow R_2$)的微操作需要分为几个机器周期来执行? 写出每个机器周期微操作的控制信号。若所有的微操作均可在一个时钟周期完成,那么每个机器周期包含多少个时钟周期?

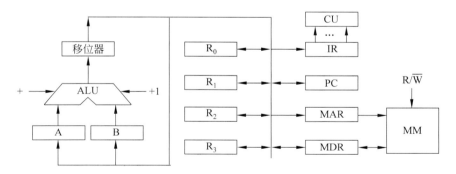

21. 某计算机 CPU 内部结构中有:算术逻辑运算部件 ALU、移位寄存器、主存储器 M、数据寄存器 MDR、地址寄存器 MAR、指令寄存器 IR、程序计数器 PC、通用寄存器 $R_0 \sim R_3$、暂存器 C 与 D 等逻辑器件或部件。
(1) 采用单总线结构将逻辑器件或部件连接在一起,并标明数据流动方向。
(2) 画出"ADD R_1,(R_2)"{功能为$(R_1)+((R_2))\rightarrow R_1$}指令周期的方框图。

22. 若微处理器时钟频率为 50MHz,且一个机器周期含有三个节拍电位:$T_1=20ns$,$T_2=40ns$,$T_3=20ns$,采用循环移位方式设计节拍电位发生逻辑。

23. 若微处理器时钟频率为 600MHz,要求产生四个等间隔的节拍电位,采用计数器方式设计节拍电位发生逻辑。

24. 设有一运算器数据通路如下图所示,假设操作数 a 和 b(补码)已分别在通用寄存器 R_1 和 R_2 中,ALU 有＋、－和 M(直送)三种操作。

（1）指出相容性微操作和相斥性微操作；

（2）用字段直接译码法设计适用此运算器的微指令格式中微操作控制字段。

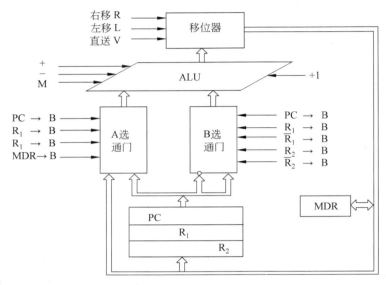

25. 某微程序控制器的控制存储器容量为 512×48 位,微程序可在整个控制存储器中实现转移,且转移条件共有四个。若采用水平微指令格式,后继微指令地址形成方法为多分支断定法,那么微指令的三个字段分别为多少位？当采用位直接编码法对控制域进行编码时,同时最多可按排多少个微命令？画出微指令格式。

26. 某计算机有 80 条指令,每条指令的微程序平均包含 12 条微指令,其中有一条取指微指令是所有指令公用的,设微指令长度为 32 位,那么微程序控制器的控制存储器容量是多少？

27. 微地址转移逻辑表达式如下：

$$\mu A_0 = P_2 \cdot IR_4 \cdot T_4, \quad \mu A_1 = P_2 \cdot IR_5 \cdot T_4, \quad \mu A_2 = P_3 \cdot (C+Z) \cdot T_4$$

其中：μA_2、μA_1、μA_0 为微地址寄存器的相应位,P_2、P_3 为微指令字的测试标志位,C、Z 为状态标志寄存器的进位与零标志位,IR_4、IR_5 为指令寄存器的相应位,T_4 为节拍电位信号。简述上述逻辑表达式的含义,画出微地址转移逻辑的电路图。

28. 微地址寄存器有 6 位($\mu A_5 \sim \mu A_0$),当需要修改其内容时,可通过某一位触发器的置"1"端 S 将其置 1,根据下列三种情况,写出多分支断定法的微地址转移的逻辑表达式。

（1）执行取指微指令后,微程序按指令寄存器(IR)的操作码字段($IR_3 \sim IR_0$)的二进制数组合进行 16 路分支；

（2）运行条件转移指令微程序时,按进位标志 C 的状态进行 2 路分支；

(3) 运行控制台指令微程序时,按指令寄存器的 IR_4 和 IR_5 的二进制数组合状态进行 4 路分支。

29. 某微程序控制器的微指令序列如下图所示,图中每一框代表一条微指令,分支点①由指令寄存器(IR)的第 5、6 位决定,分支点②由条件码 C_0 决定。若采用顺序控制域控制微指令序列的执行,微指令地址寄存器字长为 8 位。

(1) 设计微指令字顺序控制域的格式;
(2) 给出每条微指令的二进制编码地址。

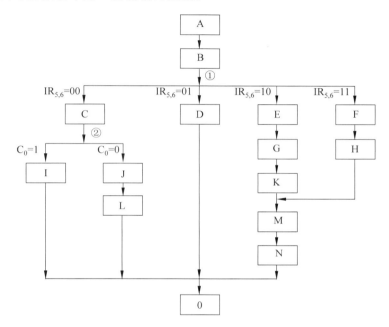

30. 某算术逻辑运算部件 ALU 的功能由控制信号 $MS_3S_2S_1C$ 来选择,指令有 A、B、H、D、E、F、G 共 7 条,各条指令所对应控制信号的编码如下表所示,表中 y 为二进制变量,φ 为 0 或 1 任选。试以(A、B、H、D、E、F、G)为输入变量,写出控制信号 M、S_3、S_2、S_1、C 的逻辑表达式。

指令码	M	S_3	S_2	S_1	C
A、B	0	0	1	1	0
H、D	0	1	1	0	1
E	0	0	1	0	y
F	0	1	1	1	y
G	1	0	1	1	φ

31. 某微程序包含 5 条微指令,每条微指令发出的控制信号如下表所示,试对 5 条微指令的微操作控制域进行编码,要求微操作控制域尽量短且保持微操作应有的并行性。

微指令	控制信号	微指令	控制信号	微指令	控制信号
μI_1	a、c、e、g	μI_3	a、d、e	μI_5	a、d、f、j
μI_2	a、d、f、h、j	μI_4	a、b、i		

32. 根据图 6-42 单总线模型机微指令的格式，"LDA X"指令{功能为(X)→AC}和"JMP X"指令{功能为 X→PC}功能实现需要几条微指令，写出每条微指令微操作控制域的编码。

33. 现有一简单运算器，其数据通路如下图所示，请为"一位十进制数加法指令"设计一段微程序。十进制数采用 8421 码，其运算规则为：当两数按二进制数相加时，若和小于或等于 9，结果正确，即二进制数相加的结果就是十进制数和的 8421 码；若和大于 9，结果不正确，需要再加 6 修正才能得到正确结果，即得到本位和的 8421 码与向高位的进位。另外，假设两一位十进制数与常数 6 已存放于 R_1、R_2、R_3 中。

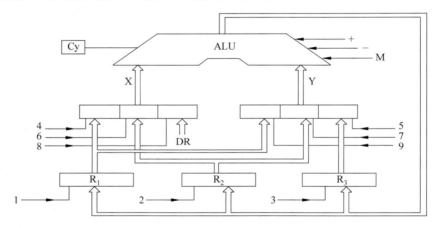

第 7 章 输入输出系统及其操作控制

现代计算机可认为是由三大模块组成,除中央处理器 CPU 和存储器外,还有输入输出模块,即输入输出系统,可见它是计算机的重要组成部分之一。输入输出系统是主机与外部实现信息交换的桥梁,是提高计算机性能的主要因素之一,它与计算机的速度、处理能力、实用性、兼容性和性能价格比等密切相关,计算机的外部功能特性就是由输入输出系统的功能强弱与多寡来体现。本章介绍输入输出系统及其结构功能与特性类型,阐明中断及其实现的过程原理,讨论各种输入输出操作控制方式的实现原理,分析常用外围设备的结构原理与功能特性。

7.1 输入输出系统概述

输入输出设备通常又称为 I/O 设备或外围设备,它是主机与外界进行信息交换的装置,是计算机组成结构中不可缺少的部分。由于外围设备与主机在结构、性能和工作方式等方面存在较大差异,使得主机与外围设备之间不可能直接相连,为构成一个有机整体,而需要构建一个包含主机和外围设备的输入输出系统。那么,外围设备有哪些类型,输入输出有哪些特性,输入输出的过程,输入输出系统的结构功能与发展历程,输入输出的工作方式有哪些等等,这是本节要分析讨论的问题。

7.1.1 外围设备的分类与特性

1. 外围设备的作用

随着集成电路制造技术的发展,主机的价格越来越低,外围设备的造价在计算机中所占的比例越来越大,所处的地位也越来越高。外围设备在计算机中的作用主要有以下三个方面。

(1) 用于实现主机与外部的交互。

无论功能强弱、性能高低的任何计算机,把数据与程序由外部送到主机的内部接收,或把计算结果与其他信息送到外界的外部呈现,均是通过外围设备执行相关操作来实现的。可见,外围设备是主机与外部(包含人)交互的界面。

(2) 用于实现信息媒体之间的变换。

人们习惯使用的信息媒体有十进制数、字符、图形、图像、语音等,而主机仅能对二进制代码表示的信息进行处理。所以,当外围设备接收外部的数据与程序送到主机前,需要把人们习惯使用的信息媒体变换为二进制代码;同样,外围设备在向外界呈现主机的计算结果与其他信息前,也需要把二进制代码变换为人们习惯使用的信息媒体。可见,外围设备是信息媒体变换的装置。

(3) 用于实现软件与数据等信息的长期保存。

随着计算机技术及其应用的不断发展,不仅软件不断丰富,而且需要处理的数据量越来越大,主存储器仅能暂时保存极少一部分软件与数据等信息,绝大部分需要长期保存的信息都必须存放在外部的辅助存储器中。可见,外围设备是软件与数据等信息的永久驻地。

2. 外围设备的分类

由于计算机应用领域的不断扩大,面向的外部环境越来越复杂多样,导致外围设备的分类角度越来越多,但一般可从传送方向、工作速度和功能作用等三个方面进行分类。

(1) 从传送方向来分。

按照信息传送方向来分,外围设备可分为输入设备、输出设备和兼有输入输出设备等三种类型。输入设备是指将外部记录在不同载体上的或本身生成的多种媒体信息向主机传送的外围设备,常见的有键盘、鼠标、扫描仪、数字化仪、字符阅读器、声音识别器等。输出设备是指将主机用二进制代码表示的信息向外部传送并呈现的外围设备,常见的有打印机、显示器、绘图仪、声音合成器等。兼有输入输出设备是指既可输入又可输出的外围设备,常见的有磁盘机、触摸屏、USB 接口、光盘机等。

(2) 从工作速度来分。

按照工作速度快慢来分,外围设备可分为低速设备、中速设备和高速设备等三种类型。通常,数据传输速率(b/s)在 M 数量级以下的外围设备为低速设备,如键盘、鼠标、调制解调器等;数据传输速率在 1M~500M 数量级的外围设备为中速设备,如激光打印机、光盘机等;数据传输速率在 500M 数量级以上的外围设备为高速设备,如磁盘机、图形显示器等。

(3) 从功能作用来分。

按照在计算机中的功能作用来分,外围设备可分为人机交互设备、外存储设备和数据通信设备等三种类型。人机交互设备是指用于人与主机进行信息交换的外围设备,如键盘、鼠标、打印机、显示器、磁盘机等;外存储设备是指用于扩展主存储器容量的外围设备,如磁盘机、USB 接口、光盘机等;数据通信设备是指用于实现计算机与计算机、计算机与其他机器之间进行数据通信的外围设备,如调制解调器、网络交换机等。

3. 输入输出的特性

外围设备不仅品种多,形态上有机械的、电动的、电子的等,且结构性能迥异,尤其是数据传输速率更是悬殊,有的以百计,有的以亿计,但在信息输入输出时,在操作、时序和数据等三个方面具有共同之处。

(1) 操作独立性。

外围设备的信息媒体、信号强度和速度等与主机差异很大,CPU 不可能如同访问主存储器一样,直接存取其信息。因此,外围设备的工作一般与主机无关,具有独立的时序及其控制逻辑。如人们在键盘上按下一个键,CPU 获得键值(键的代码)的过程分两步:键值送到一寄存器和 CPU 读取寄存器中的键值,前一步操作完全是由键盘及其控制逻辑实现的,与主机无关;按键也是随机的,也与主机无关,CPU仅需要及时知道有键按下即可。可见,外围设备的操作具有独立性。

(2) 时序异步性。

外围设备的工作速度相对于主机要慢得多,且还具有随机性和不确定性。为充分提高主机与外围设备的工作效率,不可能采用统一的操作时序,信息交换则通过缓冲的方法来实现,由此还可以有效地使它们并行工作。可见,外围设备的时序具有异步性。

(3) 数据实时性。

现场的自动检测与控制是计算机应用的重要领域,现场数据的出现是即时的,需要即时接收与处理,否则外部数据丢失而失去控制机会,可能导致严重的后果。例如,锅炉加热计算机控制系统,需要不断地采集锅炉的压力,当锅炉的压力达到一定极限时,必须关闭加热设备,否则可能导致锅炉爆炸。可见,外围设备的数据具有实时性。

7.1.2 输入输出系统及其结构功能

1. 输入输出系统及其组成结构

由于不同外围设备的工作方式存在差异,且信息媒体、数据格式以及物理信号也不相同,而主机可以发送与接收的信息媒体与物理信号是固定的、数据格式与工作方式是有限的。因此,主机与外围设备不可能直接相连,需要通过中间电路及其相应软件来连接,以弥补主机与外围设备之间的差异,满足外围设备的操作独立性、时序异步性和数据实时性的要求。这样,利用中间电路及其相应软件把主机与外围设备构成一个有机整体,即输入输出系统。所谓输入输出系统是指实现主机与外界(包含人)交换信息时所需要的硬件和软件的总称,通常简称为I/O系统。输入输出系统通过组织、控制、管理外围设备,实现主机与外界进行信息交换。

随着计算机应用范围的不断扩大,现代计算机配置外围设备的品种、数量越来越多,不可能针对一个设备来设计输入输出系统,而应在规范输入输出的基础上,制定统一规则来实现输入输出系统,使输入输出与外围设备无关。所以,虽然输入输出系统极其复杂、硬件组成多样、软件差异大,但一般说来,输入输出系统是由接口电路、设备控制器、管理控制软件、主机和外围设备等五部分组成,如图7-1所示。其中设备控制器用于控制外围设备的操作,它既可以与外围设备集成在一起,也可与接口电路集成在一起,当与接口电路集成一体时则称为适配器。

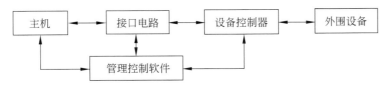

图 7-1 输入输出系统的组成结构

2. 输入输出系统的功能层次

一般来说,输入设备是主动申请主机调用,主机被动接收信息;输出设备则是被动调用,主机主动发送信息;外围设备既可主动调用,也可被动调用。但无论是主动调用还是被动调用,其调用过程的实现是由输入输出系统支持的,即输入输出系统必须具备支持外围设备调用的功能。根据输入输出系统的组成结构,其功能可分为选择、驱动、控制和执行等四个层次。

① 外部选择。操作系统为用户提供了菜单或功能调用命令,通过这些命令,用户可以根据需要,选择调用外围设备。

② 设备驱动。驱动程序是外围设备各种操作功能实现的子程序集合,用户可以根据需要,选择调用外围设备的某项功能。驱动程序一般以单个或多个命令字的方式,向外围设备发送控制信息,并以返回状态字的形式,判断操作结果或外围设备的运行状态。

③ 设备控制。由驱动程序发送的命令字,只是外围设备操作功能实现所需控制信号的编码,需要通过控制逻辑或控制程序解释,以便形成控制信号,以控制外围设备执行相应动作。

④ 设备执行。外围设备在控制信号的作用下,执行具体动作以实现用户所期望的外围设备操作功能。

7.1.3 输入输出的过程与指令

1. 输入输出过程

外围设备与主机交换信息和 CPU 与主存储器交换信息相比,虽然存在差异,但输入输出的过程基本相同,一般分为状态检查、数据交换和数据整理等三个步骤。

① 状态检查。CPU 把一个地址送出,选择并启动一个外围设备后,持续检查外围设备的状态端口,直到外围设备可以进行数据交换。

② 数据交换。若输入,CPU 则从外围设备数据端口中读取数据,并送到内部寄存器上;若输出,CPU 则把数据发送到外围设备数据端口中,外围设备把数据端口的数据取走。

③ 数据整理。对数据进行正确性校验,修改数据存储缓冲区的地址和数据交换数量的计数等。

2. 输入输出指令

当外围设备的端口地址是独立编址时,除外围处理机控制输入输出外,为有效地控制输入输出,CPU 需要配置一定的专门用于处理与控制输入输出过程的指令,这些指令统称为输入输出指令。根据输入输出的过程,输入输出指令一般应具备以下功能:

① 置1清0。对外围设备接口中的某些触发器置"1"或清"0",以控制外围设备的某些动作。

② 测试判断。外围设备的某些状态(如忙或闲)反映在状态端口寄存器上,CPU 可对它进行测试,以便决定下一步的操作。

③ 传送数据。当输入数据时,将外围设备数据端口的数据送到 CPU 内部寄存器中;当输出数据时,将 CPU 内部寄存器的数据送到外围设备数据端口中。

7.1.4 输入输出控制的发展历程

由于外围设备的工作速度一般比 CPU 的工作速度慢得多,减少 CPU 对输入输出的处理与控制,使 CPU 与外围设备并行工作,是输入输出系统发展的根本目标。因此,输入输出控制的发展历程是不断提高 CPU 与外围设备并行工作的过程,其大致分为四个阶段。

1. CPU 控制输入输出

早期的外围设备种类少,在计算机中配置不多,外围设备与主机交换的信息量也不大;另外,计算机速度不高,且价格昂贵。因此,当外围设备与主机交换信息时,停止各种运算,输入输出过程完全由 CPU 处理与控制,外围设备与主机的连接如图 7-2 所示,且输入输出系统的特点有:

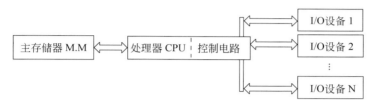

图 7-2　CPU 控制 I/O 的连接

① 逻辑电路零散繁杂。每个外围设备都必须配备一套独立的电子线路与主机相连,以实现相互间的信息交换。

② CPU 与外围设备串行工作。CPU 对输入输出过程的处理和控制是夹插在执行程序之中,CPU 极其忙碌,时间浪费大。

③ 增减更换外围设备困难。每个外围设备的控制逻辑电路与 CPU 的控制器构成一个整体,不可分割。

2. 接口控制输入输出

随着总线结构计算机的出现,外围设备利用接口与主机相连。当外围设备与主机交换信息时,CPU 仅通过 I/O 指令来控制数据传输,其他输入输出过程由接口处理与控制,接口既起到缓冲作用,还可对数据进行适当变换,如串并或并串转换。外围设备与主机的连接如图 7-3 所示,且输入输出系统的特点有:

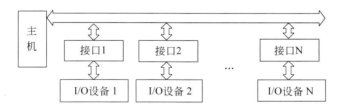

图 7-3　接口控制 I/O 的连接

① 多台外围设备并行工作。接口技术的应用使多台外围设备分时占用总线,有利于提高外围设备的工作效率。

② 一定程度使外围设备与 CPU 并行工作。外围设备的数据搜集与 CPU 执行程序是并行的,但外围设备与主机交换信息时,CPU 则中断现行程序,通过执行 I/O 指令来完成。

3. 通道或 DMA 控制输入输出

随着外围设备配置的增多与计算机速度的提高，外围设备与主机交换的信息量增大，由接口控制输入输出已不能满足批量数据的交换。因此，在主存储器与外围设备之间直接建立一条数据通路，输入输出过程基本由通道或 DMA(Direct Memory Access)处理与控制，使得外围设备与 CPU 基本并行工作，对数据处理的能力也较强，如码制与格式的变换等，外围设备与主机的连接如图 7-4 所示。

图 7-4 通道或 DMA 控制 I/O 的连接

通道与 DMA 均是一个控制逻辑部件，它们的主要差别在于：对于输入输出过程，DMA 还需要 CPU 参与管理；通道则完全不需要 CPU 参与，它本身是一种具有特殊功能的处理机。

4. 外围处理机控制输入输出

若通道或 DMA 完全独立于 CPU 工作，则是外围处理机（简称 PPU，Peripheral processor Unit）。外围处理机不仅完全替代 CPU 接管外围设备，实现对输入输出过程的处理与控制，使得外围设备与 CPU 完全并行工作，而且对数据处理的能力也很强，如码制与格式的变换、检错纠错等。

显然，随着输入输出系统的变化发展，主机与外围设备的连接方式也不断变化，主机与外围设备的连接方式可分为：CPU 直接连接、基于总线接口连接、基于通道或 DMA 连接和基于外围处理机连接等四种。特别地，按第 3 章 I/O 接口概念，主机与外围设备连接时，所需要控制电路或通道或 DMA 或外围处理机实质就是 I/O 接口，由于功能差异很大，而为它们起不同名称。

7.1.5 输入输出系统的工作方式

输入输出系统的根本任务是实现数据的输入输出，数据输入输出过程的工作方式包含数据传送、响应定时和操作控制等三个方面。

1. 数据传送方式

数据传送方式一般有两种，即串行与并行。所谓并行数据传送是指 n 位二进制数同时进行传送，其特点是传送速度快，但要求数据线多（n 位需要 n 根数据线）。所谓串行数据传送是指一次只能传送一位二进制数，对于 n 位二进制数需要连续 n 次进行传送，其特点是传送速度慢，但数据线只需要一根。

不同的数据传送方式需要配置不同的接口电路，如并行传送接口、串行传送接口或串并行传送接口等，用户可按数据传送方式需要选择合适的接口电路。

2. 响应定时方式

按外围设备工作速度的不同，外围设备与主机之间的响应定时方式可分为立即响应、异步应答和同步时标等三种。

(1) 立即响应方式。

对于工作速度极其缓慢的外围设备,如机械开关、发光二极管等,当它们与主机交换数据时,都已处于某种等待状态。因此,所谓立即响应方式是指只要CPU的I/O指令一到,外围设备则可响应,无须特殊信号。

(2) 异步应答方式。

对于工作速度与主机不在一个数量级上的外围设备,或外围设备本身是在不规则时间间隔下操作的,如键盘等;当它们与主机交换数据时,通过联络信号来了解相互间的状态。因此,所谓异步应答方式是指外围设备与主机各自并行完成自身任务,彼此通过联络信号完成数据交换,如图7-5所示。当主机数据输出到I/O接口后,接口则向外围设备发出Ready信号,告诉外围设备可以从接口内取数据;外围设备收到Ready信号后,则从接口中取出数据,并向接口发一个Strobe信号,告诉I/O接口数据已取走,主机可继续向I/O接口发送数据。同理,外围设备向主机发送数据则反之。

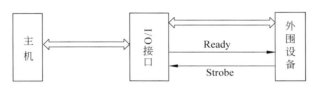

图 7-5 异步应答的响应定时方式

(3) 同步时标方式。

对于工作速度与主机在一个数量级上的外围设备,或外围设备本身是在规则时间间隔下操作的;当它们与主机交换数据时,是通过同步时标信号来控制。因此,所谓同步时标方式是一旦启动输入输出操作,指外围设备与主机则以同步时标信号来控制相互间的操作,等速率地实现数据的输入输出。

3. 操作控制方式

输入输出的操作控制即是外围设备与主机之间进行数据交换的操作控制,操作控制方式的改变历程是输入输出由串行到并行、由集中管理到分散管理的发展过程,是软件功能不断减少、硬件功能不断增加的过程。按输入输出过程的组织和外围设备与主机并行工作的程度,输入输出的操作控制一般分为程序查询、程序中断、直接存储访问、通道、外围处理机等五种方式,如图7-6所示。程序查询的状态检查、数据交换和数据整理等输入输出操作都是由软件控制实现,程序中断的数据交换和数据整理等输入输出操作由软件

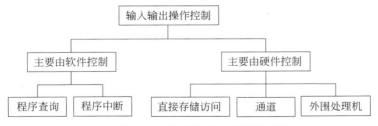

图 7-6 输入输出操作控制方式的类型结构

控制实现,状态检查输入输出操作由硬件控制实现;直接存储访问的状态检查和数据交换等输入输出操作由硬件控制实现,数据整理输入输出操作由软件控制实现;通道和外围处理机的状态检查、数据交换和数据整理等输入输出操作都是由硬件控制实现。

7.2 中断及其实现的结构原理

从一般概念上,已对输入输出系统及其结构功能、发展历程、工作方式等有了较深刻的理解,对外围设备也有初步认识,但对输入输出系统涉及的一个重要概念——中断还较陌生。那么,什么是中断,中断有哪些类型和用途,中断产生的来源有哪些,中断处理的过程如何,各过程阶段的功能操作有哪些,这些功能操作是如何实现的,有哪些方式或方法等等,是本节要分析讨论的问题。

7.2.1 中断与中断源

1. 中断及其作用

中断(Interrupt)一词应用极为普遍且早已有之,但对于计算机领域,中断的概念是在20世纪50年代中期提出的。所谓中断是指计算机由任何非寻常或非预期的急需处理的事件,引起CPU暂时停止现行程序的运行,转去运行处理事件的程序,或释放软硬件资源由其他部件处理该事件,等事件处理完后,返回原程序运行的整个过程。而把处理中断事件的程序称为中断服务程序。

目前,中断不仅应用于数据输入输出,而且在多道程序、分时操作、实时处理、人机交互、事故处理、程序的跟踪监视、用户程序与操作系统的联系、多处理机系统中处理机之间的联系等方面都起着重要作用。中断的主要作用包括:

(1) 使CPU与外围设备能并行工作。在中断引入之前,计算机是在程序直接控制下,完成数据输入输出操作的,CPU与外围设备串行工作。引入中断后,可实现CPU与外围设备的并行工作,极大地提高计算机系统的工作效率。

(2) 使机器的可靠性得到提高。在计算机工作过程中,当运行的程序发生错误,或者硬设备出现某些故障时,利用中断可以自动进行处理,避免某些偶然故障引起的计算错误或停机。

(3) 便于实现人机交互。在计算机工作过程中,人是随机地干预机器的,如了解机器的工作状态、给机器下达临时命令等。如果计算机没有配置中断系统,人机交互几乎是无法实现的,只有利用中断,才使得人机交互方便且有效。

(4) 便于实现多道程序。计算机实现多道程序并发运行是提高机器工作效率的有效手段,多道程序运行的切换需要借助中断。如在一道程序的运行中,由输入输出中断切换到另一道程序运行,当按固定时间片运行程序时,则利用定时中断在多道程序之间切换。

(5) 便于实现实时处理。所谓实时处理是指在某事件或现象出现时应及时对它进行处理,而不是集中起来再进行批处理。如在计算机过程控制中,当随机出现压力过大或温度过高等情况时,要求计算机及时关闭加压或加温装置等。由于事件是随机的出现的,而不是程序本身所能预见的,则要求计算机停止正在运行的程序,转而去运行事件处理服务程序。

（6）便于实现用户程序和操作系统的联系。在现代计算机中,用户程序往往可以安排一条"访问管理程序"指令来调用操作系统的管理程序,这种调用是通过中断来实现的,即通过中断实现目态与管态之间的变换。

（7）便于实现多处理机系统中处理机之间的联系。在多处理机系统中,处理机和处理机之间的信息交换和任务切换都是通过中断来实现的。

2. 中断处理过程与中断类型

从中断概念可以看出,中断处理过程包含中断请求、中断响应、中断服务和中断返回等四个阶段,如图 7-7 所示,其中中断请求与中断响应由硬件实现。可见,中断处理过程极其复杂,其实现需要软件与硬件的支持。因此,把计算机中实现中断功能的软件与硬件统称为中断系统,它一般由 CPU 中的中断逻辑、接口中的中断控制器、中断初始化程序和中断服务程序等四部分组成。

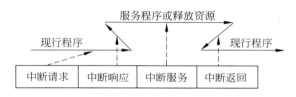

图 7-7 中断处理过程

CPU 响应中断后,则转入中断服务。根据中断服务方式,可以把中断分为简单中断和程序中断等两种。

① 简单中断。如果 CPU 在响应中断后,不需要运行程序来处理有关事件,仅需要暂停现行程序运行并释放软硬件资源,则称为简单中断。由于简单中断不会破坏原程序运行的现场信息,则不需要进行现场保护等操作。程序中断主要用于快速外围设备与主机交换数据的场合,如数据输入输出采用直接存储访问 DMA 等时,则需要 CPU 释放总线等资源。

② 程序中断。如果 CPU 在响应中断后,通过运行程序来处理中断事件,则称为程序中断,通常简称为中断。由于程序中断会破坏原程序运行的现场信息,则需要进行现场保护等操作,因此程序中断比简单中断复杂得多,中断中绝大多数概念与方法,都是针对程序中断。程序中断主要用于中慢速外围设备与主机交换数据以及中断事件处理复杂的场合。

3. 中断源及其类型

中断是由非寻常或非预期事件引发的,而事件是由某对象产生的。所谓中断源是指引起中断的所有事件,或发出中断请求的来源的总称。中断极其复杂,其复杂性的根源在于中断源的多样性,目前中断源主要有：

① 外围设备。当外围设备需要数据输入输出时,通过中断使 CPU 参与输入输出的相关操作。

② 运算器。当算术运算产生溢出、数据格式非法、数据校验错误等时,利用中断让 CPU 来处理。

③ 存储器。当地址非法(地址不存在或越界)、页面失效、数据校验错误、存取访问超时等时,利用中断让 CPU 来处理;当 DRAM 刷新时间到时,通过中断使 CPU 停止访问存储器。

④ 控制器。当遇到非法指令、特权指令等时,利用中断让 CPU 转去运行相应的服务程序。

另外,还有时钟定时、电源故障等,都是利用中断来实现相应处理。

根据中断源的位置来分,中断分为内中断和外中断两种,由主机内部事件引起的中断称为内中断,而由主机外部事件引起的中断称为外中断。根据中断发生事先是否预知来分,中断又可以分为强迫中断和自愿中断,强迫中断是指中断发生事先不可预知的中断,自愿中断是指中断发生事先可预知的中断。中断的类型结构如图 7-8 所示,可见,内中断可以是强迫中断,也可以是自愿中断,但外中断仅能是强迫中断。

内中断的强迫中断是由硬件故障或软件出错等引起的,所以它又分为硬件中断和软件中断。硬件故障一般由集成电路芯片、元器件、印刷线路板、导线及焊点引起的,且电源电压下降也属于硬件故障;软件出错包括指令出错、程序出错、地址出错、数据出错等。内中断的自愿中断即是指令中断,它是指出于计算机系统管理需要而人为设置的中断,如果程序重复运行,断点位置不变。计算机系统为了更方便用户调试软件、检查程序、调用外围设备,则设置中断指令,在 CPU 运行程序过程中,遇到中断指令就进入中断,调出相应的管理程序。

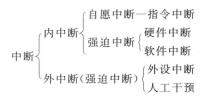

图 7-8 中断的类型结构

外中断分为外设中断和人工干预外。实际中,大量中断是由计算机配置的外围设备引起的,数据传送前或数据传送后需要中断,接口或外围设备出现故障时需要中断,人们对外围设备操作也需要中断。引起外中断的原因不同,调用的中断服务程序也就不一样。

4. 单级中断与多级中断

在计算机中,中断源往往很多,当出现多个中断源同时请求中断时,CPU 响应中断的原则是:按一定的先后次序串行响应,且先响应的优先性高,后响应的优先性低。但当 CPU 正在处理优先性低的中断时,若出现优先性高的中断请求,根据中断服务的嵌套性(中断服务不允许嵌套和中断服务允许嵌套,形成两种中断处理的方法):单级中断和多级中断。这也是中断的一种分类。

中断服务不允许嵌套,即不允许打断现行中断服务的中断处理策略称为单级中断,它是指 CPU 在对一个中断进行中断服务时,期间不响应任何中断请求,只有在该中断服务结束后,才响应其他中断请求,进行另一个中断服务,如图 7-9(a)所示。中断服务允许嵌套,即允许打断现行中断服务的中断处理策略称为多级中断,它是指 CPU 在对一个中断进行中断服务时,即使该中断服务还未结束,也可以响应其他中断请求,进行另一个中断服务,如图 7-9(b)所示。显然,单级中断的中断服务是串行处理的,而多级中断是嵌套处理的。特别地,对于多级中断,一般仅允许优先性高的中断打断优先性低的中断服务,但利用中断屏蔽也可以使优先性低的中断打断优先性高的中断服务。

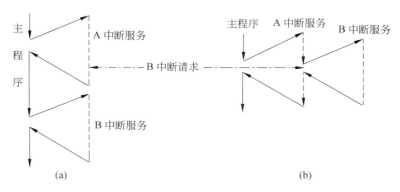

图 7-9 单级中断与多级中断的中断服务过程

7.2.2 中断请求

1. 中断请求及其建立

所谓中断请求是指当发生中断事件时,中断源则产生一个信号送往 CPU,且称该信号为中断请求信号。由于中断源发生中断事件是随机的,中断请求信号的产生也是随机的,而 CPU 响应中断应满足一定条件,即对于中断请求,CPU 一般不可能立即响应,需要等待一定时间。因此,为记录中断事件的发生,需要利用具有记忆功能的触发器来存储中断请求信号,该触发器称为中断请求触发器。显然,一个中断事件需要配置一个中断请求触发器,当中断事件发生时,中断源通过中断请求信号,将相应的中断请求触发器置为"1",从而建立了中断请求;当把"1"传送到 CPU 时,则提出了中断请求。

若干个中断请求触发器组合在一起,则构成一个寄存器,该寄存器称为中断请求寄存器,其内容称为中断请求字或中断请求码。中断请求字中的每一位称为中断请求位,一位中断请求位对应一种中断源。CPU 在进行中断处理时,则是根据中断请求字中的中断请求位确定中断源,而后转入相应的服务程序。特别地,内中断不需要建立中断请求位,它是根据中断类型号直接转入相应的服务程序。

2. 请求信号的传送方式

当出现多个中断请求信号时,即中断请求寄存器中有多位为"1",根据 CPU 中断请求线的数目,中断请求信号向 CPU 传送有独立中断请求线、公共中断请求线和分组中断请求线等三种传送方式。

(1) 独立中断请求线。

所谓独立中断请求传送是指一个中断源配置一根中断请求线,每个中断源的中断请求信号均利用自己的中断请求线单独送往 CPU,如图 7-10 所示,其中 INTR 为中断请求信号,INTA 为中断响应信号。该传送方式的特点是当 CPU 同时接收到多个中断请求信号时,能够快速地识别中断源及其服务程序的入口地址,提高中断响应的速度;但中断请求线较多、硬件代价比较高,且 CPU 的中断请求线有限,中断源扩展有限。

(2) 公共中断请求线。

所谓公共中断请求传送是指所有中断源共享一根中断请求线,每个中断源的中断请求信号均利用公共的中断请求线分时送往CPU,如图7-11所示。该传送方式的特点是在负载允许的情况下,中断源扩展方便,且中断请求线很少,硬件代价低;但CPU接收到中断请求信号时,中断源的识别极其复杂,一般需要通过软件或硬件的方法来查询,中断响应速度慢。

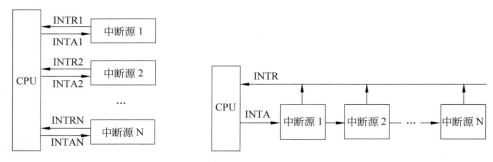

图7-10　独立中断请求信号的传送　　　　图7-11　公共中断请求信号的传送

（3）分组中断请求线。

由于CPU中断请求信号线数有限,而中断源数很多,当中断源数比CPU中断请求线数多,则需要分组传送中断请求信号。所谓分组中断请求传送是指按一定规则(如数据传输率)将中断源分为若干组,组数等于或小于中断请求线数,同一组中断源的中断请求信号共享一根中断请求线送往CPU,不同组中断源的中断请求信号利用不同的中断请求线送往CPU,如图7-12所示。该传送方式综合平衡了上述两种方式的优缺点,适用于中断源较多的场合,也是中断系统中常用的中断请求信号传送方式。

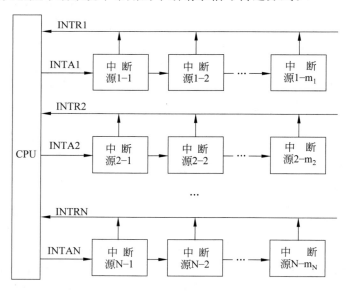

图7-12　分组中断请求信号的传送

3. 中断禁止与中断屏蔽

在许多情况下,为保证在提供任何中断服务之前,需要运行完特定指令序列,即虽然有中断请求,但CPU不能响应与处理中断,为此设置中断禁止与中断屏蔽。

当中断源产生中断请求后,由于某种原因的存在,CPU不能中止现行程序的运行而不允许中断响应,则称为中断禁止。通常,在接口中设置一个"中断允许"触发器,当该触发器为"0"时,建立的所有中断请求信号被封锁,无法传送到CPU而不可能提出中断请求;当该触发器为"1"时,才允许向CPU提出中断请求。允许中断请求信号传送到CPU,则称为允许中断或开中断;不允许中断请求信号传送到CPU,则称为禁止中断或关中断。特别地,"中断允许"触发器可以通过开中断或关中断指令来置位或复位,实现开中断与关中断之间的切换。

当中断请求信号传送到CPU后,通过程序有选择地封锁部分中断使其得不到响应,而其余中断仍可以得到响应,则称为中断屏蔽。通常,在CPU中的中断逻辑电路中设置一个"中断屏蔽"触发器,当该触发器为"0"时,中断响应信号被封锁,CPU向中断源发送的中断响应信号无效;当该触发器为"1"时,CPU才能向中断源发送有效的中断响应信号。中断逻辑电路中所有"中断屏蔽"触发器组合在一起,则构成一个寄存器,该寄存器称为中断屏蔽寄存器,其内容称为中断屏蔽字,中断屏蔽字的每一位控制一个中断源是否屏蔽。显然,中断屏蔽寄存器可以通过程序设置某些位为"1",另外的位为"0"。特别地,某些中断请求是不可屏蔽的,如电源掉电等,其一旦产生中断请求,CPU则立即响应,所以中断分为可屏蔽中断和不可屏蔽中断。

7.2.3 中断响应

1. 中断响应及其条件

所谓中断响应是指CPU停止运行现行程序,准备转入中断服务。CPU响应中断必须满足一定条件,这些条件包括:

(1) 中断源有中断请求。

(2) 中断未禁止且未被屏蔽。

(3) 一般均等到一条指令执行完毕后才响应,除非遇到特殊的长指令才允许中途打断它们。

2. 中断优先级与中断优先权

当出现多个中断源同时请求中断时,需要中断系统依据中断源特性和重要性等要素,对每个中断源给予一个优先权,CPU按优先权大小串行响应中断。所谓中断优先权是指多个中断源请求中断时,度量中断紧迫程度的参数,以决定CPU响应中断的先后次序,且优先权大的先响应、优先权小的后响应。数据传输速率和中断服务要求是分配外围设备中断优先权必须考虑的基本要素,若外围设备数据仅短时间内有效,为保证数据的有效性,中断优先权应尽量大,把小的中断优先权分配于数据有效期较长或具有数据自动恢复能力的外围设备。

对于分组中断请求传送,通常把组内的中断源统称为中断级。所谓中断级是指请求信号通过同一中断请求信号线发送CPU的中断源总称。显然,公共中断请求传送只有一个中断级,该中断级包含全部中断源;独立中断请求传送有多个中断级,每个中断级只有一个中断源;分组中断请求传送则有多个中断级,每个中断级包含部分中断源。那么,若中断系统含有多个中断级,当多个中断级上同时出现中断请求时,对中断级的中断也需要按先后次序串行响应。所谓中断优先级是指多个中断级上同时出现中断请求时,度量中断级紧迫程度的参数,以决定 CPU 响应中断级的先后次序,且中断优先级高的先响应、中断优先级低的后响应。

可见,一般来说,中断响应先后次序的确定分为两步:先按中断优先级确定中断级的先后次序,再在同一级内按中断优先权确定中断源的先后次序。特别地,对于特定的 CPU 来说,中断级数则是中断请求信号线数,扩展有限;中断级上的中断源数理论上是无限的,取决于中断系统的负载能力。

3. 中断响应的功能

任何中断源引起的中断,CPU 一旦响应,则进入中断周期,即中断响应的功能是在中断周期期间内实现的。在中断周期,CPU 需要进行四方面的操作。特别地,由于简单中断不需要转入运行中断服务程序,仅需要释放总线等资源,也就不需要进行这些操作,即程序中断才需要进行这些操作。

(1) 关中断与开中断。

关中断即是临时禁止中断,封锁中断请求信号传送到 CPU。由于 CPU 一进入中断响应,即是进行现场保护。为保证现场保护操作的完整性,CPU 不可嵌套响应中断,否则会使现场保护不完整,在中断服务结束后,不可能正确地恢复现场,停止运行的现行程序无法继续。当现场信息保护后,为实现中断嵌套,则必须开中断,使中断优先级更高的中断请求信号传送到 CPU。特别地,单级中断 CPU 不允许嵌套响应中断,所以不需要关中断与开中断。

(2) 保护现场。

为了在中断服务结束后能正确地返回到停止运行的现行程序继续运行,必须把当前程序计数器 PC 中的内容(即断点)、程序状态字、中断屏蔽字及其相关寄存器的内容等保护起来。保护现场可以由硬件实现,也可以由软件实现,还可以由软硬件共同实现,硬件实现是在中断响应时进行的,软件实现是在中断服务时进行的。对于程序断点和程序状态字等必须保护的现场信息,通常由硬件实现,中断屏蔽字和相关寄存器等其他不可确定是否需要保护的现场信息,则通常由软件实现。现场信息一般是保存在堆栈中,但也可以保存在主存储器中。特别地,保护现场由硬件实现时,类似于执行指令,但与一般指令不同,不能被编写在程序中,所以可称为"中断隐指令"。

(3) 中断源识别。

任何中断源,都有一个编码,该编码称为中断类型号。中断源识别是指根据当前所有中断源的中断请求,获取优先级与优先权均最大的中断源类型号。显然,中断源识别又包含中断源的排队(即确定响应中断的先后次序)与编码(仅对优先级或优先权最大的中断源)等两项操作,由于这两项操作是串行同步,所以合并一体来实现。对于强迫中断,中断类型号通过中断排队产生;对于自愿中断,中断类型号由中断指令预先指定。

(4) 形成中断服务程序入口地址。

根据中断源的中断类型号,形成中断服务程序入口地址,送往程序计数器。

4. 中断源识别方法

目前,根据中断源排队的实现策略,中断源识别主要有三种方法:软件查询、硬件排队和独立请求。由于 CPU 响应中断先后次序是由中断优先级和中断优先权来确定的,所以中断源排队包含按中断优先级排队和按中断优先权排队等两个方面。而中断优先级数是有限的、中断优先次序差别明显,中断优先权数理论上是无限的、中断优先次序差别不明显,则中断源识别方法的适用性主要由它的扩展性、优先次序灵活性和响应速度来决定。

(1) 软件查询法。

所谓软件查询是指 CPU 响应中断请求后,通过运行起始地址固定的查询程序来识别中断源,查询程序的流程如图 7-13 所示,它包含保护现场、中断请求查询和恢复现场等三个步骤。显然,中断源被查询的先后次序即是 CPU 响应中断的先后次序,且可以认为:中断源被查询的顺序号即是中断类型号,且中断类型号越小,对应的中断优先权越大,中断类型号越大,对应的中断优先权越小。

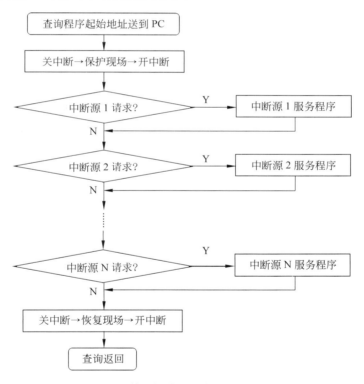

图 7-13 基于软件查询中断源识别流程

软件查询法的优点在于硬件代价小,可通过修改查询程序来调整 CPU 响应中断的先后次序和增加中断源,灵活性强、容易扩展;但由于通过运行程序来识别中断源,耗费时间较长,CPU 响应中断的速度慢。由于软件查询法的扩展性好、灵活性强,但响应速度慢,所以主要用于二维多级中断或单级中断,以确定中断级上中断源的中断优先权;有时也用于多级中断,以确定中断优先级。

(2) 硬件排队法。

所谓硬件排队法是指 CPU 响应中断请求后,通过对中断响应信号串行传送来识别中断源,三个中断源识别的逻辑电路如图 7-14 所示。其中:IR_i 为中断请求信号,高电平有效;IS_i 为与 IR_i 对应的排队选中信号,高电平有效;$\overline{INTI}$ 为中断排队输入信号,$\overline{INTO}$ 为中断排队输出信号,均低电平有效;INTA 为中断响应信号,高电平有效。可见,硬件排队法实现的逻辑电路由排队链、选择电路和编码器等三部分组成。排队链由与非门和非门串行链接而成,用于对中断请求信号即中断源排队;选择电路由与门并行排列而成,用于把中断优先权最大中断请求信号送到编码器;编码器用于对选中的中断源进行编码并送往数据总线。

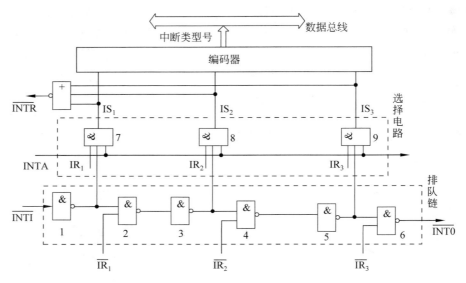

图 7-14 三个中断源识别的硬件排队法实现逻辑电路

当没有优先权更大的中断请求时,$\overline{INTI}=0$,非门 1 输出为高电平,且 INTA 也为高电平(有中断响应信号)。①若中断请求信号 IR_1 为高电平(有 IR_1 中断的请求),与非门 7 输出为高电平,即 $IS_1=1$,则 IR_1 被选中;此时由于 $\overline{IR_1}$ 为低电平,使得非门 3 和非门 5 的输出为低电平,与非门 8 和与非门 9 被封锁,即输出均为低电平,则 IR_2 与 IR_3 的中断请求信号被封锁;而中断排队选中信号 $IS_1=1$,既作为中断请求信号送往 CPU,也作为编码信号送往编码器,通过编码器形成中断请求信号 IR_1 对应中断源的编码送往数据总线,供 CPU 读取。②若中断请求信号 $\overline{IR_1}$ 为低电平(无 IR_1 中断的请求),与非门 7 输出为低电平,即 $IS_1=0$,则 IR_1 没有选中;此时由于 $\overline{IR_1}$ 为高电平,使得非门 3 的输出为高电平;如果 IR_2 为高电平(有 IR_2 中断的请求),与非门 8 输出为高电平,即 $IS_2=1$,则 IR_2 被选中;如果 IR_2 为低电平(无 IR_2 中断的请求),则按顺序选择请求中断的中断源。

显然,中断源按中断响应信号传送方向的排列次序即是 CPU 响应中断的先后次序,即越靠近 CPU 的中断源,对应的中断优先权越大,编码器的输出就是中断类型号。硬件排队法的优点在于将排队链延长,则可增加中断源,扩展较方便,CPU 响应中断的速度较快,实现逻辑电路也较简单;但由于 CPU 响应中断的先后次序是由硬件链接决定的而固定,灵活性较差。

由于硬件排队法的扩展方便、响应速度较快,但灵活性较差,所以一般用于二维多级中断或单级中断,以确定中断级上中断源的中断优先权,但对图 7-14 的逻辑电路适当改造后,也可以用于多级中断来确定中断优先级。

（3）独立请求法。

所谓独立请求法是指 CPU 响应中断请求后,通过对中断请求信号控制排队来识别中断源,四个中断源识别的逻辑电路如图 7-15 所示。其中：IR_i 为排队前的中断请求信号,高电平有效；IR'_i 为排队后的中断请求信号,高电平有效。可见,独立请求法实现的逻辑电路由排队器和编码器等两部分组成,编码器用于对选中的中断源进行编码,排队器用于对排队前的中断请求信号即中断源排队,生成排队后中断请求信号送到编码器。对于图 7-15,中断优先级为 $IR_1 > IR_2 > IR_3 > IR_4$,且排队前后中断请求信号的逻辑关系为：

$$IR'_1 = IR_1$$
$$IR'_2 = IR_2 \times \overline{IR_1}$$
$$IR'_3 = IR_3 \times \overline{IR_2} \times \overline{IR_1}$$
$$IR'_4 = IR_4 \times \overline{IR_3} \times \overline{IR_2} \times \overline{IR_1}$$

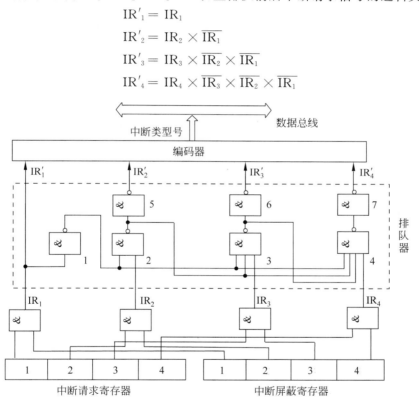

图 7-15　四个中断源识别的独立请求法实现逻辑电路

若中断请求信号 IR_1 为高电平(有 IR_1 中断的请求),非门 1 输出为低电平,与非门 2、与非门 3 和与非门 4 被封锁,即输出均为低电平,则 IR_2、IR_3 和 IR_4 的中断请求信号被封锁；中断排队选中请求信号 $IR_1 = 1$ 送往编码器,通过编码器形成中断请求信号 IR_1 对应中断源的编码,供 CPU 读取。若中断请求信号 IR_1 为低电平(无 IR_1 中断的请求),非门 1 输出为高电平；如果 IR_2 为高电平(有 IR_2 中断的请求),与非门 2 输出为低电平,与非门 3 和与非门 4 被封锁,即输出均为低电平,则 IR_3 和 IR_4 的中断请求信号被封锁；与非门 5 输出为高电平,中断排队选中请求信号 $IR_2 = 1$ 送往编码器,通过编码器形成中断请求信号 IR_2 对应中断源的编码,供 CPU 读取。如果 IR_2 为低电平(无 IR_2 中断的请求),则按从左到右顺序选择请求中断的中断源。

独立请求法的优点在于 CPU 响应中断的速度快,但实现逻辑电路较复杂,难以扩展中断源,CPU 响应中断的先后次序由硬件电路决定的而固定,灵活性差。由于独立请求法响应速度快,但扩展性与灵活性差,所以一般用于多级中断来确定中断优先级,但也可以直接用于二维多级中断或单级中断,以确定中断级上中断源的中断优先权。

5. 中断服务程序入口地址形成方法

对于程序中断,每一个中断源都有一个中断服务程序,每一个中断服务程序又都有一个入口地址。根据中断服务程序入口地址是否通过中断源编码变换而来,中断服务程序入口地址形成主要有两种方法:向量中断和非向量中断。

(1) 向量中断。

中断服务程序的入口地址,可以采用主存中连续的存储单元来存放。通常把中断服务程序入口地址称为中断向量,若中断向量采用主存中连续存储单元来存放,则把主存中连续存储单元存储的中断向量集合称为中断向量表,中断向量表中一个表项的地址称为向量地址。若一个中断向量占用 p 个存储单元,中断向量表的起始地址为 a,包含 N 个中断源的中断向量表容量为 N×p 个存储单元,中断向量、中断向量表和向量地址之间的关系如图 7-16 所示。

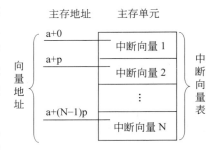

图 7-16 中断向量、中断向量表和向量地址之间的关系

向量中断是通过地址跳跃表多分支转移,转入中断服务程序。在预先按照中断类型号大小将中断向量组织成中断向量表的基础上,当出现中断请求时,中断服务程序入口地址的形成过程为:CPU 先获得中断源的中断类型号,由中断类型号变换出对应的向量地址,按向量地址访问中断向量表,读出的就是中断服务程序入口地址。从图 7-16 可以看出,若中断类型号为正整数,中断类型号为 i 的向量地址为:$a+(i-1)p$。显然,硬件排队与独立请求中断源识别方法,采用的是向量中断形成中断服务程序的入口地址。

(2) 非向量中断。

非向量中断是通过运行查询程序,转入中断服务程序。在预先把查询程序存储在起始地址固定的基础上,当出现中断请求时,中断服务程序入口地址的形成过程为:CPU 按固定起始地址运行查询程序,由查询程序来产生中断服务程序的入口地址。显然,软件查询中断源识别方法,采用的是非向量中断形成中断服务程序的入口地址。

7.2.4 中断服务返回与中断过程结构

1. 中断服务与中断返回

对于简单中断,中断服务即是暂停现行程序运行,把总线等软硬件资源释放,交于得到中断响应的中断源控制使用;中断返回即是收回总线等软硬件资源,继续运行暂停的原程序。对于程序中断,中断服务即是暂停现行程序运行,转去运行得到中断响应中断源的中断服务程序;中断返回即是继续运行暂停的原程序。

不同的中断源,由于中断要求各不相同,中断服务程序千差万别、各具特色。就一般而论,中断服务程序的流程如图 7-17 所示,它一般包含保护现场、执行中断服务程序段和恢复现场等三个阶段。特别地,对于多级中断的保护现场,在保存原中断屏蔽字后,还应设置新中断屏蔽字,在执行中断服务程序段期间,则按新中断屏蔽字实现中断嵌套。

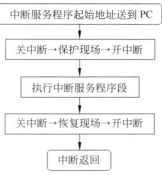

图 7-17　程序中断的服务程序流程

2. 中断服务的优先性

在中断处理过程中,不仅中断响应阶段存在先后次序,中断服务阶段也存在先后次序,即中断处理的优先性包含中断响应次序和中断服务次序等两个方面。当单级中断时,中断服务次序与中断响应次序一致;但多级中断时,由于中断服务之间可以嵌套,中断服务次序与中断响应次序可以一致,也可以不一致,不一致实现的技术手段是通过中断屏蔽字来改变中断响应后的中断服务次序。因此,中断响应次序一般是由硬件电路固定的,不便于改动,但通过中断屏蔽字,可以改变中断服务次序,以适应各种应用的需要。

中断服务优先性改变的方法为:若现 CPU 正在运行一个响应优先性高的中断源服务程序,显然此时高中断源没有被屏蔽;当在高中断源服务程序中,执行一条设置中断屏蔽字的指令,使高中断源被屏蔽,而另一个响应优先性低的中断源没有被屏蔽。当低中断源提出中断请求时,若高于低中断源响应优先性的中断源均没有提出中断请求,那么就会响应低中断源的中断请求,停止执行高中断源服务程序,转去执行低中断源服务程序,从而使低中断源服务比高中断源服务先完成,中断服务次序与中断响应次序不一致。

3. 中断过程的结构关系

由于不同的中断请求传送方式,中断源的组织结构不同,使得中断响应先后次序的确定过程与中断源的识别方法不同,中断服务的嵌套性也不同,中断请求与中断响应、中断服务之间的结构关系如表 7-1 所示。

表 7-1　中断请求与中断响应、中断服务之间的结构关系

请求传送方式	中断源组织形式	响应次序依据	中断源识别方法	中断服务嵌套性
公共中断请求	单级多源	中断优先权	硬件排队和软件查询	不允许嵌套,单级中断
独立中断请求	多级单源	中断优先级	独立请求	允许嵌套,一维多级中断
分组中断请求	多级多源	中断优先级和中断优先权	独立请求与硬件排队或软件查询结合	允许嵌套,二维多级中断

(1) 公共中断请求传送。

公共中断请求传送的所有中断源都属于同一中断级,可以认为是单级多源的中断源组织形式。所以,所有中断源的中断优先级相同,但中断优先权不同,只需要按中断优先权来确定中断响应的先后次序。由于按中断优先权排队通常应用软件查询法与硬件排队

法来识别中断源,则公共中断请求传送的中断源识别通常基于所有中断源采用软件查询法与硬件排队法。当 CPU 响应某一中断请求而为其进行中断服务时,即使中断优先权大的中断也不可能打断中断服务,所以公共中断请求传送属于单级中断。

(2) 独立中断请求传送。

独立中断请求传送的所有中断源属于不同的中断级,可以认为是多级单源的中断源组织形式。所以,所有中断源的中断优先权相同,但中断优先级不同,只需要按中断优先级来确定中断响应的先后次序。由于按中断优先级排队通常应用独立请求法来识别中断源,则公共中断请求传送的中断源识别通常基于所有中断源采用独立请求法。当 CPU 响应某一中断请求而为其进行中断服务时,中断优先级高的中断可能打断中断服务,所以独立中断请求传送属于多级中断;由于独立中断请求传送的每个中断级上只有一个中断源,则又称为一维多级中断。

(3) 分组中断请求传送。

分组中断请求传送的若干中断源属于某一中断级,任一中断级含有若干个中断源,可以认为是多级多源的中断源组织形式。所以,同一中断级上中断源的中断优先级相同,但中断优先权不同、不同中断级上中断源的中断优先级不同,需要先按中断优先级、后按中断优先权来确定中断响应的先后次序。根据软件查询、硬件排队和独立请求等中断源识别方法的适用性,则分组中断请求传送的中断源识别需要将独立请求法与软件查询法或硬件排队编码法相结合。同样,分组中断请求传送也属于多级中断,由于分组中断请求传送的每个中断级上含有多个中断源,则又称为二维多级中断。

例 7.1 某计算机中断系统有 4 个中断源:$Z1$、$Z2$、$Z3$、$Z4$,中断响应的优先次序为:$Z1 \rightarrow Z2 \rightarrow Z3 \rightarrow Z4$,若每个中断源对应一个屏蔽字。

(1) 若使中断服务次序与中断响应次序一致,试给出中断源的屏蔽字;当中断请求依次为:$(Z1、Z2、Z4) \rightarrow (Z3 \rightarrow Z1 \rightarrow Z2)$ 时,给出 CPU 运行中断服务程序的过程。

(2) 若使中断服务次序为:$Z1 \rightarrow Z4 \rightarrow Z3 \rightarrow Z2$,试给出中断源的屏蔽字;当中断请求依次为:$(Z1、Z2、Z4) \rightarrow (Z3 \rightarrow Z1 \rightarrow Z2)$ 时,给出 CPU 运行中断服务程序的过程。

解:(1) 若中断服务次序与中断响应次序一致,则中断服务次序为:$Z1 \rightarrow Z2 \rightarrow Z3 \rightarrow Z4$,中断源的屏蔽字如表 7-2 左侧所示。当执行 $Z1$ 的中断服务时,所有中断源都应该被屏蔽;当执行 $Z2$ 的中断服务时,$Z2$、$Z3$、$Z4$ 中断源应该被屏蔽;当执行 $Z3$ 的中断服务时,$Z3$、$Z4$ 中断源应该被屏蔽;当执行 $Z4$ 的中断服务时,$Z4$ 中断源应该被屏蔽。

表 7-2 服务级别与中断源的屏蔽字

(1) 服务级别	(1) 屏蔽字				(2) 服务级别	(2) 屏蔽字			
	Z1	Z2	Z3	Z4		Z1	Z2	Z3	Z4
一级 Z1	0	0	0	0	一级 Z1	0	0	0	0
二级 Z2	1	0	0	0	二级 Z4	1	0	0	0
三级 Z3	1	1	0	0	三级 Z3	1	0	0	1
四级 Z4	1	1	1	0	四级 Z2	1	0	1	1

当同时发生 Z1、Z2、Z4 中断请求时，按 Z1→Z2→Z4 次序响应,也按 Z1→Z2→Z4 次序服务；但在一定时间内并发发生 Z3→Z1→Z2 中断请求时,按 Z3→Z1→Z2 次序响应,由于中断服务的嵌套,则按 Z1→Z2→Z3 次序服务。CPU 运行中断服务程序的过程轨迹如图 7-18 所示。

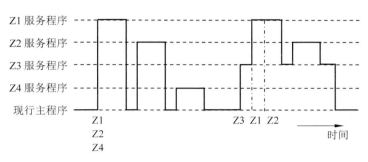

图 7-18 CPU 运行中断服务程序的过程轨迹(1)

(2) 若中断服务次序为：Z1→Z4→Z3→Z2，中断源的屏蔽字如表 7-2 右侧所示。当执行 Z1 的中断服务时,所有中断源都应该被屏蔽；当执行 Z4 的中断服务时,Z2、Z3、Z4 中断源应该被屏蔽；当执行 Z3 的中断服务时,Z3、Z2 中断源应该被屏蔽；当执行 Z2 的中断服务时,Z2 中断源应该被屏蔽。

当同时发生 Z1、Z2、Z4 中断请求时,按 Z1→Z2→Z4 次序响应,也按 Z1→Z4→Z2 次序服务；但在一定时间内并发发生 Z3→Z1→Z2 中断请求时,按 Z3→Z1→Z2 次序响应,由于中断服务的嵌套,则按 Z1→Z3→Z2 次序服务。CPU 运行中断服务程序的过程轨迹如图 7-19 所示。

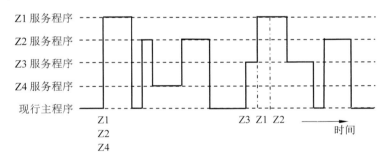

图 7-19 CPU 运行中断服务程序的过程轨迹(2)

7.3 输入输出操作的控制方式

根据数据输入输出过程操作控制软硬件功能实现的分配程度,输入输出控制可分为程序查询、程序中断、直接存储访问和通道等四种方式,且由于硬件功能越来越强、CPU 与外围设备的并行性越来越高,则通常认为程序查询与程序中断是由软件实现的、直接存储访问和通道是由硬件实现的。那么,各种数据输入输出操作控制方式的方法思想及其特点与一般流程,相应接口的逻辑结构、控制功能及其类型,等等,则是本节分析讨论的问题。

7.3.1 程序查询控制方式

1. 程序查询控制的一般流程

程序查询控制(Programmed Direct Control)又称为直接控制,它是指输入输出过程完全通过 CPU 执行程序控制来实现主机与外围设备进行数据交换的方法;即利用程序循环查询外围设备是否准备就绪,如果就绪,则利用程序来实现数据传送、数据校验、缓冲区地址与计数的修改等。程序查询控制的基本思想为:当 CPU 需要进行数据输入输出时,则暂停运行主程序,转去运行一段输入输出服务程序,通过输入输出服务程序控制来实现主机与外围设备之间的数据交换,然后回到主程序。为了实现数据输入输出,输入输出服务程序应具备:实现数据传送、修改数据存储地址、记录交换数据量和外围设备状态分析及其他操作控制等方面功能,其中数据检验是由硬件电路实现。

针对输入输出服务程序的功能,程序查询的一般控制流程如图 7-20 所示,它包含以下步骤:

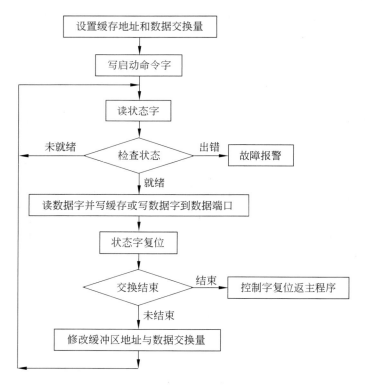

图 7-20　程序查询的一般控制流程

① 设置数据存储的起始地址和数据交换的字节数。

② 向外围设备接口的控制端口寄存器写入起动命令字,以使外围设备准备进行数据交换。

③ 从外围设备接口的状态端口寄存器中读取状态字,比较状态字中的标志,检查外围设备是否"准备就绪"或出错。

④ 若外围设备没有"准备就绪",则返回到③;若外围设备出错,则故障报警;若外围设备"准备就绪",则继续。

⑤ 从外围设备接口的数据端口寄存器中读取数据并写入缓存区,或者将数据写入外围设备接口的数据端口寄存器中。

⑥ 将外围设备接口的状态端口寄存器复位,判断数据交换是否完成。

⑦ 若数据交换完成,则将外围设备控制端口寄存器复位,返回主程序;若数据交换未完成,则修改缓冲区地址与数据交换字节数,返回到③。

对于程序查询控制,外围设备的状态检查是及时进行数据输入输出的基础。当主机连接了多台外围设备时,输入输出服务程序需要根据外围设备的优先级,逐台检查它们的状态,状态检查流程如图7-21所示,即执行完某外围设备输入输出服务程序后,则检查下一台外围设备的状态。显然,外围设备状态检查的先后次序则是它们的优先级,改变检查次序则可以改变优先级。由于后检查的外围设备数据交换的延迟时间长,所以数据传输率高的外围设备优先级高,应先检查。

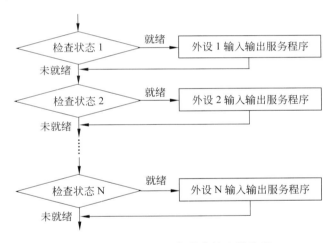

图 7-21　多台外围设备状态检查的流程

2. 程序查询控制的接口逻辑

主机和外围设备之间进行数据交换的操作控制方式不同,硬件接口的逻辑结构也不同。程序查询控制的接口主要包括地址译码电路、数据字寄存器、状态字寄存器、控制字寄存器和控制逻辑等,其逻辑结构如图7-22所示。

(1) 地址译码电路。对于连接到总线上的I/O接口,通常包含若干端口寄存器,且均已预先给定了地址码。CPU执行I/O指令时,需要把输入输出指令中端口的地址送到地址总线上,以指示输入输出指令操作的端口寄存器。为此,外围设备接口电路都配置了一个地址译码电路,用于选择I/O接口中端口寄存器,判别地址总线上呼叫的设备是不是本设备。如果是,则本设备就进入工作状态,否则不予理睬。

(2) 数据字寄存器。数据字寄存器用于暂时存放CPU与外围设备进行数据交换时

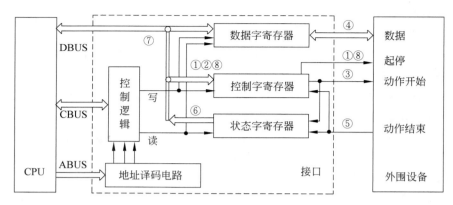

图 7-22　程序查询控制接口的逻辑结构

的数据,其字长一般为整数个字节。当数据输入时,由外围设备向数据字寄存器写入数据,CPU 利用输入指令传送到其内部寄存器中;当数据输出时,CPU 利用输出指令把数据写入数据字寄存器,然后传送到外围设备。

(3) 状态字寄存器。状态字寄存器用来表示外围设备所处的工作状态,以实现接口对外围设备进行状态监视的功能。CPU 利用输入指令读取状态字,对外围设备的工作状态进行分析,决定对外围设备实施相应操作。状态字寄存器字长为 2 位,即"就绪"位和"错误"位。"就绪"位为 1,表示外围设备已准备好,可以进行数据交换;"就绪"位为 0,表示外围设备未准备好,不能进行数据交换。"错误"位为 1,表示外围设备存在故障;"错误"位为 0,表示外围设备正常。

(4) 控制字寄存器。控制字寄存器用来指示外围设备的起停与动作,以实现接口对外围设备进行控制的功能。CPU 利用输出指令向控制字寄存器写入控制字,接口则根据控制字,向外围设备发送相应的操作命令。控制字寄存器字长也为 2 位,即"起停"位和"动作"位。"起停"位为 1,指示起动外围设备工作;"起停"位为 0,指示停止外围设备工作。"动作"位为 1,指示外围设备进行一次数据传送开始;"动作"位为 0,指示外围设备进行一次数据传送结束。

(5) 控制逻辑。控制逻辑用于根据 CPU 控制信号和地址译码输出,产生数据字寄存器、状态字寄存器和控制字寄存器的读写等控制信号,以使接口电路中的器件协调工作。

3. 程序查询控制的工作过程

程序查询控制数据输入输出的工作过程为(以数据输入为例,数据输出类同):

① CPU 将控制字寄存器"起停"位置成"1",接口把"起停"位的"1"发送输入设备,起动输入设备工作。

② CPU 将控制字寄存器"动作"位置成"1"。

③ 接口把"动作"位的"1"发送输入设备,指示输入设备开始准备数据,并使状态字寄存器中的"就绪"位清为"0"。

④ 输入设备将准备好的数据送到数据字寄存器。

⑤ 输入设备向接口发送"动作结束"信号,将状态字寄存器中"就绪"位置成"1",并使控制字寄存器中的"动作"位清为"0"。

⑥ CPU 从状态字寄存器读取状态字,"就绪"为 1 表示数据字寄存器已有数据。

⑦ CPU 从数据字寄存器读取数据字,并送到内部寄存器中;判断本次数据交换是否结束,未结束返回②,结束继续。

⑧ CPU 将控制字寄存器"起停"位清为"0",接口把"起停"位的"0"发送输入设备,使输入设备停止工作。

4. 程序查询控制的特点

程序查询是最简单原始的、软件控制的输入输出控制方式,其优点是 CPU 与外围设备同步操作,使得输入输出过程直观、容易理解,且接口电路简单、经济。程序查询控制的缺点主要有:一是外围设备的操作完全由 CPU 执行程序控制,与 CPU 的操作完全串行;二是 CPU 停止主程序运行,而周期性地检查外围设备的状态,使得 CPU 的工作时间浪费大、效率低;三是若主机连接的外围设备多,后面状态检查外围设备的数据交换响应延迟时间长,可能导致数据丢失。因此,程序查询控制方式主要适用于外围设备少且传送时间规则、数据传输速率低的系统。

例 7.2 有一程序查询控制的输入输出系统,CPU 的时钟频率为 50MHz,若不考虑预处理时间,每个查询操作需要 100 个时钟周期。现有鼠标和硬盘两个外设,CPU 对鼠标的操作速度要求为 30 次/s,CPU 访问硬盘的速率为 2MB/s 且数据传送字长为 32 位。求 CPU 对鼠标和硬盘查询所花时间的百分比,由此可得到什么结论?

解:(1) CPU 每秒用于查询鼠标的时间为:$100 \times 30/(50 \times 10^6) = 6 \times 10^{-5}$ s,则相应时间的百分比为:$6 \times 10^{-5}/1 = 0.006\%$。由于 CPU 对鼠标查询所花时间的百分比极小,则可以采用程序查询来控制鼠标数据输入,对 CPU 性能的影响很小。

(2) CPU 对硬盘的操作速度要求为:$2MB/4B = 5 \times 10^5$ 次/s,CPU 每秒用于查询硬盘的时间为:$100 \times 5 \times 10^5/(50 \times 10^6) = 1$ s,则相应时间的百分比为:$1/1 = 100\%$。由于 CPU 对硬盘查询所花时间的百分比已达 100%,CPU 完全没有时间进行其他操作,所以不能采用程序查询来控制硬盘访问。

7.3.2 程序中断控制方式

1. 程序中断控制的一般流程

程序中断控制(Program Interrupt Transfer)是指 CPU 启动外围设备后继续运行原程序,而外围设备在完成数据传送的准备工作后,主动向 CPU 提出数据交换请求,CPU 才暂停现行程序运行,转去运行实现数据交换的中断服务程序。程序中断控制的基本思想为:当外围设备需要进行数据输入输出时,则通过中断使 CPU 暂停运行主程序,转去运行一段中断服务程序,通过中断服务程序控制来实现主机与外围设备之间的数据交换,然后回到源程序。显然,程序中断控制时,CPU 被动地中止现行程序运行,而程序查询控制时,CPU 主动地中止现行程序运行。

为了实现数据输入输出,中断服务程序应具备的功能与程序查询的输入输出服务程序类同。针对中断服务程序的功能,程序中断的一般控制流程如图 7-23 所示,它包含以下步骤:

① 设置数据存储的起始地址和数据交换的字节数。

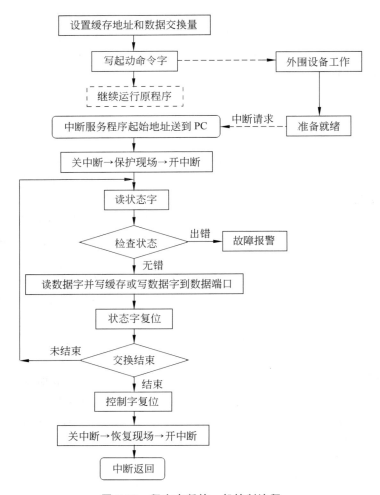

图 7-23　程序中断的一般控制流程

② 向外围设备接口的控制端口寄存器写入起动命令字,以使外围设备准备进行数据交换;继续运行原程序。

③ 当外围设备提出中断请求时,则暂停运行原程序,保护现场信息。

④ 从外围设备接口的状态端口寄存器中读取状态字,比较状态字中的标志,检查外围设备是否出错。

⑤ 若外围设备出错,则故障报警,否则继续。

⑥ 从外围设备接口的数据端口寄存器中读取数据并写入缓存区,或者将数据写入外围设备接口的数据端口寄存器中。

⑦ 将外围设备接口的状态端口寄存器复位,判断数据交换是否完成。

⑧ 若数据交换完成,则将外围设备控制端口寄存器复位,恢复现场信息,返回源程序;若数据交换未完成,则修改缓冲区地址与数据交换字节数,返回到④。

2. 程序中断控制的接口逻辑

从控制功能来看,程序中断控制的接口电路比程序查询控制的复杂得多,但由于中断屏蔽、中断请求、中断响应条件产生、中断优先级排队等功能实现电路,通常配置于CPU中,即CPU中设有中断请求触发器(IR)、中断屏蔽触发器(IM)、中断优先级排队电路和中断响应电路,使得程序中断控制的接口逻辑并不很复杂。程序中断控制的接口主要包括地址译码电路、数据字寄存器、状态字寄存器、控制字寄存器、控制逻辑、中断允许触发器(EI)和中断向量逻辑等,其逻辑结构如图7-24所示。可见,与程序查询控制接口相比,仅增加了中断允许触发器(EI)和中断向量逻辑,且地址译码电路、数据字寄存器、状态字寄存器、控制字寄存器和控制逻辑等的功能作用相同。其中三个触发器功能如下:

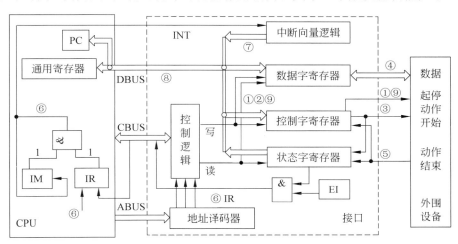

图 7-24 程序中断控制接口的逻辑结构

(1) 中断允许触发器(EI):中断允许触发器用于指示外围设备的中断请求是否被禁止,且可以由程序指令来置复位,以通过程序来控制是否允许外围设备发出中断请求。EI 为"1"时,允许外围设备向 CPU 发出中断请求;EI 为"0"时,禁止外围设备向 CPU 发出中断请求。

(2) 中断请求触发器(IR):中断请求触发器用于暂存中断请求线上由外围设备发出的中断请求信号,当 IR 为"1"时,表示外围设备发出中断请求。

(3) 中断屏蔽触发器(IM):中断屏蔽触发器用于指示 CPU 是否受理中断请求。IM 为"1"时,CPU 可以受理中断请求;IM 为"0"时,CPU 不可以受理中断请求。

3. 程序中断控制的工作过程

程序中断控制数据输入输出的工作过程为(以数据输入为例,数据输出类同):

① CPU 将控制字寄存器"起停"位置成"1",接口把"起停"位的"1"发送输入设备,起动输入设备工作。

② CPU 将控制字寄存器"动作"位置成"1"。

③ 接口把"动作"位的"1"发送输入设备,指示输入设备开始准备数据,并使状态字寄存器中的"就绪"位清为"0"。

④ 输入设备将准备好的数据送到数据字寄存器。

⑤ 输入设备向接口发送"动作结束"信号,将状态字寄存器中"就绪"位置成"1",并使

控制字寄存器中的"动作"位清为"0"。

⑥ 若中断允许触发器(EI)为"1",则接口向 CPU 发出中断请求信号 IR；若中断响应条件成立,则将中断请求信号送到中断请求触发器(IR)；若中断屏蔽触发器(IM)为"1",则 CPU 向输入设备发送中断响应信号 INT。

⑦ 中断向量逻辑向 CPU 发送中断服务程序入口地址。

⑧ CPU 运行中断服务程序,通过输入指令把接口数据缓冲寄存器的数据读取到 CPU 的通用寄存器中；判断本次数据交换是否结束,未结束返回②,结束继续。

⑨ CPU 将控制字寄存器"起停"位清为"0",接口把"起停"位的"0"发送输入设备,使输入设备停止工作。

4. 程序中断控制的特点

程序中断是软硬件相结合控制的输入输出方式,其优点是 CPU 与外围设备并行工作,数据传送效率比程序查询控制有所提高；另外,由于数据交换时 CPU 与外围设备仍是同步操作,使得输入输出过程仍较为直观,接口电路仍不复杂。程序中断控制的缺点主要有：一是中断主程序一次,则进入一次中断周期、运行一次中断服务程序,且仅传送一个字或一个字节的数据,而无论中断周期还是运行中断服务程序,都需要占用 CPU 时间；当交换批量数据且外围设备速度也很快时,数据传送效率也得不到充分发挥。二是若主机连接的外围设备多且速度较快时,优先性低的外围设备中断响应延迟时间长,也可能导致数据丢失。因此,程序中断控制方式主要适用于外围设备少且传送时间无规则、数据传输速率要求不高的系统。

例 7.3 有一中断系统,响应中断需要 50ns,运行中断服务程序至少需要 150ns,其中 60ns 用于软件额外开销。试问：该中断系统的中断频率最大为多少？中断额外开销占中断时间的比例是多少？若有一字节外围设备,数据传输率为 10MB/s,如果以程序中断控制其输入输出,且每次中断传送一个数据,那么该中断系统可以实现其传输要求吗？

解：(1) 由于中断的最小时间间隔＝50ns＋150ns＝200ns,所以中断频率最大＝$1/200 \times 10^3$(次/s)＝5×10^6(次/s),由于中断额外开销＝中断响应时间＋软件额外开销＝50ns＋60ns＝110ns,所以中断额外开销占中断时间的比例＝110ns/200ns＝55％。

(2) 由于外围设备数据传输率＝10MB/s＝$10 \times 10^6 B/10^6 \mu s$＝$10B/\mu s$,即外围设备传送一个字节的时间间隔＝$0.1\mu s$＝100ns＜中断的最小时间间隔,所以该中断系统不可以实现外围设备的传输要求。

7.3.3 直接存储访问控制方式

1. 直接存储访问及其特点

直接存储访问(Direct Memory Access,DMA)是指主存储器与外围设备之间通过直接数据通路进行数据交换。直接存储访问的基本思想为：当主存与外围设备之间需要数据交换时,DMA 控制器(DMAC,功能较强大的接口)从 CPU 中接收对系统总线的管理,使主存与外围设备之间直接进行批量数据传送,且 CPU 极少参与,基本由 DMAC 控制。DMA 作为输入输出的一种控制方式,主要应用于高速外围设备规则批量数据传输,如计算机中软盘、硬盘、光盘、网卡、声卡等。若对磁盘读写是以块为单位,一旦确定起始位置,就连续不断地读或写。当采用 DMA 控制方式,则在 DMAC 控制下,直接将数据由主存经数据总线传送到磁盘缓冲区,然后写入磁盘;或将数据由磁盘经数据总线传送到磁盘缓冲区,然后写入主存。

直接存储访问是基本由硬件控制的输入输出方式,其优点是 CPU 与外围设备并行工作,且主存储器脱离 CPU 控制,直接与外围设备交换数据,使得数据传送效率高;另外,由于批量数据传送时,主存储器的寻址、传送数据的计数等均由硬件实现,使得数据传送速度快。直接存储访问控制的缺点主要有:一是数据传送所需操作主要由硬件接口电路(DMAC)控制,还要实现总线管理,所以接口电路复杂,输入输出过程较难理解;二是数据传送期间,为及时供给与接收外围设备数据,需要在主存储器中设置专用缓冲区,存储资源占用量大。

特别地,CPU 释放总线即是让总线电路上三态门的输出处于高阻状态。

2. 数据传送的定时方式

在 DMA 控制的输入输出中,当主存储器与外围设备进行数据交换时,CPU 仍可以运行原程序。因此,为避免存储访问冲突,CPU 与 DMA 控制器不仅分时管理系统总线,而且还分时访问主存储器。根据 DMA 控制器与 CPU 访问主存储器的定时方式不同,DMA 控制数据传送的定时方式一般有三种。

(1) CPU 停止访问方式。

当外围设备要求传送一批数据时,由 DMA 控制器发送 DMA 请求信号给 CPU,要求 CPU 放弃对系统总线的使用权。CPU 接收到 DMA 请求且一条指令执行结束后,则放弃总线控制权,并停止访问主存储器。DMA 控制器获得总线控制权后,主存储器与外围设备开始进行数据传送,即由 DMA 控制器访问主存。在一批数据传送完毕后,DMA 控制器通知 CPU 可以访问主存,并把总线控制权交还给 CPU。CPU 停止访问传送方式的时间分配如图 7-25 所示。

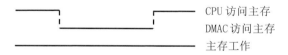

图 7-25 CPU 停止访问方式的时序

这种传送方式的优点是控制比较简单,缺点在于 CPU 停止访问主存,使得原程序运行会受到明显的延误。另外,当外围设备工作速度比主存访问速度小时,主存效率得不到充分利用,所以适用于高速外围设备的批量数据传送。如若软盘读一个字节的时间为 $24\mu s$,而主存的访问周期为 $0.5\mu s$,那么在一次数据传送中,主存的空闲时间为 $23.5\mu s$,工作效率只有 $0.5/24=2.08\%$。

(2) 周期挪用方式。

当 DMA 控制器发送 DMA 请求信号给 CPU 时,CPU 仅让出一个访问周期,由 DMA 控制器管理总线、访问主存储器,主存储器与外围设备则利用这个访问周期进行数据传送,其他访问周期,CPU 正常访问主存。周期挪用可以发生在指令任何一个周期结束时刻，若此时 CPU 正巧不需要访问主存，那么对 CPU 运行原程序没有任何影响。若周期挪用时刻，CPU 也需要访问主存，那么 DMA 控制器与 CPU 之间则发生主存访问冲突；由于 DMA 控制器访问的优先性高于 CPU，所以暂时封锁 CPU 的访问，等待周期挪用结束。周期挪用方式的时序如图 7-26 所示。

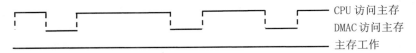

图 7-26　周期挪用方式的时序

这种传送方式的优点是能够充分发挥 CPU 与外围设备的工作效率，当外围设备工作速度比主存访问速度小得多时，还有利于提高主存的利用率，所以周期挪用是当前普遍采用的方式。其缺点是传送一个数据，产生一次 DMA 请求，切换频繁，花费时间较多。

(3) 交替访问方式。

将主存储器的工作周期分为两段，一段用于 DMA 控制器的访问，一段用于 CPU 的访问。如果主存访问周期为 Δt，则其工作周期设为 $2\Delta t$，其中一个 Δt 供 DMA 控制器访问，另一个 Δt 供 CPU 访问。交替访问方式的时序如图 7-27 所示。

图 7-27　交替访问方式的时序

这种传送方式的优点是总线使用权通过分时控制，不需要总线使用权的申请、创建和归还等操作，总线使用权的切换时间几乎不存在，有效地解决了 DMA 控制器与 CPU 对主存访问的冲突，使得主存利用率高。其缺点是 CPU 对主存访问间隔增加了一倍，严重影响原程序运行的速度；另外，由于大多数外围设备的速度与 CPU 不可比，DMA 控制器访问的时间段将空闲，造成主存访问时间的浪费。

3. DMA 控制输入输出的过程

DMA 控制的输入输出过程可分为三个阶段，即初始化、数据传送、后处理。

(1) 初始化阶段。

初始化即初始化 DMA 控制器，由 CPU 停止运行原程序，转去执行若干条 I/O 指令来实现，之后则继续运行原程序。初始化阶段的主要任务有：

① CPU 向 DMAC 的控制/状态逻辑写入一个命令，以指明数据传送方向——读或写，即数据是由主存传送到外围设备还是由外围设备传送到主存。

② CPU 向 DMAC 的主存地址计数器写入一个地址，以指明主存缓冲区的起始位置。

③ CPU 向 DMAC 的传送数据量字计数器写入一个数据，指明传送数据的数量。

④ CPU 向 DMAC 的地址译码电路写入一个外围设备号，以指明外围设备的地址，对于磁盘来说，包括磁盘机号、盘面号、柱面号和扇区号。

⑤ 检查外围设备状态，若无故障，则启动外围设备，若有故障，则故障报警。

(2) 数据传送阶段。

在 CPU 启动 DMA 外围设备后,当外围设备准备就绪时,外围设备通过 DMAC 向 CPU 发送总线请求信号,且由 DMAC 接管系统总线,转入数据传送。DMAC 在数据传送阶段的操作流程(以 CPU 停止访问数据传送方式为例)如图 7-28 所示。

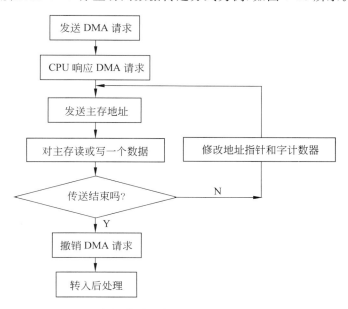

图 7-28 数据传送阶段 DMA 控制器的操作流程

特别地,若数据传送方式采用周期挪用时,在传送每一个数据前都需要进行一次 DMA 请求与响应,在传送每一个数据后则都需要撤销一次 DMA 请求;而 CPU 停止访问数据传送方式,仅在传送一批数据前进行一次 DMA 请求与响应,在传送一个批数据后撤销一次 DMA 请求。

(3) 后处理阶段。

在数据传送结束且 DMA 控制器把 DMA 请求撤销后,或在 DMA 控制器或外围设备发生故障时,则向 CPU 发出中断请求,CPU 接到 DMAC 的中断请求后,转去运行相应的中断服务程序。中断服务程序的功能任务包括:

① 读取 DMA 控制器的状态并检查,若有故障,则运行故障诊断程序并报警。
② 对主存缓冲区的数据进行数据校验,若有错误,则运行错误诊断程序并报警。
③ 若无故障和无错误,则对主存缓冲区的数据进行整理。

4. DMA 控制器的逻辑结构

DMA 控制器是指采用直接存储访问控制输入输出时,外围设备与系统总线连接的接口电路。一个连接一台外围设备(实际一般可连接多台外围设备)的简单 DMA 控制器主要包括主存地址计数器、数据量字计数器、中断逻辑电路、控制/状态逻辑电路、数据缓冲寄存器、DMA 请求触发器和地址译码电路等,且地址译码电路的功能作用与程序查询控制接口电路类同,其逻辑结构如图 7-29 所示。目前,DMA 控制器一般是专用的集成电路芯片,如 Intel 8257 芯片等。

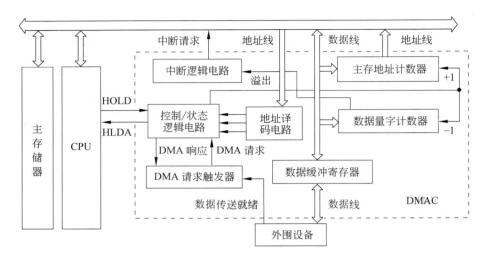

图 7-29 简单 DMA 控制器的逻辑结构

(1) 主存地址计数器。用于存放交换数据的主存地址,由 CPU 在初始化时预置主存数据缓冲区的起始地址,每传送一字节或字后,由就控制/状态逻辑电路控制其进行加 1 操作,使其总是指向需要访问的主存地址。

(2) 数据量字计数器。用于记录已传送数据的数量,由 CPU 在初始化时预置需要传送的数据长度,每传送一个字或一个字节后,由控制/状态逻辑电路控制其进行该减 1 操作;当其为全 0 时,表示数据传送结束,发出溢出信号到中断逻辑电路。

(3) 中断逻辑电路。当接收到数据量字计数器来的字溢出信号时,则向 CPU 发送中断请求,以使 CPU 运行相应的中断服务程序,实现后处理。

(4) 控制/状态逻辑电路。由控制和时序电路以及状态标志等组成,用于控制修改地址计数器与字计数器的内容和对主存进行读或写(传送方向),并对 DMA 请求信号和 CPU 响应信号进行同步和协调处理。

(5) 数据缓冲寄存器。用于暂存每次传送的数据。

(6) DMA 请求触发器。当外围设备准备好一个数据后,便发送一个数据传送就绪信号,使 DMA 请求触发器置 1,向控制/状态逻辑发送 DMA 请求;控制/状态逻辑接收到 DMA 请求,则向 CPU 发送总线使用权请求信号(HOLD),CPU 响应此请求后向控制/状态逻辑发送总线使用权响应信号(HLDA),经控制/状态逻辑形成 DMA 响应信号,将 DMA 请求触发器置 0。

5. DMA 控制器的类型

DMA 控制器一般都可以连接与控制多台外围设备的输入输出,根据 DMA 控制器连接与控制的多台外围设备是否并发性传送数据,DMA 控制器分为选择型 DMA 控制器和多路型 DMA 控制器。

(1) 选择型 DMA 控制器。

选择型 DMA 控制器是指物理上连接了连接多台外围设备,但逻辑上只允许连接一台外围设备传送数据,即在一定时间内仅选择一台外围设备工作。选择型 DMAC 的结构原理与上述简单 DMA 控制器基本相同,只需增加少量的硬件便可实现,适用于高速大批量传送数据的外围设备。选择型 DMAC 以块为单位进行数据传送,适合于为多台数据传输速率高的快速外围设备传送数据。

(2) 多路型 DMA 控制器。

多路型 DMA 控制器是指不仅物理上连接了多台外围设备,逻辑上也连接多台外围设备传送数据,即在一定时间内允许多台外围设备并行工作。多路型 DMAC 的结构原理较选择型 DMAC 复杂,且与多台外围设备的连接方式可以是链式,也可以是独立请求的。多路型 DMAC 以字节为单位进行数据传送,适合于为多台数据传输速率低的慢速外围设备传送数据。

6. DMA 与中断控制输入输出的区别

DMA 和中断控制是两种不同的输入输出控制方式,它们完成数据传送的区别如下。

(1) 中断控制需要中断现行程序转去执行中断服务程序,从而需要保护 CPU 现场,时间开销较大;DMA 控制不需要中断现行程序,也就不需要保存 CPU 现场,时间开销较小。

(2) 中断控制的数据传送是由软件实现,而 DMA 控制的数据传送是由硬件实现。

(3) 中断控制的数据传送只能在一条指令周期结束后进行,而 DMA 控制的数据传送可以在两个机器周期之间进行。

(4) 中断控制的数据传送有处理异常事件的能力,而 DMA 控制的数据传送没有这种能力,它主要适合于高速外围设备的大批量数据传送。

(5) DMA 控制的数据传送的优先级比中断控制的数据传送的高。

例 7.4 有一多路型 DMA 控制器,传送一次数据的时间为 $5\mu s$,已连接三台外围设备:磁盘、磁带、打印机,且它们分别以 $30\mu s$、$45\mu s$ 和 $150\mu s$ 的时间间隔向控制器发 DMA 请求。若磁盘、磁带、打印机的 DMA 请求时序如图 7-30 上半部分所示,画出 DMA 控制器控制数据传送的时序图,且问该 DMA 控制器可否连接更多的外围设备。

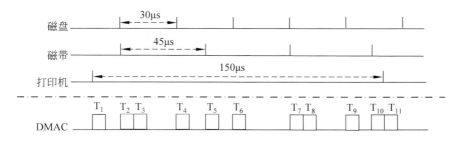

图 7-30 例 7.4 外围设备 DMA 请求时序与 DMAC 控制数据传送时序

解:为了不丢失数据,一般按传输速率排定 DMA 响应的优先次序,即磁盘最高、磁带次之、打印机最低,则 DMA 控制器控制数据传送的时序如图 7-30 上半部分所示。

由于在 $150\mu s$ 时间内,为打印机服务一次(T_1),为磁盘服务 5 次(T_2、T_4、T_6、T_7、T_9),为磁带服务 4 次(T_3、T_5、T_8、T_{10}),显然 DMA 控制器控制尚有不少空闲时间,所以还可容纳更多的外围设备。

7.3.4 通道控制方式

1. 通道及其功能

对于大中型计算机，由于外围设备数量类型多、输入输出频繁、数据传送率要求高等，采用 DMA 等控制方式不仅难以满足输入输出需要，而且还需要 CPU 参与，导致 CPU 运算效率低。为此，便提升 DMAC 的功能，使它具有自己的指令系统，从而形成一种专门用于输入输出控制的特殊处理器（I/O Processor，IOP），可称为外围处理单元（Peripheral Processor Unit，PPU），一般称为通道控制器，简称为通道。若通道拥有自己的局部存储器，则可以极大地减少 CPU 对输入输出控制，把对外围设备的管理控制基本从 CPU 中分离出来，由通道执行程序实现，使主机与外围设备的并行程度更高，提高数据传送效率与计算机的运算效率。通道一般应具备以下功能：

① 接收 CPU 的 I/O 指令，并按 I/O 指令要求与指定的外围设备联系。

② 从主存取出属于自己的通道指令，通过执行通道指令向外围设备及其控制器发送控制信号。

③ 控制主存与外围设备进行数据传送，并提供数据缓存空间与装配拆卸信息、指示数据存储的主存地址与数据传送量。

④ 获取外围设备的状态信息，形成并保存通道自身的状态信息，并将状态信息存储于指定的主存单元，以供 CPU 使用。

⑤ 将外围设备与通道自身的中断请求按次序及时报告 CPU。

2. 通道控制及其输入输出的过程

通道控制是大中型计算机常用的一种输入输出控制方式。所谓通道控制输入输出，是指 CPU 通过指令启动通道去运行通道程序，在 CPU 不干预情况下，通道执行通道程序来实现外围设备与主存的数据交换。通道程序不是由用户编写的，而是由操作系统按照用户要求与计算机状态生成的，并存储在主存或通道局部存储器中。对于通道控制的输入输出，CPU 与通道的工作流程如图 7-31 所示，可分为三个阶段，即 CPU 启动通道、数据传送、后处理。

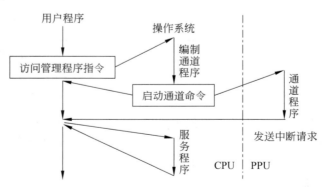

图 7-31 通道控制输入输出的工作流程

(1) CPU 启动通道阶段。

CPU 通过用户程序中的访问管理程序指令,使 CPU 转入设备管理程序,由设备管理程序根据用户要求与计算机状态,组织生成一个通道程序,并向通道发出启动命令(即 CPU 执行一条特权 I/O 指令)。

(2) 数据传送阶段。

在 CPU 启动通道后,则检查通道的状态。若通道不能使用,则通道启动失败,返回用户程序;若通道可以使用,则通道启动成功,并向外围设备发出启动命令。若外围设备启动失败,则返回用户程序;若外围设备启动成功,通道便从约定单元或专用寄存器中取得通道程序起始地址,并保存在通道中,开始运行通道程序。

对于通道程序,一般包含三个方面的功能。一是指定一台或多台参与输入输出的外围设备及其优先级、一个或多个存储区起始地址及其数据传送量等。二是通过执行一条或多条通道指令,一条通道指令,则使一台外围设备的数据连续不断地从主存经通道送到外围设备或从外围设备经通道送到主存,且每传送一个数据后,通道自动修改对应的主存地址和字计数器,直到外围设备的全部数据传送完成,则该通道指令执行结束;特别地,每条通道指令结束后,通道则根据有关标志决定是否继续执行下一条通道指令。三是检查输入输出状态并向 CPU 发出中断请求。

(3) 后处理阶段。

CPU 响应通道程序的中断请求,调用管理程序对输入输出进行登记及其必要处理工作。

从通道控制的输入输出过程可以看出,每次输入输出 CPU 只需要两次执行管理程序(俗称进管),从而减少了对用户程序的打扰。第一次是由用户的访问管理程序指令引起的,调用管理程序来编制通道程序并存放于主存中;第二次 CPU 响应通道的中断请求,调用管理程序(即中断服务程序)对数据传送进行后处理。

3. 通道的逻辑结构

当采用通道控制输入输出时,外围设备与系统总线连接的接口电路则称为通道控制器。一个简单通道除包含 DMA 控制器中的且功能作用类同的主存地址计数器、数据量字计数器、中断逻辑电路、控制/状态逻辑电路、数据缓冲寄存器和地址译码电路等外,还包含通道指令寄存器和通道指令起始地址寄存器,其逻辑结构如图 7-32 所示。

(1) 通道指令起始地址寄存器。用于存放通道程序在主存储器中的指令起始地址,其输出送到主存储器地址寄存器中,通道指令取出后立即进行修改。

(2) 通道指令寄存器。用于存放当前执行通道指令中的命令码与标志码字段。

通道指令的指令字一般包含命令码、数据在主存中的首地址、标志码和数据传送长度,IBM-370 通道指令格式如图 7-33 所示。

命令码相当于机器指令的操作码,指示数据传送操作;标志码用于指示通道指令的操作特性(如是否允许产生中断条件、是否允许发送长度错误等,发送长度错误是指通道指令给出的数据传送长度与外围设备请求的数据传送长度不相等)和通道程序的链接特性(如相邻通道指令的操作是否相同,即命令码是否相同)。

4. 通道的类型

根据外围设备共享通道的情况及数据传送速度要求,通道可分为字节多路型、选择型

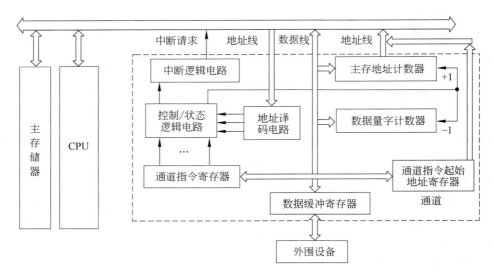

图 7-32 简单通道的逻辑结构

| 命令码 | 数据在主存中的首地址 | 标志码 | 保留位 | 数据传送长度 |

图 7-33 IBM-370 通道指令格式

和数组多路型等三种。

(1) 字节多路通道。

字节多路通道是指连接的多台外围设备以字节为单位交叉传送数据,即在一定时间内连接的多台外围设备共享通道并行传送数据。如若某通道连接 A、B、C 三台外围设备,字节多路通道先选择设备 A 传送字节 a1,再选择设备 B 传送字节 b1,最后选择设备 C 传送字节 c1;重复交叉传送 a2、b2、c2、a3、b3、c3……。可见,字节多路通道如同一个多路开关,交叉接通各台外围设备。显然,一个字节多路通道可以认为包含若干子通道,为减少逻辑电路,各子通道共用一套控制逻辑。每个子通道均独立地执行通道程序、为一台外围设备传送数据,其任务是提供字节缓冲、记录设备状态、传送通道命令、保存传送参数等。通道控制逻辑在某子通道完成一个字节传送后,则切换连接另一个子通道。

字节多路通道利用同一外围设备两个字节传送之间存在辅助操作的空闲时间,来为其他外围设备传送一个字节数据。一个通道不间断轮流为不同的外围设备传送数据,其建立的基础是主机速度高于外围设备速度。可见,字节多路通道适用于控制管理多台低速外围设备,且工作效率高。

(2) 选择通道。

对于高速外围设备,两个字节传送之间辅助操作的空闲时间很短,通常比子通道之间的切换短得多,这时字节多路通道显然是不适用的,便提出选择通道。所谓选择通道是指在一定时间内仅为一台外围设备传送数据,又称为高速通道。如若某通道连接 A、B、C 三台外围设备,选择通道先选择设备 A 成组连续传送字节 a1、a2、a3、……,设备 A 成组数据传送结束后,再选择设备 B 成组连续传送字节 b1、b2、b3、……,最后选择设备 C 成组连续传送字节 c1、c2、c3……。可见,选择通道仅含一个通道,连接的多台外围设备不能同时工作,仅能依次使用占用通道分时进行数据传送。

选择通道以成组数据块方式进行数据传送,使得数据传送速率很高,所以适用于快速外围设备,如磁盘、磁带等。由于外围设备在数据传送过程中需要一些辅助操作(如磁盘机寻找磁道等),则选择通道的工作效率仍不会很高。

(3)数组多路通道。

高速外围设备两个字节传送之间辅助操作的空闲时间虽然很短,但也希望能有效利用,从而把字节多路通道和选择通道的特点结合起来,提出数组多路通道。数组多路通道是指连接的多台外围设备以数组或块为单位交叉传送数据,即当某外围设备进行数据传送时,通道只为该外围设备服务;当外围设备在执行辅助操作时,通道暂时断开与该外围设备的连接并挂起通道程序,而转去为其他外围设备服务。可见,数组多路通道含有多个子通道,既可以执行多路通道程序,即如同字节多路通道那样,各子通道分时共享总通道,又可以如同选择通道那样,成组传送数据。

数组多路通道既具有多路并行操作的能力,使通道的工作效率较高,又具有很高的数据传输速率,所以适用于连接多台快速的外围设备。

特别地,选择通道与数组多路通道的数据传输率(流量)是连接在通道上的所有外围设备中数据传输率最大的那台外围设备的数据传输率,字节多路通道的数据传输率是连接在通道上的所有外围设备数据传输率的和。

例 7.5 有一计算机含有字节多路通道和数组多路通道,字节多路通道连接四台外围设备,每台外围设备数据传输率小于 200 字符/s。数组多路通道连接一台打印机、一台调制解调器和一台绘图仪,若打印机打印速度为 20 页/min、每页 40 行、每行 80 个字符;调制解调器的数据传输率为 5600 字符/s,绘图仪的数据传输率为 2400 字符/s。试确定字节多路通道、数组多路通道和 I/O 系统的最大流量。

解:字节多路通道的流量为:$200 \times 4 = 800$(字符/s);

数组多路通道的流量为:$\max\{20 \times 40 \times 80/60, 5600, 2400\} = 5600$(字符/s);

I/O 系统的最大流量为:$800 + 5600 = 6400$(字符/s)。

7.4 输 入 设 备

输入设备是计算机不可缺少的外围设备,目前计算机配置的输入设备主要有:键盘、鼠标、触摸屏等,而针对具体应用还可能配备扫描仪、数码相机、条码扫描器等。那么,这些输入设备有哪些功能、特性和类型,这些输入设备的结构原理和工作过程如何,是本节要讨论的问题。

7.4.1 键盘

1. 键盘及其键开关

键盘是字符命令输入设备,它是通过键盘上的按键直接向计算机输入数据、命令等信息。键盘上通常包含几十个或上百个按键,按键一般排列成行列矩阵结构,键盘的功能就是及时发现被按下的按键,并把按键对应信息输入主机。由于按键相当于一个开关,故称为键开关,它分为接触式和非接触式等两种。

接触式键开关有两个触点,最常见的接触式键开关是机械的,它是通过机械动作来控制两个触点的接通与断开。当键帽被按下时,两个触点接通;当释放时,弹簧恢复原来两个触点断开的状态。机械键开关结构简单、成本低,但寿命较短、会产生触点抖动。

非接触式键开关没有触点,仅通过按键动作改变某些参数或利用某些效应来实现电路的接通与断开及其相互之间的转换。最常见的非接触式键开关是电容的,它由弹簧活动极、驱动极和检测极组成两个串联的电容器。当键帽被按下时,极间距离缩短、电容变大,将加在驱动极的信号耦合到检测极上,经过放大,输出相应信号。电容键开关不存在机械磨损和触点抖动等问题,结构简单、性能稳定、寿命长,已成为当前键盘的主流。

2. 键盘的分类及其工作原理

键盘输入信息分为四个步骤:人工操作按下键帽、检测键帽按下键的位置(即哪个键)、生成按键代码(一般为 ASCII 码)、主机接收按键代码。按键位置检测识别可以采用硬件或软件的方法来实现。依据按键位置检测识别的方法,键盘可以分为非编码键盘和编码键盘。

(1) 非编码键盘。

非编码键盘是指采用软件程序及简单硬件电路检测判断是否有键帽按下,当有键帽按下时,还识别按键位置。非编码键盘并不直接提供按键编码,而利用键盘处理程序来实现按键扫描、按键编码和编码传送等功能。因此,非编码键盘结构简单,但速度较慢,由于可以通过软件来对按键重新定义,方便扩充键盘的功能,而被广泛采用。键盘处理软件由查询程序、传送程序、译码程序等三部分组成,其工作过程为:

① 调用查询程序,通过查询接口逐行扫描键位矩阵,并检测行列输出,由行与列的交连信号确定闭合键坐标,即得到键帽被按下按键的扫描码。

② 调用传送程序,将按键扫描码传送到键盘接口电路,需要时还把按键编码传送到主机。

③ 调用译码程序,将按键扫描码翻译为按键编码。

(2) 编码键盘。

编码键盘是指采用硬件电路检测是否有键帽按下,当有键帽按下时,还识别按键位置。键盘控制电路一般由按键扫描电路、编码电路和接口电路等三部分组成,其中按键扫描电路用于识别按键位置,编码电路用于产生键帽被按下的按键代码,接口电路用于把按键代码送到主机。由于编码键盘的按键编码是唯一的,则不存在键位冲突,但编码键盘结构复杂,现在已经很少使用。

编码电路是编码键盘控制电路的核心,一个 16 键编码器如图 7-34 所示,图中每个交叉点代表一个键开关。键帽未按下时,行列输出均为高电平;当键帽按下时,按键所在的行列输出 X_i、Y_j 变为低电平,经编码网络便产生按键的 7 位 ASCII 码。

带只读存储器编码键盘的工作原理如图 7-35 所示。8×8 键盘由一个六位计数器经两个八选一的译码器对键盘扫描。若键帽未按下,则扫描将随着计数器的循环计数而反复进行;一旦扫描发现有一键帽按下,则通过一个单稳电路产生一个脉冲信号。一方面,

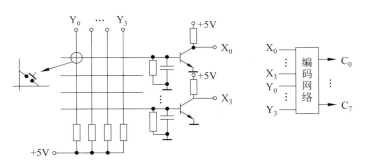

图 7-34　16 键编码器的电路结构

脉冲信号使计数器停止计数,以终止扫描;此时计数器的值与键帽按下按键的位置相对应,且可以作为只读存储器 ROM 的地址,若只读存储器存储了键盘所有按键的 ASCII 码,可以使地址单元的内容即为所按键的 ASCII 码。另一方面,脉冲信号经中断请求触发器向 CPU 发送中断请求,CPU 响应中断请求后便转入中断服务程序,通过中断服务程序,将地址单元的内容读取送入 CPU 中。而地址译码信号既可以用于 ROM 的片选信号,经一段延迟后,还可以用于中断请求触发器的清除信号和 6 位计数器的起动信号,重新开始扫描。

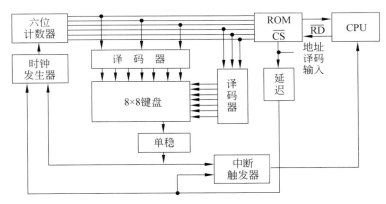

图 7-35　带只读存储器编码键盘的工作原理

在按下键帽时,往往出现键的机械抖动,造成多次输入。为了防止误判,或设置消抖电路,或采取软件技术,来消除键的抖动导致的错误。此外,为了提高传输的可靠性,还采用奇偶校验码。

随着大规模集成电路技术的发展,集成电路厂商提供了许多种可编程键盘接口芯片,如 Intel 8279 可编程键盘/显示接口芯片,用户可以随意选择。近年来出现了智能键盘,如某些高档微机键盘内装有 Intel 8048 单片机,以完成键盘扫描、键盘监测、消除重键、自动重发、扫描码缓冲以及与主机之间的通信等任务。

3. 非编码键盘的扫描方法

在非编码键盘的查询程序中,常用的键位扫描方法有行反转扫描法、行扫描法及行列扫描法等三种。

(1) 行反转扫描法。

行反转扫描法确定按键位置的过程为：先对所有行线送"1"，所有列线送"0"，读取键盘行扫描值；然后反过来对所有行线送"0"，所有列线送"1"，读取键盘列扫描值。若无键帽按下，则行线组和列线组的扫描值均为"1"；若有键帽按下，行扫描时键帽按下的按键所在的行线为"0"，列扫描时键帽按下的按键所在的列线为"0"。从行与列扫描读取的行与列的数据，则可以得到按键位置，如图7-36所示。图中行扫描时读取的行扫描值为"1101"，即R_2行线为0，键帽按下的按键在R_2行中；列扫描时读取的列扫描值为"1011"，即C_1列线为0，键帽按下的按键在C_1列中，由此可确定R_2行C_1列的按键被按下。

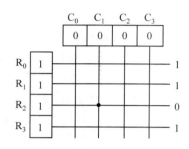

图 7-36 行反转扫描法确定按键位置的原理

(2) 行扫描法。

行扫描法确定按键位置的过程为：将所有行和列都置"1"，然后将各列的值依次变为"0"，并逐一读取行扫描值。若无键帽按下，则每次行扫描值均为"1"；若有键帽按下，则键帽按下的按键所在的行线为"0"。通过行扫描值为0的行和置"0"列，则可以得到按键位置，如图7-37所示。若图中黑点处的键帽按下，C_1列置"0"时，行扫描值的R_2为"0"，由此可确定R_2行C_1列的按键被按下。

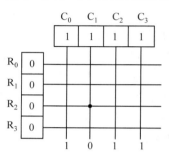

图 7-37 行扫描法确定按键位置的原理

(3) 行列扫描法。

行列扫描法的原理与行反转扫描法类同，需要分别读取行与列的扫描值，所不同的是扫描时对行或列的置位是逐行或逐列进行的。行列扫描法确定按键位置的过程为：先把所有的行都置"1"，依次对各列置"0"，并逐一读取行扫描值；然后反过来把所有的列都置"1"，依次对各行置"0"，并逐一读取列扫描值。若无键帽按下，则各行与列扫描值均为"1"；若有键帽按下，则相关行和列的扫描值不全为"1"。根据行扫描值不全为1时0所在的列和列扫描值不全为1时0所在的行，则可以得到按键位置，如图7-38所示。若图中黑点处的键帽按下：当C_1列置"0"时，对应行扫描值的R_2行为"0"；当R_2行置"0"时，对应列扫描值的C_1列为"0"；由此可确定R_2行C_1列的按键被按下。

特别地，无论哪一种扫描方法，行与列扫描值中每次有1位以上为"0"时，说明产生重键而需要重新扫描，直到每次接收到行与列数据中仅有1位为"0"为止。

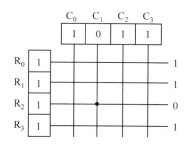 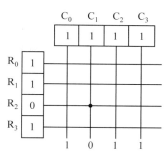

图 7-38 行列扫描法确定按键位置的原理

7.4.2 扫描仪

1．扫描仪及其分类

扫描仪是一种图形图像输入设备,它可以迅速地将图形或图像输入到主机中,因而成为图文通信、图像处理、模式识别、印刷出版等方面的重要设备。扫描仪有彩色与黑白之分,彩色扫描仪利用红、绿、蓝等三种滤波器分离出三种基色后加以处理,而黑白扫描仪则利用灰度来区分不同的颜色。

扫描仪的分类角度很多,从不同的角度可分为不同的类型。按扫描原理来分,扫描仪可分为平板式的、手持式的和滚筒式的等三种,其中平板式与手持式以电荷耦合器件(CCD)为核心,而滚筒式以光电倍增管为核心。按扫描图像幅面的大小来分,扫描仪可分为小幅面手持式的、中等幅面台式的和大幅面工程图式的等三种。按扫描图稿的介质来分,扫描仪可分为反射式(纸材料)的、透射式(胶片)的和反射透射多用式的等三种。按用途来分,扫描仪可分为通用型的(可用于各种图稿输入)和专用型的(仅用于特殊图像输入,如条形码读入器、卡片阅读机等)等两种。

2．扫描仪的工作原理

扫描仪主要由光学成像、机械传动和转换电路等组成,其核心为用于光电转换的光电转换部件,目前大多数扫描仪光电转换部件是电荷耦合器件,它可以将反射在它上面的光信号转换为对应的电信号。其工作过程为：

① 将一束线状光源投射到原稿,通过线状光源与原稿的相对移动,对原稿进行光学扫描。

② 采用光学透镜将被照射区域的反射光传送到感光区(如 CCD 电荷耦合器件),感光区根据反射光的强度变换为相应的模拟电信号,经过 A/D 转换又变换为数字电信号。

③ 通过信号拾取与处理电路,将整幅图形或图像输入到主机。

基于 CCD 台式扫描仪的结构原理如图 7-39 所示,扫描仪及驱动电路通过扫描仪适配器连接在计算机上。当采用扫描仪输入图像时,首先打开扫描仪压盖,将纸图像平放在工作台的玻璃板上,压紧压盖；其次主机执行扫描仪驱动程序,从适配器输出的控制信号,经驱动放大电路控制螺杆上的电机旋转,使线状 CCD 感光器及感光器光源从上至下运动,当光源照射到纸图像时,被照射区域的图像反射到 CCD 感光器上；由于 CCD 上线性地布满了光电二极管(每英寸 1000 多个),每个光电二极管感受到的光强不同,则耦合生成不同数量的电荷,对应着不同强度的电流,该电流经 A/D 转换成为二进制数字,每一数字对应一个像素点,一行像素点对应图像上的一条横线;最后随着电机旋转,CCD 朝下移动(扫描),整幅图像就转变成了一串二进制数据,数据经适配器送到计算机,在计算机中进行图像彩色处理等,形成图像文件。

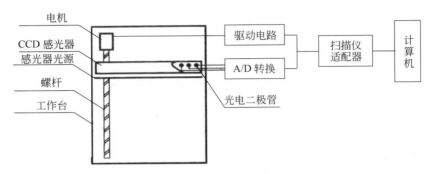

图 7-39　台式扫描仪结构原理

3. 扫描仪的性能指标

扫描仪的主要性能指标有光学分辨率(扫描精度)、扫描速度、灰度级和色彩位数等。

(1) 光学分辨率。光学分辨率是指电荷耦合器(CCD)的扫描精度,即单位长度扫描的点数,常用单位为 dpi(每英寸扫描点数),它决定扫描图像的清晰程度;初期扫描仪的光学分辨率为 150dpi、300dpi,现达到 600dpi、800dpi,甚至 2000dpi 等。

(2) 扫描速度。扫描速度一般是指扫描一行所需要的时间,它主要由感光时间来决定,但与被扫描对象、所采用光源于距离、感光次数等也有关。

(3) 灰度级。灰度级是指扫描图像的亮度层次范围,灰度级数越多,扫描图像亮度范围越大、层次越丰富、效果越好;目前扫描仪的灰度多数为 256 级(8 位)、1024 级(10 位)和 4096 级(12 位),256 级灰度比肉眼所能辨识出来的层次还多。

(4) 色彩位数。色彩位数是指彩色扫描仪所能生成颜色的范围,色彩位数越多,扫描图像越真实鲜艳、色彩还原能力越强、效果越好;通常采用每个像素点的颜色数(由二进制位数表示)来表示,一般有 24 位和 36 位,目前也有 42 位的。

7.4.3　数码相机

1. 数码相机及其分类

数码相机又称数字相机,它是一种利用电子传感器把光学影像转换成电子数据的照相机,是近十几年发展极其迅速的一种新型图像输入设备。数码相机的像素分辨率有 640×480、1024×768、1280×1024 点阵等,最高可达 3060×2036 点阵,即在一块 CCD 感光器上含有 600 万像素点。按用途来分,数码相机可以分为:单反数码相机、微单数码相机、长焦数码相机和卡片数码相机等四种。

(1) 单反数码相机。单反是指单镜头反光,单反数码相机是指光线透过镜头到反光镜后,折射到对焦屏并利用相位对焦形成影像,透过接目镜和五棱镜,摄影者可以在观景器中直接通过镜头观看影像对应的景物。单反数码相机的主要特点为:可以交换不同规格的镜头,对焦速度较快,但专业单反相机过于笨重。

(2) 微单数码相机。微单包含两个意思:微型小巧、可更换单镜头,所以微单数码相机是指微型小巧且具有单反性能的相机。微单数码相机主要特点有:不可能直接通过镜头观看影像对应的景物而另开设一个取景窗,通过液晶屏取景来提升相机的紧凑性,采用反差对焦使得对焦速度较慢,但反差对焦不会跑焦。

(3) 长焦数码相机。长焦数码相机是指具有较大光学变焦倍数的数码相机,而光学变焦倍数越大,可以拍摄的景物越远。长焦数码相机主要特点为:可以通过镜头内部镜片的移动来改变焦距。

(4) 卡片数码相机。卡片数码相机仅是指外观时尚、重量较轻、纤薄小巧、大液晶屏、操作便捷的数码相机,在业界内没有明确概念。卡片数码相机虽然功能不够强大,但具备最基本的曝光补偿功能,显示屏耗电量较大、镜头性能较差。

2. 数码相机的结构原理

数码相机核心部件同扫描仪一样是电荷耦合器件(CCD),仅在于扫描仪使用的是线状CCD感光器件,而数码相机使用的是阵列CCD感光器件。客观存在的场景是一种光学信息,它反射出不同亮度和光谱(即颜色)的光线,光线通过光学镜头进入照相机;光线透过镜头保护玻璃,在快门打开的一瞬间透过多片透镜组成的镜头组件,经过低通滤光器、红外截止滤光器、保护玻璃射到CCD影像传感器或胶片上。数码相机在结构原理上同胶片相机有本质区别,胶片相机将影像透过光学镜头,依靠溴化银的化学变化把图像记录在胶片上,而数码相机则是将影像由感光器的感光强度转化为数字信号后存储到存储器中。

数码相机与胶片相机的光学镜头、电子快门和电子测光等部件基本相同,但数码相机还有光电传感器(CCD)、模数转换器(A/D)、数字信号处理器(DSP)、图像数据处理器、图像数据存储器、液晶显示器(LCD)、输出控制逻辑(连接端口)和主控程序芯片等器件,数码相机的结构原理如图 7-40 所示。

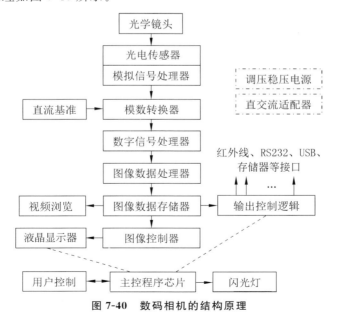

图 7-40　数码相机的结构原理

(1)光电传感器。光电传感器是将光(图像)信号转变为模拟电信号,它是由数百万个横排列有序的光电二极管及译码寻址电路组成;当光线经镜头在 CCD 上汇聚成像时,光电二极管感受到光强的不同而耦合出不同数量的电荷,通过译码电路可取出电荷而形成电流。

(2)模数转换器。模数转换器是把模拟信号变换为数字信号,即光电传感器输出的电流经 A/D 变换即形成一个二进制数字,该数字即对应一个像素点;实际上,二极管数量通常大于照片像素点数量,上百万像素点则构成数字照片。

(3)数字信号处理器。数字信号处理器是利用系列算法,对图像数字信号进行白平衡、彩色平衡、伽马校正和边缘校正等优化处理,其效果直接影响数字照片的品质,所以数字信号处理器(DSP)芯片一般采用高性能的专用单片机。

(4)图像数据处理器。图像数据处理器是利用有关算法,对图像数据进行格式化和压缩等,以节省存储空间;常用的压缩算法有 JPEG 方式和 MPEG 方式。

(5)图像数据存储器。图像数据存储器用于保存图像,存储器可以是一个随机存储器,也可以是光盘、软盘或 PC 标准的闪烁存储卡;目前,小型光盘容量可达 140MB,存放静态画面 1000 多幅;闪烁存储卡容量为 4MB、8MB、16MB 等三种,它可以插在 PCMCIA 插槽上使用。

(6)液晶显示器。液晶显示器(LCD)用于直接查看拍摄到的图像,也可用它来取景,特别地,有的液晶显示器可以同时显示多幅照片,便于鉴定影像质量。

(7)输出控制逻辑。输出控制逻辑用于提供图像输出界面,通过它可以连接电视机显示接口 TV VIDEO、红外线接口和 PC 机的 RS-232 接口、高速 SCSI 接口与 USB 通用串行总线接口等。

(8)主控程序芯片。主控程序芯片(MCU)用于对所有部件及任务进行管理,这些管理是按事先存入芯片中的程序和用户操作来进行的。

3. 数码相机的工作过程

数码相机工作过程可分为以下几个步骤。

① 开机准备。打开数码相机电源开关,主控程序芯片(MCU)开始检查相机各部件是否处于正常工作状态。如果出现故障,则 LCD 屏上会显示错误信息并使相机停止工作;如果正常,则处于准备好状态。

② 自动聚焦与测光。当镜头对准物体并按下一半快门时,主控程序芯片开始工作,通过计算确定对焦距离、快门速度及光圈大小。

③ 拍照。按下快门,摄像器件 CCD 及转换器把被摄景物的反射光抓住,并以红、绿、蓝 3 像素的二进制数值存储。

④ 图像处理、合成、压缩。

⑤ 图像保存。主控程序将被压缩后的照片存入光盘、软盘、闪烁存储卡后,就得到数字照片。

之后就可以在计算机、数码相机或其他设备上观看,或者通过打印机等设备打印出来。

7.4.4 其他输入设备

1. 鼠标

鼠标是继键盘之后的一种新的"指点"式输入的设备,它是美国斯坦福研究所的科学家恩格尔巴特于 1963 年发明的。鼠标可以在屏幕上方便快速精确地实现光标定位,并在各种应用软件的支持下,可以通过鼠标的按钮来完成某种特定的功能,如用于屏幕编辑、选择菜单和屏幕作图等。随着图形用户界面的发展及网络应用的普及,鼠标已成为计算机中必不可少的输入设备。

鼠标有三键按钮和两键按钮之分,常用的是两键按钮。对两键按钮的操作有单击、双击和左击、右击之分。各按钮及操作的功能由所用软件来决定。不同的应用软件,各按键的作用及操作不同。目前常见的鼠标有机械鼠标、光电鼠标和无线鼠标。尽管不同类型的鼠标在结构上存在不同,但从控制光标移动的原理上来看基本是相同的,都是把鼠标的移动距离和方向变为脉冲信号发送到主机,主机再把脉冲信号转换成显示器光标的坐标数据,从而达到指示位置的目的。

(1) 机械鼠标。机械鼠标的底部有一个包套着橡皮的可自由滚动的钢球(滚动球),在球的前方及右方装有两个支成 90°角的内部编码器滚轴。当鼠标在一个水平表面移动时,小钢球随之滚动,同时带动旁边的编码器滚轴,前方滚轴代表前后滑动、右方滚轴代表左右滑动,两轴一起移动则代表非垂直与非水平方向的滑动。编码器由此识别鼠标移动的距离和方位,产生相应的脉冲信号,以计算光标在屏幕上的位置和控制屏幕上光标的位置。若按下鼠标按键,则会将按下的次数及按下时光标的位置传送到主机,由此可以进行定位和处理工作。

(2) 光电鼠标。光电鼠标利用发光二极管(LED)发出的光投射到鼠标板上,其反射光经过光学透镜聚焦投射到光敏三极管上。由于鼠标板在 X、Y 方向印有间隔相同的网格,当鼠标器在鼠标板上移动时,反射的光有强弱之分,在光敏管中就变成强弱不同的电流,经放大、整形变成表示位移的脉冲序列。鼠标的运动方向可以由相位相差 90°的两组脉冲序列求出。新型光电鼠标采用"光眼"技术装置,每秒可感应 1500 个信号,并将它转变为数位信号,提高鼠标的感应精度,它可以在任何非反光的表面使用。由于光电鼠标无活动部件,所以没有接触不良等问题,维护简单、清理方便、可靠性较高。

(3) 无线鼠标。无线鼠标的定位和按键的识别原理与传统鼠标相同,所不同的是利用无线发射器把鼠标在 X 或 Y 轴上的移动、按键按下或抬起的信息转换成无线信号并发送出去,无线接收器收到信号后经过解码传送到主机。

鼠标与主机之间的接口有三种:总线接口、串行接口和 PS/2 接口。最初的鼠标采用总线接口,需要一块专用的接口板插在总线扩展槽上,接口板上的 9 针插头与鼠标连接;采用总线接口的鼠标的优点是速度快,但占用一个扩展槽。PS/2 鼠标接口与键盘共用一个控制器,其缺点是容易与键盘数据发生冲突。目前,鼠标常用的是串行接口,它直接插入 COM1 或 C0M2(RS-232 接口)上,不需要任何总线接口板或其他外部电路;当一个鼠标事件(指按下/释放或移动鼠标的动作)发生时,就向串行接口发送数据,由专用微处理器对鼠标事件进行判断与处理,并生成、组织与发送串行数据。另外,使用鼠标需要驱动程序,如 MOUSE.COM,DOS 或 Windows 通过调用鼠标的驱动程序,来获得鼠标移动或按钮信息。由于鼠标驱动程序要通过显示适配器来控制光标在屏幕上的移动,则鼠标驱动程序必须支持标准的显示适配器,如 MDA、CGA、EGA、VGA、TVGA 等。

2. 触摸屏

触摸屏是一种对物体的接触或靠近能产生反应的定位输入设备,于 1970 年由 Elo TouchSystems 公司首先推广到市场的新技术,由于使用方便,在某些应用环境(如银行 ATM、自动售票以及公共信息查询等)已经成为鼠标或键盘的替代品。

触摸屏是通过某种物理现象来测得触及屏幕的触点位置,再通过 CPU 对此做出反应,由显示屏再现所触及的位置。触摸屏由触摸检测部件和触摸屏控制器组成,触摸检测部件安装在显示器屏幕前面,用于检测用户触摸位置;而触摸屏控制器的主要作用是从触摸点检测装置上接收触摸信息,并将它转换成触点坐标送给 CPU,同时还能接收 CPU 发来的命令并加以执行。根据定位方式不同,触摸屏有电阻式、电容式、压感式等三种类型。

(1) 电阻式触摸屏。电阻式触摸屏是在显示屏上加两层高透明度并涂有导电物质的薄膜,在两层薄膜之间隔开一段很小的距离,其间隙为 0.0001 英寸。当触摸塑料薄膜片时,涂有金属导电物质的第一层塑料片与第二层塑料片(也涂有金属导电物)接触,由此可根据其接触电阻的大小计算出触摸点所在的 x 坐标和 y 坐标,从而可以确定其位置。

(2) 电容式触摸屏。电容式触摸屏是在显示屏上加一个内部涂有金属层的玻璃罩,当触摸此罩表面时,手和金属之间产生耦合电容,在触摸点将产生微小的电流并向屏幕的四角流动,根据这 4 个电流的大小计算出触摸点所在的 x 坐标和 y 坐标,从而可以确定其位置。

(3) 压感式触摸屏。压感式触摸屏是在显示屏上安装压力传感器,通过触摸点的压力变化,由压力传感器转化成电信号来定位触摸点。

对于不同的触摸屏,由于物理原理不同,触摸屏的特点及应用环境也不同。如电阻式可以防尘、防潮,并可戴手套触摸,适用于饭店、医院等;电容式触摸屏亮度高、清晰度好,也能防尘、防潮,但不可戴手套触摸,并且易受温度、湿度变化的影响,适合于游戏机及供公共信息查询系统使用。

3. 条码扫描器

条码扫描器是利用光学与光电转换原理识别条码数据的装置,它一般由光源、聚焦、光电转换器、译码器等部分构成。光源发出的光照射到条形码上,由于黑条吸收光,反射光极弱,白条反射光则较强;强弱不同的反射光经透镜聚焦到图像传感器上,使明、暗不同的反射光变成强、弱不等的模拟电信号,经过放大、整形后,就变成数字信号;数字信号经过由单片机构成的译码器处理后,就得到条码所代表的数字串,经检验正确后,传送给计算机,否则输出出错信息。

条码扫描器的种类较多,可供各种不同场合应用。按扫描原理来分,条码扫描器可分为笔式扫描器、CCD 扫描器和激光扫描器等三种。

(1) 笔式扫描器。笔式扫描器具有结构简单、体积小、使用轻便、价格低廉等优点;但由于需要人工操作,使得扫描速度不均匀,易造成条码识别错误,所以一次扫描成功率偏低。

(2) CCD扫描器。CCD扫描器由于采用CCD线阵列作为图像传感器,只要把扫描器放在条码上,不需要移动就能将条码读出,避免人工扫描速度不匀,而导致识别成功率低的缺陷。但由于它读出宽度一定,对超长条码无法读出,使应用受到一定的限制。

(3) 激光扫描器。激光扫描器是非接触式扫描器,它可以离开条形码一定的距离阅读条码,对条码的宽度适应性强,甚至可以阅读曲线上的条形码,但价格比较高。

7.5 输出设备

输出设备是计算机不可缺少的外围设备,目前计算机配置的输出设备主要有打印机与显示器等。那么,这些输出设备有哪些功能、特性和类型,这些输出设备的结构原理和工作过程如何是本节需要讨论的问题。

7.5.1 打印机

1. 打印机及其分类

打印输出是计算机最基本的一种输出形式,打印机是将计算机内部的二进制代码即ASCII码,转换成人们能识别的形式如字符、图形等,转移在纸质载体上作为书面式硬拷贝,以方便人们阅读、分析和保存。打印机种类繁多,且可以从不同角度来分类。

(1) 按印字方法来分。

按印字方法来分,打印机可分为击打式和非击打式两种类型。击打式打印机是利用机械击打动作,使印字机构与色带和纸相撞击而印出字符或图形。击打式打印机又分为活字式打印机和针式(或点阵式)打印机等两种,活字式打印机将字符或图形"刻"在印字机构表面,而针式打印机是利用打印钢针组成的点阵来表示字符或图形。由于针式打印机的控制机构简单、字形与图形变化多样,且能打印汉字,从而应用最广泛。击打式打印机印字质量好、可靠性高,但速度较慢、噪声大。

非击打式打印机是采用电、磁、光、喷墨等非机械的物理或化学方法印出字符或图形而无击打动作,目前主要有激光打印机、热敏式打印机、喷墨式打印机与静电式打印机等。非击打式打印机速度快、噪声小、印字质量好,已完全由机械化的击打式打印机转向电子化的非击打式打印机,但其结构复杂、成本高。

(2) 按工作方式来分。

按工作方式来分,打印机可以分为串行打印机与行式打印机。串行打印机是逐字、逐行打印的,常见的有菊花瓣打印机、针式打印机等;行式打印机是逐行的,即一次可以输出一行,常见的有宽行打印机(每行字符数为80～256)、窄行打印机(每行字符数为15～60)等。显然,行式打印机的打印速度比串行打印机快。

击打式打印机与非击打式打印机均有串行与行式之分,如菊花瓣打印机、针式打印机是击打式串行打印机,而宽行打印机则是击打式行打印机;热敏式打印机是非击打式串行打印机,激光打印机是非击打式行打印机,而喷墨式打印机既可以串行也可以行。

2. 针式打印机

（1）针式打印机的结构原理。

针式打印机是利用机械装置和电路驱动原理，选择适当打印针撞击色带和打印介质，印出由点阵组成的字符或图形，印点越多，印字质量越高。西文字符点阵通常有 5×7、7×7、7×9 点阵等几种，中文汉字至少要用 16×16 或 24×24 点阵表示，更高的还有 48×48、64×64、128×128 点阵等。针式打印机由"动作机械装置"和"控制驱动电路"等两部分组成，其结构原理如图 7-41 所示。

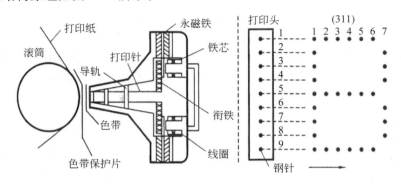

图 7-41　针式打印机的结构原理

在打印过程中，针式打印机存在三种机械动作：打印头横向运动、打印纸纵向运动和打印头的击针运动，这些动作都是通过运行程序由驱动电路控制精密机械来实现。所以，针式打印机的动作机械装置包括字车部件、打印头、色带驱动部件、输纸部件和状态传感组件等五个部分。

① 字车部件。字车部件即打印头驱动机构，它利用步进电机及齿轮减速装置，由同步齿形带来带动字车横向运动。

② 打印头。打印头即印字或成字机构，它由若干根打印针和相应数量的电磁铁组成，其中电磁铁可驱动打印针实现击打动作。

③ 色带驱动机构。针式打印机普遍采用色带单向循环，当打印头左右运动时，色带驱动机构驱动色带向左运动，这样既可改变色带受击部位，保证色带均匀磨损，延长色带使用寿命，又能保证打印字符颜色深浅一致。

④ 输纸部件。输纸部件用于驱动打印纸沿纵向移动以实现换行。针式打印机的输纸部件一般分为摩擦输纸和齿轮输纸等两种方式，前者适用无输纸孔的打印纸，后者适用有输纸孔的打印纸。

⑤ 状态传感组件。不同的针式打印机其状态传感组件是不同的，但一般有纸尽传感器、原始位置传感器和计时传感器等。

目前，针式打印机的控制驱动电路广泛采用微处理器、ROM 与 RAM，其中 ROM 用于存储针式打印机的管理程序、字符库和图形（汉字）库，而 RAM 则作为打印机接收主机信息的数据缓冲区，以存储来自 ROM 的字符图形集和管理程序运行所需的动态参数。针式打印机的控制驱动电路主要包括字符缓冲器（RAM）、字符发生器（ROM）、时序控制电路和接口等四部分，而控制驱动过程为：主机将需要打印的字符或图形通过接口送到字符缓冲器

RAM，而后由时序控制电路从 RAM 顺序地取出字符或图形代码，并对字符或图形代码进行译码，得到字符或图形点阵在字符发生器 ROM 中的首列地址（正向打印时）或末列地址（反向打印时），最后逐列取出字符或图形点阵并驱动打印头，形成字符或图形点阵。

（2）点阵码与打印过程。

由点阵集来构成字符或汉字或图形时，"1"表示打点，"0"表示不打点，则每个 m×n 的点阵字形可以采用 m 个 n 位的二进制数来表示列点阵码，简称点阵码，且常用十六进制数来表示。所有字符和汉字的点阵码存储在 ROM 中，称为字库，显然字库包括字符库和汉字库，字符库又称为字符发生器。带有汉字库的打印机称为汉字打印机，主机送出汉字代码，打印机根据汉字代码从汉字库中取出汉字点阵数据，驱动打印针打印。不带汉字库的打印机称为西文打印机，其打印汉字时需要利用存放在硬盘上的汉字库（常称为软字库），由主机将汉字代码转换为点阵数据，再送往打印机，且打印机按图形模式打印汉字。

主机输出打印过程可分为代码接收和点阵驱动等两个阶段。在代码接收阶段，首先主机循环检查打印机状态直到空闲，则允许主机发送字符，且打印机开始接收从主机送来的字符代码（ASCII 码）。打印机接收到字符代码，先判断是实体字符还是控制字符；如果是实体字符就将其代码送入打印行缓冲区（RAM）中，接口电路给出应答信号，通知主机发送下一个字符。如此重复，直到一行所包含的字符代码存入到数据缓冲区，则停止接收字符代码，转入点阵驱动。在点阵驱动阶段，首先从字符库中寻找与字符相对应的首列点阵的地址，并按顺序一列一列地找出字符的点阵，送往打印头控制驱动电路，激励打印头出针打印。一个字符打印完，字车移动几列，再继续打印下一个字符。一行字符打印完，则请求主机送来第二行打印字符代码，同时输纸部件使打印纸移动一个行距。

（3）串行与行式打印机。

针式打印机有串行与行式之分。为减少打印头制造的难度，点阵式串行打印机的打印头只装有一列或两列 m 根打印针，每根针既可以单独驱动也可以并行驱动。印完一列后，打印头沿水平方向移动微小距离，移动 n 步后，便可以形成一个 n×m 点阵的字符或图形。针式串行打印机是将多根打印针沿横向（而不是纵向）排成一行，安装在一块梳形板上，每根针均由一个电磁铁驱动，例如，44 针行式打印机沿水平方向均匀排列 44 根打印针，每个针负责打印 3 个字符，打印行宽为 44×3＝132 列字符，在打印针往复运动中，当到达指定的打印位置时，激励电磁铁驱动打印针执行击打动作。梳形板向右或向左移动一次则打印出一行印点，当梳形板改变运行方向时，输纸部件移动一个印点间距，再打印下一行印点。如此重复多次，打印出完整的一行字符。

针式打印机的打印质量与打印头中的针数有关，针数越多，打印质量越好。针式打印机虽然噪声较高、分辨率较低、打印针易损坏，但近年来由于技术的发展，打印速度得到提高、打印噪声有所降低、打印品质也不断改善，使其在银行存折打印、财务发票打印、记录科学数据连续打印、条形码打印、快速跳行打印和多份副本制作等应用领域，具有其他类型打印机不可取代的地位。

3. 激光打印机

（1）激光打印机的结构原理。

激光打印机是激光扫描技术和电子照相技术相结合、光机电一体、高度自动化的输出设备,它是逐页输出的,每分钟可以打印一百多页。激光打印机主要由激光扫描机构、电子照相部件、字符发生器、输纸部件和控制驱动电路等组成,其结构原理如图 7-42 所示,且其中字符发生器、控制驱动电路、输纸部件都与击打式打印机类似。

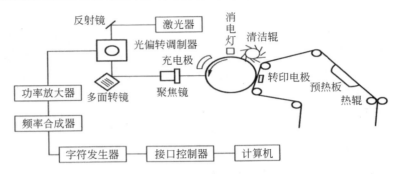

图 7-42　激光打印机的结构原理

① 激光扫描机构。激光扫描机构由激光器、偏转调制器、扫描器、光路装置等部分组成。激光器是光源,偏转调制器用于对激光束传播的方向和强度实施控制。扫描器的作用是使调制后的激光束沿光导鼓轴线横向运动,而光束的纵向运动由光导鼓旋转实现,调制后的激光束则可以在光导鼓上形成字符和图形。光路装置将扫描器输出的光束聚焦成所要求的光点尺寸作用在光导鼓上。

② 电子照相部件。电子照相部件的核心是用于记录激光扫描信息的光导鼓,又称为硒鼓,使用光导鼓记录信息之前,需要采用电晕放电法对光导鼓充电,使鼓面均匀地沉积一层正电荷或负电荷。在激光束的作用下,光导鼓的表面将有选择性地进行曝光,被曝光的部分产生放电现象,而未曝光的部分仍为充电时的电荷,这样,在光导鼓的表面就形成了静电潜像。在显影器的作用下潜像将变成可见的墨粉像,转印电极则将墨粉像转印到普通纸上,而预热板和热辊是将墨粉像熔凝在纸上,达到定影的效果。

(2) 激光打印机的工作过程。

计算机输出的二进制字符编码信息由接口控制器送到字符发生器,字符发生器给出字符的相应点阵信息形成点阵脉冲信息,由高频振荡器、频率合成器及功率放大器处理后加到激光调制器件上。它使射入的激光束衍射出形成字符的调制光束。载有字符信息的调制光束射入多面转镜扫描器,然后由广角聚集镜将光束聚焦成要求的光点尺寸,使焦点落在光导鼓表面上。要打印的信息不断给出,光导鼓旋转,多面转镜实现光导鼓轴线扫描,使光导鼓记录一页要印刷信息的潜像。

输出信息时,由磁刷显影器显影,有字符信息区域吸附上墨粉,潜像就变成了可见墨粉像。在转印区由于转印电极带有与墨粉极性相反的静电电荷,则墨粉像将转印到普通纸上。最后经过定影部分,在预热板和热辊的高温处理下,墨粉熔化并永久地黏附在纸上,形成印刷的字符和图形。在新周期开始前,由清洁辊清扫光导鼓上的残余墨粉,消电灯消除鼓上残余电荷。

可见,激光打印机的工作过程可分为充电、曝光、显影、转印、分离、定影和消电清洁等七个步骤。

① 充电。对硒鼓充电,使其表面均匀地带上一层电荷。

② 曝光。由控制电路控制激光束对硒鼓表面进行扫描照射,在需要印出处关闭激光束,不需要印出处打开激光束;被激光束照射处产生光电流,使其失去表面电荷,而未被照射处仍带有电荷,从而在硒鼓上形成"潜像"。

③ 显影。带有"潜像"的硒鼓表面继续运动,通过碳粉盒时,带电荷的部分吸附上碳粉,从而在硒鼓表面上显影成可见的墨粉图像。

④ 转印。显影的硒鼓表面同打印纸接触时,在外电场的作用下,墨粉被吸附到纸上,实现图像的转印。

⑤ 分离。清除纸与硒鼓表面的相互吸引力,使由于静电引力而紧贴硒鼓表面的纸离开鼓面。

⑥ 定影。分离后的纸经定影热辊,在高温和高压下使墨粉熔化而永久性地粘附在纸上,实现定影而得到印出结果。

⑦ 消电清洁。印出结果后,硒鼓表面还有残余的电荷和墨粉,先经过放电将电荷中和,然后经过清扫辊除去残留的墨粉,使硒鼓恢复原来状态。

7.5.2 显示器

1. 显示器及其分类

显示器即显示设备,它是采用显示技术将电信号转换成能直接观察到的光信号,显示技术涉及显示器件、显示内容的处理(如格式、亮度、精度、色彩等)及控制电路等技术。图像和像素是显示器中的技术性概念。图像是一种具有亮暗层次变化的图如人物、景物照片等,而经过计算机处理并显示的图像称为数字图像,它是将图片上连续的亮暗变化变换成离散的数字量,以点阵的形式显示出来。而在图像处理时,将组成图像的各点按几何位置排列成矩阵,矩阵中的每个元素称为像素(或称像元),实际上就是显示屏上不可再小的光点。

显示器可以从不同角度来进行分类,按结构原理来分,可以分为阴极显像管显示器 CRT、液晶显示器 LCD 和等离子显示器 PDP 等三种。按显示色彩来分,可以分为单色显示器和彩色显示器等两种;按显示屏幕大小来分,可以分为 15 英寸(1 英寸≈25.4mm)、17 英寸、19 英寸和 20 英寸或更大的。

2. 阴极显像显示器

(1) 阴极显像显示器及其分类。

阴极显像显示器 CRT 是在外加电信号作用下,依靠器件本身产生的光辐射来显示图像。而 CRT 显示器种类很多,可以不同角度进行分类。按扫描方式来分,可以分为光栅扫描和随机扫描等两种;按点距来分,有 0.39mm、0.31mm、0.28mm、0.26mm 等等;按分辨率来分,可以分为 640×480、800×600、1024×768、1280×1024 等等;按显示模式来分,可以分为字符显示器、图像显示器等两种;按与其连接的显示卡来分,可以分为 MDA 单色显示器、CGA 彩色显示器、EGA 彩色显示器、VGA 显示器、SVGA 显示器和 TVGA 显示器等等。

(2) 显示器的性能指标。

阴极显像显示器的性能指标很多,其中常用的有如下七个。

① 分辨率。分辨率指显示器所能表示的像素点数,像素点越密,分辨率越高,图像越清晰。显示器的分辨率取决于显像管荧光粉的粒度、屏幕尺寸和阴极射线管电子束的聚集能力。显示器的分辨率采用显示屏水平方向与垂直方向像素点乘积来表示,目前一般有:640×480、800×600、1024×768、1280×1024 等。

② 灰度级。灰度级是指像素点的亮度值,在单色显示器中表示黑白的程度,在彩色显示器中表示颜色的差别,即颜色数,灰度级越多,图像的层次感越强,图像也就越逼真。单色显示器的灰度只有 0、1 两级,而彩色显示器的灰度级较多,有 4、16、64、256、16M(真彩)等。

③ 点距。点距是指屏幕上两相邻像素点之间的距离,且有实际点距、水平点距和垂直点距之分;点距越小图像越清晰,显示器的点距一般有:0.39mm、0.31mm、0.28mm、0.26mm、0.24mm 等。

④ 行频与场频。行频即水平扫描频率,决定了每秒钟的扫描线数;场频即垂直扫描频率,决定了每秒钟显示多少幅画面。行频与场频两者越高,图像越稳定。

⑤ 刷新率。CRT 发光是电子束打在荧光粉上引起的,荧光粉发光亮度仅能维持几十毫秒。要使人眼看到稳定的图像显示,电子束必须不断地重复扫描即刷新屏幕;按人的视觉生理,刷新频率大于 30 次/s 时,才不会感到闪烁。显示器一般选用电视中的标准,即每秒刷新 50 帧图像。刷新率是指显示器每秒钟重画屏幕的次数,刷新率越高,意味着屏幕的闪烁越小,对人眼睛产生的刺激越小。

⑥ 显示缓冲区容量。为了提供刷新图像的信号,无论是字符还是图形显示模式,都必须把一帧图像信息存储在一个显示缓冲区中,这个缓冲区称为视频存储器(VRAM)或刷新存储器,其存储容量由分辨率与灰度级决定,存取周期必须满足刷新率的要求。分辨率越高、灰度级越多,显示缓冲区容量越大,如分辨率为 1024×1024、灰度级或颜色数为 256 时,缓冲区容量为 1024×1024×8b=1MB。

⑦ 视频带宽。视频带宽是指每秒钟扫描的像素点个数,即单位时间内每条扫描线上显示点数的总和;视频带宽表示显示器显示能力的一个综合性指标,带宽越大表明显示器显示控制能力越强,显示效果越佳。

(3) 显示系统的结构原理。

CRT 显示系统的结构原理如图 7-43 所示,它包括显示适配器(即显示卡)与显示器,且显示模式分为字符和图像等两种。

在字符显示模式时,主机向显示卡缓冲区 VRAM 传送字符代码及其灰度值,且 VRAM 中的字符及其灰度值与显示屏上的显示位置存在一一对应的关系。字符代码通过字符发生器产生字符点阵和字符对应的灰度值送入彩色合成器。字符点阵、灰度值经彩色合成器形成红、绿、蓝等 3 色(RGB)与亮度信号,RGB 与亮度信号在控制电路的行、场同步信号的作用下射向与显示存储器对应的显示屏上。

在图像显示模式时,主机经图像生成器产生图像像素(即颜色度),并传送到缓冲区 VRAM,VRAM 中的像素与显示屏上的点是一一对应的关系。像素经彩色合成器产生 RGB 与亮度信号,在行、场同步信号的作用下射向荧光屏上的相应位置,使之产生发光的图像。

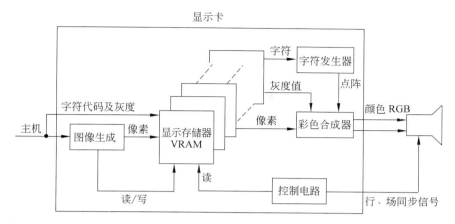

图 7-43 CRT 显示系统的结构原理

(4) 显示器的扫描方式。

阴极显像显示器的扫描方式分为光栅扫描和随机扫描等两种。

随机扫描是指控制电子束在显示屏幕上随机地运动,由此来形成图形与字符的扫描方式。随机扫描的电子束仅在需要作图处扫描,不必扫描全屏幕,从而显示速度快、图像清晰,但显示驱动电路复杂,价格很贵,仅在高质量的图形显示器采用随机扫描。

光栅扫描是指控制电子束在显示屏幕上从左到右、从上到下顺序地运动,由此来形成图形和字符的扫描方式,如图 7-44 所示。电子束从显示屏的左上角开始,沿水平方向从左向右扫描,到达屏幕右端后迅速水平回扫到下一行左端位置,这样一行一行地扫描,直到屏幕的右下角则垂直回扫,返回屏幕左上角。在水平和垂直回扫时,电子束是"消隐"的,荧光屏上没有亮光显示。对于光栅扫描,在显示屏幕上形成的

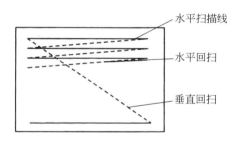

图 7-44 光栅扫描方式的扫描过程

一条条水平扫描线,称为光栅。一幅光栅即是一幅画面,通常叫一帧,一幅光栅扫描线越多越密,显示出来的画面越清晰,要求扫描频率越高。光栅扫描又分为逐行扫描与隔行扫描等两种,逐行扫描是指从屏幕顶部开始一行接一行,直到最底部一行来实现一帧画面的显示;而隔行扫描则把一帧画面分为奇数场(行 1、3、5……)与偶数场(行 2、4、6……)两种场画面,扫描顺序是先偶后奇、交替传送,如果每秒显示 50 场画面,则实际上只有 25 帧。可见,在水平扫描速度相同时,隔行扫描可以使一帧画面的扫描线数得到增加,但隔行扫描会使屏幕产生闪烁感,目前普遍使用的是逐行扫描。

(5) 显示缓冲区的管理组织。

显示器在对屏幕进行光栅扫描的同时,同步地从显示缓冲区 VRAM 中读取显示内容,送往显示器件。阴极显像显示器的显示模式有字符和图形等两种,它们显示缓冲区的管理组织是不同。

在字符显示模式中,VRAM 被分成字符代码和显示属性等两部分,代码区存放的是

字符 ASCII 码,一个字符占 1 个字节;属性区存放的是字符显示属性,一般一个字符也占 1 个字节。VRAM 的最小容量由屏幕上字符显示的行、列格式来决定的,如一帧字符的显示格式为 80×25,那么 VRAM 中代码区最小容量为 2KB。而字符在屏幕上的显示位置与字符代码在 VRAM 中的存放单元地址之间的关系为:

$$\text{VRAM 字符地址} = \text{起始地址} + \text{行号} \times \text{每行字符数} + \text{列号}$$

如果起始地址是 B000H,每行显示 80 个字符(50H),那么第二行最左边字符代码在 VRAM 中的地址为 B050H,而第三行 80 个字符代码是从 B0A0H 开始存放的。

在图形显示方式中,图形显示信息是图形元素的矩阵数组,且以二进制的形式存放在 VRAM 中。在最简单的单色显示时,像素点仅需存储二值信息——"0"黑色,"1"白色,一位表示一个像素点,则 VRAM 中的一个字节可以存放 8 个像素点;如若显示器的分辨率为 640×200,在无灰度级的单色显示器中,只需要 16KB 的 VRAM。在彩色显示或单色多灰度显示时,每个点需要若干位来表示;如若用两位二进制数表示一个像素点,那么每个像素点便可以选择显示 4 种颜色,但此时 VRAM 的一个字节只能存放 4 个像素点。如果显示器的分辨率不变,颜色数增加,VRAM 的容量就要增加。反之,若 VRAM 容量一定,随着分辨率的增高,显示的颜色数将减少。

(6) 字符显示原理。

对于字符显示模式,若采用 7×9 点阵组成字符图案,每个字符有 63 个点,用不同的亮暗点图案代表不同的字符,"工"字的像素点脉冲及其点阵图案如图 7-45 所示。在光栅所对应的字符点阵图案的亮点处加点脉冲,显示时,被显示字符点阵笔画呈亮点(图示的黑点),其他为暗区。当光栅扫完 9 行后,在荧光屏的相应位置处就出现一组亮点,构成一排完整的字符点阵。点阵的多少取决于显示字符的质量和字符窗口的大小,字符窗口是指每个字符在屏幕上所占的点数,它包括字符显示点阵和字符间隔,如字符窗口点阵为 9×14,字符点阵为 7×9。

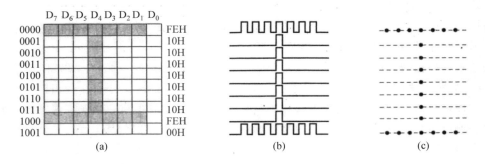

图 7-45 光栅扫描字符显示原理

为了显示屏幕扫描刷新,所有字符窗口所需显示字符的 ASCII 代码被存放在视频存储器 VRAM 中,字符发生器 ROM 的高位地址来自 VRAM 的 ASCII 代码,低位地址来自光栅地址计数器的输出 $RA_3 \sim RA_0$。在显示过程中,按照 VRAM 中的 ASCII 码和光栅地址计数器访问 ROM,依次取出字形点阵,就可以实现一个字符的输出。

由于光栅扫描是对同排的全部字符点阵逐行扫描的,则显示屏上的字符不是逐个显示。首先从第 0 排、第 0 个字符位置开始,从刷新存储器中依次取出同排所有字符代码,并分别作为地址送到字符发生器中,顺序读出同排所有字符的第一行点阵图案,依次在屏幕上显示,形成第一行点阵图案;然后光栅扫描水平回归,再重复上述过程,扫描出同排字符的第二行点阵图案,以此类推,直到扫描出同排字符的最后一行点阵图案,则完整地显示出第 0 排所有字符的点阵图案。不断重复上述过程,直到扫描出最后一排点阵图案为止,则形成一帧画面。特别地,为使点阵图案稳定显示,通常以每秒 50 次的速度重复上述全部过程。

(7) 图像显示原理。

对于图像显示模式,屏幕被划分的粒度远比字符显示模式更细,随着图像分辨率的不同,一个屏幕可能被划分成几百到几千个水平点和几百到几千个垂直点。屏幕上显示点的位置由行值与列值确定,且一对行列值对应一个存放像素点信息的 VRAM 地址,由 VRAM 地址从 VRAM 中读出的图像字节(不需要访问 ROM)直接送到移位寄存器,串行地输出视频信号。

(8) 显示适配器及显示标准。

显示适配器(也称显示卡)是显示器与主机之间的接口电路,负责将主机发出的待显示的字符代码与图像信号等数据暂存与传送给显示器,并控制光栅的产生。显示卡安装在主机板的总线扩展槽上,通过专用电缆线与显示器连接在一起。主机送给显示卡的是字符代码和图像信号,而显示屏的显示格式、分辨率、颜色数可以各种各样。为了便于生产,对显示卡及显示卡所支持的显示器都做了一些规定,即制定了显示标准,它是影响显示质量的关键因素。常用的显示标准有:

① MDA 单色显示卡。MDA 是 1981 年由 IBM 公司随同 IBM PC 推出的一种字符显示卡,不兼容图形显示。MDA 采用 9×14 点阵显示一个字符,满屏可显示 80 列$\times$25 行字符,像素点为 720×350。MDA 配置的显示缓冲区 VRAM 的存储容量为 4KB,仅能存放一帧(页)字符显示数据;绝对地址始于 B0000H,其中偶数地址单元是字符的 ASCII 码,奇数地址单元是字符的属性代码。MDA 的显示控制逻辑是围绕 MC6845 控制芯片设计的。

② CGA 彩色图形卡。CGA 是一种彩色图形和字符显示卡,字符显示点阵为 8×8,图形显示点阵则有 320×200 和 640×200 等两种,配置的显示器缓冲区 VRAM 的存储容量为 16KB,绝对地址始于 80000H。CGA 字符显示有 16 种颜色可选和两种格式,一种是 40 列$\times$25 行格式,每屏可以显示 1000 个字符,对应占用 2KB 显示缓冲区,其中偶地址单元为显示字符的 ASCII 代码,奇地址单元为显示字符的属性代码;另一种是 80 列$\times$25 行格式,至多可以存放 4 帧显示信息。CGA 图形显示时的显示缓冲区仅能存放一帧的图形信息,当点阵为 320×200 时,16KB 显示缓冲区共有 128000 个二进制位,每个像素点用两位表示,则有 64000 个像素点,每个像素点有 4 种颜色可选;在图形显示点阵为 640×200 时,每个像素点用一位表示,每个像素点仅有两种颜色(黑与白)可选。

③ MGA 单色图形卡。MGA 是一种单色图形和字符显示卡,显示点阵为 720×350,用于不需彩色图形的场合,以降低硬件开销。

④ EGA 增强型图形卡。EGA 是一种显示缓冲区 VRAM 采用位平面技术的彩色图

形和字符显示卡,字符显示点阵为 8×14,图形显示点阵为 640×350,配置的显示器缓冲区 VRAM 的存储容量为 256KB,被分成 4 个位平面 0、1、2、3,每个位平面的存储容量可达 64KB。EGA 字符显示格式为 80 列×25 行,字符点阵存放于位平面 2,字符 ASCII 代码存放于位平面 0,字符属性代码存放于位平面 1,使用时位平面 0 和 1 作为单一连续的显示缓冲区。EGA 图形显示时可同时存放 4 帧的图形信息,每个像素点仅有 16 种颜色可选。EGA 兼容 MDA 与 CGA,使用的 VRAM 仍为 4KB 与 16KB,绝对地址起始点也分别为 B0000H 和 80000H,但显示质量更优;特别是,改进后的 EGA 其点阵达 640×480 或 800×600。

⑤ VGA 视频图形阵列。VGA 是 IBM 公司 1987 年推出的采用模拟量接口的彩色图形和字符显示卡,字符显示点阵为 9×16,图形显示点阵则有 640×480 和 320×200 等两种,像素点可选颜色分别为 16 和 256。配置的显示器缓冲区 VRAM 与 EGA 相同,绝对地址始于 A0000H;VGA 对于不同的显示模式,可以采用位平面结构或线性结构的显示内存。特别地,由于采用模拟量接口,使得显示颜色更加丰富逼真。另外,为适应大屏幕显示器和液晶显示器的需要,VGA 显示技术不断更新,出现了许多功能强的改进型 VGA。如图形显示点阵为 1024×768、纵横比为 4∶3 的 TVGA,图形显示点阵为 800×600、纵横比 4∶3 的 SVGA,图形显示点阵为 1280×1024、纵横比为 5∶4 的 SXGA,图形显示点阵为 1400×1050、纵横比为 4∶3 的 SXGA+,图形显示点阵为 1600×1200、纵横比 4∶3 的 UXGA,图形显示点阵为 1280×800、纵横比为 16∶10 的 WXGA,图形显示点阵为 1280×854/1440×900、纵横比为 15∶10/15∶10 的 WXGA+,图形显示点阵为 1600×1024、纵横比为 14∶9 的 WSXGA,图形显示点阵为 1680×1050、纵横比为 16∶10 的 WSXGA+,图形显示点阵为 19290×1200、纵横比为 16∶10 的 WUXGA,等等。

3. 液晶显示器

(1) 液晶显示器及其分类。

液晶显示器 LCD 是在电场的作用下改变液晶晶体分子的排列,使得液晶具有透光或不透光特性来显示图像。LCD 显示器诞生于在 20 世纪 70 年代,目前已得到广泛应用。根据液晶分子形态和排列方式的不同,液晶显示器可分为扭曲向列型 TN、薄膜场效应管型 TFT 和高分子散布型 PDLC 等三种。

扭曲向列型显示器由一对玻璃基片、偏振片(在玻璃基片的外表面)、薄膜电极(在玻璃基片的内表面,且透明导电)和液晶(在薄膜电极之间)等四部分组成,如图 7-46 所示。在玻璃基片表面配向剂的作用下液晶的自然状态为连续扭曲 90°排列,这是被称为扭曲型的原因。在不加电时,液晶使入射光刚好偏振偏转 90°,正好与下方的偏振片光轴正交,形成不透光的暗状态。加电时,在两个电极之间形成电场,在电场作用下,液晶分子按照电场方向排列,不再扭转 90°,入射光的偏振方向不变,形成透明的明状态。为了实现彩色显示,可增加彩色滤片,将单色像素分成红、绿、蓝等三基色,然后再根据三基色的不同比例呈现出彩色效果。TN 型液晶显示器本身是非发光器件,则不能在暗处使用,为此利用背光源使光线从背面均匀照射,并通过调节背光源的强度,达到满意的使用效果。TN 型液晶显示器随显示屏尺寸的加大,对比度将变差,并且视角小(小于 30°),主要应用于手持式设备如 MP3、手机、数码相机等。

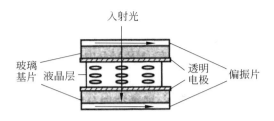

图 7-46　扭曲向列型显示器的组成结构

薄膜场效应管型液晶显示器与 TN 型类似,不同的是将上面玻璃基片的薄膜电极改为场效应晶体管(FET)电极,下面玻璃基片的电极薄膜改为共通电极。光源采用"背透式"照射,假想的光源路径不像 TN 型从上到下,而是自下而上,即在液晶的背部设置光源。光源照射时,先通过下边偏振片向上透出,借助液晶分子来传导光线。在 FET 电极导通时,液晶分子的表现如 TN 液晶的排列状态一样会发生改变,也通过遮光和透光来显示图像。但由于 FET 晶体管具有电容效应,能够保持电位状态,先前透光的液晶分子会一直保持这种状态,直到 FET 电极下一次再加电改变其排列为止。TN 则没有这个特性,液晶分子一旦没有被施压,立刻就返回原始状态,这是 TFT 液晶和 TN 液晶显示原理的最大不同。由于 TFT 型是有源光源,功耗比 TN 型高,但具有高速度、高亮度、高对比度的显示特性,TFT 型 LCD 是目前最好的 LCD 彩色显示设备之一,其效果接近 CRT 显示器,目前笔记本与台式计算机中的液晶显示器大多采用 TFT 型。

高分子散布型液晶显示器也与 TN 型类似,但薄膜电极之间是由高分子单体与低分子的液晶混合做成的液晶盒,且不需要在玻璃上镀表面配向剂,也不需要偏振片。在高分子形成的同时,低分子液晶与高分子分开而形成许多液晶小颗粒,这些小颗粒被高分子聚合物固定住。当光照射在液晶盒上时,因折射率不同,而在颗粒表面处产生折射及反射;经过多次反射与折射,就产生散射,液晶盒呈现不透明的乳白色。当电压加在电极上时,液晶顺着电场方向排列,而使每颗液晶的排列均相同;对正面入射光而言,液晶具有相同的折射率,如果高分子材料的折射率与液晶的折射率相同,则而在液晶盒内部没有任何折射或反射的现象产生,液晶盒就呈现透明状。高分子散布型液晶显示器具有许多优点,如不需偏振片和取向层、制备工艺简单、易于制成大面积柔性显示器等,目前已在光学调制器、热敏及压敏器件、电控玻璃、光阀、投影显示、电子书等方面得到广泛应用。

(2) 液晶显示器的技术参数。

① 可视角度。当站在与屏幕垂直线成一定角度的位置时,仍可清晰地看见屏幕图像,该角度则称为可视角度,显然可视角当然是越大越好。LCD 的可视角度是左右对称的,但上下方向的可视角度则不一定,且一般是上下角度小于左右角度。

② 亮度。亮度的单位为 cd/m^2,亮度太低则会感觉太暗,TFT 液晶显示器的可接受亮度为 $150cd/m^2$ 以上,目前 TFT 液晶显示器的亮度都在 $200cd/m^2$ 左右。

③ 响应时间。响应时间是指像素点对输入信号的反应速度,即像素由暗转亮或由亮转暗的速度。响应时间愈短愈好,响应时间短观看运动画面时不会出现尾影拖曳的感觉。

④ 显示色素。15 英寸 LCD 显示器一般仅能显示 256K 色的高彩,对此许多厂商使用所谓的 FRC(Frame Rate Control)技术,以仿真的方式来表现出全彩的画面。

液晶显示器的分辨率理论上可以达到很高,但实际显示效果却比 CRT 显示器差得多,可视角度也比 CRT 显示器要差,但响应时间比 CRT 显示器稍短。

4. 等离子显示器

等离子显示器 PDP 于 1964 年由美国伊利诺斯大学的两位教授发明,20 世纪 70 年代初实现 10 英寸 512×512 线单色 PDP 的批量生产;20 世纪 80 年代中期,美国的 Photonics 公司研制出 60 英寸级显示容量为 2048×2048 线单色 PDP;20 世纪 90 年代突破彩色化、亮度和寿命等关键技术,目前已经进入彩色实用化阶段。

(1) 等离子显示器的结构原理。

等离子技术同其他显示技术相比存在明显的差别,它采用等离子管作为发光元件,大量等离子管排列在一起构成屏幕,利用等离子管内的气体放电来显示图像。等离子显示器的组成结构如图 7-47 所示,一般由前、中、后三层玻璃板组成,第一层(前面)和第三层玻璃板的表面分别涂有 7 条垂直条或水平条导电材料,中间层玻璃板有 7 行×7 列装有氖气的离子管。由于等离子对应的每个小室内部充有氖气,在等离子管电极间加上高压后,封在两层玻璃之间的等离子管小室中的气体会产生紫外光,从而激励后玻璃上的红、绿、蓝三基色荧光粉发出可见光。每个离子管作为一个像素,由这些像素的明暗和颜色变化组合,产生各种灰度和色彩的图像,与显示像管发光相似。若要点亮某发光元件,如第 3 行、第 4 列的发光元件,先在第 3 行上加高电压,等该发光元件点亮后,可由低电压维持氖气发光元件的亮度。若要关掉该发光元件,只要将相应的电压降低。发光元件的开关周期为 15ms,通过改变控制电压,可以使等离子板显示不同灰度的图形。

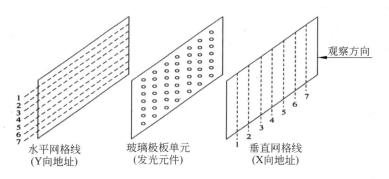

图 7-47　等离子显示器的组成结构

等离子显示器以每秒刷新 60 场(幅)速度扫描,每场图像的最大点亮时间(包括清除和写入时间)为 16.6ms,且把每场分为 8 个副场,每个副场的点亮时间按二进制数倍增,即 1、2、4、8、16、32、64、128,这样就能实现点亮时间的 256 级精确控制。

维持发光元件在每个副场时间内都点亮显示屏一次,要求每场图像需要点亮显示屏 8 次,与显像管每秒刷新 60 场图像(隔行扫描)的速度相比,等离子显示屏需要每秒点亮 480 次,才能完成 60 场图像(逐行扫描)的刷新,这是等离子显示器的驱动要求,所以等离子显示器需要高速高压电源开关和图像数据的高速传输。

(2) 等离子显示器的特点。

等离子显示器具有许多突出的特点,具体有:

① 高亮度、高对比度。等离子显示器具有高亮度和高对比度,对比度达到10000∶1,完全能满足眼睛的视觉需求;亮度达到 $1000cd/m^2$,比普通 CRT 显示器的 $250cd/m^2$ 高很多,其色彩还原性非常好。

② 纯平面图像无扭曲。PDP 的 RGB 发光栅格在平面中呈均匀分布,使得 PDP 的图像即使在边缘也没有扭曲现象出现;而在纯平 CRT 显示器中,由于在边缘的扫描速度不均匀,很难控制到不失真的水平。

③ 超薄设计、超宽视角。由于等离子显示原理,使厚度大大低于传统的 CRT 显示器的厚度。

④ 防电磁干扰强。与传统的 CRT 彩电相比,由于其显示原理不需要借助于电磁场,所以来自外界的电磁干扰如马达、扬声器,甚至地磁场等离子对图像没有影响,不会像 CRT 彩电受电磁场的影响会引起图像变形变色或图像倾斜。

⑤ 环保无辐射。等离子显示器在结构设计上采用了良好的电磁屏蔽措施,其屏幕前置玻璃也能起到电磁屏蔽和防止红外辐射的作用,对眼睛的伤害非常小,具有良好的环保特性。

7.6 存储设备

存储设备是计算机不可缺少的外围设备,且既可以作为输入设备又可以作为输出设备,目前计算机配置的存储设备主要有:磁盘存储器、光盘存储器和许多新型的存储设备等等。那么,这些存储设备有哪些功能、特性和类型,这些存储设备的结构原理和工作过程如何等等,是本节要讨论的问题。

7.6.1 磁表面存储器

1. 磁表面存储器及其特点

磁表面存储器是最常用的存储设备,它是在金属或塑料的表面涂上一层薄薄的磁性材料,通过磁性材料的两种状态来存储"0"和"1"的存储器。计算机中使用的磁表面存储器有:磁盘存储器、磁带存储器和磁鼓存储器等。目前只有磁盘存储器还普遍使用,磁带存储器仅在一些特殊场合使用,磁鼓存储器已经淘汰。而磁盘存储器又可以分为硬盘和软盘等两类。

磁表面存储器的主要特点是:存储容量大、位价格低、非破坏性读出、可长期保存和反复使用,但由于有精密机械装置,存取速度较慢、对工作环境(如电磁场、温度、湿度、灰尘等)要求较高。磁表面存储器主要用作外部存储器(即辅助存储器)使用,一般用来存储暂时不用的或需长期保存的信息。

2. 记录介质与磁头

在磁表面存储器中,用于记录信息的薄层磁性材料及其所附着的载体被称为记录介质。载体是由非磁性材料制成的,通常可分为软性载体和硬性载体;在磁带和软磁盘中,使用软性载体,一般为聚酯薄膜材料;在硬磁盘中,使用硬性载体,一般为硬质铝合金片或玻璃。磁性材料具有矩形磁滞回线,利用不同的剩磁状态来存储信息。由于记录介质性能决定磁表面存储器的性能,所以要求记录介质应该具备记录密度高、输出信号幅度大、噪声低、表面组织致密、光滑、无麻点、厚薄均匀,对环境温度与湿度的变化不灵敏,能长期保持磁化状态等特性。

磁头是一种电磁转换元件,它可以将电脉冲表示的二进制代码转换成磁记录介质上的磁化状态,即电→磁转换;也可以将磁记录介质上的磁化状态转换成电脉冲,即磁→电转换。早期的磁头采用铁氧体或坡莫合金制成,几何尺寸大、也较重,不利于磁头寻道速度的提高。后来采用体积小、重量轻、尺寸精确、高频性能好的薄膜磁头,曾得到广泛的应用。随着磁盘存储容量的不断增大,磁盘存储密度越来越高,薄膜磁头已无法适应读、写的需要,目前在磁表面存储器中采用的是磁阻磁头和巨磁阻磁头。在信息读与写时,按磁头与记录介质之间是否接触,磁头可分为接触式磁头与浮动式磁头等两种。在磁带和软盘中,由于载体是软质材料,只能采用接触式磁头,虽然结构简单,但磨损会降低磁头与记录介质的使用寿命。在硬盘中,由于载体是硬质材料,为减少磨损来增加使用寿命,一般采用浮动式磁头,但其结构与控制比较复杂。

3. 读写的过程原理

磁表面存储器利用磁性材料剩磁的两种磁化方向(S-N 或者 N-S)来记录"0"和"1",读写的过程原理如图 7-48 所示。

磁表面存储器包括写入和读出两个过程。写入信息时,在写线圈中通上脉冲电流(电流的方向不同,写入的信息不同),磁头气隙处的磁场把它下方一小区域(称为磁化单元)的磁层向某一方向磁化(S-N 或 N-S),形成一种剩磁状态,记下一位二进制信息。随着磁层的运动,写线圈中的一串电流脉冲,在磁层上就会形成一串磁化单元。

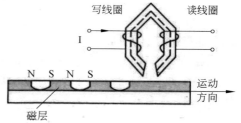

图 7-48 磁表面存储器读写的过程原理

读出信息时,当某一磁化单元运动到读磁头下方时,使得磁头中流过的磁通产生很大的变化,于是在读出线圈两端产生感应电动势,其极性与磁通变化的极性相反。当磁通由小到大变化时,在读出线圈中感应产生一个负电动势;当磁通由大到小变化时,在读出线圈中感应产生一个正电动势,形成一正一负两种脉冲,脉冲信号经放大、检波、限幅、整形和选通后,还原出写入的信息。

4. 信息记录方式

磁层上的磁化方向是靠磁头线圈中通上不同方向的电流脉冲形成的,所以写入时需要把二进制信息变成对应的写电流脉冲序列。信息记录方式是写入电流脉冲序列的编码形式,即按照某种规律将一连串的二进制数字变换成记录介质上相应的磁化翻转形式。在磁表面存储器中,由于写入电流的幅度、相位、频率的变化不同,形成了不同的记录方式。信息记录方式很多,最基本的记录方式有:归零制、不归零制、调相制和调频制等四种,它们写入电流波形与待写入信息的对应关系如表 7-3 所示。通过改进基本记录方式,又形成其他改进方式,如见"1"翻转不归零制和改进调频制等。

表 7-3 四种记录方式的写入电流波形

记录方式	1	0	0	0	1	1	1	0
归零制RZ								
不归零制NRZ								
调相制PE								
调频制FM								

在归零制记录中,写 1 时磁头线圈中加正向脉冲电流,写 0 时加负向脉冲电流,但无论待写入的是 0 还是 1,在下一次写入前,写入电流的波形均回到零,由此而称为归零制。归零制记录方式简单,容易实现,但抗干扰能力比不归零制差。

在不归零制记录中,磁头线圈中始终有电流,写 1 时有正向脉冲电流,写 0 时有负向脉冲电流,记录信息的过程中电流不回到零,由此而称为不归零制。不归零制记录方式的抗干扰性能较好。

在调相制记录中,磁头线圈中也始终有电流,利用电流相位的变化来写 1 或写 0,写 1 时电流先负后正,写 0 时电流先正后负,每写一位电流方向均在数据位中间改变一次,由此可以从读出信号中提取自同步信号。由于调相制记录方式中 0 与 1 的读出信号相位不同,所以抗干扰能力较强。

在调频制记录中,写入数据规则为:无论记录 0 或 1,磁头线圈中的电流在位周期结束时一定要改变一次方向,写 1 电流的频率是写 0 电流频率的两倍,故又称为双频制记录方式。调频制记录方式的优点是记录密度高,具有自同步能力,所以磁盘存储器常用该记录方式。

5.技术指标

磁表面存储器的主要技术指标有:

① 记录密度。记录密度是指单位长度或单位面积的磁层表面所能存储的二进制信息量;通常以道密度和位密度表示,也可用两者的乘积——面密度来表示。道密度是指垂直于磁道方向上单位长度中的磁道数目,单位是道/英寸(TPI)或道/毫米(TPM)。磁道是指磁头写入磁场在记录介质表面上形成的磁化轨迹,磁道具有一定的宽度,相邻两条磁道中心线之间的距离叫作道距。位密度是指沿磁道方向单位长度所能记录的二进制位数,位密度的单位为位/英寸(bpi)或位/毫米(bpm)。

② 存储容量。存储容量是指存储的二进制信息的总量,一般用位或字节为单位表示,它与存储介质的尺寸和记录密度直接相关。磁表面存储器的存储容量有非格式化容量和格式化容量之分,非格式化容量是指磁记录表面可全部利用的磁化单元数,格式化容量是指用户实际可以使用的存储容量,格式化容量一般约为非格式化容量的

60%～70%。

③ 平均存取时间。在磁表面存储器中,当磁头接到读/写命令,从原来的位置移动到指定位置,并完成读/写操作的时间叫存取时间。对于直接存取的磁盘存储器,存取时间包括两部分:一是指磁头从原先位置移动到目的磁道所需要的时间,称为定位时间或寻道时间;另一是指在到达目的磁道后,等待被访问的记录区旋转到磁头下方所等待的时间。由于寻找不同磁道和不同区域所花的等待时间不同,所以通常取它们的平均值,即有:

$$T_a = T_b + T_w = 最大寻道时间/2 + 转一圈的时间/2$$

式中：T_a 为磁盘平均存取时间,T_b 为平均寻道时间且最小寻道时间一般为 0,T_w 为平均等待时间且最小等待时间一般为 0。实际来说,平均存取时间还包括读/写操作时间,但这一时间相对平均寻道时间和平均等待时间来说可以忽略不计。

④ 数据传输率。数据传输率是指在单位时间内磁表面存储器向主机传输数据的位数或字节数,单位为 b/s 或 B/s。数据传输率与记录密度和记录介质通过磁头缝隙处的速度 V,即有:

$$D_r = D \times V$$

式中：D_r 为数据传输率,D 为记录密度且对于单道存取的磁盘即是位密度,V 为记录介质速度且对于磁盘即为记录介质通过磁头缝隙处的线速度。

⑤ 误码率。误码率是衡量出错概率的参数,它等于读出的出错位数与读出总位数之比。读出错误有硬错误与软错误之分,硬错误又称不可恢复错误,它是由于记录介质上存在缺陷等原因引起的;软错误又称可恢复错误,它是由偶尔落入记录介质和读写磁头之间的尘埃或电磁干扰引起的,通过重复读操作可以改正。

7.6.2 硬磁盘存储器

1. 磁盘存储器的组成

在微型计算机中,设备控制器与设备通常是分离,所以磁盘存储器一般由磁记录介质(磁盘片)、磁盘适配器和磁盘驱动器等三部分组成。大部分磁盘控制逻辑和磁盘与主机之间的接口,合成为磁盘适配器,磁盘适配器一般集成在主机板上,与系统总线相连接,并通过电缆与磁盘驱动器相连。磁盘驱动器中装有磁盘片、磁头、主轴电机(盘片旋转驱动机构)、磁头定位机构、读/写电路和控制逻辑等,其机械结构如图 7-49 所示等。

磁盘存储器的读写控制逻辑如图 7-50 所示。写入时,从主机来的并行数据经并串转换电路,变成按位串行的数据,由写驱动器逐位进行功率放大后送读写磁头线圈,使磁头的气隙处产生磁场,在磁盘的磁层上形成磁化单元,数据便写入磁盘。读出时,磁

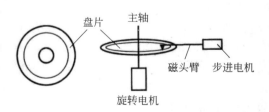

图 7-49 磁盘驱动器的机械结构

头先找到指定磁道,因磁盘旋转,磁道相对磁头运动,被磁化的存储单元形成的空间磁场在磁头线圈中产生感应电势,此电势经读出放大器还原成原存的数据,然后一位一位地送

串并转换电路,转换成并行数据供主机使用。

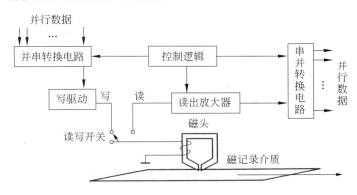

图 7-50 磁盘存储器的读写控制逻辑

2. 硬盘存储器的分类

磁盘存储器的记录介质是一个绕轴旋转的表面涂有一层磁性材料的圆盘,盘面上方有一个磁头,磁头装在磁头臂上,磁头臂在步进电机的驱动下做直线运动。根据盘基片载体材料的特性,磁盘存储器可以分为硬盘和软盘等两类,若圆盘的基片(即磁性材料的载体)采用金属铝制成,则称这种磁盘为硬盘;若圆盘的基片采用塑料制成,则称这种磁盘为软盘。硬盘的存储容量大、使用寿命长、读写速度快,它是用于外部存储器的主体。

硬盘存储器由 IBM 公司于 1956 年首次研制成功;20 世纪 70 年代初,IBM 公司采用温彻斯特技术实现的 3340 磁盘驱动器,自此磁盘性能得到突破性发展;20 世纪 80 年代,温彻斯特磁盘机(简称温盘)已得到广泛应用。根据磁头与盘片是否是一个密封的整体,硬盘存储器可分为温彻斯特盘和非温彻斯特盘等两类。温彻斯特技术使磁道宽度减少到 0.001 英寸($25.4\mu m$),采用密封技术,使磁头与盘片等机构部件被密封在一个盘盒内,构成一个不可随意拆卸头与盘的组合体。温彻斯特盘采用轻质薄膜磁头,磁头能在磁盘高速旋转所形成的气垫上保持飞行状态,不接触磁盘表面,但与盘面的间隙又很小,有利于提高记录密度;另外,经过高效过滤的空气在其内部循环,使磁盘机内部保持高度的净化条件,有利于保证磁盘的性能和使用寿命。温彻斯特盘的主要特点为:防尘性能好,可靠性高,对使用环境要求不高,使用寿命长。而非温盘的磁头与盘片等不是密封的,因此要求有超静使用环境,目前已被淘汰。

盘片记录介质上有许多磁道,硬盘存储器可以一个磁道设置一个磁头,也可以仅设置一个磁头,所有磁道共享一个磁头。当一个磁道设置一个磁头时,磁头无须径向移动。根据磁头是否可以移动,硬盘存储器可分为固定磁头和活动磁头等两类。在固定磁头硬盘机中,由于磁头无径向移动,则存取速度快,省去了磁头找磁道的时间,磁头处于加载工作状态即可以开始读与写,但由于磁头太多,使得磁盘的道密度很低,造价很高。而活动磁头硬盘机,磁头安装在读/写臂上,当需要在不同磁道上读/写时,便驱动读/写臂沿盘面作径向移动,增加了找道时间,则存取速度较慢,但道密度高、造价较低。

为了提高硬盘单台驱动器的存储容量,硬盘驱动器可以使用多个盘片,多个盘片被叠装在主轴上,构成一个盘组,且盘片的两面都可以用做记录面,显然一台驱动器的存储容量是盘组容量。根据盘组是否可以拆卸,硬盘存储器可分为可换盘片式与固定盘片式等两类。可换盘片式硬盘的盘组与主轴电机的转轴分离,盘组成圆盒形,可以整机拆卸以脱机保存,也可以更换装入新的盘组。固定盘片式硬盘的盘组与主轴电机转轴不可分离,且常采用密封结构,使用寿命长,应用更为广泛。

现在广泛使用的是活动头温彻斯特盘,且采用接触启停式浮动巨阻磁头与溅射薄膜磁层,并将集成化的读/写电路安置在磁头附近,以改善高频传输特性和减少干扰。所谓接触启停式浮动磁头是指读/写操作时磁头浮空,不与盘面记录区相接触,以免划伤记录区,但由于磁头的浮起要依靠盘片高速旋转产生的气垫浮力,因此在硬盘启动前和停止后,磁头将仍与盘面接触。具体实现为:将盘面记录区与轴心之间的一段空白区作为启停区或着陆区,硬盘未启动前与停止后,磁头停在启停区并与盘面接触;当盘片旋转并达到额定转速时,气垫浮力使磁头浮起并达到所需的浮动高度,然后将磁头向外移至 0 号磁道,准备寻道;当读/写结束后,先将磁头移至启停区,盘片减速至静止,相应地磁头着陆,然后关机。接触启停式浮动磁头可以简化磁头机构,但存在一个问题:若磁盘驱动器突然断电,磁头尚未移回到启停区就落下,就可能划伤记录区。为此在新型硬盘中,设有自动启停机构,能在掉电时确保磁头返回启停区。

3. 记录的编址与格式

在硬盘存储器中,存储信息是按分层管理组织的,其层次为:记录面、圆柱面(磁道)和扇区,如图 7-51 所示。

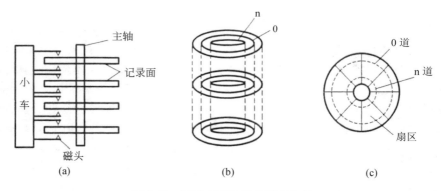

图 7-51 硬盘存储信息的管理组织

① 记录面。一台硬盘驱动器有多个盘片,每个盘片有两个记录面,每个记录面对应一个磁头和一个编号。

② 圆柱面及其磁道。在硬盘被读/写时,磁头固定不动,盘片高速旋转,由磁化区构成的闭合圆环称为磁道;盘面上的所有条磁道形成一组同心圆,最外圈的磁道为 0 号,越靠近圆心磁道号越大;由于各磁道的存储容量相同而磁道周长不同,所以外围磁道的位密度低于内圈磁道的位密度,通常以最大位密度(即最内圈磁道的位密度)来表示硬盘的位密度。在一台硬盘盘组中,各记录面上相同编号的磁道构成一个圆柱面,一个圆柱面对应一个编号,该编号即是磁道号;例如某硬盘驱动器有 4 片 8 面,则 8 个 0 号磁道构成 0 号圆柱面、8 个 1 号磁道构成 1 号圆柱面……显然,硬盘圆柱面数等于一个记录面上的磁

道数。

③ 扇区。一条磁道可以存储几万字节的二进制数,为此便将一条磁道划分为若干扇区,一个扇区存储的二进制数集合称为一个记录。一条磁道划分多少扇区,每个扇区可存放多少字节,一般由操作系统来决定。连续扇区之间应有间隙,以避免由磁盘转速的微小变化引起记录中信息的重叠。按磁道记录格式,硬盘有定长记录与不定长记录等两种格式;在微型计算机中大多采用定长记录格式,即一个扇区存放一个定长记录。一个扇区对应一个编号,为指示扇区起始编号 0 的位置,早期采用硬方法,即在盘片制作时设置硬标志(如设置缺口),现在采用软方法,即每个记录前面有一个扇区号标识符。

硬盘与主机交换信息时,一次最少要交换一个记录,所以一个记录所包含的信息再无地址标志。另外,一台主机可能配有多台磁盘机(即磁盘驱动器),则也需要给它们编号,以区分是哪台磁盘机工作,所以硬盘中一个记录的地址格式为:

驱动器号＋记录面号＋圆柱面号＋扇区号

特别地,引入圆柱面的概念是为了提高硬盘的存储速度。当主机要存入一个较长的文件时,若一条磁道容量不够,就需要存放在多条磁道上。如果选择同一记录面上的磁道,则每次换道时都要进行磁头定位操作,速度较慢。如果选择同一圆柱面上的磁道,则各记录面的磁头可同时定位,换道的时间是磁头选择电路的译码时间,相对于定位操作可以忽略不计。所以在存入文件时,应首先将一个文件尽可能地存放在同一圆柱面中,如果仍存放不完,再存入相邻的圆柱面内。

另外,对于硬盘,在使用之前需要进行格式化,实际上就是在磁盘上划分记录区,写入各种标志信息与地址信息,这些信息也要占用硬盘的存储空间,所以格式化之后的硬盘有效存储容量要小于非格式化容量。且有:

非格式化容量＝最大位密度×最内圈磁道周长×总磁道数
格式化容量＝每道扇区数×扇区容量×总磁道数

例 7.6 设有一个盘面直径为 18 英寸的磁盘组,有 20 个记录面,每面有 5 英寸的区域用于记录信息,记录密度为 100TPI 和 1000bpi,转速为 2400r/min,道间移动时间为 0.2ms,试计算该盘组的容量、数据传送率和平均存取时间。

解:每一记录面的磁道数为:$T = 5 \times 100 = 500$ 道

最内圈磁道的周长为:$L = \pi \times (18 - 2 \times 5) = 25.12 \text{in}$

盘组存储容量(非格式化)为:$C = 1000 \times 25.12 \times 500 \times 20 = 251.2 \times 10^6 \text{(bit)}$

磁盘旋转一圈的时间为:$t = 1/2400 \times 60 \times 10^3 = 25\text{ms}$

数据传送率为:D_r ＝每一道的容量/旋转一圈的时间＝$25.12 \times 10^3 \text{(bit)}/25\text{(ms)}$
$= 1.0048 \times 10^6 \text{(bit/s)} = 0.1256 \times 10^6 \text{(bit/s)}$
$= 0.1256 \text{MB/s}$

平均存取时间为:$T_z = (0 + 0.2 \times 499)/2 + (0 + 25)/2 \approx 60\text{ms}$

7.6.3 冗余磁盘阵列

1. 冗余磁盘阵列及其特点

长期以来,CPU 的速度增长远远大于存储介质的速度增长,高速处理器与低速外围设备之间的矛盾十分突出,那么能否找到带宽更高、容量更大、稳定可靠的存储设备呢?冗余磁盘阵列便是极其有效的解决方法之一。冗余磁盘阵列的全称为廉价冗余磁盘阵列(Redundant Array of Inexpensive Disk,RAID)或独立冗余磁盘阵列(Redundant Array of Independent Disk,RAID),简称磁盘阵列,它是美国加州大学伯克利分校的 D. A. Patterson 教授提出的一种基于多磁盘冗余的存储组织方法。磁盘阵列是将一组磁盘驱动器有机地组织排列在一起,由一台阵列控制器统一管理,使它们在逻辑上是一个完整的磁盘驱动器,以实现数据的异步并行存取,极大地提高数据传输率的存储组织方法。通过硬件的并行结构与并发操作来实现的磁盘阵列,具有以下特点。

① 储容量大。磁盘阵列在操作系统支持下,将若干台温盘驱动器视为一台独立的大型存储设备,使得单个温盘的容量获得若干倍扩大,利用小容量的温盘来满足高速、大容量的要求。

② 数据传输率高。磁盘阵列的数据分布在若干台温盘上,处理机等功能能部件可以对多台温盘并行存取,使磁盘阵列的带宽数倍于单台温盘。另外,磁盘阵列通常设有 Cache,Cache 容量从 256KB 到 64MB 至 256MB 不等,由此可以最大限度地提高其工作效率,提高传输速度。还有磁盘阵列中的每台温盘均有独立的接口协议逻辑和设备控制逻辑,使得其可以与多台主机连接,为多台温盘的并行存取和 Cache 性能的利用奠定基础。

③ 可靠性高。磁盘阵列不但采用了各种检测和校正错误的纠错编码技术,还含有热备份替用温盘,能在热备份温盘上重构丢失的数据,从而提供良好的容错能力和使用寿命。例如,RAID1 的平均寿命是单台温盘的 1.5 倍。

④ 维修方便。由于磁盘阵列一般配有热备份温盘,维护人员可以在计算机不停止工作的情况下更换失效磁盘,由此极大地缩短了平均修复时间。

RAID 的实现既可采用硬件,也可采用软件。当采用硬件实现时,对应的磁盘阵列就称为硬磁盘阵列;当 RAID 基于软件实现时,对应的磁盘阵列就称为软磁盘阵列。硬磁盘阵列的性能比软磁盘阵列的性能高。

2. 冗余磁盘阵列的分级

目前,磁盘阵列主要应用于两种类型的数据快速存取:一是超级计算机与计算密集系统,以实现快速传输大数据块;二是大容量事务处理系统,以支持极大数量的短数据块传输。为满足和适应不同场合的应用,根据数据组织与管理的不同,磁盘阵列可分为十级。不同的级别反映不同的结构,每种结构都有自身独特的优势,也有其不足,目前已应用 RAID0~RAID6 等七个级别。

(1) RAID0。

RAID0 的中文全名为无冗余无校验磁盘阵列,由于它没有冗余校验的容错特性,不能算是真正的 RAID 家族的成员,应用也很少。RAID0 磁盘存储区被划分成条带(Strip),条带大小可以是一个物理块,也可以是磁盘的一个扇区等。将待存放的文件数据也分成与条带区容量相同的块,然后按块依次轮流地存放在不同磁盘的条带区,如图 7-52 所示。如果两个不同的 I/O 请求交换的是不同物理盘上的数据块,则两个物理盘可以并行操作,由此提高了磁盘阵列存取速度。但若磁盘阵列中有一块磁盘损坏,则将造成不可弥补的数据损失。由磁盘阵列管理软件控制逻辑盘和物理盘之间的映射变换,其实现既可以由磁盘执行也可由主机执行。RAID0 的技术特点具有如下几个方面。

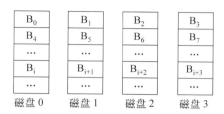

图 7-52　RAID0 的数据分布

① 无校验功能。RAID0 不具备数据容错能力,数据可靠性不高。

② 多个磁盘可以并行工作。从数据分布看,RAID0 的本质是多盘体交叉存储(类似于主存多体交叉存储),存储访问速度高。

③ 条带大小影响数据传输率和 I/O 请求响应速度。小条带可以将数据分配到更多磁盘上,更多磁盘并行工作可以提高 RAID0 数据传输率。当 I/O 请求众多时,通过选择小而适中的条带,使得一次请求所传送的数据刚好集中在一个条带中,可以极大地减少 I/O 请求的响应时间。

④ 没有冗余数据。由于 RAID0 所有磁盘的存储空间都用于保存工作数据,磁盘利用率高。

可见,RAID0 主要应用于对访问速度要求高、对数据可靠性要求不高的场合。

(2) RAID1。

RAID1 的中文全名外镜像磁盘磁盘阵列,它采用两路独立且平行的存储结构,将每个数据块同时写到主磁盘和镜像磁盘上,为同一数据块提供两个地址,如图 7-53 所示。当一个磁盘发生故障时,与之配对的另一磁盘可以继续读写,数据不会丢失,从而具有冗余容错功能、提高数据的安全性与可靠性。但 RAID1 的有效容量仅是总容量的一半,单位容量的成本增加。RAID1 的技术特点具有如下几个方面。

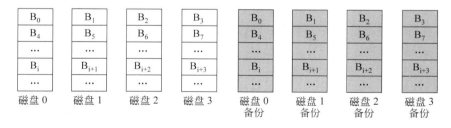

图 7-53　RAID1 的数据分布

① 磁盘驱动器是配对使用的。写时需要同时更新两个磁盘(主磁盘与镜像磁盘)中的数据块,所以当一个磁盘被损坏时,仍可以从另一磁盘获取数据,数据具有很高的安全性,但磁盘容量的利用率仅 50%。

② 无校验功能。RAID1 不具备数据容错能力,数据可靠性不高。

③ 读性能优于写性能。读时可以由包含数据的配对磁盘中的任一个提供,且批量读

时,可以从对应磁盘中并行进行,但批量写时,效率并不高。

可见,RAID1 主要应用于对数据可用性要求高,且读操作占比较高的场合。另外,RAID0+1 是将 RAID0 的速度与 RAID1 的冗余特性结合起来,既提供数据分段,又提供镜像功能。

(3) RAID2。

RAID2 的中文全名为纠错海明码磁盘阵列,它采用基于海明校验的磁盘体位交叉存取技术,即按照海明码校验技术对各数据盘上的相应位计算,并将计算出的校验位存储在多个校验盘的对应位。其中校验盘的数量与采用的海明校验技术有关,如果使用具有纠正一位错误并能检测两位错误的海明校验码,则校验盘的数量 r 与数据盘的数量 k 应满足:$2^r \geqslant r+k$。如数据盘 k=4 时,校验盘的数量 r=3,这时 RAID2 的数据分布如图 7-54 所示。RAID2 虽不像 RAID1 那样镜像盘多,但校验盘所占比重仍偏大,所以单位容量的成本也较贵。另外,由于数据读写必须同时对所有磁盘操作,即便是小文件传输也要等待最慢磁盘的操作结束,传输才算结束完,从而数据传输率受到影响。RAID2 的技术特点具有如下几个方面。

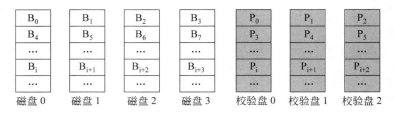

图 7-54　RAID2 的数据分布(k=4,r=3)

① 条带容量小,按位交叉存储。由此每个 I/O 请求都需要访问所有磁盘,任何时刻仅可以处理一个 I/O 请求,即单个读时所有磁盘同时读,且数据及相应的纠错码被送至控制器,若出错,则由控制器立即识别并纠正;单个写时磁盘同时写,从而导致 I/O 响应速度慢。

② 具有纠错和检错功能。采用海明校验,使得数据可靠性高,但控制复杂。

③ 冗余存放校验位。校验盘数量与数据盘成正比,磁盘容量的利用率较低。

④ 数据传输率高。由于按位存取,在 I/O 过程中所有磁盘上的磁头在任何时刻都处于同一位置,具有空间并行处理能力。

⑤ 磁盘驱动器主轴同步。由于数据是按位交叉存储,要实现并行传送,各磁盘驱动器必须主轴同步。而主轴同步磁盘较贵,限制了可供选择的磁盘驱动器。

可见,RAID2 单位容量的成本较贵、I/O 响应速度慢,所以目前很少应用,多用于巨型计算机。

(4) RAID3。

RAID3 的中文全名为位交叉奇偶校验的磁盘阵列,它与 RAID2 类似,不同之处在于 RAID3 采用奇偶校验,即对所有数据盘上同一位置的一组位进行奇偶校验,奇偶校验位存于校验盘的相应位置,如图 7-55 所示。显然,RAID3 只有一台校验磁盘,从而仅能在检测到错误之后,通过控制器来确定出错的驱动器;当某一磁盘损坏时,保存该盘上的数据可通过奇偶校验盘和其余磁盘上的数据进行恢复。如设 DISK0～DISK3 为数据盘，DISK4 为奇偶校验盘，采用偶校验时第 i 位的校验信息计算公式为：$P4(i) = D_3(i) \oplus D_2(i) \oplus D_1(i) \oplus D_0(i)$；假设 DISK1 损坏，则数据恢复的计算公式为：$D_1(i) = P4(i) \oplus D_3(i) \oplus D_2(i) \oplus D_0(i)$。RAID3 采用一个校验盘，控制器简单、冗余开销较少、传输速率较高、磁盘利用率高，还极大地降低了冗余度的成本，但校验盘容易成为访问的瓶颈。所以，目前也很少应用。

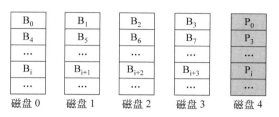

图 7-55　RAID3 的数据分布

RAID3 的技术特点与 RAID2 类似，不同点主要有两方面，其一是采用奇偶校验而不是海明校验，其二是校验盘只有一个，磁盘容量的利用率高。

（5）RAID4。

RAID4 的中文全名为块交叉奇偶校验的磁盘阵列，它与 RAID3 类似，也采用奇偶校验和单个冗余盘，不同之处主要有两点：一是 RAID4 不是按位校验，而采用较大条区，一般为一个磁盘扇区，即以扇区为单位交叉读写数据；二是各驱动器轴不再同步旋转，而是独立操作。RAID4 的数据分布如图 7-56 所示。RAID4 的技术特点具有如下几个方面。

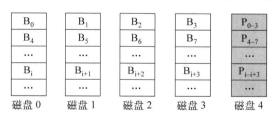

图 7-56　RAID4 的数据分布

① 采用大条带区交叉存储。由此可以明显改善小块的读写特性，但 I/O 操作均需要访问校验盘，则成为 I/O 操作的瓶颈，数据传输率不高。

② 采用磁盘独立存取。每个驱动器都有各自的数据通路独立进行读写，I/O 请求响应速度快。

③ 采用奇偶校验。为生成奇偶校验信息，写操作必须访问所有磁盘，使得读-修改-写序列操作的性能得不到改善。但 RAID4 的校验运算比 RAID3 简单，读操作不必访问所有磁盘，数据传输率比 RAID3 快。

可见，RAID4 适用于事务处理和小量的数据传输。

（6）RAID5。

RAID5 的中文全名为无独立校验盘的奇偶校验磁盘阵列，它与 RAID4 类似，也采用大条带交叉存储和磁盘独立存取,不同之处在于不设置专门的校验磁盘,而将校验数据循环存储在所有数据盘上,其数据分布如图 7-57 所示。RAID5 对于不同的读操作,每个驱动器磁头都可以独立响应操作,但在写操作时,必须将两个驱动器磁头锁住后同步并行动作。RAID5 的技术特点具有如下几个方面。

① 校验数据循环存储于数据盘。校验数据分散存储克服了校验盘为写瓶颈的不足,提高了读写效率,增大了用于存储的磁盘空间,但它追踪校验信息的位置较难,且校验信息占用存储容量较大。

② 写操作时两驱动器磁头锁住后同步并行动作。由此多各小块读写的并行度较高,但影响写速度,写性能比 RAID4 好。

可见,可以认为 RAID5 是 RAID4 的改进,对大小数据的读写均具有较好的性能,应用较为广泛,适用于事务处理和小数据传输,是解决事务处理和密集型计算应用的最佳方案。

(7) RAID6。

RAID6 的中文全名为双维无独立校验盘的奇偶校验磁盘阵列,它采用按块交叉存放和双磁盘容错技术,对相同数据进行两种不同的校验算法并将校验码分别存于两个磁盘中,其数据分布如图 7-58 所示,其中 P 和 Q 是两个不同的校验算法。由此,对于 RAID6,即使有两块盘同时出错也可以将数据恢复出来,从而提高了数据的完整性和有效性;其缺点是每次写都要进行 P 和 Q 两种校验以形成两个奇偶校验块。

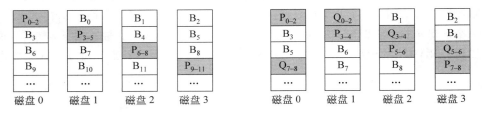

图 7-57　RAID5 的数据分布　　　　图 7-58　RAID6 的数据分布

综合可见,不同级别磁盘阵列 RAID0～RAID6 结构差异如表 7-4 所示。在上述各级 RAID 中,目前常用的是 RAID0、RAID1、RAID3、RAID5 以及由 RAID0 分别与 RAID1、RAID3 和 RAID5 组合而成的 RAID10、RAID30 和 RAID50 等。

表 7-4　不同级别磁盘阵列结构差异

RAID 级别	名　　称	数据磁盘数	最多失效磁盘数	检测磁盘数
RAID0	无冗余无校验阵列	8	0	0
RAID1	镜像阵列	8	1	8
RAID2	纠错海明码阵列	8	1	4
RAID3	位交叉奇偶校验阵列	8	1	1
RAID4	块交叉奇偶校验阵列	8	1	1
RAID5	无校验盘奇偶校验阵列	8	1	1
RAID6	双维无校验盘奇偶校验阵列	8	2	2

7.6.4 光盘存储器

1. 光盘存储器及其类型

光盘存储器是指利用光学原理存取信息的存储器。它的主要特点是存储容量大、寿命长和可靠性高。随着多媒体技术的普及和家用计算机的发展,图形、图像、声音和音乐等庞大的数据信息需要有足够的存储空间和相应的存取速度,光盘则适用于这些应用的发展,已受到越来越多用户的喜爱。

光盘是一种平面圆盘状存储介质,数据一般以螺旋线的光道形式记录存储。光盘存储器按读写特性可以分为只读型、一次写入型、可擦重写型、直接重写型和数字化视频型等五种类型。

(1) 只读型光盘(CD-ROM)。

只读型光盘是最早实用化,也是目前使用最广泛的。只读型光盘盘片上的信息是由生产厂家预先写入的,用户只能读取盘上的信息。由于 CD-ROM 存储容量极大,一张盘片大约可存放 650MB 信息,因此常用来存储大型软件或数据。

(2) 一次写入型光盘(WORM)。

一次写入型光盘与半导体 PROM 的读写特性类似,它可以由用户一次性写入信息,写入的信息将永久保存在光盘上,以后只能读出;若要再次写入,则只能写到盘片上的空白记录区。一次写入型光盘主要用于保存永久性资料信息。

(3) 可擦重写型光盘(Rewrite)。

可擦重写型光盘是指用户不仅可以写入信息,必要时还可以擦除原存信息后进行重写。可擦重写光盘从记录介质的读、写、擦机理等角度来看,可以分成磁光盘和相变光盘等两类。磁光盘是指采用具有磁性相变特性的磁性薄膜做记录介质(具有垂直于薄膜表面的磁化轴),通过光致退磁效应及偏磁场作用,磁化强度产生正或负取向来记录、再现和擦除信息的光盘。相变光盘是指采用具有结构相变特性的薄膜做记录介质,利用激光的热和光效应,导致介质在晶态与玻璃态之间的产生可逆相变来实现读、写、擦的光盘。可见,磁光盘和相变光盘都是利用介质的两个稳定状态来表示二进制的"0"和"1",但擦和写需要两束激光,先用擦除激光将信息擦除,再用写激光将新信息写入。

(4) 直接重写型光盘(Overwrite)。

直接重写型光盘是指可以采用一束激光,一次动作录入信息,即在写入新信息的同时,将原存信息自动擦除,不用两次动作,使用起来更加方便。

(5) 数字化视频光盘(DVD)。

数字化视频光盘是由东芝公司 1996 年首先发布的,DVD 初期主要用来替代视频磁带,使影视节目进入数字时代,而今又取代了 CD-ROM。数字化视频光盘的主要特点有:一是容量大。与 CD-ROM 相比,存储容量更大;DVD 盘直径为 8cm 或 12cm,且有单面单层、单面双层、双面单层和双面双层等四种格式;直径 12cm 单面单层 DVD 盘的容量为 4.7GB,是 CD 盘的 7 倍;直径 12cm 双面双层 DVD 盘的容量可达 17GB。二是质量高。DVD 采用 MPE02 国际通用压缩标准,最高传输码率为 10.08Mbps。三是兼容性好。DVD 驱动器不仅可以使用 DVD 盘,还可以兼容 CD、VCD、CD-R 和 CD-RW 等多种光盘。

2. 光盘的技术指标

光盘存储器的技术指标主要有：

① 数据传输率。数据传输率直接决定光驱的数据传输速度，通常采用 KB/s 来度量。最早出现的 CD-ROM 的数据传输率为 150KB/s，且国际组织将其定义为单速，随后出现的光驱速度与单速标准是一个倍率关系，如 2 倍速的光驱（数据传输率为 300KB/s）、4 倍速的光驱（数据传输率为 600KB/s），等等。

② 平均读取时间。平均读取时间是指从检测光头定位到开始读盘所需时间，也称为平均查找时间，单位为 ms。平均读取时间是衡量光驱性能的一个标准，并与数据传输率有关。

③ 高速缓存(Cache)。高速缓存是指光驱与主机交换信息的数据缓冲区，以解决光驱与主机之间速度不匹配的问题。

3. 盘片的记录介质

光盘盘片主要由基片、存储介质和密封保护层等三部分组成。

① 基片。基片材料要求有较好的强度、平直度、光学特性与介质附着力，目前基片材料有聚甲基丙烯酸甲酯(PMMA)、聚碳酸酯、硼硅酸玻璃和二氧化硅等，PMMA 是一种耐热的有机玻璃，热传导率低，用于记录信息的激光功率小，应用较为普遍。基片直径尺寸有 12 英寸(300mm)、8 英寸(200mm)、5.25 英寸(130mm)、4.75 英寸(120mm) 和 3.5 英寸(90mm)等，厚度通常为 1.1～1.5mm，目前常用的为 4.75 英寸。

② 存储介质。光盘存储介质按工作原理可以分为形变型、相变型和磁光型等三种类型，形变型仅用于只读型光盘，相变型和磁光型后用于一次写入型和可擦重写型光盘。形变型介质在激光束照射下发生永久性变形，而变形方式可以是凹坑型、发泡型和热平滑型等。相变型介质要求在晶态与非晶态时光学性能有明显的差异，如在激光照射下可实现从非晶态至晶态的转换、在不同状态下对入射光有不同的反射率，且转换是不可逆的。磁光型介质是由各向异性磁性材料制成，其易磁化方向垂直盘片表面。

③ 密封保护层。密封保护层的作用是使存储介质免受水蒸气等的侵蚀，减少灰尘、指印和划痕等对读出的影响。通常是在介质表面直接覆盖一层厚度约 $200\mu m$ 的透明聚合物，也可以有基片与密封保护层功能合一，通过垫环将两张基片与介质粘结成一个空腔，腔内充以惰性气体，使介质与大气隔绝从而达到保护的目的。

4. 光盘存储器的记录原理

光盘存储技术源于 1972 年荷兰飞利浦公司发布的激光式电视唱片，它采用聚焦成 $1\mu m$ 以下直径的氩激光束，在涂有记录介质的光盘上以烧蚀微孔的方式录制电视节目，用类似密纹唱片复制工艺制备 1mm 厚的唱片复制品，用小功率氦氖激光扫描信息轨道，按反射强度的变化再现已录刻的信息。

(1) 只读型光盘。

只读型光盘片是一张直径为 4.75 英寸的圆形塑料(玻璃)片，盘面上的信息是由一系列宽度为 $0.3～0.6\mu m$、深度约为 $0.12\mu m$ 的凹坑组成，凹坑以螺旋线的形式分布在盘面上，有坑为 1，无坑为 0。

为了在只读型光盘片上刻上凹坑,一般是在厚约 0.5mm 的塑料片上涂有约 0.12μm 厚的光敏材料膜,采用经调制的一束激光照射光敏膜,曝光的地方被吸收,局部地改变了光敏薄膜的性能,然后通过化学溶液处理光敏膜,曝过光的光敏膜被溶解,在表面形成凹坑。盘面刻录信息后,还需要镀上一层高反射性能的银,以便在读信息时盘表面对读出激光有良好的反射性能。另外,为了使盘面抗污染力强,再注塑一层薄薄的透明物,使记录介质密封,不与外界接触,以防止灰尘划伤凹坑。

(2) 一次写入型光盘。

一次写入型光盘是利用激光光斑在记录介质的微小区域内产生不可逆的物理化学变化来记录"1"和"0",记录方式一般有烧蚀型、起泡型、熔绒型、合金化型和相变型等。一次写入型光盘在衬盘材料上面蒸附或溅射 Te 系合金薄膜,若以烧蚀型为例,写入时将调制后聚焦成不到 1μm 的激光束照射到光盘介质上,对盘面微小区域加热,烧蚀出约 1μm^2 的坑形微孔,从而改变了对光的反射率,且利用有孔与无孔分别表示"1"和"0"。读出时,采用相当于写入功率十分之一的聚焦激光照射光盘,光电探测器则根据反射光的强弱将其变换成电信号 0 和 1,且由于激光功率小,不会在盘面上形成新的微孔。

(3) 可擦重写型磁光盘。

磁光盘采用 GDCO 薄膜作为记录介质,GDCO 在室温附近的矫顽力(Hc)很大,但在室温以上时,将随温度的升高按指数规律快速减小。薄膜介质在光致退磁效应以及偏磁场作用下,利用磁化强度取向的正或负来表示"0"或"1"。

写入过程:写入之前,采用高强度的磁场 H。对介质进行初始磁化,使各磁畴单元均具有相同的磁化方向。当写入时,磁光读写头的脉冲使激光聚焦在介质表面,光照微斑因升温而迅速退磁,并通过读写头中的线圈加一反偏磁场,使微斑反向磁化;介质中无光照的相邻磁畴,磁化方向仍保持不变,从而实现磁化方向相反的反差记录。

读出过程:1877 年克尔(Kerr)发现,若采用直线偏振光扫描录有信息的信道,当光束到达磁化方向向上的微斑时,经反射后的偏振方向会绕反射线右旋一个角度 θ_k;反之,若扫到磁化方向向下的微斑,反射光的偏振方向则左旋一个角度 θ_k。利用克尔效应检测盘面记录单元的磁化方向,即可将信息读出。

擦除过程:采用原来写入光束扫描信息道,并施加与初始磁场 H。方向相同的偏置磁场,则各记录单元的磁化方向将复原。

由于翻转磁畴磁化方向的速率有限,所以磁光盘需要两次动作才能完成信息的写入,即第一次擦除,第二次写入新信息。

5. 光盘存储器的组成

不同类型的光盘存储器,其具体组成不同,但它们均是由盘片、驱动器和控制器等三部分组成,驱动器主要由光头和控制电路组成。

光头包括大功率激光器、光学系统、光电探测系统、调焦跟踪执行机构及快速径向移动机构等,控制电路包括:主轴恒角速度控制、光盘自动加载控制、点调焦跟踪伺服控制、快速存取控制、激光器读写功率控制、信号处理及内部系统控制等。光盘控制器与磁盘控制器相似,具有在驱动器和主机之间的接口功能,主要用于传送及纠正驱动器与主机之间的命令与数据的;为加快存取速度,目前都配有缓冲存储器,其容量一般在 32~256KB

之间。

复 习 题

1. 什么是外围设备？外围设备主要作用有哪些？输入输出有哪些特性？
2. 外围设备可从哪几个方面进行分类？各分为哪几种类型？
3. 什么是输入输出系统？一般由哪几部分组成？其功能可分为哪几个层次？
4. 输入输出过程一般包含哪几个步骤？通常需要哪些指令来支持？
5. 输入输出系统的发展分为哪几个阶段？各阶段的主要特点是什么？相应主机与外围设备之间各采用什么连接方式？
6. 输入输出的工作方式包含哪几个方面？各方面分为哪几种方式？
7. 什么是中断？中断主要作用有哪些？根据中断服务方式，中断分为哪两种？中断处理过程可分为哪几个阶段？
8. 什么是中断系统？中断系统一般由哪几部分组成？
9. 什么是中断源？简述中断源的类型。
10. 什么是单级中断？什么是多级中断？它们区分的依据是什么？
11. 什么是中断请求？什么是中断请求触发器？什么是中断请求寄存器？什么是中断请求字或？
12. 多个中断请求信号向 CPU 传送方式有哪些？它们各有什么特点？
13. 什么是中断禁止？什么是允许中断或开中断？什么是禁止中断或关中断？
14. 什么是中断屏蔽？什么是中断屏蔽寄存器？什么是中断屏蔽字？
15. 什么是中断响应？CPU 响应中断应满足哪些条件？
16. 什么是中断优先权？什么是中断级？什么是中断优先级？
17. 什么是中断周期？在程序中断的中断周期中，包含哪些操作？
18. 什么是中断源识别？中断源识别又包含哪两项操作？
19. 中断源识别主要有哪几种方法？各有什么优缺点？
20. 中断服务程序入口地址形成主要有哪几种方法？各有什么特点？
21. 什么是中断向量？什么是中断向量表？什么是向量地址？
22. 什么是中断服务？什么是中断返回？中断服务分为哪几个阶段？
23. 什么是程序查询控制？它有什么特点？写出其输入输出的一般流程。
24. 程序查询控制接口逻辑主要由哪些部分组成？包含哪些寄存器？写出各寄存器的功用。
25. 什么是程序中断控制？它有什么特点？写出其输入输出的一般流程。
26. 程序中断控制接口逻辑主要由哪些部分组成？包含哪些触发器？写出各触发器的功用。
27. 什么是直接存储访问？它有什么特点？它与中断控制有哪些区别？
28. DMA 数据传送有哪几种定时方式？各有什么优缺点？
29. DMA 控制的输入输出过程可分为哪几个阶段？各阶段的主要任务有哪些？

30. DMA 控制器主要由哪些部分组成？可分为哪几种类型？
31. 什么是通道？通道一般应具备哪些功能？
32. 什么是通道控制？通道控制的输入输出过程可分为哪几个阶段？各阶段的主要任务有哪些？
33. 通道主要由哪些部分组成？可分为哪几种类型？
34. 写出通道指令的格式，指出每个字段的功用。
35. 对于键盘，什么是键开关？键开关有哪些类型？
36. 键盘可以分为哪两种？分类依据是什么？键盘输入信息分为哪几个步骤？
37. 非编码键盘的扫描方法有哪几种？
38. 可以从哪几种角度来对扫描仪进行分类？各分为哪几种类型？扫描仪的性能指标有哪些？
39. 扫描仪主要由哪几部分组成？其核心部件是哪部分？核心部件一般采用什么器件？核心部件起什么作用？
40. 数码相机可以分为哪四种？分类依据是什么？简述数码相机的工作过程。
41. 数码相机主要由哪几部分组成？其核心部件是哪部分？核心部件一般采用什么器件？核心部件起什么作用？
42. 什么是触摸屏？触摸屏可以分为哪三种？分类依据是什么？触摸屏由哪两部分组成？
43. 什么是条码扫描器？条码扫描器可以分为哪三种？分类依据是什么？条码扫描器由哪几部分组成？
44. 什么是打印机？打印机可以从哪几种角度来进行分类？各分为哪几种？
45. 什么是针式打印机？针式打印机由哪两部分组成？打印时的机械动作有哪些？这些机械动作由哪些部件或机构来实现？
46. 什么是激光打印机？其打印过程可以分为哪些步骤。
47. 激光打印机由哪些部分组成？画出激光打印机的结构原理图。
48. 什么是显示器？显示器打可以从哪几种角度来进行分类？各分为哪几种？
49. 什么是图像？什么是像素？什么是分辨率？什么是灰度级？
50. 什么是阴极显像显示器？阴极显像显示器可以从哪几种角度来进行分类？各分为哪几种类型？
51. 阴极显像显示器的性能指标有哪些？常用的显示卡标准有哪些？
52. 阴极显像显示器的显示模式有哪几种？扫描方式是如何分类的？
53. 什么是液晶显示器？液晶显示器可以分为哪几类？其技术参数有哪些？
54. 什么是等离子显示器？等离子显示器有哪些突出的特点？
55. 什么是磁表面存储器？磁表面存储器可以分为哪几种类型？
56. 什么是记录介质？记录介质应该具备哪些特性？
57. 什么是磁头？磁头可以从哪几种角度来进行分类？各分为哪几种？
58. 磁表面存储器信息记录方式的含义是什么？最基本的记录方式有哪些？
59. 磁表面存储器主要特点有哪些？主要技术指标有哪些？

60. 磁盘存储器可以分为哪两种？划分依据是什么？它由哪三部分组成？

61. 硬盘存储器可以从哪几种角度来进行分类？各分为哪几种？

62. 对于硬盘存储器，记录面、圆柱面（磁道）、扇区和记录的含义是什么？记录地址格式包含哪些字段？

63. 什么是冗余磁盘阵列？磁盘阵列有哪些特点？

64. 磁盘阵列分级的依据是什么？目前已应用的有哪些级？

65. 什么是光盘存储器？光盘存储器有哪几种类型？分类依据是什么？

66. 光盘存储器的技术指标有哪些？

67. 光盘盘片主要由哪几部分组成？其中存储介质有哪几种类型？分类依据是什么？

练 习 题

1. 不同外围设备是否对应不同输入输出系统？为什么？

2. 不断改进发展输入输出系统的目标是什么？目标实现的技术途径是什么？

3. 简述输入输出操作控制方式改变历程的一般规律。

4. 中断请求、中断禁止和中断屏蔽各是如何实现的？中断系统使用屏蔽技术的目的是什么？

5. 简述中断优先级与中断请求信号传送方式的关系。

6. 在程序中断的中断周期中，为什么需要保护现场？现场内容主要有哪些？

7. 简述软件查询、硬件排队和独立请求等三种中断源识别方法的实现原理。

8. 简述向量中断和非向量中断等两种中断服务程序入口地址形成方法的实现原理。

9. 中断响应与中断服务的次序任何时候都一致吗？为什么？

10. 简述中断请求与中断响应、中断服务之间的结构关系。

11. 分别简述 DMA 控制器与通道的工作原理。

12. 分别比较不同类型 DMA 控制器、通道的差异。

13. 分别比较程序中断与程序查询、DMA 与通道控制方式的异同点。

14. 在程序中断控制方式中，有哪些关键操作？哪些操作是软件实现的？哪些操作是硬件实现的？哪些操作既可以由软件实现，也可以由硬件实现？

15. 在程序中断和 DMA 控制方式中，数据输入输出时，CPU 都存在中断，它们有什么不同？

16. 为什么在保护现场和恢复现场的过程中，CPU 必须关中断？

17. DMA 控制方式传送数据前，主机应向 DMAC 植入哪些参数？

18. 某计算机 CPU 的主频为 500MHz，与之连接的外围设备的最大数据传送率为 20KBps，外围设备接口中有一个 16 位的数据缓冲器，相应中断服务程序执行时间为 500 个时钟周期，问该外围设备是否可以采用程序中断控制方式？若外围设备的最大数据传送率为 2MBps，是否可以采用程序中断控制方式？

19. 对于图 7-12 所示的分组传送中断请求信号，当 CPU 为中断源 1-2 进行服务时，若中断源 1-1 提出中断请求，那么 CPU 会立即响应中断源 1-1 的中断请求吗？为什么？如果要使中断源 1-2 的中断请求立即得到响应，需要如何调整？

20. 对于图 7-12 所示的分组传送中断请求信号，若 N＝3、m＝3。假设 CPU 取指执行一条指令的时间为 t_1、保护现场时间为 t_2、中断周期为 t_4，每个中断源的服务时间为 t_{1-1}, t_{1-2},…, t_{3-3}，计算只有 t_{1-1}、t_{2-1} 和 t_{3-1} 时的中断饱和时间。

21. 在中断系统中，设置中断允许和中断屏蔽的作用分别是什么？两者是否可以合二为一？

22. 在通道控制方式中，CPU 与外围设备是并行操作的，试问：当通道正在进行 I/O 操作时，CPU 能否响应其他中断请求？若能，是否影响正在进行 I/O 操作。

23. 某计算机中断系统有 4 个中断源：Z1、Z2、Z3、Z4，经中断排队后的优先次序为：Z1→Z2→Z3→Z4，请分别根据下表给出的两种屏蔽码，画出当四级中断请求同时到达时中断处理过程示意图，并分析中断响应优先级与中断处理优先级之间的关系。

情形	级别	1级	2级	3级	4级	说　　明
(1)	1级	1	1	1	1	中断服务程序 1 设置的屏蔽码
	2级	0	1	1	1	中断服务程序 2 设置的屏蔽码
	3级	0	0	1	1	中断服务程序 3 设置的屏蔽码
	4级	0	0	0	1	中断服务程序 4 设置的屏蔽码
(2)	1级	1	1	1	1	中断服务程序 1 设置的屏蔽码
	2级	0	1	0	0	中断服务程序 2 设置的屏蔽码
	3级	0	1	1	0	中断服务程序 3 设置的屏蔽码
	4级	0	1	1	1	中断服务程序 4 设置的屏蔽码

24. A、B、C 是连接于某主机上的三台外围设备，在硬件排队电路中，它们的优先级为 A＞B＞C＞CPU，为改变中断处理次序，中断屏蔽字如下表所示（0 表示允许中断，1 表示中断屏蔽）。请按下图所示时间轴给出的三台外围设备中断请求时刻，画出执行程序的轨迹，A、B、C 中断服务程序的时间宽度均为 $20\mu s$。

外围设备	A	B	C	说明
A	1	0	0	A 的屏蔽码
B	1	1	1	B 的屏蔽码
C	1	0	1	C 的屏蔽码

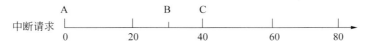

25. 对于程序查询控制方式，若不考虑处理时间，每个查询操作需要 100 个时钟周期，CPU 的时钟频率为 50MHz。现有鼠标和硬盘两台外围设备，且 CPU 对鼠标查询速

度为 30 次/秒,硬盘以 32 位字长为单位传送数据(每 32 位被 CPU 查询一次),传送速率为 2MB/s。计算 CPU 对这两台外围设备查询所花费的时间比,由此可以得出什么结论?

26. 有一磁盘采用 DMA 控制方式与主机进行信息交换,传送速率为 2MB/s。若 DMA 预处理需要 1000 个时钟周期,数据传送完后的中断处理需要 500 个时钟周期,当数据块的平均长度为 4KB,问磁盘工作时,50MHz 处理器需要多大的时间比率进行 DMA 操作(忽略 DMA 操作与 CPU 争用主存对 CPU 的影响)。

27. 某计算机中断系统有 5 级中断源:L0、L1、L2、L3、L4,且中断响应的优先次序为:L0 最高、L1 次之、L4 最低。若要求中断处理次序改为:L1→L3→L0→L4→L2,试问:

(1) 将各中断级的中断屏蔽字填写于下表(0 表示允许中断,1 表示中断屏蔽)。

中断服务程序	L0 级	L1 级	L2 级	L3 级	L4 级
L0 中断服务程序设置的屏蔽码					
L1 中断服务程序设置的屏蔽码					
L2 中断服务程序设置的屏蔽码					
L3 中断服务程序设置的屏蔽码					
L4 中断服务程序设置的屏蔽码					

(2) 若 5 级中断同时中都发出中断请求,画出进入各级中断服务程序的时间过程示意图。

28. 某外围设备传送信息的最高频率为 40K 次/秒,而相应中断处理程序执行时间为 $40\mu s$,问该外围设备是否可以采用程序中断来控制传送信息? 为什么?

29. 假设主频为 1GHz,处理器需要从成块传送的外围设备读取 1000 字节的数据送到主存缓冲区中,该外围设备一旦起动就按 50KBps 的数据传送速率向主机传送 1000 字节的数据,每个字节数据读、处理及送主存缓冲区共需要 1000 个时钟周期。试问在下列四种输入输出控制方式下,CPU 读取 1000 字节数据需要多少时间用于外围设备的 I/O 操作上? 这部分时间占处理器时间的百分比分别是多少?

(1) 采用独占程序查询控制方式,每次处理一个字节和一次状态查询需要 60 个时钟周期。

(2) 采用程序中断控制方式,外围设备每准备好一个字节发送一次中断请求,每次中断请求需要两个时钟周期,中断服务程序的执行需要 1200 个时钟周期。

(3) 采用周期挪用的 DMA 控制方式,每挪用一次主存周期处理一个字节,一次 DMA 传送 1000 字节的数据,DMA 初始化和后处理共需要 2000 个时钟周期,CPU 和 DMAC 无访问冲突。

(4) 如外围设备的数据传送速率提高到 5MBps,上述三种 I/O 控制方式哪些不可行,为什么? 对于可行的 I/O 控制方式,计算 CPU 花费在 I/O 操作上的时间占 CPU 时间的百分比。

30. 有一 32 位的大型计算机包含有两个选择通道和一个字节多路通道,而每个选择通道连接两台磁盘机和两台磁带机,每个字节多路通道连接两台打印机、两台卡片输入机和 10 台 CRT 显示器。若这些外设的数据传输率分别为:磁盘机 800KBps、磁带机 200KBps、打印机 6.6KBps、卡片输入机 1.2KBps、CRT 显示器 1KBps,求该计算机的最大 I/O 传输率。

31. 如果采用程序查询控制方式从磁盘上输入一组数据,设主机执行指令的平均速度为 100 万条每秒,试问从磁盘上读出相邻两个数据的最短允许时间间隔是多少?若改为程序中断控制方式,这时间间隔是更短些还是更长些?由此可以得出什么结论?

32. 某计算机包含一个选择通道和一个字节多路通道,且字节多路通道包含三个子通道:0 子通道连接两台打印机(数据传输率 5KB/s)、1 子通道连接三台卡片输入机(数据传输率 1.5KB/s)、2 子通道连接八台显示器(数据传输率 1KB/s),选择通道连接两台磁盘机(数据传输率 800KB/s)和五台磁带机(数据传输率 250KB/s)。若计算机 I/O 的极限容量为 822 KB/s,请问能否满足所连接的外围设备流量要求?

33. 编码与非编码键盘的根本区别是什么?为什么编码键盘一般很少使用?

34. 数码相机与胶片相机的根本区别是什么?

35. 简述键盘、扫描仪和数码相机的工作原理。

36. 常用的鼠标有哪几种?试从工作原理比较它们的异同点。

37. 试从工作原理比较不同类型触摸屏的异同点。

38. 试从工作原理比较不同类型条码扫描器的异同点。

39. 简述针式打印机的工作原理;打印头针数是影响打印质量关键,为什么?

40. 简述激光打印机的工作原理。

41. 简述字符显示原理,这时显示缓冲区是如何管理组织的?

42. 简述图像显示原理,这时显示缓冲区是如何管理组织的?

43. 试从工作原理比较不同类型液晶显示器的异同点。

44. 简述等离子显示器的工作原理。

45. 简述磁表面存储器二进制数的记录原理与读写的过程原理。

46. 简述硬盘存储器存储信息的是如何管理组织。

47. 试比较目前已应用磁盘阵列 RAID0～RAID6 的数据组织分布与性能特点。

48. 简述光盘存储器的记录原理。

49. 有一个磁盘有 6 个记录面,盘面内圈直径为 1 英寸,圈直径为 5 英寸,道密度为 50TPI,位密度为 2000BPI,转速为 3000r/min,平均寻道时间为 10ms。试计算:磁盘的存储容量、平均存取时间和数据传输率。

50. 对于某磁盘,若有一文件的长度超过一个磁道的容量,超过部分记录在同一记录面上还是同一柱面上。

51. 写入代码为 011001,画出归零制、不归零制、调相制和调频制等四种记录方式的写电流波形。

第 8 章　并行处理及其实现体系结构

当今,计算机的并行计算(或并行处理)能力极强,性能甚高,这为云计算的产生与发展奠定了物理基础。本章介绍并行处理与流水线技术的基本概念、实现途径和现代并行计算机的特点分类,回顾并行计算机产生缘由和演变形成过程,讨论流水线处理机(含指令级高度并行的和向量的)、阵列处理机和多处理机等三种并行计算机的结构原理与特点分类,阐明多核技术、多线程技术和超线程技术的概念与实现方法。

8.1　并行处理及其体系结构概论

第 1~7 章是以原始经典的冯·诺依曼结构的串行计算机为基础,讨论计算机组成原理。不断研究与发展计算机技术的根本目的是提高计算机的计算速度,提高计算速度的基本出发点是提高计算机的并行计算(或并行处理)能力。计算机经过七十多年的研究与发展,经典的冯·诺依曼结构发生极大改变,并行计算能力甚高,由此便相对性地提出了串行计算机与并行计算机的概念。但并不是只要有并行计算能力的计算机就认为是并行计算机,而只有当并行计算能力达到较高程度时,才能认为进入到并行处理领域,相应的计算机才能称为并行计算机。那么,并行性及其度量与等级有哪些,并行处理及其实现的技术途径有哪些,引领并行处理能力发展的计算机体系结构如何演变的,现代计算机体系结构有哪些特点与类型,并行计算机及其种类有哪些,如何形成的,等等是本节需要讨论的问题。

8.1.1　并行性与并行处理

1. 并行性及其度量

所谓并行性是指问题求解过程中具有可以并行进行运算或操作的特性。对于计算机来说,挖掘并行性是为了对问题求解进行并行处理,以提高问题求解的效率。并行性实际包括同时性和并发性两层含义,同时性是指两个或多个运算或操作在同一时刻发生,并发性是指两个或多个运算或操作在同一时间间隔内发生。当由计算机来求解问题时,对于并行性实现程度的度量,目前还没有统一的标准,比较公认的并行性的度量标准主要有四种。

(1) 指令级并行度:它是指计算机在一个时钟周期内完成的指令条数。

(2) 线程级并行度:它是指计算机线程并行时线程粒度的大小。

(3) 数据级并行度:它是指计算机处理数据的字并数或数据流通路的条数。

(4) 进程(或作业)级耦合度：它是指计算机进程(或作业)并行时数据或功能关联的程度。

2. 并行性等级

问题求解过程中包含不同层次等级的并行性，且从不同的角度来看，并行性层次等级的划分也不相同。通常从程序运行时操作分解层次来看，并行性由低到高可分为五个等级。

(1) 指令内部并行。指令内部并行是指一条指令内部各操作之间的并行，其并行程度主要取决于结构组织与组成设计。

(2) 指令之间并行。指令之间并行是指多条指令的并行执行，其并行程度主要取决于指令之间的相互关联和指令处理资源。

(3) 线程之间并行。线程之间并行是指多个线程的并行执行，其并行程度主要取决于数据之间的相互关联和线程处理资源。

(4) 进程(任务)之间并行。进程(任务)之间并行是指多个程序段(任务)的并行执行，其并行程度主要取决于任务分解。

(5) 作业(程序)之间并行。作业(程序)之间并行是指多个作业(多道程序)的并行执行，其并行程度主要取决于软硬件资源的有效分配。

不同层次等级并行性的实现，实质是进行软硬功能分配，并行性等级越低，一般硬件实现比例越大。但随着硬件成本的下降，硬件实现并行性的比例逐步增大。过去，在单处理机中，进程与作业之间并行主要是通过操作系统中的进程管理、作业管理，以及并行语言与并发程序设计等软件来实现；现在，在多处理机中，进程与作业之间并行更多是由硬件来实现。

3. 并行处理及其实现技术途径

并行处理是问题求解过程中开发并行性的一种有效方式，通过并行处理，挖掘问题求解过程中的可并行运算或操作，使并行性达到更高级别，以提高计算机的计算速度。当计算机的并行性提高到一个新的等级，便形成新的结构原理，但该计算机并不一定进入到并行处理的范畴；只有当计算机的并行性提高到一定的等级时，才能认为该计算机进入到并行处理的范畴，即是一个并行处理系统。例如，程序运行的并行性达到指令之间并行或者处理数据的并行性达到位片串字并，则认为进入到并行处理范畴。

并行处理实现依赖于相应的算法，即并行算法，所以并行算法是指实现并行处理的算法。计算机并行性原理就是以并行算法为基础，通过并行处理技术实现各个级别的并行性。对于并行处理的实现技术，综合来说，主要有时间重叠、资源重复和资源共享等三种技术途径。

(1) 时间重叠。时间重叠是通过时间因素实现运算或操作的并发性，即让多个任务处理过程在时间上错开，轮流重叠地使用同一套硬件系统的各个部分，以加快硬件使用周期来提高任务集的处理速度。例如，若一条指令的解释分为取指、分析和执行 3 等个操作，并分别利用各自相应的硬件实现，设每个操作所需时间皆为 Δt，那么第 k、$k+1$、$k+2$ 等三条指令就可以在时间上重叠起来处理，且彼此之间在时间上是错开的。特别地，时间重叠并没有缩短任何指令的处理时间，但加快了程序的执行速度。

(2) 资源重复。资源重复是通过空间因素实现运算或操作的同时性,即通过重复设置硬件资源来提高计算机的可靠性或计算速度。例如,设置 N 个完全相同的处理部件(PE),且接受同一个控制部件(CU)的控制,对于每一条指令的执行,控制部件同时让各个处理部件对各自分配到的数据进行同一种运算,利用重复设置的处理部件来提高计算速度。早期受硬件价格的限制,资源重复以提高可靠性为主,例如,利用资源重复的双工计算机,就是使用两台完全相同处理器来进行计算,以提高可靠性。而现在,利用资源重复是为了提高计算机的计算速度。

(3) 资源共享。资源共享是让多个作业或进程按一定时间顺序轮流地使用一套资源,以提高资源利用率,从而相应地提高计算机的性能。例如,分时操作系统就是使多道程序共享 CPU、主存储器和外围设备等。特别地,共享的资源可以是硬件资源,也可以是软件资源与信息资源。

8.1.2 并行处理体系结构的由来

1. 冯·诺依曼结构计算机存在问题

计算机的结构原型是冯·诺依曼型,随着计算机应用领域的扩大和计算机技术的发展,冯·诺依曼结构的局限性越来越突显,存在的问题主要有:

(1) 由于以运算器为中心,输入输出与运算操作是串行进行的,高速运算器对于低速外围设备存在大量等待时间,使得计算机运行程序的效率低。

(2) 由于采用控制器集中控制,使得控制器的负担过重,严重影响运算操作的并行性和软硬件资源的利用率。

(3) 由于采用"存储程序、顺序驱动"的控制策略,严重影响指令执行的并行性。前后指令存在数据相关时,顺序执行是必然的;但通常前后指令不存在数据相关,仍要求指令顺序执行,就难以最大限度地发挥计算机的并行处理能力。

(4) 为节省存储硬件并简化其管理,指令与数据不加区别等同地存储于同一存储器中,从而带来许多问题,例如,程序运行过程中指令可能当作数据修改、不利于程序调试与排错、不利于实现程序再入与递归调用、不利于指令与数据并行存取、不利于采用重叠流水技术等。

(5) 由于存储器的存储单元是按一维线性的编址方式来组织与访问,使得存储器具有结构简单、价格便宜等优点,但不利于树、图等非线性数据结构的存储访问,且存储空间有限、外围译码电路复杂、存储访问带宽不高。

(6) 由于指令中表示的操作数本身并不指示其为何种数据类型,而是由操作码指示。这样,一方面对于相同的运算操作,若操作数类型不同,则需要采用不同的指令,使得计算机指令系统庞大。另一方面,由于高级语言中运算操作符与数据类型无关,操作数类型由数据类型说明语句指示,使得机器指令与高级语言之间存在语义差距,这种语义差距只有通过编译来弥补,加重了编译的负担,增大辅助开销。

(7) 软件与硬件截然分开,硬件组成结构完全固定,使得无法合理地进行软硬件功能分配与体系结构优化,导致计算机的适用性差,当求解问题和应用要求变化时,性能价格比下降。

2. 冯·诺依曼结构计算机的改进

虽然至今计算机仍基于冯·诺依曼结构计算机工作原理"存储程序、顺序驱动、指令控制",但随着计算机应用领域的扩大、高级语言与操作系统的出现,针对冯·诺依曼结构计算机存在的问题,则进行改进。

(1) 以运算器为中心改为以主存为中心,使得输入输出与运算操作之间、多种输入/输出之间可以并行进行,从而出现 DMA、通道等输入/输出控制方式。

(2) 由采用集中控制改为采用分散控制,从而出现分布式多处理机,计算机体系结构从基于串行算法变为适用于并行算法,并具有分布处理能力。

(3) 由存储程序顺序驱动改为存储程序激发驱动,使得指令执行不需要程序计数器来指示控制,且与指令在程序中的位置无关,从而出现数据驱动的数据流计算机。

(4) 由指令与数据存储于同一存储器改为指令和数据分别存储于两个独立编址且可以同时被访问的不同存储器中,或规定在程序运行过程中,不准修改指令。

(5) 对于存储器的存储单元是按一维线性的编址,则采用多样复杂的存储组织,例如,采用存储器同时具有按字、字节和位等多种编址方式来增加访问的灵活性,或采用具有高级寻址能力的数据表示来扩大访问的空间,或采用并行存储访问、设置高速缓冲存储器、增设通用寄存器等来扩大存储访问带宽,或采用虚拟存储器来方便高级语言编程,或采用堆栈来支持高级语言的过程调用、递归机制的实现和表达式的求值。

(6) 增设许多高级数据表示,由指令中表示的操作数本身不带类型标志改为自身带类型标志,使得指令可以对多种数据类型进行运算操作,简化指令系统,缩短高级语言与机器语言的差距,从而出现精简指令系统计算机、高级语言计算机。

(7) 对于软件与硬件截然分开,则通过固件来使软硬件相结合,实现硬件逻辑结构功能的可编程性与 CPU 的微程序控制性,例如,采用可以灵活地选择与改变指令系统和结构的动态自适应机器,从而出现可重构计算机。

另外,除针对存在问题改进冯·诺依曼结构计算机外,还多层次多角度地进行提高与发展,具体说来有两个方面:

(1) 为实现各种特定任务,出现了各种不同的计算机。例如,为了使硬件与操作系统和数据库管理软件相适应,出现了面向操作系统计算机和数据库计算机;为了获得高可靠性,出现了容错计算机;为了适应各种生产现场的控制,而出现了过程控制计算机和嵌入式计算机;为了实现功能分布,出现了外围处理机和通信处理机;为了提高对向量和阵列的处理速度,出现了向量处理机和阵列处理机;为了实现任务和进程的并行,出现了多处理机;为了处理非数值化信息,依靠知识的逻辑推理而非精确的数值运算,出现了智能计算机等等。

(2) 为解决局部存在的问题,而采用了许多技术措施。例如,增加寻址方式,以方便对复杂数据结构的访问;采用流水线技术,以提高指令与运算操作的执行速度;引入自定义数据表示,降低指令系统的复杂度等等。

3. 计算机体系结构的演变历程

冯·诺依曼结构是计算机体系结构原型,经过七十多年的研究与发展,在体系结构上进行了许多改进,并形成了与冯·诺依曼结构完全不同的体系结构。

在 20 世纪 80 年代以前,器件尤其是逻辑集成电路器件的发展决定计算机体系结构的演变。计算机发展初期,都是面向某一类数学计算的巨型或大型专用计算机。60 年代,则出现功能还齐全、价格较贵的大型通用计算机,还有就是字长短(16 位)、存储容量小、指令系统简单、应用范围广的小型通用计算机。20 世纪 70 年代,速度快、主存容量大、价格贵的巨型专用计算机——向量处理机与阵列处理机出现,还有性能与大型计算机相当的超级小型通用计算机和价格低廉、通用性强的微型计算机。20 世纪 80 年代,根据用户市场要求,推出小巨型计算机和具有较强图形处理功能的高档个人计算机(图形工作站),还有小规模多处理机(2~16 个处理机)。在此期间,数据位并与指令并行得到极大提高,数据位由初期的 1 位到 20 世纪 60 年代的 4 位、70 年代的 8 位、80 年代的 16 位和 32 位(目前 64 位已经普及),指令及其操作的流水处理、多道程序、多功能部件、精简指令系统等指令级并行技术应用,把单处理器的计算机性能推到极致。

在 20 世纪 80 年代以后,器件部件的组织与优化技术决定计算机体系结构的演变。由于单处理机性能增长已显饱和趋势,多处理机与超级计算机已成为研究的主流,多种不同规模不同拓扑的并行结构,使计算机的主要技术指标达到极高。到目前为止,计算机体系结构的演变历经五代,如表 8-1 所示。

表 8-1 五代计算机体系结构的特征

年 代	器 件	体系结构技术	软件技术	典型机型
初期	电子管、继电器和绝缘导线互连	程序控制 I/O、定点数据表示	机器语言和汇编语言	普林斯顿 ISA、ENIAC、IBM701
20 世纪 60 年代	晶体管、磁芯和印刷电路	浮点数据表示、寻址技术、中断和 I/O 处理机	高级语言、编译和批处理监控程序	UnivacLARC、CDC—1604、IBM7030
20 世纪 70 年代	SSI 和 MSI、多层印刷电路和微程序	流水线、高速缓存、先行处理和系列机	多道程序和分时操作系统	IBM360/370、DEC PDP-8
20 世纪 80 年代	SI、VLSI 和半导体存储器	向量处理、分布式存储器和指令级并行技术	并行和分布处理	Cray-1、IBM3090、DEC VAX9000
20 世纪 90 年代及以后	高性能微处理器和大规模高密度电路	线程级并行技术、SMP、MP、MPP 和网络	可扩展并行和分布处理	SGI Cray T3E、IBM X Server、SUN E10000

第一代体系结构是将电子管和继电器存储器用绝缘导线互连一起,CPU 通过程序计数器和累加器顺序完成定点运算;采用机器语言或汇编语言,程序控制 I/O。第二代体系结构是采用分立式晶体管和铁氧体磁芯存储器,通过印刷电路将它们互连起来;出现了变址寄存器、浮点运算、多路存储器和 I/O 处理机、有编译程序的高级语言、子程序库和批处理监控程序。第三代体系结构是采用小规模或中规模集成电路、多层印刷电路、流水线、高速缓存和先行处理,实现了微程序控制、多道程序设计和分时操作系统。第四代体系结构采用大规模或超大规模集成电路和半导体存储器,出现了共享存储器、分布存储器或向量硬件构成的并行计算机,开发了用于并行处理的多处理机操作系统、专用语言和编译器和用于并行处理或分布处理的软件工具与环境。第五代体系结构采用 VLSI 工艺,

具有更完善的高密度、高速度的处理机与存储器芯片,实现了大规模并行处理,还具有可扩展和容许时延。

8.1.3 现代计算机体系结构特点与分类

1. 现代计算机体系结构的特点

由于不断改进冯·诺依曼结构,增强其并行处理能力,向并行处理体系结构发展而形成现代计算机体系结构,其主要特点有以下几个方面。

(1) 软硬件功能分配更加科学合理。软件和硬件在逻辑功能的实现上是等效的,软件实现具有灵活价低但速度慢的特点,硬件实现具有速度快但价高不够灵活的特点,通过软硬件功能界面的优化,使计算机的性价比达到最佳状态。

(2) 计算过程并行处理能力强。通过采用各种并行处理技术,在微操作级、指令操作级、指令级、线程级、进程级、任务级等不同等级上,采用硬件支持并行性的实现,使计算速度得到极大提高。

(3) 存储器组织结构更加适合计算机需要。采用预取缓冲技术、层次与并行组织技术、相联存储技术、多端口存储技术等,通过存储管理硬件的支持实现,使存储器具有价格低、速度快和容量大的特点。

(4) 高性能的微处理器得以实现。采用流水线技术、线程并行技术、多核(多处理器)技术、精简指令技术、Cache 技术等组织设计微处理器,使微处理器具有性能高的特征。

(5) 多处理机组织结构的计算机占据统治地位。进入 21 世纪以来,以高性能的微处理器为基础组成多处理机取代了基于逻辑电路或门阵列的大中小型计算机。

2. 现代计算机的分类

对于计算机的分类,普遍认可的是 1989 年由美国电气与电子工程协会提出的按性能与价格来划分,并分为巨型机、大型机、中型机、小型机和微型机等五个大类,但该分类已不能正确地反映当前计算机的性能、应用和发展趋势等。其主要原因有:一是相互之间的界限越来越模糊,例如,在巨型机与大型机之间出现了小巨型机、在小型机与微型机之间出现了工作站等;二是某一类机器的归属是动态变化的,10 年前归属于巨型机,10 年后则归属于小型机了;三是现代计算机的处理核心基本相同,无论是高性能的超级计算机还是低端的微型计算机,处理核心都是微处理器;四是没有真正体现计算机的本质特征,例如,现在的计算机都是基于网络的,却看不出它们有什么区别。

如何开展计算及其采用相应的执行方式,如何最合理地组织器件,如何最大限度地发挥器件的作用,如何构成综合性能最佳的系统,是提高计算机性能的重要途径,也正是计算机体系结构研究的主要问题,即体系结构是现代计算机发展的关键因素。恩斯洛曾经比较 1965 年至 1975 年期间,器件更新使器件延迟时间降低至原来的十分之一,但计算机指令执行时间却降低至原来的百分之一。由此可见,在这 10 年中,计算机性能提高的幅度比器件性能提高的幅度大得多。

根据体系结构的复杂程度对现代计算机进行分类,一般分为嵌入式计算机、桌面计算机、服务器和超级计算机等四种,四种现代计算机的主要特征比较如表 8-2 所示。从表 8-2 可以看出,该分类不仅体现了性能、价格与应用的区别,还使相互之间的界限清晰、归属稳定。

表 8-2　四种现代计算机的主要特征

主要特征	嵌入式计算机	桌面计算机	服务器	超级计算机
应用范围	智能仪器、测控装置	面向个人	大规模信息处理	科学计算
对应关系	微型机应用	小型机、微型机	大型机、中型机	巨型机
微处理器数	1~2 个	1~4 个	几个~几十个	几十个以上
系统价格	差异很大	0.05~0.5 万美元	0.5~500 万美元	0.1~1 亿美元
微处理器价格	0.01~100 美元	50~500 美元	0.02~1 万美元	0.02~1 万美元
设计关键	专用、价格、实时性、可靠性	通用、性价比、图形等多媒体	吞吐量、可靠性、可扩性、可测性	专用、吞吐量、浮点计算

8.1.4 并行计算机及其形成过程

1. 并行计算机及其种类

由于串行计算机满足不了求解问题的需求，如计算速度慢、计算精度低、计算时效差和无法替代的模拟计算（计算科学是三种科学研究手段之一，另外还有理论科学、实验科学），从而研究开发出计算速度快、精度高、时效好、适应于模拟计算的并行计算机。所谓并行计算机是指并行处理能力达到较高级别时的计算机，对于基于冯·诺依曼结构原理的并行计算机，目前主要有流水线处理机、阵列处理机和多处理机等三种。

（1）流水线处理机。流水线处理机是指一条指令或指令所含运算分解为若干个阶段，每个阶段的任务由不同的部件处理，这样若干不同部件组成的流水线就可以并行地处理多条指令或指令所含运算。流水线处理机利用时间重叠实现时间并行，结构形式为单指令流单数据流（SISD）。

（2）阵列处理机。阵列处理机是指一个控制部件同时控制管理多个处理单元，所有处理单元均到从控制部件广播来的同一条指令，但操作对象却是不同的数据。阵列处理机利用资源重复实现空间并行，结构形式为单指令流多数据流（SIMD）。特别地，由于多个处理单元通常按阵列排布，故称为阵列处理机。

（3）多处理机。多处理机是由若干台独立的处理器组成，每台处理器可以独立执行自己的程序，处理器与处理器之间通过互连网络进行连接，以实现程序之间的数据交换和同步。多处理机利用资源共享实现异步并行，结构形式为多指令流多数据流（MIMD）。特别地，当一台多处理机所含有 N 个处理器的以峰值速度运行时，它的处理速度应不可能达到相应处理器峰值速度的 N 倍，其主要原因有：处理器间通信带来的开销、进程之间的同步开销、任务调度所需要的开销、任务划分不均匀而使一些处理器空闲所导致的效率下降、互联网络带宽的限制等。

2. 并行计算机的形成过程

并行计算机是相对于串行计算机而言的，所谓串行计算机是指单处理器顺序执行程序的计算机。串行计算机最早是标量处理由位串、定点运算改进发展为字并、浮点运算，经过向量处理机逐步演变出各种并行计算机,并行计算机的形成过程如图 8-1 所示。由图 8-1 可以看出:从标量处理机开始,首先通过先行控制技术实现指令执行过程阶段的重叠,进而达到功能并行;功能并行可以利用多功能部件和流水线等两种途径来实现,而由于流水线技术对向量数据元素进行重复运算具有极高的并行性,由此便产生了向量处理机(隐式向量则是循环展开);当处理器具有大容量寄存器组时,则可以借助空间并行和异步并行进一步增强并行性,形成 SIMD 和 MIMD 等两种结构的并行计算机。

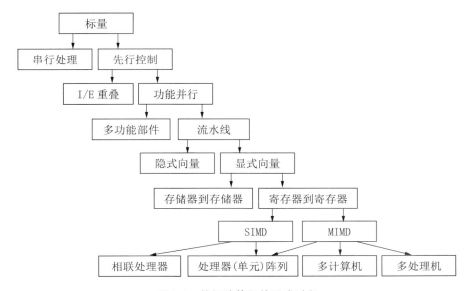

图 8-1 并行计算机的形成过程

8.2 流水线处理机

　　流水线处理机是利用时间重叠技术实现并行计算的处理机,流水线技术是极其有效的并行处理技术,应用极为广泛。那么,流水线技术是如何引入到计算机领域的,什么是流水线,流水线有哪些类型,流水线有哪些表示方法,流水线并行处理实现的结构原理如何,流水线处理机有哪些类型,各种流水线处理机是如何实现并行处理的,实现并行处理的体系结构如何等等,是本节要讨论的问题。

8.2.1 流水线的基本概念

1. 指令重叠执行及其实现结构

　　一条指令处理通常分为取指令、分析指令和执行指令等三个阶段,且假设三个阶段所需要的时间相等为 Δt。取指令是按照程序计数器的内容访问主存储器,取出是一条指令送到指令寄存器。分析指令是分析指令操作码以确定指令功能,依据地址码及其寻址方式来形成操作数地址,并读取操作数(除立即数寻址外);同时,通过程序计数器产生下一条指令地址。执行指令是根据指令规定功能,对操作数进行运算与操作,并把运算结果送到指定地址。

若有 n 条指令需要处理，则可以采用串行处理和重叠处理等两种方式，且重叠处理还可以分为一次重叠和二次重叠。当采用串行处理方式，即第 k 条指令处理完成后，再处理完成第 k+1 条指令，依次类推，其过程如图 8-2 所示，所需要的时间为 $3n\Delta t$。当采用二次重叠处理方式，即第 k−1 条指令的执行阶段与第 k 条指令的分析阶段、第 k+1 条指令的取指令同时进行，其过程如图 8-3 所示，所需要的时间为 $(n+2)\Delta t$。

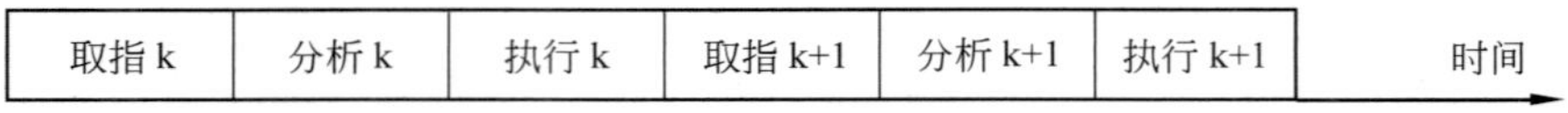

图 8-2 多条指令串行处理的过程

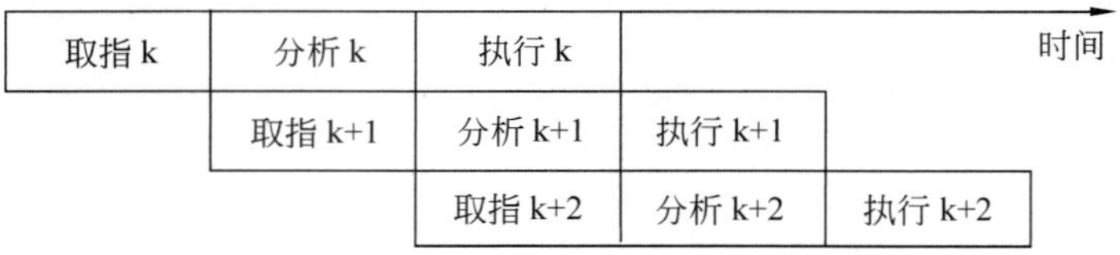

图 8-3 多条指令二次重叠处理的过程

对于每一条指令，二次重叠处理与串行处理所需要的时间是相同的，但当连续处理 n 条指令时，二次重叠处理所需要的时间仅是串行处理的 1/3，有效地提高了处理指令的速度。由于同时有三条指令分别处于取指令、分析指令和执行指令等阶段，那么处理机必须有独立的取部件、分析部件和执行部件及其相应的控制逻辑。为此，需要把串行处理时的一个多功能的指令控制器分解成三个相互独立的控制器：存储控制器（存控）、分析控制器（析控）、运算控制器（运控），其中由于分析指令即是译码，不需要进行任何操作，分析部件即是分析控制器，所以二次重叠处理实现的基本结构如图 8-4 所示。

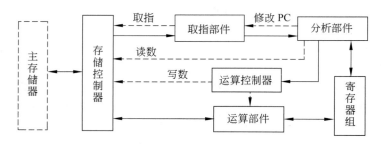

图 8-4 二次重叠处理实现的基本结构

2. 流水线及其分类

对于二次重叠处理实现的基本结构，当取指令、分析指令和执行指令等三个阶段所需时间相等，那么在取部件、分析部件和执行部件上，连续处理的若干条指令就可以顺畅流动，取部件、分析部件和执行部件依次按序连接则是流水线。所以，流水线技术是指把一个重复的处理过程分解为若干个子过程，当每个子过程都设置一个功能部件来实现时，一个过程的子过程可以与其他过程的不同的子过程同时进行，实现多个不同过程在时间上重叠进行的工作方式。过程中所有子过程或实现子过程的所有功能部件按一定的次序连接在一起即是流水线,其中的子过程或功能部件称为流水段或功能段等。可见,流水线技术是一种时间并行技术,是通过时间重叠的技术途径实现并行处理(时间并发性)。

流水线是由多个独立的从一个大的处理功能部件分解而来的小功能部件组成,依靠小功能部件并行工作来提高处理速度。把一个重复的处理过程分解为若干个子过程,每个子过程需要设置一个对应的功能部件来实现,这是流水线本质。由于流水线技术是一种非常经济而有效的技术,仅需要增加少量的硬件,就能够极大地提高处理机的运算速度,所以在计算机中应用极为广泛。

从不同的角度,可以把流水线分为多种不同类型,以反映流水线在结构、性能或功用等方面的特点,其中最为常用的分类是按流水线实现的并行性等级来分,可以分为运算操作级流水线、指令级流水线和作业(进程)级流水线等三种。

(1) 运算操作级流水线。运算操作级流水线又称为功能部件级流水线,它是把处理机的算术逻辑部件分段,使运算过程能进行流水操作。例如,对于浮点加法器与浮点乘法器等一些比较复杂的运算操作部件,一般采用多级流水线来实现,六功能段浮点加法器的运算操作流水线如图 8-5 所示。

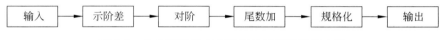

图 8-5　六功能段浮点加法器的运算操作流水线

(2) 指令级流水线。指令级流水线又称为处理机级流水线,它是把一条指令的处理过程分解为多个子过程,每个子过程在一个独立的功能部件中完成。如图 8-6 所示的四功能段指令级流水线即是将指令的处理过程分为取指令、译码、执行指令、保存结果等四个子过程。

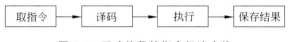

图 8-6　四功能段的指令级流水线

(3) 作业(进程)级流水线。作业级流水线又称为处理机间流水线或宏流水线,它是由两个或两个以上的处理机通过存储器串接起来,每个处理机对同一数据流的不同部分分别进行处理,前一个处理机的输出结果存入存储器中,作为后一个处理机的输入,每个处理机完成整个任务中的一部分,如图 8-7 所示。

图 8-7　n 台处理机的作业(进程)级流水线

另外,还可按流水线功能段之间是否有反馈回路来分,可分为线性流水线和非线性流水线。线性流水线是指流水线各功能段串行连接,任务顺序流经流水线各功能段一次且仅流过一次。图 8-5 所示浮点加法器流水线和图 8-6 所示的指令流水线都属于线性流水线。非线性流水线是指在流水线各功能段之间除串行连接外,还有反馈回路,任务流经有反馈回路的功能段的次数可以有多次。如图 8-8 所示的四功能段指令非线性流水线,其中执行功能段 S3 有反馈,表示 S3 可能要被多次使用。

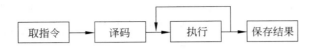

图 8-8　四功能段的指令级非线性流水线

3. 流水线的表示方法

流水线的表示方法有三种：连接图、时空图和预约表,其中时空图用于表示线性流水线,预约表用于表示非线性流水线,而连接图则均可表示。现假设一条指令的执行过程分为取指、译码、执行、保存结果四个子过程,相应的指令级流水线也要分为取指令、译码、执行、保存结果四个功能段,且对某些指令的执行功能段需重复使用一次。

(1) 连接图。

图 8-6 和图 8-8 所示的分别为四个功能段的指令级线性流水线和非线性流水线的连接图,其实质是将带执行时间的各功能段按流水线的处理顺序从左到右排列,并用带箭头的直线把它们连接起来。

(2) 时空图。

时空图是一种最常用、能直观描述线性流水线工作过程的表示方法,图 8-6 所示四功能段指令级线性流水线的时空图如图 8-9 所示。时空图实质是利用平面直角坐标系的第一象限,横坐标表示时间,即是输入到流水线的各个任务在流水线中所经过的时间;当流水线中各个功能段的处理时间都相等时,横坐标被分割成相等长度的时间段。纵坐标表示空间,即流水线的每一个功能段。

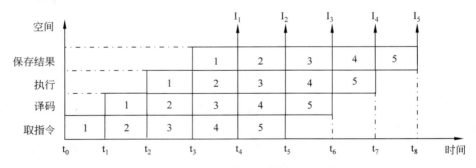

图 8-9　四功能段指令级线性流水线时空图

从图 8-9 中横坐标可以清楚看出,五条指令依次分别在 t_0、t_1、t_2、t_3、t_4 时刻进入流水线,在 t_4、t_5、t_6、t_7、t_8 时刻流出流水线。在 t_4 时刻以前,每经过一个时间间隔就有一条指令进入流水线。从 t_4 时刻开始,每经过一个时间间隔就有一条指令排出流水线。从图 8-9 中纵坐标也可清楚看出,在同一时间段内有多个流水段在同时执行指令。例如,在 t_4 到 t_5 时间段,取指令、译码、执行、保存结果四个流水段分别在执行第 5、4、3、2 条指令的相应的子过程。

(3) 预约表。

预约表是一种最常用、能直观描述非线性流水线工作状态的表示方法,图 8-8 所示四功能段指令级非线性流水线的预约表如图8-10所示。预约表实质是利用一张表,行表示时间,列表示空间,表中用"×"表示行对应功能段在列对应时间段要被使用。从预约表中可以看出,处理一条指令需五个时间段,且第3、4时间段均使用执行段。

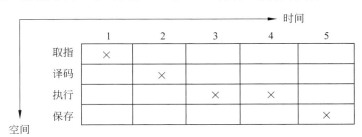

图 8-10　四功能段指令级非线性流水线预约表

8.2.2　先行控制及其实现结构

1. 先行控制及其基本原理

在指令二次重叠处理中,假设取指令、分析指令和执行指令的时间相等,则流水线功能段之间任务是连续流畅的,但当若取指令、分析指令和执行指令的时间不相等,分别为 Δt_1、Δt_2、Δt_3,且 $\Delta t_2 > \Delta t_3 > \Delta t_1$,则功能段之间存在相互等待,多条指令处理的流水线时空图如图8-11所示。从图8-11可以看出,取指段在取完第 k+1 条指令后,由于分析段还没有分析完第 k 条指令,第 k+1 条指令不能进入分析段而产生堵塞,导致取指段空闲;执行段执行完第 k 条指令后,由于分析段还没有分析完第 k+1 条指令,执行段得不到第 k+1 条指令而产生断流,又导致执行段空闲。

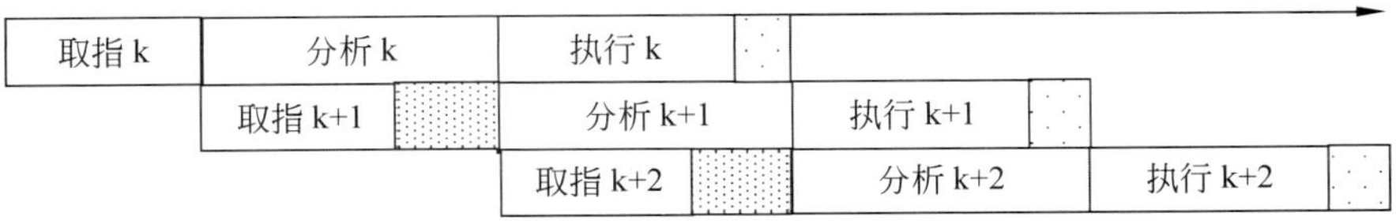

图 8-11　功能段延迟时间不相等指令二次重叠处理的时空图

这时,为了避免堵塞与断流,任务连续流畅,则采用先行控制技术。所谓先行控制是通过对任务的预处理和缓冲,以平滑功能部件工作速度上的差异,使功能部件各自独立地工作,始终处于忙碌状态,提高任务执行的速度。其基本原理是:若流水线中各功能段延迟时间不相等,则在延迟时间较长的功能段前面设置预处理栈,一方面对后继任务进行预处理,另一方面用于缓存预处理好的任务;在该功能段后面设置后行处理栈,一方面对任务进行后行处理,另一方面用于缓存后行处理好的任务,从而使所有的功能段各自都处于忙碌状态;这样,虽然任务在各功能段之间仍存在等待时间,但任务在功能段上的流动是连续的。当然,如果功能段前面的缓冲器已空,或者功能段后面的缓冲器已满,那么流水线仍不流畅,但可使功能段空闲减到最低。

先行控制实质是缓冲技术与预处理技术相结合的结果,缓冲技术与预处理技术是先行控制的关键。缓冲技术是在工作速度不固定的两个功能段之间设置缓冲栈,用以平滑它们的工作速度的差异。预处理技术是把要进入某功能段的任务进行外围处理,减少该功能段的处理时间。例如,把进入运算器的指令都处理成寄存器-寄存器型(RR型)指令,它与缓冲技术相结合,为进入运算器的指令准备好所需的全部操作数。

2. 先行控制实现的基本结构

先行控制实现的基本结构如图 8-12 所示,其一般设置四个先进先出的缓冲栈——先行指令缓冲栈、先行读数栈、先行操作栈和后行写数栈,且通常统称为先行控制器。先行控制器与指令分析器一起构成先行控制结构中的指令控制部件,而运算器及运算控制器一起组成指令执行部件。

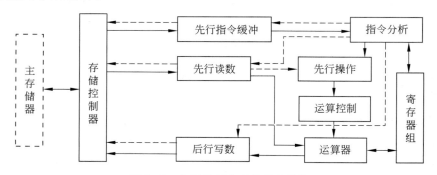

图 8-12　先行控制实现的基本结构

(1) 先行指令缓冲栈。先行指令缓冲栈是用于平滑主存储器与指令分析器之间工作速度差异的一个缓冲部件,一般存储控制器将取指令的优先级设为最低,其次是操作数的读写,输入输出的优先级最高。当指令分析器分析某一条指令所需的时间较长,或当主存储器有空闲时,就从主存储器中多取出几条指令存放在先行指令缓冲栈中。当指令分析器已空闲时,指令分析器就可从先行指令缓冲栈中得到所需要的指令。

(2) 先行操作栈。先行操作栈是用于平滑指令分析器和运算控制器之间工作速度差异的一个缓冲部件,它把由指令分析器送入的指令进行预处理。例如,对于变址型(RX型)、存储器型(RS型)指令,指令分析器将主存地址送入先行读数栈,先行读数栈则从主存读取操作数,同时由存放操作数的寄存器编号替换原来指令中的主存地址,从而变换为 RR*型指令(用"*"以区分真正的 RR 型指令)。一旦运算器空闲,运算控制器就从先行操作栈中取出下一条 RR*型指令,运算器需要的操作数则来自先行读数栈或通用寄存器中。

(3) 先行读数栈。先行读数栈是用于平滑主存储器与运算器之间工作速度差异的一种缓冲部件,该栈操作数相对于正在处理的指令而言。先行读数栈依据指令分析器送来的地址把后续指令要用到的操作数"先行"从主存储器读到栈中数据寄存器,使指令由原来要访问主存储器取得操作数变为访问栈中寄存器,从而使指令处理速度加快。另外,先行读数栈还要配合先行操作栈,形成 RR*型指令。

(4) 后行写数栈。后行写数栈也是用来平滑主存储器与运算器之间工作速度差异的一个缓冲部件。如果指令分析器遇到向主存写数的指令,则把形成的主存地址送入后行写数栈中的地址寄存器,RR*型指令中的目标地址就是该寄存器编号。当运算器执行 RR*型指令写数时,把原定写到主存的数据送入后行写数栈中的数据寄存器,由后行写数栈把数据寄存器中的数据按地址寄存器中的主存地址送入主存。

3. 先行控制指令级流水线

当处理机采用先行控制来处理指令,先行控制结构中的各个部件构成一条指令级流水线,如图 8-13 所示。先行控制把指令处理分为六个子过程:取指令、指令译码、形成 RR*型、取操作数、运算操作和写结果。由于不同指令在同一个功能部件中的延迟时间可能相差很大,因此便在各个功能段之间设置多个缓冲寄存器,以平滑流水线中各功能部件的操作。

图 8-13 先行控制的指令级流水线

8.2.3 流水线处理机的分类

1. 标量处理机与向量处理机

标量与向量是两种不同类型的数据,标量是原子类型的数据,向量是一组互相独立、类型相同标量数据组成且元素间具有线性关系的复合类型的数据。仅能对一个、一对或一组标量数据进行运算操作并仅能得到一个结果数据的指令称为标量指令,简称指令;而能对一个、一对或一组向量数据进行运算操作的指令称为向量指令。显然,向量指令的处理效率要比标量指令高得多。

只有标量数据表示和标量指令的处理机称为标量处理机,简称处理机,它是最通用、使用最普通的处理机;具有向量数据表示和向量指令的处理机称为向量处理机。标量处理机可以将标量指令与流水线技术相结合,建立指令级流水线来实现指令之间并行;向量处理机可以将数据表示和流水线技术相结合,建立运算操作流水线来实现数据操作并行。可见,从流水线实现的并行性等级来看,流水线处理机分为标量处理机和向量处理机。

2. 指令级高度并行处理机

使多条指令并行处理,实现指令级并行,这是目前和将来提高指令处理速度的根本途径。通常,采用指令级并行度来度量处理机指令级并行性,所谓指令级并行度是指在一个周期内完成的指令数,即:

$$ILP = 程序运行的指令数/程序运行的周期数$$

当 ILP>1 时,则处理机实现了高度并行。因此,把一个周期内完成指令数大于 1 的指令级并行性称为指令级高度并行,相应的处理机称为指令级高度并行处理机。所以,标量处理机分为普通处理机和指令级高度并行处理机。

在一个周期内平均至多仅能够向处理机送入一条指令称为单发射,相应的标量处理机称为单发射处理机。而在一个周期内能够向处理机送入多条指令称为多发射,相应的标量处理机称为多发射处理机。显然,ILP=1 是单发射处理机的期望值,而 ILP>1 是多发射处理机的基本要求,多发射处理机的控制逻辑要比单发射处理机复杂得多。显然,普通处理机即是单发射的,是单发射处理机;指令级高度并行处理机即是多发射的,是多发射处理机。对于多发射处理机,需要存储器在一个时钟周期内为指令流水线提供多条指令,对此最有效的方法是采用单体多字存储器,即在存储器的一个存储字中安排两条或多条指令。

  提高并行性的技术途径有时间重叠、资源重复和资源共享,其中资源共享一般仅适合于实现进程与作业间的并行,实现指令级的并行只能利用时间重叠和资源重复,且形成了三种技术:一是从时间重叠出发,采用超流水线技术,在一般指令流水线进一步细划指令处理过程,使指令流水线的功能段数大于或等于8,使标量指令并发处理;二是从资源重复出发,采用超标量技术,在一台处理机中设置多个独立功能部件,建立多条指令流水线,使标量指令同时处理;三是从资源重复和指令格式优化组合出发,采用超长指令字技术,通过在一条指令中设置多个独立的操作字段和在一台处理机中设置多个功能不同的部件,且每个字段可以分别控制相应的部件,实现超长指令字处理。另外,还可以把超流水线技术和超标量技术结合起来,使标量指令并发处理又同时处理。可见,从流水线实现高度并行的技术途径来看,指令级高度并行处理机分为超流水线处理机、超标量处理机、超流水线超标量处理机、超长指令字处理机。

  3. 指令调度及其方法

  为实现指令级高度并行,除处理机具备指令级高度并行的特性外,还必须向指令流水线连续不断地提供同类型的指令,才能充分发挥流水线的效率。但由于指令间存在相关,有些指令不能并行。如果强调指令在流水线中按序流入、按序流出,那么当一条指令在流水线中被停顿,则后面的指令都停止流动。特别是若有多个功能部件,那么这些部件很可能因为没有可处理的指令而处于空闲状态。因此指令的处理顺序不一定按程序的顺序进行,可在一定范围内调整。所谓指令调度是指通过指令重组来提高指令级的并行度ILP,找出不相关的指令序列,使它们尽可能地并发处理。

  指令调度的基本方法有静态调度和动态调度。静态调度是由优化编译程序来完成对指令序列的重排,拉开具有数据相关的有关指令间的距离,以减少可能产生的流水线的停顿。动态调度是在程序实际运行时,由硬件实时地判断出是否有数据相关存在,绕过或防止相关出错,并允许多条指令在具有多功能部件的执行段中并行操作。超流水线处理机、超标量处理机、超流水线超标量处理机一般采用动态调度,超长指令字处理机一般采用静态调度。当然,为充分开发程序中指令并行性,通常把基于硬件的动态调度与基于软件的静态调度结合起来。

8.2.4 基于硬件指令高度并行技术

  1. 超标量处理技术

  若指令流水线分为取指令(IF)、指令译码(ID)、执行指令(EX)和保存结果(WR)等四个子过程,采用指令流水线单发射处理机的组织目标为指令级并行度ILP等于1,则其时空图如图8-14所示。由于执行功能段任务的多样性和复杂性,在单发射处理机的指令流水线中,往往取指令部件、指令译码部件和保存结果部件设置一套,执行指令(运算操作)部件可以设置一个多功能操作部件,也可以设置多个单功能操作部件,如设置独立的定点算术逻辑部件 ALU、取数存数部件 LSU、浮点加法部件 FAD 和乘除法部件 MDU

等，且运算操作部件还可采用流水线结构，如图 8-15 所示。

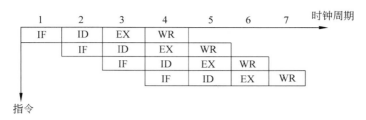

图 8-14 单发射指令流水线的时空图

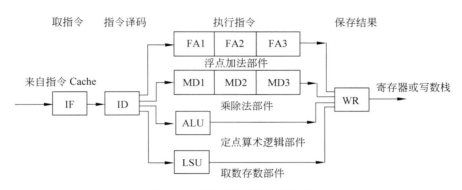

图 8-15 单发射指令流水线结构

由于执行指令部件设置了多个单功能操作部件，若各功能段延迟时间相等，那么执行指令部件有四分之三的功能段处于空闲状态，效率没有充分发挥。为此，增加若干（比单功能操作部件少）取指令部件、指令译码部件和保存结果部件，构成多条指令流水线，实现多条指令同时发射，这样的指令流水线即是超标量指令流水线，其结构如图 8-16 所示。另外，还需要设置相关性判断逻辑、先行指令窗口和交叉开关等部件，相关性判断逻辑用于判断指令之间有无功能部件冲突、有无数据相关和条件转移引起的控制相关等，先行指令窗口用于缓存由于数据相关、控制相关或功能部件冲突导致目前没有发射出去的指令，交叉开关用于把若干指令译码器的输出送到多个操作部件去执行。

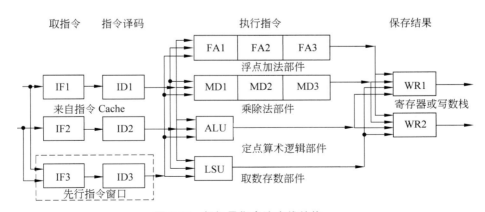

图 8-16 超标量指令流水线结构

超标量处理机是指在单发射处理机的基础上，采用资源重复的技术途径，设置多条指令流水线，通过空间并行性来提高指令的平均执行速度，能在一个时钟周期内同时发射多条指令。若超标量处理机有 m 条指令流水线，则每个时期周期可以同时发射 m 条指令，即指令级并行度 ILP 的期望值为 m，但由于相关和资源冲突等原因，实现的 ILP 为：1＜ILP＜m，m＝3 的超标量指令流水线时空图如图 8-17 所示。

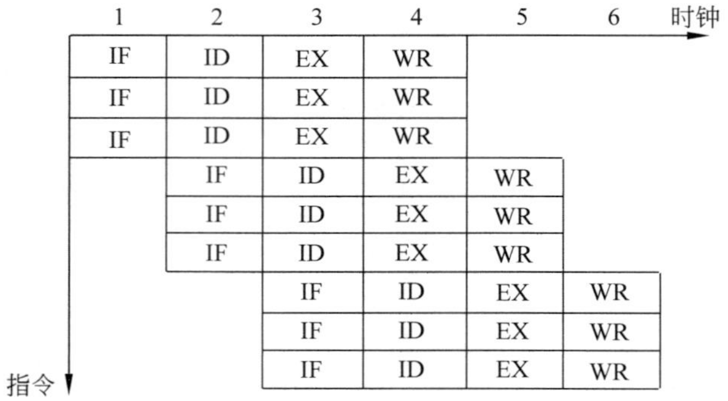

1 2 3 4 5 6 时钟
IF ID EX WR
IF ID EX WR
IF ID EX WR
IF ID EX WR
IF ID EX WR
IF ID EX WR
IF ID EX WR
IF ID EX WR
IF ID EX WR
指令

图 8-17　m＝3 超标量指令流水线时空图

2. 超流水线处理技术

在普通标量流水线处理机中，通常把一条指令的处理过程分解为取指令、指令译码、执行指令、写结果等四个功能段，若每个功能段的延迟时间为一个时钟周期，则该处理机为单发射的。若把每个功能段再细分，如分解为 3 个延迟时间更短的功能段，则指令流水线有 12 个功能段，在一个时钟周期内可以并发地发射 3 条指令，实现多条指令并发性发射，这样的指令流水线即是指令超流水线，其时空图如图 8-18 所示。特别地，将一个功能段进一步细分为多个流水级，每一个流水级也是有名称的。在分解功能段时，根据实际情况，各段级数可以多少不一。例如 ID 段可以再细分为“译码”“取第一操作数”“取第二操作数”等三个流水级，而 WB(写结果)段一般不再细分。

1 2 3 4 5 6 时钟
IF ID EX WB
IF ID EX WB
IF ID EX WB
IF ID EX WB
IF ID EX WB
IF ID EX WB
IF ID EX WB
指令

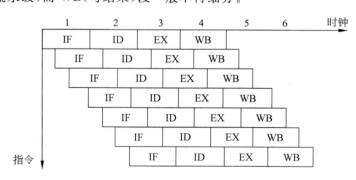

图 8-18　n＝3 指令超流水线时空图

超流水线处理机是指在单发射处理机的基础上，采用时间重叠的技术途径，将指令流水线分解为大于等于 8 段及其以上，通过时间并行性来提高指令的平均执行速度，能在一个时钟周期内分时发射多条指令。若超流水线处理机在一个时期周期可以并发性发射 n 条指令(隔 1/n 个时钟周期发射一条指令)，即指令级并行度 ILP 的期望值为 n，但由于相关和资源冲突等原因,实现的 ILP 为:1＜ILP＜n。

3. 超标量超流水线处理技术

超标量超流水线处理机是指把超标量技术与超流水线技术结合在一起,采用时间重叠和资源重复的技术途径,通过时间和空间并行性来进一步提高指令的平均执行速度,能在一个时钟周期内同时与分时发射多条指令。若指令流水线的一个时钟周期分为 n＝3 个操作周期,每一个操作周期同时发射 m＝3 条指令,则一个时钟周期能发射 m×n＝9 条指令,即在理想情况下,超标量超流水线处理机执行程序的速度是超标量处理机和超流水线处理机执行速度的乘积,其时空图如图 8-19 所示。

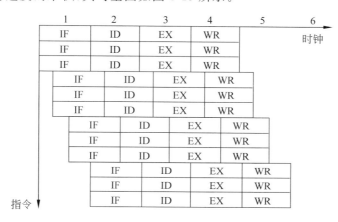

图 8-19　3×3 超标量超流水线的时空图

4. 四种标量处理机的性能比较

一般流水线技术是计算机中普遍使用的一种并行处理技术,超标量、超流水线、超标量超流水线等三种处理机都是在一般流水线标量处理机(普通标量处理机)的基础上,利用相关技术对其进行改进而形成的。假设普通标量处理机的流水线周期和指令发射等待时间都为一个时钟周期,且每次发射一条指令,指令级并行度为 1,则以标量处理机为基准,定义出其他三种处理机的性能如表 8-3 所示,相对性能如图 8-20 所示。对于图 8-20,横坐标是三种处理机的指令级并行度 ILP,纵坐标是三种处理机相对于普通标量处理机的实际加速比,或者认为是这三种处理机所能达到的实际指令级并行度,由图 8-20 可以得出以下结论:

表 8-3　四种标量处理机的性能比较

处理机类型	K 段普通标量处理机	m 度超标量处理机	n 度超流水线处理机	(m,n)超标量超流水线处理机
处理机操作周期	1 个时钟周期	1 个时钟周期	1/n 个时钟周期	1/n 个时钟周期
同时发射指令条数	1 条	m 条	1 条	m 条
指令发射等待时间	1 个时钟周期	1 时钟周期	1/n 时钟周期	1/n 时钟周期
指令级并行度 ILP	1	m	n	m×n

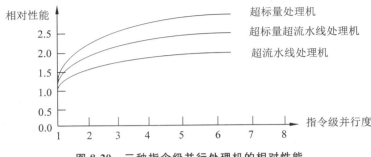

图 8-20 三种指令级并行处理机的相对性能

（1）超标量处理机的相对性能最高，其次是超标量超流水线处理机，超流水线处理机相对性能最低。其主要原因有：第一，超标量处理机依靠多条指令流水线在每个时钟周期的开始就同时发射多条指令，而超流水线处理机是把一条指令流水线的功能段再细分，把一个时钟周期平均分为多个操作周期，每个操作周期发射一条指令，使得超流水线处理机的启动延迟时间比超标量处理机大；第二，条件转移造成的损失，超流水线处理机比超标量处理机大；第三，超标量处理机重复设置多个相同的功能段，而超流水线处理机只是把一个功能段细分为多个流水级，因此，超标量处理机的功能段争用冲突比超流水线处理机小。

（2）当横坐标表示的设计指令级并行度较小时，纵坐标表示的实际指令级并行度随之提高而增长较快，但当设计指令级并行度进一步增加时，实际指令级并行度的增长越来越平缓。因此，这三种处理机的设计指令级并行度要适当，否则可能花费了大量的硬件代价，而所能达到的实际指令级并行度并不像所期望的那样高。目前，一般认为 m 和 n 都不要超过 4。

8.2.5 基于软件指令高度并行技术

1. 超长指令字处理机及其结构原理

超长指令字（Very Long Instruction Word，VLIW）处理机是指由编译程序在编译时找出指令间潜在的并行性，进行适当调度安排，把多条可并行处理的指令所包含的操作组合在一起，成为一条具有多个控制字段的超长指令去控制处理机中多个互相独立的功能部件，每个控制段控制一个功能部件，相当于同时处理多条指令。执行段并行处理三个操作的 VLIW 处理时空图如图 8-21 所示，虽然每个时钟周期发射一条指令，但由于指令字是超长的，所以指令级高度并行，并行度为 3。

VLIW 处理机的一条超长指令包含三个字段：用于控制 n 个运算部件操作的操作字段、用于控制存储部件进行 m 个读写的访问字段、用于控制通过结合网（矩阵开关）建立若干数据链路（运算部件之间的或存储部件与运算部件之间的）的通信字段，由于每个字段的多个操作或若干访问或若干通信是可以并行处理的，即 VLIW 处理在一个时钟周期内可以发射多条程序指令，所以 VLIW 处理机也是多发射处理的，LLIW 处理的结构原理如图 8-22 所示。可见，超长指令字处理是水平微码和超标量处理两种概念相结合的产物，是一种单指令多操作多数据的体系结构。

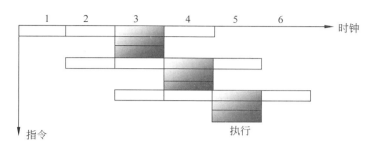

图 8-21 超长指令字处理的时空图

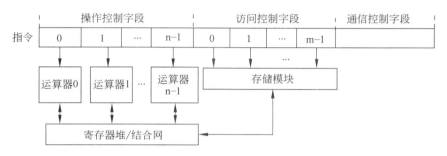

图 8-22 VLIW 处理的结构原理

2. 超长指令字处理的特征

根据 VLIW 处理的结构原理和目前推出的 VLIW 处理机，VLIW 处理具有以下主要特征。

(1) 编译组装超长指令。VLIW 处理是在编译时判定程序指令的并行性，编译程序从原程序中抽出可能的并行指令组装成一条超长指令，指令并行度接近 VLIW 处理机中的运算单元数 n。在超长指令字的程序指令并行度低时，字段有空闲，超长指令字段的利用率降低。VLIW 处理机的并行度依赖于编译并行化能力与程序本身的并行程度。

(2) 硬件结构简单。程序指令的并行调度全部由编译完成，程序运行时就不需要采用硬件来对程序指令流进行并行检测与调度，使得硬件结构比较简单。

(3) 指令系统不兼容。超长指令格式是根据 VLIW 处理机中并行运算部件数来规范设计的，VLIW 处理机的硬件组成确定后，相应的超长指令格式也就固定。由此可使 VLIW 处理机的指令系统和指令译码简单，但也使得 VLIW 的指令系统与其他 VLIW 处理机的指令系统不兼容。所以，尽管 VLIW 处理的并行性实现科学，但至今无法进入处理机的主流。

(4) 适合细粒度并行处理。VLIW 处理由超长指令中的字段控制多个运算部件和通过多条总线为运算部件建立所需要的数据链路，实现指令并行处理，且通信开销很小，从而适用于面向低级运算的细粒度并行处理。

3. VLIW 处理与超标量处理的区别

从在一个时钟周期同时发射多条指令来看，VLIW 处理与超标量处理相似，但两者的结构原理是有区别的，如图 8-23 所示可说明两者之间的主要区别。

(1) 指令调度的支持平台不同。VLIW 处理的指令并行的调度是静态调度，支持平

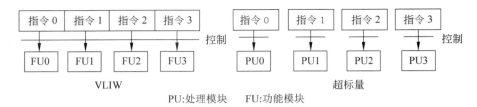

图 8-23 VLIW 处理与超标量处理的结构原理比较

台仅能是软件。超标量处理指令并行的调度可以是静态调度,但主要是动态调度,支持平台是软件和硬件,但主要是硬件。

(2) 执行部件的结构特性不同。VLIW 处理机中的各个 FU 一般分别是整数逻辑运算部件、浮点小数运算部件、访存操作部件及顺序控制部件等专用单功能部件,各 FU 是非同构的,使得功能相同可并行的相邻指令不能并行处理,一定范围没有某功能的指令,超长指令中对应字段只能空缺。因此,VLIW 处理机的专用异构 FU 虽然可使其硬件结构简单,但使得超长指令的指令字段的利用率不高。超标量处理机中的各 PU 必须是能实现所有程序指令功能的通用部件,一般是同构型的,只要指令是可并行的,就可同时发射多条指令。当然,通用性要求使 PU 的硬件开销大。

(3) 并行处理指令的要求不同。由于 VLIW 处理机中的 FU 的个数是固定的,一条超长指令可容纳的运算部件控制指令字段数也是固定的,并行执行的指令不仅要避免相关,还要与 FU 相匹配。超标量处理机的一个 PU 是一个指令流水线,每个 PU 各自处理一条程序指令,指令间只要没有相关就可并行执行。

(4) 提高指令并行的难度不同。VLIW 处理机中的 FU 的数量增加一倍,也不能同时运行两条超长指令,要提高 VLIW 处理机同时发射指令的条数,就重新设计 VLIW 指令的格式,并需要重新设计编译程序。超标量处理机在程序运行时指令的可并行性还可由 PU 硬件来检测,增加 PU 的个数就可提高同时发射指令的条数。

另外,由于静态调度中的访存等操作没有运行就不可能知道程序的物理地址流,也就不能完全解决数据相关问题。因此,经编译生成的 VLIW 指令中还有不可并行执行的操作,即 VLIW 指令字段实际利用率低。VLIW 指令因其格式固定,故而 VLIW 指令的译码比超标量指令译码容易。超标量处理机的兼容性优于 VLIW 处理机。

8.2.6 向量高度并行处理技术

1. 向量处理方式及其适用性

向量处理分为横向、纵向和纵横结合等三种方式,现以计算表达式 D=A×(B+C)为例,说明三种向量处理方式,其中 A、B、C、D 均是元素个数为 n 的向量。

(1) 横向(水平)处理方式。

横向处理方式是按计算要求对向量元素从左至右横向逐个串行计算,向量元素计算为:先相加 $k1 \leftarrow (b1+c1)$,后相乘 $d1 \leftarrow k1 \times a1$,k1 为暂存单元,计算的过程如图 8-24 所示。

若采用运算操作流水线计算,每个向量元素的加乘运算会发生数据相关;而当使用静态流水线时,每个向量元素还需进行乘加功能两次转换。这样向量 D 的计算,会出现 n 次数据相关、2n 次功能转换,如果由静态多功能流水线来实现,流水线吞吐率比串行处理还要低。因此,横向处理方式不适合于向量流水处理。

(2) 纵向(垂直)处理方式。

纵向处理方式是按计算要求对向量全体元素按相同运算处理完后,再去处理下一个运算,即是按列自上至下纵向进行,计算的过程如图 8-25 所示。

图 8-24　向量横向处理的计算过程　　　图 8-25　向量纵向处理的计算过程

若采用运算操作流水线计算,数据相关与加乘功能切换均仅发生一次,如果由静态多功能流水线来实现,流水线吞吐率极高。因此,纵向处理方式适合于向量流水处理。

向量处理机采用纵向方式处理向量运算,向量处理机需要具备支持向量运算的硬件及其对应的一组向量指令。为便于向量指令并行获取向量的 n 个元素,则把向量元素存储于一个容量足够大的向量寄存器。如果向量长度 n 大于向量寄存器的容量,那么源向量、目的向量和中间结果向量都只能存储于存储器阵列中,所有运算向量指令都要进行访存操作,由于存储器带宽有限,严重地影响运算向量指令处理速度。因此,为保持高速的向量处理,便提出纵横处理方式。

(3) 纵横(分组)处理方式。

纵横处理方式是横向处理与纵向处理相结合的一种向量处理方式,又称为分组处理方式,即按向量处理机中向量寄存器的容量 m,把长度为 n 的向量中元素分为元素个数为 m 的若干组,组内采用纵向处理,组间采用横向处理。由此,利用向量寄存器作为缓冲栈,可以使运算操作与存储访问重叠进行,避免存储器带宽对运算向量指令处理的限制。

假设向量长度为 n,分成 S 组,每组长度为 m,r 为余数,也作为一组处理,共 S+1 组。显然,$n = S \times m + r$,且 $m \leq n, r < m$,所有参数均为正整数。

先计算第一组: $k_{1 \sim m} = b_{1 \sim m} + c_{1 \sim m}, d_{1 \sim m} = a_{1 \sim m} \times k_{1 \sim m}$

再计算第二组: $k_{m+1 \sim 2m} = b_{m+1 \sim 2m} + c_{m+1 \sim 2m}, d_{m+1 \sim 2m} = a_{m+1 \sim 2m} \times c_{m+1 \sim 2m}$

再继续计算第三组,直到(S+1)最后一组,最后一组长度为余数 r。由上可见,每组内各有两条向量指令,各组内有一次数据相关,需两次流水功能切换,且需 m 个中间向量暂存单元。

纵横处理对向量长度 n 不加限制,但以 m 个元素为一组进行分组处理。在各组运算中,用长度为 m 的向量寄存器作为运算寄存器并保留中间结果,从而极大减少访存次数。

2. 向量处理机数据并行访问方法

向量处理机组织的技术途径为:采用运算操作流水线来对两个向量各元素进行并行运算操作,产生一个结果向量。由于运算操作流水线可以连续不断地并行工作,在一个时钟周期内可以完成一次运算操作,这就要求向量处理机的存储体系能给流水线结构的运算操作部件连续不断地提供数据和接收来自它的运算结果。假设从存储器取操作数、运算操作和写数据到存储器都是在一个时钟周期内完成,则要求存储体系能在一个时钟周期内读出两个操作数、写回一个结果。

一般的随机访问存储器在一个时钟内最多能完成一次读操作或写操作,因此,向量处理机组织的主要问题在于:如何设计出一个能满足流水线结构的运算操作部件对存储访问带宽要求的存储体系。目前,主要采用两种途径来实现满足存储访问的带宽要求。

(1) 多体多字存储器并发访问。利用多个独立的存储器模块来支持相互独立数据的并发访问,从而达到所要求的存储器带宽。如果一个存储器模块一个时钟周期最多能访问一个数据,那么由 N 个独立存储模块组成的多体多字存储器在一个时钟周期最多能访问 N 个独立数据。

(2) 设置多层次存储缓冲访问。构造一个可以满足所要求带宽的高速中间存储器(向量寄存器),并可以与主存储器快速进行数据交换。中间存储器具有速度快、容量较小,还可以按行、按列、按对角线或按子阵进行访问,数据来自主存储器,使得主存储器带宽不必与处理机所要求带宽一样。

根据数据并行访问方法的不同,向量处理机则可分为两种:多体多字存储器并发访问的存储器-存储器型,以及设置多层次存储缓冲访问的寄存器-寄存器型。

3. 存储器-存储器向量处理机

存储器-存储器结构向量处理机在对向量进行运算时,源向量和目的向量都存放在存储器中,流水线运算部件的输入和输出直接或通过缓冲器与主存储器相联,从读写操作数来看,构成"存储器-存储器"型的运算操作流水线。早期的向量处理机如 Star 100、Cyber 205 等都采用该结构,它对处理的向量长度 N 没有限制,无论 N 多大都可用一条向量指令实现,且适合于纵向处理。

在存储器-存储器向量处理机中,主存储器由多个存储器模块组成,流水线运算部件与主存储器之间有三条相互独立的数据通路,各数据通路可以并行工作,但是一个存储器模块在某一时刻只能为一个数据通路服务。在如图 8-26 所示的向量处理机的结构模型中,存储器由 8 个模块组成,它的带宽是单个模块存储器的 8 倍,即若一个存储模块在一个存取周期最多能存取一个数据,那么要在一个存取周期存取 8 个独立数据就需要 8 个独立的存储模块。

4. 寄存器-寄存器向量处理机

寄存器-寄存器结构向量处理机在对向量进行运算时,源向量和目的向量都存放在向量寄存器中,流水线运算部件的输入和输出通过一级或多级缓冲器与主存储器相联,从读写操作数来看,构成"寄存器-寄存器"型的运算操作流水线。虽然寄存器-寄存器结构向量处理机对处理的向量长度 N 也没有限制,但当向量长度 N 大于向量寄存器长度时,需要对向量元素分组,组的长度 m 为固定不变的向量寄存器长度,相同运算需要用多条向量指令实现,且适合于纵横向处理。

在寄存器-寄存器向量处理机中,由多级层次结构的存储体系代替存储器-存储器结构向量处理机的主存储器,速度越快的存储器距处理器越近,与处理器直接相连的是向量寄存器,存储层次之间可以快速实现数据交换,主存储器与向量寄存器间的存储器则作为

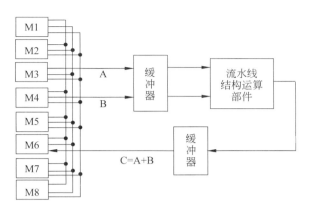

图 8-26 存储器-存储器向量处理机的结构模型

数据缓存器。在如图 8-27 所示的向量处理机的结构模型中，存储体系包含主存储器、向量缓冲器和向量寄存器或标量寄存器等三级，向量处理机除存储体系外，还包含有向量存取部件、指令处理部件、向量指令控制部件、向量功能部件、标量功能部件等。

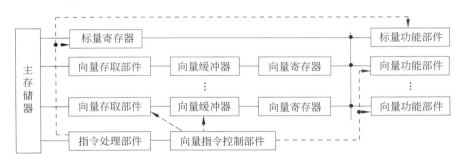

图 8-27 寄存器-寄存器向量处理机的结构模型

8.3 阵列处理机

阵列处理机是利用资源重复技术实现并行处理的处理机，由于它具有数据运算操作速度极快、功能专用等特点，而一直受到人们的关注。那么，阵列处理机有哪些操作元素，实现并行处理的体系结构有哪些类型，处理单元是如何组织的，阵列处理机有哪些特点等等，是本节要讨论的问题。

8.3.1 操作模型与处理单元结构

1. 阵列处理机操作模型

由前述可知，阵列处理机属于单指令流多数据流结构的计算机，其操作模型可由五元组来表示，即 $M=(N,C,I,M,R)$，其中：N 为处理机的处理单元 PE 数量；C 为控制部件 CU 直接执行的指令集，即标量指令和程序流控制指令；I 为由 CU 广播至所有 PE 进行并行处理的指令集，即向量指令和屏蔽指令等；M 为屏蔽方案集，即将所有 PE 划分成允许操作和禁止操作两种工作模式；R 为数据寻径功能集，即互连网络中 PE 间所需要通信模式。

2. 阵列处理机处理单元结构

阵列处理机处理单元之间的连接一般比较简单规整，其连接模式与一定类型的求解算法相适应，对处理机性能有着重要影响。目前，阵列处理机处理单元结构主要有阵列结构与多方体结构等两种。Illiac Ⅳ 阵列是处理单元连接模式中最具代表性的阵列结构。

Illiac Ⅳ 阵列包含 64 个处理部件 PU0~PU63，并排列成 8×8 方阵，每一个 PU_i 只和其上、下、左、右四个近邻 PU_{i-8}(mod 64)、PU_{i+8}(mod 64)、PU_{i-1}(mod 64)、PU_{i+1}(mod 64)有直接连接。按此规则，上下方向上同一列的 PU 两端相连成一个环；左右方向上每一行的右端 PU 与下一行的左端 PU 相连，最下面一行的右端 PU 与最上面一行的左端 PU 相连，从而构成了一个闭合的螺线形状，如图 8-28 所示。该连接模式既便于一维长向量（多至 64 个元素）的处理，又便于二维数组运算，以缩短处理单元之间的路径距离。步距不等于 +/-1 与 +/-8 的任意处理单元间通信可用软件方法寻找最短路径进行，其最短路径都不会超过 7 步。推广到一般情况，n×n 个处理部件组成的阵列中，任意两个处理部件之间的最短距离不会超过(n-1)步。

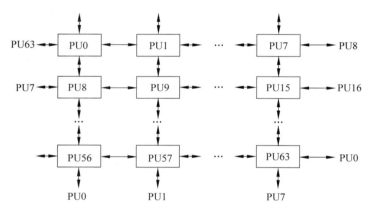

图 8-28 Illiac Ⅳ 阵列处理部件的连接

处理部件 PU 由处理单元（PE）、局部存储器（PEM）和存储逻辑部件（MLU）组成。处理单元含有四个 64 位字长的寄存器（累加器、操作数寄存器、数据路由寄存器、通用寄存器）、一个 16 位变址寄存器、一个 8 位的方式寄存器（存放 PE 屏蔽信息），以及加/乘算术单元、逻辑单元和地址加法器等，操作数来源有四：PE 本身的寄存器、PEM、CU 的公共数据总线、PE 的四个近邻。64 个局部存储器联合组成用于存放数据和指令的阵列存储器，整个阵列存储器可以接收控制器的访问，读出 8 个字的信息块到它的缓冲器中，也可经过 1024 位的总线与 I/O 开关相连，但是每一个处理单元只能访问自己的局部 PEM，分布在 PEM 中的公共数据，只能在读出到控制器 CU 后，再经公共数据总线广播到 64 个处理单元中。PE 和 PEM 之间经过存储器逻辑部件 MLU 相连，它包含存储器信息寄存器和有关控制逻辑电路，以实现 PEM 分别到 PE、CU 以及 I/O 之间的信息传送。

8.3.2 阵列处理机的体系结构

根据存储器的组织方式不同,阵列处理机有分布式存储器和共享式存储器等两种体系结构。

1. 分布式存储器阵列处理机

分布式存储器阵列处理机主要由标量处理机、阵列控制部件、控制存储器、辅助存储器、主机、处理单元阵列和数据寻径网络等组成,其体系结构如图 8-29 所示,其中存储器是由处理单元 PE 独享的本地存储器 LM 组成。由于阵列控制部件是单指令流,所以指令是串行处理的;不同的数据寻径网络适用于不同类型的算法,也是阵列处理机的主要差别。一定数量的处理单元 PE 通过数据寻径网络以一定模式互相连接,在阵列控制部件的统一控制下,实现并行操作。

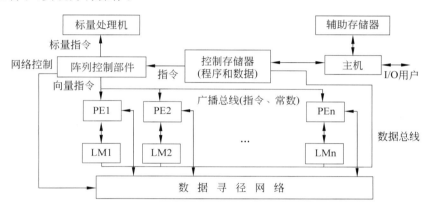

图 8-29 分布式存储器阵列处理机的体系结构

程序和数据通过主机装入控制存储器,指令送到阵列控制部件进行译码。如果是标量指令,则直接由标量处理机处理;如果是向量指令,则通过广播总线将它广播到所有 PE 并在同一个周期同时处理,但可以利用屏蔽逻辑来决定任何 PE 在给定的指令周期是否处理。划分的数据集通过数据总线分布到 PE 本地存储器 LM,阵列控制部件通过运行程序来控制数据寻径网络,实现 PE 间通信。

2. 共享式存储器阵列处理机

共享存储器阵列处理机组成的功能部件与分布式存储器阵列处理机基本相同,仅在于处理单元互联的网络称为对准网络,其体系结构如图 8-30 所示,其中存储器是由 m 个存储体的多体多字并行存储器 SM 组成,且被所有的 PE 共享。多体存储器通过对准网络与处理单元 PE 相连,存储模块的数目等于或略大于处理单元数,为减少存储器访问的冲突,存储器模块之间必须合理分配数据。

8.3.3 阵列处理机的特点与算法

1. 阵列处理机的特点

向量处理机和阵列处理机都是在数据操作级实现并行,且对向量与矩阵的运算效率

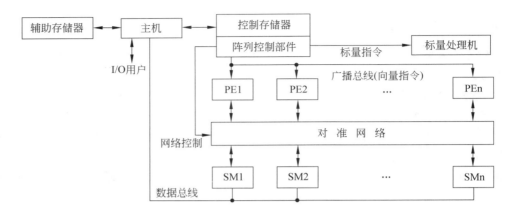

图 8-30 分布式存储器阵列处理机的体系结构

高,通过认识阵列处理机的特点,就可以看出两者在结构原理上的区别。

(1) 阵列处理机是基于算法的专用处理机,体系结构与算法是一体的不可分的。阵列处理机的专用算法主要由用于处理单元连接的互连网络来规定,处理单元通常是简单规整地排列和连接,具有较为固定结构来与一定的向量处理算法相适应;而向量处理机与向量处理算法无关,适用于不同类型问题的求解具体算法。

(2) 阵列处理机是采用资源重复来开发并行性,以单指令流多数据流方式工作。阵列处理机利用重复设置的处理单元对向量元素同时运算,若要提高计算速度,可以通过增加处理单元数来实现;而向量处理机是采用时间重叠来开发并行性,以单指令流单数据流方式工作,若要提高计算速度,主要依靠时钟周期的缩短。

(3) 阵列处理机在处理标量运算指令和短向量运算指令时,与长向量运算指令相比,处理速度变化不大,但处理效率会降低。向量处理机在处理标量运算指令和短向量运算指令时,由于可连续向量分量少,使得处理速度和效率均会降低。特别地,标量运算和短向量运算在程序中是不可缺的,往往比例还很大,所以标量运算和短向量运算的处理速度和效率对程序的运行速度和效率影响很大。

(4) 阵列处理机是根据功能专用原则组建的异构型多处理机。从上述阵列处理机结构来看,它由后端处理机、标量处理机和前端主机等三部分构成的异构型多处理机,其中用于阵列处理的后端处理机包含处理单元阵列、互连网络和阵列控制部件等,前端主机用于 I/O 操作、向量化编译与操作系统管理等,标量处理机用于标量处理。向量处理机则是单处理机。

(5) 阵列处理机的效率由计算程序的向量化程度来决定。编译的时间开销与体系结构、机器语言水平高低相联系,为提高阵列处理机的通用性,必须利用具有向量化能力的高级语言编译程序。

2. 阵列处理机的算法

现以含 N 个运算单元的阵列处理机来对 N 个数据求累加和为例,设计一个适合阵列处理机并行计算的算法。该算法一般采用递归折叠求和的思想,即将 N 个数的串行相加过程变换为并行相加过程。假定每个运算单元已事先分配了一个元素,且为了得到累加部分和与总和,需要用到处理单元中的活跃标志位,只有处于活跃状态的处理单元,才能执行相应操作,否则不会对结果有什么影响。

以 N=8 为例,在阵列处理机上采用递归折叠求和算法,仅需要 $\log_2 8 = 3$ 次加法(串行需要 8 次)时间。设 8 个数据 A(I)(0≤I≤7)存放在 8 个 PEM 的 m 单元中,则递归折叠求累加和的过程如图 8-31 所示。

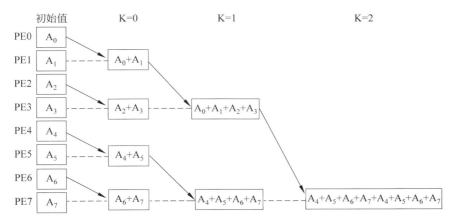

图 8-31　8 个 PE 的递归折叠求和算法过程

(1) 置全部 PE 为活跃状态,且令 K=0;
(2) 全部 A(I)(0≤I≤7)从 PE 的 m 单元读到相应的 PE 的累加器(RGA)中;
(3) 全部 PE 的(RGA)传送到寄存器(RGR)中;
(4) 全部 PE 的(RGR)经过互连网络传送到第 2^K 个 PE 的(RGA)中,且令 $j=2^K-1$;
(5) 置 PE0 至 PEj 为不活跃状态;
(6) 处于活跃状态的 PE 执行(RGA)=(RGA)+(RGR)操作;
(7) K=K+1,若 K<3 则转(3),否则继续;
(8) 置全部 PE 为活跃状态,全部 PE 的(RGA)存入相应 PEM 的 m+1 单元中。

显然,在阵列处理机上实现累加和并行运算,由于屏蔽了一部分处理单元,降低了处理单元的利用率,所以速度提高的倍数不等于处理单元的个数 N,而只是 $N/\log_2 N$。

另外,从累加和的并行运算可以看到:一是看起来只能串行计算的问题可以用并行算法得到解决,并有较好的加速比;一般情况下,N 个向量元素在 N 个运算单元上求累加和只需要 $\log_2 N$ 次传送操作和加法操作,而在串行计算中则需要 N-1 次加法操作。二是在求累加和的过程中,并非每个处理器都始终参加操作,例如在第一步,只有 PE1、PE3、PE5、PE7 参加运算;在阵列处理机中,不参加运算的 PE 由控制器 CU 借助屏蔽方式来实现。三是连续模型算法采用邻近互连方式,这种互连方式每一步只能将信息传播固定有限的距离;假若采用通信范围成倍扩大的互连方式,那么在一系列迭代过程中处理单元可依次和与它相距 1、2、4……的处理单元进行通信,这种互连方式适合于递归折叠等并行算法。

8.4 多处理机

多处理机是利用资源共享技术实现并行处理的处理机,由于单处理器的局限性和多线程技术的发展,其体系结构已成为当前的主流。那么,多处理机有哪些特点和组织形式,多处理机存储与通信模型有哪些,多处理机的体系结构和操作系统有哪些类型等等,是本节要讨论的问题。

8.4.1 多处理机的提出及其组织形式

1. 多处理机的提出

流水线处理机通过若干级功能段的时间并行来获得高性能,适合运行 SISD 性的程序,属于 SISD(单指令流单数据流)的体系结构;阵列处理机通过重复设置多个处理单元的空间并行来获得高性能,适合运行 SIMD 性的程序,属于 SIMD(单指令流多数据流)的体系结构。可见,流水线处理机与阵列处理机对某些问题求解是极其非常有效的,但有些复杂大问题求解不那么有效,原因在于问题没有对结构化数据进行重复运算操作,所要求的运算操作通常是非结构化的且是不可预测的。因此,为使这类问题求解仍保持高性能,只能从由多台处理机组成的体系结构中寻找出路,由此出现并发展了多处理机。

2. 多处理机处理器的组织形式

多处理机处理器的组织形式可分为三种:异构的、同构的和分布的。异构多处理机又称非对称多处理机,它是指由多个不同类型的至少担负不同功能的处理器组成的多处理机。同构多处理机又称对称多处理机,它是指由多个同类型的且完成同样功能的处理器机组成的多处理机。分布多处理机是指有大量分散、重复的处理资源(一般是具有独立功能的单处理器)相互连接在一起,在操作系统的全局控制下统一协调工作而最少依赖于集中的软硬件资源的多处理机。这三种组织形式多处理机之间的差异如表 8-4 所示,其主要有三个方面。

表 8-4 不同组织形式多处理机之间的差异

项 目	同构多处理机	异构多处理机	分布多处理机
目的	提高性能(可靠性与速度)	提高使用效率	兼顾性能与效率
技术途径	资源重复(机间互联)	时间重叠(功能专用)	资源共享(网络化)
组成	同类型、同功能	不同类型、不同功能	不限制
分工方式	任务分布	功能分布	资源分布
工作方式	一个作业由多机协同并行运行处理	一个作业由多机协同串行运行处理	一个作业由一机运行处理必要时由它机协助
控制形式	浮动控制	专用控制	分布控制
耦合度	紧密	紧密、松散	松散、紧密
互联要求	快速、灵活、可重构	专用	快速、灵活、简单、通用

(1) 分工方式不同。同构多处理机是功能分布,异构多处理机是任务分布,分布多处理机既包括同构多处理机的功能分布,又包括异构多处理机的任务分布。

(2) 工作方式不同。同构多处理机是把一道程序(作业)分解为若干独立任务,分别由若干功能相同的处理机同时运行;异构多处理机是把一道程序分解为若干同步串行任务,分别由若干功能不同的处理机并发运行;分布多处理机是一道本地程序尽量由本地处理机运行,仅在资源或能力不够时,才要求其他处理机协助。

(3) 控制形式不同。同构多处理机一般采用浮动控制,系统管理控制由一台处理机实现,但并不固定,其他处理机也可承担系统管理控制的任务;异构多处理机一般采用专用控制,由一台专用处理机实现系统管理控制;分布多处理机一般采用分布控制,由多台处理机协同进行系统管理控制。

8.4.2 多处理机存储器的组织模型

1. 存储器物理组织模型

从物理组织形式上来看,多处理机的主存储器有集中式与分布式等两种模型。

(1) 集中存储器模型。

在多处理机中,仅设置一个存储器(可以是一个存储器,也可以是物理位置相同的多个存储器),所有处理器通过私有大容量 Cache 和总线或交叉开关与该存储器相连,这种存储器称为集中存储器,相应多处理机称为集中存储器多处理机。由于受集中存储器与互连网络的带宽限制,集中存储器多处理机所包含的处理器数目较小,目前至多只有几十个处理器,其体系结构有三种:基于总线的、基于高速缓冲存储器(Cache)的、基于互连网络的。

基于总线的集中存储器多处理机,处理器通过私有 Cache 和总线与集中存储器相连,如图 8-32 所示。由于总线带宽的限制,其扩展性较差,主要应用于中小规模的多处理机,处理器至多只能达 20~30 个。目前对称多处理机一般都采用该结构,现在市场上的微处理器已具有对 Cache 一致性的支持,不需要任何辅助逻辑,就可构成一台对称多处理机。

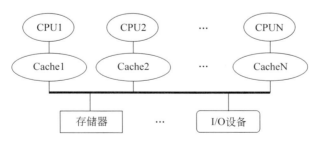

图 8-32 基于总线的集中存储器多处理机体系结构

基于 Cache 的集中存储器多处理机,处理器通过互连网络和共享 Cache 与集中存储器相连,如图 8-33 所示。为了提高 Cache 的带宽、减少访问 Cache 的延迟,Cache 和集中存储器都是多体交叉并行结构。该结构主要应用于小规模多处理机,处理器至多只能达 2~8 个,且扩展性很差。

基于互连网络的集中存储器多处理机,处理器通过私有 Cache 和互连网络与集中存

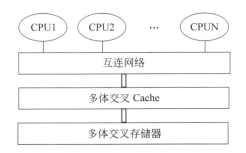

图 8-33 基于 Cache 的集中存储器多处理机体系结构

储器相连,如图 8-34 所示。为了提高集中存储器的带宽、减少其访问延迟,集中存储器都是多体交叉并行结构。互连网络是一个可扩放的点到点网络,所有处理器访问任何一个逻辑存储模块的时间距离是相同的。该结构适用于较大规模多处理机,但随着规模的增大,处理器访问集中存储器的延迟变大。

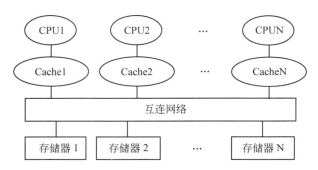

图 8-34 基于互连网络的集中存储器多处理机体系结构

(2) 分布存储器模型。

由于集中存储器带宽有限,集中存储器多处理机的规模较小;为了支持规模大的多处理机,便将存储器分布在各处理器上。在多处理机中,各处理器均配置存储器,每个节点由处理器、Cache、存储器、I/O 设备和网络接口,这种存储器称为分布存储器,相应多处理机称为分布存储器多处理机。对于分布存储器多处理机,节点通过高速互连网络相连来实现数据交换,带宽仅受互连网络限制,其体系结构如图 8-35 所示。特别地,分布存储器多处理机中的节点可以是采用总线互连的小规模(2~8)多处理机,且称为超节点。

多处理机分布存储器的优点在于:一是节点处理器的访问大多数是本地存储器,使得对存储器与互连网络的带宽要求较低;二是对本地存储器的访问延迟小。但分布存储器也有缺点:节点处理器之间的通信较为复杂、访问延迟较大。

2. 存储器逻辑组织模型

从逻辑组织形式上来看,多处理机的主存储器有共享与非共享等两种模型。

(1) 共享存储器模型。

在多处理机中,存储器为逻辑上统一编址的单地址空间,节点处理器上相同逻辑地址

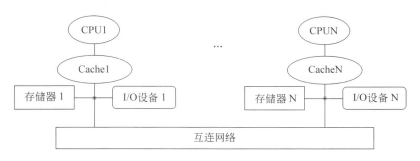

图 8-35　分布存储器多处理机体系结构

指向存储空间的同一个单元,节点处理器之间的数据交换一般采用共享存储单元(即共享变量的通信模型)来实现,这种存储器称为共享存储器,相应多处理机称为共享存储器多处理机。对于共享存储器多处理机,处理器和存储器之间的数据传送频繁,处理器之间的通信量可以较大,但由于互连网络频带限制,规模不能太大。另外,共享存储器多处理机具有统一寻址空间,无须在程序中显式地控制数据的分布和传输,从而程序员容易编程。

由于存储器的物理组织形式有集中与分布之分,所以共享存储器模型又分为两种结构:一种是物理上集中的集中共享存储器,另一种是物理上分布的分布共享存储器(又称虚拟共享存储器)。集中共享存储器的存储器和 I/O 设备是独立的,为所有处理器共享,处理器可以通过访问存储器的存储单元实现通信,并通过私有 Cache 将所有处理器访问存储器所需的速率提高到可以适用的水平。早期的多处理机几乎都是基于总线的集中共享存储器。分布共享存储器各处理器拥有自己的存储器和 I/O 设备,处理器之间除可以通过访问共享存储器的存储单元实现通信外,还可以点对点的通信。

在集中共享存储器的多处理机中,物理集中的存储器空间共享是自然的,但可扩性差;各处理器有私有 Cache,并通过互连网或交叉开关或总线访问存储器,且对所有存储字具有相同的存取时间。

在分布共享存储器的多处理机中,物理分布的存储器空间共享需要通过软硬件来加以实现各处理器对分布于其他处理器的存储器访问,使所有本地存储器组成逻辑统一的全局地址空间,可扩性强。任一处理器访问本地存储器较快,访问其他远程存储器时,由于通过互连网络而产生附加时延,速度则较慢。传统分布存储器中的处理器不能直接访问非本地存储器,只能通过消息传递实现数据交换,使得编程困难而且增加通信开销。为此,便将物理分散的各处理器的局部存储器,在逻辑上加以统一编址,形成一个全局统一的虚拟地址空间来实现存储器共享,每个处理器可通过虚拟地址访问全局存储器的任一位置。这样,在虚拟共享存储器上编制程序效率高且较容易,结构灵活且软件移植性较好,分布存储器多处理机越来越广泛地受到重视。

(2) 非共享存储器模型。

在多处理机中,存储器为逻辑上独立编址的多地址空间,节点处理器上相同逻辑地址指向存储空间的不同单元,节点处理器之间的数据交换一般采用接口和互连网络(即消息传递的通信模型)来实现,这种存储器称为非共享存储器,相应多处理机称为非共享存储器多处理机。对于非共享存储器多处理机，规模可以很大，但通信量不能太多。非共享存储器在逻辑上分布在物理上自然是分布的，任一节点处理器不能访问其他局部存储器，可扩性强。

8.4.3 多处理机的通信与访存模型

1. 处理器之间的通信模型

从通信机制来看，多处理机节点处理器之间的数据通信有共享变量和消息传递等两种模型，它们分别适用于存储空间是否共享的多处理机，当然，也常将两种通信模型结合起来应用。

(1) 共享变量模型。

对于存储空间共享的共享存储器多处理机，可以通过对同一地址单元的存数与取数指令，隐含地进行节点处理器之间的数据通信，这种通信称为共享变量模型。该通信模型的主要优点在于：一是当通信复杂或程序运行动态变化时易于编程、简化编译器；二是当通信量不是很大时，通信开销小，带宽利用率高；三是通过硬件控制的 Cache 可以减少异地存储器的访问频度和共享数据的访问冲突。在共享存储器多处理机上，应用共享变量数据通信模型是自然的，当然，也可以建立消息传递通信模型，且比较简单，只需发送一条消息把一部分地址空间的内容复制到另外一部分地址空间即可。

(2) 消息传递模型。

对于存储空间不共享的非共享存储器多处理机，可以通过节点处理器请求与响应服务显式地传递消息，实现节点处理器之间的数据通信，这种通信称为消息传递共模型。该通信模型的主要优点在于：一是硬件简单，易于实现；二是显式的数据通信可起编程人员和编译程序的注意，关注通信开销大的通信；三是数据的安全可靠性高。在非共享存储器多处理机上，应用消息传递数据通信模型是自然的，当然，也可以建立共享变量通信模型，但实现比较复杂，所有对异地存储器的访问均需要操作系统提供地址转换和存储保护功能，将存储器的访问转换为消息的发送和接收，实现的开销很大。

2. 处理器对存储器的访问模型

从存储访问特性来看，多处理机中处理器对存储器访问有均匀存储访问、非均匀存储访问、非异地存储访问和全高缓存储访问等四种模型。

(1) 均匀存储访问模型。

对于集中共享存储器多处理机，存储资源高度共享，任何处理器可以访问任何存储器，且访问时间相同，这种存储访问称为均匀存储访问模型，其相应多处理机的体系结构即是集中存储器多处理机。均匀存储访问建立的基础是存储器组织在物理上集中、在逻辑上共享，适应于通用或分时的应用，且特点有：一是所有处理器自带私有 Cache，二是 I/O 设备也可以一定形式被所有处理器共享。

当所有处理器能等同访问 I/O 设备、同样可运行操作系统内核和 I/O 服务程序等各时，使用均匀存储访问模型的多处理机是对称多处理机。若只有一台或一组处理器（即主处理器）能运行操作系统内核和 I/O 服务程序时，使用均匀存储访问模型的多处理机则是非对称多处理机。

(2) 非均匀存储访问模型。

对于分布共享存储器多处理机,存储资源高度共享,任何处理器可以访问任何异地存储器,但访问时间不相同,这种存储访问称为非均匀存储访问模型,其相应多处理机的体系结构即是分布共享存储器多处理机。均匀存储访问建立的基础是存储器组织在物理上分布、在逻辑上共享,其特点仍是:一是所有处理器自带私有 Cache,二是 I/O 设备也可以一定形式被所有处理器共享。

(3) 非异地存储访问模型。

对于分布非共享存储器多处理机,存储资源不共享,任何处理器不可以访问任何异地存储器,这种存储访问称为非异地存储访问模型,其相应多处理机的体系结构即是分布非共享存储器多处理机。非异地存储访问建立的基础是存储器组织在物理上分布、在逻辑上非共享,其特点有:一是节点处理器通过互连网络连接,二是自治节点由一台处理器、私有 Cache、本地存储器和 I/O 设备组成。

(4) 全高缓存储访问模型。

全高缓存储访问模型可以认为是非均匀存储访问模型的一种特例,它是以资源分布物理结构为基础,且资源高度共享,但没有配置存储器,其相应多处理机的体系结构如图 8-36 所示。全高缓存储访问模型的特点有:一是节点处理器仅有容量很大的 Cache,不存在存储层次;二是所有节点 Cache 组成全局地址空间,节点处理器利用分布的 Cache 目录(DIR)实现异地 Cache 的访问;三是数据开始时是任意分配在 Cache 中,运行过程会使数据迁移到需要使用的节点 Cache。

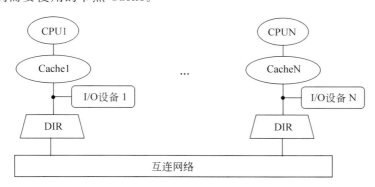

图 8-36　全高缓存储访问模型多处理机的体系结构

8.4.4　多处理机的分类与特点

1. 多处理机的分类

多处理机的分类途径很多,但按结构特性来分类是最常用的,且目前可分为四种类型,即集中共享存储多处理机(UMP)、分布共享存储多处理机(DSM)、大规模并行处理机(MPP)、工作站群多处理机(COWP),其中大规模并行处理机是指 MIMD 结构的(最初并行处理机是指阵列处理机)。多处理机的结构特性如表 8-5 所示,节点处理器都已采用商品化通用的处理器。

表 8-5　不同多处理机的结构特性

属性	集中共享存储器	分布共享存储器	大规模并行	工作站群
节点类型	单处理机	单或多处理机	单处理机	无盘工作站
互连网络	总线、交叉开关	定制网络	定制网络	商用网络
物理存储	集中	分布	分布	分布
存储逻辑	共享	共享	非共享	非共享
地址空间	单	单	多	多
通信机制	共享变量	共享变量	消息传递	消息传递
访存特性	均匀存储访问	非均匀存储访问	非异地存储访问	非异地存储访问
节点 I/O	无	有	有无均可	有无均可

(1) 集中共享存储器多处理机。

集中共享存储器多处理机的体系结构如图 8-37 所示,它是由一组处理器通过总线或交叉开关与若干存储模块和 I/O 设备连接而成,当处理器功能完全相同时则称为对称多处理机(SMP)。任何处理器对任何存储器的访问,都是经过互连网络来传送数据,而且无论访问的数据在哪一个存储器块中,访问的延迟时间是相等的。特别地,若标量处理器由向量处理器代替且数量很少,这样的集中共享存储多处理机则称为并行向量处理机。

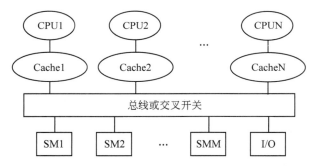

图 8-37　集中共享存储多处理机的体系结构(SM 为共享存储器)

(2) 分布共享存储器多处理机。

分布共享存储器多处理机的体系结构如图 8-38 所示,它是由一组处理器节点通过互连网络连接在一起,每个节点包含处理器、私有 Cache、本地存储器和 I/O 设备等;分布于处理器节点的本地存储器组合在一起统一编址,逻辑上组成一个共享存储器;这样每台处理器除可以访问本地存储器外,还可以通过互连网络访问异地或远程存储器,但访问本地存储器的延迟时间比访问远程存储器小得多。特别地,分布共享存储多处理机中的节点可以是小规模的对称多处理机。

(3) 大规模并行多处理机。

大规模并行多处理机的体系结构如图 8-39 所示,它是由一组处理器节点通过互连网络连接在一起,每个节点包含处理器、网络接口电路、私有 Cache 和本地存储器等,有的还

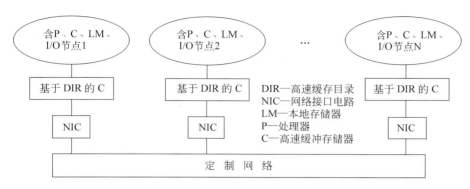

图 8-38　分布共享存储多处理机的体系结构

可能有 I/O 设备,且节点内通过总线连接,任何节点处理器只能访问本地存储器,不能访问异地存储器。对于大规模并行处理机,节点之间数据传送速度低、延迟不相等且时间长,但节点可以采用经济合理的微处理器,成本很低,规模很大,可达几百乃至几千台微处理器。

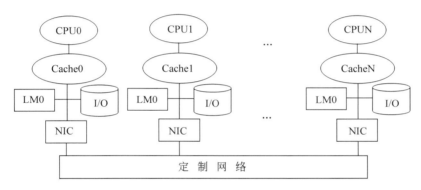

图 8-39　大规模并行多处理机的体系结构

（4）工作站群多处理机。

工作站群多处理机的体系结构与大规模并行处理机和分布共享存储器多处理机类同,不同之处在于 DSM 和 MPP 采用定制专用的互连网络把各节点连接在一起,而工作站群通常采用商品化的互连网络,另外节点不含 I/O 设备。

2. 多处理机的特点

MIMD 的多处理机与 SISD 的流水线处理机和 SIMD 的阵列处理机相比,它们在实现并行性的技术途径和等级等方面存在差异。由于多处理机是利用资源共享来实现任务或作业一级的并行,因此,算法上需要挖掘与实现更多隐含的并行性,系统管理上需要更多地依靠软件资源管理和进程调度。综合来说,多处理机具有以下五个方面的特点。

（1）体系结构灵活多样。多处理机与流水线处理机相比并行度高,与阵列处理机相比通用性强、可适应算法多,为此处理器节点之间的互连模式复杂多变、体系结构灵活多样,同时还存在共享资源的冲突和规模较小等问题。

（2）实现并行途径多。流水线处理机与阵列处理机实现的是指令之间或指令内部操作之间的并行,并行性较容易识别与实现。多处理机实现的是指令外部中的并行,表现在任务或进程之间,并行性的识别难度较大,因此,必须利用多种途径如算法、程序语言、编译、操作系统及其硬件等,来尽量挖掘潜在的并行性。

(3) 并行任务动态派生。流水线处理机与阵列处理机均是单指令流,通过指令本身就可以启动多个并行操作。多处理机是多指令流,则要求一个程序中存在多个并发程序段,且通过专门指令来表示程序段并发性,因此,一个任务执行开始就可以派生出相并行的另一些任务;而如果任务数多于处理机数,多余的任务就进入排队器等待。

(4) 进程同步实现复杂。流水线处理机与阵列处理机是单控制部件,同步是自然的。多处理机是多控制部件,不同控制部件处理不同的指令,而处理进度不可能也没有必要保持相同;如果一处理器处理某指令后停下来等待,若并发进程之间发生相关,那么有的进程处理机也要停下来等待,直到条件满足为止;因此,多处理机需要采取特殊的同步措施来确保程序按所要求的正确顺序运行。

(5) 效率与资源分配和任务调度有关。多处理机运行并发任务,需要的处理器数不固定,各处理器进入与退出任务的时间也不同,则多处理机所需共享资源的种类、数量随时变化。因此,如何分配共享资源与调度任务,对整体效率影响很大。

8.4.5 多处理机操作系统的类型

包含并行性的程序在多处理机上运行时,需要有相应的控制机构实现管理功能,这一控制机构一般是软件——多处理机操作系统。目前,多处理机操作系统有主从型、独立型和浮动型等三种。

1. 主从型操作系统

主从型(又称为集中控制型)操作系统是指仅在一个指定的处理器(主处理器)上运行,来实现对所有资源的集中管理控制。主处理器可以是专用的控制处理器,也可以与其他从处理器相同的通用处理器,它除实现管理功能外,也可用于其他方面。从处理器则是一个可以调度的资源,它通过访管指令或自陷软中断来请求主处理器服务。

主从型操作系统硬件结构比较简单,整个管理程序仅在一个处理器上运行,除非某些递归调用或多重调用的公用程序,一般都不必是可再入的;而通常只有一个处理器访问执行表,不存在系统管理、控制表格的访问冲突和阻塞问题,简化了管理控制的实现。主从型操作系统能最大限度地利用单处理器多道程序分时操作系统的成果,即只要对它稍加进行扩充即可,实现经济方便,目前被大多数多处理机所采用。

主从型操作系统对主处理器的可靠性要求很高,否则一旦发生故障,会使整体瘫痪。主处理器应能快速处理管理功能,提前等待请求,以便及时为从处理器分配任务,否则会显著降低从处理器的效率;即使主处理器是专用的控制处理器,如果负荷过重,还会影响整体性能,显得不够灵活。特别是当大部分任务细短时,由于频繁要求主处理器完成大量的管理性操作,整体效率将显著降低。

主从型操作系统适合于任务负荷固定,且从处理器能力明显低于主处理器,或由功能相差很大的处理器组成异构型多处理机。

2. 独立型操作系统

独立型(又称为分散控制型)操作系统是指多台处理器上运行,来实现对所有资源的分散管理控制。每台处理器都有一个独立的管理程序(操作系统内核)在运行,即每台处理器都有一个内核副本按自身需要及分配给它的程序需要来执行各种管理功能。

独立型操作系统对对控制处理器的要求低,任一控制处理器发生故障,不会引起整体瘫痪,可靠性较高。各控制处理器都有其专用控制表格,使访问资源表格的冲突较少,公用执行表也不大,且控制进程与用户进程还可以一起调度,使得整体效率较高。

独立型操作系统仍然有共享表格,由此访问冲突与进程调度复杂、开销大,各处理器负荷平衡较困难;多台处理器运行管理程序,则管理程序必须是可再入的;某处理器一旦发生故障,难以恢复和重新运行未完成的任务。另外,由于每台处理器均有自己专用的I/O设备和文件,使得输入输出结构变换需要操作员干预,且需要局部存储器存放管理程序副本,降低了存储器的利用率。

独立型操作系统适用于模块化分布处理的多处理机。

3. 浮动型操作系统

浮动型操作系统是主从型与独立型的折中,管理程序可以在处理器之间浮动,且某时段由哪台处理器控制、控制时间的长短是不固定的。

浮动型操作系统可以使共享资源的负荷得到较好平衡,硬件结构和可靠性具有独立型分布控制的优点,而操作系统的复杂性和经济性则接近于主从型;另外,操作系统一般不受处理器数目的影响,具有很高的灵活性。

浮动型操作系统的主控制程序在处理器之间转移,允许有多台处理器运行同一管理服务程序,因此多数管理程序必须是可再入的;而由于同一时间可能有多台处理器处于管态,则可能发生表格访问、数据集访问和服务请求冲突。特别是该操作系统的设计难度最大。

浮动型操作系统适用于包含公用主存和I/O设备的多个相同处理器组成的同构型多处理机。

8.5 多核处理器与多线程技术

多核与多线程技术是当今微处理器实现指令级与线程级并行的技术,从而极大地提高了微处理器的性能与效率。那么,为什么会提出多核技术和多线程技术,什么是多核处理器,什么是线程与多线程,什么是超线程与同时多线程,多核处理器有哪些特点和分类,线程与进程、超线程与双核区别是什么,多线程与超线程的实现机理是什么,高性能微处理器体系结构有哪些等等,是本节要讨论的问题。

8.5.1 多核与多核处理器

1. 什么是多核处理器

多核处理器是指在一个处理器中集成多个(两个或两个以上)运算核心或计算引擎,通过任务划分来充分利用多个运算核心,并行处理多个任务。可见,核可以认为是增强型运算单元,核与核之间联系非常紧密。另外,也可以认为微处理器核心是一个相对简单的单线程微处理器或比较简单的多线程微处理器,多个微处理器核心就可以并行地执行程序代码,实现线程级并行。所以,多核处理器又可以称为单芯片多处理器(CMP)。最早的多核是双核,它是由 IBM、HP、SUN 等支持 RISC 架构的高端服务器厂商提出。多核处理器性能发挥的基础是多线程技术,如果运行单程序、处理单任务,在同频率时,多核处理器与单核处理器的实际性能是一样的。

多核处理器与多处理机是不同的概念,多核处理器是一个处理器中包含多个共享多级 Cache 的运算核心,一枚处理器芯片内部通过高速总线连接,以使多个运算核心协同工作;多处理机是一台处理机中包含多个处理器,处理器通过主板线路连接,以使多个处理器交互作用。

2. 多核处理器的特点

由于多核处理器采用相对简单的微处理器作为处理器核心,使得多核处理器主要具有以下几个显著的特点。

(1) 控制简单容易实现。相对超标量结构与超长指令字结构,多核结构控制逻辑的复杂性明显低得多,相应的多核处理器的硬件实现必然简单得多。

(2) 高主频。由于多核结构的控制逻辑相对简单,包含极少的全局信号,因此线延迟对其影响比较小;在同等工艺条件下,多核处理器的硬件实现能够获得比超标量微处理器和超长指令字微处理器更高的工作频率。

(3) 低通信延迟。由于多个简单处理器集成在一枚芯片上,且共享多级 Cache 或主存,多线程之间的通信延迟会明显降低,当然也对存储层次提出了更高要求。

(4) 低功耗。通过动态调节电压/频率、负载优化分布等,可有效降低多核处理器功耗。

(5) 设计与验证周期短。微处理器厂商一般采用现有的成熟单核处理器作为处理器核心,从而可缩短设计和验证周期,节省研发成本,也便于扩展。

3. 多核处理器的分类

多核处理器可以按共享存储层次和处理器核是否相同来分类。

按共享存储层次来分,可以把多核处理器分为三种:共享一级 Cache、共享二级 Cache、共享主存,这种分类侧重于存储层次的组织和处理器核的连接。在共享一级 Cache 的多核处理器结构中,一级 Cache 由多个处理器核所共享,也就是处理器核在一级 Cache 这个层次上相连接。在共享二级 Cache 的多核处理器结构中,每个处理器核拥有独立的一级 Cache,二级 Cache 由多个处理器核所共享,即处理器核在二级 Cache 这个层次上相连。在共享主存的多核处理器结构中,每个处理器核既拥有独立的一级 Cache,还拥有独立的二级 Cache,或者存储系统中不设 Cache,主存由多个处理器核所共享,即处理器核在主存这个层次上相连接。若应用程序的通信量大时,共享一级 Cache 多核处理器结构的性能优于另两种多核处理器结构;若应用程序的通信量小时,共享一级 Cache 多核处理器结构的性能与另两种差不多。但共享一级 Cache 多核处理器结构的设计较为复杂,处理器核之间的耦合度比较高,在处理器数目增加时可扩展性较差。

按处理器核是否相同来分,可以把多核处理器分为两种:同构的和异构的,这种分类侧重于处理器核的结构与功能。同构多核处理器一般由通用处理器核组成，多个处理器核执行相同或类似的任务，如 Intel 公司、AMD 公司推出的面向 PC 的双核、4 核、8 核处理器都属于同构多核处理器。异构多核处理器除含有通用处理器核作为控制、通用计算之外，多集成 DSP、ASIC、媒体处理器、VLIW 处理器等针对特定的应用来提高计算的性能。

8.5.2 多核处理器产生的缘由

1. 单核处理器的局限性

从 2008 年开始，单核处理器基本停产，取而代之的是多核处理器。单核处理器的局限性主要体现在以下几个方面。

（1）实现指令级的并行度有限。理想处理器是指消除了所有指令级的并行约束，具有无限发射指令的能力。当然，这种处理器是不可能出现的，也是难以接近的。指令级并行约束是指令之间的相关性，相关性分析单靠静态编译分析是远远不够的，更多需要硬件动态分析。用于存储被检测指令集合的窗口大小受限于存储容量、能够承受的比较次数、寄存器的数目和有限的发射速率等，而窗口大小又直接限制了在给定时钟周期内处理指令的数量。另外，一个时钟周期发射指令数量、功能单元及其延迟时间与队列长度、寄存器文件端口、对转移发射的限制、对存储器并行访问的限制和对指令提交的限制等都是影响指令级并行的因素。

（2）处理器主频与主存、I/O 访问速度的发展极不平衡。2007 年以前，处理器的主频每两年翻一番，而主存的访问速度每六年提高一倍、I/O 的访问速度每 8 年提高一倍，这种不平衡已经成为单核处理器性能提高的瓶颈。单纯依靠提高处理器主频来提升整机的性能已经不可行，反而会造成效率降低，因为大部分时间 CPU 都在等待主存或 I/O 访问的返回才能继续下一步的工作。

（3）频率已近极限、功耗大。功耗有静态功耗与动态功耗之分，静态功耗随晶体管的数量成比例增大，动态功耗与晶体管的切换次数与切换速率的积成正比。处理器频率的越高，晶体管的切换次数与速率越大，动态功耗的比例越大。对于多发射处理器，相关分析的逻辑开销增长比发射率的增长要快，发射速率峰值的增大同晶体管切换次数成正比。为了得到高的性能，则必然持续维持高逻辑开销和高发射速率，从而带来高动态功耗。一般认为，当处理器主频提高到 4GHz 时，几乎接近目前集成电路制造工艺的极限，也限制了超标量的宽度和超流水的深度。

（4）性价比变低。高频处理器使得设计和验证所花费的时间变得更长，设计对工艺要求非常高、成品率较低、生产难度大，由此导致成本高，往往性价比较低。

2. 多核处理器产生的基础

单核处理器的局限性是多核处理器产生的前提条件，技术发展和应用需求则是多核处理器产生的基础和必然产物。

（1）门延迟逐渐缩短，线延迟不断增长。随着 VLSI 工艺技术的发展，晶体管特征尺寸不断缩小，使得晶体管门延迟不断减少，但互连线延迟却不断变大。当芯片的制造工艺达到 $0.18\mu m$ 甚至更小时，全局连线延迟已经超过门延迟，成为限制电路性能提高的主要因素。在这种情况下,由于多核处理器是分布式结构,全局信号较少,与集中式结构的超标量处理器结构相比,克服线延迟影响更具优势。

(2) 符合 Pollack 规则。按照 Pollack 规则,处理器性能的提高与其复杂性的平方根成正比。如果一个处理器的硬件逻辑提高一倍,至多能提高性能 40%;而如果采用两个简单的处理器构成一个相同硬件规模的双核处理器,则可以获得 70%~80% 的性能提升,同时面积也同比缩小。

(3) 有效降低功耗。随着工艺技术的发展和芯片复杂性的增加,芯片的发热现象日益突出。多核处理器中单个核的速度较慢,处理器消耗较少的能量,产生较少的热量。同时,原来单核处理器中增加的晶体管可用于增加多核处理器的核。在满足性能要求的基础上,多核处理器通过关闭(或降频)一些处理器核等低功耗技术,可以有效地降低功耗。

(4) 有效降低设计成本。随着处理器结构复杂性的不断提高和人力成本的不断攀升,设计成本随时间呈线性甚至超线性的增长。多核处理器通过处理器的复用,可以极大降低设计的成本,同时模块的验证成本也显著下降。

(5) 体系结构发展的必然。超标量结构和超长指令字结构已广泛应用于高性能微处理器,但它们都遇到难以逾越的障碍。超标量结构使用多个功能部件并行处理多条指令,实现指令级并行,但控制逻辑复杂、实现困难,研究表明:超标量结构的并行度一般不超过 4。超长指令字 VLIW 结构使用多个相同功能部件执行一条超长的指令,但也有两大问题:编译技术支持和二进制指令代码的兼容。而多核处理器可以充分利用应用程序的指令级与线程级并行性,从而可显著提高性能。

8.5.3 多线程与超线程

1. 线程及其与进程区别

在一些应用程序,蕴藏大量任务或作业等高级别并行,而开发指令级并行的方法对任务或作业的并行无能为力。例如在联机事务处理系统中,查询操作和更新操作常常互不相关,可以并行处理。因此,便在指令并行与任务或作业并行之间,提出线程并行(TLP)。线程是指可以独立执行的顺序控制的程序段,它拥有自己的指令与数据,且具备执行的所有条件(指令、数据、PC、寄存器状态等)。一个线程可以是并行程序的一部分,也可以是一个独立的程序。

线程与进程不同,进程是整个程序或部分程序的动态执行实例,线程是进程内部的一个执行单元,一个进程包含一个到多个线程;不同进程有不同数据空间,而多个线程可以共享数据空间。

2. 多线程及其实现类型

多线程是指同一程序中的多个线程并行运行,以处理不同的任务;在单核处理器中实现多线程的技术称为多线程技术。在指令级并行过程中,由于存在相关或停顿,在数据路径上经常会有一些空闲的功能单元。如果通过巧妙安排,使多个线程以重叠方式共享处理器中的功能单元,从而利用由指令级并行造成空闲的功能单元。为了支持多个线程共享功能单元,处理器必须为每个线程保持指令状态,如每条指令都需要有一个独立的寄存器文件副本、一个独立的 PC 值及一个独立的页表;主存储器则可以通过虚拟存储机制实现共享。此外,硬件还必须对不同线程之间的快速切换提供支持。

按线程粒度大小,多线程实现可分为两种:细粒度多线程和粗粒度多线程。细粒度多线程是指可以在指令之间进行线程切换,使多个线程交替处理。在某线程停顿时,切换到其他线程去处理其中的指令,从而可以在任一时刻跳过所有停顿的线程,也就要求处理器必须具有在任意时钟周期切换线程的能力。细粒度多线程的优点是可以隐藏由停顿引起的吞吐量损失,缺点是降低了每个线程的处理速度。粗粒度多线程是指仅遇到代价较高的停顿时才发生线程切换,从而在很大程度上避免处理器速度的降低。由于粗粒度多线程的处理器从单独线程发射指令,因此当停顿发生时,流水线必须被清空或暂停,停顿后开始处理新线程,新线程指令必须填满流水线后,才开始有指令结束。这就使得粗粒度多线程的流水线启动开销较大,克服吞吐量损失的能力有限。不过,对于较长的停顿而言,这种启动开销通常可以忽略不计。

3. 超线程技术及其实现

超线程是指将一个物理处理器在逻辑上当作两个处理器使用,以使处理器可以并行处理多个线程,提高处理器的效率。超线程技术是利用特殊的硬件指令,把两个逻辑核模拟成两个物理芯片,使单处理器都能实现线程级并行,减少处理器的空闲时间。通常把可以实现超线程技术的处理器称为超线程处理器,否则称为单线程处理器。

当采用超线程技术使操作系统或应用程序的多个线程运行于一个超线程处理器上,两个逻辑核共享物理处理器的功能单元,这样可以使得物理处理器的处理能力提高 30%。单线程处理器虽然可以每秒处理成千上万条指令,但在许多时刻,仅对某个线程的一条指令进行处理,从而导致处理器许多功能单元空闲。而超线程处理器通过并行执行多个线程,使得处理器在任何时刻都可以并行处理多条指令,避免功能单元的空闲。超线程处理器的两个逻辑核均可以单独进行中断响应,当第一个逻辑核跟踪处理一个线程时,第二个逻辑核则开始跟踪处理另一个线程,且为了避免功能单元的冲突,第二个逻辑核的线程仅需要使用被第一个逻辑核的线程闲置的功能单元。如第一个逻辑核的线程执行的浮点运算,使用浮点运算单元,那么第二个逻辑核的线程可以执行的整数运算,使用整数运算单元。

超线程技术是由 Intel 公司提出,最早出现在 2002 年推出的 Pentium 4 上,但由于支持的应用软件缺乏,其优势无法体现,之后 Intel 公司推出的微处理器也不应用该技术。直到 2009 年 Core i 系列的诞生,超线程技术则全面应用推广,如四核 Core i7 可以支持 8 个线程。

4. 超线程与双核的区别

基于超线程技术的单核处理器 Pentium 4 与基于多核技术的双核处理器 Pentium D,在操作系统中均被识别为具有两个处理器,但它们是有本质区别的。支持超线程的 Pentium 4 是两个逻辑处理器可以并行处理两个线程,但它们并没有独立的功能单元、寄存器、总线接口和缓冲存储器等,并行处理两个线程共享资源,若两个线程同时需要同一资源,其中一个线程必须暂停,可以认为:超线程技术是通过软途径来优化利用处理器中的资源,以提高运行效率。支持双核的 Pentium D 是两个物理处理器核可以并行处理多个线程,每个物理核有独立的功能单元、指令集等,性能比超线程 Pentium 4 高得多,可以认为:双核技术是通过硬途径来提高性能。

8.5.4 多核多线程

1. 同时多线程

同时多线程(SMT)是对多线程的一种改进,它使用多发射和动态调度机制在开发线程级并行的同时开发指令级并行。由于现代多发射处理器的指令级并行度通常较大,单个线程已无法有效地利用这种并行度。而采用寄存器重命名、保留指令各自的 PC 值、动态调度和为来自多个线程指令的提交提供支持等措施,来自各个独立线程的多条指令可以被同时发射,而不必考虑指令间的相关性。相关由动态调度来处理,因此线程级并行与指令级并行可同时开发,并且可以在乱序流动处理器的基础上实现。

一般情况下,由于动态超标量处理器通常采用深度流水,因此采用粗粒度实现的同时多线程对系统性能改进不明显,只有采用细粒度实现才有意义。为了避免细粒度调度对单个线程性能的影响,可应用优先线程的方法。所谓优先线程是指在预取与发射指令具有优先权,只有优先线程停顿或无法发射的情况下,才启动或运行其他线程。不过优先线程的数量必须限制,如果有两个优先线程,那么就需要同时预取两个指令流,这会增加取指单元和指令 Cache 的复杂度。

2. 高性能微处理器体系结构

对于指令级并行,既可以利用流水线技术实现指令并发执行,也可以利用超标量或超长指令字或多核等技术实现指令同时执行。对于线程级并行,既可以利用多线程单核处理器支持并发处理,也可以利用单线程多核处理器支持同时处理。目前,高性能微处理器由开发指令级并行逐渐转向开发线程级并行,其体系结构的变化过程为单核单线程、单核多线程、多核单线程和多核多线程,如图 8-40 所示。

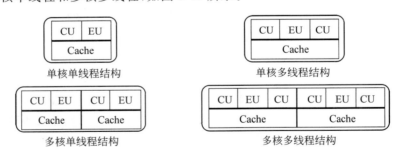

图 8-40 高性能微处理器体系结构变化过程

特别地,在 Pentium 系列微处理器中,Pentium 属于单核单线程,Pentium 4 属于单核多线程,Pentium D 属于多核单线程,Pentium EE 属于多核多线程。另外,目前的微处理器都是三核、四核、六核和八核的,面向服务器和工作站的十核和十二核的,如 Intel 的 Xeon E5。

复 习 题

1. 什么是并行性？并行性包含哪两层含义？并行性的度量标准有哪些？
2. 从程序运行的操作分解层次来看，并行性可分为哪些等级？
3. 什么是并行处理？并行处理实现技术途径有哪些？
4. 冯·诺依曼结构计算机存在哪些问题？进行了哪些改进？计算机体系结构的演变历程分为几代？
5. 现代计算机体系结构有哪些特点？从体系结构来看，现代计算机可分为哪几种类型？
6. 什么是并行计算机？并行计算机可分为哪几种类型？各采用什么技术途径来实现并行处理？
7. 简述并行计算机的形成过程。
8. 什么是流水线？按实现的并行性等级来分，流水线可分为哪几种类型？
9. 流水线的表示有哪几种方法？简述各种方法的形式。
10. 什么是先行控制？采用先行控制技术来实现指令执行，一般需要设置哪些缓冲栈？各有什么作用。
11. 什么是标量处理机？什么是向量处理机？它们采用流水线技术，各实现了什么等级的并行性？
12. 什么是指令级并行度？标量处理机分为普通处理机和指令级高度并行处理机的依据是什么？
13. 什么是流水线处理机？流水线处理机可分为哪些类型？
14. 指令级高度并行处理机可分为哪几种类型？各利用什么技术来实现？
15. 什么是指令调度？指令调度有哪些方法？
16. 什么是静态调度？什么是动态调度？它们一般适用于哪些指令级高度并行处理机？
17. 什么是超标量处理机？什么是超流水线处理机？什么是超标量超流水线处理机？试比较它们的性能。
18. 什么是超长指令字处理机？简述超长指令字的格式。
19. 超长指令字处理有哪些特征？它与超标量处理有哪些区别？
20. 向量处理方式有哪几种？哪一种适用于流水线处理？向量处理机一般采用哪种方式？为什么？
21. 向量处理机数据并行访问有哪些方法？由此，向量处理机可分为哪几种？
22. 什么是阵列处理机？阵列处理机的操作元素有哪些？它包含哪几种类型？
23. 阵列处理机有什么特点？写出适用于阵列处理机的递归折叠求和算法。
24. 什么是多处理机？多处理机所包含处理器的组织形式有哪几种？
25. 根据处理器的组织形式，多处理机可分为哪几种类型？试比较它们之间的差异。
26. 什么是异构多处理机？什么是同构多处理机？什么是分布多处理机？

27．从物理组织形式上来看，多处理机的主存储器有哪两种模型？简述它们的含义与特征。

28．从逻辑组织形式上来看，多处理机的主存储器有哪两种模型？简述它们的含义与特征。

29．从通信机制来看，多处理机节点处理器之间的数据通信有哪两种模型？简述它们的含义与特征。

30．从存储访问特性来看，多处理机中处理器对存储器访问有哪四种模型？简述它们的含义与特征。

31．多处理机有哪些特点？按结构特性来分，多处理机可分为哪些类型？简述它们的含义与特征。

32．多处理机操作系统有哪几种类型？简述它们的含义与特征。

33．什么是多核处理器？它有哪些特点？

34．多核处理器中的核指什么？它有哪两种类型？

35．多核处理器可从哪些方面来分类？各分为哪几类？

36．单核处理器有哪些局限性？多核处理器产生的基础有哪些？

37．什么是线程？它与进程有什么区别？

38．什么是多线程？多线程实现有哪几种类型？

39．什么是超线程？它与双核有什么区别？

40．什么是同时多线程？高性能微处理器的体系结构有哪些？

练 习 题

1．对于指令重叠执行，若希望实现 n 次重叠，指令执行应分为几个阶段？为什么？处理机必须有多少个独立部件？

2．为什么提出先行控制？实现先行控制的目的是什么？

3．若超标量处理机与超流水线处理机在一个时钟周期内，均发射 N 条指令，那么它们的性能相同吗？为什么？

4．向量处理机分类的依据是什么？阵列处理机分类的依据又是什么？

5．为什么阵列处理机是专用计算机？为什么阵列处理机可认为是多处理机？

6．向量处理机与阵列处理机最根本的异同点是什么？

7．在单核处理器与多核处理器上实现多线程并行有什么不同？各采用哪种并行处理实现的技术途径？

8．线性指令流水线功能段数越多，指令重叠数越多，效率是否越高？为什么？

9．先行控制的处理机中，缓冲栈的容量越大，效果是否越好？为什么？

10．若一条指令处理过程分为取指令、分析指令、执行指令三个阶段，且延迟时间均为 t；设某程序有 1000 条指令，计算下列三种情况运行该程序所需要的时间。

（a）指令顺序处理　　（b）指令一次重叠处理　　（c）指令二次重叠处理

11．某流水线包含 4 个功能部件，每个功能部件的延迟时间都为 Δt；当输入 10 个数据后,停顿 5Δt,又输入 10 个数据,如此重复,试画出时空图。

12. 一条三功能段的非线性流水线的连接图与预约表如下图所示,请画出该流水线连接图的另一张预约表和流水线预约表的另一个连接图。

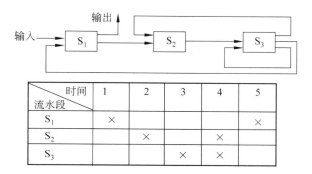

时间 流水段	1	2	3	4	5
S_1	×				×
S_2		×		×	
S_3			×	×	

13. 以计算 A＝B×C 为例(A、B、C 为 N 维向量),采用向量方式比采用标量方式速度提高多少?假定存储器能支持所需指令和数据,指令部件每拍流出一条分析好的指令,操作部件都采用流水线,乘和加流水线功能部件都为 4 个时钟周期,忽略置向量参数的时间。

14. Illiac Ⅳ的阵列处理机有 64 个处理单元,排成 8×8 闭环螺线阵列,请列出下列处理单元之间最短的路径各是多少步?
    (a) PU8→PU44   (b) PU61→PU7   (c) PU5→PU43

15. 在 Illiac Ⅳ上实现两个 8×8 矩阵乘,要求 J、K 循环并行完成,数据在存储器中不准重复存放,考虑到各次数据传送时间,请设计能使 64 个处理单元全并行工作的算法。

参 考 文 献

[1] 秦磊华,吴非,莫正坤. 计算机组成原理[M]. 北京:清华大学出版社,2011.
[2] 蒋本珊. 计算机组成原理[M]. 3版. 北京:清华大学出版社,2013.
[3] 赵家俊,赵杨. 计算机组成原理[M]. 北京:清华大学出版社,2010.
[4] 薛胜军. 计算机组成原理[M]. 3版. 武汉:华中科技大学出版社,2010.
[5] 唐朔飞. 计算机组成原理[M]. 北京:高等教育出版社,2000.
[6] 李伯成,顾新. 计算机组成与设计[M]. 北京:清华大学出版社,2011.
[7] 白中英,戴志涛. 计算机组成原理[M]. 5版. 北京:科学出版社,2015.
[8] 李文兵. 计算机组成原理[M]. 4版. 北京:清华大学出版社,2011.
[9] 王万生. 计算机组成原理使用教程[M]. 2版. 北京:清华大学出版社,2011.
[10] 潘松,潘明,黄继业. 现代计算机组成原理[M]. 2版. 北京:科学出版社,2013.
[11] 裘雪红,李伯成,车向泉,等. 计算机组成与体系结构[M]. 北京:高等教育出版社,2009.
[12] 包键,冯建文,章复嘉. 计算机组成原理与系统结构[M]. 北京:高等教育出版社,2009.
[13] 袁春风. 计算机组成与系统结构[M]. 2版. 北京:清华大学出版社,2015.
[14] 李亚民. 计算机组成与系统结构[M]. 北京:清华大学出版社,2000.
[15] Arnold. Berger. 计算机硬件及组成原理[M]. 吴为民,喻文健,邓澍军,等译. 北京:机械工业出版社,2007.
[16] David A. Patterson,John L. Hennessy. 计算机组成与设计:硬件/软件接口[M]. 5版. 王党辉,康继昌,安建峰,译. 北京:机械工业出版社,2012.
[17] Linda Null,Julia Lobur. 计算机组成与体系结构[M]. 黄河,译. 北京:机械工业出版社,2006.
[18] 唐朔飞. 计算机组成原理:学习指导与习题解答[M]. 北京:高等教育出版社,2005.
[19] 顾一禾,朱近,路一新. 计算机组成原理辅导与提高[M]. 北京:清华大学出版社,2004.
[20] 姚爱红. 计算机组成原理知识要点与习题解析[M]. 哈尔滨:哈尔滨工业大学出版社,2006.
[21] 白中英,杨春武. 计算机组成原理题解、题库与实验[M]. 北京:科学出版社,2001.
[22] 胡越民. 计算机组成原理与系统结构解题辅导[M]. 北京:清华大学出版社,2002.
[23] 刘超. 计算机体统结构[M]. 2版. 北京:中国水利水电出版社,2010.
[24] 尹朝庆. 计算机系统结构[M]. 武汉:华中科技大学出版社,2000.
[25] 郑纬民,汤志忠. 计算机系统结构[M]. 北京:清华大学出版社,2001.
[26] 蔡启先. 计算机系统结构[M]. 北京:电子工业出版社,2009.
[27] 陈国良,吴俊敏,章峰,等. 并行计算机体系结构[M]. 北京:高等教育出版社,2002.
[28] 白中英,扬旭东,等. 并行计算机系统结构[M]. 北京:科学出版社,2002.
[29] 陈文智,王总辉. 嵌入式系统原理与设计[M]. 北京:清华大学出版社,2011.
[30] 沈美明,温冬婵. IBM-PC 汇编语言程序设计[M]. 2版. 北京:清华大学出版社,2001.
[31] 陈光梦. 数字逻辑基础[M]. 3版. 上海:复旦大学出版社,2009.
[32] 毛法尧. 数字逻辑[M]. 2版. 北京:高等教育出版社,2008.
[33] 刘超,胡彩萍,胡全连. 计算机硬件知识体系的结构框架研究. 电气电子教学学报,2009,31(5):44-45.
[34] Liu Chao,Jing Zhiqiang,Hu Quanlian. The System Structure Studies of the Teaching Content on Computer Hardware. CCCA 2011.

[35] 吴卫江,赵建辉,刘博. 也谈计算机硬件课程群建设[J]. 计算机教育,2012,(1):28-31.
[36] 陈付龙,齐学梅,罗永龙,等. 创新能力驱动的层次化计算机硬件课程群构建与实施[J]. 大学教育,2013,(2):40-42.
[37] 唐志强,朱子聪. 计算机专业硬件课程体系的改革[J]. 计算机工程与科学,2014,36(2):159-161.
[38] 李淑芝,兰红,谭伟."计算机组成原理"课程建设的探索与实践[J]. 赣南师范学院学报,2013,(3):110-112.
[39] 唐朔飞,刘旭东,王诚,等."计算机组成原理"课程教学实施方案[J]. 中国大学教学,2011,(11):42-45.
[40] 王忠华,屈会芳. 基于本体的计算机组成原理教学研究与实践[J]. 计算机教育,2014,(17):88-92.
[41] 李世清. 基于计算机组成原理课程本体学习研究及实现[D]. 重庆:重庆大学,2011.

图书资源支持

感谢您一直以来对清华版图书的支持和爱护。为了配合本书的使用,本书提供配套的资源,有需求的读者请扫描下方的"书圈"微信公众号二维码,在图书专区下载,也可以拨打电话或发送电子邮件咨询。

如果您在使用本书的过程中遇到了什么问题,或者有相关图书出版计划,也请您发邮件告诉我们,以便我们更好地为您服务。

我们的联系方式:

地　　址:北京市海淀区双清路学研大厦 A 座 701

邮　　编:100084

电　　话:010-62770175-4608

资源下载:http://www.tup.com.cn

客服邮箱:tupjsj@vip.163.com

QQ:2301891038(请写明您的单位和姓名)

用微信扫一扫右边的二维码,即可关注清华大学出版社公众号"书圈"。

资源下载、样书申请

书圈

扫一扫,获取最新目录